西安交通大学 本科"十四五"规划教材

 普通高等教育能源动力类专业"十四五"系列教材

锅 炉

 （第3版）

车得福 刘银河 邓 磊 王长安 **编著**

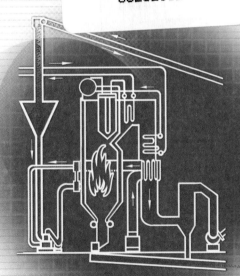

 西安交通大学出版社
XI'AN JIAOTONG UNIVERSITY PRESS

内容简介

　　本书全面系统地介绍了锅炉工作的基本原理、锅炉设计基础及运行的基本方法。本书的特色是电站锅炉和工业锅炉并重。主要内容包括锅炉基本知识，锅炉燃料及其准备，燃烧方式及燃烧设备，锅炉各种受热面的作用及结构，锅炉整体布置，锅炉传热性能计算，受热面的污染、腐蚀、磨损及振动，锅炉水动力学及锅内传热基础知识，自然循环锅炉及强迫流动锅炉的水动力特性，锅炉受热面壁温校核方法。

　　本书可用于高等院校能源动力类专业的"锅炉原理"教材及其他相关专业的教学参考书，也可供从事锅炉设计、制造、运行及科学研究的工程技术人员参考。

图书在版编目（CIP）数据

锅炉/车得福等编著. —3 版 . —西安:西安交通
大学出版社,2021.12
　ISBN 978 - 7 - 5693 - 1984 - 2

　Ⅰ.①锅…　　Ⅱ.①车…　Ⅲ.①锅炉-高等学校-教材
Ⅳ.①TK22

　　中国版本图书馆 CIP 数据核字(2021)第 103620 号

GUOLU

书　名	锅　炉（第 3 版）
编　著	车得福　刘银河　邓　磊　王长安
责任编辑	田　华
责任校对	邓　瑞
装帧设计	伍　胜
出版发行	西安交通大学出版社
	（西安市兴庆南路 1 号　邮政编码 710048）
网　址	http://www.xjtupress.com
电　话	（029)82668357　82667874(市场营销中心)
	（029)82668315(总编办)
传　真	（029)82668280
印　刷	陕西龙山海天艺术印务有限公司
开　本	787 mm×1092 mm　1/16　印张　28　字数　695 千字
版次印次	2004 年 4 月第 1 版　2021 年 12 月第 3 版
	2021 年 12 月第 3 版第 1 次印刷(总计第 10 次印刷)
书　号	ISBN 978 - 7 - 5693 - 1984 - 2
定　价	68.00 元

如发现印装质量问题,请与本社市场营销中心联系。
订购热线:(029)82665248　(029)82665249
投稿热线:(029)82664954　QQ:190293088
读者信箱:190293088@qq.com

版权所有　侵权必究

前　言

本书自 2008 年出版第 2 版以来已十年有余。这期间,我国高等教育快速发展,教学体系和教学内容不断改革和更新,同时科学技术也日新月异。作为我校能源动力类专业的锅炉原理课程的授课时数已经大幅度压缩,第 2 版《锅炉》已经严重不能适应当前的教学需要,这是本书修订再版的主要出发点。

经过多年的酝酿和思考,本书再版时主要遵循以下原则:最大限度地压缩篇幅以便于授课和学生学习,主要讲述锅炉的工作原理,电站锅炉和工业锅炉并重。与第 2 版相比,删除了第 2 版中第 2 章锅炉型式简介、第 16 章锅炉材料及强度、第 17 章锅炉通风、第 18 章锅炉炉墙与构架及第 19 章锅炉运行。这几章内容在新的授课时数下无法讲授或是已在其他课程中涵盖。本次再版不仅最大限度地更正了前两版的谬误之处及表述不清之处,并对大部分章节的内容都进行了更新和增删。参考文献统一列在最后。

本书由车得福、刘银河、邓磊、王长安改版。其中车得福负责第 1 章、第 6 章、第 9 章～第 11 章的改编,刘银河负责第 4 章和第 5 章的改编,邓磊负责第 3 章、第 7 章及第 12 章的改编,王长安负责第 2 章和第 8 章的改编。全书由车得福主编并统稿。

本书自出版以来相继被多所高等学校选定为本科生教材,也被广泛用于培训教材,更受到众多读者的关注,也收到许多读者的来信。本次再版修订过程中最大程度地吸收了相关建议和意见,使本书增色不少,在此一并表示衷心感谢。

受作者学识及教学经验所限,书中错误及不妥之处仍实难避免,继续得到各方读者批评指正为盼。

作者

2021.6

目　录

第1章 锅炉基本知识

锅炉是一种消耗燃料并且主要是化石燃料的供热设备。国情决定了我国的锅炉燃料要以煤为主,并且这种状况在今后相当长的时期内都不会发生根本改变。本章主要介绍我国的能源利用现状,锅炉在国民经济和日常生活中的重要作用,锅炉的基本组成和工作过程,锅炉的分类、参数和型号表示、性能指标,锅炉发展史及发展趋势等。

1.1 锅炉与能源利用

1.1.1 能源利用现状

能源是指自然界中能够转换成热能、光能、电能和机械能等能量的物质资源。

人类告别茹毛饮血的原始生活,是以学会利用热能——火为标志的。当然,远古时代的人类主要靠消耗(燃烧)薪柴来取得热能。随着人类文明的演化,我们可以通过许多途径获得热能。也就是说,我们已经发现了多种可以利用的能源。

以原始状态存在于自然界,不需要加工或转换,可以直接使用的能源,称为天然能源或一次能源,如煤炭、石油、天然气、水能、生物质能、核燃料以及太阳能、地热能、潮汐能等。经过加工或形式转换的能源称为二次能源,如焦炭、汽油、电能、蒸汽等。

柴草、煤炭和石油是人类最早使用的主要能源。从远古时期到19世纪,木柴和杂草作为燃料,为人类生活和生产活动提供大部分的热能。从19世纪80年代开始,煤炭提供的能源超过木柴和杂草,成为人类使用的主要能源。20世纪60年代,石油在世界能源消费中占据了首要地位。目前,天然气也已成为广泛使用的能源。

煤炭、石油、天然气以及水能等能源,在现有科学技术条件下已经被广泛使用,称为常规能源或传统能源。由于技术、经济条件的限制,正在研究开发而尚未得到大规模利用的能源称为新能源,如核聚变能、太阳能、风能、地热能、潮汐能、生物质能、氢能、海洋热能等。新能源不仅数量巨大、种类繁多,而且使用时对环境的影响较小。又因它们(除核能外)消耗与补充速度可以持平,故又称连续性能源或可再生能源。水能也是可再生能源。

随着常规能源的迅速耗竭,人类不得不努力寻求可连续再生的、无污染的新能源。核能在我国尚未作为主要能源使用,故通常划在新能源之列。但核裂变能在有些国家已使用数十年,如法国、日本等,核电占总发电量的比例(30%～77%)很大,故已不将核裂变能列入新能源范围,这些国家新能源中的核能只指核聚变能。

随着新能源的广泛使用,局部的影响也会给人类和自然界带来严重危害,如太阳能电池生产中使用的有毒物质,风能装置的噪声,地热能开发溢出的硫化氢,等等。因此,新能源的开发利用同样要充分考虑环境保护。

从能源资源总量来评价,可以说我国是能源资源丰富的国家之一。但从能源品种、地区分布以及人口等因素分析,我国能源资源的勘探和开发利用存在着先天的矛盾和问题,需要采取有效战略及措施加以妥善解决。例如,人均能源资源占有量低,能源节约是长期的任务;能源资源地区分布不均衡,要妥善解决能源长距离输送问题;能源资源结构以煤为主,应多途径优化能源消费结构。

我国能源现状可描述为:国内能源供应紧缺,人均能源消费偏低,能源利用效率不高,人均能源资源不足,环境约束日益显现,交通运输压力过大。我国是一个能源资源大国,更是一个人口大国。尽管我国能源资源总量位于世界前列(水能资源居世界第一,煤炭资源可采储量居世界第三),但按人口平均的能源资源占有量来计算,我国又是一个能源资源贫国,要提倡节约能源,把节能视为煤、油、气和水能之后的"第五能源",同时,要讲究能源利用效率和经济效益,坚持能源和经济社会可持续发展。

根据 2019 年英国石油公司(BP)世界能源统计年鉴,2018 年全球煤炭探明储量为 1.055 万亿 t,主要集中在少数几个国家,其中美国占 23.7%,俄罗斯占 15.2%,澳大利亚占 14.0%,中国占 13.2%。这四个国家的煤炭储产比(任何一年年底的剩余储量除以该年度的产量,表明剩余储量以该年度的生产水平可供开采的年限)分别为 365、364、304、38,说明我国的煤炭消耗量远高于其他国家。我国的天然气探明储量为 6.1 万亿 m^3,仅占全球天然气探明储量的 3.1%,储产比为 37.6。我国的石油探明储量为 35 亿 t,仅占全球石油探明储量的 1.5%,储产比仅为 18.7。

我国能源资源总体的地区分布是北多南少、西富东贫,能源品种的地区分布是北煤、南水和西油气,而我国经济发达、能源需求量大的地区是东部和东南沿海地区。能源资源分布和经济布局的矛盾,决定了我国能源的流向是由西向东和由北向南,"北煤南运"等能源大量输送的格局是不可避免的。

我国常规能源资源以煤炭为主的结构,决定了能源生产结构、能源消费结构以及电源结构以煤炭为主的特点。煤炭与其他能源相比,利用效率低,污染严重。因此,煤炭的清洁利用必须引起高度重视,这是提高我国能源效率,优化能源结构的根本出路。

为了解决环境保护问题,必须调整和优化能源消费结构,例如,增加天然气和水能的比例以及大力发展和广泛使用新能源。我国一次能源生产结构已经由 20 世纪 50 年代单一的煤炭结构发展到 21 世纪初煤、油、气、一次电力均有的多元能源结构。2004 年我国包括核电在内的一次能源生产总量构成为:原煤占 75.6%,原油占 13.5%,天然气占 3.0%,水电占 7.9%。目前,我国已经形成了较为完善的能源生产和供应体系,包含煤炭、电能、石油、天然气、可再生能源等成熟的能源品类。根据《中国能源大数据报告(2019)》,2018 年,全国一次能源生产总量为 37.7 亿 t 标准煤。原煤产量为 36.8 亿 t(25.8 亿 t 标准煤),原油产量为 1.89 亿 t(2.7 亿 t 标准煤),天然气产量为 1602.7 亿 m^3(2.13 亿 t 标准煤)。2018 年能源生产结构中,原煤占比 68.3%,原油占比 7.2%,天然气占比 5.7%,水电、核电、风电等占比 18.8%。

煤炭是我国能源的主体。我国以煤为主的能源生产结构,是由以煤为主的能源资源结构所决定的。我国能源资源的特点是富煤贫油,相对于石油和天然气,煤炭在我国既具有储量优势,又具有成本优势,且分布广泛,因此煤炭是我国战略上最安全和最可靠的能源。煤炭工业在我国能源经济与整个经济发展中占有十分重要的地位。在可预见的未来,煤炭仍将是我国的主要能源和重要战略物资,具有不可替代性。尽管煤炭在能源结构中的比例呈不断下降趋势,但煤炭工业在经济发展中的基础地位,将是长期和稳固的。

粗略地说,我国生产的煤炭 1/3 用于发电,1/3 用于工业及生活锅炉,1/3 用于冶金、化工等行业。我国煤炭资源的特点是高硫、高灰煤比重大,大部分原煤的灰分含量在 25% 左右,约 13% 的原煤含硫量高于 2%。以煤为主的能源结构直接导致能源活动对环境质量和公众健康造成极大危害。

我国的大气污染物排放量,已严重超过了环境容量。作为世界上同等经济规模中少数几个以煤为主要能源供应的国家,我国的能源消费结构过分依赖煤炭,带来了严重的生态破坏和环境污染。煤炭的清洁高效利用是我国今后的长期任务。

1.1.2　锅炉在国民经济中的作用

锅炉是一种动力设备。"锅炉"二字虽然也是非常通俗的说法,但却非常形象而又科学、准确地说明了这种设备。从事锅炉工作的人在民间也被形象地称为"烧水的"。可见锅炉主要与水有关。尽管现代锅炉的工质有时也可能是导热油等有机液体或二氧化碳等无机气体,但大多数锅炉,特别是用于发电的锅炉,仍然将水作为工质。

众所周知,水具有许多优良的物理和化学性质。将 1 kg 0℃ 的水在等压下加热达到一定的状态,所吸收的热量称为该状态下水或蒸汽的焓(kJ/kg)。如将水加热达到了过热蒸汽状态,其焓为液体热、汽化潜热、过热热量三部分之和。1 kg 水经过锅炉加热所吸收的热量即锅炉出口蒸汽(或热水)的焓与进入锅炉水的焓之差。

锅炉为了实现对水加热、汽化、蒸汽过热的过程,必须具有能从燃料获得足够热能的设备,即"炉子",以及盛装水及蒸汽的耐压容器,并具有能吸收足够热量的受热面,这就是"锅"。这里所指的"足够",取决于需要产生蒸汽(水)的量,以及蒸汽(水)的压力和温度。如果要给锅炉下一个科学的定义,那么应该表述为:锅炉是这样一种换热设备,它通过燃料的燃烧,使燃料中的化学能转变为热能,并将此热能传递给工质(多数情况下为水,也可以是导热油或二氧化碳等),从而使工质升温甚至转变成为具有所需的热力学参数的工质的换热设备。

在生产实际及日常生活中经常会遇到工业炉或工业窑或工业炉窑等术语。所谓的工业炉窑是对物料进行加热,并使其发生物理、化学变化的工业加热设备。炉与窑并无明显的区别,只是含义稍有不同。一般来说,将用于金属加热和金属熔化的加热设备称为炉;将用于陶瓷制品和水泥制品的烧制、玻璃熔化等硅酸盐工业的加热、烘干以及煤的焦化等的加热设备称为窑。工业炉窑常常统称为工业炉。

由前述可知,目前的世界能源结构为:以化石燃料煤、石油、天然气等为主,还有水能、核能等。目前太阳能、风能、地热、潮汐能等所谓新能源也得到了较大发展。而当代人类利用能源的主要形式之一是电能,即通过各种途径将各种能源转化为电能。

火力发电是我国的主要形式,长期占据总装机容量和总发电量的七成左右。火力发电包括燃煤发电、燃气发电、燃油发电、余热发电、垃圾发电和生物质发电等具体形式。其中燃煤发电又可以分为常规燃煤发电和煤矸石发电,燃气发电又可以分为常规燃气发电和煤层气发电等。2018 年中国发电量全球第一,达到了近 6.8 万亿 kW·h。从发电构成来看,2018 年中国的火力发电总量达到了 49231 亿 kW·h,为全国发电总量的 70% 以上,占据着绝对的主导地位,如图 1.1 所示。

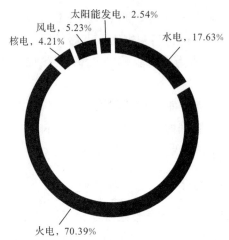

图 1.1 2018 年我国发电结构（按发电方式）

火力发电和工业生产需要燃烧燃料,因此也就需要锅炉。在我国,火力发电以燃烧煤炭为主。石油和天然气较少用于发电。

锅炉是火力发电厂三大主机之一,火力发电的发展要求锅炉工业以相应的速度发展。在各种工业企业的动力设备中,锅炉也是重要的组成部分。这些锅炉用户使用锅炉主要是作为热源或动力源。大多数工矿企业用蒸汽或高温热水对其产品进行加热、焙烘、消毒、保温或作为冬季采暖、夏季空调制冷的热源等,也有少数工矿企业用蒸汽作为动力,驱动汽轮机来拖动风机、水泵,油田和炼油厂或特殊部门都有这样的需求。总之,工业锅炉绝大多数都以产生携带一定量热能的蒸汽和热水为目的,以水作为介质的形式出现。此外,还有用于生活热水供应、洗浴和采暖的所谓生活锅炉。用于工业生产和生活的锅炉数量大、分布广。

随着人民生活水平的提高,对能源的需求量急剧增大,锅炉的数量也越来越多。锅炉的广泛使用也带来许多问题,诸如:①大量的非再生的一次能源被消耗,能源枯竭问题令人忧虑;②CO_2 等温室气体的排放,虽然会有利于植物生长增加粮食产量,但会使地球变暖,冰山融化,海平面升高,威胁人类的生存空间;③烟尘、SO_x、NO_x、痕量重金属、二噁英等有害物质的排放,威胁人类以及动植物的生长和生存。

随着人类征服自然和改造自然的能力的增强,大自然也对人类进行了报复。我国西部特别是西北地区,出现严重的水土流失、土地沙漠化、草场退化,沙尘暴就是例证。这些自然灾害已成为可持续发展的一个障碍,正在缩小我们的生存和发展空间。

目前,世界各国都在致力于高效、低污染锅炉的研究和开发工作,力求使得由于锅炉燃烧燃料而对环境造成的破坏最小化。

1.1.3　锅炉的基本组成及一般工作过程

锅炉由一系列设备组成,这些设备可分为锅炉本体和辅助设备两类。

我们通常所说的"锅炉"一般是指锅炉本体,主要指由锅筒、集箱、受热面及其间的连接管道、燃烧设备、炉墙和构架等所组成的整体,锅炉本体也称锅炉的主要部件;而"锅炉机组"是指由锅炉本体及配合锅炉本体工作的其他设备或机械构成的成套装置。这些配合锅炉本体工作的其他设备或机械我们统称之为锅炉辅助设备。锅炉本体与锅炉辅助设备构成的系统就是所谓的锅炉岛。锅炉辅助设备通常包括鼓引风设备,运煤、除灰渣设备,制粉设备(煤粉燃烧锅炉),给水设备,水处理设备及烟气除尘、脱硫及脱硝设备等。

随着锅炉机组向高参数、大容量发展,辅助设备对锅炉工作的影响越来越大。主要表现在:辅助设备是锅炉机组中的主要耗能设备,它们的合理选配和经济运行直接关系到锅炉机组运行的经济性;许多辅助设备承担的任务十分繁重,又处于高温、高压或高粉尘浓度和腐蚀性介质等恶劣的工作条件下,它们的安全可靠运行也直接关系到锅炉机组运行的安全性和可靠性。实际上,现代大容量、高参数锅炉机组辅助设备的设计制造水平和运行自动化水平,已成为一个国家机械设计制造水平和国民经济发展水平的重要标志。

1. 现代大型自然循环高压锅炉的主要部件及其作用

(1)炉膛　保证燃料燃尽并使出口烟气温度冷却到对流受热面能安全工作的数值。

(2)燃烧设备　将燃料和燃烧所需空气送入炉膛并使燃料着火稳定,燃烧良好。

(3)锅筒　是自然循环锅炉各受热面的闭合件,将锅炉各受热面连接在一起并和水冷壁、下降管等组成水循环回路。锅筒内储存汽水,可适应负荷变化,内部设有汽水分离装置等以保证汽水品质。直流锅炉无锅筒。

(4)水冷壁　是锅炉的主要辐射受热面,吸收炉膛辐射热加热工质并用以保护炉墙。后水冷壁管的拉稀部分称为凝渣管,用以防止过热器结渣。

(5)过热器　将饱和蒸汽加热到额定过热蒸汽温度。生产饱和蒸汽的蒸汽锅炉和热水锅炉无过热器。

(6)再热器　将汽轮机高压缸排汽加热到较高温度,然后再送到汽轮机中压缸膨胀做功。用于大型电站锅炉以提高电站热效率。

(7)省煤器　利用锅炉尾部烟气的热量加热给水,以降低排烟温度,节约燃料。

(8)空气预热器　加热燃烧用的空气,以加强着火和燃烧;吸收烟气余热,降低排烟温度,提高锅炉效率;为煤粉锅炉制粉系统提供干燥剂。

(9)炉墙　是锅炉的保护外壳,起密封和保温作用。小型锅炉中的重型炉墙也可起支承锅炉部件的作用。

(10)构架　支承和固定锅炉各部件,并保持其相对位置。

2. 锅炉的辅助设备及其作用

(1)燃料供应设备　储存和运输燃料。

(2)磨煤及制粉设备　将煤磨制成煤粉并输入煤粉锅炉的炉膛进行燃烧。

(3)送风设备　由送风机将空气送入空气预热器加热后输往炉膛及磨煤制粉设备。

（4）引风设备　由引风机和烟囱将锅炉排出的烟气送往大气。

（5）给水设备　由给水泵、给水管道和阀门等组成，用以保证向锅炉供应给水。给水泵一般装在汽机房内。

（6）除灰除渣设备　从锅炉中除去灰渣并运走。

（7）除尘设备　除去锅炉烟气中的飞灰，改善环境卫生。

（8）自动控制设备　自动检测、程序控制、自动保护和自动调节。

3. 锅炉的工作过程

（1）燃料的燃烧过程　在这个过程中，燃料中的化学能被释放出来并转化成为被烟气所携带的热能，如图1.2所示。

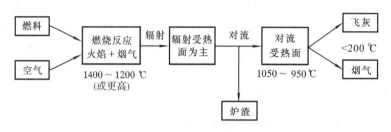

图1.2　燃料燃烧过程

（2）传热过程　在这个过程中，烟气所携带的热能通过锅炉的各种受热面传递给锅炉的工质，如图1.3所示。

图1.3　传热过程

（3）工质的升温、汽化和过热过程　在这个过程中，工质吸收热量而被加热到所期望的温度，如图1.4所示。

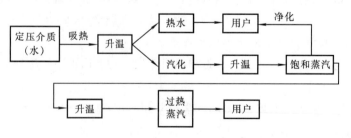

图1.4　工质升温、汽化和过热过程

锅炉设备的整个工作流程可用图 1.5 所示的火力发电厂中燃用煤粉的自然循环锅炉来加以说明。

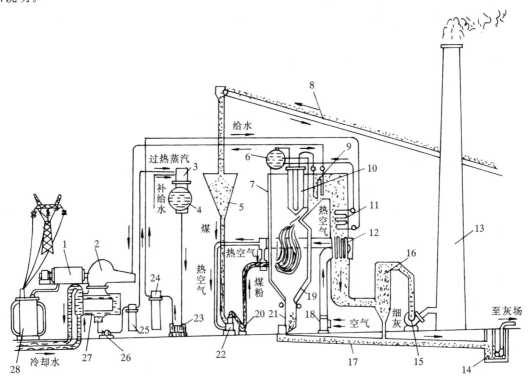

1—发电机；2—汽轮机；3—除氧器；4—水箱；5—煤斗；6—锅筒；7—水冷壁；8—煤输送带；9—对流过热器；10—屏式过热器；11—省煤器；12—空气预热器；13—烟囱；14—灰渣泵；15—引风机；16—除尘器；17—冲灰沟；18—送风机；19—炉膛；20—排粉风机；21—渣斗；22—磨煤机；23—给水泵；24—高压加热器；25—低压加热器；26—凝结水泵；27—冷凝器；28—主变压器。

图 1.5　锅炉工作过程示意图

原煤经输煤带送入煤斗，再由给煤机供给磨煤机制备煤粉。由排粉机直接把磨煤机磨出的煤粉喷入炉膛燃烧。由空气预热器出来的热空气的一部分用于携带来自排粉机的煤粉，其余部分直接通到二次风喷口喷入炉膛。煤粉在炉膛中燃烧并放出大量热量。燃烧后的热烟气在炉内一边向水冷壁放热一边上升，经过过热器、省煤器、空气预热器使其温度降到 140～170 ℃或更低，由除尘器除去烟气中的飞灰，最后被引风机抽出送入烟囱排往大气。

锅炉受热面中的工质——水是很纯净的，经过化学处理，除去硬度和氧的水由给水泵送来。在热电厂中，水进入锅炉之前已在汽机车间受到低压加热器、高压加热器的加热，将给水加热到 150～175 ℃（中压锅炉）或 215～240 ℃（高压锅炉），再经由给水管道将给水送至省煤器，在其中被加热到某一温度后，给水进入锅筒，然后沿下降管下行至水冷壁进口集箱分配给各水冷壁管。水在水冷壁管内吸收炉膛的辐射热量而部分地蒸发成蒸汽，形成汽水混合物上升回到锅筒中，经过汽水分离器，蒸汽由锅筒上部的蒸汽管道流往过热器。在低温过热器、高温过热器内，饱和蒸汽继续吸热成为一定温度的过热蒸汽，然后送往汽轮机，带动发电机做功发电。

冷空气自送风机吸入后,由送风机送往空气预热器。空气在空气预热器中吸收烟气热量后形成热空气,并分为一次空气和二次空气分别送往磨煤机和燃烧器。锅炉的灰渣经灰渣斗落入排灰槽道后用水力排出并送往灰场。

 ## 1.2　锅炉参数及性能指标

1.2.1　锅炉的分类

锅炉的分类有多种方法。

按用途可分为电站锅炉、工业锅炉、生活锅炉等。电站锅炉用于发电,工业锅炉用于工业生产,生活锅炉用于采暖和热水供应。

按结构可分为火管锅炉和水管锅炉。火管锅炉中,烟气在管内流过;水管锅炉中,汽水在管内流过。

按蒸发受热面内工质的流动方式可分为自然循环锅炉、强制循环锅炉和直流锅炉。自然循环锅炉具有锅筒,利用下降管和上升管中工质密度差产生工质循环,只能在临界压力以下应用。强制循环锅炉在循环回路的下降管与上升管之间设置循环泵用以辅助水循环并作强制流动,又称辅助循环锅炉或控制循环锅炉。直流锅炉无锅筒,给水靠水泵压头一次通过受热面,适用于各种压力。

按出口工质压力可分为常压锅炉、微压锅炉、低压锅炉、中压锅炉、高压锅炉、超高压锅炉、亚临界压力锅炉、超临界压力锅炉和超超临界压力锅炉。常压锅炉的表压为零;微压锅炉的表压为几十个帕斯卡;低压锅炉的压力一般小于 1.275 MPa;中压锅炉的压力一般为 3.825 MPa;高压锅炉的压力一般为 9.8 MPa;超高压锅炉的压力一般为 13.73 MPa;亚临界压力锅炉的压力一般为 16.67 MPa;超临界压力锅炉的压力为 23～25 MPa;超超临界压力锅炉的压力一般大于 27 MPa。发电用锅炉的工作压力一般都为中等压力以上。

按燃烧方式可分为火床燃烧锅炉、火室燃烧锅炉、流化床燃烧锅炉和旋风燃烧锅炉。有关燃烧方式的含义见 4.1 节。

按所用燃料或能源可分为固体燃料锅炉、液体燃料锅炉、气体燃料锅炉、余热锅炉和废料锅炉。

按排渣方式可分为固态排渣锅炉和液态排渣锅炉。固态排渣锅炉中,燃料燃烧后生成的灰渣呈固态排出,是燃煤锅炉的主要排渣方式。液态排渣锅炉中,燃料燃烧后生成的灰渣呈液态从渣口流出,在裂化箱的冷却水中裂化成小颗粒后排入水沟中冲走。

按炉膛烟气压力可分为负压锅炉、微正压锅炉和增压锅炉。负压锅炉中炉膛压力保持负压,有送、引风机,是燃煤锅炉的主要型式。微正压锅炉中炉膛表压力为 2～5 kPa,不需引风机,宜于低氧燃烧。增压锅炉中炉膛表压力大于 0.3 MPa,用于蒸汽–燃气联合循环。

按锅筒数目可分为单锅筒和双锅筒锅炉,锅筒可纵向或横向布置。现代锅筒型电站锅炉都采用单锅筒型式,工业锅炉采用单锅筒或双锅筒型式。

按整体外形可分为倒 U 形、塔形、箱形、T 形、U 形、N 形、L 形、D 形、A 形等。D 形、A 形用于工业锅炉,其他炉型一般用于电站锅炉。

按锅炉房型式可分为露天、半露天、室内、地下或洞内布置的锅炉。工业锅炉一般采用室内布置,电站锅炉主要采用室内、半露天或露天布置。

按锅炉出厂型式可分为快装锅炉、组装锅炉和散装锅炉,小型锅炉可采用快装型式,电站锅炉一般为组装或散装型式。

1.2.2　锅炉参数和型号表示

1. 锅炉参数

日常生活中有大小锅炉之说。从科学意义上来讲,所谓锅炉的大小是和锅炉单位时间内所传递的热量的多少密切相关的。根据热力学的知识,蒸汽锅炉一般需要用如下四个参数才能将锅炉的大小描述清楚:①蒸发量,t/h(或 kg/s);②出口蒸汽压力,MPa;③出口蒸汽温度,℃;④给水温度,℃。因此,所谓的锅炉参数一般就指蒸发量、蒸汽压力、蒸汽温度和给水温度。

在确保安全的前提下,锅炉长期连续运行时单位时间所产生蒸汽的数量,称为这台锅炉的蒸发量。蒸发量又称为“出力”或“容量”。发电行业中经常使用锅炉额定出力(Boiler Rating 或 Boiler Rated Load,BRL)和锅炉最大连续出力(Boiler Maximum Continuous Rating,BMCR)等术语。

所谓的锅炉额定出力是锅炉在额定蒸汽参数及给水温度条件下,与汽轮发电机组额定出力(Turbine Rated Load,TRL)工况相匹配的锅炉输出热功率(MW)。习惯上也常用在此工况下的主蒸汽流量(t/h)来表示,故又称锅炉额定蒸发量。TRL 工况的主蒸汽流量与汽轮发电机组最大连续出力(Turbine Maximum Continuous Rating,TMCR)工况的主蒸汽流量相同。BRL 工况应处于锅炉热效率最高的负荷区内,通常是锅炉热效率保证工况。

锅炉最大连续出力是锅炉为与汽轮机组设计流量工况相匹配而规定的最大连续输出热功率(MW);习惯上也常用该工况下的主蒸汽流量(t/h)来表示。BMCR 一般为锅炉设计保证值。锅炉的设计压力及水循环可靠性应满足该工况的要求,在该工况下炉膛应无严重或高结渣倾向,辅机参数皆应满足本工况条件的需要。BMCR 工况锅炉热效率允许低于 BRL 工况。

实践证明,如果锅炉的蒸发量降低到额定蒸发量的 60% 时,锅炉的热效率会比额定蒸发量时的热效率低 10%~20%。只有锅炉的蒸发量在额定蒸发量的 80%~100% 时,其热效率为最高。因此,锅炉在额定蒸发量的 80%~100% 范围内才最为经济。

定压运行的锅炉应保证在 70%~100% 的额定蒸发量范围内,过热和再热蒸汽参数才能达到额定值。对具有调频能力的机组,锅炉最大连续蒸发量应满足汽轮机阀门全开的蒸汽流量,或者满足汽轮发电机组发出最大连续出力时所需蒸汽流量的 103%。

锅炉蒸汽压力和温度是指过热器主汽阀出口处的过热蒸汽压力和温度。对于无过热器的锅炉,用主汽阀出口处的饱和蒸汽压力和温度表示。锅炉给水温度是指进省煤器的给水温度,对无省煤器的锅炉指进锅炉锅筒的水的温度。对产生饱和蒸汽的锅炉,蒸汽的温度和压力存在一一对应的关系。其他锅炉,温度和压力不存在这种对应关系。

从严格意义上来说,容量和压力及温度是相互独立的量。但为了组织社会化生产,各国都制定了锅炉的参数系列。值得注意的是,随着生产的发展,已有的参数系列是可变动的,并且各国的参数系列是不同的。随着全球经济一体化的发展以及技术交流的日益深入和广泛,我国生产和运行的锅炉的参数也趋于多样化。从蒸汽动力循环的角度来看,锅炉的蒸汽参数越高越好。目前,锅炉的蒸汽参数已达到了水的临界参数以上。但是,受材料强度的限制,锅炉的压力和温度的进一步提高还有困难。

我国工业蒸汽锅炉和热水锅炉的参数系列分别如表 1.1 和表 1.2 所示。电站锅炉的参数系列可参考表 1.3。

表 1.1 工业蒸汽锅炉参数系列(GB/T 1921—2004)

额定蒸发量 /(t·h⁻¹)	额定蒸汽压力(表压力)/MPa											
	0.1	0.4	0.7	1.0	1.25			1.6		2.5		
	额定蒸汽温度/℃											
	饱和	饱和	饱和	饱和	饱和	250	350	饱和	350	饱和	350	400
0.1	△	△										
0.2	△	△	△									
0.3	△	△	△									
0.5	△	△	△	△								
0.7		△	△	△								
1		△	△	△								
1.5			△									
2			△	△	△			△				
3			△	△	△			△				
4			△	△	△			△		△		
6				△	△	△	△	△	△	△		
8				△	△	△	△	△	△	△		
10					△	△	△	△	△	△	△	△
12						△	△	△	△	△	△	△
15						△	△	△	△	△	△	△
20						△	△	△	△	△	△	△
25					△		△	△	△	△	△	△
35					△	△	△	△	△	△	△	△
65											△	△

表 1.2　热水锅炉参数系列 (GB/T 3166—2004)

额定热功率/MW	额定出水压力(表压力)/MPa											
	0.4	0.7	1.0	1.25	0.7	1.0	1.25	1.0	1.25	1.25	1.6	2.5
	额定出水温度和进水温度/℃											
	95/70				115/70			130/70		150/90		180/110
0.05	△											
0.1	△											
0.2	△											
0.35	△	△										
0.5	△	△										
0.7	△	△	△	△	△							
1.05	△	△	△	△	△							
1.4	△	△	△	△	△							
2.1	△	△	△	△	△							
2.8	△	△	△	△	△	△	△	△	△	△		
4.2		△	△	△	△	△	△	△	△	△		
5.6			△	△	△	△	△	△	△	△		
7.0				△	△	△	△	△	△	△		
8.4					△	△	△	△	△	△		
10.5						△	△	△	△	△		
14.0							△	△	△	△	△	
17.5						△	△	△	△	△	△	
29.0						△	△	△	△	△	△	△
46.0							△	△	△	△	△	△
58.0						△	△	△	△	△	△	△
116.0										△	△	△
174.0											△	△

表 1.3　中国电站锅炉参数系列

蒸汽压力/MPa	蒸汽温度/℃	给水温度/℃	MCR* /(t·h⁻¹)	发电功率/MW
9.9	540	205~225	220, 410	50,100
13.8	540/540	220~250	420,670	125,200
16.8~18.6	540/540	250~280	1025~2008	300,600
17.5	540/540	255	1025~1650	300,500
25.4	541/566	286	1900	600
25.0	545/545	267~277	1650~2650	500,800

注：* 为最大连续蒸发量。

2. 锅炉型号

为了规范锅炉的表示方法,我国制定了工业锅炉产品型号编制方法(JB/T 1626—2002)和电站锅炉产品型号编制方法(JB/T 1617—1999)。

我国工业锅炉产品型号由三部分组成,各部分用短横线相连,如图 1.6 和图 1.7 所示。

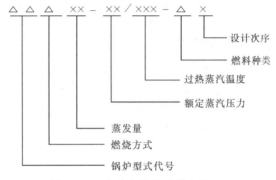

图 1.6　工业蒸汽锅炉型号表示

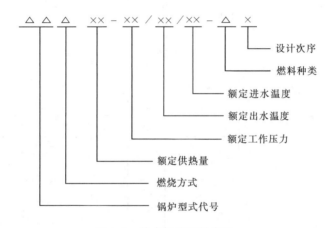

图 1.7　热水锅炉型号表示

第一部分分三段,分别表示锅炉型号(用汉语拼音字母代号表示,见表 1.4)、燃烧方式(用汉语拼音字母代号表示,见表 1.5)和蒸发量(用阿拉伯数字表示,单位为 t/h;热水锅炉为供热量,单位为 MW;余热锅炉以受热面表示,单位为 m^2)。

表 1.4　工业锅炉型式代号

锅炉型式	代　号	锅炉型式	代　号
立式水管	LS(立,水)	单锅筒横置式	DH(单,横)
立式火管	LH(立,火)	双锅筒纵置式	SZ(双,纵)
卧式内燃	WN(卧,内)	双锅筒横置式	SH(双,横)
单锅筒立式	DL(单,立)	纵横锅筒式	ZH(纵,横)
单锅筒纵置式	DZ(单,纵)	强制循环式	QX(强,循)

表 1.5　燃烧方式代号

燃烧方式	代号	燃烧方式	代号	燃烧方式	代号
固定炉排	G(固)	倒转炉排加抛煤机	D(倒)	沸腾炉	F(沸)
活动手摇炉排	H(活)	振动炉排	Z(振)	半沸腾炉	B(半)
链条炉排	L(链)	下饲炉排	A(下)	室燃炉	S(室)
抛煤机	P(抛)	往复推饲炉排	W(往)	旋风炉	X(旋)

快装式水管锅炉在型号第一部分用 K(快)代替表 1.4 中的锅筒数量代号。快装纵横锅筒式锅炉用 KZ(快,纵)代号;快装强制循环式锅炉用 KQ(快,强)代号。

常压锅炉的型号在第一部分中增加字母 C。

第二部分表示工质参数,对工业蒸汽锅筒锅炉,分额定蒸汽压力和额定蒸汽温度两段,中间以斜线相隔。蒸汽温度为饱和温度时,型号第二部分无斜线和第二段。对热水锅炉,第二部分由三段组成,分别为额定压力、出水温度和进水温度,段与段之间用斜线隔开。

第三部分表示燃料种类及设计次序,共两段。第一段表示燃料种类(用汉语拼音字母代号表示,见表 1.6),第二段表示设计次序(用阿拉伯数字表示),原型设计无第二段。

表 1.6　燃料种类代号

燃料种类	代号	燃料种类	代号	燃料种类	代号
无烟煤	W(无)	褐煤	H(褐)	稻壳	D(稻)
贫煤	P(贫)	油	Y(油)	甘蔗渣	G(甘)
烟煤	A(烟)	气	Q(气)	煤矸石	S(石)
劣质烟煤	L(劣)	木柴	M(木)	油页岩	YM(油母)

注:1.如同时燃用几种燃料,主要燃料放在前面。

　　2.余热锅炉无燃料代号。

例如:

DZL4-1.25-W 表示单锅筒纵置式链条炉排炉,蒸发量 4 t/h,压力 1.25 MPa,饱和温度,燃用无烟煤,原型设计。

SHS10-1.25/250-A2 表示双锅筒横置式室燃锅炉,蒸发量 10 t/h,压力 1.25 MPa,过热蒸汽温度 250 ℃,燃用烟煤,第二次设计。

QXW2.8-0.7/95/70-A2 表示强制循环式往复炉排热水锅炉,额定供热量 2.8 MW,额定工作压力 0.7 MPa,额定出水温度 95 ℃,额定进水温度 70 ℃,燃用烟煤,第二次设计。

我国电站锅炉型号也由三部分组成,如图 1.8 所示。第一部分表示锅炉制造厂代号 (表1.7);第二部分表示锅炉参

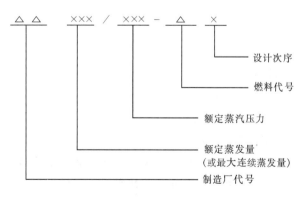

图 1.8　电站锅炉产品型号编制方法(JB/T1617—1999)

数；第三部分表示设计燃料代号（表1.8）及设计次序。

表 1.7　某些电站锅炉制造厂代号

锅炉制造厂名	代号	锅炉制造厂名	代号	锅炉制造厂名	代号
北京锅炉厂	BG	杭州锅炉厂	NG	武汉锅炉厂	WG
东方锅炉厂	DG	上海锅炉厂	SG	济南锅炉厂	YG
哈尔滨锅炉厂	HG	无锡锅炉厂	UG		

表 1.8　设计燃料代号

设计燃料	代号	设计燃料	代号	设计燃料	代号
煤	M	气	Q	可燃煤和油	MY
油	Y	其他燃料	T	可燃油和气	YQ

使用联合设计图样制造的电站锅炉型号，可在型号第一部分工厂代号后再加 L 表示。例如：

HG－670/13.72－M 表示哈尔滨锅炉厂制造的 670 t/h，13.72 MPa 工作压力的电站锅炉，设计燃料为煤，原型设计。

SG－1000/16.66－YM2 表示上海锅炉厂制造的 1000 t/h，16.66 MPa 工作压力的电站锅炉，设计燃料为油煤两用，第二次变型设计。

1.2.3　锅炉的性能指标

锅炉的技术经济指标通常用经济性、可靠性及机动性三项指标来表示。

1. 经济性

锅炉的经济性主要指热效率、成本、煤耗和厂用电量等。

（1）热效率　锅炉热效率是指送入锅炉的全部热量中被有效利用的百分数，即锅炉有效利用热 Q_1 与单位时间内所消耗燃料的输入热量 Q_r 的百分比

$$\eta = \frac{Q_1}{Q_r} \times 100\%$$

锅炉的有效利用热 Q_1 是指单位时间内工质在锅炉中所吸收的总热量，包括水和蒸汽吸收的热量以及排污水和自用蒸汽所消耗的热量。而锅炉的输入热量 Q_r 是指随每 kg 或每 m³ 燃料输入锅炉的总热量，它包括燃料的收到基低位发热量和显热，以及用外来热源加热燃料或空气时所带入的热量。

实际中只用锅炉效率来说明锅炉运行的经济性是不够的，因为锅炉效率只反映了燃烧和传热过程的完善程度。从火电厂锅炉的作用看，只有供出的蒸汽和热量才是锅炉的有效产品，自用蒸汽消耗及排污水的吸热量并不向外供出，而是自身消耗或损失掉了。而且，要使锅炉能正常运行，生产蒸汽，除使用燃料外，还要使其所有的辅助系统和附属设备正常运行，这些也都要消耗电力。因此，锅炉运行的经济性指标，除锅炉效率外，还有锅炉净效率。

锅炉净效率是指考虑到锅炉机组运行时的自用能耗(热耗和电耗)以后的锅炉效率。锅炉净效率 η_j 可用下式计算:

$$\eta_j = \frac{Q_l}{Q_r + \sum Q_{zy} + \dfrac{b}{B}29300 \sum P} \times 100\%$$

式中: B 为锅炉燃料消耗量,kg/h; Q_{zy} 为锅炉自用热耗,kJ/kg;29300 为标准煤热值,kJ/kg; $\sum P$ 为锅炉辅助设备实际消耗功率,kW; b 为电厂发电标准煤耗量,kg/(kW·h)。

现代电站锅炉的热效率都在 90% 以上。我国工业锅炉和生活锅炉的热效率相对较低,根据容量和参数的大小,运行中应不低于某一数值。

(2)成本　锅炉成本一般用成本中的重要经济指标钢材消耗率来表示。钢材消耗率的定义为锅炉单位蒸发量所用的钢材重量,单位为 t/(t/h)。锅炉参数、循环方式、燃料种类及锅炉部件结构对钢材消耗率均有影响。由于钢材、耐火材料等价格经常变化,为了便于比较,往往用钢材消耗量来表示锅炉成本。增大单机容量和提高蒸汽参数是减少金属消耗量和投资费用的有效途径。一般来说,机组容量由 300 MW 提高到 600 MW,每千瓦投资可降低 10%～15%;由亚临界压力增加到超临界压力,每千瓦投资增加 1%～5%。所以超临界与大容量相结合,机组的综合经济效益可大大提高。国外资料显示,一台 600 MW 机组与两台 300 MW 机组相比,电站单位造价可降低 10%,运行人员和检修费用降低 50%,金属耗量减少 20%,基建劳动消耗减少 30%。

锅炉钢架占大型锅炉金属耗量很大比例,20 世纪 70 年代我国生产的 300 MW 机组就用钢筋混凝土结构。用水泥主柱不仅可大量节省钢材,而且可在现场浇灌,建设周期比钢结构短。

工业锅炉的钢材消耗率在 5～6 t/(t/h);电站锅炉的钢材消耗率一般在 2.5～5 t/(t/h)范围内。在保证锅炉安全、可靠、经济运行的基础上应合理降低钢材消耗率,尤其是耐热合金钢材的消耗率。

(3)煤耗和厂用电量　电厂每发出(或供应)1 kW·h 的电所消耗的煤量,称为发电(或供电)煤耗率。辅机设备用电量占机组发电量的比称为厂用电率。厂用电率与辅机设备的配置选型密切相关,尤其是燃料制备系统,还受燃料品种、燃烧方式的影响。

煤耗还与机组参数有关,参数越高,供电煤耗越低。但是,燃料种类、负荷方式、厂房布置条件、单机容量以及其他一些条件也影响供电煤耗。所以,只有在相同的条件下才能比较参数和煤耗的关系。例如,燃煤的变负荷的超临界压力机组的供电煤耗可能高于燃油的基本负荷的亚临界压力机组。在条件相同的前提下,超临界机组的供电煤耗比亚临界压力机组的低。华能集团投资建设的我国首台国产 600 MW 超临界燃煤机组项目位于华能沁北电厂。该项目首台机组于 2004 年 11 月投产,供电煤耗达到 320 g/(kW·h)。华能玉环电厂率先在国内采用两台百万千瓦等级国产超超临界燃煤机组,电厂设计供电煤耗为 291 g/(kW·h)。国家能源集团宿迁公司的 660 MW 超超临界二次再热机组发电煤耗≤256 g/(kW·h),发电效率≥48%。

2. 可靠性

锅炉可靠性常用下列三种指标来衡量。

(1)连续运行时间＝两次检修之间的运行时间（用小时表示）

$$(2)事故率 = \frac{事故停用时间}{运行总时间 + 事故停用时间} \times 100\%$$

$$(3)可用率 = \frac{运行总时间 + 备用总时间}{统计期间总时间} \times 100\%$$

目前中国电站锅炉的较好指标是:连续运行时间在 4000 h 以上,可用率约为 90%。

近年来,我国火电运行可靠性指标明显改善,各类机组的可用率均显著提高,强迫停用率和非计划停运次数均相应降低。特别是 600 MW 级以上机组安全运行水平的提高,对今后整个电力系统的安全稳定运行将起到至关重要的作用。

3. 机动性

随着现代社会生活方式和用电负荷新的变化,用户对锅炉的运行方式提出了更多的新要求,也就是要求锅炉运行有更大的灵活性和可调性。在电站负荷方面,除基本负荷、调峰负荷和循环负荷外,还应具有承担最低负荷的能力。从运行压力来看,存在定压、滑压等运行方式。如 300 MW 国产亚临界压力控制循环锅炉就可适应定压或滑压运行,带基本负荷,可二班制运行,也可用于调峰。负荷变化率为:定压运行,5%MCR(Maximum Continuous Rating)/min;滑压运行,3%MCR/min;瞬间运行(在 50%MCR 以上)10%MCR/min。汽温调节方式:过热器为一级、二级喷水及燃烧器摆动;再热器为燃烧器摆动及过量空气系数调节。汽温保证范围:定压运行(70%~100%)MCR;滑压运行(50%~100%)MCR。锅炉最低无油稳定燃烧负荷:烟煤(30%~40%)MCR;贫煤(55%~65%)MCR。因此,机动性的要求是:快速改变负荷,经常停运及随后快速启动的可能性和最低允许负荷下持久运行的可能性。这些要求已成为锅炉产品的重要性能指标。另外,燃煤锅炉在遇到煤质降低,燃用劣质燃料,燃料品种改变等情况时都会降低机组的机动性。随着新能源发电技术的迅速发展,对火电机组中的锅炉运行机动性提出了越来越高的要求。

 1.3 锅炉发展历史、现状和未来

1.3.1 锅炉的演变

据考证,公元前 200 年左右,古希腊一位叫希罗(Hero)的人发明了如图 1.9 所示的一种

图 1.9 Hero 发明的装置

可供宫廷欣赏之用的装置。由于下部容器中的水受热后转变成为蒸汽,在反冲力的作用下使得上方的圆球旋转。据认为,这是利用水蒸气产生动力最早的装置,也因此被认为是最早的锅炉。

但直到工业革命之前,所谓的锅炉几乎没有发展。工业革命在英国迅速发展后,由于矿井抽水的需要,对动力的需要增大,瓦特(Watt)在纽科门(Newcomen)的发明基础上,完善了蒸汽机。但当时用于产生蒸汽的锅炉主要为圆筒形,筒外加热,如图 1.10 所示。

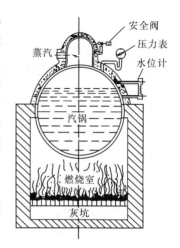

图 1.10　最简单的锅炉

随着工业的发展,锅炉向以下两个方向发展。

(1)在圆筒内部增加受热面积　开始是在一个大圆筒内增加一个火筒,然后两个,直到多个。最后发展为现代的火管锅炉。

在圆筒形锅炉的圆筒内部加火筒和烟管,使其成为火筒锅炉或烟管锅炉。火筒锅炉有单火筒锅炉和双火筒锅炉。在火筒中安装炉排组成燃烧燃料的炉膛。随着锅炉的进一步发展,在 1860 年左右出现了烟管锅炉。这种锅炉采用数目众多的细烟管代替了直径大的火筒,增加了锅筒的受热面积。该种锅炉的炉膛在锅筒外部,由耐火砖砌筑而成。燃烧产生的烟气从烟管中流过。后来又出现了烟管-火筒组合锅炉,即烟火管锅炉,在直径大的火筒中安装炉排组成炉膛。这种锅炉的锅筒可立式放置,也可卧式放置。立式的烟火管锅炉占地面积小,操作简便,因而目前仍广泛应用于用汽量不大的场合。这类锅炉的共同点是烟气在管内流动,而水在大筒与小管之间被加热汽化。因此,它们的缺点是炉膛小,燃烧条件差,水循环和传热效果不好,金属消耗量大,因结构的刚性大受热后膨胀不均匀,胀接处易漏水,水垢不易清除,蒸发量小,汽压低(小于 1.5 MPa),热效率不高(40%～50%)等。

(2)增加筒外部的受热面积,即增加水筒的数目　燃料在筒外燃烧,与火管锅炉的发展相似,水筒的数目不断增加,发展成为很多小直径的水管。由于水在管中流动,称为水管锅炉。

增加圆形水筒的数目,从而出现了水管锅炉。实践证明,减小水筒的直径,增加小水筒的数目对改善传热,降低钢材消耗量,提高蒸发量和蒸汽压力极为有利。从 1840 年出现第一台水管锅炉之后,相继出现了各种类型的水管锅炉。水管锅炉的发展为大容量、高参数现代大型动力锅炉奠定了基础。

水管锅炉的发展有两个分支:横水管锅炉和竖水管锅炉。

横水管锅炉早期是整联箱锅炉,水管全部连接在两个大联箱上。由于联箱很大,故而耐压低。后来发展为横水管分联箱锅炉,由很多小联箱代替大联箱,使承压能力提高。横水管接近水平放置,其中水的流动不好,此外,增加受热面仍受到锅筒直径的限制,后逐渐被淘汰。

竖水管锅炉是现代锅炉的主要形式。它出现于 1900 年。初期采用直水管,后逐渐被弯水管所代替。为了布置更多的受热面,锅筒的数目也随之增多。随着传热学的发展,证实了炉膛中设置的水冷壁管吸收火焰的辐射传热,比一般对流管束的吸热强度高得多。因此,尽可能增加水冷壁的数量,减少对流管束的数量,锅筒的数目也随之减少。现在已出现了单锅筒的大容量锅炉和无锅筒的直流锅炉。

总之,锅炉的发展史就是为了增加蒸发量、提高蒸汽参数、减少煤耗、节省钢材和改进工艺过程的历史。锅炉的发展过程如图 1.11 所示。

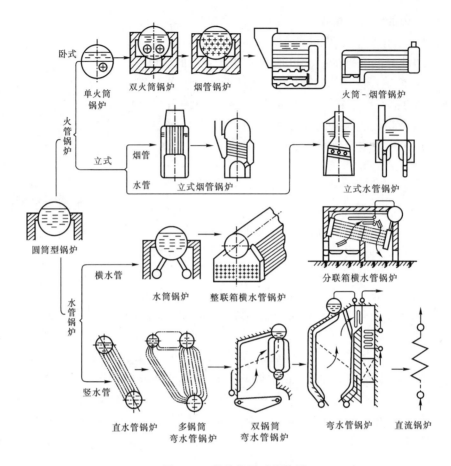

图 1.11 锅炉发展过程简图

1.3.2 我国锅炉工业现状

我国是世界上生产、使用锅炉最多的国家,根据《中华人民共和国特种设备安全法》锅炉属于特种设备的一种,我国锅炉压力容器制造监督管理办法规定:在中华人民共和国境内制造、使用的锅炉压力容器,国家实行制造资格许可制度和产品安全性能强制监督检验制度。锅炉制造企业的级别分为 A 级、B 级、C 级、D 级等。锅炉制造许可级别划分详见表 1.9。

表 1.9 我国锅炉制造许可级别划分

级别	制造锅炉范围
A	不限
B	额定蒸汽压力小于及等于 2.5 MPa 的蒸汽锅炉(表压,下同)
C	额定蒸汽压力小于及等于 0.8 MPa 且额定蒸发量小于及等于 1 t/h 的蒸汽锅炉;额定出水温度小于 120 ℃ 的热水锅炉
D	额定蒸汽压力小于及等于 0.1 MPa 的蒸汽锅炉; 额定出水温度小于 120 ℃ 且额定热功率小于及等于 2.8 MW 的热水锅炉

注:1.额定出水温度大于及等于 120 ℃ 的热水锅炉,按照额定出水压力分属于 C 级及其以上各级。

2.持有高级别许可证的锅炉制造企业,可以生产低级别的锅炉产品。

3.持有 C 级及其以上级别许可证的锅炉制造企业,可以制造有机热载体锅炉,对于只制造有机热载体锅炉的制造企业,应申请有机热载体锅炉单项制造资格,不需要定级别。

4.对于产品种类较单一的制造企业,可对其许可范围进行限制,如限部件、材质、品种等。

5.持证锅炉制造企业可以制造与相应级别锅炉配套的分汽缸、分水缸。

随着国民经济的发展,我国锅炉制造的技术水平和生产规模不断提高。改革开放以来,我国锅炉制造业发展更是日新月异。近年来,在"一带一路"政策的引领下,越来越多的锅炉成套设备出口国外。

截至 2018 年底,全国锅炉制造企业超过 3000 家。由于国家环境保护政策日趋严格,各地关停了一些污染严重的小容量燃煤锅炉。尽管如此,我国目前在用的各类锅炉逾 40 万台。其中,用于生活及生产的所谓工业锅炉占有极大比例。这两种用途的锅炉平均单台容量较小。热水锅炉主要用在华北、东北及西北地区,主要用于采暖。

值得指出的是,随着国民经济进入平稳发展期后,我国的工业锅炉和电站锅炉的产能都已经严重过剩。

我国第一台发电机组于 1882 年在上海投运,到 1949 年我国装机容量仅 185 MW,发电量为 43×10^8 kW·h,几乎没有锅炉制造工业。1953 年创建了上海锅炉厂,1954 年又建立了哈尔滨锅炉厂,以后又建立了武汉锅炉厂、东方锅炉厂等锅炉制造厂及有关科研单位。高等院校也先后设立相应的专业,形成了完整的教育、科研、设计、制造和安装体系。我国现在已能设计、制造各类锅炉,完全可以满足国内的工业生产和人民生活的需要。同时,我国也可以制造满足任何其他国家标准要求的锅炉产品。我国大型电站锅炉成套设备已出口到世界许多国家,发电设备已成为我国主要出口产品之一。我国电站锅炉的设计、制造能力和水平在世界上占据越来越重要的地位。

1.3.3 锅炉技术发展趋势

目前电站锅炉向高效率(部分减少污染)、大容量、高参数、低污染、自动化、高可靠性、低成本(金属消耗量)方向发展;工业锅炉更注重高效率、低污染、自动化、低成本(金属消耗量);而生活锅炉则追求低污染、自动化、安全可靠。

1. 容量

一般认为,电站单位机组容量愈大,单位电能的投资费用愈小,而且设备的可用率愈高。但实践表明,随着单位机组容量的增长,单位电能投资费用并不是一直下降的。研究表明,带再热器的燃煤电站,单位机组容量超过 600 MW 后,单位电能的投资费用已不再随机组容量增大而下降,而是近乎保持常值。对于燃油/气带再热器的锅炉,单台机组容量超过 400 MW 后,单位电能的投资费用已保持常值。与此同时,电站的可用率并非随机组的容量增大而上升。相反,根据美国爱迪生电力研究所的统计资料,锅炉以及发电机组的可用率是随着机组容量的增加而下降的。

自从 20 世纪 70 年代美国投运 5 台 1300 MW 机组(锅炉容量为 4227~4389 t/h)以来,电站锅炉容量 40 余年没有根本性突破。甚至有专家认为,电站锅炉容量已达到极限,尤其是燃煤机组,继续增大容量已不可能再增加经济效益。目前,我国主力电站的锅炉容量在 1500~3000 t/h 蒸发量(约相当于配 500~1000 MW 机组)。有理由预计,在今后一段时期内,电站锅炉的最大容量仍将保持 4500 t/h 左右的水平。随着科学技术的进步以及工业制造能力的提高,这一最大容量有望突破。我国正在建设世界最大单机容量(1350 MW)的超超临界二次再热锅炉,其蒸发量为 3448 t/h。

2. 参数

众所周知,蒸汽压力和温度越高,机组的热效率也相应提高。例如,在汽温(538 ℃/538 ℃)不变情况下,汽压从亚临界(16.5 MPa)提高到超临界(24.2 MPa),热效率可提高 1.8%;在汽压(24.2 MPa)不变情况下,汽温从 538 ℃/538 ℃提高到 621 ℃/621 ℃,热效率可提高 3.7%。因此,多年来各国都在追求高参数机组,以达到高效率。

长期以来,蒸汽参数的提高受到金属材料的限制,尤其是蒸汽温度更难提高,长期徘徊在 540 ℃左右。20 世纪 80 年代末美国首先开发了 T91 和 P91 新钢种,日本和欧洲一些国家相继引进,并进行改进,使这些国家在 90 年代投运的大机组参数得到了大幅度提高。

事实上,第一台超临界锅炉是 1957 年在美国投产运行的,这台 125 MW 的锅炉设计参数当时就达到了 31 MPa/621 ℃/566 ℃/538 ℃,由于参数选得过高,超越了当时金属材料的技术水平而未能达到预定目标。所以此后,美国虽然也制造了一些超临界锅炉,但是仍以亚临界锅筒型锅炉为主。20 世纪 80 年代,美国对超临界锅炉参数进行了最优化研究,认为在技术不必做突破的条件下,机组采用 31 MPa/566~593 ℃/566~593 ℃蒸汽参数,一次再热,容量在 700~800 MW 为最佳,但是这个成果没有在美国实施,却在亚洲和欧洲某些国家得到了应用。

欧洲国家中,尤为突出的是丹麦。该国 20 世纪 90 年代中投运的机组虽然容量不大(400~500 MW),但采用了较高的蒸汽参数,蒸汽压力达到 30~31 MPa,蒸汽温度达到 580~600 ℃。因而其机组热效率达到 45%~49%。例如丹麦的 425 MW 机组,锅炉可以兼燃煤、油和天然气,采用二次再热,蒸汽压力为 28.48 MPa,蒸汽温度为 580 ℃/580 ℃/580 ℃,使该机组的热效率在燃煤时达到 47%,燃天然气时达到 49%。

本世纪以来,我国将大容量、高参数先进超超临界发电技术作为煤炭高效清洁利用的重要方向,开展了大量的基础理论、实验和工程实践研究工作。目前我国投运的超超临界机组蒸汽参数采用 25~27 MPa、600 ℃等级,正在持续研究 35 MPa、700 ℃等级及以上超超临界发电机组。截至 2018 年底,国内投产的 1000 MW 等级超超临界机组超过 110 台。蒸汽参数 623 ℃高效超超临界机组和二次再热机组也相继投入运行,为我国大幅降低平均发电煤耗起到了重要作用。

3. 运行方式

随着电网调峰的需要,火电机组普遍采用变压运行以提高负荷适应性和经济性。

由于螺旋形管圈直流炉的各根管子吸热均匀,所以超临界压力直流炉完全可以在亚临界压力范围内作变压运行。除了德国本来就采用这种炉型作为变压运行机组之外,美国拔柏葛公司、福斯特·惠勒公司,日本的日立公司、石川岛播磨公司都相继发展了这种炉型,日本三菱公司也进行过这种炉型的研制。

美国、日本传统的超临界压力直流炉都是垂直管圈,基本上不适宜变压运行。对此各公司都在其传统的产品上做了不少改进。

日本三菱公司在美国燃烧工程公司(CE)及苏尔寿公司的参与之下,致力于超临界压力垂直管圈变压运行机组的开发工作,锅炉机组设计上采用内螺纹管以防止工质偏离核态沸腾点;加装水冷壁节流圈以防止炉膛四角和中心部位管子的吸热偏差;在烟道内布置蒸发器以保证水冷壁出口工质即使在 25% 负荷下也能在湿蒸汽范围内等措施。

美国燃烧工程公司和三菱公司在其辅助循环锅炉的基础上新设计了"CC+"型的低倍率循环锅炉。主要措施是采用内螺纹管,使循环倍率降低到 2.67。由于循环倍率的降低,使辅助循环泵的功率消耗下降,这部分的得益完全可以补偿因采用内螺纹管而引起的成本增加。"CC+"型低倍率循环锅炉可以适应变压运行的需要。

美国福斯特·惠勒(FW)公司以及日本石川岛播磨公司在其传统的多次上升-下降直流锅炉上,加装内置式分离器及变更旁路系统,可使过热器之后作变压运行。

新设计的自然循环锅炉上采用内螺纹管以防止运行中工质偏离核态沸腾点以及增加机组的可靠性,进一步在一级过热器之前装设一旁路系统,以便在启动及低负荷运行时将过多的蒸汽引入到凝汽器去,使过热蒸汽温度与汽机金属温度有良好的匹配,并用饱和蒸汽调节汽温,保证锅炉可以快速启停和变负荷运行。

4. 燃料结构

(1)油气燃料的比例

我国对工业锅炉的燃料政策在 1990 年以前主要倾向于以煤为主,例如 1988 年底,国家煤代油办公室还发出名为以煤代油、节油的奖励办法和补贴标准的文件。

国民经济的快速发展以及人民生活质量的日益提高,不仅对锅炉的自动化水平要求越来越高,对环境保护也提出了日趋严格的标准。燃煤锅炉的应用显然会受到限制。采用燃油或燃气的工业锅炉不仅可以提高锅炉热效率,而且对减少烟气排放污染物具有显著效果。因此,在人口密集的大中型城市中采用燃油特别是燃气锅炉是我国工业锅炉发展的一种必然趋势。

(2)垃圾能源化

没有废弃物,只有放错了地方的资源。20 世纪 90 年代以来,世界主要工业国家的城市垃圾量每年以 8% ~ 10% 的速度递增,全世界城市垃圾量已达到年 72 亿 t,严重影响了人类的生存环境,也困扰了城市的发展。

传统的垃圾处理方法是填埋、焚烧和堆肥。对垃圾的更进一步处理,就是垃圾能源化。据经验,垃圾发热量大于 3300 kJ/kg(800 kcal/kg)时就可以自然方式焚烧。因此,大多数城市的垃圾完全可以自然焚烧,也就使垃圾能源化具备了基本条件。垃圾在锅炉中直接燃烧是各国垃圾能源化的主要手段。各国所采用的炉型繁多,但主要有流化床燃烧锅炉、回转窑式锅炉和机械炉排锅炉等三种。

 复习思考题

1. 阐述世界及我国的能源结构特点。

2. 什么是能源? 什么是一次能源与二次能源?

3. 说明锅炉在国民经济中的重要地位。

4. 说明锅炉的一般工作过程。

5. 请列举锅炉的主要部件和锅炉的辅助设备并说明什么是锅炉机组。

6. 简述锅炉发展史。从锅炉型式的发展来看,为什么要用水管锅炉来代替火管或烟管锅炉? 但是为什么现在有些小型锅炉中仍采用了烟管或烟水管组合形式? 为什么要从单火筒锅炉演变为烟火管锅炉? 为什么要从多锅筒水管锅炉演变为单锅筒或双锅筒水管锅炉?

7. 锅筒、集箱和管束在锅炉中各自起着什么作用?

8. 请对比烟管锅炉和水管锅炉的优缺点,并说明现代锅炉的发展趋势。

9. 锅炉本体指哪些部件? 请列举锅炉的辅助设备。

10. 需要哪些参数才能描述一台锅炉?

11. 锅炉的分类方法有哪些?

12. 什么是锅炉的最大连续蒸发量和额定蒸发量?

13. 请举例说明我国工业锅炉、电站锅炉的型号表示法。

14. 锅炉的性能指标主要有哪些?

第 2 章　燃料及其准备

我国是世界上少数几个以煤为主要燃料的国家之一。燃料在送入锅炉炉膛之前都需要进行一定的预处理,以使其满足燃烧设备的要求,这种预处理就是燃料准备。本章在简要介绍燃料分类和燃料准备基本原则的基础上,重点介绍燃料的组成、各种组成成分的性质、燃料成分的基准及其换算方法、煤粉的性质及其制备方法和磨煤设备及其相应的制粉系统。以煤为例介绍燃料元素分析、工业分析、发热量以及煤灰熔融性等概念,并对其他燃料及其准备做简要介绍。

 ## 2.1　燃料的分类及其组成

2.1.1　燃料的分类

燃料是指可以用来获取大量热能的物质。燃料是锅炉的"粮食"。

目前地球上的燃料可分为两大类:核燃料和有机燃料。锅炉大都燃用有机燃料。所谓有机燃料就是通过燃烧可以放出大量热量的物质。

尽管许多物质燃烧时的反应都是放热反应,但作为燃料,应该满足下列条件:就单位数量而言,燃烧时能放出大量的热量;能方便而很好地燃烧;在自然界中蕴藏量丰富,能大量开采,价格低廉;燃烧产物对人体、动植物、环境等有较小危害或无害。

按物态有机燃料可分为固体燃料、液体燃料和气体燃料。按获得的方法又可分为天然燃料和人工燃料。燃料分类如表 2.1 所示。

表 2.1　燃料分类

类　别	天然燃料	人工燃料
固体燃料	木柴、泥煤、烟煤、石煤、油页岩	木炭、焦炭、泥煤砖、煤矸石、甘蔗渣、可燃垃圾等
液体燃料	石油	汽油、煤油、柴油、沥青、焦油
气体燃料	天然气	高炉煤气、发生炉煤气、焦炉煤气、液化石油气

有机燃料按用途又可分为工艺燃料和动力燃料。工艺燃料是指特殊工艺生产过程所需用的燃料,大都是优质燃料。而动力燃料是指除了其燃烧放热可供利用外,在其他方面没有更大经济价值的燃料,主要是劣质燃料。锅炉一般燃用劣质燃料,这些劣质燃料燃烧比较困难,而且会给锅炉工作带来许多不利影响。我国的燃料政策规定电站锅炉以燃煤为主,并且在保证

综合效益的条件下主要燃用劣质煤。

燃料特性是锅炉设计、运行的基础。对于不同的燃料,要相应采用不同的燃烧设备和运行方式。对于锅炉设计及运行人员,必须了解锅炉燃料的性能特点,才能保证锅炉运行的安全性和经济性。

2.1.2 燃料的组成

固体燃料的成分有:碳(C)、氢(H)、氧(O)、氮(N)、硫(S)、水分(M)、灰分(A)。其中 C、H、S 为可燃元素。

液体燃料的成分也是碳、氢、氧、氮、硫、水分和灰分,但碳和氢含量较高。

气体燃料有天然气和人造气两类。天然气分气田气和油田伴生气(简称油田气)两种。气田气主要成分是甲烷;油田气除含甲烷外,还有丙烷、丁烷等烷烃类,CO_2 含量也比气田气高。

1. 固体燃料和液体燃料

(1)碳和氢 碳是燃料中基本可燃元素,煤中碳含量(质量分数)一般占煤成分的 20%～70%,油类燃料中碳的含量达 83%～88%。氢是燃料中热值最高的元素,煤中含量(质量分数)一般占煤成分的 3%～5%,油类燃料中氢的含量(质量分数)达 11%～14%。碳和氢两种元素结合成各种碳氢化合物,也称为烃,按其化学结构不同一般分为烷烃、环烷烃和芳香烃三类。

1 kg 碳完全燃烧生成二氧化碳时可放出 32783 kJ 的热量;在缺氧或燃烧温度较低时会形成不完全燃烧产物一氧化碳,仅放出 9270 kJ 的热量。氢气是一种着火容易、燃烧性能好的气体,1 kg 氢气完全燃烧时可放出 120370 kJ 的热量,约是碳燃烧放热量的 3.67 倍。燃料中碳和氢各自含量的比例称为碳氢比,用符号 k_{CH} 表示。碳氢比可以用来衡量燃料及其燃烧的性能。碳氢比小的燃料热值较高,燃烧过程中着火容易、燃烧完全,形成的不完全燃烧产物较少。

(2)氧和氮 氧是燃料中反应能力最强的元素,燃烧时能与氢化合成水,降低了燃料的热值。氮是燃料中的惰性和有害元素,燃烧过程中燃料中氮易转化成为氮氧化物 NO_x(NO 及 NO_2),排放后对环境造成污染。氧和氮都是煤在形成期间便存在的,它们都不是可燃质,不能燃烧放热。煤中氮的质量分数约为 0.1%～2.5%,氧的质量分数一般小于 2%。氧随煤的碳化程度加深而减少。氧在煤中主要以羧基、羟基、甲氧基、羰基和醚基形态存在,也有些氧与碳骨架结合成杂环。燃料中氮绝大部分为有机氮。

(3)硫 硫也是有害成分。尽管硫也是一种可燃物质,但其热值很低,1 kg 硫燃烧后仅放出 9040 kJ 的热量。燃烧生成的 SO_2 和少量 SO_3,排出锅炉后造成严重污染,是形成酸雨的主要物质。硫在煤中以三种形式存在:①有机硫,与碳、氢等结合成复杂化合物;②黄铁矿硫,如 FeS_2 等;③硫酸盐硫,如 $CaSO_4$、Na_2SO_4 等。其中,有机硫和黄铁矿硫参加燃烧;硫酸盐硫进入灰分,我国煤的硫酸盐硫含量极少。我国动力用煤的含硫量大部分为 1%～1.5%。含硫量高于 2% 的煤称为高硫煤,直接燃烧可生成大量的 SO_2,若不处理则危害严重。

硫在石油中以硫酸、亚硫酸或硫化氢、硫化铁等化合物的形式存在。硫是评价油质的重要指标之一。按照硫在燃料中的含量多少,可分为:高硫油,质量分数大于 2%;含硫油,质量分数为 0.5%～2%;低硫油,质量分数小于 0.5%。

(4)灰分 煤的灰分是燃烧后剩余的固体残余物。灰分降低了煤的品质;给燃烧造成困难;可能使锅炉积灰、结渣,并磨损金属受热面。我国煤的灰分随煤种变化很大,少则 4%～5%,多则 60%～70%。煤中灰分的组成如表 2.2 所示。

石油中的灰分是矿物杂质在燃烧过程中经过高温分解和氧化作用后形成的固体残留物(V_2O_5、Na_2SO_4、$MgSO_4$、$CaSO_4$ 等),会在锅炉的各种受热面上形成积灰并引起金属的腐蚀。石油中灰分的含量极少,质量分数小于 0.05%,但化学成分十分复杂,含有 30 多种微量元素。由于石油中的灰分具有较强的黏结性,燃油锅炉受热面上的积灰不易清除,会对长期运行的锅炉产生很大的影响。

表 2.2　煤中灰分的组成

成分	含量	成分	含量
SiO_2	20%～60%	Fe_2O_3	5%～35%
Al_2O_3	10%～35%	CaO	1%～20%
MgO	0.3%～0.4%	Na_2O 和 K_2O	1%～4%
TiO_2	0.5%～2.5%	SO_3	0.1%～1.2%

除了灰分以外,石油及其产品在开采、输运、储存过程中还会混入一些不溶物质,称为机械杂质,在燃料油中的含量(质量分数)约为 0.1%～0.2%。这些以悬浮或沉淀状态存在的杂质有可能堵塞或磨损油喷嘴和管道设备,使锅炉的正常运行受到影响。

(5) 水分　水分也是燃料中的不可燃成分。不同燃料的水分含量变化也很大,液体燃料约含有 1%～4%,褐煤中水分可达 40%～60%。水分增加,影响燃料的着火和燃烧速度,增大烟气量,增加排烟热损失,加剧尾部受热面的腐蚀和堵灰。

通常石油与水共存于油田中,原油中含有很高的水分。燃料油中的高水分会使燃料的热值降低,导致燃烧过程中出现火焰脉动等不稳定工况或熄火,增大排烟热损失,一般是有害成分。但若有少量水分呈乳状液并与油均匀混合,雾化后的油滴中水分先受热蒸发膨胀,产生所谓的"微爆"效应,油滴形成二次破碎雾化,改善了燃烧条件,提高燃烧火焰温度,可以降低不完全燃烧热损失。

2. 气体燃料

各种气体燃料均由一些单一气体混合组成,也包括可燃物质与不可燃物质两部分。主要的可燃气体成分有甲烷(CH_4)、乙烷(C_2H_6)、氢气(H_2)、一氧化碳(CO)、乙烯(C_2H_4)、硫化氢(H_2S)等,不可燃气体成分有二氧化碳(CO_2)、氮气(N_2)和少量的氧气(O_2)。其中可燃单一气体的主要性质如下。

(1)甲烷　无色气体,微有葱臭,难溶于水,0 ℃时在水中的溶解度为 0.0556%,低位热值为 35906 kJ/m^3。甲烷与空气混合后可引起强烈爆炸,其爆炸极限范围为 5%～15%。最低着火温度为 540 ℃。

(2)乙烷　无色无臭气体,0 ℃时在水中的溶解度为 0.0987%,低位热值为 64396 kJ/m^3。最低着火温度为 515 ℃,爆炸极限范围为 2.9%～13%。

(3)氢气　无色无臭气体,难溶于水,0 ℃时在水中的溶解度为 0.0215%,低位热值为 10794 kJ/m^3。最低着火温度为 400 ℃,极易爆炸,在空气中的爆炸极限范围为 4%～75.9%。

(4)一氧化碳　无色无臭气体,难溶于水,0 ℃时在水中的溶解度为 0.0354%,低位热值为 12644 kJ/m^3。一氧化碳的最低着火温度为 605 ℃,在空气中的爆炸极限范围为 12.5%～74.2%,一氧化碳是一种毒性很大的气体,空气中含有 0.06%即有害于人体。

(5)乙烯　无色气体,具有窒息性的乙醚气味,有麻醉作用,0 ℃时在水中的溶解度为 0.226%,低位热值为 59482 kJ/m^3。乙烯最低着火温度为 425 ℃,在空气中的爆炸极限范围为 2.7%～3.4%,浓度达到 0.1% 时对人体有害。

(6)硫化氢　无色气体,具有浓厚的腐蛋气味,易溶于水,0 ℃时在水中的溶解度为 4.7%,低位热值为 23383 kJ/m³。硫化氢易着火,最低着火温度为 270 ℃,在空气中的爆炸极限范围为 4.3%～45.5%。毒性大,空气中含有 0.04 % 时有害于人体。

2.1.3　燃料成分的基准及其换算

固体燃料和液体燃料由碳、氢、氧、氮、硫五种元素及水分、灰分等组成,这些成分都以质量分数计算,其总和为 100%。

由于燃料中水分和灰分的含量易受外界条件的影响而发生变化,水分或灰分的含量变化了,其他元素成分的含量也会随之而变化,所以不能仅用各成分的质量分数来表示燃料的成分组成特性。有时为了使用或研究工作的需要,在计算燃料的各成分百分含量时,可将某种成分(例如水分或灰分)不计算在内。这样按不同的"成分组合"计算出来的各成分百分数就会有较大的差别。这种根据燃料存在的条件或根据需要而规定的"成分组合"称为基准。如果所用的基准不同,同一种煤的同一成分的百分含量结果便不一样。

常用的基准有以下 4 种。

(1)收到基(as-received basis)　以收到状态的燃料为基准计算燃料中全部成分的组合称为收到基。收到基以下角标 ar 表示。

$$w_{ar}(C) + w_{ar}(H) + w_{ar}(O) + w_{ar}(N) + w_{ar}(S) + w_{ar}(A) + w_{ar}(M) = 100\% \quad (2.1)$$

式中:$w_{ar}(C)$表示收到基碳的质量分数;$w_{ar}(H)$表示收到基氢的质量分数;$w_{ar}(O)$表示收到基氧的质量分数;$w_{ar}(N)$表示收到基氮的质量分数;$w_{ar}(S)$表示收到基硫的质量分数;$w_{ar}(A)$表示收到基灰分的质量分数;$w_{ar}(M)$表示收到基水分的质量分数。

(2)空气干燥基(air-dried basis)　以与空气湿度达到平衡状态的燃料为基准,即供分析化验的煤样在实验室一定温度条件下,自然干燥失去外在水分,其余的成分组合便是空气干燥基。空气干燥基简称空干基,以下角标 ad 表示。

$$w_{ad}(C) + w_{ad}(H) + w_{ad}(O) + w_{ad}(N) + ad(S) + w_{ad}(A) + w_{ad}(M) = 100\% \quad (2.2)$$

(3)干燥基(dry basis)　以假想无水状态的燃料为基准,以下角标 d 表示。干燥基中因无水分,故灰分不受水分变动的影响,灰分含量百分数相对比较稳定。

$$w_d(C) + w_d(H) + w_d(O) + w_d(N) + w_d(S) + w_d(A) = 100\% \quad (2.3)$$

(4)干燥无灰基(dry and ash-free basis)　以假想无水、无灰状态的煤为基准,以下角标 daf 表示。

$$w_{daf}(C) + w_{daf}(H) + w_{daf}(O) + w_{daf}(N) + w_{daf}(S) = 100\% \quad (2.4)$$

干燥无灰基因无水、无灰,故剩下的成分便不受水分、灰分变动的影响,是表示碳、氢、氧、氮、硫成分百分数最稳定的基准,可作为燃料分类的依据。

对于煤来说,由于煤质分析所使用的煤样是空气干燥基煤样,分析结果的计算是以空气干燥基为基准得出的,但在锅炉设计、计算时,是按实际进入锅炉的炉前煤,即收到基进行计算的,所以一方面要测定炉前煤的收到基水分,同时还要对煤的各种成分进行基准的换算。基准换算的基本原理是物质不灭定律,即煤中任一成分的分析结果采用不同的基准表示时,可以有不同的相对数值,但该成分的绝对质量不会发生变化。

一般来说,各种基准之间的换算公式为

$$x = Kx_0 \tag{2.5}$$

式中：x_0 为按原基准计算的某一成分的质量分数；x 为按新基准计算的同一成分的质量分数；K 为换算系数。

换算系数 K 可由表 2.3 查出。

表 2.3　不同基准的换算系数 K

x_0	x			
	收到基	空气干燥基	干燥基	干燥无灰基
收到基	1	$\dfrac{1-w_{ad}(M)}{1-w_{ar}(M)}$	$\dfrac{1}{1-w_{ar}(M)}$	$\dfrac{1}{1-w_{ar}(M)-w_{ar}(A)}$
空气干燥基	$\dfrac{1-w_{ar}(M)}{1-w_{ad}(M)}$	1	$\dfrac{1}{1-w_{ad}(M)}$	$\dfrac{1}{1-w_{ad}(M)-w_{ad}(A)}$
干燥基	$1-w_{ar}(M)$	$1-w_{ad}(M)$	1	$\dfrac{1}{1-w_d(A)}$
干燥无灰基	$1-w_{ar}(M)-w_{ar}(A)$	$1-w_{ad}(M)-w_{ad}(A)$	$1-w_d(A)$	1

 ## 2.2　固体燃料

2.2.1　煤及其特性

1. 煤的组成特性

煤是一种植物化石。古代的植物随地壳变动而被埋入地下，经过长期的细菌、生物、化学作用以及地热高温和岩层高压的成岩、变质作用，使植物中的纤维素、木质素发生脱水、脱 CO、脱甲烷等反应，而后逐渐成为煤。

煤既然由植物形成，组成植物的有机质元素，碳、氢、氧和少量的氮、硫便是煤的主要元素。另外，在煤的形成、开采和运输过程中，加入的水分和矿物质（燃烧后成为灰分），也成为煤的组成成分。

煤的化学组成和结构十分复杂。但作为锅炉燃料使用，多数情况下我们只需了解它与燃烧有关的组成，如元素分析成分组成和工业分析成分组成，就能满足锅炉燃烧技术和有关热力计算等方面的要求。

（1）煤的元素分析

通常所说的元素分析是指对煤中碳、氢、氧、氮和硫的测定。煤的元素分析结果用各种元素的质量分数表示。

煤的组成变化与煤的成因类型、煤的岩相组成和煤化度密切相关，各类煤的元素组成如表 2.4 所示。煤的元素组成对研究煤的成因、类型、结构、性质和利用等都有十分重要的意义。

表 2.4　各类煤的元素组成(质量分数)

煤的类别	$w_{daf}(C)$	$w_{daf}(H)$	$w_{daf}(O)$	$w_{daf}(N)$
褐　煤	60%～77%	4.5%～6.6%	15%～30%	1.0%～2.5%
烟　煤	73%～93%	4.0%～6.8%	2%～15%	0.7%～2.2%
无烟煤	89%～98%	0.8%～4.0%	1%～3%	0.3%～1.5%

采用元素分析仪进行煤的元素分析时,一般直接测定出 C、H、N 和 S 的质量分数,而氧的质量分数一般用差减法来计算:

$$w_{ad}(O) = 100 - [w_{ad}(C) + w_{ad}(H) + w_{ad}(N) + w_{ad}(S)] - w_{ad}(M) - w_{ad}(A) \quad (2.6)$$

计算所得的氧的质量分数,包括了对碳、氢、氮和硫等所有测定中的误差,是一个准确度不高的近似值。

(2)煤的工业分析

在煤的着火、燃烧过程中,煤中各种成分的变化情况是:将煤加热到一定温度时,首先水分被蒸发出来;接着再加热,煤中的氢、氧、氮、硫及部分碳所组成的有机化合物便分解,变成气体挥发出来,这些气体称为挥发分;挥发分析出后,剩下的是焦炭,焦炭就是固定碳和灰分。

计算煤中水分(M)、灰分(A)、挥发分(V)和固定碳(FC,Fixed Carbon)等四种成分的质量分数,称为煤的工业分析。煤的工业分析一般还应包括全硫和发热量。$w(M)$、$w(A)$ 和 $w(V)$ 通过测定得到,而 $w(FC)$ 则由差减法计算得到。利用工业分析结果可初步判断煤的性质,作为煤合理利用的初步依据。煤的成分图解如图 2.1 所示。

工业分析成分也可用"收到基""空气干燥基""干燥基"或"干燥无灰基"来表示。元素分析与工业分析成分间的关系如下。

①水分。煤中水分的存在状态分为外在水分(M_f)、内在水分(M_{inf})和结晶水。外在水分和内在水分属于游离水,结晶水则为化合水。

外在水分是指附着于煤粒表面的水和存在于直径大于 0.1 μm 的毛细孔中的水分。这种水分以机械的方式,如附着吸附方式,与煤相结合,在常温下容易失去。在实验室中为制取分析煤样(空气干燥煤样),一般在 45～50 ℃下放置数小时,使其与大气湿度相平衡以除去外在水分。含有外在水分的煤称为收到基煤(ar),失去外在水分的煤称为空气干燥基煤(ad)。

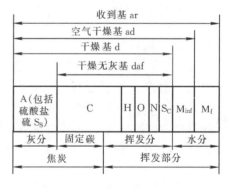

图 2.1　煤的成分图解

内在水分是指吸附或凝聚在煤粒内部毛细孔(直径小于 0.1 μm)中的水分。由于这部分水以物理化学方式与煤相结合,故较难蒸发除去。一般规定,把空气干燥煤在 105～110 ℃的条件下,干燥 1.0～1.5 h 所失去的水分称为内在水分。失去内在水分的煤称为干燥煤。

煤样在温度为 30 ℃,相对湿度为 96%的大气气氛中达到平衡时,即煤颗粒中毛细孔所吸附的水分达到饱和状态时,内在水分达到最高值,称为最高内在水分(moisture with highest content or moisture holding capacity,MHC)。由于煤的孔隙率与煤化度有一定关系,因此,煤的最高内在水分也能在一定程度上反映煤化度。不同煤种的最高内在水分和内在水分含量见表 2.5。中等变质程度的烟煤,即肥煤和焦煤的最高内在水分和空气干燥基水分(基本上为内在水分)最低,这与它们的孔隙率是一致的。

表 2.5　煤的最高内在水分和空气干燥基水分(质量分数/%)

项目	泥炭	褐煤	长焰煤	不黏煤	弱黏煤	气煤	肥煤	焦煤	瘦煤	贫煤	无烟煤
MHC	30～50	15～30	5～20	5～20	3～10	1～6	0.5～4.0	0.5～4.0	1～3.0	1～3.5	1.5～10
$w_{ad}(M)$[①]	30～50	10～28	3～12	3～15	0.5～5	1～6	0.3～2.0	0.3～1.5	0.4～1.8	0.5～2.5	0.7～9.5

注:①$w_{ad}(M)$为空气干燥基水分。

结晶水是指以化学方式与煤中矿物质结合的水,如存在于高岭土($Al_2O_3 \cdot 2SiO_2 \cdot 2H_2O$)和石膏($CaSO_4 \cdot 2H_2O$)中的水。结晶水需要在 200 ℃ 以上才能从煤中分解析出。

煤的外在水分和内在水分的总和称为全水分(M_t)。工业分析一般只测定煤样的全水分和空气干燥煤样的水分。表 2.3 中的换算系数 K 并不适用于水分的换算。水分之间的换算公式为

$$w_t(M) = w_f(M) + w_{inf}(M)\frac{1 - w_f(M)}{100\%} \text{ 或 } w_{ar}(M) = w_f(M) + w_{ad}(M)\frac{1 - w_f(M)}{100\%}$$

式中:$w_t(M)$为燃料的全水分,即收到基水分 $w_{ar}(M)$;$w_f(M)$为燃料的外在水分,以收到基为基准;$w_{inf}(M)$为燃料的内在水分,即空干基水分 $w_{ad}(M)$。

②灰分。煤中灰分是指煤样中所有可燃物质在规定条件下(815 ℃±10 ℃)完全燃烧时,其中的矿物质经过一系列分解、化合等复杂反应后所剩余的残渣(或称为固体残留物)。煤中灰分全部来自煤中的矿物质,但它的组成或质量与煤中的矿物不完全相同,确切地说,煤中灰分是矿物质的灰分产率。

煤中矿物质以氧化物的形态存在。煤中矿物质由原生矿物质、次生矿物质和外来矿物质三个部分构成。原生矿物质即原始成煤植物含有的矿物质。它参与成煤,很难除去。其质量分数一般不超过 1%～2%。次生矿物质为成煤过程中,由外界(如沼泽中的泥沙)混入到煤层中的矿物质。通常这类矿物质在煤中的质量分数在 10% 以下,可用机械的方法部分脱除。外来矿物质为采煤时从煤层顶板、底板和夹石层掉入煤中的矿物质。它的质量分数随煤层结构的复杂程度和采煤方法而异,一般为 5%～10%。这类矿物质用重力洗选法容易除去。原生矿物质和次生矿物质合称为内在矿物质。来自内在矿物质的灰分,称为内在灰分。外来矿物质所形成的灰分,称为外在灰分。

③挥发分。煤样在规定条件下隔绝空气加热,煤中的有机质受热分解出一部分分子量较小的液态(此时为蒸汽状态)和气态产物,这些产物称为挥发物。挥发物占煤样质量的百分数,称为挥发分产率或简称为挥发分。挥发分的测定结果有时受煤中矿物质的影响,当煤中碳酸盐含量较高时,有必要对测得的挥发分值加以校正。

煤的挥发分主要由有机质中的支链和一些结合较弱的环裂解而成。此外,还有一部分是无机质分解产生的。挥发分的组成比较复杂,它不仅包括了简单的有机化合物和无机化合物(如 H_2O、H_2S、CO_2、CH_4、C_nH_m,……),而且含有许多复杂的有机化合物以及少量不挥发的有机质剧烈氧化(燃烧)的产物。总的来说,煤的挥发分主要是由有机化合物组成的。因此,可以根据挥发分产生率来判断煤中有机物的性质,初步确定煤的用途。应该强调指出,煤的挥发分产率及其组成不是固定的,它因煤种和矿物质含量不同而异,并且还受测定时操作条件的影

响。即使是同一种煤,由于加热时间的长短、温度高低、速度的快慢等不同,也会使煤的挥发分产率和组成发生变化。因此,测定挥发分产率的规范性很强。

挥发分随煤化度加深而有规律地降低。挥发分的测定设备简单,测定方法简易、快速,所以大多数国家仍采用它作为煤炭工业分类和煤炭贸易中的重要指标之一。

④固定碳。煤的固定碳是指从煤中除去水分、灰分和挥发分后的残留物,即

$$w_{ad}(FC) = 1 - w_{ad}(M) - w_{ad}(A) - w_{ad}(V) \tag{2.7}$$

式中:$w_{ad}(FC)$ 为分析煤样的固定碳的质量分数,%;$w_{ad}(M)$ 为分析煤样的水分的质量分数,%;$w_{ad}(A)$ 为分析煤样的灰分的质量分数,%;$w_{ad}(V)$ 为分析煤样的挥发分的质量分数,%。

所谓煤中的固定碳,实际上是煤中有机质在隔绝空气加热时热分解的残留物。有机质元素组成和焦炭一样,不仅含有碳元素,而且含有氢、氧、氮等元素。因而,固定碳含量与煤中有机质的碳元素含量是两个不同的概念,就数量上来说,煤的固定碳小于煤中有机质的碳含量,只有在高变质程度煤中两者才趋于接近。固定碳和挥发分之比($w(FC)/w(V)$)称为燃料比,其值的大小也可用来初步判断煤的种类及工业用途。

煤的工业分析要在一定条件下进行,才能测定各种成分的质量分数。我国通常按照国家标准(GB/T 211—2017《煤的全水分测定法》及 GB/T 212—2008《煤的工业分析测定法》)的规定来测定各种成分的质量分数。

煤在隔绝空气的条件下加热(900 ℃±10 ℃,持续 7 min),分解出来的气(汽)态物质剔除水分后称为煤的挥发分,用符号 V 表示。剩下的不挥发物质称为焦渣。焦渣除去灰分成为固定碳,用符号 FC 表示。用挥发分、固定碳、灰分、水分分析煤的组分称为煤的工业分析成分,工业分析成分用各种基表示如下:

$$w_{ar}(V) + w_{ar}(FC) + w_{ar}(A) + w_{ar}(M) = 100\% \tag{2.8}$$

$$w_{ad}(V) + w_{ad}(FC) + w_{ad}(A) + w_{ad}(M) = 100\% \tag{2.9}$$

$$w_{d}(V) + w_{d}(FC) + w_{d}(A) = 100\% \tag{2.10}$$

$$w_{adf}(V) + w_{daf}(FC) = 100\% \tag{2.11}$$

2. 煤的发热量

煤的发热量是指单位质量的煤在完全燃烧时所释放出的热量,单位是 kJ/kg。煤的发热量常用弹筒发热量、高位发热量和低位发热量来表示。

(1)弹筒发热量

煤的发热量一般采用氧弹量热法来测定。测量时将一定量的煤样放入不锈钢制的耐压弹型容器中,用氧气瓶将氧弹充氧至 2.6～2.8 MPa,为容器中煤样的完全燃烧提供充分的氧气。利用电流加热弹筒内的金属丝使煤样着火,试样在压力和过量的氧气中完全燃烧,产生 CO_2 和 H_2O。燃烧产生的热量被氧弹外具有一定质量的环境水吸收,根据水温的上升并进行一系列的温度校正后,可计算出单位质量煤燃烧所产生的热量,用 $Q_{b,v,ad}$ 表示。

由于燃烧反应有不同的条件(主要是恒压和恒容的区别),燃烧产物有不同的状态(主要是液态和气态),煤的发热量根据不同的用途存在几种不同的定义。

(2)高位发热量

煤的恒容高位发热量是指在弹筒的恒定容积下测定,并假定燃烧产生的气体中所有的气态水都冷凝为同温度下的液态水的规定条件下,单位质量的煤完全燃烧后放出的热量。

若煤样在开放体系中燃烧,煤中氮和硫将分别以游离氮和 SO_2 的形式逸出。在弹筒内煤

的燃烧是在高温高压下进行的,所以试样和弹筒内空气中的氮生成氮氧化物并溶解在水中变为稀硝酸;同样的原因,煤中的硫则生成稀硫酸。上述稀硝酸和稀硫酸的生成及溶解于筒内预先加入的水均为放热反应。从弹筒发热量中减去硝酸、硫酸的生成热和溶解热后即得到煤的恒容高位发热量,计算式如下:

$$Q_{gr,v,ad} = Q_{b,v,ad} - (95S_{b,ad} + \alpha Q_{b,v,ad}) \qquad (2.12)$$

式中:$Q_{gr,v,ad}$ 为煤的空气干燥基恒容高位发热量,kJ/kg;$Q_{b,v,ad}$ 为煤的空气干燥基弹筒发热量,kJ/kg;$S_{b,ad}$ 为由弹筒洗液测得的煤空气干燥基含硫量,%;95 为煤中每 1% 的硫的校正值,kJ;α 为硝酸生成热的比例系数,其值与 $Q_{b,v,ad}$ 有关。当 $Q_{b,v,ad} \leqslant 16700$ kJ/kg 时,$\alpha = 0.001$;当 16700 kJ/kg $< Q_{b,v,ad} \leqslant 25100$ kJ/kg 时,$\alpha = 0.0012$;当 $Q_{b,v,ad} > 25100$ kJ/kg 时,$\alpha = 0.0016$。

前述各种基准的换算可应用于高位发热量的换算。例如,由空气干燥基高位发热量 $Q_{gr,ad}$ 换算为收到基高位发热量 $Q_{gr,ar}$ 的计算式为

$$Q_{gr,ar} = Q_{gr,ad} \frac{1 - w_{ar}(M)}{1 - w_{ad}(M)} \qquad (2.13)$$

（3）低位发热量

煤的恒容低位发热量是指在弹筒的恒定容积下测定,并假定燃烧产生的水以同温度下的气态水存在的规定条件下,单位质量的煤完全燃烧后放出的热量。恒容低位发热量的定义,主要是考虑到煤在常规燃烧时水呈蒸汽状态随燃烧废气排出,它的数值可以从高位发热量中减去水的汽化热求得。由于在实际的燃烧过程中,炉内温度很高,水要吸收蒸发潜热变为水蒸气,氢燃烧后生成的水,同样也吸热变为水蒸气,即都要吸收煤燃烧时放出来的一部分热量,而在锅炉运行时,为了避免尾部受热面的低温腐蚀,排烟温度常在 120 ℃ 以上,烟气中的水蒸气不会凝结。水蒸气吸收的蒸发潜热被带走,不能利用,所以煤的发热量便相应减少。

我国和大多数国家一样,在锅炉设计和计算中,采用低位发热量。但煤的发热量又由弹筒式量热计中实测得来,测得的是弹筒发热量,因此要经过换算。工业上多采用收到基低位发热量。

由空气干燥基恒容高位发热量换算为收到基恒容低位发热量的计算式为

$$Q_{net,v,ar} = (Q_{gr,v,ad} - 20600 w_{ad}(H)) \frac{1 - w_t(M)}{1 - w_{ad}(M)} - 2300 w_t(M) \qquad (2.14)$$

式中:$Q_{net,v,ar}$ 为收到基恒容低位发热量,kJ/kg;$Q_{gr,v,ad}$ 为空气干燥基恒容高位发热量,kJ/kg;$w_{ad}(H)$ 为空气干燥基氢含量,%;$w_t(M)$ 为收到基全水分含量,%;$w_{ad}(M)$ 为空气干燥基水分含量,%。

煤的恒压低位发热量 $Q_{net,p,ar}$,是指在恒定压力下测定,并假定燃烧产生水以同温度下的气态水存在的规定条件下,单位质量的煤完全燃烧后放出的热量。恒压低位发热量的定义,主要是考虑到煤在实际燃烧中处于恒压状态而不是恒容状态,它的数值与生成气体的膨胀功有关,可以从高位发热量换算求得

$$Q_{net,p,ar} = (Q_{gr,v,ad} - 21200 w_{ad}(H) - 80 w_{ad}(O)) \frac{1 - w_t(M)}{1 - w_{ad}(M)} - 24500 w_t(M) \qquad (2.15)$$

实践证明,对锅炉热工性能进行评价时,采用高位发热量更为科学。在工业上为核算企业对能源的消耗量,统一计算标准,便于比较和管理,采用标准煤的概念。规定收到基低位发热量为 29300 kJ/kg 的燃料,称为标准煤。即每 29300 kJ 的热量,可换算成 1 kg 的标准煤。火力发电厂的煤耗就是按每发 1 kW·h 的电,所消耗标准煤的质量（kg 或 g）来计算的。

（4）折算成分

在实际中,如果甲、乙两种煤具有相同的水分含量而发热量不同,例如,A 种煤的发热量

高于 B 种煤,那么需要产生同样多的热量时,由 A 种煤带入锅炉的水分则会少于 B 种煤。因此,为了比较煤中各种有害成分(水分、灰分及硫分)对锅炉工作的影响,更好地鉴别煤的性质,不应简单地用各成分的质量分数来比较,而应该以发出一定热量所对应的这些成分来比较。通常引入折算成分的概念。

目前有两种折算的方法。第一种方法规定把相对于每 4182 kJ/kg(即 1000kcal/kg)收到基低位发热量的煤所含的收到基水分、灰分和硫分,分别称为折算水分、折算灰分和折算硫分,其计算公式为

折算水分

$$w_{ar,zs}(M) = \frac{w_{ar}(M)}{\dfrac{Q_{net,ar}}{418200}} = \frac{w_{ar}(M)}{Q_{net,ar}} \times 418200 \qquad (2.16)$$

折算灰分

$$w_{ar,zs}(A) = \frac{w_{ar}(A)}{\dfrac{Q_{net,ar}}{418200}} = \frac{w_{ar}(A)}{Q_{net,ar}} \times 418200 \qquad (2.17)$$

折算硫分

$$w_{ar,zs}(S) = \frac{w_{ar}(S)}{\dfrac{Q_{net,ar}}{418200}} = \frac{w_{ar}(S)}{Q_{net,ar}} \times 418200 \qquad (2.18)$$

燃料中的 $w_{ar,zs}(M) > 8\%$,称为高水分燃料;$w_{ar,zs}(A) > 4\%$,称为高灰分燃料;$w_{ar,zs}(S) > 0.2\%$,称为高硫分燃料。这种折算方法曾得到了最为广泛的应用。

第二种折算方法用每 MJ 所对应的这些成分的质量来表示,就是按每 MJ 所折算出的成分,因此称其为折算成分含量(以下角标 zs 表示)。这样对水分来说,有

$$w_{zs}(M) = 1000 \times \frac{w_{ar}(M)}{\dfrac{Q_{net,ar}}{1000}} = 10^6 \frac{w_{ar}(M)}{Q_{net,ar}} \qquad (2.19)$$

式中:$w_{zs}(M)$ 为每 MJ 所对应的水分的质量(g),g/MJ。

同样,对灰分、硫分有

$$w_{zs}(A) = 10^6 \frac{w_{ar}(A)}{Q_{net,ar}} \qquad (2.20)$$

$$w_{zs}(S) = 10^6 \frac{w_{ar}(S)}{Q_{net,ar}} \qquad (2.21)$$

可以看出,由上述两种折算方法得到的折算成分数值上相差 0.4182 倍。

3. 高温下煤灰的熔融性

(1)煤灰的熔融性及其四个特征温度的测定

煤燃烧后残存的煤灰不是一种纯净的物质,没有固定的熔点,即没有固态和液态共存的界限温度。煤灰受热后,从固态逐渐向液态转化,这种转化的特性就是熔融性。表示煤灰熔融性的方法,各国不尽相同,但都是在严格规定的试验条件下,将煤灰制成特定的形状,然后在不断加热情况下观察其形态变化与温度的关系。

我国采用国际上广泛采用的角锥法来测定煤灰的熔融性。将煤灰制成高 20 mm、底边长为 7 mm 的等边三角形锥体,锥体的一个棱面垂直于底面,将此锥体放在可以调节温度的、并

充满弱还原性（或称半还原性）气体的专用硅碳管高温炉或灰熔点测定仪中,以规定的速率升温。根据灰锥在受热过程中形态的变化,用下列四种形态对应的特征温度来表示煤灰的熔融性,如图 2.2 所示。

DT—变形温度；ST—软化温度；HT—半球温度；FT—流动温度。

图 2.2　灰锥的变形和表示熔融性的四个特征温度

①变形温度（Deformation Temperature，DT）。灰锥顶端开始变圆或弯曲时的温度。

②软化温度（Softening Temperature，ST）。灰锥锥体至锥顶触及底板或锥体变成球形或高度等于或小于底长的半球形时所对应的温度。

③半球温度（Hemisphere Temperature，HT）。当灰锥变形至近似半球形,即高度约等于底长的一半时的温度。

④流动温度（Flow Temperature，FT）。锥体熔化成液体或展开成厚度在 1.5 mm 以下的薄层,或锥体逐渐缩小,最后接近消失时对应的温度。流动温度也称熔化温度。

DT、ST、HT 和 FT 是液相和固相共存的四个温度,不是固相向液相转化的界限温度,它们仅表示煤灰形态变化过程中的温度间隔。DT、ST、HT、FT 的温度间隔对锅炉工作影响很大,如果温度间隔很大,那就意味着固相和液相共存的温度区间很宽,煤灰的黏度随温度变化很慢,这样的灰渣称为长渣。长渣在冷却时可长时间保持一定的黏度,故在炉腔中易于结渣;反之,如果温度间隔很小,那么灰渣的黏度就随温度急剧变化,这样的灰渣称为短渣。短渣在冷却时其黏度增加得很快,只会在很短时间内造成结渣。一般认为,DT、ST 之差值在 $200 \sim 400 \ ℃$ 时为长渣,$100 \sim 200 \ ℃$ 时为短渣。

（2）影响煤灰熔融性的因素分析

主要是煤灰的化学组成和煤灰周围高温的环境介质（气氛）性质会影响煤灰的熔融性,前者是内因,后者是外因,但两者又相互影响。

①煤灰的化学组成。煤灰的化学组成比较复杂,通常以各种氧化物的质量分数来表示,可以分为酸性氧化物和碱性氧化物两种。酸性氧化物如 SiO_2、Al_2O_3 和 TiO_2,碱性氧化物则有 Fe_2O_3、CaO、MgO、Na_2O 和 K_2O 等。这些氧化物在纯净状态下的灰熔点大都很高,而且发生相变的温度是恒定不变的,如表 2.6 所示。

表 2.6　煤灰中常见的纯净氧化物的熔化温度

氧化物名称	熔化温度/℃	氧化物名称	熔化温度/℃
SiO_2	1716	K_2O	$800 \sim 1000$
Al_2O_3	2043	Fe_3O_4	1597
CaO	2521	Fe_2O_3	1566
MgO	2799	FeO	1377
Na_2O	$800 \sim 1000$	TiO_2	1837

　　一般认为，煤灰中的 Al_2O_3 能提高灰熔点。根据经验，Al_2O_3 含量大于 40% 时，ST 一般都超过 1500 ℃，大于 30% 时，ST 也在 1300 ℃ 以上。而煤灰中的碱性氧化物，则会使煤灰的灰熔点降低。

　　然而，煤中矿物质大都以多种复合化合物的混合物的形式存在。燃烧生成的灰分也往往是多种组合成分结合成的共晶体。这些复合物的共晶体的熔化温度要比纯净氧化物的熔化温度低得多，如表 2.6 和表 2.7 所示，而且没有明确固定的由固相转变为液相的相变温度。从个别组分开始相变到全部组分完全相变，要经历一个或长或短的温度区域。在这个温度区域内，煤灰中各组分之间也可能互相反应，生成具有更低熔点的共晶体，也可能进一步受热分解成熔点较高的化合物，而且低熔点的共晶体也有熔化其他尚呈固相矿物质的可能，因而使煤灰的某些成分可在大大低于它的灰熔点温度下熔化，而使煤灰组分的熔化温度低于表 2.7 所列的温度。

表 2.7　几种复合化合物的熔化温度

复合化合物	熔化温度/℃	复合化合物	熔化温度/℃
$Na_2 \cdot SiO_2$	877	$Ca \cdot MgO \cdot 2SiO_2$	1391
$K_2 \cdot SiO_2$	997	$Ca \cdot SiO_2$	1540
$Al_2O_3 \cdot Na_2O \cdot 6SiO_2$	1099	$3Al_2O_3 \cdot 2SiO_2$	1800
$Fe \cdot SiO_2$	1143	$CaO \cdot FeO \cdot SiO_2$	1100
$2FeO \cdot SiO_2$	1065	$CaO \cdot Al_2O_3$	1605
$CaO \cdot Fe_2O_3$	1249	$CaO \cdot Al_2O_3 \cdot SiO_2$	1170

　　②煤灰周围高温介质（气氛）的性质。在锅炉炉膛中，煤灰周围的高温介质主要有两种：一是氧化性介质，即介质中含有氧和完全燃烧产物，这种氧化性介质主要产生在燃烧器出口的一段距离以及炉膛出口部位；二是弱还原性介质，即气体中含氧量很少，主要由完全燃烧产物和不完全燃烧产物组成，这种弱还原性介质主要产生在煤粉炉前部的局部部位。

　　因为介质的性质不同，灰渣中的铁具有不同的形态。例如在氧化介质中，铁呈氧化铁（Fe_2O_3）状态，熔点较高；在还原性介质中，铁呈金属 Fe 状态，熔点也高；在弱还原性介质中，铁呈 FeO 状态，熔点也有 1377 ℃，但 FeO 最容易与灰渣中的 SiO_2 形成低熔点的 $2FeO \cdot SiO_2$，其熔点很低，仅为 1065 ℃。

　　如果在锅炉炉膛中燃烧过程组织得不好，就会出现不完全燃烧产物，炉膛中的介质便是弱还原性介质，会使灰熔点下降而导致炉内结渣。

2.2.2　煤炭的分类

　　煤炭之间的性质差别很大。为了适应不同用煤部门的需要，做到合理开发，洁净利用，优化资源配置，需要对煤炭进行分类。煤的分类是按照同一类别煤的基本性质相近的科学原则进行的。煤炭的分类主要有技术型和科学/成因型分类。我国煤炭的分类综合考虑了煤的形成以及各种特性、用途等。除了工业技术分类外，为了便于选用动力煤，又有发电用煤的分类和工业锅炉用煤的分类。

1. 煤的技术型分类法

　　我国煤的技术型分类法 GB/T 5751—2009 是采用表征煤的煤化程度的主要参数，即干燥

无灰基挥发分 $w_{daf}(V)$ 作为分类指标,将煤分为三大类:褐煤、烟煤和无烟煤。凡 $w_{daf}(V)\leqslant$ 10% 的煤为无烟煤,10%$<w_{daf}(V)\leqslant$37% 的煤为烟煤,$w_{daf}(V)>$37% 的煤为褐煤。

(1)无烟煤

无烟煤为煤化程度最深的煤,含碳量最多,一般 $w_{ar}(C)>$50%,最高可达 95%,$w_{ar}(A)=$ 6%~25%,水分较少,$w_{ar}(M)=$1%~5%,发热量很高,可达 25000~32500 kJ/kg,挥发分含量少,$w_{daf}(V)\leqslant$10%,而且挥发分释出温度较高,其焦炭没有黏结性,着火和燃尽均较困难。其燃烧时无烟,火焰呈青蓝色。无烟煤的表面有明亮的黑色光泽,机械强度高,储藏时稳定,不易自燃。无烟煤再用 $w_{daf}(V)$ 和 $w_{daf}(H)$ 分为三小类,即无烟煤 1 号、无烟煤 2 号和无烟煤 3 号。

(2)烟煤

烟煤的煤化程度低于无烟煤,含碳量一般为 40%~60%,灰分不多,$w_{ar}(A)=$7%~30%,水分也较少,$w_{ar}(M)=$3%~18%,发热量一般为 20000~30000 kJ/kg。除贫煤挥发分较少外,其余烟煤都因挥发分较高,着火、燃烧均较容易。烟煤的焦结性各不相同,贫煤焦炭呈粉状,而优质烟煤则常呈强焦结性,多用于冶金企业。烟煤采用表征工艺性能的参数,即黏结指数 G、胶质层最大厚度 y 和奥亚膨胀度 b 作为指标,分为贫煤、贫瘦煤、瘦煤、焦煤、肥煤、1/3 焦煤、气肥煤、气煤、1/2 中黏煤、弱黏煤、不黏煤、长焰煤等 12 种。其中,贫煤的干燥无灰基挥发分($w_{daf}(V)$)含量通常为 10%~20%。

(3)褐煤

褐煤含碳量为 40%~50%,水分和灰分含量较高,$w_{ar}(M)=$20%~50%,$w_{ar}(A)=$6%~50%,因而发热量较低,$Q_{ar,net}=$10000~21000 kJ/kg。因它含有较高的挥发分,$w_{daf}(V)=$40%~50%,所以容易着火燃烧。褐煤外表面多呈褐色或黑褐色,机械强度低,化学反应性强,在空气中易风化,不易储存和远运。褐煤除用 $w_{daf}(V)$ 分类外,还用透光率 P_M 和含最高内在水分的无灰高位发热量 Q'_{gr} 作为指标区分褐煤和烟煤,并将褐煤分成褐煤 1 号和褐煤 2 号。

具体的煤炭的分类如表 2.8 所示。

表 2.8　中国煤炭分类总表

类别	代号	编码	分类指标						
			$w_{daf}(V)$/%	G[1]	Y/mm	b/%	$w_{daf}(H)$[2]/%	P_M[3]/%	$Q_{gr,daf}$/(MJ·kg^{-1})
无烟煤	WY1	01	≤3.5				≤2.0		
	WY2	02	>3.5~6.5				>2.0~3.0		
	WY3	03	>6.5~10.0				>3.0		
贫煤	PM	11	>10.0~20.0	≤5					
贫瘦煤	PS	12	>10.0~20.0	>5~20					
瘦煤	SM	13	>10.0~20.0	>20~50					
		14	>10.0~20.0	>50~65					
焦煤	JM	15	>10.0~20.0	>65	≤25.0	≤150			
		24	>20.0~28.0	>50~65	≤25.0	≤150			
		25	>20.0~28.0	>65					

续表

类别	代号	编码	分类指标						
			$w_{daf}(V)/\%$	G①	Y/mm	$b/\%$	$w_{daf}(H)$②$/\%$	P_M③$/\%$	$Q_{gr,daf}/$ $(MJ \cdot kg^{-1})$
1/3 焦煤	1/3JM	35	>28.0~37.0	>65①	≤25.0	≤220			
肥煤	FM	16	>10.0~20.0	(>85)①	>25.0	>150			
		26	>20.0~28.0	(>85)①	>25.0	>150			
		36	>28.0~37.0	(>85)①	>25.0	>220			
气肥煤	QF	46	>37.0	(>85)①	>25.0	>220			
气煤	QM	34	>28.0~37.0	>50~65	≤25.0	≤220			
		43	>37.0	>35~50					
		44	>37.0	>50~65					
		45	>37.0	>65①					
1/2 中黏煤	1/2ZN	23	>20.0~28.0	>30~50					
		33	>28.0~37.0	>30~50					
弱黏煤	RN	22	>20.0~28.0	>5~30					
		32	>28.0~37.0	>5~30					
不黏煤	BN	21	>20.0~28.0	≤5					
		31	>28.0~37.0	≤5					
长焰煤	CY	41	>37.0	≤35				>50	
		42	>37.0	≤35					
褐煤	HM	51	>37.0					≤30	≤24
		52	>37.0					>30~50	

注:分类用煤样,除 A_d≤10.0％的采用原煤样外,凡 A_d>10.0％的各种煤样应采用 ZnCl₂ 重液选后的浮煤(对易泥化的低煤化度褐煤,可采用灰分尽可能低的原煤样)。详见 GB 474—2008《煤样的制备方法》。

①当 G>85 时,用 Y 值或 b 值来区分肥煤、气肥煤与其他煤类;当 Y>25.0 mm 时,根据 $w_{daf}(V)$ 的大小可划分为肥煤或气肥煤;当 Y≤25.0 mm,则根据其 $w_{daf}(V)$ 的大小划分为焦煤、1/3 焦煤或气煤。当用 b 值来划分类别时,当 $w_{daf}(V)$≤28.0％,b>150％的为肥煤,如 $w_{daf}(V)$>28.0％,b>220％的为肥煤或气肥煤。当按 b 值和 Y 值划分的类别有矛盾时,以 Y 划分的为准。

②对 $w_{daf}(V)$>37.0％,G≤5 的煤,再以透光率 P_M 来区分其为长焰煤或褐煤。

③对 $w_{daf}(V)$>37.0％,P_M>30％~50％的煤,再测 $Q_{gr,daf}$,如其值大于 24 MJ/kg,则应划分为长焰煤,否则为褐煤。

2. 发电用煤的分类

为适应火力发电厂动力用煤的特点,提高煤的使用率,我国提出了发电厂用煤,国家分类标准 VAWST,如表 2.9 所示。该标准中的质量等级是根据锅炉设计、运行等方面影响较大的煤质常规特性制定的。这些常规特性包括干燥无灰基挥发分 $w_{daf}(V)$、干燥基灰分 $w_d(A)$、收到基水分 $w_{ar}(M)$、干燥基硫分 $w_d(S)$ 和灰的软化温度(ST)等五项。又因煤的低位发热量 Q_{net} 与煤的挥发分密切相关,并能影响锅炉燃烧时的温度水平,所以用它作为 $w_{daf}(V)$ 和 ST 的一项辅助指标,两者相互配合使用。表中各特征指标 V、A、M、S、ST 等级的划分是根据实际锅炉燃烧工况参数的大量统计资料和煤质特种分析指标数据用有序量最优分割法计算并结合经验确定的。其中,V、A、M 指标体现煤的燃烧特性,尤以 V 为最明显,同时还包括 $Q_{\text{net,v,ar}}$。如果 $Q_{\text{net,v,ar}}$ 低于辅助分类指标界限值,则将这一类煤归入 V 低一级的类别中。ST 则反映了煤的结渣特性。

表 2.9　发电厂煤粉锅炉用煤国家分类标准 VAWST

分类指标	煤种名称	等级	代号	分级界限	辅助分类指标界限值	鉴定方法
挥发分 $w_{\text{daf}}(V)$[1]	超级挥发分无烟煤	特级	$w_{\text{daf}_1}(V)$	$\leqslant 6.5\%$	$Q_{\text{net,v,ar}}>23023$ kJ/kg	煤的工业分析方法 (GB/T 212—2008) 煤的发热量测定方法 (GB/T 213—2008)
	低挥发分无烟煤	1 级	$w_{\text{daf}_1}(V)$	$>6.5\%\sim9\%$	$Q_{\text{net,v,ar}}>20930$ kJ/kg	
	低中挥发分贫瘦煤	2 级	$w_{\text{daf}_2}(V)$	$>9\%\sim19\%$	$Q_{\text{net,v,ar}}>18418$ kJ/kg	
	中挥发分烟煤	3 级	$w_{\text{daf}_3}(V)$	$>19\%\sim27\%$	$Q_{\text{net,v,ar}}>16325$ kJ/kg	
	中高挥发分烟煤	4 级	$w_{\text{daf}_4}(V)$	$>27\%\sim40\%$	$Q_{\text{net,v,ar}}>15488$ kJ/kg	
	高挥发分烟褐煤	5 级	$w_{\text{daf}_5}(V)$	$>40\%$	$Q_{\text{net,v,ar}}>11721$ kJ/kg	
灰分 $w_{\text{d}}(A)$ $w_{\text{z}}(A)$[2]	常灰分煤	1 级	$w_{\text{d}_1}(A)$	$\leqslant 34\%(\leqslant 7\%)$		煤的工业分析方法 (GB/T 212—2008)
	高灰分煤	2 级	$w_{\text{d}_2}(A)$	$>34\%\sim45\%$ $(>7\%\sim13\%)$		
	超高灰分煤	3 级	$w_{\text{d}_3}(A)$	$>45\%(>13\%)$		
外在水分 $w_{\text{f}}(M)$	常水分煤	1 级	$w_{\text{f}_1}(M)$	$\leqslant 8\%$	$w_{\text{daf}}(V)\leqslant 40\%$	煤中全水分的测定方法 (GB/T 211—2017)
	高水分煤	2 级	$w_{\text{f}_2}(M)$	$>8\%\sim12\%$	$w_{\text{daf}}(V)\leqslant 40\%$	
	超高水分煤	3 级	$w_{\text{f}_3}(M)$	$>12\%$		
全水分 $w_{\text{t}}(M)$	常水分煤	1 级	$w_{\text{t}_4}(M)$	$\leqslant 22\%$	$w_{\text{daf}}(V)>40\%$	煤的工业分析方法 (GB/T 212—2008)
	高水分煤	2 级	$w_{\text{t}_5}(M)$	$>22\%\sim40\%$		
	超高水分煤	3 级	$w_{\text{t}_6}(M)$	$>40\%$		
硫分 $w_{\text{d,t}}(S)$ $w_{\text{t,z}}(S)$[3]	低硫煤	1 级	$w_{\text{d,t}_1}(S)$	$\leqslant 1\%(\leqslant 0.2\%)$		煤中全硫的测定方法 (GB/T 214—2007)
	中硫煤	2 级	$w_{\text{d,t}_2}(S)$	$>1\%\sim2.8\%$ $(>0.2\%\sim$ $0.55\%)$		
	高硫煤	3 级	$w_{\text{d,t}_3}(S)$	$>2.8\%(>0.55\%)$		
煤灰熔融性 ST	不结渣煤	1 级	T_{2-1}	$>1350\ ℃$	$Q_{\text{net,v,ar}}>12558$ kJ/kg	煤灰熔融性的测定方法 (GB/T 219—2008) 煤的发热量测定方法 (GB/T 213—2008)
				不限	$Q_{\text{net,v,ar}}\leqslant 12558$ kJ/kg	
	易结渣煤	2 级	T_{2-2}	$\leqslant 1350\ ℃$	$Q_{\text{net,v,ar}}>12558$ kJ/kg	

注:煤的采样按商品煤样人工采取方法 (GB 475—2008);煤样缩制按煤样的制备方法 (GB 474—2008)。
　　[1] $Q_{\text{net,v,ar}}$ 低于下限值时应划归 V_{daf} 数值较低的 1 级。
　　[2] $w_{\text{z}}(A)=4182\ w_{\text{ar}}(A)/Q_{\text{net,v,ar}}$。
　　[3] $w_{\text{t,z}}(S)=4182\ w_{\text{ar}}(S)/Q_{\text{net,v,ar}}$。

①w_{daf}(V)与 Q_{net} 配合,可分为六个等级。表 2.9 中的各级煤种,在锅炉正确设计和运行的情况下,可以保证燃烧的稳定性和最小的不完全燃烧热损失。若煤的 w_{daf}(V)≤6.5%,则煤粉的着火性能差,燃烧会出现不稳定,运行经济性也较差,在设计、运行中要采取相应的有效措施。

②灰分 w_d(A)可分为三级。它可以用来判断煤燃烧时的经济性。w_d(A)值超过第三级(A_3)的煤,不仅燃烧经济性差,而且会造成锅炉辅助系统的设备及管道的磨损以及对流受热面的严重磨损,增大维修费用。

③水分则按外在水分 w_f(M)及全水分 w_{ar}(M)各分为三级。当外在水分过大,会造成输煤管道的黏结堵塞,中断供煤,当外在水分 w_f(M)≤8%时(第一级),输煤运行正常。超过第一级则会出现原煤斗落煤管堵塞现象。对直吹式制粉系统,如果 w_f(M)过大,则会直接影响锅炉的安全运行。w_f(M)超过第二级(w_f(M)>12%)时,则难以安全运行。全水分 w_{ar}(M)可决定制粉系统的干燥出力和对干燥介质的选择。w_{ar}(M)的第一级(w_{ar}(M)≤22%),可选用预热空气作干燥剂,超过第一级应考虑采用预热空气和炉烟的混合干燥系统。

④全硫分 w_{ar}(S)可分为两级。w_{ar}(S)的分级是根据煤燃烧后生成的 SO_2 及少量的 SO_3 与烟气露点的关系而分级的。当 w_{ar}(S)≤1%(第一级)时,酸露点较低;w_{ar}(S)>3%(超过第二级)时,酸露点急剧上升,容易使硫酸蒸汽凝结在低温受热面上造成腐蚀。

⑤灰的软化温度与收到基低位发热量 $Q_{net,ar}$ 配合,可分为两级。属第一级的煤不易结渣,属第二级的煤则易结渣。

3. 工业锅炉用煤的分类

根据煤的挥发分产率、水分、灰分以及发热量的不同,工业锅炉用煤可分为石煤及煤矸石、褐煤、无烟煤、贫煤和烟煤 5 大类。其中无烟煤、烟煤、石煤及煤矸石又各自再分为 3 小类。工业锅炉用煤分类列于表 2.10。各小类均有代表性煤种可用于工业锅炉的设计。

表 2.10 工业锅炉行业用煤分类

类　别		干燥无灰基挥发分 w_{daf}(V)/%	收到基低位发热量 $Q_{net,ar}$/(MJ·kg⁻¹)
石煤、煤矸石	Ⅰ类		≤5.4
	Ⅱ类		>5.4~8.4
	Ⅲ类		>8.4~11.5
褐　煤		>37	≥11.5
无烟煤	Ⅰ类	6.5~10	<21
	Ⅱ类	<6.5	≤21
	Ⅲ类	6.5~10	≥21
贫　煤		>10~20	≥17.7
烟　煤	Ⅰ类	>20	>14.4~17.7
	Ⅱ类	>20	>17.7~21
	Ⅲ类	>20	>21

2.2.3　其他固体燃料

1. 油页岩

油页岩又称油母页岩,是可燃性矿产之一,像煤炭一样为固体燃料。但从油页岩成分中含有的有机物来看,它们更像石油。油页岩有机质中氢含量很高,低温干馏可获得碳氢比类似天然石油的页岩油。

油页岩可以磨成粉后直接燃烧。油页岩这样利用时热值较高,约 9200 kJ/kg,但由于其中含有许多灰分,会在燃烧表面形成沉积层,另外还有腐蚀问题。

我国油页岩的灰分较高,可达 60%～85%。发热量大多在 2093～6280 kJ/kg,干燥无灰基挥发分一般达 60% 以上。元素组成的特点是氢量高,$w_{\mathrm{daf}}(\mathrm{H})$ 达 6.5%～10%。

油页岩的特点是燃点低,当发热量在 3349 kJ/kg 左右时可作沸腾锅炉的燃料。从我国油页岩资源含油少、发热量低的特点来看,绝大部分可作为燃料使用,尤其是与煤共生时更应考虑它的开采和利用。部分含油率高的油页岩可作为人造石油的原料。

2. 炭沥青

炭沥青又称沥青煤或炭沥青煤,是指充填于断层破碎带或裂隙带中的一种含碳量和发热量均较高的固体可燃矿产。我国炭沥青主要产于南方缺煤省、自治区。与一般煤矿床相比,炭沥青的产出形态复杂、变化较大、规模较小,不具有大规模工业开采价值,但对南方缺煤地区具有一定现实意义。

炭沥青是一种低灰、低硫、质地较为均匀的高发热量有机可燃矿物,收到基低位发热量达 29.27 MJ/kg。目前炭沥青主要作为燃料使用,其中富集的钒等稀有金属元素可以综合利用进行回收。

3. 天然焦

天然焦是在自然界中存在的一种焦炭。那些古代火成岩活动频繁的地区,由于放出大量的热液,使附近的煤层受热干馏而变成了天然焦。煤层受岩浆的热作用比较均匀时,生成一种质量比较均匀的天然焦;如岩浆从一个方向侵入煤层而带入的热能不很大,常生成质量不均一的天然焦,且其附近还常伴随着无烟煤、贫煤和其他变质烟煤。

天然焦的外观有的与焦炭相近,有的呈钢灰色。天然焦是在地层的密闭状态下受压经干馏作用而生成的,常有气体和水分封存在天然焦的内部,因此天然焦常具有热爆性。天然焦块在燃烧、气化或在小高炉中炼铁时,受热即易爆裂成小块甚至成粉末,从而影响正常生产。但把它经低于 300 ℃ 预热处理,或把焦块粉碎到 50 网目以下,即能消除热爆性。

天然焦的用途非常广泛,它可以代替焦炭或无烟煤来烧石灰,还可用来制造电石,但此时最好用低灰、低硫、高固定碳、低挥发分的天然焦。此外,天然焦也可用作气化和锅炉燃料,还可烧制水泥和熬盐等。

4. 木炭

木炭是木材或薪柴通过不完全燃烧,即熏烧或干馏、热解而得到的固体可燃性产物。木炭表面呈多孔状,其主要成分为无定形碳,燃烧灰分较少。木炭热值约为 27.2～30.5 MJ/kg,燃点为 300 ℃。木炭按烧制及出窑时熄火方法的不同,可分为黑炭和白炭两种。

木炭可以用于锅炉点火时的引火材料。

5. 植物性燃料

植物性燃料又称生物质燃料,包括农作物秸秆、薪柴、柴草、牛粪等。植物性燃料均可直接燃烧,热能利用率只有 10% 左右,浪费极大。使用省柴节能灶,可使薪柴热效率从 10% 提高到 30%。

(1)薪柴　泛指可提供燃料的一切木本植物,包括薪炭林、用材林、灌木林、经济林、防护林等。就每一棵树而言,薪柴是指枝梢、树根、树干不成材部分、树皮及木材加工废物。薪炭林、灌木林是薪柴的主要来源。在第三世界国家农村和不发达地区生活用能的结构中,薪柴是重要能源。它具有以下特点:资源的广泛性,可再生性;效用多样性;具有平衡生态、改善环境的生态作用;作为燃料,对环境污染较少。

(2)木材 木材又称木头或木质。指各种树木树皮以内未经加工的木质组织。木材的主要成分为木质素、纤维素、半纤维素等高分子碳水化合物。作为生物质能,它的最古老的利用方法是直接燃烧取得热能。此外,通过干馏、热解、气化、液化等热加工方法,可将它转化为木炭气、木焦油、木醋酸、木油精、木炭等优良的燃料或化工产品。

木材作为燃料仍然是一种巨大的能量资源,约占世界能量消耗量的 10%。

(3)秸秆 各种农作物的籽粒或果实收获后所剩的茎秆和叶片,如稻草、玉米秸、高粱秆等。秸秆的主要成分为粗纤维和木质素,它的用途广泛,既是良好的生物质能,也可作饲料、肥料和工业原料。秸秆可直接燃烧取得热能,也可通过生物发酵将其转化为酒精、沼气等燃料。秸秆重量轻,体积大,为了便于运输,可将其压制成成型燃料。

(4)甘蔗渣 甘蔗被榨取糖汁后所剩的纤维状残渣。甘蔗渣的成分为纤维素(约占43%)、半纤维素(约占 38%)、木质素(约占 12.5%)和少量水分、糖及其他物质。甘蔗渣可作为沼气发酵原料,但最好对它进行预处理,因为木质素、纤维素的厌氧消化过程很慢,而且其消化程度也有限。干燥的甘蔗渣可以直接作燃料或作为生物质气化的原料。

6. 城市生活垃圾

城市生活垃圾是城市人类活动的副产品。由于它具有一定的热值,处理时可作为锅炉燃料来燃烧,以回收热能。

生活垃圾物理组成的分类方法在不同的国家、不同的地区或城市有所不同,通常应根据当地生活垃圾的特点以及用途来确定分类方法。一般比较能全面地反映城市生活垃圾的特性的分类方法,是以无机物和有机物为基础进行详细划分的。

有机物包括厨余、纸类、橡塑、布类、果皮、竹木类等;无机物包括玻璃、金属、杂物(煤灰、土、碎石)等。

与其他固体燃料相比,组成城市生活垃圾的化学元素中,除碳、氢、氧、氮、硫外,还有氯以及铁、铝、铅、汞、铜等微量金属元素,这些元素在焚烧过程中以单质或化合态的形式排出,造成对环境的污染。另外,城市生活垃圾的水分一般都较高,并且随地区、季节、温度等变化很大。

2.3 液体燃料和气体燃料

2.3.1 油类燃料及其特性

1. 油质燃料的分类与特点

石油通过一系列加工处理后的产品可分为两类。一类是工业生产中使用的油剂或原料,如在油脂、橡胶、油漆生产中作溶剂用的溶剂油;机械设备上作润滑油剂用的润滑油;为防锈和制药用的凡士林;生产蜡纸和绝缘材料用的石蜡;铺路、建筑、防腐剂用的沥青以及制电极和生产碳化硅用的石油焦。另一类作为油质燃料。

常用油质燃料主要可以分为 4 类:汽油、煤油、柴油和重油。其中汽油和煤油一般不作为锅炉燃料来使用。

柴油是压燃式内燃机的燃料,也能作为锅炉的燃料。按柴油的用途划分,通常可分为轻柴油和重柴油两类。

轻柴油是原油在一定温度条件下的常压直馏馏分与深加工的柴油组分按一定比例调制而成,颜色呈淡黄,主要由 $C_{15} \sim C_{24}$ 的烃类组成,馏程宽度为 $260 \sim 360$ ℃。轻柴油适用于转速高于 960 r/min 的高速柴油发动机,一般作为火力发电厂锅炉的点火燃料,当前已成为小型燃油锅炉的主要用油。轻柴油的燃烧性能好,具有足够的黏度,能够保证良好的雾化和平稳燃烧。杂质含量极少,燃烧时不易在燃烧室内形成明显的结焦、积炭和沾污物。由于含硫、酸、碱等化合物很少,使用过程中不会对设备产生腐蚀性,对环境污染小。

重柴油是原油的常、减压重质直馏馏分,与深加工中重质柴油组分或轻质柴油组分调制而成,主要由 $C_{18} \sim C_{40}$ 的烃类组成,馏程宽度一般为 $250 \sim 450$ ℃。主要用于转速低于960 r/min的中、低速柴油发动机,也可作为锅炉的燃料。重柴油与轻柴油相比,其黏度大得多,凝点也高,故一般使用时应先进行预热;相对杂质含量较高,油品易氧化,使用前须进行过滤和沉淀,以免堵塞油喷嘴和滤清器。

重油是石油各种加工工艺过程中重质馏分和残渣的总称,是燃料油中密度最大的油品,主要作为各种锅炉、冶金加热炉和工业窑炉的燃料。石油经过常压、减压蒸馏得到重质直馏重油;经过各种裂化加工后得到裂化重油;蒸馏和裂化工艺中的残留物即为渣油。重油或渣油由于其热值较高,着火和燃烧及时稳定,生产量大,对环境污染较小,是目前燃油锅炉的首选燃料。

重油、渣油是原油提取轻质馏分后的残余油,元素分析成分中碳、氢、氮、硫等含量均比原油高。其中碳的质量分数约为 85%,氢的质量分数约为 12%,因此热值较高,约为 39300～44000 kJ/kg,具有很好的燃烧性能。一般来说,含氢量越高,越容易着火燃烧;含碳量越高,重油的黏度也就越大。

2. 锅炉常用燃料油

锅炉常用燃料油有柴油和重油两大类。柴油一般多用于中、小型工业锅炉和生活锅炉,重油多用于电厂锅炉。特别是当燃煤电站锅炉点火及低负荷运行时,要使用液体燃料暖炉或助燃。

(1)柴油

柴油按其馏分的组成和用途分为轻柴油和重柴油两种。

轻柴油按其质量分为优等品、一等品和合格品三个等级,每个等级按其凝点分为 10、0、−10、−20、−35、−50 等 6 种牌号。

轻柴油的使用和输送温度应高于凝点 $3 \sim 5$ ℃,因为在凝点前几摄氏度柴油中就开始析出石蜡结晶,这将会堵塞油料供应系统,降低供油量,严重时会中断供油。

表 2.11 列出锅炉设计用代表性 0 号轻柴油油质资料。

表 2.11　锅炉设计用代表性 0 号轻柴油油质资料

名称	$w_{ar}(M)$ /%	$w_{ar}(A)$ /%	$w_{ar}(C)$ /%	$w_{ar}(H)$ /%	$w_{ar}(O)$ /%	$w_{ar}(N)$ /%	$w_{ar}(S)$ /%	$Q_{net,v,ar}$ /(kJ·kg^{-1})
0 号轻柴油	0.00	0.01	85.55	13.49	0.66	0.04	0.25	42900

注:表中成分为质量分数。

重柴油按其凝点分为 10、20 和 30 等三个牌号,代号分别为 RC$_3$—10,RC$_3$—20,RC$_3$—30。这些重柴油的凝点分别不高于 10 ℃、20 ℃和 30 ℃。

（2）重油

重油的特性指标有黏度、凝固点、闪点、燃点、含硫量和含灰分量等。

①黏度。黏度是表征液体燃料流动性能的指标。燃油的黏度常用恩氏黏度计测量,用°E表示。黏度愈小,流动性能愈好。重油的黏度随温度升高而减小。重油在常温下黏度过大,为保证重油的输送和油喷嘴的雾化质量,重油必须加热,使油喷嘴前的重油黏度小于 4 °E,才能正常使用。

②凝固点。凝固点是表征燃油丧失流动性能时的温度。它是将燃油样品放在倾斜 45°的试管中,经过一分钟后,油面保持不变时的温度作为该油的凝固点。燃油的凝固点高低与燃油的石蜡含量有关。含石蜡高的油,其凝固点高。

③闪点及燃点。在常压下,随着油温升高,油表面上蒸发出的油气增多,当油气和空气的混合物与明火接触而发生短促闪光时的油温称为燃油的闪点。闪点可在开口或闭口的仪器中测定,闭口闪点通常较开口闪点高 20～40 ℃。燃点是油面上的油气和空气的混合物遇到明火能着火燃烧并持续 5 s 以上的最低油温。闪点和燃点是燃油防火的重要指标。

④含硫量。燃油的含硫量高,会对锅炉低温受热面产生腐蚀。按油中含硫量的多少,燃油可分为低硫油（$w_{ar}(S)<0.5\%$）、中硫油（$w_{ar}(S)=0.5\%～2\%$）和高硫油（$w_{ar}(S)>2\%$）三种。一般来说,当燃油的含硫量高于 0.3％时,就应注意低温腐蚀问题。

⑤灰分。重油的灰分虽少,但灰中常含有钒、钠、钾、钙等元素的化合物,所生成的燃烧产物的熔点很低,约 600 ℃,对壁温高于 610 ℃的受热面会产生高温腐蚀。

由于各种牌号重油的黏度存在差异,使用时应适用于不同的喷嘴,以保证良好的雾化燃烧。20 号重油适用于较小喷嘴(30 kg/h 以下)的燃油锅炉;60 号重油适用于中等喷嘴的工业炉或船用锅炉;100 号重油适用于大型喷嘴的各种锅炉;200 号重油适用于与炼油厂有直接输送管道的具有大型喷嘴的锅炉。

表 2.12 列出锅炉设计用代表性 100 号和 200 号重油油质资料。

表 2.12　锅炉设计用代表性重油油质资料

名称	$w_{ar}(M)$ /％	$w_{ar}(A)$ /％	$w_{ar}(C)$ /％	$w_{ar}(H)$ /％	$w_{ar}(O)$ /％	$w_{ar}(S)$ /％	$w_{ar}(N)$ /％	$Q_{net,v,ar}$ /(kJ·kg^{-1})	密度 /(g·cm^{-3})	黏度 /°E	开口闪点 /℃	凝固点 /℃
200 号重油	2	0.026	83.976	12.23	0.568	1	0.2	41860	0.92～1.01	100℃时 5.5～9.5	130	36
100 号重油	1.05	0.05	82.5	12.5	1.91	1.5	0.49	40600	0.92～1.01	80℃时 15.5	120	25

注:表中成分均为质量分数。

由于原油的产地和性质以及各炼油厂的原油加工工艺不同,各种重油产品的性质也存在差异。

3. 燃料油综合性质指标

随着中、小型燃油锅炉的发展日益加速,各种型式的燃烧器逐渐增多。为了适应各种燃烧器的用油,中国石油化工总公司 1996 年制定了石化行业标准 SH/T0356—96,把燃料油分为 1 号、2 号、4 号轻、4 号、5 号轻、5 号、6 号和 7 号等 8 个牌号。各种牌号的燃料油的性质应符合表 2.13 的指标。

表 2.13　燃料油性质指标

项　目		质　量　指　标								试验方法
		1 号	2 号	4 号轻	4 号	5 号轻	5 号	6 号	7 号	
闪点(闭口)/℃	不低于	38	38	38	55	55	55	60	—	GB/T 261 —2008
闪点(开口)/℃	不低于	—	—	—	—	—	—	—	130	GB/T 3536 —2008
水和沉淀物含量(体积分数)/%	不大于	0.05	0.05	0.50	0.50	1.00	1.00	2.00	3.00	GB/T 6533 —2012
馏程/℃										GB/T 6536 —2010
10%回收温度	不高于	215	—	—	—	—	—	—	—	
90%回收温度	不低于	—	282	—	—	—	—	—	—	
	不高于	288	388	—	—	—	—	—	—	
运动黏度/(mm²·s⁻¹)										GB/T 265—1988 或 GB 11137—1989
40 ℃	不小于	1.3	1.9	1.9	5.5	—	—	—	—	
	不大于	2.1	3.4	5.5	24.0	—	—	—	—	
100 ℃	不小于	—	—	—	—	5.0	9.0	15.0	—	
	不大于	—	—	—	—	8.9	14.9	50.0	185	
10%蒸余物残碳含量(质量分数)/%	不大于	0.15	0.35	—	—	—	—	—	—	SH/T 50160 —2008
灰分(质量分数)/%	不大于	—	—	0.05	0.10	0.15	0.15	—	—	GB 508 —1985
硫含量(质量分数)/%	不大于	0.50	0.50	—	—	—	—	—	—	GB/T 380 —1977 或 GB/T 388 —1964
铜片腐蚀(50 ℃, 3 h)(级)	不大于	3	3	—	—	—	—	—	—	GB/T 5096 —2017
密度(20 ℃)/(kg·m⁻³)	不小于	—	—	872	—	—	—	—	—	GB/T 1884— 2000 及 GB/T 1885 —1998
	不大于	846	872	—	—	—	—	—	—	
倾点/℃	不高于	−18	−6	−6	−6	—	—	—	—	GB/T 3535 —2006

1 号和 2 号是轻质馏分燃料油,适用于小型燃烧器和家庭使用。4 号轻和 4 号是重质馏分燃料油,或是轻馏分油与渣油的混合物,适用于要求该黏度范围的工业燃烧器。5 号轻、5 号、6 号和 7 号是残渣燃料油,其黏度依次递增,适用于有预热设备的工业燃烧器。

2.3.2 其他液体燃料

1. 煤焦油

煤焦油是煤炭干馏时生成的具有刺激性臭味的黑色或黑褐色黏稠状液体,简称焦油。煤焦油按干馏温度可分为低温煤焦油和高温煤焦油,在冶金焦化领域中一般用以指焦炉煤气冷却时从煤气中冷凝分离出来的高温煤焦油。

煤焦油是一种高芳香度的碳氢化合物的复杂混合物,绝大部分为带侧链或不带侧链的多环、稠环化合物和含氧、硫、氮的杂环化合物,并含有少量脂肪烃、环烷烃和不饱和烃,还夹带有煤尘、焦尘和热解炭。

煤焦油一般作为加工精制的原料,制取各种化工产品;也可直接利用,如作为工业型煤、型焦和煤质活性炭用的黏结剂的配料组分;还可用作燃料油、高炉喷吹燃料以及木材防腐油和烧炭黑的原料。

2. 页岩油

页岩油是油页岩干馏时,其所含的固体有机物质受热分解生成的一种褐色有臭味的黏稠状液体产物。页岩油类似天然石油(原油),富含烷烃和芳烃,但都不含烯烃,并有较多的含氧、氮、硫等非烃类化合物。页岩油可作为燃料油,也可进一步加工生成汽油、煤油、柴油等液体燃料,其加工方法与天然石油炼制工艺基本相同。中国抚顺和茂名有页岩油的生产。

3. 其他合成液体燃料

合成液体燃料是由煤、油页岩、油砂、天然气等经过一系列不同的加工方法得到的一类液体燃料。合成液体燃料的生产过程较复杂,生产费用较高,而原油(天然石油)的开采和加工费用较低,故各种液体燃料大都来源于天然石油。当前仅有少数国家生产合成液体燃料,随着天然石油资源的逐渐减少,合成液体燃料作为一种替代或补充能源将有其发展前景。

(1)煤液化合成燃料

煤液化是煤经化学加工转化为液体燃料(合成液体燃料)的过程。煤的液化包括直接液化和间接液化。煤直接液化是将煤在高压和较高温度下直接转化为液体;煤间接液化是将煤在有氢气和催化剂作用下使其加氢转化为一氧化碳和氢,然后在催化剂作用下合成为烃类或醇类液体燃料(汽油、柴油或甲醇燃料)。

(2)醇类燃料

醇类燃料是用作发动机燃料的有机含氧化合物的混合物,其中主要是醇类物,如工业甲醇和乙醇,用作甲醇燃料或酒精燃料,一般与石油燃料掺合使用,常用掺合比例为 $3\% \sim 20\%$,以节省车用汽油。掺合后仍保持原石油燃料基本性质,不必改造发动机,且具有燃烧效率高的优点。

4. 煤浆

所谓煤浆就是由煤、水(或油、甲醇等)和少量添加剂按一定比例组成,通过物理加工处理,制成类似油一样的新型洁净流体燃料。煤浆具备像燃料油那样易于装、储、管道输送及雾化燃烧等的特点。

　　煤浆是 20 世纪 70 年代石油危机中发展起来的一种新型低污染代油燃料。它既保持了煤炭原有的物理特性，又具有石油一样的流动性和稳定性，被称为液态煤炭产品。大约 2 t 水煤浆可以替代 1 t 石油。不同的煤浆产品是根据煤与不同流体的混合来命名的。主要有：50％煤粉和 50％油组成的油煤浆；煤粉、油及 10％以上水组成的煤油水浆；60％～70％煤粉与 40％～30％的水及少量添加剂组成的水煤浆；60％煤粉和 40％甲醇组成的煤-甲醇混合物。

　　煤浆技术的应用将使煤炭的品质、运输、工业应用、环境效益发生根本性的改变。但在锅炉中燃烧煤浆也有许多问题没有得到很好解决。诸如：受热面的腐蚀和磨损问题、炉内燃烧和传热问题、煤浆雾化及喷嘴磨损问题等。

2.3.3　天然气体燃料

　　气体燃料是由多种可燃与不可燃单一气体成分组成的混合气体。可燃成分包括碳氢化合物、氢气、一氧化碳等，不可燃成分包括氧气、氮气、二氧化碳等。按燃气的获得方式可分为天然气体燃料和人工气体燃料两大类。

　　天然气体燃料是指从自然界直接收集和开采得到的，不需经过再加工即可投入使用的气体燃料。这些气体燃料按其储藏特点可分为以下三种。

1. 气田气

　　气田气通常称为天然气，是储集在地下岩石孔隙和裂缝中的纯气藏。气田气的主要成分是甲烷，体积分数大于 90％，还含有少量的乙烷、丙烷、丁烷和非烃气体。气田气的热值较高，标态下低位热值约为 35000～39000 kJ/m³。同时也因甲烷含量高，影响了火焰的传播，是常用燃气中燃烧速率最低的几种之一。气田气中还含有一些不利于运输和使用的有害杂质，如 H_2S 和 H_2O。H_2S 有毒且有很强的腐蚀性，对钢材起氢脆作用。H_2O 在一定的温度和压力下，能与烃生成水合物，若温度低于露点还会结冰，堵塞输运管道。因此，这些杂质含量高时应进行净化处理。

2. 油田气

　　油田气是与原油共存或是石油开采过程中压力降低析出的气体，因此，又称为油田伴生气。它的组成与分离凝析油以后的凝析气田天然气相类似，主要成分甲烷的体积分数为 80％左右，另外还含有一些其他烃类。油田伴生气标态下低位热值约为 39000～44000 kJ/m³，一般高于气田气，其燃烧速度与气田气相差不多。

3. 煤田气

　　煤田气是在采煤过程中从煤层或岩层内释放出的可燃气体，通常称为矿井瓦斯或矿井气。这种气体不仅有爆炸的危险，而且对人体有窒息作用。因此，为保证安全生产，煤田在采掘过程中，若采用通风方法仍不能达到安全要求时，就要采取抽吸法将井下瓦斯排至地面。煤田气可燃成分甲烷的体积分数为 50％左右，其余为氢气、氧气和二氧化碳。它的热值较低，标态下低位热值约为 13000～19000 kJ/m³，燃烧速度也比气田气和油田气低。

2.3.4　人工气体燃料

　　人工气体燃料是以煤、石油产品或各种有机物为原料，经过各种加工方法而得到的气体燃料。主要的人工气体燃料有以下 6 种。

1. 气化炉煤气

气化炉煤气是将煤、焦炭与气化剂通过一系列复杂的物理化学变化,使之气化为燃料用的煤气或合成用煤气。常用的气化剂有空气、水蒸气、氧气或它们的混合气体。按照原料和气化剂的不同组合,可以产生发生炉煤气、水煤气、加压气化煤气等气化炉煤气。

发生炉煤气以煤或焦炭为气化原料,空气或空气和水蒸气的混合气作为气化剂从下部送入并通过燃烧的煤层。气化剂在中部还原层内完成二氧化碳及水蒸气的还原反应,得到一氧化碳和氢气等可燃气体,即发生炉煤气。

水煤气是以水蒸气为气化剂,与碳在高温下反应生成的可燃气体。整个制气过程中需要与蒸气交替鼓入空气,使煤或焦炭燃烧以保持一定的气化分解反应温度。由于含氢量大,水煤气的燃烧速度较快。

加压气化煤气是以不黏或弱黏结性块煤为气化原料,以氧气和水蒸气为气化剂,在 2～3 MPa 炉压下完成气化反应而产生的燃气。加压气化工艺主要提高了煤气的质量,可燃成分中除了有与水煤气基本相同体积分数的一氧化碳和氢气以外,还含有体积分数 9%～17% 不等的甲烷。此外,这种工艺还有对原料煤适应性强,生产的煤气便于输送等优点。

2. 焦炉煤气

焦炉煤气是煤在炼焦炉的炭化室内进行高温干馏时分解出来的燃气。煤气的组成随着炉内的干馏温度和炭化时间不断变化。作为工业和民用燃料用的焦炉煤气,必须经过清除焦油雾、氨、苯类、萘以及硫化物等杂质的净化处理。它的主要可燃成分有氢,体积分数约为 60%;甲烷,体积分数约为 25%。焦炉煤气含氢量高,具有易燃性,使用时应防止爆炸。

3. 高炉煤气和转炉煤气

高炉煤气是高炉炼铁过程中的副产品。其主要可燃成分一氧化碳的体积分数约为 30%,还含有极少量的氢气和甲烷。高炉煤气的热值非常低,标态下低位热值约为 3500 kJ/m³。较高含量的一氧化碳使高炉煤气具有很强的毒性,使用过程中应特别注意防止煤气中毒。

转炉煤气是氧气顶吹转炉炼钢过程中铁水中的碳和氧气作用后产生的可燃气体。其主要可燃成分一氧化碳的含量更高,体积分数为 60%～90%,标态下低位热值为 7000 kJ/m³。转炉煤气中不含硫,含氢量也很少,是一种非常理想的燃料和化工原料。

4. 液化石油气

液化石油气是在气田、油田的开采中,或是从石油炼制过程中获得的部分气态碳氢化合物。这种气态烃类的主要可燃成分是丙烷(C_3H_8)、丁烷(C_4H_{10})、丙烯(C_3H_6)和丁烯(C_4H_8),在常压、常温下以气态形式存在。它的临界压力和临界温度较低,为 3.53～4.45 MPa 和 92～162 ℃。因此,采用降低温度或提高压力的方法,很容易使气态烃类液化。

液态的液化石油气体积缩小至气态体积的 $\frac{1}{270}$,标态下密度约为 2.0 kg/m³,比空气重,便于运输和储存。液化石油气的热值很高,标态下低位热值约为 90000～120000 kJ/m³(气态)或 45000～46000 kJ/kg(液态)。因为液化石油气的爆炸下限低于 2%,泄漏后极易形成爆炸气体,遇明火将引起火灾或爆炸事故。因此使用过程中要特别注意防范这类事故的发生。

5．油制气

油制气是以石油或重油为原料油,通过加热裂解或部分氧化等制气工艺获得的燃气。加热裂解法按其不同的工艺可以分为热裂解气和催化裂解气两种。

热裂解气通常在 800～900 ℃温度下对原油、石脑油、重油等相对分子质量较大的碳氢化合物进行热裂解得到。热裂解气的主要可燃成分是甲烷、乙烯和氢气,体积分数超过 70%;还含有一氧化碳和丙烯、乙烷等其他烃类。

催化裂解气是在镍、钴等催化剂的作用下,碳氢化合物与水蒸气反应生成氢、一氧化碳、甲烷等可燃气体。其中氢的含量(原油裂化气的体积分数约 60%)较高,因此其燃烧速度较快。

上述两种裂解制气的工艺方法相同,区别仅在于反应过程中是否有催化剂的存在。

6．沼气

沼气是各种有机物(动植物残骸、人畜粪便、城市垃圾及工业废水等)在无氧条件下,通过兼性菌和厌氧菌的代谢作用,对有机物进行生化降解产生的生物燃气。其中主要成分是甲烷,体积分数为 55%～70%,及少量的一氧化碳、氢气及硫化氢等。其标态下热值约为 23000 kJ/m³。由于沼气的原料来源广泛,价格低廉,热值较高,又是固体和液体中有机废物处理时的副产品,有利于环境保护,所以在工业生产中和农村被广泛开发和利用。

2.3.5　气体燃料的特点

气体燃料同液体燃料或固体燃料相比较,具有如下特点。

①燃烧方法简单,容易实现自动化、智能化。

②点火、停炉操作简单,并可实现冷炉点火。

③过量空气系数可以接近 1.0,排烟热损失小,无灰渣产生,有害气体的排放量也较小,有利于保护环境。

④燃烧热强度大,容积热负荷高,可以实现无火焰燃烧。

⑤可以进行余热回收利用,用作预热燃料或其他用途,以提高能源的利用效率。

但是,气体燃料的运输和储存较为困难,目前阶段价格较高;有些气体燃料有毒性;气体燃料与一定量的空气混合后,有发生爆炸的危险。

气体燃料的组成成分变化范围很大。不同种类的天然气体燃料或人工气体燃料,由于其气源(气田气、油田气)的产地和生成的有机质、地质环境、理化条件等不同,或由于制气时所使用的原料(石油、煤)不同,它们的成分和特性相差很大;即使是同一种类的燃气,由于天然气体燃料资源分布广,人工气体燃料制气的方式,采用的生产工艺不同,其成分和特性也并不相同。因此,在燃气锅炉设计、燃烧设备选择和进行有关计算时,应尽可能收集有关气源的详细资料作为依据,认真加以核对和分析。

 ## 2.4　燃料准备的一般原则

对于锅炉燃烧利用,煤种的选择主要取决于经济条件,即使用什么种类的煤能使总成本(包括采煤、运煤、储煤、装卸、运行和维修费用在内)最低。由于燃料成本占了总运行成本的很大一部分,所以燃料成本通常是决定性因素。

不同矿区的煤的成分含量差别很大。根据经验,煤的含硫量越高,对输煤机、煤斗和锅炉低温受热面的腐蚀也越大,同时造成大气污染更严重。煤的灰分越高,运输成本就越大。发达国家普遍采用洗煤的方法降低硫分和灰分。但洗煤成本必须与得到的好处权衡比较。权衡运煤和洗煤成本,就可确定达到运煤最低成本的灰分降低的最佳程度。权衡时,对在电站中的装卸费用和性能之差不予考虑。显然,运输距离越大,洗煤越划算。

煤可用火车、汽车、船、驳船和输煤皮带运输,或者用其中两种或多种方法联合运输。煤还可用水力在管线中运输,例如水煤浆。究竟采用何种方式要权衡用煤锅炉与产煤(供煤)点的距离等因素进行选择。此外,装卸和储存设备的种类及容量也需要仔细考虑。

2.4.1 工业锅炉的燃料供应

我国工业及生活用燃煤锅炉仍以未经洗选的原煤为主要燃料,至多经简单破碎、筛分便直接送入锅炉炉膛中燃烧,并多采用火床燃烧方式。图 2.3 为一供热锅炉房典型运煤系统。

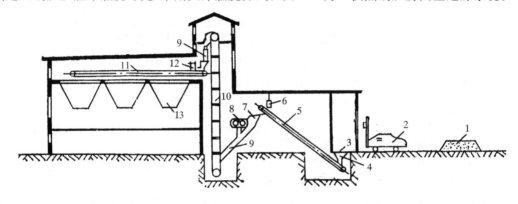

1—堆煤场;2—铲斗车;3—筛格;4—受煤斗;5—斜胶带输送机;6—悬吊式磁铁分离器;7—振动筛;8—齿辊式碎煤机;9—落煤管;10—多斗式提升机;11—平胶带输送机;12—皮带秤;13—炉前储煤斗。

图 2.3 锅炉房运煤系统示意图

室外煤场上的煤由铲斗车运送到低位受煤斗,再由斜胶带(俗称皮带)输送机将磁选后的煤送入碎煤机,然后通过多斗提升机提升至锅炉房运煤层,最后由平胶带输送机将煤卸入炉前储煤斗,皮带秤设置在平胶带输送机前端,用以计算输煤量。

显然,工业锅炉房的燃煤准备系统包括堆煤及储煤设施、运煤装置和煤的制备装置等。锅炉房的储煤场是为了保存和储备一定燃料,当来煤短期中断后,仍能保证锅炉的正常运行。

锅炉房的运煤装置是为了解决煤的提升、水平运输及装卸等问题,主要有间歇式和连续式两类。

当锅炉的给煤装置、燃料加工和燃烧设备有要求时,有时需将煤进行磁选,以避免煤中夹带的碎铁损坏或卡住设备。常用的磁选设备有悬挂式电磁分离器和电磁皮带轮两种。

为了调节或控制给煤量及使给煤均匀,常在运煤系统中设给煤机。常用的有圆盘给煤机、螺旋给煤机、电振给煤机等。

2.4.2 电站锅炉的燃料供应

电站锅炉由于用煤量大,一般来说,设计电站锅炉时都指定了煤矿,并且大多都有专用铁路或水路运输线。图 2.4 示出了燃煤电站锅炉的燃料供应途径。

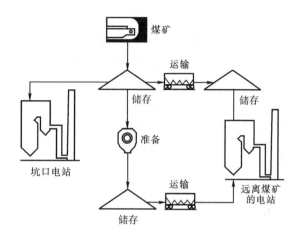

图 2.4　燃煤电站的燃料供应

对于非坑口电站,运输到电站的燃料可以是未经任何处理的原煤,也可以是经适当处理的燃料。运到电站的煤经计量、粉碎、磨粉等,制成合格的煤粉后送入锅炉炉膛燃烧。

 ## 2.5　煤粉及其制备

2.5.1　煤粉及其特性

由于炉排在结构上受到限制,火床炉蒸发量最大可达到 65 t/h 左右,否则制造、检修以及运行都会出现困难。煤粉炉采用悬浮燃烧方式,只要相应地增加炉膛容积,锅炉容量就可以成倍地增加。我国制造的煤粉炉容量已达到 3000 t/h。在煤粉炉中,煤以煤粉形式被预热空气送入炉膛,煤粉与空气的接触表面大大增加,燃烧非常猛烈,燃尽率很高,而且过量空气系数可以控制得很低,从而使锅炉热效率大大超过火床炉。表 2.14 是机械化火床炉和煤粉炉的机械不完全燃烧损失和炉膛出口过量空气系数两项指标的比较。此外,煤粉炉在运行机械化和自动化程度上也高于火床炉。但是,煤粉炉需要磨煤机及其制粉系统,其金属消耗量和磨煤电耗都比较大,而且煤粉炉还要求连续运行,低负荷运行具有一定难度。

表 2.14　煤粉炉与机械化火床炉的比较

煤种	机械不完全燃烧损失 q_4		炉膛出口过量空气系数 α_1''	
	机械化火床炉	煤粉炉	机械化火床炉	煤粉炉
无烟煤、贫煤、劣质烟煤	7～14	2～6	1.4～1.5	1.2～1.25
优质烟煤和褐煤	5～7	1～2	1.3～1.4	1.2

在我国,容量小于 35 t/h 的锅炉大多采用火床炉,对容量为 35～65 t/h 的锅炉是采用煤粉炉还是火床炉,要视煤种和使用场合等具体情况而定。对于小容量锅炉,如果有稳定的煤粉

供应,也可考虑采用煤粉燃烧方式。

1. 煤粉的一般特性

煤粉通常由形状很不规则、尺寸小于 500 μm 的煤粒和灰粒组成,大部分为 20～60 μm。刚磨制的疏松煤粉的堆积密度为 0.4～0.5 t/m^3,经堆存自然压紧后,其堆积密度约为 0.7 t/m^3。

由于颗粒小、比表面积大,煤粉能吸附大量空气,所以煤粉的堆积角很小,并有很好的流动性,可方便地采用气力输送。但煤粉容易通过缝隙向外泄漏,污染环境。

因煤粉易吸附空气,极易受到缓慢氧化,致使煤粉温度升高,达到着火温度时,会引起煤粉自燃。煤粉和空气的混合物在适当的浓度和温度下甚至会发生爆炸。影响煤粉爆炸的因素有:煤的挥发分含量、煤粉细度、煤粉浓度和温度等。挥发分多的煤粉容易爆炸,挥发分少的煤粉不容易爆炸。煤粉越细,煤粉与空气的接触面积越大,煤粉越易自燃和爆炸。一般 $w_{daf}(V) < 10\%$ 的无烟煤煤粉,或者煤粉的颗粒尺寸大于 200 μm 时几乎不会爆炸。煤粉在空气中的浓度为 1.2～2.0 kg/m^3 时,爆炸的风险最大。输送煤粉的气体中,氧气所占有的体积分数小于 15% 时,煤粉不爆炸。煤粉气流混合物的温度高时容易爆炸,低于一定温度则无爆炸的危险。风粉混合物在管内流速要适当,过低会造成煤粉的沉积,过高又会引起静电火花导致爆炸,一般应控制在 16～30 m/s 的范围内。

2. 煤粉细度

煤粉的粗细程度用煤粉细度表示。煤粉细度是指经过专有筛子筛分后,残留在筛子上的煤粉质量占筛分前煤粉质量的百分数。实际中用一组由细金属丝编织的、具有正方形小孔的筛子进行筛分测定。方孔的边长称为筛子的孔径 x。煤粉的形状是不规则的,所谓煤粉颗粒直径是指在一定的振动强度和筛分时间下,煤粉能通过的最小筛孔的孔径。R_x 为在孔径为 x 的筛子上的筛后剩余量占筛分煤粉试样总量的百分数,由下式计算:

$$R_x = \frac{a}{a+b} \times 100 \%$$ (2.22)

式中:a、b 分别表示留在筛子上和通过筛孔的煤粉质量。筛余量 a 越大,R_x 越大,则煤粉越粗。

我国电厂采用的筛子规格及煤粉细度的表示方法列于表 2.15 中。通常进行煤粉的全筛分分析时,需用 5 只筛子叠在一起筛分,如一般选用孔径为 75 μm、90 μm、100 μm、150 μm 和 200 μm 的筛子,则 R_{90} 表示在孔径大于或等于 90 μm 的所有筛子上的筛余量百分数的总和。电厂中常用 R_{90} 和 R_{200} 同时表示煤粉细度和均匀度,也有的电厂只用 R_{90} 表示煤粉细度。褐煤和油页岩磨碎后呈纤维状,颗粒直径可达 1 mm 以上,常用 R_{200} 和 R_{500}(或 R_1)来表示。

表 2.15 常用筛子规格及煤粉细度表示方法

筛号	6	8	12	30	40	60	70	80	100
孔径/μm	1000	750	500	200	150	100	90	75	60
煤粉细度符号	R_1	R_{750}	R_{500}	R_{200}	R_{150}	R_{100}	R_{90}	R_{75}	R_{60}

3. 煤粉均匀度

煤粉的颗粒特性只用煤粉细度表示还不够全面,还要看煤粉的均匀性。比如,有甲、乙两种煤粉,其 R_{90} 值都相等,但甲种留在筛子上的煤粉中较粗的颗粒比乙种的多,而通过筛子的煤粉中较细颗粒也比乙种的多,则甲种煤粉就不均匀。

事实上,煤粉是一种宽筛分组成,理论上可以包含有最大粒径以下任意大小的煤粉。用全筛分得到的曲线 $R_x = f(x)$ 称为煤粉颗粒组成特性曲线,也称粒度分布特性。它既可直观比较煤粉粗细,也可表示煤粉的均匀程度。煤的颗粒分布特性可用破碎公式（又称 Rosin-Rammler 公式）表示:

$$R_x = 100\exp(-bx^n) \tag{2.23}$$

式中: R_x 为孔径 x 的筛子上的全筛余量百分数,%; b 为细度系数; n 为均匀性指数。

若已知 R_{90} 和 R_{200},可由式（2.23）导出 n 和 b 的计算式

$$n = \frac{\lg\ln\dfrac{100}{R_{200}} - \lg\ln\dfrac{100}{R_{90}}}{\lg\dfrac{200}{90}} \tag{2.24}$$

$$b = \frac{1}{90^n}\ln\frac{100}{R_{90}} \tag{2.25}$$

由此可知,只要测得两种孔径筛子上的筛余量,即可求得 n 和 b,然后利用式(2.23)求得任一孔径筛子上的筛余量 R_x。煤在一定设备中被磨制成煤粉,其颗粒尺寸是具有一定规律的。每一套制粉系统都可以通过试验找出一个 n 值,这个 n 值是常数。

n 表征煤粉颗粒的均匀程度,由式(2.24)知, n 为正值。当 R_{90} 一定时, n 越大,则 R_{200} 越小,即大于 200 μm 的颗粒较少。当 R_{200} 一定时, n 越大,则 R_{90} 越大,即小于 90 μm 的颗粒较少。也就是说该煤粉大于 200 μm 和小于 90 μm 的颗粒都较少。由此可知, n 值越大,煤粉粒度分布越均匀。反之, n 越小,则过粗和过细的煤粉较多,粒度分布不均匀。均匀性指数取决于磨煤机和粗粉分离器的型式。一般取 $n=0.8\sim1.2$。

b 值表示煤粉的粗细。由式(2.25)知,在 n 值一定时,煤粉粗, R_{90} 越大,则 b 值越小。反之, b 值大,则 R_{90} 小,煤粉细。

4. 经济细度

煤粉愈细,着火燃烧愈迅速,锅炉不完全燃烧损失愈小,锅炉效率愈高,但磨煤电耗及磨煤设备的磨损和折旧费也提高。反之,煤粉较粗,磨煤电耗及金属磨损减少,但锅炉不完全燃烧损失增加。因此,存在一个使得锅炉不完全燃烧损失、磨煤电耗及金属磨损的总和最小的煤粉细度,称煤粉经济细度。

若把磨煤耗费折算到与 q_4 相同的单位,并用 q_m 表示,可以得到 q_4 和 q_m 总和对应于 R_x 的变化曲线,该曲线是上凹的,其极小值对应的煤粉细度就是经济细度。图 2.5 示出某台燃用贫煤的 75 t/h 锅炉的煤粉经济细度,其数值 R_{90} 约为 15.5%。表2.16 示出我国煤粉细度的推荐值。它是根据燃用的煤

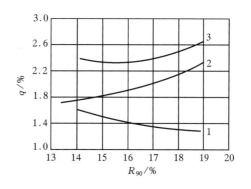

1— q_m 与 R_{90} 的关系; 2— q_4 与 R_{90} 的关系;
3—($q_m + q_4$)与 R_{90} 的关系。

图 2.5　煤粉经济细度

种、燃烧设备和磨煤机型式及运行管理水平等因素决定的。

煤粉经济细度需要通过锅炉燃烧试验确定。显然,影响煤粉经济细度的因素有:煤和煤粉的质量、燃烧方式等。如燃烧煤的挥发分较高,煤粉可粗些;制粉系统磨制的煤粉均匀性指数大,引起机械不完全燃烧损失的大颗粒煤粉少,煤粉的平均粒度可以大些;若炉膛的燃烧热强度大,进入炉内的煤粉易于着火、燃烧及燃尽,允许煤粉粗些。

表 2.16 R_{90} 的推荐值

煤 种		$R_{90} / \%$
无烟煤	$w_{daf}(V) \leqslant 5\%$	$5 \sim 6$
	$w_{daf}(V) = 6\% \sim 10\%$	大致等于 $w_{daf}(V)$
贫 煤		$12 \sim 14$
烟煤	优 质	$25 \sim 35$
	劣 质	$15 \sim 20$
褐煤、油页岩		$40 \sim 60$

5. 可磨性系数

电厂的磨煤机和制粉系统型式通常依据煤的可磨性和磨损性来选择。可磨性和磨损性分别以可磨性系数和磨损指数表示。

可磨性系数表示煤被磨成一定细度的煤粉的难易程度。我国国家标准规定:煤的可磨性试验采用哈德格罗夫(Hardgrove)法测定所谓的哈氏可磨指数(Hardgrove Grindability Index,HGI)。方法是:将经过空气干燥、粒度为 $0.63 \sim 1.25$ mm 的煤样 50 g,放入哈氏可磨性试验仪(见图 2.6),施加在钢球上的总作用力为 284 N,驱动电动机进行研磨,旋转 60 转。将磨得的煤粉用孔径为 0.71 mm 的筛子在震筛机上筛分,并称量筛上与筛下的煤粉量,然后采用下式计算 HGI:

$$HGI = 13 + 6.93G \tag{2.26}$$

式中:G 为筛下煤样质量,用总煤样重量减去筛上筛余量求得。

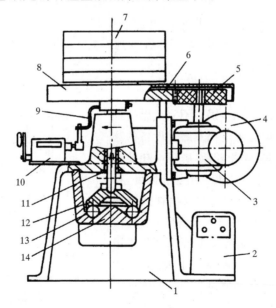

1—机座;2—电气控制盒;3—蜗轮盒;4—电动机;5—小齿轮;6—大齿轮;7—重块;
8—护罩;9—拨杆;10—计数器;11—主轴;12—研磨环;13—钢球;14—研磨碗。

图 2.6 哈氏可磨性试验仪

我国动力用煤的可磨性系数为 HGI＝25～129。HGI 大于 80 的煤通常被认为是易磨煤,小于 62 的煤为难磨煤。

我国原来曾采用苏联全苏热工研究所（BTИ）制定的方法,其可磨性系数定义为:将质量相等的标准煤顿巴斯无烟煤屑和试验煤由相同的初始粒度磨制成细度相同的煤粉时,所消耗能量的比值。但实际中将两批煤磨成相同细度是很难做到的,故在应用时改为:在消耗相同能量条件下,将标准煤和试验煤所得到的细度进行比较,求得煤的 BTИ 可磨性系数 K_{km}。计算公式为

$$K_{km} = \left(\frac{\ln \dfrac{100}{R_{90}^s}}{\ln \dfrac{100}{R_{90}^b}} \right)^{\frac{1}{p}} \tag{2.27}$$

式中:p 为试验用磨煤机特性系数,一般 $p=1.2$;R_{90}^b 为标准煤样细度,%;R_{90}^s 为试验煤样细度,%。

哈氏可磨指数和苏联 BTИ 可磨性系数之间可用下列公式进行转换:

$$K_{km} = 0.0149 HGI + 0.32 \tag{2.28}$$

或

$$K_{km} = 0.0034 (HGI)^{1.25} + 0.61 \tag{2.29}$$

6. 磨损指数

煤的磨损指数表示该煤种对磨煤机的研磨部件磨损轻重的程度。研究表明,煤在破碎时对金属的磨损是由煤中所含硬质颗粒对金属表面形成显微切削造成的。磨损指数的大小,不但与硬质颗粒含量有关,还与硬质颗粒的种类有关。磨损指数还与硬质矿物的形状、大小及存在形式有关。磨损指数直接关系到工作部件的磨损寿命,已成为磨煤机选型的重要依据。

有的国家采用旋转磨损试验仪来测定磨损指数。方法是将 2 kg 经空气干燥、粒径小于 6.7 mm 的煤样放入试验仪,埋住试片,使试验仪以 1500 r/min 转速运转 12000 转,测量试片被磨损的质量。磨损指数计算式为

$$K_{ms} = \frac{(m_1 - m_2) \times 10^6}{m} \text{mg/kg} \tag{2.30}$$

式中:m_1、m_2 为四片试片试验前后的总质量,g;m 为试验煤样质量,g。

根据电力行业标准 DL/T 465—2007《煤的冲刷磨损指数试验方法》,我国采用冲刷式磨损试验仪来测试煤对金属磨件的磨损性能,冲刷磨损指数测试系统如图 2.7 所示。将纯铁试片放在高速喷射的煤粒流中接受冲击磨损,测定煤粒从初始状态被研磨至 $R_{90}=25\%$ 的时间 τ(min) 及试片的磨损量 E(mg),计算煤的冲刷磨损指数 K_e 的公式为

$$K_e = \frac{E}{A\tau} \tag{2.31}$$

式中:A 为标准煤在单位时间内对纯铁试片的磨损量,一般规定 $A=10$ mg/min。

对我国煤种进行了大量测试后,已经得出了 K_e 与煤对金属磨件磨损性的定性关系。按煤的冲刷磨损指数大小划分为 $K_e<1.0$、$K_e=1\sim1.9$、$K_e=2\sim3.5$、$K_e=3.6\sim5$ 和 $K_e>5$ 五级,对应的磨损性为轻微、不强、较强、很强和极强五级。试验结果与现场磨煤机磨损试验结果比较接近,可作为磨煤机选型时的参考。

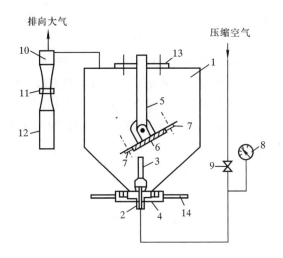

1—密封容器;2—喷嘴;3—喷管;4—旁路孔;5—支架;6—磨损试片;7—活动夹片;8—压
力表;9—进气阀;10—煤粉分离器;11—活接头;12—煤粉罐;13—螺母;14—底部托架。

图 2.7　冲刷式磨损试验仪

2.5.2 磨煤机

磨煤机是将煤块破碎并磨成煤粉的机械,它是燃煤粉锅炉的重要辅助设备。磨煤过程是煤被破碎及其表面积不断增加的过程。要增加新的表面积,必须克服固体分子间的结合力,因而需要消耗能量。煤在磨煤机中被磨制成煤粉,主要是通过压碎、击碎和研碎三种方式进行。其中压碎过程消耗的能量最少,研碎过程最消耗能量。各种磨煤机在制粉过程中都兼有上述的两种或三种方式,但以何种为主则视磨煤机的类型而定。

磨煤机的型式很多,按磨煤工作部件的转速可分为三种类型,即低速磨煤机、中速磨煤机和高速磨煤机。低速磨煤机的转速为 15～25 r/min,如钢球磨煤机。钢球磨煤机又有单进单出钢球磨煤机和双进双出钢球磨煤机。中速磨煤机的转速为 50～300 r/min,如中速平盘磨煤机(如 LM)、碗式中速磨煤机(如 RP、HP 磨)、轮式中速磨煤机(MPS、MBF 磨)、中速钢球磨煤机(E 型磨)。高速磨煤机的转速为 400～1500 r/min,如风扇磨煤机、锤击磨煤机。

1. 钢球磨煤机

钢球磨煤机对煤种的适用性广,对煤的可磨性系数、磨损指数及灰分等没有限制,可以磨制包括褐煤在内的任何煤种。其缺点有:设备庞大,投资多,占地面积大,运行电耗高,金属磨损量大,噪声大等。在其他类型磨煤机不能应用的场合可选用钢球磨煤机。

(1)单进单出钢球磨煤机

单进单出钢球磨煤机的结构及工作原理如图 2.8 所示。

磨煤部件为一个圆筒,筒内装有许多直径为 25～60 mm 的钢球。筒体内壁衬里为波浪型锰钢护甲。筒身两端是架在大轴承上的空心圆轴,一端是原煤和热空气的进口,另一端是煤粉空气混合物的出口。磨煤机圆筒由电动机驱动,通过减速装置拖动旋转。

筒体旋转时,筒内钢球和煤一起在离心力和摩擦力作用下被提升到一定高度,在重力作用下跌落,筒内的煤受下落钢球的撞击作用,以及钢球与钢球和钢球与护甲之间的挤压和研磨作用而被破碎,磨制成煤粉。热空气既是干燥剂,又是煤粉输送剂。磨好的煤粉由干燥剂气流带出筒体。干燥剂气流速度越大,带出煤粉量越多,磨煤机出力越大,煤粉也越粗。

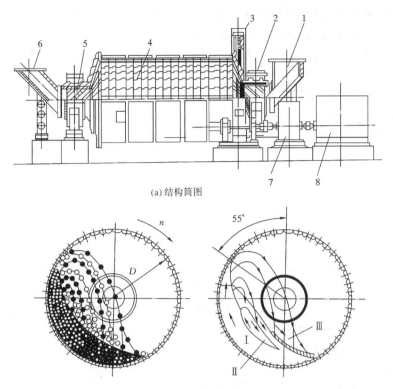

(a) 结构简图

(b) 工作原理示意图

1—进料装置；2—主轴承；3—传动齿轮；4—转动筒体；5—螺旋管；6—出料装置；7—减速器；8—电动机。

Ⅰ—挤压研磨；Ⅱ—摩擦研磨；Ⅲ—撞击粉碎。

图 2.8　筒式钢球磨煤机

筒内钢球被磨损时,可通过专门的装球装置,在不停机的情况下补充钢球,以保证磨煤出力和煤粉细度稳定。

大量的研究和实践表明,影响钢球磨煤机工作的主要因素有以下几种。

①筒体的转速 n。转速太小时,钢球只在下部筒壁滑动或上升不到足够的高度就往下滑落,因此磨煤效果较差,而且磨制的煤粉也不易从钢球层中吹出。转速太大时,钢球受到的离心力已经等于或大于其自身重力,筒体的转速达到使钢球的离心力等于其重力,钢球与筒壁一起转动,对煤没有撞击和研磨作用。筒内钢球不再脱离筒壁下落的最小转速称为临界转速 n_{lj}。我国的经验表明,当筒体转速为临界转速的 $0.75 \sim 0.78$ 倍左右时,能将钢球提升至最大高度,从而具有最强的撞击破碎作用。

②钢球充满系数 ψ。钢球充满系数是指筒内钢球容积占筒体容积的百分数。筒体内不同层钢球的磨煤能力各不相同,提升不同层钢球消耗的功率也不相同。因此磨煤出力和磨煤电耗与钢球充满系数都不呈线性关系。试验表明,$\psi = 10\% \sim 35\%$ 时,磨煤单位电耗与 $\psi^{0.3}$ 成正比。通风量和热风温度同时增加时,提高 ψ 可以增加磨煤出力。试验研究表明,使磨煤电耗最小的最佳钢球充满系数 ψ_{zj} 与筒体的转速 n 和临界转速 n_{lj} 有关,即

$$\psi_{zj} = \frac{0.12}{\left(\dfrac{n}{n_{lj}}\right)^{1.75}} \tag{2.32}$$

③钢球直径。若钢球直径太小,则下落撞击作用力太小,对煤粒没有粉碎作用;若钢球直

径太大,钢球数量少,则对煤的砸击点和研磨表面都将减少。当钢球直径在一定范围内时,磨煤出力与钢球直径的平方根成反比,金属磨损量与直径一次方成反比。试验研究表明,钢球直径不宜大于 60 mm,直径 50 mm 左右的钢球对大块煤具有较强的砸击力,磨煤出力较大,金属磨损量低。

④通风量。通风量太小时,不能及时将进口的煤送入筒体后端,钢球能量得不到充分利用;同时带走的煤粉较细,磨煤出力降低。若通风量太大,则输粉电耗增加。应使磨煤机工作在磨煤与通风的电耗之和达到最小的最佳通风工况。最佳通风量与磨制煤种、要求的煤粉细度及磨煤机的转速、钢球充满系数等有关。钢球磨煤机的最佳通风量 V_{tf}^{zj} 计算式为

$$V_{tf}^{zj} = \frac{38V}{n\sqrt{D}}(1000\sqrt[3]{K_{km}} + 36R''_{90}\sqrt{K_{km}}\sqrt[3]{\psi}) \tag{2.33}$$

式中:V 为球磨机筒体容积,m^3;D 为球磨机筒体内径,m;R''_{90} 为粗粉分离器后煤粉细度,%;ψ 为钢球充满系数;K_{km} 为按苏联 ВТИ 法确定的可磨性系数。

⑤筒内存煤量。存煤量过少会导致磨损和噪声增大,磨煤电耗增加。存煤量过多会使钢球粉碎效率下降,甚至导致堵塞。运行经验表明,随着磨煤机内存煤量的增加,磨煤机的驱动功率先是增大,当钢球间的空隙全部被煤充满时,驱动功率达到最大,继续增加存煤量,则会使存煤量过多,驱动功率减小。通常煤充满钢球间的间隙时,对钢球和护甲的磨损最小,而且磨煤效率最高。存煤量在各种负荷下应保持不变。

与其他磨煤机相比,钢球磨煤机具有下列优点。

a. 适合磨制无烟煤。因无烟煤挥发分低,着火温度高,燃尽困难。燃用无烟煤必须要有高温一次风和粒度细的煤粉。钢球磨煤机能达到其他磨煤机难于达到的细度,配套的热风送粉系统的一次风温可达 400 ℃ 以上。

b. 可磨制冲刷磨损指数 $K_e > 3.5$ 的煤。煤的冲刷磨损指数高,则对金属的磨损量大,研磨部件寿命缩短。中速磨煤机需停机更换磨损部件,而钢球磨煤机的金属磨损量虽远大于中速磨煤机,但在运行过程中可以不停机就添加钢球,且不影响磨煤机正常运行。

c. 对煤中的杂质不敏感,铁块、木块和石块等进入磨煤机对磨煤几乎没有影响。

d. 能磨制高水分煤。因既作为干燥剂又作为输送介质的热风与煤一起被送入筒体,煤的磨制过程和干燥过程同时进行,对煤的干燥能力强,因此与中速磨煤机相比,允许磨制有更高水分的煤。

e. 钢球磨煤机结构简单,故障少,运行安全可靠,检修周期长,对运行和维修的技术水平要求较其他磨煤机低。

(2)双进双出钢球磨煤机

双进双出钢球磨煤机的结构与单进单出钢球磨煤机类似。钢球在装有锰钢或铬铝钢护甲的圆筒内磨制煤粉的原理和过程也与单进单出钢球磨煤机相似。所不同的是两端空心轴既是热风和原煤的进口,又是气粉混合物的出口。从两端进入的干燥介质气流在球磨机筒体中间部位对冲后反向流动,携带煤粉从两空心轴中流出,进入煤粉分离器,形成两个相互对称又彼此独立的磨煤回路,如图 2.9 所示。连接筒体的中空轴架在轴承上,中空轴内有一中心管,中心管外是螺旋输送装置,用保护链条弹性固定。煤从给煤机出口落入混料箱,经旁路热风预干燥后落入中空轴,由旋转的螺旋输送装置将煤送入磨煤机,由钢球进行磨制,热一次风通过中空轴内的中心管进入筒体,进入筒体的热空气既是煤粉干燥剂,又是煤粉输送剂。在热一次风完成对煤的干燥后,按与原煤进入磨煤机的相反方向,通过中心管与中空轴之间的环形通道,将煤粉带出磨煤机。煤粉空气混合物与混料箱来的旁路风混合,一起进入上部的煤粉分离器。分离出来的粗粒煤粉经返粉管回落到中空轴入口,与原煤混合重新进入磨煤机研磨。从分离

器出来的制粉系统乏气可作为一次风或三次风送到燃烧器。

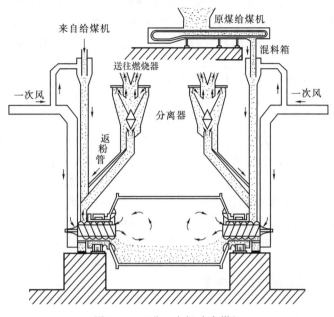

图 2.9　双进双出钢球磨煤机

　　与单进单出钢球磨煤机一样,运行中的磨煤机存煤量不随负荷变化。筒内的存煤量约为钢球质量的 15%,相当于磨煤机额定出力的 1/4。双进双出钢球磨煤机应用检测制粉噪声或进出口差压的方法来控制筒内的存煤量。

　　与其他研磨方式不同,双进双出钢球磨煤机的出力不是靠调整给煤机来控制,而是靠调整通过磨煤机的一次风量控制。由于筒内存有大量的煤粉,当加大一次风阀门的开度时,风的流量及带出的煤粉流量同时增加,而且风煤比(即煤粉浓度)始终保持稳定。所以,其响应锅炉负荷变化的时间非常短,相当于燃油锅炉。这是双进双出钢球磨煤机独有的特点。

　　双进双出钢球磨煤机出口的风煤比不随负荷变化。当在低负荷运行时,由于磨煤机筒体内的通风量减少,导致磨煤机出口及一次风管内的气粉混合物流速降低。过低的流速将引起管内煤粉沉积。旁路风的一个主要作用就是在低负荷时加大旁路风风量,使输粉管道和煤粉分离器内始终保持最佳风速,避免煤粉沉积和分离效果下降。

　　双进双出钢球磨煤机的两个磨煤回路可以同时使用,也可以单独使用一个,使磨煤出力降至 50% 以下,扩大了磨煤机的负荷调节范围。

　　总的来说,双进双出钢球磨煤机既保持了钢球磨煤的煤种适应性广等所有优点,与单进单出钢球磨煤机相比,又大大缩小了体积,增加了通风量,降低了磨煤机的功率消耗。

2. 中速磨煤机

　　目前应用最多的三种中速磨煤机为 RP 磨(改进型为 HP 型)、MPS 磨和 E 型磨。它们的结构如图 2.10～图 2.13 所示。

　　三种中速磨煤机的研磨部件等各不相同,但它们具有相同的工作原理及基本类似的结构。三种磨煤机沿高度方向自下而上可分为四部分:驱动装置、研磨部件、干燥分离空间以及煤粉分离和分配装置。工作过程:由电动机驱动,通过减速装置和垂直布置的主轴带动磨盘或磨环转动。原煤经落煤管进入两组相对运动的研磨件的表面,在压紧力的作用下受到挤压和研磨,被粉碎成煤粉。磨成的煤粉随研磨部件一起旋转,在离心力和不断被研磨的煤和煤粉推挤作用下被甩至风环上方。热风(干燥剂)经装有均流导向叶片的风环整流后以一定的风速进入环形干燥空间,对煤粉进行干燥,并将煤粉带入磨煤机上部的煤粉分离器。不合格的粗煤粉在分离器中被分离下来,经锥形分离器底部返回研磨区重磨。合格的煤粉经煤粉分配器由干燥剂带出磨外,进入一次风管,直接通过燃烧器进入炉膛,参加燃烧。煤中夹带的难以磨碎的煤矸石、石块等在磨煤过程中也被甩至风环上方,因风速不足以将它们夹带而下落,通过风环落至杂物箱。从杂物箱中排出的称为石子煤。

(1)RP 磨

图 2.10 所示为 RP 磨(碗式中速磨),该磨将要磨制的原煤送入磨煤机转动磨碗中心的进煤管内,它的研磨部件是磨辊和碗形磨盘。早期制造的 RP 磨的钢碗比较深,现在多采用浅碗或斜盘形钢碗。当原煤送入中心进煤管后,由于离心力的作用被甩向四周。在通过磨辊与磨碗的间隙时煤被破碎。为了加强煤的破碎效果,用弹簧或液压缸给磨辊施加一定的压力。磨成的煤粉被磨碗四周的热风带走,进入位于磨煤机上部的粗粉分离器。此时热风一边流动,一边加热、干燥携带的煤粉。气粉混合物流入分离器内锥体顶部的可调节角度的折流板窗,经过多出口管路送到锅炉燃烧器。混入原煤中的铁块和硬质杂质也落入磨煤机下部的杂质室。这里安装有旋转的刮板,把杂物刮入杂物排放管。

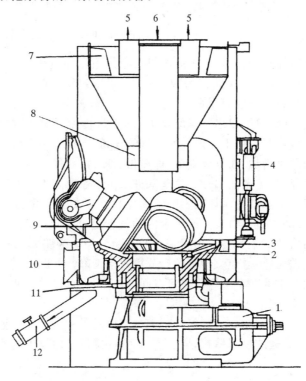

1—减速器;2—磨碗;3—风环;4—加压缸;5—气粉混合物出口;6—原煤入口;7—分离器;
8—粗粉返粉管;9—磨辊;10—热风进口;11—杂物刮板;12—杂物排放管。
图 2.10　RP 型中速磨煤机结构

HP 磨煤机是 RP 磨煤机的改进型,故 RP 磨煤机和 HP 磨煤机的结构基本相似。磨煤机型号可以反映其结构的基本特征,例如,HP943 型中速磨煤机表示磨碗直径为 2.4 m(94 in),有 3 个磨辊。HP 型中速磨煤机的结构如图 2.11 所示。

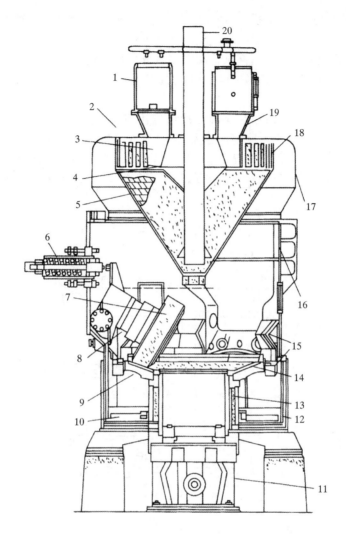

1—磨煤机阀；2—分离器调节组件；3—陶瓷文丘里叶片；4—出口文丘里管；5—陶瓷分离器锥斗；6—加载弹簧组件；7—磨辊；8—磨辊颈轴组件；9—磨盘；10—石子煤刮板；11—行星齿轮箱；12—隔热层；13—磨盘颈轴；14—磨盘衬板；15—风环组件；16—分离器机壳；17—分离器顶帽；18—分离器组件；19—煤粉气流出口；20—落煤管。

图 2.11　HP 型中速磨煤机结构

HP 型磨煤机由三部分组成，即下部的基座和减速机、上部的分离器和中部的磨煤机本体，其主要的差别在磨煤机本体。三个磨辊按 120°相对固定，独立的弹簧加载装置施加压力于磨辊，转动的磨碗带动磨辊轴转动磨煤。通过调节弹簧加载装置的顶载压力螺栓来调节碾磨压力的大小，通过调节磨辊的定位螺栓来调节磨辊和磨碗的间隙。

HP 型磨煤机与 RP 型磨煤机相比，具有以下主要特点。

①HP 型磨煤机采用大直径锥形磨辊，磨辊的平均直径比 RP 型磨煤机的平均直径长约 30％。同时选用新型耐磨材料和堆焊工艺制造磨辊，延长其使用寿命。

②HP 型磨煤机采用装在机外的外置式弹簧加载装置，这种装置检修、更换都较方便。另外，当有较大尺寸的"三块"（铁块、木块、石块）进入磨煤区时，对磨煤机能起到缓冲保护作用。

③HP 型磨煤机采用能随磨碗一起转动的风环装置来改变一次风流向和流速。使通进磨

煤机的空气分配更为均匀,以加强磨煤机对煤粉的分离效果,并降低磨煤机内部的磨损和一次风的压力损失。

④HP型碗式中速磨煤机采用高顶盖离心挡板分离器。通过增加分离器顶盖高度来降低通过分离器的气流速度,从而降低分离器内部金属磨损,改善煤粉的分离效果。

(2)MPS磨

MPS型磨煤机(图2.12)采用具有圆弧形凹槽滚道的磨盘,磨辊边缘也呈圆弧形。三个磨辊布置在相距120°的位置上。磨辊尺寸大,在水平方向具有一定的自由度,可以摆动,能自动调整研磨位置。在研磨过程中磨辊由磨盘摩擦力带动旋转。磨煤的研磨力来自磨辊、弹簧架及压力架的自重和弹簧的预压缩力。弹簧的预压缩依靠作用在弹簧压盘上的液压缸加载系统来实现。

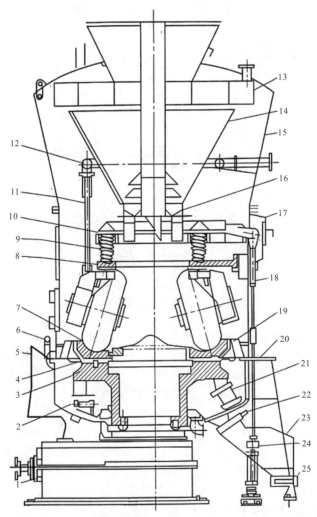

1—驱动齿轮箱;2—石子煤内通道;3—磨辊;4—磨环座;5—空气进口总管;6—惰性气体总管;7—磨环衬块;8—压力架;9—弹簧;10—加载弹簧架;11—密封空气总管;12—密封空气管路;13—百叶窗进口;14—分离锥;15—磨煤机上部机体;16—分离粗粉排出口;17—机体;18—加载弹簧组件;19—旋转叶片环组件;20—机座;21—石子煤出口;22—石子煤出口截门;23—石子煤室;24—加载油缸;25—石子煤底部截门。

图2.12　MPS型中速磨煤机结构

（3）E 型磨

E 型磨煤机好像是一个大型的推力轴承，如图 2.13 所示，巨大的空心铸钢球夹在上、下两个磨环之间，它们上下配合好像一个字母"E"，并由此而得名。下磨环由垂直的主轴带动旋转，上磨环不转，但是可以上下移动并由气缸或弹簧对其施加压力。随着下磨环的转动，钢球也在转动。磨煤工作就由磨盘和在滚道上滚动的钢球来完成。所有的钢球依次紧密地在上下磨环内排成一圈。钢球可以在磨环之间自由滚动，磨煤时不断改变旋转轴线位置，在整个工作寿命中钢球始终保持球的圆度，以保证磨煤性能不变，使磨煤机出力不会因钢球磨损而减少。煤从中心进煤管落入磨煤机，在上下磨环转动的离心力作用下，被甩到钢球与磨环的间隙中研磨成煤粉。煤粉由下磨环甩到磨环的边缘，此处有对煤粉进行干燥的热风。热风把煤粉吹起，进入上面的粗粉分离器进行分离，粗煤粉掉回滚道内重磨，合格的细煤粉送到燃烧器，大颗粒的矸石和铁块落到储存箱。为了增强磨煤能力，对上磨环施加压力，可以用加压弹簧，一般在大型磨煤机上采用液压-气压加载装置。

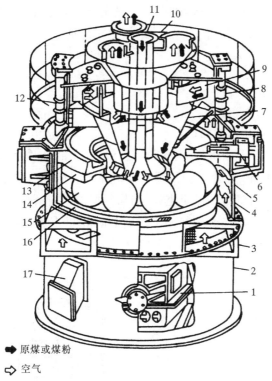

➡ 原煤或煤粉

⇨ 空气

1—减速箱；2—支座；3—热风进口；4—磨煤室筒壁；5—风环；6—导杆；7—分离器锥体；

8—加压缸；9—分离器导叶；10—气粉混合物分配器；11—原煤入口；12—分离器室筒壁；

13—上磨环主体；14—上磨环；15—钢球；16—下磨环；17—杂物箱。

图 2.13　E 型中速球磨

HP 型和 MPS 型的磨煤机电耗较低，其中 HP 磨更低些；耐磨损性能则是 E 型磨最好，MPS 磨次之。若将磨煤机的使用寿命规定为 8000 h，则 E 型磨适用于冲刷磨损指数 $K_e < 3.5$ 的煤，MPS 磨适用于 $K_e < 2.0$ 的煤，HP 磨适用于 $K_e < 1.0$ 的煤。当煤的冲刷磨损指数 $K_e <$

1.0 时,三种中速磨煤机都有较长的磨损寿命。综合其他因素,当煤的冲刷磨损指数 $K_e<1.2$ 时,应优先选用 HP 型中速磨,因为 HP 磨磨煤电耗最低,并且有较好的煤粉分配性能及磨损件更换方便的优点。当煤的冲刷磨损指数为 $1.2<K_e<2.0$ 时,应选用 MPS 型磨煤机,因 MPS 磨比 E 型磨电耗低。

中速磨煤机的缺点有:对原煤带入的"三块"敏感性强,易引起振动和部件损坏;磨煤机结构复杂,运行和检修的技术水平要求高;不能磨制磨损指数高的煤种;对煤的水分要求高,因热风对磨盘上煤的干燥作用小,当煤水分过高时,磨盘上的煤和煤粉将压成饼状,影响磨煤出力。但中速磨煤机的共同优点是:启动迅速、调节灵活;磨煤电耗低,为钢球磨煤机的 $50\%\sim75\%$;结构紧凑,占地面积为钢球磨煤机的 1/4;金属磨损量小。所以当煤种适宜时,优先采用中速磨煤机是合理的,中速磨煤机对煤种适应性如下:

① $w_{daf}(V)=27\%\sim40\%$,外在水分 $w_f(M)\leqslant15\%$,冲刷磨损指数 $K_e<3.5$ 的烟煤,应优先选用。

②煤的冲刷磨损指数 $K_e<3.5$,且燃烧性能较好的劣烟煤和贫煤可以选用。

③冲刷磨损指数 $K_e<3.5$,且外在水分 $w_f(M)\leqslant15\%$ 的褐煤,经过技术经济比较,可以考虑采用。

3. 高速磨煤机

(1)风扇式磨煤机

风扇式磨煤机大多用于燃用褐煤的锅炉。

如图 2.14 所示,风扇式磨煤机的结构与风机相类似,由叶轮和蜗壳组成,只是叶轮和叶片很厚,蜗壳内壁装有护板。叶轮、叶片和护板都用锰钢等耐磨钢材制造,是主要的磨煤部件。煤粉分离器在叶轮的上方,与外壳连成一个整体,结构紧凑。风扇磨煤机本身就是排粉风机,在对原煤进行粉碎的同时能产生 $1500\sim3500$ Pa 的风压,用以克服系统阻力,完成干燥剂吸入、煤粉输送的任务。

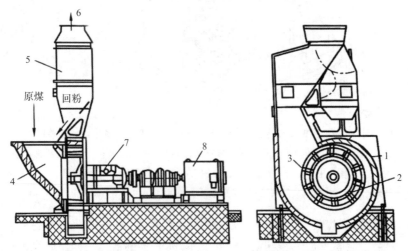

1—蜗壳状护甲;2—叶轮;3—冲击板;4—原煤进口;5—分离器;6—煤粉气流出口;7—轴承箱;8—电动机。

图 2.14　风扇式磨煤机结构

在风扇式磨煤机中,煤的粉碎过程既受机械力的作用,又受热力作用的影响。从风扇磨煤机入口进入的原煤与被风扇磨吸入的高温干燥介质混合,在高速转动的叶轮带动下一起旋转,煤的破碎过程和干燥过程同时进行。叶片对煤粒的撞击、叶轮与煤粒的摩擦、运动煤粒对蜗壳上护甲的撞击和煤粒互相之间的撞击等机械作用起主要的粉碎作用。同时,由于水分高而具有较强塑性的褐煤等在被高温干燥剂加热后,塑性降低,脆性增加,易于破碎。部分含有较高水分的煤粒在干燥过程中会自动碎裂。风扇磨煤机适宜磨制冲刷磨损指数 $K_e < 3.5$ 的褐煤。

风扇式磨煤机中的煤粒几乎都处在悬浮状态下,热风与煤粒的混合十分强烈,对煤粉的干燥非常强烈,所以风扇磨煤机与其他磨煤机相比,能磨制更高水分的褐煤和烟煤。若配合以高温炉烟作干燥剂,则可磨制水分大于 35% 的软褐煤和木质褐煤。

风扇式磨煤机的主要缺点是:叶轮、叶片磨损快,检修周期短,一般磨损寿命约为1000 h。但风扇磨煤机的结构简单、尺寸小、金属耗量少,更换备用叶轮时只需很短时间。

(2)锤击式磨煤机

锤击式磨煤机常用于工业锅炉中,如图 2.15 所示。锤击式磨煤机的煤粉喷口为竖井形式,所以又称为竖井式磨煤机。锤击式磨煤机的工作原理与风扇磨煤机类似,只不过磨煤部件由重锤代替了叶轮。经过预先除铁、破碎后的小煤块(一般直径为 10～15 mm),从进煤口落入磨煤机底部后,被由两侧进风口进入的热风烘干,在锤子的高速击打及与外壳护甲板的撞击下变成粉末。煤粉被空气吹入竖井,其中细粉被气流直接带入炉膛燃烧,粗粉由于重力作用,被分离落回磨煤机,重新粉碎至所需要的细度。当煤粉的粗细度不符合要求时,可以通过调节挡板进行控制。

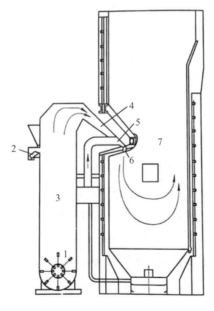

1—磨煤机转子;2—振动给煤机;3—竖井;4—煤粉与一次风;5—二次风;6—煤粉喷口;7—炉膛。

图 2.15 锤击式磨煤机结构简图

与风扇磨类似,锤击式磨煤机运行过程中锤子磨损很快,同样只适用于易磨和挥发分较高的燃料,如褐煤和较软的烟煤。

4. 各种磨煤机的性能比较

各种磨煤机的性能比较见表2.17。

表 2.17　各种磨煤机的性能

<table>
<tr><td colspan="2">项　　　目</td><td>球磨机</td><td>中速磨</td><td>风扇磨</td></tr>
<tr><td colspan="2">运行可靠性</td><td>最好</td><td>次之</td><td>较差</td></tr>
<tr><td rowspan="4">适用煤种</td><td>干燥无灰基挥发分 $w_{daf}(V)/\%$</td><td>不限</td><td>15～20</td><td>＞20</td></tr>
<tr><td>K_{km}</td><td>不限</td><td>＞1.2～1.3</td><td>＞1.3</td></tr>
<tr><td>收到基水分 $w_{ar}(M)/\%$</td><td>不限</td><td>5～8(＜15)</td><td>不限</td></tr>
<tr><td>收到基灰分 $w_{ar}(A)/\%$</td><td>不限</td><td>＜25～30</td><td>＜25～30</td></tr>
<tr><td colspan="2">碾磨细度范围 $R_{90}/\%$</td><td>5～50</td><td>15～50</td><td>—</td></tr>
<tr><td rowspan="4">运行费用</td><td>金属耗量及投资</td><td>最大</td><td>较小</td><td>最小</td></tr>
<tr><td>电耗</td><td>最大</td><td>较小</td><td>最小</td></tr>
<tr><td>金属磨耗</td><td>最大</td><td>较小</td><td>较小</td></tr>
<tr><td>检修维护费</td><td>最小</td><td>较大</td><td>较小</td></tr>
</table>

2.5.3　制粉系统

火电厂中,将以磨煤机为核心的,把原煤制成合格煤粉的系统称为制粉系统。制粉系统可分为中间储仓式、直吹式和半直吹式三类。

中间储仓式制粉系统中,磨成的煤粉先储存在煤粉仓内,随后根据负荷要求再由煤粉仓送入炉膛。在中间储仓式制粉系统中,如果干燥剂和燃料中蒸发出来的水蒸气最后送入锅炉的燃烧室,则称为闭式制粉系统。若燃料中蒸发的水蒸气和干燥剂不送入燃烧室,而直接排入大气,这样的制粉系统称为开式制粉系统。我国目前采用的大部分是闭式制粉系统,因为它布置紧凑,投资费用较少。只有当燃料的折算水分大于20％时才采用开式系统。

直吹式制粉系统中,磨成的煤粉从磨煤机直接吹入炉膛。中间储仓式制粉系统一般配用筒式球磨机。直吹式制粉系统一般配用中速磨或风扇磨。直吹式制粉系统中,若配用筒式球磨机,则在低负荷或变负荷运行时很不经济。对带基本负荷的锅炉,可考虑采用筒式球磨机直吹系统。

1. 中间储仓式制粉系统

(1)单进单出钢球磨煤机中间储仓式制粉系统

单进单出钢球磨煤机中间储仓式制粉系统曾得到广泛应用。图2.16所示为两种典型的系统:乏气送粉系统和热风送粉系统。当燃用煤的质量较好时,可采用图 2.16(a)所示乏气送粉系统,以乏气作为一次风的输送介质,乏气夹带的细粉与给粉机下来的煤粉混合后,被送入炉膛燃烧。当燃用难燃的无烟煤、贫煤或劣质烟煤时,需用高温一次风来稳定着火燃烧,则要采用如图 2.16(b)所示的热风送粉中间储仓式制粉系统,用从空气预热器来的热空气作为一次风的输送介质。乏气作为三次风送入炉膛燃烧。

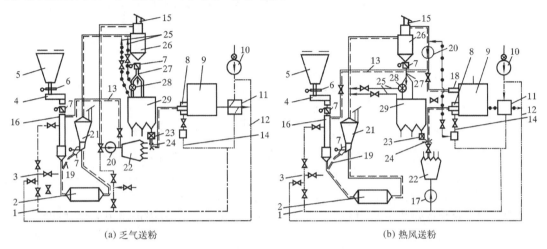

(a) 乏气送粉　　　　　　　　　　(b) 热风送粉

1—热风管;2—磨煤机;3—冷风入口;4—给煤机;5—原煤仓;6—闸板;7—锁气器;8—燃烧器;9—锅炉;
10—送风机;11—空气预热器;12—压力冷风管;13—再循环器;14—二次风管;15—防爆门;16—下行干燥管;
17—热一次风机;18—三次风;19—回粉管;20—排粉机;21—粗粉分离器;22——次风箱;23—给粉机;
24—混合器;25—排湿管;26—煤粉分离器;27—转换挡板;28—螺旋输粉机;29—煤粉仓。

图 2.16　单进单出钢球磨煤机中间储仓式制粉系统

乏气送粉中间储仓式制粉系统的工作流程如图 2.17 所示。

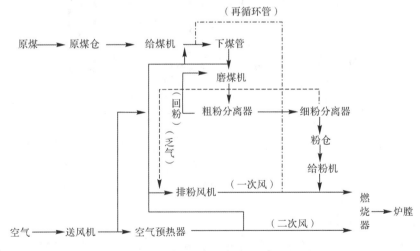

图 2.17　乏气送粉中间储仓式制粉系统的工作流程

热风送粉中间储仓式制粉系统的工作流程如图 2.18 所示。

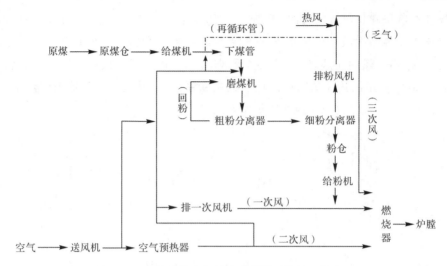

图 2.18　热风送粉中间储仓式制粉系统的工作流程

(2)双进双出钢球磨煤机中间储仓式制粉系统

双进双出钢球磨煤机中间储仓式制粉系统如图 2.19 所示。该锅炉燃用混煤(原煤＋褐煤焦炭)。

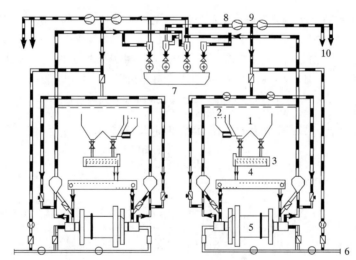

1—原煤仓;2—褐煤焦炭仓;3、4—给煤机;5—双进双出钢球磨煤机;6—热一次风;

7—煤粉仓;8—磨煤风机;9—乏气风机;10—去燃烧器乏气。

图 2.19　双进双出钢球磨煤机中间储仓式制粉系统

(3)中速磨煤机储仓式制粉系统

由于直吹式系统有对锅炉负荷变化响应迟缓和低负荷运行经济性差的缺点,因此国内外都有中速磨煤机储仓式制粉系统投运。

如图 2.20 所示,在储仓式制粉系统中增加了细粉分离器、煤粉仓、给粉机和排粉风机等设备。细粉分离器分离下来的煤粉储存在煤粉仓,由给粉机送入一次风管道。细粉分离器都采用旋风式分离器,一般粒径小于 $10\ \mu m$ 的煤粉无法分离而随干燥介质从分离器排出,此煤粉量约为磨煤出力的 10%,称为乏气。排粉风机布置在细粉分离器之后,不易磨损。

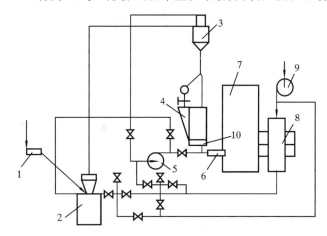

1—给煤机;2—磨煤机;3—细粉分离器,4—煤粉仓;5—排粉风机;
6—燃烧器;7—锅炉;8—空气预热器;9—送风机;10—给粉机。

图 2.20　中速磨煤机储仓式制粉系统

由于中速磨煤机磨制的煤一般挥发分较高,煤粉的着火和燃烧性能较好,通常采用如图 2.19 所示的中间储仓式乏气送粉系统。由于系统中增设了煤粉仓,有较多的煤粉储存,因此磨煤机的出力不再受锅炉负荷的限制,始终可以在最佳工况下运行,可以保证所需的煤粉细度,且具有较高的经济性。同时,锅炉负荷变化时,可以通过改变给粉机转速直接调节给粉量,迅速响应负荷变化,满足调峰机组的运行要求。

2. 直吹式制粉系统

(1)中速磨煤机直吹式制粉系统

中速磨煤机直吹式制粉系统有负压直吹式、正压热一次风机直吹式和正压冷一次风机直吹式三种型式。

图 2.21(a)所示为中速磨煤机负压直吹式制粉系统,整个系统在负压下运行,煤粉不会向外泄漏,对环境污染小。但其排粉风机装在磨煤机出口,燃烧所需煤粉全部经过排粉风机,磨损严重、效率低、电耗大,需经常检修,系统运行可靠性低,目前已很少应用。

正压直吹式制粉系统的一次风机布置在磨煤机之前,风机输送的是干净空气,不存在煤粉磨损叶片的问题。磨煤机处在一次风机造成的正压状态下工作,不会有冷空气漏入,对保证磨煤机干燥出力有利。为防止煤粉外泄、污染环境或煤粉窜入磨煤机的滑动部分,系统中专门设有密封风机,以高压空气对其进行密封和隔离。

图 2.21(b)所示为中速磨煤机正压热一次风机直吹式制粉系统。热一次风机布置在空气预热器与磨煤机之间,输送的是经空气预热器加热的热空气。由于空气温度高、比容大,因此比输送同样质量冷空气的风机体积大、电耗高,且风机运行效率低,还存在高温侵蚀。从回转式空气预热器来的热空气中还会携带飞灰颗粒,对风机叶轮和机壳产生磨损。

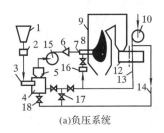 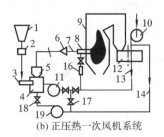 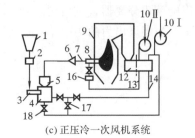

(a)负压系统　　　　　　(b)正压热一次风机系统　　　　(c)正压冷一次风机系统

1—原煤仓;2—自动磅秤;3—给煤机;4—磨煤机;5—煤粉分离器;6——一次风风箱;7—煤粉管道;8—燃烧器;9—锅炉;10—送风机,10Ⅰ—冷一次风机,10Ⅱ—二次风机;11——热一次风机;12—空气预热器;13—热风管道;14—冷风管道;15—排粉风机;16—二次风风箱;17—冷风门;18—密封风门;19—密封风机。

图 2.21　中速磨煤机直吹式制粉系统

正压冷一次风机直吹式制粉系统,锅炉应用三分仓回转式空气预热器。独立的一次风经空气预热器的一次风通道加热后再进入磨煤机。与两分仓空气预热器比,漏风量减少。系统配置有自动控制系统,具有根据锅炉负荷变化,主信号自动调节给煤量和进入磨煤机的干燥介质(热风)流量的功能,以及根据磨煤机出口气粉混合物温度,自动调整冷、热调温空气门,控制磨煤机进口风温的功能。

(2)风扇式磨煤机直吹式制粉系统

风扇式磨煤机一般应用于直吹式制粉系统中。由于风扇式磨煤机同时具有磨煤、干燥、干燥介质吸入和煤粉输送等功能,煤粉分离器与磨煤机连成一体,所以它的制粉系统比其他型式磨煤机的制粉系统简单、设备少、投资省。根据煤的水分不同,风扇磨煤机制粉系统分别采用单介质干燥直吹式制粉系统、二介质干燥直吹式制粉系统和三介质干燥直吹式制粉系统。

当燃用烟煤和水分不高的褐煤时,一般采用图 2.22(a)所示的用热风作为干燥剂的单介质干燥直吹式制粉系统。图 2.22(b)所示为热风与从炉膛上部抽取的高温炉烟混合后作干燥剂的二介质直吹式制粉系统。采用热风、高温炉烟和低温炉烟混合物作干燥剂的三介质干燥直吹式制粉系统如图 2.23 所示。其中高温炉烟取自炉膛上部,低温炉烟取自引风机出口。二介质干燥直吹式系统和三介质干燥直吹式系统适宜磨制高水分褐煤。

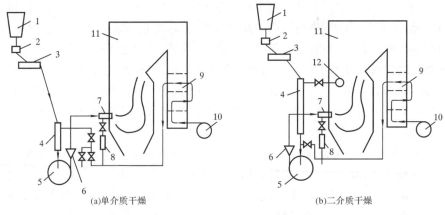

(a)单介质干燥　　　　　　　　(b)二介质干燥

1—原煤仓;2—自动磅秤;3—给煤机;4—下行干燥管;5—磨煤机;6—煤粉分离器;7—燃烧器;8—二次风箱;9—空气预热器;10—送风机;11—锅炉;12—抽烟口。

图 2.22　风扇式磨煤机直吹式制粉系统

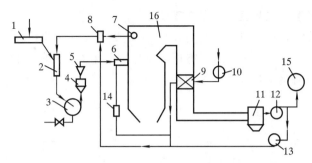

1—给煤机；2—下降干燥管；3—风扇磨煤机；4—粗粉分离器；5—煤粉分配器；
6—燃烧器；7—高温炉烟抽烟口；8—混合室；9—空气预热器；10—送风机；
11—除尘器；12—引风机；13—冷烟风机；14—二次风箱；15—烟囱；16—锅炉。

图 2.23 风扇磨三介质干燥直吹式制粉系统

采用热风和高、低温炉烟混合物作为干燥剂有如下优点。

①热风和炉烟混合后，降低了干燥剂的氧浓度，有利于防止高挥发分褐煤煤粉发生爆炸。

②含氧量低的热风和炉烟混合物作为一次风送入炉膛，可以降低炉膛燃烧器区域的温度水平，燃用低灰熔点褐煤时可避免炉内结渣，并减少 NO_x 的生成。

③当燃煤水分变化幅度大时，改变高、低温炉烟的比例即可满足煤粉干燥的需要，而一次风温度和一次风比例仍保持不变，减轻了燃煤水分变化对炉内燃烧的影响。

（3）双进双出钢球磨煤机直吹式制粉系统

球磨机一般应用于中间储仓式制粉系统中，但双进双出球磨机可以用于直吹式制粉系统，如图 2.24 所示。在这个系统中，球磨机处于正压下工作。为了防止煤粉外泄，系统中配备有密封风机，用来产生高压空气，送往磨煤机转动部件的轴承部位。制粉用风由一次风机供给。与中速磨煤机直吹式制粉系统相比，双进双出球磨机作为磨煤设备可靠性高，可省略备用磨煤机，降低维修费用；可磨制可磨性系数很低的煤；可充分地满足稳定燃烧的煤粉细度等。

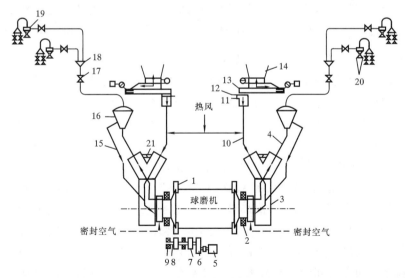

1—大齿轮；2—耳轴；3—磨煤机给煤/出粉箱；4—磨煤机至分离器导管；5—电动机；6—齿轮箱；7—气动
离合器；8—小齿轮轴；9—小齿轮轴承；10—原煤/热风导管；11—原煤斜槽；12—给煤机关断门；13—给煤机；
14—原煤斗；15—回粉管；16—粗粉分离器；17—文丘里管；18—分配器；19—旋风子；20—燃烧器；21—旁通管。

图 2.24 双进双出球磨机直吹式制粉系统

3. 双进双出钢球磨煤机半直吹式制粉系统

当锅炉需采用分级燃烧或热风送粉时,可以采用半直吹式制粉系统。

图 2.25(a)所示为 500 MW 机组固态排渣煤粉炉采用的半直吹式制粉系统。系统在双进双出磨煤机两个制粉回路中各设置两个粗粉分离器。

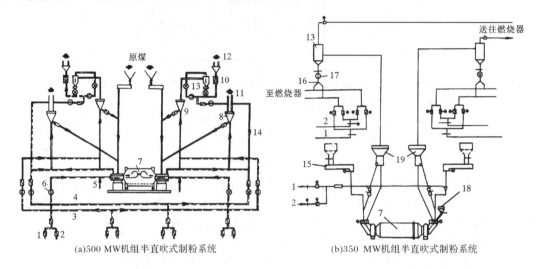

(a)500 MW机组半直吹式制粉系统　　　　(b)350 MW机组半直吹式制粉系统

1—冷风;2—热风;3—二级旁路风;4—一级旁路风;5—蒸汽;6—磨煤输送风;7—磨煤机;8—一级粗粉分离器;9—二级粗粉分离器;10—煤粉测量装置;11—去主燃烧器;12—去辅助燃烧器;13—细粉分离器;14—乏气旁路;15—给煤机;16—分配器;17—旋转锁气器;18—装球斗;19—粗粉分离器。

图 2.25　双进双出钢球磨煤机正压半直吹式系统

图 2.25(b)所示为 350 MW 机组锅炉采用的半直吹式制粉系统。系统在粗粉分离器后增设了细粉分离器。细粉分离器下来的煤粉用热风送入炉膛,参加燃烧。乏气作为三次风送入炉膛燃烧。该系统可提高一次风温度及煤粉浓度,适宜于燃用无烟煤和贫煤的锅炉。

4. 中间储仓式和直吹式制粉系统的优缺点

中间储仓式制粉系统需要有煤粉仓、细粉分离器、排粉风机、给粉机等设备,系统复杂庞大,因而建设初期投资大。由于系统的设备多,管道长,容易在系统中产生煤粉沉积,增加了煤粉爆炸的危险性,因此系统中需设置许多防爆装置。系统中负压较大,漏风量大,致使输粉电耗增大,锅炉效率降低。

在直吹式制粉系统中,磨煤机磨制的煤粉全部直接送入炉膛内燃烧。因此具有系统简单、设备部件少、输粉管道阻力小、运行电耗低、钢材消耗少、占有空间小、投资少和爆炸危险性小等优点。

储仓式制粉系统中,因为锅炉和磨煤机之间有煤粉仓,所以磨煤机的运行出力不必与锅炉随时配合,即磨煤机出力不受锅炉负荷变动的影响,磨煤机可以一直维持在经济工况下运行。即使磨煤设备发生故障,煤粉仓内积存的煤粉仍可供应锅炉需要,同时,可以经过螺旋输粉机调运其他制粉系统的煤粉到发生事故系统的煤粉仓去,使锅炉继续运行,提高了系统的可靠性。在直吹式系统中,磨煤机的工作直接影响锅炉的运行工况,锅炉机组的可靠性相对低些。

负压直吹式系统中,燃烧需要的全部煤粉都要经过排粉机,因此它磨损较快,发生振动和需要检修的可能性就大。而在储仓式系统中,只有少量细煤粉的乏气流经排粉机,所以它磨损较轻,工作比较安全。

当锅炉负荷变动或燃烧器所需煤粉增减时,储仓式系统只要调节给粉机就可以适应需要,既方便又灵敏。而直吹式系统要从改变给煤量开始,经过整个系统才能改变煤粉量,因而惰性较大。此外,直吹式系统的一次风管是在分离器之后分别通往各个燃烧器的,燃料量和空气量的调节手段都设置在磨煤机之前,同一台磨煤机供给煤粉的各个燃烧器之间,容易出现风粉不均现象。

5. 磨煤机及制粉系统选型

磨煤机及制粉系统的选型,影响到燃煤机组运行的可靠性和经济性,受多种因素的制约。首先是煤种及其挥发分含量和着火温度,其次是对煤粉细度 R_{90} 的要求,其他因素还有煤的可磨性、磨损性和水分含量等,应该综合加以考虑。表 2.18 为根据相关规定建议的各类磨煤机及制粉系统的适用范围。

表 2.18　磨煤机及制粉系统的适用范围

煤种	煤特性参数						磨煤机及制粉系统	机组容量
	$w_{daf}(V)$	IT/℃	K_e	$w_f(M)\%$	$R_{90}/\%$	$R_{75}/\%$		
无烟煤	≤10	>900	不限	≤15	5		钢球磨煤机储仓式热风送粉	不限
		800～900	不限	≤15	5～10	8～15	钢球磨煤机储仓式热风送粉或双进双出钢球磨煤机直吹式	不限
贫瘦煤	10～20	800～900	不限	≤15	5～10	8～15	同无烟煤	不限
		700～800	>5.0	≤15	10	15	双进双出钢球磨煤机直吹式	不限
		700～800	≤5.0	≤15	10	15	中速磨煤机直吹式	不限
烟煤	20～37	700～800	—	≤15	10	15	中速磨煤机直吹式或双进双出钢球磨煤机直吹式	不限
		600～700	≤5.0	≤15	10～15	15～20	中速磨煤机直吹式	不限
		600～700	>5.0	≤15	10～15	15～20	双进双出钢球磨煤机直吹式	不限
		<600	≤5.0	≤15	15～20	20～26	中速磨煤机直吹式	不限
褐煤	>37	<600	≤5.0	≤15	30～35		中速磨煤机直吹式	不限
		<600	≤3.5	>15	45～55		风扇磨煤机直吹式干燥介质中加入高温烟气	不限

2.6　液体和气体燃料的准备

液体和气体燃料的物理、化学性质决定了液体和气体燃料的准备系统相对来说比较简单,锅炉房卫生条件较好。但是,燃油、燃气易于发生火灾及爆炸等事故,所以燃油、燃气的准备系统的设计和运行条件更为苛刻。

2.6.1　燃油供应系统简介

燃油供应系统主要由运输设施、卸油设施、储油罐、油泵及管路等组成,在油灌区还有污油处理设施。其主要流程是:燃油经铁路或公路运来后,自流或用泵卸入油库的储油罐,如果是重油应先用蒸汽将铁路油罐车或汽车油罐中的燃油加热,以降低其黏度;重油在油罐储存期间,加热保持一定温度,沉淀水分并分离机械杂质,沉淀后的水排出罐外,油经过泵前过滤器进入输油泵,经输油泵送至锅炉房日用油箱,该系统流程如图 2.26 所示。

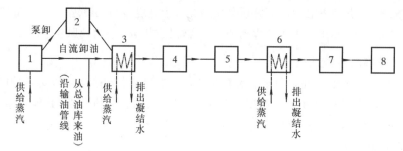

1—铁路油罐车或汽车油罐车;2—卸油泵;3—储油罐;4—泵前过滤器;5—供油泵;

6—带有炉前加热器的日用油罐;7—炉前过滤器;8—燃油锅炉。

图 2.26　为重油供应系统流程示意图

图 2.27 示出的是一燃烧重油的锅炉房燃油系统。由汽车运来的重油,靠卸油泵卸到地上储油罐中,储油罐中的燃油由输油泵送入日用油箱,在日用油箱中的燃油加热后燃烧器内部的油泵加压通过喷嘴一部分进入炉膛燃烧,另一部分返回日用油箱。该系统中,在日用油箱中设置了蒸汽加热装置和电加热装置,在锅炉冷炉点火启动时,由于缺乏汽源,此时靠电加热装置加热日用油箱中的燃油,等锅炉点火成功并产生蒸汽后,改为蒸汽加热。

该系统没有炉前重油二次加热装置,适用于黏度不太高的重油。

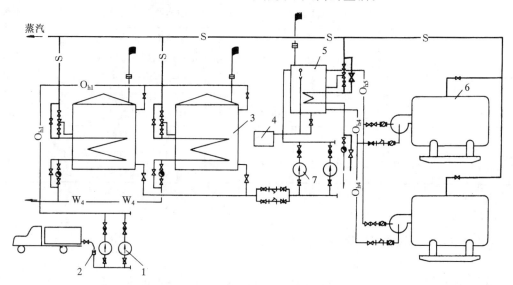

1—卸油泵;2—快速接头;3—地上储油罐;4—事故油池;5—日用油箱;6—全自动锅炉;7—供油泵。

图 2.27　燃烧重油的锅炉房燃油系统

图 2.28 示出的是燃烧重油的大型锅炉房燃油系统。由火车运来的重油,靠自流下卸到卸油罐中,经由输油泵送到地上储油罐中储存脱水,储油罐中的燃油由供油泵送到炉前加热器,经加热后的燃油通过喷嘴一部分进入炉膛燃烧,另一部分返回油罐。

该系统中,卸油罐和储油罐中设置了蒸汽加热装置,在炉前设置了重油二次加热装置,为

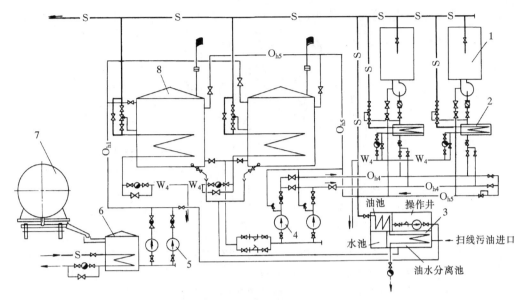

1—锅炉;2—炉前重油加热器;3—污油处理池;4—供油泵;5—输油泵;

6—卸油罐;7—铁路油罐车;8—地上储油罐。

图 2.28　燃烧重油(带脱水)的锅炉房燃油系统

保证出口油温的恒定,在蒸汽进口管上安装了自动调节阀。

　　该系统中采用双母管供油,单母管回油。在回油母管上设置了自动调压阀,在每个燃烧器的回油支管上还安装了辅助调节阀及止回阀,在每个锅炉燃油加热器的进口支管上安装了快速切断电磁阀,电磁阀前还设手动关闭阀。

2.6.2　燃气供应系统简介

　　城市燃气管道按其所输送的燃气压力不同,可分为低压管道($p\leqslant0.005$ MPa)、次中压管道(0.005 MPa$<p\leqslant0.2$ MPa)、中压管道(0.2 MPa$<p\leqslant0.4$ MPa)、次高压管道(0.4 MPa$<p\leqslant0.8$ MPa)和高压管道(0.8 MPa$<p\leqslant1.6$ MPa)。

　　在燃气锅炉房供气系统中,从安全角度考虑,宜采用次中压、低压供气系统,不宜采用高压供气系统。

　　燃气锅炉房供气压力主要根据锅炉类型及其燃烧器对燃气压力的要求来确定。当锅炉类型及燃烧器的型式已确定时,供气压力可按下式确定:

$$p = p_r + \Delta p \tag{2.34}$$

式中:p 为锅炉房燃气进口压力,Pa;p_r 为燃烧器前所需要的燃气压力(各种锅炉所需要的燃气压力,见锅炉厂家资料),Pa;Δp 为管道阻力损失,Pa。

　　燃气供应系统是指为保证锅炉安全、经济地燃烧所需要的供气管道、各种阀门仪表、控制及报警装置以及燃气压力调节装置等。

　　供气管道一般由供气管道进口装置、锅炉房内配管系统以及吹扫放散管道等组成。由于燃气的易燃易爆性,供气管道及其连接处不允许有任何泄漏。此外,燃气管道在停止运行进行检修时,为安全起见,需要把管道内的燃气吹扫干净;系统在较长时间停止工作后再投入运行前,为防止燃气空气混合物进入炉膛引起爆炸,亦需进行吹扫,将可燃气混合气体排入大气。因此,在锅炉房供气系统设计中,应设置吹扫和放散管道。

图 2.29 为小型卧式内燃燃气锅炉的供气系统。

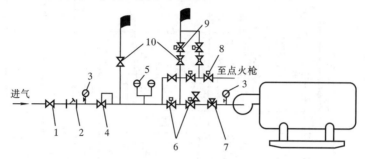

1—总关闭阀;2—气体过滤器;3—压力表;4—自力式压力调节阀;5—压力上下限开关;
6—安全切断电磁阀;7—流量调节阀;8—点火电磁阀;9—放空电磁阀;10—放空旋塞阀。

图 2.29　WNQ4—0.7 型燃气锅炉供气系统

图 2.30 所示为大中型燃气锅炉的供气系统。该系统装有自力式压力调节阀和流量调节阀，能保持进气压力和燃气流量的稳定。在燃烧器前的配管系统上装有安全切断电磁阀,电磁阀与风机、锅炉熄火保护装置、燃气和空气压力监测装置等联锁动作,当鼓风机、引风机发生故障(停电或机械故障),燃气压力或空气压力出现了异常、炉膛熄火等情况发生时,能迅速切断气源。

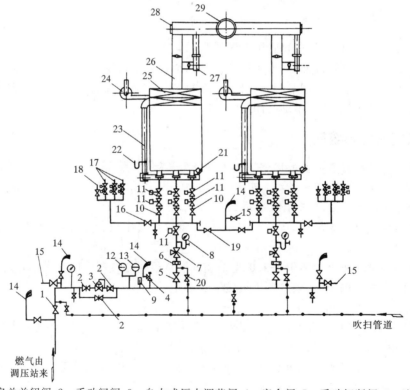

1—锅炉房总关闭阀;2—手动闸阀;3—自力式压力调节阀;4—安全阀;5—手动切断阀;6—流量孔板;
7—流量调节阀;8—压力表;9—温度计;10—手动阀;11—安全切断电磁阀;12—压力上限开关;
13—压力下限开关;14—放散管;15—取样短管;16—手动阀门;17—自动点火电磁阀;18—手动点火阀;
19—放散阀;20—吹扫阀;21—火焰监测装置;22—风压计;23—风管;24—鼓风机;25—空气预热器;
26—烟道;27—引风机;28—防爆门;29—烟囱。

图 2.30　强制鼓风供气系统

　　从气源经城市煤气管网供给用户的燃气,如果直接供锅炉使用,往往压力偏高或压力波动太大,不能保证稳定燃烧。当压力偏高时,会引起脱火和发出很大的噪声;当压力波动太大时,可能引起回火或脱火,甚至引起锅炉爆炸事故。因此,对于供给锅炉使用的燃气,必须经过调压,以保证燃气锅炉能安全稳定地燃烧。

　　调压站是燃气供应系统进行降压和稳压的设施。站内除布置主体设备调压器之外,通常还有燃气净化设备和其他辅助设施。为了使调压后的气压不再受外部因素的干扰,锅炉房宜设置专用的调压站,如果用户除锅炉房之外还有其他燃气设备,需要考虑统一建调压站时,宜将供锅炉房用的调压系统和供其他用气设备的调压系统分开,以确保锅炉用气压力稳定。

　　调压系统按调压器的多少和布置形式不同,可分为单路调压系统和多路调压系统。按燃气在系统内的降压过程(次数)不同,可分为一级调压系统和二级调压系统。

　　图 2.31 示出了单路一级典型调压系统。图 2.32 示出了部分二级调压系统。

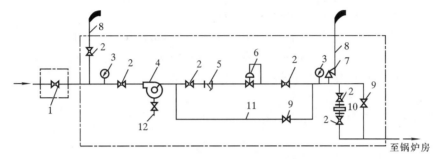

1—气源总切断阀;2—切断阀;3—压力表;4—油气分离器;5—过滤器;6—调压器;7—安全阀;
8—放散管;9—截止阀;10—罗茨流量计;11—旁通管;12—放水管。

图 2.31　单路一级典型调压系统

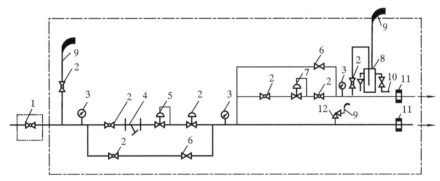

1—气源总切断阀;2—切断阀;3—压力表;4—过滤器;5——级调压器;6—截止阀;7—二级调压器;
8—安全水封;9—放散管;10—自来水管;11—流量孔板;12—安全阀。

图 2.32　部分二级调压系统

 复习思考题

　1. 什么是燃料? 作为燃料的基本条件是什么? 燃料分哪几类?

　2. 在我国,电站锅炉燃料为什么要以煤为主?

　3. 煤中的可燃元素有哪几种?

4. 什么是煤的元素分析成分与工业分析成分？

5. 煤中水分由哪几部分组成？煤中水分有何危害？

6. 煤中灰分由哪几部分组成？煤中灰分有何危害？

7. 煤中的硫以什么形式存在？煤中硫分有何危害？

8. 煤中的氧含量一般是如何测得的？

9. 煤中灰分和煤中不可燃矿物质的含义一样吗？

10. 煤中的含碳量、固定碳、焦炭的含义相同吗？

11. 引出煤的成分分析基准的目的是什么？有哪几种"基准"？请导出各种"基准"换算关系式。

12. 什么是煤中的原生矿物质、次生矿物质和外来矿物质？

13. 什么是燃料的发热量(热值)？高位发热量与低位发热量有什么区别？我国使用哪种发热量？如何确定燃料的发热量？

14. 什么是标准煤？规定标准煤有何实用意义？

15. 什么是煤的折算灰分、折算水分、折算硫分？折算成分有何实用意义？

16. 什么是挥发分？它对燃烧和对锅炉工作有何影响？挥发分中含有水分吗？

17. 灰的熔融特性用什么指标表示？有何实用意义？

18. 影响灰熔点的因素有哪些？

19. 我国煤的技术型分类法将煤炭分为哪几类？如何划分？

20. 什么是煤浆？

21. 燃料准备的一般原则有哪些？

22. 煤粉的主要物理特性有哪些？

23. 煤粉细度是如何表示的？

24. 什么是煤粉的均匀性指数？

25. 什么是煤的可磨性与可磨性系数？

26. 什么是经济细度？如何确定经济细度？

27. 煤粉为什么有爆炸的可能性？它的爆炸性与哪些因素有关？

28. 磨煤机一般分为哪几类？各自有什么特点？

29. 常用的中速磨煤机有哪几种？

30. 高速磨煤机一般有哪两类？分别有什么特点？

31. 各类磨煤机的煤种适应性如何？

32. 低速磨煤机中的钢球磨与中速磨煤机中的钢球磨有什么区别？

33. 什么是直吹式制粉系统,有哪几种类型？直吹式制粉系统有何优缺点？

34. 什么是中间储仓式制粉系统,有何优缺点？

35. 什么是中间储仓式乏气(干燥剂)送粉系统？

36. 什么是中间储仓式热风送粉系统？

37. 比较煤粉、燃油和燃气准备系统的主要特点。

第3章　物质平衡与热平衡

锅炉中发生的过程遵守物质不灭定律。燃料的可燃质经燃烧转变为二氧化碳、二氧化硫、水蒸气等燃烧产物。但由于种种原因,燃料在锅炉中不能完全燃烧,而燃烧放出的热量也不会全部有效地用于生产蒸汽或热水。即燃料的总输入热量中只有一部分被工质(水或蒸汽)吸收,这部分热量称为有效利用热;其余部分则损失掉了,称为锅炉的热损失。有效利用的热量和损失掉的热量与送入锅炉的总热量之间服从能量守恒定律。

本章主要介绍燃料的燃烧计算方法和锅炉各种热损失的计算方法。

 ## 3.1　燃烧所需空气量

燃烧是一种化学反应。燃料燃烧时,可燃质碳生成二氧化碳,氢生成水蒸气,硫生成二氧化硫,同时放出相应的反应热。即

$$C + O_2 \longrightarrow CO_2 + 32860 \quad kJ/kg(碳) \tag{3.1}$$

$$2H_2 + O_2 \longrightarrow 2H_2O + 120370 \quad kJ/kg(氢) \tag{3.2}$$

$$S + O_2 \longrightarrow SO_2 + 9050 \quad kJ/kg(硫) \tag{3.3}$$

上述化学反应方程式表示的是燃料的完全燃烧反应。如果燃烧中空气不足或混合不好,则碳发生不完全燃烧而生成一氧化碳,所放出的反应热也相应减少,即

$$2C + O_2 \longrightarrow 2CO + 9270 \quad kJ/kg(碳) \tag{3.4}$$

燃烧计算即燃烧反应计算,是建立在燃烧化学反应的基础上的。计算时,将空气和烟气均看作理想气体,即 1 kmol 气体在标准状态($t=273.15$ K, $p=0.1013$ MPa)下其体积为 22.4 m³,燃料以 1 kg 固体及液体燃料或标准状态下 1 m³ 干气体燃料为基准。

3.1.1　理论空气量

1. 固体及液体燃料

1 kg 固体及液体燃料完全燃烧并且燃烧产物(烟气)中无自由氧存在时,所需空气量(指干空气)称为理论空气需要量或化学计量空气量,简称理论空气量,并以标准状态下 V^0(m³/kg)或 L^0(kg/kg)来表示。V^0(或 L^0)可根据燃料中 C、S、H 元素所需氧气量计算得到。

碳的分子量为 12,1 kg 碳完全燃烧所需氧气量为 22.4/12 m³。已知 1 kg 燃料中碳的含量为 $w_{ar}(C)$ kg,因而所需氧气量为

$$\frac{22.4}{12} \times w_{ar}(C) = 1.866 w_{ar}(C)$$

同样可得出氢完全燃烧所需氧气量为

$$\frac{22.4}{4 \times 1.008} \times w_{ar}(H) = 5.55 w_{ar}(H)$$

硫完全燃烧时所需氧气量为

$$\frac{22.4}{32} \times w_{ar}(\mathrm{S}) = 0.7w_{ar}(\mathrm{S})$$

1 kg 燃料中本身所包含的氧气量为

$$\frac{22.4}{32} \times w_{ar}(\mathrm{O}) = 0.7w_{ar}(\mathrm{O})$$

因此,1 kg 燃料完全燃烧时,所需氧气量为

$$1.866w_{ar}(\mathrm{C}) + 5.55w_{ar}(\mathrm{H}) + 0.7w_{ar}(\mathrm{S}) - 0.7w_{ar}(\mathrm{O})$$

锅炉燃烧所需氧气来源于空气。空气中氧气的体积分数为 21%,所以,1 kg 燃料完全燃烧所需理论空气量为

$$
\begin{aligned}
V^0 &= \frac{1}{0.21}(1.866w_{ar}(\mathrm{C}) + 5.55w_{ar}(\mathrm{H}) + 0.7w_{ar}(\mathrm{S}) - 0.7w_{ar}(\mathrm{O})) \\
&= 8.89(w_{ar}(\mathrm{C}) + 0.375w_{ar}(\mathrm{S})) + 26.5w_{ar}(\mathrm{H}) - 3.33w_{ar}(\mathrm{O}) \\
&= 8.89w_{ar}(\mathrm{K}) + 26.5w_{ar}(\mathrm{H}) - 3.33w_{ar}(\mathrm{O})
\end{aligned}
\tag{3.5}
$$

式中: $w_{ar}(\mathrm{K})$ 为 1 kg 燃料中的"当量含碳量", $w_{ar}(\mathrm{K}) = w_{ar}(\mathrm{C}) + 0.375w_{ar}(\mathrm{S})$。

标准状态下空气的密度 $\rho = 1.293 \ \mathrm{kg/m^3}$,故用质量表示的理论空气量为

$$L^0 = 1.293V^0 = 11.5w_{ar}(\mathrm{K}) + 34.2w_{ar}(\mathrm{H}) - 4.3w_{ar}(\mathrm{O}) \tag{3.6}$$

2. 气体燃料

标准状态下 1 m³ 气体燃料完全燃烧所需空气量(指干空气)称为气体燃料的理论空气量($\mathrm{m^3/m^3}$)。

和固体及液体燃料一样,气体燃料的燃烧计算也建立在其可燃成分的燃烧化学反应方程式的基础上。气体燃料中各单一可燃气体的燃烧化学反应方程式列于表 3.1。

表 3.1　各种单一可燃气体的燃烧化学反应方程式

名称	燃烧化学反应式	反应热/(kJ·m⁻³)	
		最高	最低
氢	$2\mathrm{H}_2 + \mathrm{O}_2 \longrightarrow 2\mathrm{H}_2\mathrm{O}$	12761	10743
一氧化碳	$2\mathrm{CO} + \mathrm{O}_2 \longrightarrow 2\mathrm{CO}_2$	12636	12636
甲烷	$\mathrm{CH}_4 + 2\mathrm{O}_2 \longrightarrow \mathrm{CO}_2 + 2\mathrm{H}_2\mathrm{O}$	39749	35709
乙炔	$2\mathrm{C}_2\mathrm{H}_2 + 5\mathrm{O}_2 \longrightarrow 4\mathrm{CO}_2 + 2\mathrm{H}_2\mathrm{O}$	58464	56451
乙烯	$\mathrm{C}_2\mathrm{H}_4 + 3\mathrm{O}_2 \longrightarrow 2\mathrm{CO}_2 + 2\mathrm{H}_2\mathrm{O}$	63510	59465
乙烷	$2\mathrm{C}_2\mathrm{H}_6 + 7\mathrm{O}_2 \longrightarrow 4\mathrm{CO}_2 + 6\mathrm{H}_2\mathrm{O}$	69639	63577
丙烯	$2\mathrm{C}_3\mathrm{H}_6 + 9\mathrm{O}_2 \longrightarrow 6\mathrm{CO}_2 + 6\mathrm{H}_2\mathrm{O}$	92461	86407
丙烷	$\mathrm{C}_3\mathrm{H}_8 + 5\mathrm{O}_2 \longrightarrow 3\mathrm{CO}_2 + 4\mathrm{H}_2\mathrm{O}$	99106	91029
丁烯	$\mathrm{C}_4\mathrm{H}_8 + 6\mathrm{O}_2 \longrightarrow 4\mathrm{CO}_2 + 4\mathrm{H}_2\mathrm{O}$	121790	113713
丁烷	$2\mathrm{C}_4\mathrm{H}_{10} + 13\mathrm{O}_2 \longrightarrow 8\mathrm{CO}_2 + 10\mathrm{H}_2\mathrm{O}$	128501	118407

名称	燃烧化学反应式	反应热/(kJ·m^{-3})	
		最高	最低
戊烯	$2C_5H_{10} + 15O_2 \longrightarrow 10CO_2 + 10H_2O$	148485	138374
戊烷	$C_5H_{12} + 8O_2 \longrightarrow 5CO_2 + 6H_2O$	157893	145776
苯	$2C_6H_6 + 15O_2 \longrightarrow 12CO_2 + 6H_2O$	152106	145994
硫化氢	$2H_2S + 3O_2 \longrightarrow 2SO_2 + 2H_2O$	25385	23383

由表 3.1 可以归纳出碳氢化合物的燃烧反应通式,即

$$C_mH_n + \left(m + \frac{n}{4}\right)O_2 \longrightarrow mCO_2 + \frac{n}{2}H_2O \tag{3.7}$$

已知碳氢化合物的分子式,就可由式(3.7)求得其完全燃烧所需理论空气量。

当气体燃料的组成已知时,便可计算出标准状态下 1 m^3 气体燃料燃烧所需理论空气量 V^0,即

$$V^0 = \frac{1}{0.21}\left[0.5\varphi(H_2) + 0.5\varphi(CO) + \sum\left(m + \frac{n}{4}\right)\varphi(C_mH_n) + 1.5\varphi(H_2S) - \varphi(O_2)\right]$$

$$= 4.76\left[0.5\varphi(H_2) + 0.5\varphi(CO) + \sum\left(m + \frac{n}{4}\right)\varphi(C_mH_n) + 1.5\varphi(H_2S) - \varphi(O_2)\right]$$

$$\tag{3.8}$$

式中:V^0 为理论空气量(干空气/干燃气),m^3/m^3;$\varphi(H)$、$\varphi(CO)$、$\varphi(C_mH_n)$、$\varphi(H_2S)$ 为燃气中各可燃组分的体积分数,%;$\varphi(O_2)$ 为燃气中氧的体积分数,%。

3.1.2 实际空气量、过量空气系数和漏风系数

影响燃料完全燃烧程度的因素很多,其中空气的供给量是否充分,燃料与空气的混合是否良好是很重要的条件。实际送入锅炉的空气量 V(m^3/kg,固体或液体燃料;m^3/m^3,气体燃料)称为实际空气量,其值一般大于理论空气量。比理论空气量多出的这一部分空气称为过量空气。

实际空气量与理论空气量的比值称为过量空气系数或空气燃料当量比,用 α 或 β 表示,即

$$\alpha = \frac{V}{V^0} \quad \text{或} \quad \beta = \frac{V}{V^0} \tag{3.9}$$

式中:α 用于烟气量的计算;β 用于空气量的计算。

通常所指的过量空气系数是炉膛出口处的值 α_1'',它是一个影响锅炉燃烧工况及运行经济性的非常重要的指标。选择 α_1'' 作为判断指标,是因为燃料的燃烧过程到炉膛出口处已基本结束。α_1'' 偏小时,炉内的不完全燃烧热损失便增大;α_1'' 偏大时,锅炉的排烟热损失又增多。因此,存在一最佳的 α_1'' 值,使得锅炉的上述热损失之和最小。

锅炉的最佳 α_1'' 数值与燃烧室的结构、燃料种类和燃烧器的型式等有关。如气体和液体燃料比固体燃料容易燃烧,高挥发分固体燃料比低挥发分固体燃料容易燃烧。又如室燃炉(燃料悬浮于空间燃烧,与空气接触好)比层燃炉(燃料在炉排上燃烧,与空气接触差)燃烧效果好,旋风炉(燃料和空气在旋风筒中强烈旋转,使燃烧大大强化)又比一般煤粉炉(室燃炉)燃烧效率

高等。这些都可使不完全燃烧热损失减小,亦即可使最佳 α_1'' 值减小。燃煤锅炉的最佳 α_1'' 数值通常为 1.2~1.3;燃油锅炉的最佳 α_1'' 数值通常为 1.05~1.10;燃气锅炉的最佳 α_1'' 数值通常为1.03~1.10。

许多锅炉为微负压燃烧,即炉膛、烟道等处均保持一定的负压,以防止燃烧产物外漏。此时,外界空气将从炉膛、烟道的不严密处(如穿墙管、人孔、看火孔等)漏入炉内,使得锅炉的烟气量随着烟气流程一路增大。应该指出,空气预热器区段烟道内的漏风,并非来自外界空气,而是来自空气预热器内的空气。

各部件所处烟道内漏入的空气量 ΔV 与理论空气量的比值,称为该烟道的漏风系数,以 $\Delta \alpha$ 表示,即

$$\Delta \alpha = \frac{\Delta V}{V^0} \tag{3.10}$$

锅炉各烟道漏风系数的大小取决于负压的大小及烟道的结构型式,一般为 0.01~0.1。若锅炉为微正压燃烧,则烟道的漏风系数为零。

在保证燃料充分燃尽的前提下,应尽可能降低过量空气系数,亦即使 α 趋近于 1。

3.2　燃烧产物及其计算

燃料燃烧后的产物就是烟气。燃料中的可燃质被全部燃烧干净,即生成的烟气中不再含有可燃成分时的燃烧称为完全燃烧。当只供给理论空气量时,燃料完全燃烧后产生的烟气量称为理论烟气量。理论烟气的组分为 CO_2、SO_2、N_2 和 H_2O。前三种组分合在一起称为干烟气,包括 H_2O 在内的烟气称为湿烟气。由于烟气中的 CO_2 和 SO_2 同属三原子气体,生成时的化学反应方程式也十分相似,并且在烟气分析时常被同时测出,因此,将它们合并表示,称为三原子气体,用 RO_2 表示。当有过量空气时,烟气中除上述组分外,还含过量的空气,这时的烟气量称为实际烟气量。若燃烧不完全,则除上述组分外,烟气中还将出现 CO、CH_4 和 H_2 等可燃成分。

3.2.1　理论烟气量和实际烟气量

标准状态下,1 kg 固体及液体燃料在理论空气量下完全燃烧时所产生的燃烧产物的体积称为固体及液体燃料的理论烟气量,用下式表示:

$$V_y^0 = V_{CO_2} + V_{SO_2} + V_{N_2}^0 + V_{H_2O}^0 \tag{3.11}$$

式中:V_y^0 为标准状态下理论烟气量,m^3/kg;V_{CO_2} 为标准状态下 CO_2 的体积,m^3/kg;V_{SO_2} 为标准状态下 SO_2 的体积,m^3/kg;$V_{N_2}^0$ 为标准状态下理论 N_2 的体积,m^3/kg;$V_{H_2O}^0$ 为标准状态下的理论水蒸气体积,m^3/kg。

(1)三原子气体体积 V_{RO_2}

由碳和硫的完全燃烧反应方程式可知,标准状态下,1 kg 碳完全燃烧后产生 $\frac{22.4}{12} = 1.866(m^3)$ 的 CO_2,1 kg 硫完全燃烧后产生 $\frac{22.4}{32} = 0.7(m^3)$ 的 SO_2。所以标准状态下,1 kg 固体及液体燃料完全燃烧后产生 CO_2 和 SO_2 的体积分别为

$$V_{CO_2} = 1.866 w_{ar}(C) \tag{3.12}$$

$$V_{SO_2} = 0.7w_{ar}(S) \tag{3.13}$$

用 V_{RO_2} 表示三原子气体的体积，则

$$V_{RO_2} = V_{CO_2} + V_{SO_2} = 1.866\,(w_{ar}(C) + 0.375w_{ar}(S)) = 1.866w_{ar}(K) \tag{3.14}$$

（2）理论氮气体积 $V_{N_2}^0$

该体积由两部分组成：

① 理论空气量中的氮，其体积为 $0.79V^0$；

② 燃料本身的氮。由于 1 kg 燃料含 $w_{ar}(N)$kg 的氮，而 1 kg 氮分子的体积为 $\dfrac{22.4}{28}$（m³），因此，燃料本身含有氮的体积为 $\dfrac{22.4}{28} \times w_{ar}(N) = 0.8w_{ar}(N)$。所以

$$V_{N_2}^0 = 0.79V^0 + 0.8w_{ar}(N) \tag{3.15}$$

于是，不含有水蒸气的理论干烟气的体积为 V_{gy}^0 为

$$V_{gy}^0 = V_{RO_2} + V_{N_2}^0 = 1.866w_{ar}(K) + 0.79V^0 + 0.8w_{ar}(N) \tag{3.16}$$

（3）理论水蒸气体积 $V_{H_2O}^0$

理论水蒸气有以下三个来源。

① 燃料中氢的燃烧。由氢的燃烧反应方程式可知，标准状态下，1 kg 氢完全燃烧后产生 $\dfrac{2 \times 22.4}{2 \times 2.016} = 11.1$（m³）的水蒸气。故 1 kg 燃料中氢燃烧产生的水蒸气的体积为 $11.1w_{ar}(H)$（m³/kg）。

② 随燃料带入的水分蒸发后形成的水蒸气。1 kg 燃料中因水分蒸发形成的水蒸气的体积为 $\dfrac{22.4}{18} \times w_{ar}(M) = 1.24w_{ar}(M)$（m³/kg）。

③ 随理论空气量带入的水蒸气的体积。设 1 kg 干空气中含有的水蒸气为 d（g/kg），则标准状态下 1 m³ 干空气中含有的水蒸气的质量为 $1.293d/1000$（kg）。而标准状态下，水蒸气的密度为 $\dfrac{22.4}{18} = 0.804$（kg/m³），亦即 1 m³ 干空气中含有的水蒸气的体积为 $\dfrac{0.001293d}{0.804} = 0.00161d$（m³）。$d$ 即为工程热力学中所讲的空气的绝对湿度，可由干球温度和湿球温度查图获得或由相应的计算公式求得。一般情况下，可取 $d = 10$ g/kg，则理论空气量 V^0 带入的水蒸气的体积为 $0.0161V^0$（m³/kg）。

所以，理论水蒸气体积 $V_{H_2O}^0$ 为

$$V_{H_2O}^0 = 11.1w_{ar}(H) + 1.24w_{ar}(M) + 0.0161V^0 \tag{3.17}$$

当燃用重油时，由于重油的黏度较大，常采用蒸汽进行雾化，雾化蒸汽也喷入炉内，因此，理论水蒸气容积还应考虑雾化用蒸汽。若已知相当于 1 kg 燃料的蒸汽耗量为 G_{wh}（kg/kg），则这部分水蒸气的体积为 $\dfrac{G_{wh}}{0.804} = 1.24G_{wh}$（m³/kg）。所以，对于蒸汽雾化燃油的锅炉，其理论水蒸气容积为

$$V_{H_2O}^0 = 11.1w_{ar}(H) + 1.24w_{ar}(M) + 0.0161V^0 + 1.24G_{wh} \tag{3.18}$$

（4）理论烟气量 V_y^0

$$V_y^0 = V_{gy}^0 + V_{H_2O}^0 = V_{RO_2} + V_{N_2}^0 + V_{H_2O}^0 \tag{3.19}$$

实际燃烧是在过量空气（$\alpha > 1$）条件下进行的，故实际烟气体积中除理论烟气量外，还有过量空气及随过量空气带入的水蒸气。

因此,实际烟气体积 V_y 为

$$V_y = V_{gy} + V_{H_2O} \tag{3.20}$$

式中:V_y 为实际烟气体积,m^3/kg;V_{gy} 为实际干烟气体积,m^3/kg,它等于理论干烟气体积 V_{gy}^0 与过量空气 $(\alpha-1)V^0$(干空气)之和,由式(3.21)计算;V_{H_2O} 为实际水蒸气体积,m^3/kg,它等于理论水蒸气体积 $V_{H_2O}^0$ 与过量空气带入的水蒸气 $0.0161(\alpha-1)V^0$ 之和,由式(3.22)计算。

$$V_{gy} = V_{gy}^0 + (\alpha-1)V^0 \tag{3.21}$$

$$V_{H_2O} = V_{H_2O}^0 + 0.0161(\alpha-1)V^0 \tag{3.22}$$

将式(3.21)、式(3.22)代入式(3.20)得

$$V_y = V_{gy}^0 + V_{H_2O}^0 + 1.0161(\alpha-1)V^0 = V_y^0 + 1.0161(\alpha-1)V^0 \tag{3.23}$$

实际氮气的体积 V_{N_2} 为

$$V_{N_2} = V_{N_2}^0 + 0.79(\alpha-1)V^0 \tag{3.24}$$

过量空气中的氧气体积为

$$V_{O_2} = 0.21(\alpha-1)V^0 \tag{3.25}$$

因此,实际烟气体积也可写成

$$
\begin{aligned}
V_y &= V_{RO_2} + V_{N_2} + V_{O_2} + V_{H_2O} \\
&= V_{RO_2} + V_{N_2}^0 + (\alpha-1)V^0 + V_{H_2O}^0 + 0.0161(\alpha-1)V^0 \\
&= V_{RO_2} + V_{N_2}^0 + V_{H_2O}^0 + 1.0161(\alpha-1)V^0
\end{aligned}
\tag{3.26}
$$

对于气体燃料来说,燃气中各可燃组分单独燃烧后产生的理论烟气量可通过燃烧反应方程式来确定。

含有标态下 $1\ m^3$ 干燃气的湿燃气完全燃烧后产生的烟气量,按以下方法计算。

(1)理论烟气量计算(当 $\alpha=1$ 时)

①三原子气体体积按下式计算:

$$V_{RO_2} = V_{CO_2} + V_{SO_2} = \varphi(CO_2) + \varphi(CO) + \sum m\varphi(C_mH_n) + \varphi(H_2S) \tag{3.27}$$

式中:V_{RO_2} 为标准状态下干燃气中三原子气体体积,m^3/m^3;V_{CO_2}、V_{SO_2} 为标准状态下二氧化碳和二氧化硫的体积,m^3/m^3。

②水蒸气体积按下式计算:

$$V_{H_2O}^0 = \varphi(H_2) + \varphi(H_2S) + \sum \frac{n}{2}\varphi(C_mH_n) + 0.00124(d_g + V^0 d_a) \tag{3.28}$$

式中:$V_{H_2O}^0$ 为理论烟气中水蒸气体积(水蒸气/干燃气),m^3/m^3;d_g 为标准状态下燃气的含湿量,g/m^3;d_a 为标准状态下空气的含湿量,g/m^3,可取 $d_a=10\ g/m^3$。

③氮气体积按下式计算:

$$V_{N_2}^0 = 0.79V^0 + \varphi(N_2) \tag{3.29}$$

式中:$V_{N_2}^0$ 为标准状态下理论烟气中氮气的体积,m^3/m^3。

④理论烟气总体积按下式计算:

$$V_y^0 = V_{RO_2} + V_{H_2O}^0 + V_{N_2}^0 \tag{3.30}$$

式中:V_y^0 为标准状态下的理论烟气量,m^3/m^3。

（2）实际烟气量计算（当 $\alpha > 1$ 时）

①三原子气体体积 V_{RO_2} 仍按式（3.27）计算。

②水蒸气体积按下式计算：

$$V_{H_2O} = \varphi(H_2) + \varphi(H_2S) + \sum \frac{n}{2}\varphi(C_mH_n) + 0.00124(d_g + \alpha V^0 d_a) \tag{3.31}$$

式中：V_{H_2O} 为实际烟气中的水蒸气体积，m^3/m^3。

③氮气体积按下式计算：

$$V_{N_2} = 0.79\alpha V^0 + \varphi(N_2) \tag{3.32}$$

式中：V_{N_2} 为实际烟气中氮气体积，m^3/m^3。

④过剩氧体积按下式计算：

$$V_{O_2} = 0.21(\alpha - 1)V^0 \tag{3.33}$$

式中：V_{O_2} 为实际烟气中过剩氧体积，m^3/m^3。

⑤实际烟气总体积按下式计算：

$$V_y = V_{RO_2} + V_{H_2O} + V_{N_2} + V_{O_2} \tag{3.34}$$

式中：V_y 为实际烟气量，m^3/m^3。

由于三原子气体、水蒸气对炉内辐射换热具有明显的影响，在进行燃烧产物计算时，还需计算三原子气体、水蒸气的体积分数、分压力。

①三原子气体的体积分数为

$$\varphi(RO_2) = \frac{V_{RO_2}}{V_y} \tag{3.35}$$

②水蒸气的体积分数为

$$\varphi(H_2O) = \frac{V_{H_2O}}{V_y} \tag{3.36}$$

根据道尔顿分压定律，三原子气体的分压力 p_{RO_2} 和水蒸气的分压力 p_{H_2O} 分别为

$$p_{RO_2} = \varphi(RO_2) \cdot p \tag{3.37}$$

$$p_{H_2O} = \varphi(H_2O) \cdot p \tag{3.38}$$

式中：p 为烟气总压力，MPa。

3.2.2　完全燃烧方程和不完全燃烧方程

锅炉实际运行中，往往有不完全燃烧产物（CO、H_2、C_mH_n 等）存在于烟气中。H_2 及 C_mH_n 通常含量极少，可不考虑，而 CO 含量则不能忽略。烟气量一般是借助于烟气分析仪来确定的，即通过烟气分析测定各种成分的体积分数，并据此计算出干烟气量，同时用计算的方法求出烟气中的实际水蒸气体积，然后计算出烟气的总体积。

用烟气分析仪测定的是干烟气中各种成分的体积分数：

$$\varphi(RO_2) = \frac{V_{CO_2} + V_{SO_2}}{V_{gy}} \times 100\% = \frac{V_{RO_2}}{V_{gy}} \times 100\% \tag{3.39}$$

$$\varphi(CO) = \frac{V_{CO}}{V_{gy}} \times 100\% \tag{3.40}$$

两式相加并整理后得到

$$V_{gy} = \frac{V_{RO_2} + V_{CO}}{\varphi(RO_2) + \varphi(CO)} \times 100\% \tag{3.41}$$

由碳的燃烧化学反应方程式可知，无论是生成二氧化碳还是一氧化碳、二氧化碳兼有，其总体积是相同的，即

$$V_{RO_2} + V_{CO} = 1.866(w_{ar}(C) + 0.375 w_{ar}(S)) \tag{3.42}$$

代入式(3.41)，得

$$V_{gy} = 1.866 \left(\frac{w_{ar}(C) + 0.375 w_{ar}(S)}{\varphi(RO_2) + \varphi(CO)} \right) \tag{3.43}$$

由上式计算出的干烟气体积与水蒸气体积之和即为不完全燃烧时的烟气总体积。

当不考虑烟气中含量极微的氢及碳氢化合物时，不完全燃烧时的烟气成分可表示为

$$\varphi(RO_2) + \varphi(O_2) + \varphi(CO) + \varphi(N_2) = 100\% \tag{3.44}$$

其中，三原子气体与氧所占干烟气的份额可由烟气分析仪测定。

氮的来源有两个，即燃料中的氮与实际供给空气中的氮，分别用 $\varphi_r(N_2)$ 与 $\varphi_k(N_2)$ 表示。

$$\varphi_r(N_2) = \frac{V_{N_2}^r}{V_{gy}} \times 100\% = \frac{22.4}{28} \times w_{ar}(N) \times \frac{1}{V_{gy}} = \frac{w_{ar}(N)}{1.25 V_{gy}} \tag{3.45}$$

$$\varphi_k(N_2) = \frac{V_{N_2}^k}{V_{gy}} \times 100\% = \frac{79}{21} \times \frac{V_{O_2}^k}{V_{gy}} \tag{3.46}$$

烟气中的三原子气体、一氧化碳、水蒸气生成时所消耗的氧的体积分别以 $V_{O_2}^{RO_2}$、$V_{O_2}^{CO}$、$V_{O_2}^{H_2O}$ 表示，烟气中多余的氧及燃料中的氧的体积以 V_{O_2} 及 $V_{O_2}^r$ 表示。这样，供给空气中的氧体积即可表示成

$$V_{O_2}^k = V_{O_2}^{RO_2} + V_{O_2}^{CO} + V_{O_2}^{H_2O} + V_{O_2} - V_{O_2}^r \tag{3.47}$$

三原子气体、一氧化碳和水蒸气生成时所消耗的氧，可根据它们的燃烧化学反应方程式予以确定，即

$$V_{O_2}^{RO_2} = V_{RO_2}$$

$$V_{O_2}^{CO} = 0.5 V_{CO}$$

$$V_{O_2}^{H_2O} = \frac{22.4}{4} \times w_{ar}(H)$$

$$V_{O_2}^r = \frac{22.4}{32} \times w_{ar}(O)$$

代入式(3.47)并整理后得

$$V_{O_2}^k = V_{RO_2} + 0.5 V_{CO} + V_{O_2} + \frac{22.4}{32}(8 w_{ar}(H) - w_{ar}(O)) \tag{3.48}$$

将上式代入式(3.46)得

$$\varphi_k(N_2) = \frac{79}{21} \left[V_{RO_2} + 0.5 V_{CO} + V_{O_2} + \frac{22.4}{32}(8 w_{ar}(H) - w_{ar}(O)) \right] \frac{1}{V_{gy}} \tag{3.49}$$

由式(3.43)~(3.45)和式(3.49)得

$$21\% = \varphi(RO_2) + \varphi(O_2) + 0.605 \varphi(CO) + 2.35 \frac{w_{ar}(H) - \dfrac{w_{ar}(O)}{8} + 0.038 w_{ar}(N)}{w_{ar}(C) + 0.375 w_{ar}(S)} (\varphi(RO_2) + \varphi(CO))$$

令

$$\beta = 2.35 \frac{w_{ar}(H) - \dfrac{w_{ar}(O)}{8} + 0.038 w_{ar}(N)}{w_{ar}(C) + 0.375 w_{ar}(S)}$$

则

$$21\% = \varphi(RO_2) + \varphi(O_2) + 0.605\varphi(CO) + \beta(\varphi(RO_2) + \varphi(CO)) \tag{3.50}$$

式（3.50）称为不完全燃烧方程式，它表示当有不完全燃烧产物且只考虑一氧化碳时，烟气中各种成分的体积分数与燃料中元素组成成分之间应满足的关系。

进一步得到一氧化碳的含量：

$$\varphi(CO) = \frac{21\% - \beta\varphi(RO_2) - (\varphi(RO_2) + \varphi(O_2))}{0.605 + \beta} \tag{3.51}$$

β 的数值与燃料的可燃质有关，与燃料中的水分、灰分无关。燃料一定，β 值便可算出，而且是一定值。所以，β 称为燃料特性系数。

若忽略燃料中含量较少的硫和氮，则有

$$\beta' = 2.35 \frac{w_{ar}(H) - \dfrac{w_{ar}(O)}{8}}{w_{ar}(C)}$$

分子表示尚未与氧化合的"自由氢"，分母为碳含量。"自由氢"越多，系数 β 越大。若燃烧完全，即无一氧化碳产生，则

$$21\% - \varphi(O_2) = (1 + \beta)\varphi(RO_2) \tag{3.52}$$

$$\varphi(RO_2) = \frac{21\% - \varphi(O_2)}{1 + \beta} \tag{3.53}$$

式（3.52）或式（3.53）称为完全燃烧方程式。当燃料的 β 值一定，无论过量空气量如何，干烟气成分测量值满足该式，说明燃烧是完全的。若不能满足该式，则说明烟气分析不准确或者烟气中有 CO 而碳未燃尽，即为不完全燃烧。

因此，当烟气中剩余氧为零（即 $\alpha = 1$ 时），烟气中 RO_2 值达到最大，即

$$\varphi_{max}(RO_2) = \frac{21\%}{1 + \beta} \tag{3.54}$$

实际运行的锅炉中，由于烟气中或多或少总有过剩氧和一氧化碳存在，所以三原子气体不可能达到它的最大值。

3.2.3 烟气分析及运行过量空气系数的确定

烟气分析的主要目的是通过对烟气中各种成分及含量的测定，了解炉内的燃烧工况，提出正确的燃烧调整方案，以保持锅炉运行的高效率。因为一台锅炉运行时的效率是随当时的运行工况（主要是燃烧工况）变化的。不同的运行工况将产生不同的烟气成分及含量。其次，烟气中的某些成分及含量还可反映出锅炉本身的状况，如燃烧设备的设计和布置、烟气及空气侧的密封装置等，从而为设备的检修和改进提供依据。

烟气分析的方法很多，有化学吸收法、电气测量法、红外光谱法以及色谱分析法等。

奥氏（Orsat）烟气分析仪是一种典型的化学吸收法烟气分析仪器，它是利用某些化学药剂对气体具有选择性吸收的特性来实现烟气成分测量的。如将一定量的烟气（通常为 100 mL）反复多次流经这些药剂时，其中某一成分的气体便与之反应而被吸收。通过在等温等压条件下对气体减少量的测定，便可获得该气体的体积分数。一般来说，使用奥氏烟气分析仪最先获得的是 RO_2 的体积分数，其次是 O_2 的体积分数，最后是 CO 的体积分数。奥氏烟气分析仪具有结构简单、操作容易、测量准确等优点，但该仪器所需分析时间长，一般熟练的操作人员需要

15～20 min 才能完成一次测量。因而,不宜作为锅炉运行时监督燃烧工况的仪表使用。

热导式 CO_2 烟气分析仪是利用二氧化碳的热导率比其他成分小这一物理特性来测定烟气中 CO_2 的含量。磁性氧量计则是利用氧的顺磁性来测定烟气中 O_2 的含量。

有时为了研究锅炉的燃烧过程,需要全面地测定烟气成分,除 RO_2、O_2、CO 外,还需测定 H_2、C_mH_n 等。红外光谱仪或色谱仪可用来进行烟气成分的全分析。一般来说,它们具有选择性高、效能好、分析速度快、所需样品量小且灵敏度高等优点。

测定 RO_2(或 CO_2)的体积分数的目的与直接测定氧含量的目的一样,都是为了调整供给锅炉的空气量,控制好过量空气系数,减小锅炉的各项热损失。一般来说,依据氧量控制燃烧工况更为方便,更为合理。其原因如下。

①如图 3.1 所示,在同一过量空气系数下,不同燃料燃烧产生的 CO_2 含量相差很大,而在相同情况下 O_2 的含量却相差很小。

②只凭 CO_2 含量的指示,有时会导致错误的风量调节。一般 CO_2 含量较小时意味着过剩空气较多,应该减少送风量,这仅在完全燃烧或烟气中 CO 含量很少的情况下才是正确的。而当有明显的不完全燃烧时,燃料中的碳不仅氧化成 CO_2,还氧化成 CO,而使烟气中的 CO_2 含量减少。正确的调节应该是增大风量以减少不完全燃烧损失。而烟气中的氧含量则能直接反映送风量是否适当。

锅炉运行时的过量空气系数 α 可根据烟气分析的结果予以确定。

$$\alpha = \frac{V_k}{V^0} = \frac{V_k}{V_k - \Delta V} = \frac{1}{1 - \dfrac{\Delta V}{V_k}} \quad (3.55)$$

由于燃料中的氮含量很少,燃烧后燃料释放出来的氮的体积远小于烟气中氮的体积,即 $0.8w_{ar}(N) \ll V_{N_2}$。

忽略燃料中的 $w_{ar}(N)$ 时,进入炉内的实际空气量可简化为

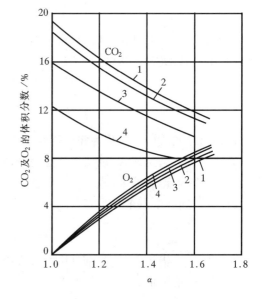

1—无烟煤;2—褐煤;3—重油;4—天然气。

图 3.1 烟气中 CO_2 及 O_2 含量随 α 变化的关系

$$V_k = \frac{V_{N_2} - 0.8w_{ar}(N)}{0.79} \approx \frac{V_{N_2}}{0.79} \quad (3.56)$$

烟气中氮的容积为

$$V_{N_2} = \varphi(N_2)V_{gy}$$

所以

$$V_k = \frac{\varphi(N_2)}{0.79}V_{gy} \quad (3.57)$$

同样

$$\Delta V = \frac{V_{O_2}}{0.21} = \frac{\varphi(O_2)V_{gy}}{0.21} \quad (3.58)$$

于是

$$\alpha = \frac{1}{1 - \dfrac{\Delta V}{V_k}} = \frac{1}{1 - \dfrac{\dfrac{\varphi(O_2)}{21} V_{gy}}{\dfrac{\varphi(N_2)}{79} V_{gy}}} = \frac{1}{1 - \dfrac{79}{21} \dfrac{\varphi(O_2)}{\varphi(N_2)}} = \frac{21}{21 - 79 \dfrac{\varphi(O_2)}{\varphi(N_2)}} \tag{3.59}$$

完全燃烧时,干烟气的组分为 $\varphi(RO_2) + \varphi(O_2) + \varphi(N_2) = 100\%$,即 $\varphi(N_2) = 100\% - \varphi(RO_2) - \varphi(O_2)$,于是,式(3.59)成为

$$\alpha = \frac{0.21}{0.21 - 0.79 \dfrac{\varphi(O_2)}{1 - \varphi(RO_2) - \varphi(O_2)}} \tag{3.60}$$

当通过烟气分析测出 RO_2 和 O_2 之后,便可由上式求得过量空气系数。

由式(3.52)和式(3.60),有

$$\alpha = \frac{0.21}{(0.79 + \beta)} \left(\frac{0.79}{\varphi(RO_2)} + \beta \right) \tag{3.61}$$

由式(3.53)和式(3.60),可得到

$$\alpha = \frac{0.21 - \dfrac{0.21\beta}{0.79 + \beta} \varphi(O_2)}{0.21 - \varphi(O_2)} \tag{3.62}$$

对于燃煤锅炉来说,$\beta = 0.06 \sim 0.2$,数值上是很小的。从以上两式不难得出,若采用式 (3.61) 来确定过量空气系数 α,燃料特性系数 β 的影响是较大的;而若采用式(3.62)来确定过量空气系数 α,燃料特性系数 β 的影响是较小的。事实上,图 3.1 中各曲线就是依据以上两式绘出的。

这样一来,在式(3.62)中忽略 β 的影响,即认为

$$\frac{0.21\beta}{0.79 + \beta} \approx 0 \tag{3.63}$$

则有

$$\alpha \approx \frac{0.21}{0.21 - \varphi(O_2)} \tag{3.64}$$

因此,完全燃烧时,过量空气系数 α 与烟气中氧的容积含量 $\varphi(O_2)$ 基本上是对应的。若知道了烟气中的含氧量,就可以知道过量空气系数。

不完全燃烧时,烟气中的氧既来自过量空气,也来自理论空气中由于碳不完全燃烧而未消耗的氧。若不完全燃烧产物中仅考虑 CO 时,未消耗的氧的体积分数为 $0.5\varphi(CO)$,即过量空气中的氧应为烟气分析测定的氧减去 $0.5\varphi(CO)$。因此

$$\Delta V = \frac{\varphi(O_2) - 0.5\varphi(CO)}{0.21} V_{gy} \tag{3.65}$$

此时,干烟气中氮的容积份额为

$$\varphi(N_2) = 100\% - (\varphi(RO_2) + \varphi(O_2) + \varphi(CO)) \tag{3.66}$$

由式(3.55)、式(3.57)、式(3.65)及式(3.66)得

$$\alpha = \frac{0.21}{0.21 - 0.79 \dfrac{\varphi(O_2) - 0.5\varphi(CO)}{1 - (\varphi(RO_2) + \varphi(O_2) + \varphi(CO))}} \tag{3.67}$$

上式即为不完全燃烧时过量空气系数的表达式。同样也可确定气体燃料燃烧的过量空气系数。

 ## 3.3 燃烧温度和烟气焓

3.3.1 燃烧温度及其含义

燃料燃烧时所放出的热量传给气态的燃烧产物而产生的温度称为燃料的燃烧温度。

燃料的燃烧温度可以通过燃烧过程中的能量平衡关系求出。燃料和空气送入炉内进行燃烧，它们带入的热量包括两部分：其一是由燃料和空气带入的物理显热（燃料和空气的热焓）；其二是燃料的化学热量（发热值）。

稳恒条件下，燃料燃烧前后的热平衡方程式为

$$Q_{net,v,ar} + Q_{rl} + Q_k = I_y \tag{3.68}$$

式中：$Q_{net,v,ar}$ 为收到基低位热值，kJ/kg 或 kJ/m^3；Q_{rl} 为燃料的物理显热，kJ/kg 或 kJ/m^3；Q_k 为由空气带入的物理显热，kJ/kg 或 kJ/m^3；I_y 为燃烧后所产生的烟气的焓，kJ/kg 或 kJ/m^3。

实际过程中燃料燃烧所释放出的热量并不能全部用来加热燃烧产物使其温度升高。因为燃料燃烧过程并不是在瞬间完成的，而需要一定的时间，在此时间内有部分热量被传到周围介质中去而成为热损失；同时可能有部分热量被用来对外做功；此外在高温下燃烧，燃烧产物中有某些组分要产生离解，这时要吸收一定的热量。

在锅炉炉膛中，当燃烧温度为 1500℃、烟气中 CO_2 含量等于 10% 时，只有 0.7% 的 CO_2 发生分解，水蒸气的分解量则更小，分解所消耗的热量也就很少。因此在实际计算中，当烟气温度低于 1500 ℃ 时，CO_2 和 H_2O 分解的影响可忽略不计。但当烟气温度高于 1800～2000 ℃ 时，分解反应开始明显，应考虑 CO_2 和 H_2O 的分解吸热。

如果在热平衡方程式中不考虑因 CO_2 和 H_2O 的离解吸热而损失的热量，全部热量用来加热烟气（即绝热）后所获得的烟气温度称为理论燃烧温度或绝热火焰温度（adiabatic flame temperature）。这个温度是在给定燃料和空气组合条件下，燃烧产物所能达到的最高温度。理论燃烧温度在 $\alpha = 1$ 时达到最大值，称为燃烧热量温度。此温度可用来显示燃料的高温能力。理论燃烧温度的高低与燃料的热值、燃烧产物的热容量、燃烧产物的数量、燃料与空气的温度和过量空气系数等因素有关。

一般来说，理论燃烧温度随燃料热值的增大而增大。当燃料中含有较多的重烃时，由于热值增高，理论燃烧温度也增高。但是，有时热值较低的燃料的理论燃烧温度可能更高，这主要是燃烧产物的数量和比热容等因素起了主要作用。

若过量空气系数太小，由于燃烧不完全，不完全燃烧热损失增大，使得理论燃烧温度降低。若过量空气系数太大，则增加了燃烧产物的数量，使燃烧温度也降低。因此，为了提高燃烧温度，应在保证完全燃烧的前提下尽量降低过量空气系数的数值。

预热空气和燃料均可提高理论燃烧温度。由于燃烧时空气量比燃料量大，预热空气对提高理论燃烧温度的影响更为明显。

由于吸热和散热，炉膛内的实际燃烧温度比理论燃烧温度要低得多。锅炉传热计算中，理

论燃烧温度是经常使用的术语。

3.3.2　烟气焓值及燃烧温度的确定

在锅炉的热力计算或热工试验时,常常需要根据空气或烟气的温度求得空气或烟气的焓,或者由空气或烟气的焓求得空气或烟气的温度。空气或烟气的焓是指将 1 kg 固体及液体燃料或标准状态下 1 m³ 气体燃料燃烧所需的空气量或所产生的烟气量从 0 ℃ 加热到 t ℃(空气)或 θ ℃(烟气)时所需的热量,单位为 kJ/kg。焓温表的计算和编制是锅炉热力计算中很重要的一项预备性计算。

在标准状态下理论空气量的焓 I_k^0 为

$$I_k^0 = V^0 C_k t_k \tag{3.69}$$

式中:C_k 为空气的平均体积定压比热容,kJ/(m³ · ℃);t_k 为空气温度,℃。

实际空气的焓 I_k 为

$$I_k = \beta I_k^0 \tag{3.70}$$

烟气是多种气体的混合物,其焓值等于理论烟气焓、过量空气焓和飞灰焓之和,即

$$I_y = I_y^0 + (\alpha - 1)I_k^0 + I_{fh} \tag{3.71}$$

式中:I_y^0 为理论烟气体积的焓,kJ/kg 或 kJ/m³。当温度为 θ ℃时,其值为

$$I_y^0 = (V_{RO_2} C_{RO_2} + V_{N_2}^0 C_{N_2} + V_{H_2O}^0 C_{H_2O})\theta \tag{3.72}$$

式中:C_{RO_2}、C_{N_2}、C_{H_2O} 分别为 θ ℃时 RO_2、N_2、H_2O 气体的平均体积定压比热容,kJ/(m³ · ℃)。由于烟气中 SO_2 的含量较 CO_2 的含量少得多,计算中可取 $C_{RO_2} = C_{CO_2}$。

烟气中飞灰的焓为

$$I_{fh} = w_{ar}(A) a_{fh} C_h \theta$$

式中:C_h 为飞灰的平均定压比热容,kJ/(kg · ℃);$w_{ar}(A) a_{fh}$ 为 1 kg 燃料中的飞灰质量,kg/kg。

各种成分的平均定压比热如表 3.2 所示。

为了方便计算,一般用式(3.71)编制成焓温表。由式(3.68)和式(3.71)和表 3.2 可知,仅知道燃料的组成、燃料的发热量、燃料及供给燃烧用空气的温度以及过量空气系数等,并不能直接确定燃烧温度。因为烟气的比热容也与温度有关。一般须用迭代法或查表通过内插法来获得燃烧温度。

表 3.2　各种气体成分的平均定压比热容[kJ/(m³ · ℃)]和灰的平均定压比热容[kJ/(kg · ℃)]

θ/℃	二氧化碳 C_{CO_2}	氮气 C_{N_2}	氧气 C_{O_2}	水蒸气 C_{H_2O}	干空气 C_{gk}	湿空气 C_k	飞灰 C_h
0	1.5998	1.2648	1.3059	1.4943	1.2971	1.3118	0.7955
100	1.7003	1.2958	1.3176	1.5052	1.3004	1.3243	0.8374
200	1.7873	1.2996	1.3352	1.5223	1.3071	1.3318	0.8667
300	1.8627	1.3067	1.3561	1.5424	1.3172	1.3423	0.8918
400	1.9297	1.3136	1.3775	1.5654	1.3280	1.3544	0.9221
500	1.9887	1.3276	1.3980	1.5897	1.3427	1.3682	0.9240
600	2.0411	1.3402	1.4168	1.6148	1.3565	1.3829	0.9504

续表 3.2

$\theta/℃$	二氧化碳 C_{CO_2}	氮气 C_{N_2}	氧气 C_{O_2}	水蒸气 C_{H_2O}	干空气 C_{gk}	湿空气 C_k	飞灰 C_h
700	2.0884	1.3536	1.4344	1.6412	1.3708	1.3976	0.9630
800	2.1311	1.3670	1.4499	1.6680	1.3842	1.4114	0.9797
900	2.1692	1.3796	1.4645	1.6957	1.3976	1.4248	1.0048
1000	2.2035	1.3917	1.4775	1.7229	1.4097	1.4374	1.0258
1100	2.2349	1.4034	1.4892	1.7501	1.4214	1.4583	1.0509
1200	2.2638	1.4143	1.5005	1.7769	1.4327	1.4612	1.0969
1300	2.2898	1.4252	1.5106	1.8028	1.4432	1.4725	1.1304
1400	2.3136	1.4348	1.5202	1.8280	1.4528	1.4830	1.1849
1500	2.3354	1.4440	1.5291	1.8527	1.4620	1.4926	1.2228
1600	2.3555	1.4528	1.5378	1.8761	1.4708	1.5018	1.2979
1700	2.3743	1.4612	1.5462	1.8996	1.4788	1.5102	1.3398
1800	2.3915	1.4687	1.5541	1.9213	1.4867	1.5177	1.3816
1900	2.4074	1.4758	1.5617	1.9423	1.4939	1.5257	
2000	2.4221	1.4825	1.5692	1.9628	1.5010	1.5328	
2100	2.4359	1.4892	1.5759	1.9824	1.5072	1.5399	
2200	2.4484	1.4951	1.5830	2.0009	1.5135	1.5462	
2300	2.4602	1.5010	1.5897	2.0189	1.5194	1.5525	
2400	2.4710	1.5064	1.5964	2.0365	1.5253	1.5583	
2500	2.4811	1.5114	1.6027	2.0528	1.5303	1.5638	

 # 3.4 锅炉的热平衡

3.4.1 锅炉热效率

1. 热平衡基本概念

锅炉热平衡是指在稳定运行状态下，锅炉输入热量与输出热量及各项热损失之间的热量平衡。热平衡是以 1 kg 固体或液体燃料或标准状态下 1 m³ 气体燃料为基础进行计算的。通过热平衡可知锅炉的有效利用热量、各项热损失，从而计算锅炉热效率和燃料消耗量。

一般的热平衡方程式为

$$Q_r = Q_1 + Q_2 + Q_3 + Q_4 + Q_5 + Q_6 \quad kJ/kg（燃料） \tag{3.73}$$

式中：Q_r 为锅炉输入热量；Q_1 为锅炉有效利用的热量；Q_2 为排烟热损失；Q_3 为可燃气体不完全燃烧热损失；Q_4 为固体不完全燃烧热损失；Q_5 为锅炉散热损失；Q_6 为其他热损失。

将上述方程用右侧各项热量占输入热量的比值百分数来表示，则为

$$q_1 + q_2 + q_3 + q_4 + q_5 + q_6 = 100\% \tag{3.74}$$

锅炉输入热量 Q_r 是从锅炉范围以外输入锅炉的热量，不包括锅炉范围内循环的热量，通常表示如下：

$$Q_r = Q_{net,ar} + i_r + Q_{wr} + Q_{zq} \tag{3.75}$$

式中：$Q_{net,ar}$ 为燃料的收到基低位发热量，kJ/kg；i_r 为燃料物理显热，kJ/kg；Q_{wr} 为外来热源加热空气时带入的热量，kJ/kg；Q_{zq} 为雾化燃油所用蒸汽带入的热量，kJ/kg。

各项热量的计算公式为

$$i_r = c_{p,ar} t_r \tag{3.76}$$

式中：$c_{p,ar}$ 为燃料的收到基定压比热容，kJ/(kg·℃)；t_r 为燃料温度，℃。

当用外来热源加热燃料（用蒸汽加热重油或蒸汽干燥器等）时，及开式系统使燃料干燥时，应计算此项，并根据燃料的炉前状态取用 t_r 和燃料水分。若未经预热，可取 $t_r=20$ ℃。

固体燃料比热容 $c_{p,ar}$ 为

$$c_{p,ar} = c_{dr}[1 - w_{ar}(M)] + 4.187 w_{ar}(M) \tag{3.77}$$

式中：c_{dr} 为燃料干燥基比热容，kJ/(kg·℃)，具体数值参阅有关手册。

重油的比热容 $c_{p,ar}$ 为

$$c_{p,ar} = 1.738 + 0.0025 t_r \tag{3.78}$$

$$Q_{wr} = \beta'(I_k^0 - I_{lk}^0) \tag{3.79}$$

式中：β' 为进入锅炉机组（空气预热器）的空气量与理论空气量之比，即空气预热器前的过量空气系数；I_k^0 为锅炉（空气预热器）进口处按理论空气量计算的空气焓，kJ/kg；I_{lk}^0 为按理论空气量计算基准温度下的空气焓，kJ/kg。基准温度可取为冷空气温度 20 ℃。

$$Q_{zq} = G_{zq}(i_{zq} - 2500) \tag{3.80}$$

式中：G_{zq} 为每 kg 燃油雾化所用的蒸汽量，kg/kg；i_{zq} 为雾化蒸汽焓，kJ/kg；2500 为排烟中蒸汽焓的近似值，kJ/kg。

2. 锅炉有效利用热

锅炉有效利用热是指水和蒸汽流经各受热面时吸收的热量。而空气在空气预热器吸热后又回到炉膛，这部分热量属锅炉内部热量循环，不应计入。锅炉有效利用热 Q_1 为

$$Q_1 = \frac{1}{B} \left[D_{gr}(i_{gr}'' - i_{gs}) + \sum D_{zr}(i_{zr}'' - i_{zr}') + D_{zy}(i_{zy} - i_{gs}) + D_{pw}(i' - i_{gs}) \right] \tag{3.81}$$

式中：B 为燃料消耗量，kg/s；D_{gr}、D_{zy}、D_{pw}、D_{zr} 为过热蒸汽量、自用蒸汽量、排污量和再热蒸汽量，kg/s；i_{gr}''、i_{zy}、i'、i_{gs} 为出口过热蒸汽焓、自用蒸汽焓、饱和水焓和给水焓，kJ/kg；i_{zr}''、i_{zr}' 为再热器出口和进口蒸汽焓，kJ/kg。

符号 $\sum$ 表示具有一次以上再热时，应将各次再热器的吸热量叠加。对于有分离器的直流锅炉，锅炉排污量为分离器的排污量。

3. 锅炉效率

锅炉热效率的确定有两种方法。一种由锅炉热效率的定义直接获得，即为锅炉的有效利用热与锅炉送入热量之比：

$$\eta = \frac{Q_1}{Q_r} \tag{3.82}$$

这种方法称为正平衡法。另一种是在锅炉设计或热效率试验时常用的反平衡法，即求出各项热损失后，用下式求得锅炉的热效率：

$$\eta = 100\% - (q_2 + q_3 + q_4 + q_5 + q_6) \tag{3.83}$$

锅炉正平衡法简单易行，用于热效率较低的工业锅炉（$\eta < 80\%$）时比较准确；反平衡法较

复杂,但通过各项热损失的测定和分析,可以找出提高锅炉经济性的途径。反平衡法适用于大容量、高效率的现代化电站锅炉,因这时燃料耗量测不准,且蒸发量的测量误差也较大。不同国家在采用反平衡法确定锅炉热效率时,对热损失的界定是不同的,也因此形成了各自的标准方法。本章介绍的反平衡法是苏联 1973 年颁布的锅炉热力计算标准方法中的内容,也是我国采用的标准方法。以美国 ASME 标准和德国 DIN 标准为例,它们在热损失的分项上与我国国家标准稍有不同。三个标准各有特色,在测量与计算过程中各有不同的侧重,并在一定程度上结合了各国的实际情况,尽可能使结果满足安全与经济的要求。但总体来说,其热力计算的方法与过程还是相当一致的。

当全面鉴定锅炉时,必须既做正平衡试验,又做反平衡试验。

3.4.2　各项热损失

1. 固体不完全燃烧热损失

这是燃料中未燃烧或未燃尽碳造成的热损失,这些碳残留在灰渣中,也称为机械未完全燃烧损失或未燃碳损失。针对不同燃烧方式,燃料燃烧生成不同形式的灰渣,固体不完全燃烧热损失 q_4 的计算公式如下。

(1)对于火床(层燃)锅炉有

$$q_4 = \left(a_{lz} \frac{w_{lz}(C)}{1 - w_{lz}(C)} + a_{lm} \frac{w_{lm}(C)}{1 - w_{lm}(C)} + a_{yh} \frac{w_{yh}(C)}{1 - w_{yh}(C)} + a_{fh} \frac{w_{fh}(C)}{1 - w_{fh}(C)} \right) \frac{32700 w_{ar}(A)}{Q_r}$$

$$\tag{3.84}$$

$$a_{lz} + a_{lm} + a_{yh} + a_{fh} = 1 \tag{3.85}$$

(2)对于流化床锅炉有

$$q_4 = \left(a_{yl} \frac{w_{yl}(C)}{1 - w_{yl}(C)} + a_{lh} \frac{w_{lh}(C)}{1 - w_{lh}(C)} + a_{yh} \frac{w_{yh}(C)}{1 - w_{yh}(C)} + a_{fh} \frac{w_{fh}(C)}{1 - w_{fh}(C)} \right) \frac{32700 w_{ar}(A)}{Q_r}$$

$$\tag{3.86}$$

$$a_{yl} + a_{lh} + a_{yh} + a_{fh} = 1 \tag{3.87}$$

(3)对于煤粉(室燃)锅炉有

$$q_4 = \left(a_{lh} \frac{w_{lh}(C)}{1 - w_{lh}(C)} + a_{yh} \frac{w_{yh}(C)}{1 - w_{yh}(C)} + a_{fh} \frac{w_{fh}(C)}{1 - w_{fh}(C)} \right) \frac{32700 w_{ar}(A)}{Q_r} \tag{3.88}$$

$$a_{lh} + a_{yh} + a_{fh} = 1 \tag{3.89}$$

以上各式中的 a_{lz}、a_{lm}、a_{yh}、a_{fh}、a_{yl}、a_{lh} 分别为炉渣、漏煤、烟道灰、飞灰、溢流灰、冷灰或冷炉斗灰渣中的灰量占入炉燃料总灰分的质量分数,$w_{lz}(C)$、$w_{lm}(C)$、$w_{yh}(C)$、$w_{fh}(C)$、$w_{yl}(C)$、$w_{lh}(C)$ 分别为炉渣、漏煤、烟道灰、飞灰、溢流灰、冷灰或冷炉斗灰渣中可燃物(碳)的质量分数,32700 为每 kg 纯碳的发热量(kJ)。

式(3.85)、式(3.87)、式(3.89)称为灰平衡方程式,即锅炉燃料中的总灰分等于排出锅炉各种灰渣的总和。在锅炉热效率试验中,就是用灰平衡测定法测出各种灰渣的质量分数和其中的可燃物(碳)的质量分数,然后用上述公式计算出 q_4 的。

在设计锅炉时,q_4 可按燃料种类和燃烧方式选用,热力计算标准方法中有推荐值。

影响 q_4 的主要因素有:燃料的性质、燃烧方式、炉膛型式和结构、燃烧器设计和布置、炉膛温度、锅炉负荷、运行水平、燃料在炉内的停留时间和与空气的混合情况等。

2. 可燃气体不完全燃烧热损失

由于 CO、H_2、CH_4 等可燃气体未燃烧放热就随烟气离开锅炉而造成的热损失,称为可燃气体不完全燃烧热损失,也称化学不完全燃烧损失。锅炉运行中可用下式计算:

$$q_3 = \frac{w_{ar}(C) + 0.375 w_{ar}(S)}{Q_r} \times \frac{236\varphi(CO) + 201.5\varphi(H_2) + 668\varphi(CH_4)}{\varphi(RO_2) + \varphi(CO) + \varphi(CH_4)} \times (1 - q_4) \times 100$$

$$(3.90)$$

式中:$\varphi(CO)$、$\varphi(H_2)$、$\varphi(CH_4)$ 为干烟气中一氧化碳、氢气、甲烷的体积分数,可从烟气分析测得;$\varphi(RO_2)$ 为干烟气中三原子气体体积分数。

正常燃烧时,q_3 值很小。在进行锅炉设计时,q_3 值可按燃料种类和燃烧方式选取,具体数值参阅有关手册。

影响 q_3 的主要因素有:燃料的挥发分、炉膛过量空气系数、燃烧器结构和布置、炉膛温度和炉内空气动力工况等。

3. 排烟热损失

由于锅炉排烟带走的热量所造成的损失称为排烟热损失,其等于排烟焓与入炉空气焓之差,即

$$q_2 = \frac{(I_{py} - \alpha_{py} I_{lk}^0)(1 - q_4)}{Q_r}$$

$$(3.91)$$

式中:I_{py} 为排烟焓,kJ/kg;I_{lk}^0 为进入锅炉的冷空气焓,按冷空气温度 $t_{lk} = 30$ ℃计算,kJ/kg;α_{py} 为排烟处的过量空气系数,$\alpha_{py} = \alpha_1'' + \sum \Delta\alpha$。

设计时 I_{py} 按选取的排烟温度 θ_{py} 和 α_{py} 查焓温表得到。锅炉运行时,α_{py} 按测得的烟气成分计算得出,θ_{py} 实测得到,I_{py} 则可按式(3.71)计算得到。

q_2 损失是锅炉热损失中最主要的一项,对大中型锅炉,约为 $4\% \sim 8\%$,小型锅炉的这一数值可能更高。影响 q_2 的主要因素为排烟温度和烟气容积。通常 θ_{py} 每升高 12 ℃左右,可使 q_2 增加约 1%。故要经常吹灰和减少漏风。

4. 散热损失

由于锅炉本体及锅炉范围内各种管道、附件的温度高于环境温度而散失的热量称为散热损失。影响散热损失的主要因素有:锅炉外表面积的大小、外表面温度、炉墙结构、保温隔热性能及环境温度等。它的测量及计算方法比较复杂,目前常用的方法是按锅炉容量选一经验值,设计锅炉时可查图 3.2 或按下式求额定蒸发量时的散热损失:

$$q_{5,ed} = 5.82(D_{ed})^{-0.38}$$

$$(3.92)$$

式中:D_{ed} 为额定蒸发量,t/h。

由图可见,散热损失随锅炉容量的增大而减小。这是因为当锅炉容量增大时,燃料消耗量基本上也按比例增加,而锅炉的外表面积却增加稍慢,因此,相应于单位燃料的炉墙外表面积便减小,散热损失减小了。当锅炉在其他蒸发量运行时,应换算成实际散热损失 q_5。

这个结论简单地说明如下。

假定炉膛的长宽高比例不变,即 $L : W : H =$ 常数,由于

$$B = \frac{Q_{yx}}{\eta \times Q_r} = \frac{D(i_{gr}'' - i_{gs}) + D_{pw}(i_{pw} - i_{gs})}{\eta \times Q_r}$$

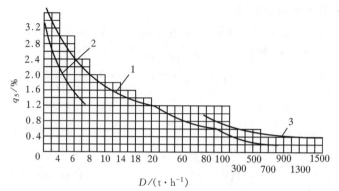

1—锅炉整体(连同尾部受热面);2—锅炉本身(无尾部受热面);
3—我国电站锅炉性能验收规程中的曲线(连同尾部受热面)。

图 3.2　锅炉散热损失 q_5

式中:Q_{yx} 为总的有效利用热,kJ/s。

由上式可见,锅炉燃料消耗量与锅炉容量基本成正比,而锅炉为保持良好的燃烧与传热及保证安全,必须维持基本上是一定的锅炉容积热负荷,这样炉膛容积也随锅炉容量基本成比例变化(对于中等以上容量的锅炉,炉膛容积增大得比锅炉容量大些),$\dfrac{L_1^3}{L_0^3}=\dfrac{D_1}{D_0}$,则锅炉表面积与容量的关系为 $\dfrac{L_1^2}{L_0^2}=\left(\dfrac{D_1}{D_0}\right)^{2/3}$,即锅炉面积增长倍数只是锅炉容量变化的 2/3 次方。

对于锅炉在非额定工况下运行时的散热损失,通常乘以一个负荷变化修正系数计算:

$$q_5 = q_{5,ed}\frac{D_{ed}}{D} \tag{3.93}$$

式中:D 为实际蒸发量,kg/s;$q_{5,ed}$ 为额定蒸发量时的散热损失,%。

由此可见,当锅炉运行在 50% 负荷时,散热损失将增大一倍,这对于锅炉的变工况性能是非常不利的。

为计算简便,各段烟道所占 q_5 的份额可以当作是与各段烟道中烟气放出的热量成比例,故在烟气放给受热面热量的公式中乘以一个保温系数 φ。保温系数 φ 的意义是:烟气通过受热面能传给工质的热量占烟气放热量的份额($\varphi<1.0$)。也就是说,烟气放出的热量主要传给工质,少量通过炉墙散热而损失掉了。也就是说,烟气在烟道中的放热量和保热系数的乘积等于该烟道受热面的吸热量。

假定各段烟道和整台锅炉的保热系数是相等的,保热系数可按整台锅炉的情况求出。即

$$\varphi = \frac{Q_1 + Q_{ky}}{Q_1 + Q_{ky} + Q_5}$$

式中:Q_{ky} 为空气预热器吸热量,kJ/kg。当锅炉没有空气预热器或有空气预热器但它的吸热量与锅炉有效利用热量 Q_1 相比很小时,保热系数为

$$\varphi = \frac{Q_1}{Q_1 + Q_5} = \frac{\dfrac{Q_1}{Q_r}}{\dfrac{Q_1}{Q_r} + \dfrac{Q_5}{Q_r}} = \frac{\eta}{\eta + q_5} = 1 - \frac{q_5}{\eta + q_5} \tag{3.94}$$

锅炉热力计算中一般认为采用 $\varphi = 1 - \dfrac{q_5}{\eta + q_5}$ 来计算保温系数足够准确,而不论锅炉是否

有空气预热器。

5. 其他热损失

锅炉的其他热损失 q_6 主要指灰渣物理显热损失 q_6^{hz}。另外,在大容量锅炉中,由于某些部件(如尾部受热面的支撑梁等)要用水或空气冷却,而水或空气所吸收的热量又不能送回锅炉系统中应用时,就造成冷却热损失 q_6^{lq}。故

$$q_6 = q_6^{hz} + q_6^{lq}$$

灰渣物理显热损失 q_6^{hz} 用下式计算:

$$q_6^{hz} = \frac{w_{ar}(A) a_{hz} C_h \theta}{Q_r} \tag{3.95}$$

式中:a_{hz} 为排渣量占入炉燃料总灰分的质量份额。当各部分灰渣温度不等时,应分别计算,然后相加。灰渣温度取值参阅有关手册。

3.4.3 燃料消耗量

如将式(3.81)写成

$$Q_1 = \frac{Q_{yx}}{B}$$

式中:Q_{yx} 为工质(水,蒸汽)的总有效利用热,kJ/s。则

$$B = \frac{Q_{yx}}{\eta Q_r} \tag{3.96}$$

由式(3.96)求出的 B 称为锅炉的实际燃料消耗量。在进行燃料运输系统和制粉系统计算时要用 B 来计算。但由于 q_4 的存在,使部分燃料未能参加燃烧,实际上,1 kg 燃料只有 $(1-q_4)$ kg 参加了燃烧反应。因此,在计算燃烧所需的空气量和生成的烟气量时,必须对 B 进行修正,即要扣除 q_4 造成的影响。实际参加燃烧的燃料量为

$$B_j = B(1-q_4) \tag{3.97}$$

这里 B_j 称为计算燃烧消耗量。

此外,以上 5 项热损失可分成两类:q_2、q_5、q_6 表示燃料燃烧放出的热量中以各种形式逸离锅炉而造成的损失;q_3 和 q_4 则表示进入锅炉的燃料由于没有燃烧而未能放出热量所造成的损失,它们反映了燃烧的完全程度。

 **复习思考题**

1. 什么是理论空气量,如何计算?

2. 什么是实际空气量?什么是过量空气系数?

3. 燃料的燃烧产物(烟气)中都有哪些成分?

4. 锅炉运行过程中,如何确定其过量空气系数?

5. 什么是漏风系数?运行中如何确定漏风系数?漏风对锅炉有什么危害?

6. 什么是理论燃烧温度?理论燃烧温度的高低受什么因素影响?理论燃烧温度的高低对锅炉工作有何影响?

7. 什么是锅炉机组热平衡与热平衡方程?

8. 什么是输入热量? 输入热量来自哪几方面?

9. 什么是锅炉有效利用热量?

10. 什么是固体未完全燃烧热损失?

11. 什么是排烟热损失? 排烟热损失与哪些因素有关? 锅炉排烟温度的进一步降低受哪些条件限制?

12. 什么是化学未完全燃烧热损失? 哪些因素影响化学未完全燃烧热损失的大小?

13. 什么是锅炉散热损失? 其大小与哪些因素有关?

14. 什么是灰渣物理热损失? 其大小与哪些因素有关?

15. 什么是最佳过量空气系数?

16. 什么是锅炉热效率? 什么是正平衡热效率与反平衡热效率,如何计算?

17. 什么是燃煤量与计算燃煤量,它们有何区别?

第4章 燃烧方式及燃烧设备

锅炉中,总是期望通过燃烧最大限度地将燃料中的化学能转变成为热能。燃料燃烧的组织方式有多种,取决于燃料的种类和性质。其中,固体燃料(主要是煤)的燃烧组织最为困难。本章在回顾燃烧基本知识、固体燃料、液体燃料和气体燃料燃烧特点的基础上,阐述了燃烧完全的条件、燃烧质量的评价方法以及燃烧方式的含义等,然后用较大篇幅介绍了包括层燃燃烧方式、室燃燃烧方式、流化床燃烧方式和旋风燃烧方式等在内的各种可能的燃烧方式及其相应的燃烧设备,并尽可能地给出各种燃烧方式及其燃烧设备所适用的条件。

 ## 4.1 燃烧的基本知识

4.1.1 燃烧及其基本原理

燃烧是燃料中的可燃物质与氧气发生剧烈的、伴随发光发热的一种化学反应,它遵循化学反应动力学的基本原理。

1. 化学反应速度及其影响因素

对于简单反应或复杂反应中任一基元步骤,均可用以下的化学计量方程式表示:

$$aA + bB \Leftrightarrow gG + hH \tag{4.1}$$

式中:a、b分别是反应物 A、B 的化学反应计量系数;g、h分别是生成物 G、H 的化学反应计量系数。

化学反应进行得快慢通常用化学反应速度来表征。所谓的化学反应速度是指单位时间内反应物(或生成物)浓度的变化,即

$$W = \pm \frac{dC}{d\tau} \tag{4.2}$$

式中:W 为反应速度;C 为浓度;τ 为时间。式中的"＋"号用于某一物质的浓度是随时间而增加的,"－"号是用于减小的。

研究表明,浓度、温度和压力以及是否有催化剂等因素影响化学反应速度。

(1)浓度的影响

对于均相反应,反应物浓度对化学反应速度的影响可用质量作用定律来说明,即温度不变时,化学反应速度与该瞬间各反应物浓度幂的乘积成正比。各反应物浓度的幂指数等于其相应的化学计量系数。以式(4.1)的反应为例,质量作用定律可用下列方程式表示,其中正反应速度为

$$W_1 = k_1 C_A^a C_B^b \tag{4.3}$$

逆反应速度为

$$W_2 = k_2 C_G^g C_H^h \tag{4.4}$$

式中:k_1、k_2 分别为正反应速度常数和逆反应速度常数;C_A、C_B、C_G、C_H 分别为反应物 A、B 和生成物 G、H 的浓度。对于一定的化学反应,k_1 和 k_2 与反应物或生成物的浓度无关,而只取决于温度。

式(4.3)中浓度 C_A 和 C_B 的指数 a 和 b 也分别称为该反应对物质 A 和 B 的级数,一般通过实验确定。简单反应的级数常常与反应式中反应物的分子数目相同。

化学反应的合成速度等于正、逆反应速度之差。当正、逆反应速度相等时,达到化学平衡状态。此时,$W_1 = W_2$ 或 $k_1 C_A^a C_B^b = k_2 C_G^g C_H^h$,$k_1$ 与 k_2 的比值称为平衡常数 k_c,即

$$k_c = \frac{k_1}{k_2} = \frac{C_G^g C_H^h}{C_A^a C_B^b} \tag{4.5}$$

式(4.5)也是质量作用定律的一种表示形式,它可以用来确定在一定温度下各平衡混合物的浓度。

在温度不变的情况下,各混合物中气体的分压力与其浓度成正比。因此,质量作用定律也可以用压力平衡系数 k_p 表示,即

$$k_p = \frac{p_G^g p_H^h}{p_A^a p_B^b} \tag{4.6}$$

式中:p_A、p_B、p_G、p_H 分别为反应物 A、B 和生成物 G、H 的分压力。

质量作用定律也适用于多相反应。多相反应速度是指在单位时间、单位表面积上参加反应的物质浓度的变化,即

$$W = \frac{dC_B}{dt} = k f_A C_B^b \tag{4.7}$$

式中:f_A 为单位容积两相混合物中固相物质的表面积;k 为反应速度常数;C_B 为气相反应物质的浓度。

(2)温度的影响

实验证实,温度对化学反应速度的影响很大。常温下,温度每提高 10 ℃,反应速度约提高 2~4 倍。同时,温度对反应速度的影响也很复杂,既存在某些反应的速度随温度的增加而增加,同时又存在少数反应的速度随温度的增加而减小。燃烧过程中化学反应的速度几乎都随温度的升高而迅速增大。

温度对反应速度的影响,集中反映在反应速度常数 k 上。在大量实验的基础上,阿伦尼乌斯(Arrhenius)于 1889 年提出了反应速度常数 k 与反应温度 T 的关系:

$$k = k_0 e^{-\frac{E}{RT}} \tag{4.8}$$

式中:k 的单位与反应级数有关,$k = W/C^n$,W 为化学反应速度;R 为通用气体常数;T 为反应温度;k_0 为频率因子,与 k 的单位相同;E 为活化能。

从统计物理学的观点,频率因子 k_0 表征了反应物质分子碰撞的总次数,可以近似认为它与温度无关,是一个常数。但实际上因为分子碰撞总次数与分子运动的速度成正比,根据气体分子动理论,分子运动的速度与温度 T 的平方根成正比,因此在精确计算中,k_0 的数值应为

$$k_0 = 常数 \times \sqrt{T} \tag{4.9}$$

活化能 E 是物质反应活泼性的一种指标,可看成是进行反应前所必须克服的某种能量上的障碍。在分子接近、产生反应、形成新的化合物之前,也必须破坏原来分子的化学键,这同样需要能量。因此,活化能可以理解为使分子接近和破坏反应分子化学键所必须消耗的能量。

（3）压力的影响

在反应容积不变的情况下，反应系统压力增高就意味着反应物浓度增加了，从而使化学反应速度增加。

对反应级数不同的化学反应来说，压力对它们的反应速度有着不同程度的影响。

如果容器中气体压力为 p_1，体积为 V_1，其中共有 N mol 气体，则气体的物质的量浓度为 $C_1 = \dfrac{N}{V_1}$，化学反应速度为

$$W_1 = -\left(\frac{\mathrm{d}C}{\mathrm{d}\tau}\right)_1 = kC_1^n = k\left(\frac{N}{V_1}\right)^n \tag{4.10}$$

当气体受到压力 p_2 作用时，其体积变为 V_2，浓度变为 $C_2 = \dfrac{N}{V_2}$，则反应速度为

$$W_2 = -\left(\frac{\mathrm{d}C}{\mathrm{d}\tau}\right)_2 = kC_2^n = k\left(\frac{N}{V_2}\right)^n \tag{4.11}$$

$$\frac{V_2}{V_1} = \frac{p_1}{p_2} \tag{4.12}$$

则

$$\frac{W_1}{W_2} = \left(\frac{V_2}{V_1}\right)^n = \left(\frac{p_1}{p_2}\right)^n \tag{4.13}$$

上式表明，化学反应速度与反应系统压力 p 的 n 次方成正比，即

$$W = -\frac{\mathrm{d}C}{\mathrm{d}\tau} \propto p^n \tag{4.14}$$

式中：n 为反应级数。

反应速度与压力的关系在一般的锅炉燃烧过程中常可予以忽略，这是因为燃烧室中的压力接近常压且变化不大的缘故。但对于增压燃烧的锅炉及在高海拔低气压地区运行的锅炉，则应考虑压力对燃烧的影响。

（4）催化剂的影响

如果把某些称为催化剂的少量物质加到反应系统去，使化学反应速度发生变化，则这种作用称为催化作用。催化剂可以影响化学反应速度，但化学反应中催化剂本身并未改变。催化剂虽然也可以参加化学反应，但在另一个反应中又重新生成原有催化剂，所以到反应终了时，它本身的化学性质并未发生变化。所有的催化作用都有一个共同的特点，即催化剂在一定条件下，仅能改变化学反应的速度，而不能改变在该条件下反应可能进行的限度，即不能改变平衡状态，而只能改变达到平衡的时间。从活化能的观点看，催化剂可以改变反应物的活化能。

例如，SO_2 的氧化反应 $2SO_2 + O_2 \rightarrow 2SO_3$ 是很慢的，但如加入催化剂 NO，就会使反应速度大大增加，其反应式为

$$O_2 + 2NO \rightarrow 2NO_2$$
$$2NO_2 + 2SO_2 \rightarrow 2SO_3 + 2NO$$

4.1.2　着火和点火

1. 着火机理和着火方式

任何可燃物质在一定条件下与氧接触都会发生氧化反应。如果氧化反应所产生的热量等于散失的热量，或者活化中心浓度增加的数量正好补偿其销毁的数量，这一反应过程称为稳定

的氧化反应过程。如果氧化反应所产生的热量大于散失的热量,或者活化中心浓度增加的数量大于其销毁的数量,这一反应过程称为不稳定的氧化反应过程。由稳定的氧化反应转变为不稳定的氧化反应从而引起燃烧的一瞬间,称为着火。着火是燃烧过程的临界现象之一,着火阶段是燃烧的准备阶段。

着火的微观机理有 2 种:热力着火和链式着火。可燃混合物由于自身的氧化反应放热或者由于外部热源的加热,使得温度不断升高,导致氧化反应加快,从而聚积更多的热量,最终导致着火,称为热力着火。可燃物反应过程中存在活化中心,当活化中心产生的速度超过其销毁的速度,或者在分支链式反应的作用下,由于活化中心的大量产生,使反应速度迅速增大,同时又产生更多的活化中心,最终使反应物着火,称为链式着火。在实际燃烧过程中,这两种机理同时存在,且相互促进。可燃混合物的自加热不仅强化了热活化,而且加强了每个链式反应中的基元反应。在低温时,链式反应可使可燃混合物逐渐加热,从而也加强了分子的活化。

着火的方式有 2 类:自燃和点燃。一定条件下,可燃混合物发生缓慢氧化反应,温度不断升高,反应速度不断加快,即使可燃混合物不是绝热的,一旦反应生成热量的速率超过散热速率而且不可逆转时,整个容积的可燃混合物就会同时着火,这一过程称为自燃着火。在冷的可燃混合物中,用一个不大的点热源,使可燃混合物局部升温并着火燃烧,然后将火焰传播到整个可燃混合物中去,这一过程称为点燃,或称为被迫着火,或称为强制点火,也简称点火。实际的燃烧组织中,一般都靠点火使可燃混合物着火燃烧。

可燃混合物的热力着火不仅与燃料的物理化学性质有关,而且与系统中的热力条件有关。根据热力着火理论,对于一定条件下的反应系统,使反应速率急剧增大而产生着火的最低温度,称为着火温度。需要指明的是,着火温度不是可燃物质的化学常数或物理常数,但可通过在一定的条件下进行实验测定获得着火温度,并将所测定数值作为可燃物质的燃烧和爆炸性能的参考性指标。表 4.1 给出了某些可燃物质的着火温度的一般数值。

表 4.1　各种可燃物质的着火温度(常压下在空气中燃烧)

物质名称	着火温度/℃	物质名称	着火温度/℃
氢(H_2)	510~590	高炉煤气	530
一氧化碳(CO)	610~658	发生炉煤气	530
甲烷(CH_4)	537~750	焦炉煤气	500
乙烷(C_2H_6)	510~630	天然气	530
乙烯(C_2H_4)	540~547	汽油	390~685
乙炔(C_2H_2)	335~480	煤油	250~609

在相同的测试条件下,不同燃料的着火、熄火温度不同,而对同一种燃料而言,不同的测试条件也会得出不同的着火温度。但仅就煤而言,反应能力愈强(V_{daf}越高,焦炭活化能越小)的煤,其着火温度越低,越容易着火,也越容易燃尽;反之,反应能力越低的煤,例如无烟煤,其着火温度越高,越难于着火和燃尽。

由分析可知,要加快着火,可以从加强放热和减少散热两方面着手。在散热条件不变的情况下,可以增加可燃混合物的浓度和压力,增加可燃混合物的初温,使放热加强;在放热条件不变时,则可采用增加可燃混合物初温和减少气流速度、燃烧室保温等减少散热措施来实现。

点火要求点火源处的火焰能够传至整个可燃混合物容积,因此,着火条件不仅与点火源的性质有关,而且还与火焰的传播条件有关。常使用的点火源主要有:灼热固体颗粒、电热线圈、电火花、小火焰等。

2. 煤粉气流的着火

煤粉空气混合物经燃烧器以射流方式被喷入炉膛后,通过湍流扩散和回流,卷吸周围的高温烟气,同时受到炉膛四壁及高温火焰的辐射,被迅速加热,当达到一定温度后就开始着火。试验发现,煤粉气流的着火温度要比煤的着火温度高一些。表 4.2 和表 4.3 是在一定测试条件下分别得出的煤的着火温度和在煤粉气流中煤粉颗粒的着火温度。可以看出,煤粉空气混合物较难着火。

表 4.2　煤的着火温度

煤　种	无　烟　煤	烟　煤	褐　煤
着火温度/℃	700～800	400～500	250～450

表 4.3　煤粉气流中煤粉颗粒的着火温度

煤　种	无　烟　煤	贫煤($V_{daf}=14\%$)	烟　煤	褐　煤
着火温度/℃	1000	900	650～840	550

锅炉炉膛中,希望煤粉气流能在燃烧器喷口附近稳定地着火。但如果着火过早,可能使燃烧器喷口因过热而被烧坏,也易使喷口附近结渣;如果着火太迟,就会推迟整个燃烧过程,致使煤粉来不及烧完就离开炉膛,增大固体不完全燃烧损失,另外着火推迟还会使火焰中心上移,造成炉膛出口处的对流受热面结渣。

为了将煤粉气流更快地加热到煤粉颗粒的着火温度,一般并不是将煤粉燃烧所需的全部空气都与煤粉混合来输送煤粉,而只是用其中一部分来输送煤粉。这部分空气称为一次风,其余的空气称为二次风和三次风。

煤粉气流着火后就开始燃烧形成火炬,着火以前是吸热阶段,需要吸收一定的热量来提高煤粉气流的温度,着火以后才是放热过程。将煤粉气流加热到着火温度所需的热量称为着火热。它包括加热煤粉及空气(一次风),并使煤粉中水分蒸发及过热所需要的热量。

着火热主要有两个来源:一是被煤粉气流卷吸回来的高温回流烟气(包括内回流及外回流),这部分热烟气和新喷入的煤粉空气强烈混合,将热量以对流方式迅速传递给新燃料;二是高温火焰及炉壁对煤粉气流的辐射加热。

图 4.1 给出了不同加热方式时煤粉颗粒的温升与加热时间的关系曲线。

分析该加热曲线可以得到如下结论。

①在相同加热时间下,对流加热所得煤粉温度比辐射加热时高得多。因此,高温回流烟气是煤粉气流着火的主要热源。

②在相同加热方式下,细颗粒煤粉的温升速度比粗颗粒大得多,即细煤粉先达到着火温度。因此,煤粉愈细愈容易着火。

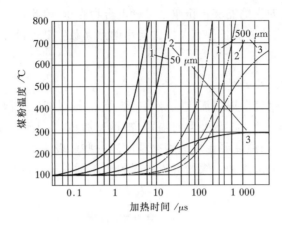

1—对流加热曲线;2—辐射加热曲线;3—考虑向周围介质散热时的曲线。

图 4.1　煤粉的加热曲线

用干燥剂送粉,即乏气送粉时,着火热 Q_{zh} 可用下式来计算:

$$Q_{zh} = B_r\{V^0 \alpha_r r_1 c_{1k}(1-q_4)+c_d[1-w_{ar}(M)]+\Delta M c_q\}(t_{zh}-t_0)$$
$$+ B_r\{(w_{ar}(M)-\Delta M)[4.186(100-t_0)+2510+c_q(t_{zh}-100)]\} \tag{4.15}$$

式中:Q_{zh} 为着火热,kW;B_r 为每只燃烧器的燃煤量(以原煤计),kg/s;V^0 为理论空气量,m³/kg(煤);α_r 为由燃烧器送入炉中并参与燃烧的空气所对应的过量空气系数;r_1 为一次风风率;c_{1k} 为一次风比热容,kJ/(m³·℃);q_4 为固体不完全燃烧热损失;c_d 为煤的干基比热容,kJ/(kg·℃);t_{zh} 为着火温度,℃;t_0 为煤粉与一次风气流的初温,℃;$w_{ar}(M)$ 为煤的收列基水分;c_q 为过热蒸汽的比热容,kJ/(kg·℃);ΔM 为原煤在制粉系统中蒸发掉的水分,kg/kg(煤)。

由上式可见,着火热随燃料性质(着火温度,燃料水分、灰分,煤粉细度)和运行工况(煤粉气流初温、一次风率和风速)的变化而变化。此外,也与燃烧器结构特性及锅炉负荷等有关。

下面分析影响煤粉气流着火的主要因素。

(1)燃料的性质

燃料性质中对着火过程影响最大的是挥发分含量 $w_{daf}(V)$。挥发分 $w_{daf}(V)$ 降低时,煤粉气流的着火温度 t_{zh} 显著提高,着火热也随之增大,即必须将煤粉气流加热到更高的温度才能着火。因此,低挥发分煤的着火更困难,着火所需时间更长,着火点离开燃烧器喷口的距离也更大。

原煤水分增大时,着火热也随之增大,同时水分的加热、汽化、过热都要吸收炉内的热量,致使炉内温度水平降低,从而使煤粉气流卷吸的烟气温度以及火焰对煤粉气流的辐射热也相应降低,水分增大对着火显然是更加不利的。

原煤灰分在燃烧过程中不但不能放热,而且还要吸热。特别对高灰分的劣质煤,由于燃料本身发热量低,燃料的消耗量增大,大量灰分在着火和燃烧过程中要吸收更多热量,因而使得炉内烟气温度降低,使煤粉气流的着火推迟,也影响了着火的稳定性。

煤粉气流的着火温度也随煤粉的细度而变化,煤粉愈细,着火愈容易。这是因为在同样的煤粉浓度下,煤粉愈细,进行燃烧反应的表面积就会愈大,而煤粉本身的热阻和热惯性却愈小,因而在加热时,细煤粉的温升速度要比粗煤粉快。这样就可以加快化学反应速度,更快地着火。所以在燃烧时总是细煤粉首先着火燃烧。由此可见,对于难着火的低挥发分煤,将煤粉磨得更细一些,无疑会加速它的着火过程。

（2）炉内散热条件

根据煤粉气流着火的热力条件可知，如果燃烧放热曲线不变，减少炉内散热，有利于着火。因此，在实践中为了加快和稳定低挥发分煤的着火，常在燃烧器区域用铬矿砂等耐火材料将部分水冷壁遮盖起来，构成所谓卫燃带。其目的是减少水冷壁吸热量，也就是减少燃烧过程的散热，以提高燃烧器区域的温度水平，从而改善煤粉气流的着火条件。实际表明敷设卫燃带（也称燃烧带）是稳定低挥发分煤着火的有效措施。但卫燃带区域往往又是结渣的发源地，必须加以注意。

（3）煤粉气流的初温

由式（4.15）可知，提高初温 t_0 可减少着火热。因此，在实践中燃用低挥发分煤时，常采用高温的预热空气作为一次风来输送煤粉，即采用热风送粉系统。

（4）一次风量和一次风速

由式（4.15）可知，增大煤粉空气混合物中的一次风量 $V^0\alpha_r r_1$ 可相应增大着火热，这将使着火延迟；减小一次风量，会使着火热显著降低。但一次风量不能过低，否则会由于煤粉着火燃烧初期得不到足够的氧气，而使化学反应速度减慢，阻碍着火燃烧的继续扩展。另外，一次风量还必须满足输粉的要求，否则会造成煤粉堵塞。因此，对应于一种煤，有一个最佳的一次风率。

一次风速对着火过程也有一定的影响。若一次风速过高，则通过单位截面积的流量增大，势必降低煤粉气流的加热速度，使着火距离加长。但一次风速过低时，会引起燃烧器喷口被烧坏，以及煤粉管道堵塞等故障，故有一个最适宜的一次风速，它与煤种及燃烧器型式有关。

（5）燃烧器结构特性

燃烧器结构特性对着火快慢的影响，主要是指对一、二次风混合情况的影响。如果一、二次风混合过早，在煤粉气流着火前就混合的话，相当于增大了一次风量，而使着火热增大，推迟着火过程。因此，燃用低挥发分煤种时，应使一、二次风的混合点适当地推迟。

燃烧器的尺寸也影响着火的稳定性。燃烧器出口截面积愈大，煤粉气流着火时离开喷口的距离就愈远，拉长了着火距离。从这一点来看，采用尺寸较小的小功率燃烧器代替大功率燃烧器是合理的。这是因为小尺寸燃烧器既增加了煤粉气流着火的表面积，同时也缩短了着火扩展到整个气流截面所需要的时间。

（6）锅炉负荷

锅炉负荷降低，入炉燃料相应减少，虽然水冷壁总的吸热量也减少，但减少的幅度较小，相对于每 kg 燃料来说，水冷壁的吸热量反而增加。这样一来，炉膛平均烟温下降，燃烧器区域的烟温也降低，因而对煤粉气流的着火是不利的。当锅炉负荷降到一定程度时，就会危及着火的稳定性，甚至可能熄火。着火稳定性条件常限制煤粉锅炉负荷的调节范围。

4.1.3 煤、焦炭和煤粉的燃烧

1. 煤燃烧过程的四个阶段

固体燃料的燃烧过程，可以分为以下四个阶段。

（1）预热干燥阶段 煤受热升温后，煤中水分蒸发。这个阶段中，燃料不但不能释放出热量，而且还要吸收热量。

（2）挥发分析出并着火阶段 煤中所含的高分子碳氢化合物吸热而升温到一定程度会发

生分解,析出一种混合可燃气体,即挥发分。挥发分一旦析出,通常会马上着火。

（3）燃烧阶段　包括挥发分和焦炭的燃烧。挥发分燃烧后,放出大量的热量,为焦炭燃烧提供温度条件。焦炭燃烧阶段需要大量的氧气以满足燃烧的需要,这样就能放出大量热量,使温度急剧上升,以保证燃料燃烧反应所需要的温度条件。

（4）燃尽阶段　这个阶段主要是残余焦炭的最后燃尽,成为灰渣。因为残余的焦炭常被灰分和烟气所包围,空气很难与之接触,故燃尽阶段的燃烧反应进行得十分缓慢,容易造成不完全燃烧损失。

将燃烧过程分为上述四个阶段主要是为了分析问题方便。实际燃烧过程中,以上各个阶段是稍有交错地进行的。例如在燃烧阶段,仍不断有挥发分析出,只是析出数量逐渐减少。同时,灰渣也开始形成了。

要使燃烧完全,必须实现迅速而稳定的着火,保证燃烧过程的良好开端。只有这样,燃烧和燃尽阶段才可能进行。只要燃烧及燃尽过程顺利进行,就可以释放大量热量,维持着火燃烧所需的高温条件,又为着火提供必要的热源,所以着火和燃尽是相辅相成的,但着火是前提,燃尽是目的。

2. 碳的燃烧反应

碳是煤的主要成分,碳的燃烧放热量较大,约占燃煤总放热量的 $60\% \sim 95\%$。又由于焦炭的燃烧是多相燃烧,其着火、燃烧和燃尽都比较困难。在创造热力条件上,焦炭的燃烧过程对煤的连续稳定燃烧具有重要意义。研究煤粒的燃烧应首先分析碳的燃烧过程。

碳的燃烧与气化的化学反应通常如下。

（1）一次反应,在一定温度下,碳和氧的化学反应可能有两种:

$$C + O_2 \Leftrightarrow CO_2 \tag{4.16}$$

$$C + \frac{1}{2}O_2 \Leftrightarrow CO \tag{4.17}$$

（2）二次反应,一次反应的生成物 CO_2、CO 与初始参加反应的物质——碳和氧再次发生反应,其反应方程式为

$$C + CO_2 \Leftrightarrow 2CO \tag{4.18}$$

$$CO + \frac{1}{2}O_2 \Leftrightarrow CO_2 \tag{4.19}$$

上述反应式(4.16—4.17)是多相反应,反应式(4.19)是均相反应。在连续的反应过程中,一次反应和二次反应同时存在,生成同样的生成物 CO_2 和 CO。

（3）C 及 CO_2 与空气中的水蒸气产生服从反应,其反应方程式为

$$C + H_2O \Leftrightarrow CO + H_2 \tag{4.20}$$

$$C + 2H_2O \Leftrightarrow CO_2 + 2H_2 \tag{4.21}$$

$$CO + H_2O \Leftrightarrow CO_2 + H_2 \tag{4.22}$$

可以看出,碳的燃烧和气化的反应过程非常复杂。

尽管各国学者在碳的燃烧和气化方面进行了很多研究工作,但对于碳燃烧的最基本的反应,即一次反应的生成物是什么及其对二次反应有什么影响等,至今还未完全认识清楚。由于各自的试验研究条件和分析方法的差异,而得出不同的结论。对于一次反应,目前主要有三种理论,即一次反应的生成物分别为 CO、CO_2 和碳氧络合物,具体本书不再赘述。

3. 碳的多相燃烧特点

碳的燃烧反应是多相燃烧反应,即物质在相的分界表面上发生反应。这个相界面可以是物体外部表面,也可以是物体内部表面(内部表面的存在,是由于物质本身有缝隙)。内部表面是外部表面的延续,内外部表面间没有明显的边界,但内部表面为物体内部比较狭小的缝隙通道表面,不易与氧接触。当反应温度很高、固体燃料的反应性能很强,亦即燃烧反应的速度很快时,燃烧反应主要在物体的外表面上进行。

多相燃烧中,由于燃料与氧化剂的相态不同,在碳表面上发生的多相反应由下列几个连续的阶段组成:

①参与燃烧反应的气体分子(氧)向碳粒表面的转移与扩散;

②气体分子(氧)被吸附在碳粒表面上;

③被吸附的气体分子(氧)在碳表面上发生化学反应生成燃烧产物;

④燃烧产物从碳表面上解吸附;

⑤燃烧产物离开碳表面,扩散到周围环境中。

反应过程中最慢的那个阶段,决定了燃烧反应的速度。

在上述五个阶段中,吸附阶段②和解吸附阶段④进行得最快,燃烧产物离开碳表面、扩散出去的阶段⑤也较快,比较慢的是氧向碳粒表面的转移扩散①和氧在碳表面发生化学反应的③这两个阶段。因此,碳的多相燃烧速度既决定于氧向碳粒表面的转移扩散速度,也决定于氧与碳粒的化学反应速度,而且最终决定于其中速度最慢的一个。

4. 多相燃烧反应的燃烧区域

根据化学反应速度和扩散速度对燃烧反应速度的不同决定作用,可以将多相燃烧分成动力燃烧区域、扩散燃烧区域和过渡燃烧区域等三种燃烧区域(工况)。

由于煤中含有挥发分,因此煤的燃烧反应既有多相燃烧,也有均相燃烧。为简单起见,以碳粒的多相燃烧为例加以说明。

①如果将碳粒的燃烧反应当作一级反应,而且认为反应在碳粒外表面进行,即不考虑内部表面的反应。当燃烧反应的温度不高时,化学反应速度不快,此时氧的供应速度远大于化学反应中氧的消耗速度,亦即扩散能力远大于化学反应能力。燃烧反应速度决定于化学反应速度,可以认为与扩散速度无关,这时燃烧工况所处区域称为动力燃烧区域。根据阿伦尼乌斯定律,反应速度常数 k 取决于温度,它随燃烧过程温度的升高而增大得很快。因此,在动力燃烧区域,反应速度 W 将随温度 T 的升高而按指数关系急剧地增大。动力燃烧区域发生在低温区,在此区域内,提升温度是强化燃烧反应的有效措施。

②如果燃烧反应的温度已经很高,化学反应能力远大于扩散能力,影响燃烧过程进行速度的主要因素是扩散,这时的燃烧区域称为扩散燃烧区域。在燃烧过程中,煤粒与空气混合和扰动得越不好,氧气扩散系数越小,进入扩散燃烧区域的浓度越低,燃烧反应的速度越小。

在扩散燃烧区域,通过加强通风、减小碳粒直径等都可使扩散速度系数增大,从而达到强化燃烧的目的。

在动力燃烧与扩散燃烧区域之间的区域称为过渡燃烧区域。该区域中,氧的扩散速度和碳粒的化学反应速度较为接近,燃烧反应速度同时取决于化学反应速度和扩散速度,两者的作用都不能忽略。要强化这个区域的燃烧,需要同时提高温度和强化碳粒与氧的扰动混合。

5. 煤与煤粉的燃烧特点

(1)煤的燃烧特点

煤是一种多孔性物质,它受热后产生的水蒸气和挥发分会向煤粒表面四周的空间扩散,同时会向煤粒的内部孔隙扩散。

从煤粒表面向四周扩散的水蒸气和挥发分与向煤粒表面扩散的周围介质(包括氧及惰性气体氮等)形成两股方向相反互相扩散的气流,结果是在距煤粒表面某一距离处,亦即化学计量关系区域内,可燃气体将燃尽,此处的过量空气系数接近于 1,如图 4.2 所示。由此可见,煤粒周围的可燃气体及氧气有复杂的浓度场,而且由于在碳粒表面上的化学反应有一次、二次反应及其他反应,所以浓度场也可能改变,情况变得更加复杂。

煤的内部孔隙很小,但水分和挥发分析出后形成的焦炭会有较大的内部孔隙反应表面,其内部反应的影响不能忽视。在一定的温度条件下,焦炭的燃烧和气化反应主要在碳粒外部表面进行。但随着反应气体向碳粒的孔隙内部渗透,反应过程还会扩散到碳粒的内部表面,但在外部不同的燃烧区域情况是不同的。在外部动力燃烧区域,由于温度不高,扩散速度大于化学反应速度,因此属于动力燃烧区域。此时碳表面的氧浓度较大,接近于周围介质的氧浓度,氧很容易扩散到碳粒孔隙中去,使反应不但在外部表面,而且也在内部孔隙表面进行,这有利于加快燃烧速度。而在外部扩散燃烧区域,温度已很

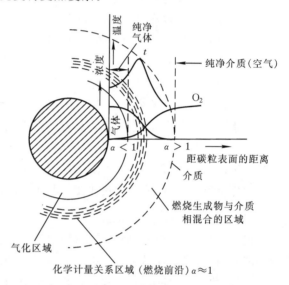

图 4.2 煤粒周围的浓度场和温度场

高,属于扩散燃烧区域。此时,碳外部表面的氧浓度已接近于零,氧渗透到孔隙中去的可能性很小,就不可能有内部反应。

煤粒中有矿物杂质,在燃烧过程生成灰,灰会附在碳粒表面形成灰层包裹着碳粒。灰层会妨碍氧向碳粒表面的扩散,或者使碳粒的外部反应表面减少,因而使燃烧速度受到影响,碳的燃尽发生困难。

(2)煤粉的燃烧特点

煤粉的燃烧除具有煤粒和碳粒的燃烧特点外,还有其他一些特点。

煤粉炉燃用煤粉的颗粒一般为 $30 \sim 100 \ \mu m$,炉膛温度又很高,因此煤粉在炉膛中的加热速度可以达到 $(0.5 \sim 1) \times 10^4 \ ℃/s$,仅 $0.1 \sim 0.2 \ s$ 就迅速达到 $1500 \ ℃$ 的温度水平。在这样快速加热的条件下,其燃烧过程就与煤粒燃烧不同。细小的煤粉快速加热时,挥发分析出、着火和碳的着火燃烧几乎是同时的,甚至可能是极小的煤粒首先着火燃烧,然后才是挥发分的热分解析出和着火燃烧。

有学者认为,煤中挥发分的析出过程不仅决定于煤粒的大小,而且还决定于加热速度以及煤粒表面焦炭层的结实程度,等等。

4.1.4　油质燃料及气体燃料的燃烧

1. 油的燃烧

（1）油的燃烧方式

油的燃烧方式可分为 2 类：预蒸发型和喷雾型。

预蒸发型燃烧方式是使燃料在进入燃烧室之前先蒸发为油蒸气，然后以不同比例与空气混合后进入燃烧室中燃烧。例如，汽油机装有汽化器，燃气轮机的燃烧室装有蒸发管等。这种燃烧方式与均相气体燃料的燃烧原理相同。

喷雾型燃烧方式是将液体燃料通过喷雾器雾化成一股由微小油滴（约 $50 \sim 200 \ \mu m$）组成的雾化锥气流。在雾化的油滴周围存在空气，雾化锥气流在燃烧室被加热，油滴边蒸发、边混合、边燃烧。锅炉中油的燃烧一般都采用喷雾型燃烧方式。

（2）油的燃烧过程

油的燃烧过程可大致归纳为：雾化、蒸发、扩散混合、着火和燃烧等 5 个阶段。前 3 个阶段是物理过程，是保证稳定着火、充分燃尽的必要条件，特别是雾化和混合的好坏直接影响到燃烧化学反应的进程和燃烧的效率。

大多数油的沸点不高于 200℃，其油滴蒸发过程在较低的温度下便开始进行。

油及其蒸气都由碳氢化合物组成，若其在与氧接触前便达到高温，则会因受热而发生分解，即发生所谓的热解现象。油的蒸气热解以后会产生氢气和固体碳，这种固体碳常称为炭黑。另外，尚未来得及蒸发的油粒本身，如果剧烈受热而达到较高温度，液体状态的油粒会发生裂化现象。裂化产生一些较轻的分子，呈气体状态从油粒中飞溅出来，剩下的较重的分子可能呈固态，即所谓的焦粒或沥青。

气体状态的碳氢化合物，包括油蒸气以及热解、裂化产生的气态产物，与氧分子接触并达到着火温度时，便开始剧烈的燃烧反应。固态的炭黑、焦粒也可能在这种条件下开始燃烧。因此，在含氧高温介质中，油蒸气及热解、裂化产物等可燃物不断向外扩散，氧分子不断向内扩散，两者混合达到化学当量比例时，便开始着火燃烧并产生火焰锋面。火焰锋面上所释放的热量又向油粒传递，使油粒继续经历受热、蒸发等过程。

油粒的燃烧过程存在着两个互相依存的过程，即一方面燃烧反应需要油的蒸发提供反应物质，另一方面，油的蒸发又需要燃烧反应提供热量。在稳态过程中，蒸发速度和燃烧速度是相等的。若油蒸气与氧的混合能够强烈地进行，油蒸气能立即烧掉，那么整个燃烧过程的速度就取决于油的蒸发速度；若油滴蒸发很快而蒸气的燃烧很缓慢，则整个过程的速度就取决于油蒸气的均相燃烧速度。因此，油的燃烧不仅包括均相燃烧过程，还包括对油粒表面的传热和传质过程。

研究表明，当油质一定时，油粒完全烧掉所需的时间与油粒半径的平方成正比，与周围介质的温度成反比。工程实际中，油的燃烧不是单一油粒的燃烧，而是油粒群的燃烧，尽管如此，上述分析所得结论在定性上仍然适用。

为了强化油燃料的燃烧过程，应该采取措施加速油的蒸发过程、强化油与空气的混合过程、防止和减轻化学热分解（热裂解）。

维持燃烧室较高的温度并改善喷嘴的雾化质量，使雾化的油滴细小而均匀，都可以强化油滴蒸发。

应用旋转气流形成中心回流区,使高温热烟气回流至火焰根部加热雾化气流,可强化油蒸气的着火和燃烧。

实验表明,油燃料在 600 ℃以下进行热裂解时,碳氢化合物呈较对称地分解,分解成为轻质碳氢化合物和自由碳。在高于 650 ℃时,呈不对称分解,除分解成为轻质碳氢化合物和炭黑外,还有重质碳氢化合物,并且温度越高,分解速度越快。锅炉燃烧中,常采取如下措施来设法防止或减轻高温下油燃料的热裂解:以一定空气量从喷嘴周围送入,防止火焰根部高温、缺氧;使雾化气流出口区域的温度适当降低,即使发生热裂解,也只产生对称的轻质碳氢化合物,而这种化合物易于燃烧;使雾化的油滴尽量细,达到迅速蒸发和扩散混合,避免高温缺氧区的扩大。

2. 气体燃料的燃烧

(1)燃烧特点

气体燃料含灰分极少,其燃烧属均相反应,着火和燃烧要比固体燃料容易得多。气体燃料的燃烧速度和燃烧的完全程度主要取决于它与空气的混合。

气体燃料的燃烧一般包括燃料和空气的混合、混合气体的升温和着火、混合气体的燃烧等3 个基本过程。气体燃料的燃烧过程同样也可分为 3 个燃烧区域:扩散区、动力区和过渡区。

当燃烧在扩散区进行时,燃烧速度主要受制于流体动力学因素,如气流速度的大小、流动过程中所遇到的物体的尺寸大小和形状等。例如,将气体燃料和所需空气分别送入炉膛燃烧,由于炉膛温度较高,化学反应可在瞬间完成,此时的燃烧所需要的时间就完全取决于二者的混合时间,燃烧处在扩散区。

当燃烧在动力区进行时,燃烧速度将主要受制于化学动力学因素,如反应物的活化能、混合物的温度和压力等。将燃气和燃烧所需要的空气预先完全混合后均匀地送入炉膛燃烧,可以认为是在动力区内进行燃烧的一个例子。

扩散区和动力区是燃烧过程的两个极限区,过渡区处于二者之间。在过渡区,燃烧速度与流体动力学和化学动力学两个因素都有关系。

一般可采用一次风的过量空气系数 α_1 来区分燃烧过程所属的区域。所谓的一次风过量空气系数,是指燃烧反应前预先同燃气混合的空气量与理论空气量之比。显然,扩散区燃烧时,燃料与空气不预先混合,$\alpha_1 = 0$;动力区燃烧时,燃料与燃烧所需的全部空气预先混合,$\alpha_1 \geqslant 1$;过渡区(或动力-扩散区)燃烧时,燃料只与部分空气预先混合,$0 < \alpha_1 < 1$。

根据上述特点,气体燃料的燃烧可分为 3 类:

①扩散式燃烧,此时的燃烧主要在扩散区进行;

②完全预混式燃烧,此时的燃烧主要在动力区进行;

③部分预混式燃烧,此时的燃烧在过渡区进行。

扩散式燃烧时,由于燃料和空气在进入炉膛前不预先混合,而是分别送入炉膛后,一边混合,一边燃烧,燃烧速度较慢,火焰较长、较明亮,并且有明显的轮廓,因此扩散燃烧有时也称为有焰燃烧。燃烧速度的大小主要取决于混合速度,为实现完全燃烧则需要较大的燃烧空间。为了减小不完全燃烧热损失,要求较大的过量空气系数,一般 α 取 1.15~1.25。燃气中的重碳氢化合物在高温缺氧条件下易于分解形成炭黑,造成机械不完全燃烧热损失,但却使火焰的黑度增加,辐射换热能力增强。由于燃气和空气在进入炉膛前不混合,所以无回火和爆炸的危险,可将燃料和空气分别预热到较高的温度,以利于提高炉内温度水平,提高热效率。燃烧所需要的空气由风机提供,因此不需要很高的燃气压力,单台烧嘴的热功率可以较高。

完全预混式燃烧时,由于燃料和空气在进入炉膛前就已经均匀混合,所以燃烧速度快,火焰呈透明状,无明显的轮廓,故完全预混式燃烧也称为无焰燃烧。燃烧速度主要取决于化学反应速度,即取决于炉膛内的温度水平。由于火焰很短,燃烧室的空间可以较小,容积热负荷可以较大。空气过量系数可以较小,例如,α 取 $1.05\sim1.1$,因而燃烧室的温度较高,几乎没有化学不完全燃烧热损失。由于燃烧速度快,燃料中的碳氢化合物来不及分解,火焰中游离的碳粒较少,火焰的黑度较小,辐射能力较弱。有时为了提高火焰黑度,增强火焰的辐射能力,人为地在某一区域提高燃气的浓度,使之发生裂解形成发光火焰,或者喷入可以辐射连续光谱的重油或固体可燃粒子,如煤粉、焦末、木炭粉等。由于燃料和空气在燃烧前已均匀混合,所以有回火的危险,应严格控制预热温度。对于喷射式烧嘴,要求燃气有足够的压力,以免引起回火或引风量不足而出现燃烧不完全现象,燃气的热值越高,要求的燃气的压力越高。

部分预混式(或本生式)燃烧指燃气与燃烧所需的部分空气预混合后所进行的燃烧,其一次空气率一般为 $0.5\sim0.6$,兼有扩散式燃烧和完全预混式燃烧的特点。本生燃烧器(或本生灯)就是采用这种燃烧方式。它能从周围大气中吸入一些空气与燃气预混,在燃烧时出现一种不发光的蓝色火焰。这种燃烧器的出现使燃烧技术发生了一个很大的变化。扩散式燃烧火焰易产黑烟,燃烧温度也相当低。但当预先混入一部分燃烧所需空气后,火焰就变得清洁,燃烧得以强化,火焰温度也有所提高。因此本生式燃烧得到了广泛应用。

(2)稳定燃烧的范围

由燃烧学可知,在某些条件下,气体燃料燃烧有可能发生回火和脱火的现象。脱火后不仅锅炉不能正常工作,而且炉膛内会积聚有毒和爆炸性气体,从而可能引起爆炸或其他事故,这是燃烧过程所不允许的。回火可能烧坏燃烧器或发生其他事故。引起脱火的最低气流速度称为脱火极限,引起回火的最高气流速度称为回火极限。脱火极限和回火极限之间为稳定燃烧范围,凡处于脱火极限和回火极限之间的气流速度值都能保证稳定燃烧。

脱火极限、回火极限的数值与燃气性质、一次空气率、燃烧器出口孔径、炉内压力和温度等因素有关。一次空气量减小时,稳定燃烧的范围扩大。但一次空气率过小时,发生黄色火焰的可能性增大。当一次空气率增大到某一定值时,回火的可能性最大。减小火孔尺寸,有助于扩大稳定燃烧的范围。

从燃烧的稳定性来看,扩散燃烧具有最好的性能。随着预混程度的增加,稳定燃烧的范围缩小。为了提高燃烧的稳定性,在大容量锅炉中燃用高热值的天然气时,大多采用预混程度较低的扩散燃烧方式,此时,燃烧工况可以人为地进行调节。

4.1.5　燃烧完全的条件

组织良好的燃烧过程的标志就是尽可能接近完全燃烧,即在炉内不结渣的前提下,燃烧迅速而完全,从而得到最高的燃烧热效率。燃烧完全(或燃尽)是指燃烧后没有可燃物剩余,燃料的燃烧完全程度既与燃料自身的特性有关,又与燃烧设备密切相关。同种燃料在不同燃烧设备中燃烧,会有不同的燃尽程度,而不同的燃料在同一燃烧设备中燃烧,也会有不同的燃尽程度。在评价燃料的燃尽程度时可从燃料可燃质燃尽程度和燃料热量释放的完全程度出发,通常把前者称为燃尽率,后者称为燃烧热效率,简称为燃烧效率。

①燃料燃尽率 B_L 是指燃料在锅炉内已燃尽的可燃质占燃料初始可燃质的质量分数,对

固体燃料可用式（4.23）表示，即

$$B_L = \frac{w_{ar}^c(FC) + w_{ar}(V)}{w_{ar}(C) + w_{ar}(V)} \tag{4.23}$$

$$w_{ar}^c(FC) = w_{ar}(FC) - w_{ar}(A) \times C \tag{4.24}$$

$$C = \frac{a_{ba} \times w_{ba}(C)}{1 - w_{ba}(C)} + \frac{a_{fa} \times w_{fa}(C)}{1 - w_{fa}(C)} + \frac{a_{ec} \times w_{ec}(C)}{1 - w_{ec}(C)} \tag{4.25}$$

式中：$w_{ar}(A)$、$w_{ar}(C)$、$w_{ar}(V)$ 为燃煤收到基灰分、固定碳和挥发分的质量分数；$w_{ar}^c(FC)$ 为燃煤收到基实际燃烧掉的固定碳的质量分数；C 为锅炉灰渣中平均含碳量与燃煤灰量之比；a_{ba}、a_{fa}、a_{ec} 为炉底大渣、飞灰和省煤器灰斗中的灰量占燃煤总灰量的质量分数（即灰比）；$w_{ba}(C)$、$w_{fa}(C)$、$w_{ec}(C)$ 为炉底大渣、飞灰和省煤器灰斗中灰渣所含碳的质量分数（即灰渣含碳量）。

通常我们也可以用灰渣的含碳量表示燃料在锅炉内的燃尽程度，但它却不能很好地反映不同煤种间燃尽程度的差别。例如对两种灰分含量不同的煤，虽然它们的灰渣含碳量可能相同，但是并不能认为两种煤的燃尽程度相同，因为对于灰分含量高的煤，其燃尽程度差，而灰分含量低的煤，其燃尽程度就好。所以，用燃尽率 B_L 表示燃料在锅炉内的燃尽程度是恰当的，B_L 是表征锅炉性能的一个指标。

②锅炉燃料燃烧热效率是表征燃料热量在炉内释放份额的一个锅炉性能指标。燃烧效率可由式（4.26）计算

$$\eta_r = (100\% - (q_3 + q_4))\% \tag{4.26}$$

式中：q_3 为化学不完全燃烧热损失，%；q_4 为机械不完全燃烧热损失，%。

燃烧并不是单纯的化学反应，它是包括"三传一反"的复杂物理化学过程。为了完全燃烧，需要在物质平衡和动力学两方面满足燃烧反应完全的要求，即满足如下条件。

（1）供应充足而又适量的空气

这是燃料完全燃烧的物质保证，是必要条件。需要指出的是，最佳的炉膛出口过量空气系数 α_1'' 值不单是为了保证高的燃烧效率，而是使 $(q_2 + q_3 + q_4)$ 之和为最小值时的 α_1''，这个 α_1'' 值要通过燃烧调整试验来取得。

（2）适当高的炉内温度

炉温高，着火快，燃烧速度快，燃烧也易趋于完全。但过分地提高炉温也是不可取的，因为过高的炉温会引起炉内结渣、管内工质的膜态沸腾等，同时也因为燃烧反应是一种可逆反应，过高的炉温一方面会使正反应速度加快，同时也会使逆反应（还原反应）速度加快。逆反应速度的加快意味着有较多燃烧产物又还原成为燃烧反应物，这等同于不完全燃烧。试验证明，锅炉的炉温在 1000~2000 ℃内比较适宜。在这个温度范围内，若保证炉内不结渣，炉温可以尽量高一些。

（3）空气和煤粉的良好扰动和混合

煤粉的燃烧反应速度主要取决于煤粉的化学反应速度和氧气扩散到煤粉表面的扩散速度。因而，必须使煤粉和空气充分扰动混合，将空气及时输送到煤粉的燃烧表面。这就要求燃烧器的结构特性优良，一、二次风配合良好，并有良好的炉内空气动力场。煤粉和空气不但要在着火、燃烧阶段充分混合，在燃尽阶段也要加强扰动混合。因为在燃尽阶段中，可燃质和氧的数量已经很少，而且煤粉表面可能被一层灰分包裹着，妨碍空气与煤粉可燃质的接触，此时加强扰动混合，可破坏煤粉表面的灰层，增加煤粉和空气的接触机会，有利于燃烧完全。

（4）足够的停留时间

煤粉燃尽需要一定的时间。煤粉在炉内的停留时间是指从煤粉自燃烧器出口一直到炉膛出口这段行程所经历的时间。煤粉在炉内的停留时间主要取决于炉膛容积、炉膛截面积、炉膛高度及烟气在炉内的流动速度，这都与炉膛容积热负荷和炉膛截面热负荷有关，即要在锅炉设计中选择合适的数据，而在锅炉运行时轻易不可超负荷运行。

4.1.6　燃烧质量的评价

评价燃烧质量的要素是燃烧稳定性、防结渣性和经济性。稳定性和防结渣性合称为燃烧可靠性，锅炉燃烧首先要保证可靠性。

锅炉运行时炉膛不应发生压力波动、熄火、爆燃等现象，并要保证满负荷、低负荷及快速变负荷时的燃烧稳定性。煤粉锅炉无油助燃的低负荷极限在一定程度上可作为判断燃烧稳定性的指标，目前燃用优质烟煤的老型煤粉锅炉其无油助燃负荷可达额定负荷的 $50\% \sim 60\%$；而新型大容量锅炉可达额定负荷的 $25\% \sim 30\%$，甚至更低。

锅炉运行时要防止在炉膛及屏式过热器区受热面上产生严重的结渣、沾污等现象。燃料特性以及燃烧设备结构性能和运行方式等对防止结渣都有影响。安全可靠的吹灰手段和除渣能力是减轻结渣危害的有力措施。

经济性用锅炉运行时的燃烧效率以及锅炉效率来表征。在考虑上述经济性的同时要考虑发电成本和厂用电率，以便综合经济分析。整个电厂的经济性则用发电煤耗率和供电煤耗率来衡量。

4.1.7　燃烧的方式

燃烧方式有两种含义。其一是指燃烧火焰的组织方式，即火焰的类型；其二是指燃料与氧气（空气）的相对运动方式。

1. 火焰的类型

按反应物所处的形态是否相同，可将燃烧分为均相燃烧与非均相燃烧。通常气体燃料的燃烧是均相燃烧，液体燃料与固体燃料的燃烧属非均相燃烧。

均相燃烧可概括为两个基本过程：燃料与氧化剂分子进行质量交换的扩散过程及混合物发生反应的过程。前者是物理过程，后者是化学过程。

在实际燃烧的高温条件下化学反应速度是很快的。如果分别供给燃料与空气并使之在进入炉内后混合与燃烧，则无论怎样强化混合过程，扩散时间仍比化学反应时间长得多，所以此时的燃烧属扩散燃烧。如果预先将燃气同全部助燃空气均匀混合，然后送入炉内燃烧，因扩散时间为零，则不论化学反应进行得如何快，它也是决定燃烧时间的主要因素，所以此时的燃烧为动力燃烧。动力燃烧并非只在预混情况下才能获得。燃料在空气中缓慢氧化时，反应时间就比扩散时间长，此时的燃烧应为动力燃烧。但在实际燃烧的高温条件下，动力燃烧需要预先将燃料气与全部助燃空气混合才能达到，这样的动力燃烧习惯上称为预混燃烧。

工业中的实际燃烧是在气体流动的情况下进行的，燃烧的气流即为火焰。根据气流状态，火焰有层流火焰与湍流火焰之分。作为第二级特征的流动状态不会改变燃烧类型，因此扩散燃烧和预混燃烧都可分别出现两种火焰，于是共有四种火焰形式：预混层流火焰、预混湍流火焰、层流扩散火焰和湍流扩散火焰。

非均相燃烧可视作在均相燃烧基础上有更多物理、化学变化的燃烧现象,情况更复杂。但在类型特征上它们属扩散燃烧,并且主要为湍流扩散燃烧。

2. 燃料与空气的相对运动方式

在一下部带有筛板的柱管内装填一定量的固体颗粒床料(颗粒的筛分不宜太宽),筛板上布置有均匀的小孔,既能使气体通过,又能在床层静止或流体速度较小时不使颗粒落下,筛板下是一个风室,空气由风室通过筛板小孔进入装有床料的柱管内。不断增大通过固体颗粒床层的气流速度,由固体颗粒和气流所形成的气固两相流动可呈现固定床、流动床、鼓泡床、湍流床、快速床和喷流床等几个状态,如图 4.3 所示。

当空气流速不大时,空气穿过床料颗粒间隙由上部流出,床料高度不发生明显的变化,这种状态称为固定床(见图 4.3(a))。火床燃烧就是指这种状态下的燃烧。

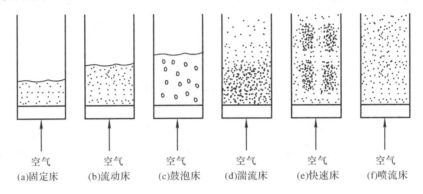

图 4.3　料层的几种状态

当空气流速继续增大,床料开始膨胀,料层高度发生变化。气体对固体颗粒产生的作用力与固体颗粒所受的其他外力相平衡,固体颗粒呈现出类似流体的性质。这种当流体以一定的速度向上流过固体颗粒层时,固体颗粒层呈现出类似于流体状态的现象称为流态化现象。如果这时床料内未产生大量的气泡,扰动并不强烈,把这种流化状态称为流动床(见图 4.3(b))。

当空气流速再继续增加,床料内将产生大量气泡,气泡不断上移,小气泡聚集成较大气泡穿过料层并破裂,由于这时的床料中有大量的气泡产生,故该流化状态被称为鼓泡床(见图 4.3(c));这时气(空气)-固(床料)两相有比较强烈的混合,与水被加热沸腾时上下翻滚的情况相似,因此也被称为"沸腾床"。鼓泡床的床料膨胀增加很大,但料层还可看到比较清晰的界面。床内呈鼓泡床流化状态燃烧的锅炉就称为鼓泡床锅炉或者沸腾炉。鼓泡床锅炉如果一次风调整不当,风量过小或床料发生变化也会出现流动床的状态。鼓泡床的流化速度(空截面速度)为 $1\sim3$ m/s。

在鼓泡床的基础上再继续增大空气流速,将依次出现以下三种状态。

①床料内气泡消去,气-固混合更加剧烈,看不清料层界面,但床内仍存在一个密相区和稀相区,下部密相区的床料浓度比上部稀相区的浓度大得多。这时的流化状态称为湍流床(见图 4.3(d)),湍流床的流化速度为 $4\sim5$ m/s。

②随着流化速度的增大,气流携带颗粒量急剧增加,必须连续加料或者采用循环物料的办法持续补充床料才能维持床内的颗粒量。这时床料上下浓度更趋于一致,但细小的床料颗粒将聚成一个个小颗粒团上移,在上移过程中有时小颗粒团聚集成较大粒团,较大粒团一般沿流

动方向呈条状(见图 4.3(e)),这时的流化状态称为快速床。快速床在宽筛分床料时($d=0\sim$ 15 mm),床内床料浓度也并非均匀。由快速床形成的快速循环流化床(CFB)锅炉炉膛内,一般下部物料浓度仍大于上部,而且床内中间的浓度小于四壁附近的物料浓度。快速床的流化速度为 $6\sim10$ m/s。

③当空气速度再增加时,床料将均匀地、快速地全部喷出床外(见图 4.3(f)),这时的流化状态称为喷流床,也称为气力输送。如果在这种状态下燃烧,就称为悬浮燃烧(火室燃烧),例如煤粉炉中煤粉的燃烧。液体燃料和气体燃料只能采用悬浮燃烧方式。

不论是流动床,还是鼓泡床、湍流床、快速床,都可称为流化床。流化床内的固体颗粒具有许多类似流体的性质。形成各流化状态的流化速度与床料颗粒大小、密度以及黏性等许多因素有关。

按照强旋风的原理组织炉内燃烧的方式,称为旋风(或旋涡)燃烧。旋风燃烧组织中,燃烧所需的大部分空气以极高的速度(可高达 100 m/s 以上)沿旋风筒体(即旋风燃烧室)的切线方向喷入,带动燃料颗粒在整个燃烧空间内旋转燃烧。由于气流具有很强的扰动能力,旋风燃烧方式使燃料的燃烧过程具有比一般室燃方式和流化床燃烧方式更高的燃烧强度。采用这种方式燃烧的设备又称旋风炉,常采用液态排渣。

综上所述,锅炉的燃烧常分为火床燃烧、火室燃烧、流化床燃烧和旋风燃烧四种基本方式。

4.2　层燃燃烧方式及其设备

4.2.1　层燃炉的工作特性

1. 层燃炉的燃烧过程

层状燃烧是指燃料主要在炉排(或炉箅子,又称火床)上完成燃烧全过程的一种燃烧方式,简称层燃,有时也叫作"火床"燃烧。层燃是基于固定床状态的燃烧,只能燃用固体燃料。层燃炉的特点是有一个金属栅格——炉排,燃料在炉排上形成一定厚度的燃料层。这是人类最早采用的一种燃烧方式,经过长期的发展完善,至今仍在中小型燃固体燃料的工业锅炉上广泛使用。

层燃炉中煤的燃烧过程也划分为预热干燥阶段、挥发分析出并着火阶段、燃烧阶段和燃尽阶段。添加在正在燃烧的火床上的新鲜燃料受到炉膛高温及已燃高温煤层的加热而点燃。燃烧所需要的空气从火床下部的风室通过炉排上的通风孔穿入煤层供给燃烧用。煤层燃烧所生成的燃烧产物(又称烟气)穿过煤层进入炉膛空间。此时包含在高温烟气中的部分未燃尽的可燃气体成分和碳粒在炉膛空间与空气湍流混合进一步燃烧。总之,火床燃烧一般包含两个部分,即绝大部分燃料是在炉排上燃烧,少部分从燃料层中释放出的未燃尽可燃气体及被烟气从燃料层中吹出的细小煤屑等在炉膛空间中进行燃烧。

层燃炉工作过程中,一般要进行如下三项主要操作:加煤、除渣和拨火。所谓拨火就是拨动火床,其目的在于平整和松碎燃料层,使火床的通风均衡、流畅,并能除去燃料颗粒外部包裹的灰层,从而使燃料迅速而完全地燃烧。

按照燃料层相对于炉排的运动方式的不同,层燃炉可分为三类:①燃料层不移动的固定火床炉,如手烧炉和抛煤机炉;②燃料层沿炉排面移动的炉子,如倾斜推饲炉和振动炉排炉;③燃料层随炉排面一起移动的炉子,如链条炉和抛煤机链条炉。

2. 层燃炉的热负荷

表征层燃炉工作热强度的指标有炉排面可见热负荷和炉膛容积可见热负荷。

(1)炉排面可见热负荷

火床炉中绝大部分燃料是在炉排上燃烧的,也就是说炉排面积是保证火床燃烧的根本条件。炉排面可见热负荷 q_{lp} 被用来表示燃烧的强烈程度,它是指炉排单位面积在单位时间内燃烧燃料所放出的热量,单位为 kW/m^2。

$$q_{lp} = \frac{BQ_{ar,net}}{A_{lp}} \qquad (4.27)$$

式中:B 为单位时间内进入炉子的燃料量;A_{lp} 为炉排有效面积;$Q_{ar,net}$ 为燃料的收到基低位发热量。

对于某一种炉子型式,燃烧某一种燃料,炉排面可见热负荷有一合理的限值。在设计锅炉时,选取过高的炉排面热负荷,追求过小的炉排面积,意味着炉排上单位时间放出的热量越多,燃料层越厚,会造成炉排片工作条件恶化、燃料层通风阻力增加,还会使空气流经燃料的速度过高,火床面上容易出现“火口”(即燃料层被空气吹穿),造成空气供应不均匀和燃烧工况不稳定的后果,并使燃料的燃烧时间过短,导致飞走的未燃煤量增大,进而引起燃烧的不完全。

(2)炉膛容积可见热负荷

虽然火床炉中的绝大部分燃料是在火床上燃烧的,但仍有一部分可燃物是在炉膛容积中燃烧掉的。因此与炉排面热负荷相对应,还有一个炉膛容积可见热负荷 q_V,是在单位炉膛容积单位时间内燃料燃烧的放热量,单位为 kW/m^3。

$$q_V = \frac{BQ_{ar,net}}{V_1} \qquad (4.28)$$

式中:V_1 为炉膛容积。

过分提高炉膛容积热负荷,同样也会急剧增大不完全燃烧热损失,因而也应有一个合理的限值。但是在火床炉中,对于层燃炉来说,炉膛容积热负荷并不十分重要。因为燃料的热量主要在炉排面上放出,从燃烧的角度看,炉膛容积的大小并不是影响燃烧效率的主要因素。层燃炉的炉膛容积热负荷的限值范围是比较宽的,在更大程度上决定于炉膛结构。例如,具有燃尽室的锅炉,其燃烧室的容积热负荷就可以较高;而对于小型的火管锅炉来说,由于其炉膛容积的利用率较高,q_V 值可取得大些。各种型式火床炉的实际 q_V 值相差很大(例如水管锅炉和火管锅炉这二者的 q_V 值可相差达 4 倍之多)。因此,炉膛容积在一定程度上由炉膛的结构和受热面的布置来确定。一般说来,推荐的 q_V 值主要作为炉膛设计参考,而且主要是对水管锅炉而言的。

层燃炉的热负荷都冠以“可见”二字。这是因为在层燃炉中要分别测出燃料在火床上和炉膛容积中的燃烧放热量是非常困难的,所以在炉排面和容积热负荷中,都是有条件地把燃料燃烧的全部热量作为比较基础,而用“可见”二字来强调区别。在实际使用过程中,“可见”二字可以省略。

3. 炉排片的工作特性

炉排是火床炉最主要的工作部件。为了保证炉排能有效而可靠地工作,组成炉排的炉排片必须满足通风和冷却的要求。

表征炉排片工作特性的指标主要有炉排通风截面比和炉排片冷却度。

(1)炉排通风截面比 f_{tf}

这是炉排的一个重要的工作特性指标。它等于炉排面上通风孔(或缝)的总面积与整个炉排面积的比值,即

$$f_{tf} = \frac{\text{炉排面上各通风孔(缝)截面积之和}}{\text{炉排的总面积}} \times 100\% \qquad (4.29)$$

炉排的通风截面比,对空气在煤层中的流动及分布、煤层中的温度沿高度方向的分布、炉排的通风阻力以及炉排片的寿命均有影响。通风截面比减小亦即风速增加,通风的均匀性提高,但炉排的通风阻力增大,另外,由于空气在煤层中的横向扩散减慢,使煤层中的最高温度面远离炉排面,改善了炉排片的工作条件并延长了它的使用寿命(见图 4.4)。减小通风缝(孔)的数量和尺寸,能减少炉排的漏煤面积,还能提高空气射流的进口速度而使煤粒不易漏落。但是,减小炉排通风截面会增大炉排的通风阻力,增大了送风能耗。这对于自然通风的炉子是难以实现的。所以,炉排通风截面比是一个影响大、涉及因素多,而且颇为敏感的炉排特性指标。它必须根据所用煤种、炉排型式、通风方式等情况来加以选择。例如,在燃用低挥发分的煤种(如无烟煤)时,由于这类煤主要在火床中放出热量,火床温度高,炉排片处于不利的工作条件,因此选用较小的炉排通风截面比十分必要。对于依靠自然通风的炉子,为了减小火床通风阻力,不得不将炉排通风截面比增加到 $20\% \sim 25\%$。此时由于燃料层阻力比炉排阻力大得多,火床中容易出现"火口"和风量分配不均匀。这就需要提高加煤和拨火的操作质量。在现代机械送风的火床炉中,炉排的通风截面比选得较小,$f_{tf} < 10\%$,因而大大地提高了风量分配的均匀性。目前,即使燃用高挥发分燃料,也采用通风截面比较小的炉排。这样有利于调节燃烧,保持较低的过量空气系数,漏煤损失也较小。

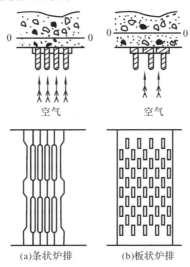

(a)条状炉排　　　　(b)板状炉排

图 4.4　炉排面上空气流的扩散

(2)炉排片冷却度

冷却度是炉排片工作可靠性的指标。炉排片是一种高温工作部件,它的工作条件很差。尽管炉排片和正在燃烧的燃料间一般都有一层灰渣,形成所谓"灰渣垫",可以遮蔽来自燃烧层的一部分热量,但炉排面的工作温度仍较高,可达 $600 \sim 700 \, ℃$。特别是在燃用非黏结性煤或

燃用灰分过少的煤(w_{ar}(A)<10%)时,不易形成"灰渣垫",此时炉排面的温度更高,可能高达850～950 ℃。实际工作中,炉排片主要依靠通过炉排片缝隙间的空气流来进行冷却。所以,应该保证炉排片具有一定的高度,以使其有足够的侧面积被空气冲刷冷却。空气冷却炉排片的程度用冷却度 ω 来表示。冷却度 ω 是被空气冲刷的炉排片侧面积与同燃料层接触的炉排片表面积之比,即

$$\omega = \frac{2 \times 炉排片高度}{炉排片宽度} \tag{4.30}$$

由于炉排片侧面积的冷却效果随其高度的增加而降低,因此炉排片冷却度 ω 是一个比较粗略的指标。对于不同的炉排型式,其炉排片所处的冷却环境不同,因而所需要的炉排片冷却度也有所不同。

4.2.2　固定炉排炉

1. 手烧炉

手烧炉是人工操作的固定炉排层燃炉,也是一种最原始的层燃炉,因其加煤、拨火及清渣均靠人工完成而得名。其构造简单,将固定炉排砌筑后,在其四周砌上炉墙,在炉排上部的炉墙上有炉门,煤从炉门由人工加至炉排上,炉排下部由炉墙围成灰坑,在炉墙上有灰门,由人工从炉排下清灰,细碎灰渣落至灰坑,由灰门扒出,大块渣由炉门勾出,如图 4.5 所示。

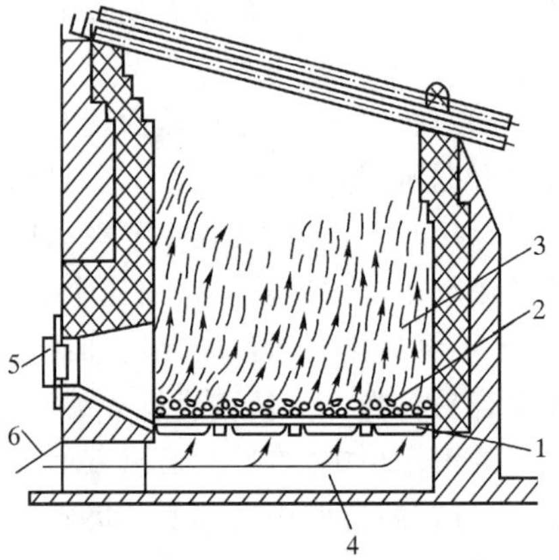

手烧炉中,加煤、拨火、除灰都由人工操作,劳动强度大,燃烧效率低,还有周期性冒黑烟的缺点。但其结构简单、操作方便、煤种的适应性较好。

(1)手烧炉的炉条

手烧炉的炉排由很多炉条组成。燃烧所需的空

1—炉排;2—燃烧层;3—炉室;
4—落灰室;5—炉门;6—灰门。

图 4.5　手烧炉

气,由灰门进入,穿过炉排进入炉排上的燃烧层。炉条有条状炉条及板状炉条两种,如图 4.4所示。图 4.4(a)为由条状炉条拼成的炉排,两炉条间的缝隙形成通风截面。板状炉条在每块炉条上有很多孔组成通风截面。两种炉排的主要区别在通风截面比不同。条状炉排的通风截面比比较大,约为 20%～40%,空气在燃烧层中扩散较快,空气汇合面 0—0 距炉排面较近,即燃烧层中燃烧最强烈的区域距炉排面较近。板状炉排的通风截面比比较小,约为 8%～20%,空气送入相对集中,在燃烧层中扩散较慢,燃烧层中的高温区距炉排面较远。

煤加入炉内后,其中的挥发分先逸出在炉室空间中燃烧,而固定碳则留在炉排上的燃烧层中燃烧。燃用挥发分少而固定碳较多的无烟煤或贫煤时,在燃烧层中燃烧的固定碳较多,燃烧层中的温度也较高,若采用条状炉排,最高温度区距炉排近,易烧坏炉排,故宜采用板状炉排。燃用挥发分高的煤时,则宜采用条状炉排。

(2)手烧炉的燃烧层结构及气体成分

手烧炉是一种典型的上饲式炉子,通过人工间断地把新煤加在灼热的焦炭层之上,灼热焦炭层之下为灰层,燃烧层的结构如图4.6所示。图4.6也示出了燃烧层中温度(t)及各种气体成分的变化。空气从炉排下送入,先经灰渣区,空气中的氧量基本不变。然后流过灼烧的焦炭

层,焦炭燃烧消耗氧气,空气中的氧逐渐减少,而二氧化碳逐渐增多,形成氧化区,与此同时还放出大量热,使燃料层温度急剧上升。继而氧气不足,氧缓慢减少,而一部分二氧化碳还原成一氧化碳,形成还原区。由于还原反应与水蒸气的分解均为吸热反应,因而燃料温度也随之下降。最后经过新煤的干燥干馏区。

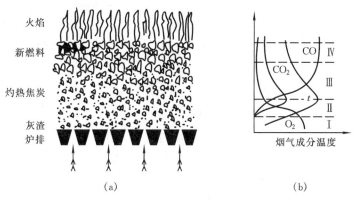

（a）　　　　　　　　　　（b）

Ⅰ—灰渣区；Ⅱ—氧化区；Ⅲ—还原区；Ⅳ—干燥干馏区。

图 4.6　手烧炉燃烧层结构与层间气体成分示意图

煤加入锅炉受热后水分先蒸发,继而挥发分析出。挥发分都是碳氢化合物,它挥发后形成何种物质,取决于其挥发时所处的氧化还原氛围。在富氧情况下挥发时,碳氢化合物有氧存在时就成为羟基化合物,羟基化合物与氧又生成醛。一部分醛直接燃烧生成 H_2O 及 CO_2;另一部分分解成 H_2 及 CO,然后燃烧,而 H_2 及 CO 易燃烧。挥发分在缺氧情况下挥发时,由于缺氧,不可能形成羟基化合物,而进行热分解形成 H_2 及炭黑(C)。H_2 易燃烧生成 H_2O;而炭黑是直径 $0.5\sim1~\mu m$ 的固体碳粒,很难燃烧,且由于很细,一般旋风式等除尘器难以捕捉,因而随烟气排出而形成黑烟。

从图 4.6 可以看出,手烧炉煤中的挥发分在干燥干馏区挥发,是在严重缺氧的条件下挥发的,必然产生炭黑而冒黑烟。不论是任何种类的机械化层燃炉或室燃炉,只要挥发分是在缺氧情况下挥发都会冒黑烟。

（3）手烧炉的燃烧过程

手烧炉是先打开炉门,人工向炉内投煤,使新加入的煤平铺地撒在灼烧的焦炭层上,这段时间,整个炉排面上的新煤都处于着火前的准备阶段,进行干燥和干馏。新煤受热有两个热源:一是新煤下部灼热的焦炭层;一是新煤表面受火焰及炉墙的辐射热。新煤层是双面受热,温度上升快,着火条件很好,通常把手烧炉的这种着火方式称为"双面点火"或"无限制着火"。这就使得在链条炉等机械化层燃炉中较难着火燃烧的无烟煤或贫煤,在手烧炉中也能顺利地着火燃烧。

经过一定时间后,炉排面上的新煤层开始着火,而进入着火燃烧阶段。手烧炉是周期性的间歇加煤,两次加煤间的时间称为一个燃烧周期,通常为 $3\sim5$ min 加一次煤。手烧炉的着火燃烧阶段,空气的供需极不平衡而造成燃烧情况恶化,致使热效率很低。

加煤时开启炉门,大量冷空气涌入炉内,不仅使炉温降低,而且破坏炉内负压,炉排下的空气难以穿过燃料层,使燃烧情况恶化。炉门关闭后,开始由于煤层厚,阻力大而进风减少。随着燃烧的进行,煤层逐渐变薄,进风也就逐渐增多,供给的空气量如图4.7的 *ab* 线所示。但整个燃烧周期,先是大量挥发分挥发燃烧,需要大量空气;继而焦炭燃烧,需要的空气量逐渐减少。在燃烧周期内的每一时刻所需的理想空气量,以曲线 ef 表示。与表示供入的空气中实际有效参与燃烧的量(有效空气量)cd 线相对照,就可清晰地看出空气供需之间的矛盾。只有两条曲线的交点才是既没有不完全燃烧现象,同时又使过量空气达到最小的最佳工作点。图中 jk 线为焦炭燃烧所需空气量的变化曲线。

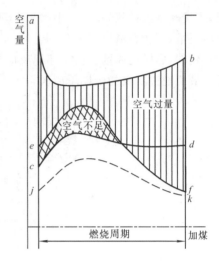

图 4.7 手烧炉空气供需情况

手烧炉燃烧周期的前半周期需要空气多,而有效空气量供给不足,造成不完全燃烧;后半周期有效空气供给过剩,排烟的热损失增大。手烧炉的燃烧层结构,本来就易于产生炭黑而冒黑烟,而燃烧阶段刚开始不久,有效空气供给又不足,则更易冒黑烟。因此,手烧炉在着火燃烧刚开始时冒黑烟的现象最为严重。

手烧炉并不是每次加煤都除灰,而是较长时间,经过很多次加煤后才除一次灰。也就是说,在燃烧阶段,煤在炉内停留的时间较长。

可以看出,手烧炉中燃烧过程的三个阶段是按时间划分的;燃料是双面引火,着火条件好,煤在炉内停留的时间较长,因而对煤种的适应性好;燃烧的前半周期需要空气量多,而有效空气供给不足形成不完全燃烧,后半周期空气又大量过剩,因此热效率很低;挥发分的挥发在缺氧的情况下进行,因而冒黑烟。特别是加煤以后燃烧周期开始时有效空气供给不足,更易大量冒黑烟。

(4)手烧炉改进燃烧的措施

①改进操作,加煤做到"少、勤、匀、快"。少就是每次加煤要少加;勤就是勤加,缩短燃烧周期;匀就是煤要在炉排上加得均匀;快就是加煤要快,使炉门开启的时间短。

②将固定炉排改成摇动炉排。在炉外有手柄,手柄连接在拉杆上,每块炉排都有短杆与拉杆相连。除灰时只要摇动手柄,经拉杆的摆动,带动炉排片向左、右各有 30% 的转动,使灰渣落至灰坑。需要拨火时,也可将手柄轻轻摇动几下,使燃烧层松动。这样就可以减轻除灰和拨火的劳动强度,也有利于提高热效率。

③改变燃烧层结构,使挥发分在富氧情况下挥发,而消除冒黑烟的情况。图 4.8 所示的双层炉排炉就是采用的这种方法。双层炉排设有上、下两层炉排和上、中、下三个炉门。上炉排通常用直径为 $51\sim76$ mm 的水管管排组成,称为水冷炉排。炉排管间净距一般为 $20\sim30$ mm,形成 $35\%\sim45\%$ 的通风截面比。水冷炉排倾斜布置,向炉门侧下倾 $8°\sim12°$,水管两

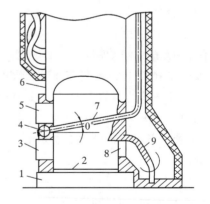

1—下炉门(灰门);2—下炉排;3—中炉门;
4—水冷炉排下集箱;5—上炉门;6—汽锅;
7—水冷炉排;8—炉膛出口;9—烟气导向板。

图 4.8 双层炉排手烧炉结构示意图

端与锅炉的水空间连通,并形成单独的水循环回路。下炉排为一般的铸铁固定炉排。煤由上炉门间歇地加在上炉排上,燃烧层厚度保持在 150～200 mm。一些燃烧着的煤粒和尚未燃尽的焦炭颗粒,借自重或捅拨作用落至下炉排上继续燃烧。上炉门一直开启,所需空气主要从上炉门送入,穿过燃烧层,火焰和高温烟气也向下流动。下炉门为灰门,运行时微开,下炉排上焦炭燃烧所需的空气由下炉门进入。上炉排向下流的烟气,与下炉排向上流的烟气,在上、下炉排之间的炉膛汇集,由炉膛出口进入对流受热面的烟道。中炉门用于点火及清炉,运行时常闭。

　　双层炉排燃烧层的结构如图 4.9 所示。煤中挥发分是在上炉排挥发,挥发时由于从上炉门进入的空气尚未进入氧化区,挥发在富氧情况下进行,这就从根本上避免了黑烟的形成。

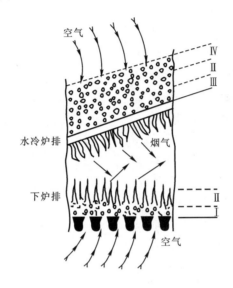

Ⅰ—灰渣区;Ⅱ—氧化区;Ⅲ—还原区;Ⅳ—干燥干馏区。

图 4.9　双层炉排燃烧层结构示意图

2. 抛煤机固定炉排炉

抛煤机固定炉排炉本质上是指抛煤机和固定火床的一种组合。

(1)抛煤机的分类

抛煤机是一种给煤机械,按其抛撒燃料的方式可分为机械抛煤机、风力抛煤机及风力机械抛煤机等三种型式。各种抛煤机的工作原理如图 4.10 所示。

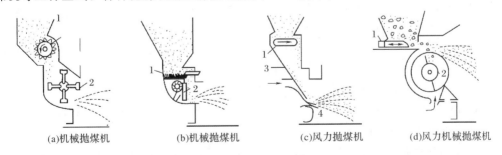

1—给煤装置;2—击煤装置;3—倾斜板;4—风力播煤装置。

图 4.10　抛煤机工作原理图

　　机械抛煤机用旋转的叶片或摆动的刮板来抛撒燃料,其所抛成的煤层中,粗粒落于远处,细粒落于近处,有些细粒煤甚至就落在抛煤机出口之下,堆成小丘。风力抛煤机用气流来吹播燃料,其所播煤层的颗粒分布是近粗远细,与机械抛煤机相反。而风力机械抛煤机同时采用风力和机械联合播煤,因此燃料在火床上的颗粒度分布较为均匀,得到了广泛应用。下面主要介绍风力机械抛煤机的结构及其调整。

　　(2)风力机械抛煤机的结构和工作过程

　　风力机械抛煤机如图4.11所示,主要由抛煤机构和给煤机构所组成。

　　抛煤机构主要完成机械和风力联合抛煤的工作。机械抛煤工作是由叶片式转子完成的。转子被置于圆柱形槽中,槽外有冷却风道,以免抛煤机构过热。冷却风由喷口喷入炉内,也起了一些风力抛煤的作用。主要的风力抛煤工作是由播煤风槽的喷口和侧风管喷出的气流来完成的。播煤风均来自炉排一次风的总风管,约占总风量的13%～25%。

　　当给煤机构的推煤活塞在调节板上往复移动时,从煤斗下来的煤即被推给转子,然后被转子的叶片抛出,从而达到了给煤的目的。推煤活塞移动的动力来自转子轴,其间通过减速齿轮系统、曲柄连杆机构到达摇臂,摇臂和推煤活塞之间利用传动销联结在一起。而转子的驱动则由电动机通过减速皮带来实

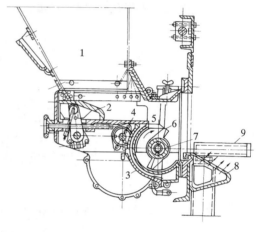

1—煤斗;2—推煤活塞;3—冷却风道;4—调节板;
5—冷却风喷口;6—叶片;7—叶片式抛煤转子;
8—播煤风槽;9—侧风管。

图4.11　风力机械抛煤机

现。此外,电动机可沿滑轨上下滑动,可以改变两皮带轮的直径比而调节转子轴的转速。

　　抛煤机的调节通常包括给煤量的调节和煤的抛程调节。给煤量的调节主要通过改变推煤活塞的往复频率和冲程来实现。提高活塞的往复频率还可以改善给煤的连续性,使燃烧的脉动和炉膛负压的波动现象减轻。但频率过高又会使运动机件易于磨损,发生松动,以致互相撞击而影响运行的可靠性,加大冲程则还有利于消除燃用湿煤时的堵塞现象。此外,推煤活塞右上方有一块可转动的挡板,当改变其固定角度时也可用以控制下煤量,并能防止燃用干煤时产生煤的"自流"现象。

　　风力机械抛煤机所抛成的煤层,其煤粒分布情况要比机械抛煤机或气力抛煤机均匀。但炉排后部大颗粒仍较多,反映出这种抛煤机实际上是以机械抛煤为主,风力播煤为辅。为了保证煤层均匀,获得良好的燃烧效果,对燃料颗粒尺寸有一定要求,一般希望最大煤块不超过40 mm,小于6 mm的不超过60%,小于3 mm的不超过30%。

　　抛到炉排上的煤层煤粒分布特性取决于粗细不同的煤粒的抛程。实践证明,抛煤机对燃煤颗粒粒度的变化是敏感的。运行中,每当燃煤的性质和颗粒特性改变时,就需要调整,以保证煤层厚度和颗粒分布的均匀。

　　改变转子的转速或改变调节板的位置可以改变煤粒的抛程。提高转子的转速可以加大所有煤粒的抛程。但是转速过大则叶片可能不易打着煤块,因此转速有一个合理的调节范围。改变调节板的位置可以改变叶片、击煤的角度,从而改变煤粒的抛程。如图4.12所

示,当调节板推向前时,叶片击煤的仰角减小,抛程也就缩短。反之,当调节板拉向后时,抛程就增大。

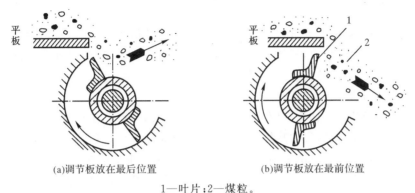

(a)调节板放在最后位置　　　　　(b)调节板放在最前位置

1—叶片;2—煤粒。

图 4.12　调节板作用原理

(3)抛煤机固定炉排炉的燃烧特点

抛煤机固定炉排炉的燃烧过程具有如下特点。

①燃料双面引燃,属于无限制着火,因此从无烟煤到褐煤都可以燃用,而且燃烧用的空气无需预热。燃料适应性较好,对水分较多、黏结性强、灰分熔点较低和着火较困难的燃料都适用。

②燃料在炉内实现层燃与悬浮状态的综合燃烧。大颗粒下落在炉排上作层燃燃烧,细粒煤末则被吹入炉膛空间中呈悬浮状态燃烧。由于这种悬浮燃烧占有较大的比例而给燃烧也带来一些明显的不利影响,例如,飞灰大量增多,并且稍大的飞灰颗粒会来不及燃尽就飞出炉膛,固体不完全燃烧损失增加,当燃用低挥发分燃料时,飞灰固体不完全燃烧损失就更大。另一个问题是冒黑烟,当燃用高挥发分燃料时,冒黑烟现象更加严重。为了减小固体不完全燃烧损失,可采用飞灰回收复燃装置。飞灰是从锅炉烟道的灰斗或初级除尘装置中回收来的,再用气力通过管路输送到炉膛中再燃。运行经验证明,采用飞灰回收复燃后能提高锅炉效率2%～4%,所以飞灰回收装置已成为抛煤机炉子的一个组成部分。但该装置的结构和布置存在缺陷,经常发生堵塞等事故。

③抛煤对燃料有分选作用。一部分细末已在炉膛空间悬浮燃尽,落在火床上是较粗的颗粒,因此炉排通风得到强化,而且燃料层厚度沿炉排长度分布又比较均匀,所以炉排面的利用较好,这些都会使炉排的面积热负荷提高,$q_{lp}=820～1300\ kW/m^2$。

④由于着火迅速,燃料在炉排上形成薄煤层燃烧,燃烧层厚度平均在 20～50 mm。由于火床较薄,因此炉膛的热惰性小。这样,一方面使得炉子调节灵敏,另一方面也能尽快地使燃料燃尽。同时,通风阻力也比较小(100～350 Pa)。正是由于煤层较薄,空气分布不易均匀,同时还由于采用风力播煤与飞灰复燃的二次风等,不得不使过量空气系数较高($\alpha''_l=1.4$)。

⑤煤层不易黏结。因新燃料在被抛出后的飞行过程中就已受热焦化,所以在落到炉排上相互接触时也不致黏结,同时还由于煤层薄,火床温度较低,煤层更不易结渣。因此可以燃用易结焦的和低灰分熔点的燃料。

4.2.3 移动炉排炉

1. 链条炉

链条炉是层燃锅炉的主要炉型，至今已有一百多年的历史。由于它从加煤到排除灰渣都实现了机械化，运行稳定可靠，燃烧效率较高，运行经验也比较丰富，目前在我国小型电厂，特别在工业锅炉中得到广泛应用。

（1）链条炉的结构和工作原理

图 4.13 所示为链条炉结构简图，链条炉排由主动链轮带动，由前向后运动。煤由煤斗落至空的炉排上，随着炉排的运动煤被带入炉中。煤层的厚度由煤闸门的位置高低来控制。煤与炉排的相对运动为零，炉排由前向后不断运动，煤也随之由炉前向炉后运动，经干燥干馏、着火燃烧，燃尽的灰渣经除渣板（俗称老鹰铁）落至渣斗。炉排运动过程的漏灰则从炉排下灰斗排出。5 为炉排下分段送风的风仓；7 为两侧炉墙上的看火孔及检查门。炉排两侧装有防焦箱，目的是保护炉排两侧炉墙不受高温燃烧的侵蚀，防止侧墙结焦和炉排两侧的漏风。通常用锅炉侧墙水冷壁下联箱作为防焦箱。

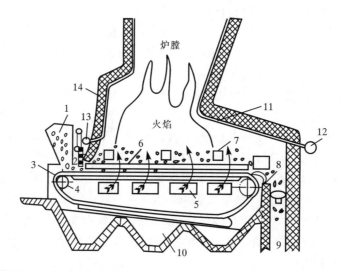

1—煤斗；2—煤闸门；3—炉排（包括前链轮及后滚筒）；4—主动链轮；5—分段送风仓；6—防焦箱；
7—看火孔及检查门；8—除渣板（老鹰铁）；9—渣斗；10—灰斗；11—后墙水冷壁管；
12—后墙水冷壁下集箱；13—前墙水冷壁下集箱；14—前墙水冷壁管。
图 4.13 链条炉结构简图

链条炉排是链条炉中最主要的燃烧设备。历史上曾经出现过各种各样型式的链条炉排。对链条炉排的共同要求是：结构简单，节省金属，漏煤少，通风阻力小，运行平稳可靠。

图 4.14 所示的是一种链带式链条炉排，它也俗称轻型炉排或小炉排，常用于 10 t/h 以下的小型工业锅炉。炉排是用圆钢将炉排片串在主动链环上。在小型锅炉整个炉排上的两边和中间各有一条主动链环，圆钢将这三条主动链环和其间的炉排片都串起来，形成一个有一定宽度的链带，链带围绕在前、后两根轴上，用前轴链轮传动。

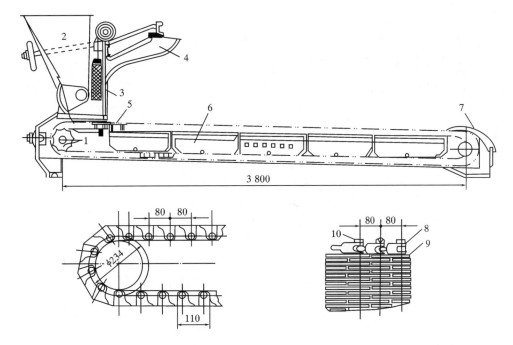

1—链轮;2—煤斗;3—煤闸门;4—前拱砖吊架;5—上炉排;6—布风板;7—老鹰铁;

8—主动链环;9—炉排片;10—圆钢。

图 4.14　链带式链条炉排(单位:mm)

　　链带式炉排结构简单,金属耗量少,安装制造比较方便。但由于它的链带既受力又受热,很容易发生故障。制造及安装要求高质量,否则易产生炉排跑偏、起拱、卡住或拉断等故障,更换炉排片比较困难。

　　鳞片式炉排是一种不漏煤炉排,其炉排结构如图 4.15 所示。10 t/h 以上锅炉常用鳞片式炉排。在炉排面下设有若干根链条,链条上装有炉排片中间夹板,两侧则为侧密封夹板,炉排片嵌插在两中间夹板或中间夹板与侧密封夹板之间。炉排片一片紧挨一片地前后交叠成鳞片状以减少漏煤。两片炉排片之间有一定的缝隙作为空气通道,其通风截面比与煤的发热量有关,如发热量为 23027 kJ/kg 左右的煤,推荐值为 7%~8%;发热量为 14653 kJ/kg 左右的煤,推荐值为 10%~12%。炉排宽度方向,由拉杆穿过节距套管,把各组链条和炉排串联起来,并保证链条平行及相隔一定距离。节距套管外套有铸铁滚筒,链条和炉排片通过铸铁滚筒支挂在炉排支架上,滚筒沿支架的支撑面滚动前进。每块炉排片的下部有一个凹窝,漏煤在凹窝中可以继续燃烧。若未能燃尽,在尾部清灰时灰渣与漏煤分别下落并不掺混,可收集漏煤回烧。在工作过程中,炉排片交叠形成炉排面;空行程时,炉排片依靠自重而一片片地自动翻转倒挂,因而清灰情况良好。鳞片式炉排受力的链条在炉排片的下部,距灼热的燃烧层较远,而且返程时翻转倒挂,其冷却性能良好。炉排由拉杆将各组串联形成软性结构,主动链轮的制造和安装要求可以低一些。因为若链轮齿形前后略有参差不齐时,链条可以自动调整。装卸和更换炉排片不必停炉,因而提高了运行的可靠性。但是,其钢铁耗量比链带式约高 30%,而且刚性较差,尤其是炉排宽度较大时,易发生炉排片脱落或卡住的故障。

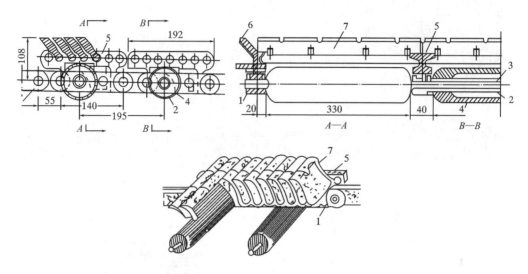

1—链条；2—节距套管；3—拉杆；4—铸铁滚筒；5—炉排片中间夹板(手枪板)；
6—侧密封夹板(边夹板)；7—炉排片。

图4.15　鳞片式炉排结构

(2)链条炉的燃烧过程

链条炉是典型的前饲燃料式炉子。炉排如同皮带运输机一样，自前向后缓慢移动。燃料从煤斗下来落在炉排上，随炉排一起前进。空气从炉排下方自下而上引入，与燃料的供给方向垂直相交。当燃料经过煤闸门时，被刮成一定的厚度，随后便进入炉膛。燃料在炉膛内受到辐射加热后进入燃烧阶段。首先是燃料被烘干并放出挥发分，继之着火燃烧和燃尽，灰渣则随炉排移动而被排出。以上各阶段是沿炉排长度相继进行的，但又是同时发生的，所以燃烧过程不随时间而变，不存在火床工作的热力周期性。图4.16为燃料层燃烧阶段的示意图。

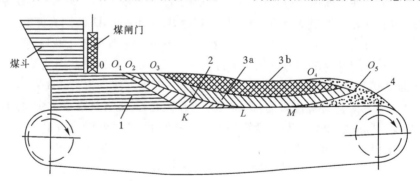

1—新燃料区；2—析出挥发分区；3—焦炭燃烧区(其中：3a—氧化区，3b—还原区)；4—燃尽区。
图4.16　链条炉排上煤层燃烧阶段的分布

燃料受到烘干，析出挥发分以至挥发分着火的阶段称之为热力准备阶段。在这个阶段中燃料层需要吸热。由于燃料是直接落在炉排面上的，燃料层下没有炽热焦炭层的加热，从炉排下面送来的空气，一般其预热温度不超过200 ℃，对燃料层的加热作用不大。因此，热量的供应主要依靠炉膛中火焰和高温砖墙的辐射热。此时，燃料的加热和点燃只能从燃料层表面开始,然后通过热传导逐渐向下传播。由于燃料层随炉排向后移动,所以燃料层中燃烧过程的各阶段的分界均呈倾斜面的形状。燃料层的导热性是相当差的,从上而下的燃烧传播速度约为 $0.2\sim0.5$ m/h,仅及炉排移动速度的十分之一,所以热力准备阶段在炉排上占据相当长的区段。图 4.16 中区域 1 表示新燃料的烘干和加热区域。过了 O_1K 以后,燃料放出挥发分,挥发分着火燃烧。由于对于一定的燃料,挥发分开始析出的温度基本上是一定的,所以开始析出挥发分的 O_1K 实际上就代表一个等温面。

从 O_2L 开始,燃料层进入焦炭燃烧区 3,也即主要燃烧阶段。这个区域的温度很高,燃烧相当猛烈。由于燃料层的厚度一般超过氧化区的高度(大致也是燃料颗粒直径的 $3\sim4$ 倍,或略超过此值),因此,沿燃料层高度上又划分成氧化区 3a 和还原区 3b。从炉排下面上来的空气中的氧气在氧化区中被迅速耗尽。燃烧产物中的 CO_2 和 H_2O 上升进入还原区后,立即与炽热的焦炭发生还原反应。

最后为燃尽阶段。此处,燃料层燃尽形成灰渣并随着炉排的移动而倾入渣斗。链条炉排的燃料层中,由于燃料是从上部引燃的,因此在燃料层上面先形成灰渣。同时由于空气从燃料层下面送入,故紧靠炉排面的燃料层也较早形成灰渣。因此,在炉排尾部未燃尽的焦炭层是夹在灰渣中间(见图 4.16 中第 4 区)的,这对于多灰分燃料的燃烧是不利的。

在链条炉中,由于燃料层是沿炉排长度分阶段燃烧的,因此从燃料中放出的气体,其成分也是沿炉排长度而变化的。图 4.17 表示了炉排上部烟气成分及燃烧各阶段所需要的空气量的变化曲线。在 O_1 点以前,燃料层正在受到加热烘干,因此通过燃料层的空气中氧气的浓度基本上保持不变,其容积浓度约为 21%。从 O_1 点以后,挥发分不断析出,并着火燃烧,随即焦炭也开始进入反应。因此炉排上部气体中 CO_2 成分不断增加,氧气成分相应减少,直到耗尽为零,与此相对应的是出现了第一个 CO_2 最高点。其后,随着主要燃烧阶段中还原区的出现和加厚,气体中 CO 和 H_2 成分不断增多,CO_2 成分逐渐减少,缺氧情况严重,以至连挥发分中的可燃气体成分 CH_4 等也无法燃尽。当 CO 和 H_2 成分达到最大值后,随着燃料层部分烧成灰渣,还原区厚度减薄,这两种成分又逐渐下降。当还原区消失时(此时燃料还在进行氧化反应),出现了第二个 CO_2 最高点。此后,灰渣不断增多,焦炭层厚度愈来愈薄,所需 O_2 量减少,因此燃料层上气体中 O_2 成分不断增高,最后有可能达到 21%。

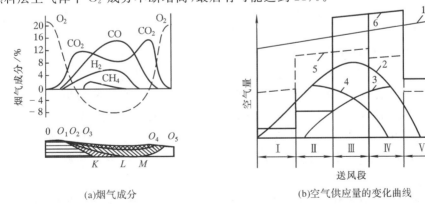

(a)烟气成分　　　　　　　　　　(b)空气供应量的变化曲线

1—无分段送风时空气供应量;2—燃烧所需空气量;3—焦炭燃烧所需空气量;4—挥发分燃烧所需空气量;
5—有分段送风时按需分配空气供应量;6—有分段送风时按推迟配风法分配的空气供应量。

图 4.17　链条炉中烟气成分及空气供应量的变化曲线

由此可见,在炉排的头、尾二区段,燃料层上气体中氧气有余($\alpha > 1$),而在中部区段,氧气却相当缺乏,不完全燃烧产物 CO 和 H_2 则很多($\alpha < 1$)。因此,合理配风对保证链条炉上燃料层的良好燃烧、减少各项燃烧损失、提高锅炉运行的经济性和可靠性,是十分重要的。

(3)链条炉的燃烧改进

①分段送风。链条炉燃烧过程的三个阶段是沿炉排长度方向划分的,不同区段所需空气量不同。若煤质一定,燃烧情况相同时,同一炉排长度上的每一区段所需空气量基本不随时间变化。为了消除统仓送风空气供需的不平衡,链条炉都把炉排下的统仓风室沿炉排长度方向分成几段做成几个独立的小风室,每个小风室按该区段所需的空气量分别调节,这种送风方式称为分段送风或称分区送风。采用分段送风并加以调节后,送风量的分配可改为图 4.17(b)中虚线所示,这可以大大地改善统仓送风的空气供需不平衡状况,因而提高了锅炉热效率。

分段送风的各个小风室,一般都从两侧进风,使炉排下炉宽方向送风均匀。只有 D 型布置的锅炉,炉排一侧是对流受热面,或是采用双炉排(即沿炉排宽度分为左、右两侧,设置两个相同的链条炉排,中间用短墙相隔),不能双侧送风时,才采用单侧进风。

分段送风的段数越多,进风量的分配越有利,但分段太多会使结构复杂,一般根据容量不同或炉排长度不同可分成 4～9 段。

②设置炉拱。在链条炉中,燃料层在各区段所析出的气体成分各不相同。在炉排的头尾两端存在着过量空气,而在炉排中部,由于燃烧层中存在着还原区,后者不断产生还原性气体,同时还有一部分来不及燃尽的挥发分从炉排前部的挥发分强烈析出区随气流逸入此处,所以在火床上部的气体成分中有不少可燃气体(如 CH_4、CO 和 H_2 等),其发热量有可能达到燃料总发热量的 40%～50%,这些可燃成分都应在炉膛内燃尽。但在一个简单的直筒形炉膛中,由于气流速度极低,又无任何有效的扰动,所以炉内的气体"成层"地上升不能混合。这样使炉排中部所放出的可燃气体和炉排两端的过量空气不能很好混合,无法使可燃气体在炉膛内燃尽。

另一方面,链条炉的着火条件较差,燃料引燃所需的热量又主要依靠炉膛内的辐射。因此,如果在炉膛中不采取有效措施,就可能使燃料,特别是难以着火的燃料无法被引燃。因此,链条炉的炉膛布置是极为重要的。解决上述问题的主要措施是设置炉拱和加装二次风。

所谓炉拱即是炉膛下部直接遮蔽炉排面的那部分平面隔墙或垂直炉墙的伸出部分。炉拱在链条炉中主要起加快新燃料的引燃和促进炉膛内气体混合的作用。

炉拱通过强化传热和控制炉内气体流动这两种方式来起作用。炉拱控制气体流动的直接效应是强化混合,间接的效应是强化着火区的传热。在着火区,炉拱表面对新燃料的辐射传热是新燃料着火的根本保证。炉拱对炉膛后部高温烟气的向前导流输送,为炉膛前部富燃气体和后部富氧气体的大尺度混合创造了条件,并显著地提高了前部的炉温,强化了那里的传热。

按炉拱在炉膛中的位置,炉拱可分为前拱、后拱,有时还有中拱。这是一种习惯的分类方法,有利于突出前拱、后拱和中拱的结构特点,因而便于设计、制作、安装和修理。但这种分类方法不能反映出炉拱的工作特性,难以确切地表示炉拱的多功能性能。

前拱就是位于炉排前端的炉拱。它起加快新燃料引燃的作用,所以又称引燃拱。炉拱本身并不产生热量,它的引燃作用主要在于通过吸收来自火焰和高温烟气的辐射热,并加以集中地辐射到新燃料上,并使之升温、着火。从前拱传热的这一主要方式来看,前拱可称为辐射拱。过去曾认为前拱传热是通过反射来实现的。研究表明,实践也证明,这种观点是不正确的。炉拱的传热遵循辐射传热原理,图 4.18 给出了两种传热方式的对比。

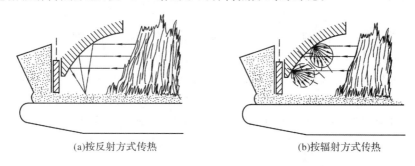

(a)按反射方式传热　　　　　　　　　　(b)按辐射方式传热

图 4.18　抛物线型引燃拱的传热原理图

可以证明,对于凹形前拱来说,只要两个端点的位置不变,则不论其为何形状,如抛物线拱、斜线拱、直角拱等,前拱传给新燃料的总热量不变。研究表明,在可能的范围内改变前拱的几何参数(形状、尺寸)和物理因素(拱表面黑度),对前拱传热的影响都相当有限。相反,若改变传热的另一因素即温度,则不仅影响显著,而且可变的范围也很大。所以,强化前拱传热的主要途径是提高前拱区的炉温。为此,就应当将尽可能多的来自后部的高温烟气引入前拱区,并使它们在该区域停留尽可能长的时间。

图 4.19 所示为常规型的链条炉拱型图。图中示出了通常使用的前拱拱型。

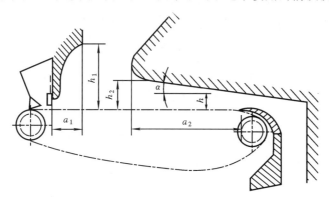

图 4.19　链条炉拱型图

后拱位于炉排的后部。后拱能将炉排上强烈燃烧区的高温烟气输送到前拱区,大幅度地增补那里的热量,提高那里的炉温,从而有效地强化了那里的辐射传热,加速引燃。后拱的这种引燃作用是通过前拱起作用的,因而可称为间接引燃。后拱的直接引燃作用主要在于输送高温烟气的同时,烟气流也将炽热的炭粒夹带到前部,并散落在新燃料层上,形成炽热的炭粒覆盖层进行导热加热。另外,后拱输出的高温烟气对前端新燃料层表面的直接冲刷也会产生对流传热作用,从而形成直接引燃。就后拱和前拱在引燃上的重要性而言,应该认为前拱是直接的、主要的,后拱则是间接的、辅助的。对于我国绝大多数煤种而言,后拱的这种辅助的引燃作用是不可缺少的。但是,没有前拱或辐射拱,新燃料的引燃则一般是不可能的。从引燃过程中的传热方式来看,后拱属于对流型。

后拱还具有分隔和保温的作用。后拱将炉膛分隔为上下两半,这阻止了烟气向上直接流出,迫使烟气向前流动。另一方面,后拱的这种分隔有效地提高了后拱区的炉温。对于无烟煤,因其挥发分低,固定碳含量较高,所以低而长的后拱不仅是引燃的需要,而且也是燃尽的需要。

图 4.19 中所示的后拱为典型的常规型后拱。其几何特点是,长度短或覆盖率小、拱面自后向前一直向上倾斜、出口高度高、出口端为圆弧形。这种后拱在气体动力上的缺点是:从后拱流出的烟气过早地在出口圆弧端的导流下,贴着拱面呈薄层转弯向上逸出拱区,难以到达前拱区,因而其引燃和混合性能都较差。由此可见,改善后拱性能的主要途径是强化后拱气流在前拱区的流动效应。为此,西安交通大学提出应较大幅度地增大后拱的覆盖率和减低其出口端高度,并首先提出和采取了出口段反倾斜和出口端尖锐化的结构措施。应当指出,后拱流动效应的强化存在着一个限制,这就是后拱出现闷塞或冒正压。

中拱是布置在火床中部燃烧旺盛区的短拱。它可以看成是特低后拱中关键的一部分,是一种强对流型炉拱。由于它能很容易地将高温烟气引入着火区,而又不使炉排后段死灰区的低温烟气进入引燃区,因而具有很好的引燃性能。中拱的另一突出优点是不会发生拱区的烟气闷塞或冒正压。中拱在结构上的显著优点是长度短、布置灵活、建造费用低,特别适宜于锅炉改造,可作为供煤质量下降后改善着火的有力措施。

为了获得良好的配合,炉拱一般均组合使用。鉴于前拱和后拱的组合具有最佳的引燃和混合性能,因此我国目前的链条炉基本上都采用这种炉拱。

由于燃用不同煤种时,前、后拱作用的侧重点有所不同,因而它们的结构尺寸也有所差别,表 4.4 所示为链条炉常规型炉拱基本尺寸的一组推荐值。

表 4.4　链条炉炉拱的基本尺寸表

名称	符号	褐煤	无烟煤、劣质烟煤	烟煤
前拱高度/m	h_1	1.4~2.2	1.6~2.1	1.6~2.6
前拱遮盖炉排的长度/m	a_1	(0.3~0.4)l	(0.15~0.25)l	(0.1~0.2)l
后拱高度/m	h_2	0.8~1.1	0.9~1.3	0.8~1.1
后拱遮盖炉排的长度/m	a_2	(0.25~0.35)l	(0.6~0.7)l	(0.25~0.35)l
后拱倾角	a	12°~18°	8°~10°	12°~18°
后拱至炉排面的最小高度/m	h	0.4~0.55	0.4~0.55	0.4~0.55

注:表中 l 代表炉排的有效长度(自煤闸门起到老鹰铁顶端为止)。

③加装二次风。二次风是指从火床上方送入炉膛的一股强烈气流(习惯上将从炉排下送入的空气称为一次风)。二次风的主要作用是扰乱炉内气流,使之自相混合,从而使气体不完全燃烧损失和炉膛内的过量空气系数都得以降低。与炉拱相比,二次风的优点是布置灵活,调节方便,而且炉膛结构也不会因之复杂化,但二次风要消耗一定能量。一般情况下,二次风配合炉拱使用,以取得最佳效果。除搅乱和混合烟气外,二次风若布置恰当,它还能起到多种其他的良好作用,例如,二次风能将炉内的高温烟气引带至炉排前端,对煤层的引燃有一定的作用;利用两股二次风的对吹可以在炉膛内组织起烟气的旋涡流动,这既可延长煤焦颗粒在炉膛中的行程,增加其停留时间,也由于气流的旋涡分离作用,使部分煤焦颗粒摔回炉排,减少煤焦颗粒的逸出量。有利于消烟除尘,降低飞灰带走的损失;充分利用高速二次风射流引带和推送烟气的作用,能使烟气流完全按照所要求的路线流动,从而达到延长烟气在炉内的行程,改善

炉内气流的充满度,控制燃烧中心的位置,防止炉内局部结渣等目的;二次风射流所形成的气幕能起封锁烟气流的作用,这可以用来防止烟气流短路,使炉膛中的可燃气体和煤焦颗粒不致未经燃烧就逸出炉膛;空气二次风可以提供一部分氧气,帮助燃烧。不过由于二次风不经过燃料层,因此,过多的二次风会增大过量空气系数,增加排烟热损失。

二次风的工质可以是空气,也可以是蒸汽,甚至是烟气。这是因为二次风的作用主要不在于增补空气,而是扰乱烟气。空气作工质仍最为普遍,尽管此时往往需要专门配备一台压头较高、流量较小的二次风机。用蒸汽作为工质时,所需设备最为简单,而且在低负荷时炉膛过量空气系数也不致太高,有利于保持炉温和一定的锅炉效率;但是蒸汽消耗量较大,运行费用较高,所以不宜在较大容量的锅炉中使用。

为了使二次风能够在所要求的范围内产生足够的扰动,要求它有一定的出口动量流率,即要求有一定的风量和出口速度。由于火床上燃烧的需要以及炉排冷却的需要,一次风量不宜过小。因此,空气二次风的风量不大,并与燃用燃料的品种有关,一般为总风量的 5%～15%。这样就要求空气二次风的出口速度较高,并随工质温度、上升烟气的动量流率、所需的射程而变。二次风的初速一般为 50～80 m/s,相应的风压约为 2000～4000 Pa。空气二次风的风量和风速粗略地可参照表 4.5 选取。

表 4.5　空气二次风参数的推荐值

燃料种类	木柴、页岩	褐煤	烟煤、贫煤	无烟煤
占总风量份额/%	10	8	7	5
出口风速/(m·s^{-1})	65～75	65	60～65	50～60

在采用其他工质作二次风时,其参数的选择原则是要使其出口的动量流率基本上与空气二次风的相同。二次风射流的速度可根据流体力学中自由射流的原理来进行计算。

二次风的布置有许多方式,常用的有以下几种。

a.前后墙布置是最常用的一种布置方式。当二次风量不太充足和炉膛深度不大时,一般采用前墙或后墙的单面布置,以集中风力来发挥更大的扰动作用,布置也可简化。在链条炉中,由于燃料中的挥发分在火床头部放出,前墙布置二次风时的混合效果较好。但布置在后墙或后拱上的二次风,除了起扰动作用外,还能把高温烟气适当地压向火床的头部,对新燃料的着火有所帮助。二次风的前后双面布置,可以大幅度降低对二次风射程的要求,因而适合于容量较大的锅炉。此时,二次风优先布置在前、后拱出口的喉口处,以进一步减小其喷射距离。另外,二次风前后对置时,还可以利用前后喷嘴的布置高度差和不同的喷射方向形成气流沿切圆的旋转,从而提高了二次风的功效。为了避免气流对冲而降低扰动强度,两对墙的喷嘴应错开布置。

b.四角切向布置的二次风有时也可采用。此时,喷嘴布置在每个炉角旁,喷出的四股射流绕炉膛中部的一个假想圆旋转,使炉内气流作螺旋上升流动,从而有利于延长悬浮炭粒的飞行路径,并提高了其分离效果,所以特别适宜在抛煤机的炉子中应用。

二次风的位置应尽量接近炉排面,但不得破坏燃料层的正常燃烧工况。一般布置在离燃料层约 600 mm 的高度上,最高应不超过 2 m。对于有前后拱的炉子,二次风应优先布置在喉口处,以便达到更有效地前后互相配合。

二次风喷嘴可以作水平布置,也可以向下倾斜 $10°\sim25°$,四角布置时甚至可向下倾斜 $40°\sim45°$。由于炉内烟气是向上流动的,所以二次风向下倾斜可以加强对烟气的扰动。四角切向布置的二次风,一般总是向下倾斜的,这样有利于造成范围较大的旋转气柱。当然这时二次风喷嘴必须布置得较高一些。

二次风喷嘴的口径不宜过小,这是为了保证有效射程,同时也有利于避免炉渣堵住喷口。圆形喷嘴的直径一般为 $40\sim60$ mm,矩形喷嘴的短边约为 $8\sim20$ mm,长边约为短边的 $6\sim8$ 倍。长方形喷嘴便于插入水冷壁管之间,布置比较方便。它喷出的二次风气流在炉膛高度方向的作用范围较大,所以比较宜于四角切向布置的二次风。圆形喷嘴制造方便,而且在喷口截面积和风压相同的条件下,喷出的气流速度衰减得较慢,有效射程稍远,一般用于前后墙布置的二次风。试验表明,影响二次风效果的主要因素不是喷嘴形状,而是出口射流的动量流率。事实上,不同形状的喷嘴,其喷出的射流在经过不远的距离后均变为圆形射流。

二次风停运时的喷嘴冷却问题是十分重要的。喷嘴冷却方法主要有风冷、水夹套、抽出式等,甚至可将喷嘴连同与其相接的一段连接管整个地装在水冷壁集箱之中,受炉水冷却。

(4)链条炉的煤种适应性

链条炉操作简单,增减燃煤量只需改变炉排转速,或用改变煤闸门的高度来改变煤层厚度。但链条炉对煤种的适应性较差,采用分段送风、设炉拱或二次风,情况有所改善,但在运行中还存在如下问题。

①由于煤仓中的煤向下的垂直压力较大,加上与煤闸板的挤压,使得进入炉中的煤层比较密实。

②煤层都是由一些颗粒大小不等的煤粒混合在一起构成的,常称为煤的粒径无序掺混。

③煤经过运煤装置向下卸至储煤仓时,块状煤易向两侧滚动,因此常造成炉排上的煤层分布不均匀,两侧块煤多而中部细碎煤粒较多。

由于上述原因造成煤层透气性差,通风阻力大,送风机电耗增加;炉排上通风分布不匀,易于形成“火口”,使炉膛内过量空气系数要求偏大或漏煤量较多;炉排两侧块煤多,通风阻力小,易漏入冷空气使炉温下降,过量空气系数上升。最终结果是煤不易烧透,排渣含碳量高,锅炉效率和出力都下降。

链条炉中,燃料单面引燃,着火条件较差,同时在整个燃烧过程中,燃料层本身没有自动扰动作用,拨火工作仍需借助于人力。这就使燃料性质对链条炉的工作有很大影响。

黏结性强的煤,当受到炉内高温作用时,火床表面层形成板状结焦,运行中必须进行繁重的拨火操作,甚至有时由于通风严重不佳,使燃烧不能连续进行,所以在链条炉中燃用强黏结性的煤是不适宜的。相反,贫煤在受热时易碎裂成细屑,而使飞灰带走和炉排漏煤损失增大。

燃料中的水分会使燃料层的着火延迟,但是当燃料中水分过少时,特别是对于含粉末较多的煤,适当加些水能提高燃烧的经济性。因为干煤加水以后,粉末黏结成团,不易被吹走和漏落,从而使飞灰和漏落损失较少。同时,由于水分的蒸发,能疏松煤层,使空气容易透入煤层各部分。对于黏结性较强的煤,加少许水,可使煤层不致过分结焦。此外适当掺水可控制挥发分的析出速度,有利于减小化学不完全燃烧损失,但是水分会增加锅炉的排烟热损失,因此加的水量不应过多,而且要加得均匀,并应给予一定的渗透时间。

燃料中的灰分对燃烧也是不利的,灰分越多,焦炭的裹灰现象就越严重,焦炭的燃尽也就越困难。低熔点的灰分在火床中局部地区发生软化熔融,造成结渣,堵塞炉排的通风孔,破坏燃烧过程,并可能使炉排片过热。但是灰分过少,会使炉排上的灰渣垫不易形成,或者太薄,而使炉排片过热。因此对于燃料中的灰分含量和熔点都应加以限制。

综上所述,可知链条炉对燃料有较严格的要求,一般需要满足如下指标:

a. 水分适当,$w_{ar}(M) \leqslant 20\%$;

b. 灰分不过高,$w_{ar}(A) \leqslant 30\%$,但灰分也不宜过低,$w_{ar}(A) \geqslant 10\%$;

c. 灰分熔点不太低,FT >1200 ℃;

d. 黏结性适中,不允许有强烈黏结性或碎裂成粉末的性质;

e. 燃料最好分选过。在燃用未经分选的统煤时,小于 6 mm 的粉末不应超过 $50\% \sim 55\%$,煤块的最大尺寸不应超过 40 mm,以保证燃尽。

20 世纪 90 年代以来,我国出现了用分层燃烧技术以改善链条炉的工作性能。分层燃烧装置主要是改进炉子的给煤装置。一般是在落煤口的出口装给煤器,使落煤疏松和控制加煤量,而取消煤闸门;然后通过筛板或气力的作用,将煤按粒度分离分档,使炉排上的煤层按不同粒径范围有序地分成二层或三层,有的还将粉末送至炉膛内燃烧。

2. 抛煤机链条炉

前已叙及,抛煤机固定炉排炉具有着火条件优越、燃烧热强度高、煤种适应性广泛等优点。但由于炉排是固定的,所以也存在着一些问题。

链条炉排炉的加煤和出渣都机械化,运行也很可靠,可适用于中等容量的锅炉。但是在链条炉中着火条件较差,煤粒受不到分选,燃烧过程不易强化,而且对煤质要求也较高。如果把抛煤机和链条炉排结合起来,就可以在一定程度上相互取长补短,收到较好的效果。因此抛煤机链条炉得到广泛采用。

抛煤机链条炉按照所采用的抛煤机型式的不同,可分为二种:一种为风力抛煤机链条炉(常称风播炉),在这种炉子中,由于粉末大多播向炉排后部,故其炉排与普通链条炉排一样是顺转的。另一种为风力机械抛煤机链条炉,此时由于以机械抛煤为主,因此其煤粒分布为前细后粗,这时炉排转动的方向就应与普通链条炉排相反,即所谓倒转炉排。在生产实践中使用较多的是后一种抛煤机链条炉。图 4.20 为我国生产的风力机械抛煤机链条炉。

(1)抛煤机链条炉的火床燃烧过程

抛煤机链条炉的加煤方式与普通链条炉截然不同。燃料由抛煤机播撒在整个炉排面上,炉排移动仅是为了出渣。

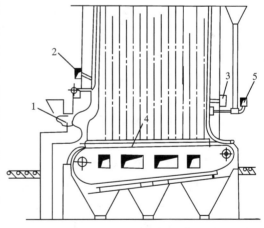

1—风力机械抛煤机;2—前部二次风;3—后部二次风;
4—链条炉排;5—飞灰复燃装置。

图 4.20　抛煤机链条炉

图 4.21 示出了风力机械抛煤机链条炉的火床燃烧过程。炉排面起端处的燃料,除了在播散时飞行过程中已经在炉膛中吸收了少量热量以外,其燃烧情况大致与链条炉相似:主要依靠来自炉膛的辐射热来加热和引燃,燃烧自上而下发展,随着炉排的移动,沿炉排长度形成燃料

加热干燥、析出挥发分和焦炭燃烧几个阶段（见图 4.21 中的区域 a）。图 4.21 区域 b 中的燃烧则具有抛煤机炉子的各项特点：在这个区域内连续落下的煤粒总是盖在正在燃烧或将燃尽的焦炭层上，下部引燃作用十分强烈，着火条件优越，而且煤粒经过炉内分选，落在炉排每个断面上的煤的粒度组成比较一致，因此炉排热强度可以提高，能适应的煤种范围也比较广。其次，由于燃烧的燃料层较薄，而且比较均匀地分布在炉排面上，因此沿炉排长度方向各横断面上的燃烧情况是相似的，火床上面的气体成分也比较均匀，化学不完全燃烧损失一般很小。同时由于煤层薄，燃烧又很猛烈，因此炉子的热惯性小，调节灵敏。此外，煤粒在炉膛中穿过高温烟气时，一部分表面已经焦化，加之火床中煤粒的粒度又比较一致，因此无论燃煤性质是否属于黏结，火床中一般都不会出现结大块焦的现象。

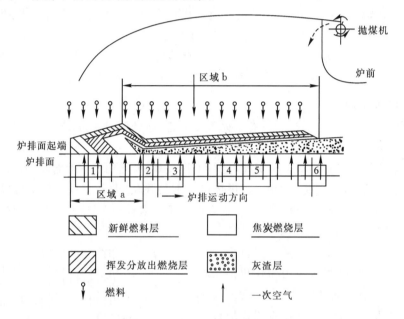

图 4.21　抛煤机链条炉的火床燃烧过程示意图

区域 b 占炉排的大部分面积，是火床燃烧的主要部分，但决定这个区域燃烧情况的关键是区域 a 的着火情况。如前所述，区域 a 的燃烧情况和普通链条炉相似，着火条件差，对水分多或挥发分少的煤种着火更困难，有时甚至会发生"脱火"现象。

在抛煤机链条炉排中，由于炉排面起端部分的燃烧与链条炉排的情况相似，而在其余的炉排长度上虽然燃烧情况都很相似，火床上面的气体成分也比较均匀，但由于燃料层沿炉排长度的厚度，尤其是颗粒组成有较大差别，需要据此来分配风量和风压。因此，抛煤机链条炉排同样应该装设分段送风装置，分的段数可以少一些。

（2）抛煤机链条炉火床燃烧的调整

抛煤机链条炉中，给煤量由抛煤机控制。改变炉排速度主要是为了保证炉排面起端部分煤层的及时着火，并使其逐渐过渡到猛烈的薄层燃烧区，同时还使炉排末端具有适当厚度的渣层，以便得到稳定而经济的燃烧。主要有两个因素限制炉排速度调节范围：一个是燃煤的挥发分，另一个是燃煤的灰分。

低挥发分的煤，着火温度较高，如果此时炉排速度过快，煤层必须进入炉内相当一段距离后才开始着火燃烧。这样就使活泼的薄层燃烧区域缩小,炉排面起端部分上方的温度也降低,对引燃更加不利。另一方面落在炉排末端的煤粒,由于停留时间短促,可能来不及燃尽就掉入渣斗。

灰分高的煤,发热量比较低,因此在锅炉蒸发量一定的条件下,给煤量就必须增加。此时如果炉排速度不相应增高,炉排面的起端和末端都将形成过厚的煤层和渣层,火床阻力增大,以至于一次风不能穿透,或者集中在某一阻力较小的区域吹入,引起严重的起堆现象,使化学不完全燃烧损失和机械不完全燃烧损失同时增高。此外,煤的水分及抛煤的分布情况对炉排速度的调整也有影响。

炉排面的送风量应当与各部分燃烧情况相配合。在炉排起端部分应该通过 1 号风门供给适量的空气(见图 4.21),为煤层的上部引燃创造适宜的条件。在图 4.21 区域 b 靠近区域 a 的一段,为最早形成的主要焦炭燃烧区,应供给最大的风量,一般可将风门全开。随后各段因细煤粒较多,燃烧的煤层又较薄,故风门可以开得小些。

总之,应保证炉排面起端部分煤层的及时着火,保持薄煤层燃烧。煤层(不包括灰渣层)平均厚度在 20~25 mm,炉排末端的灰渣层厚度保持在 120~150 mm。

(3)抛煤机链条炉的炉膛

抛煤机链条炉与抛煤机炉一样,一般采用没有炉拱或只有极短炉拱的所谓开式炉膛(见图 4.20)。这主要是因为安装炉拱可能会妨碍抛煤,同时也由于煤层上方气体成分比较均匀,对混合的要求有所降低。另外,由于悬浮燃烧的需要,炉膛常比较高大。

抛煤机链条炉中有很多细煤末(0~1 mm)作悬浮燃烧,但其燃烧条件远不如煤粉炉优越。如果大量煤末来不及燃尽就飞出炉膛,则不仅降低燃烧效率,而且还会使对流受热面遭到剧烈磨损。但是,和抛煤机炉一样,抛煤机链条炉的最大问题还在于对大气的污染,包括大量飞灰逸出炉膛、单级除尘器不堪负担所引起的粉尘污染,以及炉内混合不好所引起的烟囱冒黑烟。如果大气污染问题解决不好,那尽管这类炉子有很大优点,其应用仍然会受到限制。利用二次风来控制悬浮燃烧,早已成为抛煤机炉及抛煤机链条炉消烟减尘和提高燃烧效率的有效途径。

(4)抛煤机链条炉的燃料适应性

抛煤机链条炉的燃料适用范围是很广的。简略说来,它适宜于燃用细屑不过多、挥发分中等以上的燃料。抛煤机链条炉宜燃用未经分选的统煤,以充分发挥其长处。但是粉末含量仍有一定限制,一般与普通抛煤机炉所规定的相同,即 0~6 mm 粉末不超过 60%,其中 0~3 mm 的粉末不超过 35%。煤块的最大尺寸不超过 30~40 mm,最好不大于 25 mm,以保证其燃尽。

当燃用低挥发分燃料时,飞灰含碳量很多,固体不完全燃烧损失大大增加,此时即使采用飞灰复燃装置,收效也不大,因此抛煤机链条炉一般宜燃用 $w_{daf}(V) > 15\%$ 的燃料。

燃用灰分过高的燃料时,因除渣要求而加快炉排速度,这时有可能使炉排面起端部分的煤层来不及着火,因而要求 $w_{ar}(A) < 30\%$。此外,燃煤中水分过高,将导致给煤机构堵塞失灵,故要求 $w_{ar}(M) < 17\%$。

4.2.4 往复推饲炉和振动炉排炉

1. 往复推饲炉

(1)往复推饲炉排炉的构造及工作原理

最常用的往复炉排是倾斜式往复炉排,其构造简图示于图 4.22 中。它的炉排是由相间布置的活动炉排片和固定炉排片组成。固定炉排片的尾部嵌卡在固定梁上,中间由支撑棒托住。

活动炉排片的尾部装嵌在活动炉排梁上，其前端直接搭在下一排的固定炉排片上。所有活动炉排梁都连在活动框架上形成一个整体。活动炉排片和固定炉排片间隔叠压成阶梯状的炉排面，与水平成 15°～20°的倾角。活动框架支撑在滚轮上，并与推拉杆相连。可变速的直流电动机驱动偏心轮而带动推拉杆，拉活动框架，使所有的活动炉排片都作前后的往复运动，其行程为 70～120 mm，往复次数通过直流电机的变速可在 1～5 次/min 范围内无级调节。炉排片的通风截面比为 7％～12％。最下端的活动炉排片搭在固定的燃尽炉排上。

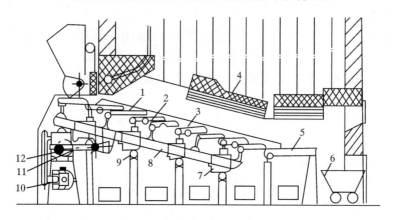

1—活动炉排片；2—固定炉排片；3—支撑棒；4—炉拱；5—燃尽炉排；6—渣斗；
7—固定梁；8—活动框架；9—滚轮；10—电动机；11—推拉杆；12—偏心轮。

图 4.22　倾斜式往复炉结构简图

煤从煤斗加入，由于活动炉排片不断往复运动，将煤从炉排上缓慢由前向后，由上向下移动，最后落集在燃尽炉排上，燃尽后灰渣下落至渣斗。空气由炉排下送入。

（2）往复推饲炉排炉的燃烧过程

往复推饲炉排的燃烧过程与链条炉相似，如图 4.23 所示。其三个阶段的划分与链条炉排一样，也是沿炉排长度方向分区段划分，因此，分段送风、设拱及一次风等措施也都适用。其燃烧和燃尽阶段也与链条炉相似。与链条炉主要不同之处就是煤与炉排有相对运动。煤是由活动炉排片的往复运动，被向下推饲而滚动的。炉排片向后下方推动时，部分新煤被推饲到已燃着的煤的上部，炉排片向前方返程时，又将一部分已燃着的煤带到尚未燃烧的煤的底部。

很显然，上述特点使煤在着火前的准备阶段的条件得到改善，因而适宜燃用水分和灰分

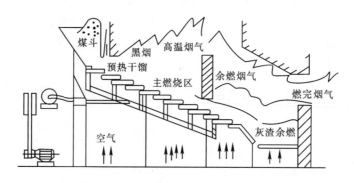

图 4.23　往复推饲炉排炉的燃烧过程

较高而发热量较低的劣质煤。煤在被推动的过程中受到挤压,破坏焦块或灰壳,煤向下翻滚时,煤层又得到松动与平整。这种炉子有自动拨火的能力,不仅可燃用易结焦的煤,而且不会产生"火口"或燃烧层表面板结,避免链条炉拨火带来劳动强度大和开启侧墙炉门而使锅炉效率降低的缺点。组织好烟气在炉内的流动过程,使在炉排前端产生的可燃气体及炭黑,经过中部高温燃烧区燃尽,而避免冒黑烟(见图 4.23)。该炉子结构简单、制造容易、金属耗量及耗电量都比链条炉少。

但是,这种炉子对煤的粒度要求较严,直径一般不宜超过 40 mm,否则难以烧透。炉排推饲时,炉排片的头部不断与炽热的焦炭接触,又无冷却条件,因而常易烧坏,特别是燃用固定碳含量大的无烟煤时更为严重。这种炉排的漏煤也较严重。此外,炉排倾斜炉体高大,对负荷变化的适应性较差。

2. 振动炉排炉

(1)振动炉排炉的构造及工作原理

振动炉排炉是小容量锅炉采用的一种结构简单、钢耗量和投资费用较低的机械化燃烧设备。它的整个炉排面在交变惯性力的作用下产生振动,促使煤层在其上跳跃前进,实现了燃烧的机械化。

图 4.24 为一风冷固定支点的振动炉排,由炉排片、上框架、弹簧板、固定支点、下框架和激振器等几个主要构部件组成。

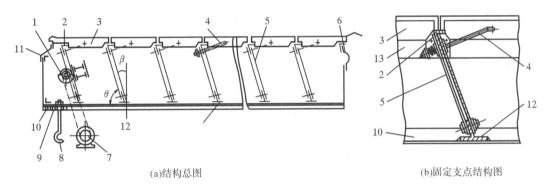

(a)结构总图　　　　　　　　(b)固定支点结构图

1—偏心块激振器;2—"7"字横梁;3—炉排片;4—拉杆;5—弹簧板;6—后密封;7—激振器电机;
8—地脚螺栓;9—减振橡皮垫;10—下框架;11—前密封;12—固定支点;13—侧梁。

图 4.24　风冷固定支点振动炉排

上框架是组成炉排面的长方形焊接框架,其前端横向焊有安置激振器的大梁,在整个长度上又横向焊接了一系列平行布置的"7"字横梁。铸铁炉排片就搁置在"7"字横梁上,并用拉杆钩住炉排片下的小孔,保证振动时炉排片不会脱落。

下框架由左右两条钢板和用以固定炉排墙板的型钢拼焊而成,并用地脚螺栓固定在炉排基础上。弹簧板分左右两列联结于上、下框架之间,它与水平的倾角为 55°～70°,下端采用固定支点连接于下框架,上端与"7"字横梁相接支撑着上框架。

在炉排前端装有激振器,它是振动炉排的振源,由轴承座、转轴、偏心块和皮带轮等组成。激振器由电动机通过皮带轮驱动旋转,产生一个周期性变化而垂直于弹簧板的力,此作用力可分解为水平和垂直两个分力,水平分力使煤向炉后移动,垂直分力使煤从炉排上微跃。这样周期性地、间断微跃向后运动,实现了加煤、除渣的机械化。

改变偏心块的转速可以调节振幅。转速越大,振幅也越大,煤的移动速度也越大。当转速达到某值,炉排振幅达到最大值时,工程上称为共振,即偏心块转动产生的工作频率与炉排本身的固有频率相同。此时,煤的移动速度最大,所耗的功率最小。因此,振动炉排通常都选在共振状况下工作。炉排的固有频率与炉排的刚性成正比,与其质量成反比。而炉排刚性可用弹簧板的厚度来调整。根据运行经验,炉排工作的振动频率一般宜在 $800 \sim 1400$ r/min;最佳振幅一般为 $3 \sim 5$ mm,此时煤的运动速度约为 100 mm/s。炉排振动的间隔和每次振动的时间与锅炉负荷、炉排结构和煤层厚度等因素有关,可采用时间继电器控制和调节,一般每隔 1 min 左右振动一次,每次振动 $1 \sim 3$ s。

（2）振动炉排炉的燃烧特点

振动炉排炉燃烧过程三阶段的划分也是沿炉排长度来划分的,其燃烧情况与链条炉也相似。因此分段送风、设炉拱、采用二次风等措施也都适用。与链条炉主要不同点也是煤与炉排有相对运动,其运动方式与往复推饲炉排炉不同,煤不是在炉排上向下滚动,而是微跃向后运动。

由于炉排振动,煤层上下翻动,有较好的拨火作用,不易结块。同时使燃料和空气有良好的接触,燃烧比链条炉剧烈。炉膛温度较高,一般高达 1400 ℃ 左右。对煤种的适应性也较广,但漏煤量较大,飞灰及飞灰中携带的固体可燃物较多,与往复炉排片相似,也易受高温过热。特别是当煤层上抛时,燃烧层阻力很小,大量冷风进入使炉膛出现正压而向炉外喷烟喷灰。

4.3 室燃燃烧方式及其设备

室燃燃烧或火室燃烧是指燃料在炉膛空间中以悬浮状态完成燃烧全过程的一种燃烧方式。它可以燃用固体、液体及气体燃料。

4.3.1 煤粉炉

1. 煤粉炉的炉膛

炉膛是燃料燃烧的场所,同时也是换热的场所。煤粉炉的炉膛应满足如下要求。

①良好地组织炉内燃烧过程。合理布置燃烧器,使燃料能及时着火、稳定燃烧、充分燃尽,并有良好的炉内空气动力场,使各壁面热负荷均匀。即火焰在炉膛内的充满程度要好,减少气流的死滞区和旋涡区,同时要避免火焰冲墙刷壁,避免结渣。

②炉膛要有足够的容积和高度,保证燃料在炉内有足够的停留时间,以利燃尽。

③能够布置合适的辐射受热面,保证合适的炉膛出口烟温,确保炉膛出口后的对流受热面不结渣和安全工作。

④炉膛的辐射受热面应具有可靠的水动力特性,保证其工作的安全。

⑤炉膛结构紧凑,金属及其他材料的消耗量要少,制造、安装、检修和运行要方便。

2. 燃烧器

火室燃烧设备最主要的部件是燃烧器。新鲜燃料与燃烧所需的空气量都是通过燃烧器上的各个不同用途和作用的喷口喷入炉内,并组织炉内燃烧空气动力工况,创造合适的燃烧条件和环境以保证燃料在火室（即炉膛）空间中及时着火、稳定燃烧、充分燃尽。

送入燃烧器的空气,一般都不是一次集中送入的,而是按对着火、燃烧有利而合理组织、分批送入的。按作用不同,一般将送入燃烧器的空气分为三种,即一次风、二次风和三次风。携带煤粉送入燃烧器的空气称为一次风,其主要作用是输送煤粉和满足燃烧初期对氧气的需要,一次风数量一般较少。煤粉气流着火后再送入的空气称为二次风。二次风补充煤粉继续燃烧所需要的空气,并主要起扰动、混合作用。当煤粉制备系统采用中间储仓式热风送粉时,在磨煤机内干燥原煤后排出的乏气,其中含有 $10\%\sim15\%$ 的细煤粉,可将这股乏气由单独的喷口送入炉膛燃烧,称其为三次风。

性能良好的燃烧器应该做到:能使煤粉气流稳定地着火;着火以后,一、二次风能及时而合理混合,确保较高的燃烧效率;火焰在炉内的充满程度好,且不会冲墙贴壁,避免结渣;有较好的燃料适应性和负荷调节范围;阻力较小;能减少 NO_x 的生成,减少对环境的污染。

煤粉锅炉中,燃料流和空气流都是通过燃烧器以射流形式送入炉膛的。煤粉燃烧器按其出口气流特性可分为直流燃烧器和旋流燃烧器两大类。直流燃烧器的出口气流为直流射流或直流射流组;旋流燃烧器的出口气流包含有旋转射流,其出口射流可以是几个同轴旋转射流的组合,也可以是旋转射流和直流射流的组合。

3. 旋流燃烧器及其布置

旋流燃烧器是指总的出口气流为一股绕燃烧器轴线旋转的射流的一类燃烧器。在旋流燃烧器中,携带煤粉的一次风和不携带煤粉的二次风分别用不同的管道与燃烧器连接,一、二次风的通道是隔开的。二次风射流都是旋转射流,一次风射流可以是旋转射流或不旋转的直流射流。

(1)旋转射流的特点

旋转射流通过各种型式的旋流器来产生。气流在出燃烧器之前,在圆管中做螺旋运动,当它一旦离开燃烧器后,如果没有外力的作用,它应当沿螺旋线的切线方向运动,形成辐射状的环状气流。旋转射流具有如下特点。

①旋转射流不但具有轴向速度,而且有较大的切向速度,从旋流燃烧器出来的气体质点既有旋转向前的趋势,又有从切向飞出的趋势,因此气流的初期扰动非常强烈。

②射流不断卷吸周围气体,其切向速度的旋转半径不断增大,切向速度衰减得很快,所以射流的后期扰动不够强烈。最大轴向速度也由于卷吸周围气体而衰减得很快,因而使旋转射流的射程比较短。

③旋转射流离开出口一段距离后的轴向速度为负值,说明射流有一个回流区。这在燃烧器中能回流高温烟气,帮助煤粉气流着火。因此,旋流燃烧器从两方面卷吸周围高温烟气。一方面从回流区回流高温烟气;另一方面旋转射流也从射流的外边界卷吸周围高温烟气。

④旋转射流的扩展角较大。

(2)旋流强度及其影响因素

决定旋转射流旋转强烈程度的特征参数是旋流强度 n。旋流强度 n 是表征旋转射流特性的重要指标,它对出口气流的流动特性和炉内的燃烧工况均有重要影响。

旋流强度 n 定义为气流相对于轴线的旋转动量矩 M 与气流的轴向动量 K 及定性尺寸 L 乘积的比值。即

$$n = \frac{M}{KL} \tag{4.31}$$

对于理想气体,沿气流轴向,气流的旋转动量是守恒的,因而可任意选一截面进行研究。根据某一截面上气流的轴向及切向速度分布便可计算出旋流强度。但这在新设计燃烧器时是不可能的,因而通常是按平均轴向及切向速度来确定,并以其通过旋流器的结构参数来表示,这样既给设计工作带来了方便,又可据此分析旋流器结构参数对旋流强度的影响,这样的旋流强度称结构旋流强度。

值得指出的是,当取用不同的结构参数作为定性尺寸时,旋流强度便具有不同的数值,因此,在比较各种旋流器的旋流强度时必须注意。

设计旋流器时有时会用到平均旋流半径的概念。所谓平均旋流半径是一假想半径,即认

为全部气流按平均旋转半径旋转时的动量矩与气流的真实动量矩相等。

旋流强度对旋转射流的特性影响如下。

①旋流强度不同,射流的气流结构型式不同。当旋流强度很小时,出口气流不旋转或者旋转很微弱,这时的气流称为弱旋转气流,如图 4.25(a)所示。此时,气流中心不出现回流区,或回流区很小,基本上是封闭气流,它不具有旋转射流的一般特性。当逐渐增大旋流强度时,射流内、外侧压力逐步接近,这时沿着主气流方向有中心回流区,并且中心回流区延长到主气流速度很低时才封闭,这种气流称为开放气流,如图 4.25(b)所示。如果继续增大旋流强度到一定程度,扩展角随之增大,气流外侧压力小于中心回流区的压力,气流在内外侧压力差的作用下,向四周扩展开来形成全扩散气流,如图 4.25(c)所示。这样的气流离开燃烧器后便会贴墙运动(飞边),这会烧坏燃烧器喷口,也会使燃烧器周围结渣。因此,在实际应用中应将气流控制为开放气流。

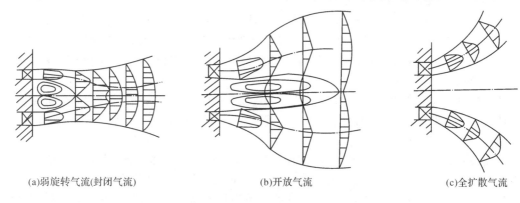

(a)弱旋转气流(封闭气流)　　　　(b)开放气流　　　　(c)全扩散气流

图 4.25　旋转射流的气流型式

②随着旋流强度的增加,中心回流区的回流量增加,而回流区的长度是先增加而后又缩短的。当旋流强度过低时,回流量和回流区长度都较小,回流量小则卷吸的高温烟气量少,回流区长度小则只能从炉内低温区回流烟气,这对着火都是不利的。如果旋流强度过高(当然,不能高至使气流变为全扩散气流),虽然回流量增大,但因回流区缩短,也只能回流大量较低温的烟气,对着火也是不利的。因此,旋流强度要选择恰当,不但要使气流型式是开放气流,而且要能回流大量高温烟气到火炬根部,加速燃料的着火和燃烧。

③扩展角是随着气流的旋流强度增加而增大的,也就是说,随着旋流强度的增大,射流将有一个较大的外边界面,会卷吸更多的周围高温烟气,这对着火是有利的。

④气流的射程随着旋流强度的增大而减小。气流的射程决定了火炬的长度,而火炬长度过大,就会使燃烧器对面的水冷壁结渣,火炬若过短,则烟气在炉膛的充满程度差。这两种情况都会降低炉内受热面的利用程度。因此,火炬长度要合适,即要有合适的射流射程,也就是要有合适的旋流强度。

(3)典型旋流燃烧器

使气流发生旋转变成旋转射流的方法不外乎两种。一是将气流切向引入一个圆柱形导管(蜗壳),二是在气流中加装导向叶片(有轴向叶片和切向叶片 2 种)。

①双蜗壳旋流燃烧器。图 4.26 示出的是双蜗壳旋流燃烧器。这种燃烧器的一、二次风都是通过各自的蜗壳而形成旋转射流的。双蜗壳旋流燃烧器的一、二次风旋转的方向通常是相同的,因为这有利于气流的混合。燃烧器中心装有一根中心管,可以装置点火用的重油喷嘴。在一次、二次风蜗壳的入口处装有舌形挡板,可以调节气流的旋流强度。

这种燃烧器由于出口气流前期混合很强烈,且其结构简单,对于燃用挥发分较高的烟煤

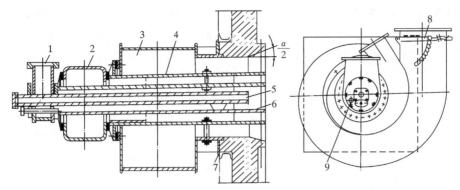

1—中心风管；2——次风蜗壳；3—二次风蜗壳；4——次风通道；5—油喷嘴装设管；
6——次风内套管；7—连接法兰；8—舌形挡板；9—火焰检测器安装管。

图 4.26　双蜗壳旋流燃烧器

和褐煤有良好的效果，也能用于燃烧贫煤，所以我国的小型煤粉炉常采用它。但这种燃烧器的舌形挡板调节性能不是很好，调节幅度不大，故对燃料的适应范围不广；同时其阻力较大，特别是一次风阻力大，不宜用于直吹式制粉系统；燃烧器出口处的气流速度和煤粉浓度分布都很不均匀，所以在燃用低挥发分煤的现代大、中型锅炉就很少使用它。

　　②轴向叶片式旋流燃烧器。利用轴向叶片使气流产生旋转的燃烧器称为轴向叶片式旋流燃烧器。这种燃烧器的二次风是通过轴向叶片的导向，形成旋转气流进入炉膛的。燃烧器中的轴向叶片可以是固定的，也可以是移动可调的。而一次风也有不旋转的和旋转的两种，因而有不同的结构。图 4.27 所示是一次风不旋转，在出口处装有扩流锥（也有另一种不装扩流锥的），二次风通过轴向可动叶轮形成旋转气流的轴向可动叶轮旋流式燃烧器。这种燃烧器的轴向叶轮是可调的。

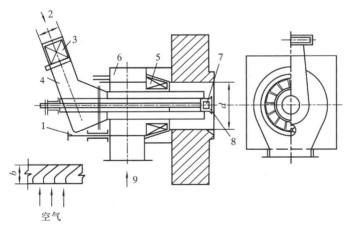

1—拉杆；2——次风进口；3——次风舌形挡板；4——次风管；5—二次风叶轮；
6—二次风壳；7—喷油嘴；8—扩流锥；9—二次风进口。

图 4.27　一次风不旋转的轴向可动叶轮旋流燃烧器

　　沿轴向移动拉杆便可调节叶轮在二次风道中的位置。当叶轮退出（向离开炉膛方向移动）时，叶轮和二次风的圆锥形通道间便出现间隙，部分二次风就通过这个间隙绕过叶轮直接旁路流出，因而它不旋转，是直流二次风。这股直流二次风与经叶轮流出来的旋转二次风混合,形成的旋流强度就随直流二次风和旋流二次风的比例不同而变化。因而通过调节叶轮的位置,改变间隙的大小,就可以调节二次风的旋流强度,调节比较灵活,调节性能也较好。这种燃烧器的中心回流区较小、较长,因此只适合燃用易着火的高挥发分燃料。在我国,主要用来燃用 $w_{daf}(V) \geqslant 25\%$、$Q_{ar,net} \geqslant 16800$ kJ/kg 的烟煤和褐煤。

③切向叶片式旋流燃烧器。通过切向叶片来实现气流旋转的燃烧器称为切向叶片式旋流燃烧器。燃烧器的一次风也有旋转和不旋转两种,二次风则通过可动的切向叶片,变成旋转气流送入炉膛。图 4.28 为 Babcock 公司的一次风不旋转的切向可动叶片旋流燃烧器的示意图。这种燃烧器的二次风道中装有 8 片(一般可为 8～16 片)可动叶片,改变叶片的角度,可使二次风产生不同的旋流强度,以改变高温烟气回流区的大小。这种燃烧器的阻力较小,为使一次风能形成回流区,常在一次风出口中装有一个多层盘式稳焰器,如图 4.28(b)所示。多层盘式稳焰器的锥角为 75°,气流通过时可在其后形成中心回流区,固定各层锥形圈的固定板,每隔120°装置一片,相邻锥形圈的定位板可以略有倾斜,并错开布置,使通过的一次风轻度旋转。锥形圈还有利于把已着火的煤粉按希望的方向送往外圈的二次风中去,以加速一、二次风的混合。这种稳焰器可以前后移动,以调节中心回流区的形状和大小。这种切向可动叶片旋流燃烧器,一般只适合于燃用 $w_{daf}(V) \geqslant 25\%$ 的烟煤。

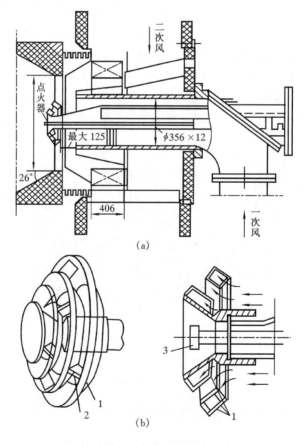

1—锥形圈;2—定位板;3—油喷嘴。

图 4.28　一次风不旋转的切向可动叶片旋流燃烧器(单位:mm)

④双调风旋流燃烧器。近年来,降低燃煤锅炉的 NO_x 排放已成为环境保护的重要课题。实践证明,通过合理组织燃烧过程,降低所谓的燃料型 NO_x 的生成量是减少 NO_x 排放的有效方法。因此,各国竞相开发所谓的低 NO_x 燃烧器。研究表明,燃料及空气分级送入炉膛可有效地降低 NO_x 的生成量。

图 4.29 是双调风旋流燃烧器的工作原理。本质上来说,它是一种分级燃烧技术在旋流燃烧器中的具体应用。燃烧器的轴心线上是一个断面为圆形、类同文丘里管的煤粉气流通道,煤粉气流以直流射流的形式进入炉膛。燃烧器出口的二次风被分成内外两股,外边的一股称为外二次风,另一股为内二次风。二次风风室中的热空气通过设置于一次煤粉气流通道外缘环形通道上的内二次风调节挡板以及内二次风导向叶片、环形通道口进入炉膛。前者用以调节内二次风的流量,后者使内二次风获得旋转动量,其大小可通过导向叶片来调节。位于靠近燃烧器出口位置的外二次风道使风室内的热空气通过位于内二次风通道外缘的切向外二次风调节挡板,经 90°的转向与内二次风平行地进入炉膛。外二次风调节挡板是切向的,使外二次风在流动过程中获得旋转气流。通过改变切向挡板的角度可改变外二次风的出口旋转强度,也可改变内外二次风量间的相对比例。双调风式旋流燃烧器是指内、外二次风均为可调。调节内外二次风的挡板和导向叶片,就可改变内、外二次风的流量比、旋转强度,内、外二次风间、二次风与煤粉气流间以及与已着火前沿间的混合,从而调节着火与火焰的形状。关小内二次风导向叶片角和外二次风的切向挡板角,二次风的旋转强度增大,火焰的扩张角增大,其中尤以内二次风的影响为大。

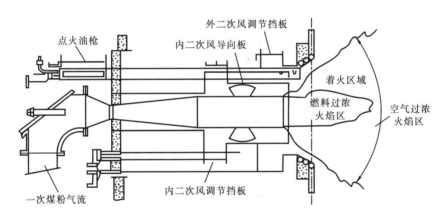

图 4.29　双调风燃烧器的工作原理

每个旋流燃烧器都是一个基本独立的火焰,燃烧过程都在靠近燃烧器出口的区域基本完成。为使双调风旋流燃烧器的燃烧过程按二段燃烧方式进行,就需要在每个燃烧器的火焰区域都形成燃料过浓和过稀的区域,然后两者再进行混合。将二次风分成风量和旋转强度分别可调的二股,其目的即在于使内二次风与煤粉气流间的混合与内、外二次风的混合可以分别控制。煤粉气流因与内二次风的混合而被带动旋转,形成回流区抽吸已着火前沿的高温介质,构成一个燃料浓度高的内部着火燃烧区域,这一区域内燃烧工况可通过内二次风旋转强度和风量(亦即内二次风的挡板开度)来调节。外二次风与内二次风及煤粉气流间的混合使得在内部燃烧区域的外缘构成一个燃料过稀的燃烧区域,燃尽过程随着二者的混合而进行与完成。混合过程也可通过挡板开度进行控制。NO_x 与 SO_x 的生成同样因内部燃烧区内的氧浓度低而受到遏制,也因外部燃烧过稀区域中温度相对较低而受到遏制。这样,NO_x 发生的两个主要因素(氧浓度及温度)在双调风旋流燃烧器的燃烧过程中不同时具备,从而实现了对 NO_x 生成的遏制。

（4）旋流燃烧器的布置方式

旋流燃烧器的布置方式对炉内的空气动力场有很大的影响。良好的空气动力场应该是使火焰(烟气)在炉膛的充满程度好,烟气不冲墙贴壁。

旋流燃烧器的布置方式有多种,常用的是前墙布置,前、后墙对冲或交错布置。此外,还有两侧墙对冲或交错布置和炉顶布置等,如图 4.30 所示。

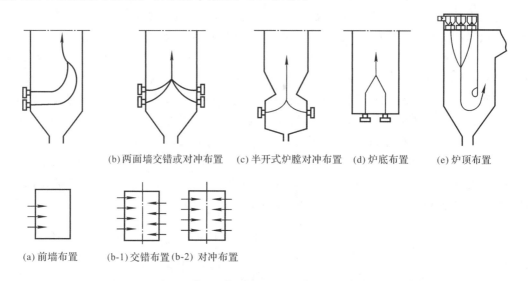

(b)两面墙交错或对冲布置　(c)半开式炉膛对冲布置　(d)炉底布置　(e)炉顶布置

(a)前墙布置　　(b-1)交错布置(b-2)对冲布置

图 4.30　旋流燃烧器的布置方式

如果锅炉容量较小,一般将旋流燃烧器布置在前墙,单排布置或多排布置;锅炉容量较大时,则可采用前后墙或两侧墙对冲或交错布置,单排或多排布置。

旋流燃烧器布置在前墙时,可以不受炉膛截面宽深比的限制,布置方便,特别适宜与磨煤机煤粉管道的连接,但炉内空气动力场却在主气流上下两端形成两个非常明显的停滞旋涡区,炉膛火焰的充满程度较差,而且炉内火焰的扰动较差,燃烧后期的扰动混合也不好。

燃烧器布置在前后墙或两侧墙时,两面墙上的燃烧器喷出的火炬在炉膛中央互相撞击后,火焰大部分向炉膛上方运动,只有少量烟气下冲到冷灰斗,在冷灰斗处便会形成停滞旋涡区。因此,炉内的火焰充满程度较好,扰动性也较强。如果对冲的两个燃烧器负荷不相同,则炉内高温核心区将向一侧偏移,形成一侧结渣。两面墙交错布置燃烧器则可避免这个问题。

旋流燃烧器布置在炉顶时,煤粉火炬可沿炉膛高度自由向下发展,炉内火焰充满程度也较好。但其缺点是引向燃烧器的煤粉及空气管道特别长,故实际应用不多,只在采用 W 型火焰燃烧技术的较矮的下炉膛中才应用。

（5）旋流燃烧器的运行参数

旋流燃烧器的性能除由燃烧器的型式和结构特性决定外,还与它的运行参数有关。旋流燃烧器的主要运行参数是一次风率 r_1 及一次风速 w_1,二次风率 r_2 及二次风速 w_2,一、二次风速比 w_2/w_1 和热风温度等。

一次风率 r_1 就是一次风量占总风量的份额。一次风率直接影响到煤粉气流着火的快慢,特别是燃用低挥发分的煤时,为加快着火,应限制一次风量,降低着火热,使煤粉空气混合物能较快地加热到煤粉气流的着火温度。同样理由,也应采用较低的一次风速,以增强煤粉着火的稳定性。在热风送粉的中间储仓式制粉系统中,热风温度也因燃煤种类不同而异。

一次风率 r_1 可按表 4.6 选用,一、二次风速则可按表 4.7 选取,而热风温度则列于表 4.8 中。采用 300 ℃ 以上热风温度并采用热风送粉时 r_1 取 0.20～0.25。

表 4.6　旋流燃烧器的一次风率

煤种	$w_{daf}(V)/\%$	一次风率 r_1	煤种	$w_{daf}(V)/\%$	一次风率 r_1
无烟煤	2～10	0.15～0.20*	烟煤	20～30	0.25～0.30
贫煤	11～19	0.15～0.20		30～40	0.30～0.40
			褐煤	40～50	0.50～0.60

注：* 采用 300 ℃ 以上热风温度并采用热风送粉时 r_1 取 0.20～0.25。

表 4.7　旋流燃烧器的一、二次风速

煤　种	无烟煤	贫煤	烟煤	褐煤
一次风速 $w_1/(m \cdot s^{-1})$	12～16	16～20	20～26	20～26
二次风速 $w_2/(m \cdot s^{-1})$	15～22	20～25	30～40	25～35

表 4.8　不同煤种的热风温度

煤　种	无烟煤	贫煤及劣质烟煤	烟煤、洗中煤	褐煤	
				热风干燥	烟气干燥
热风温度/℃	380～430	330～380	280～350	350～380	300～350

4. 直流燃烧器及其布置

直流燃烧器由一组矩形、多边形或圆形的喷口组成,喷出的一、二次风都是不旋转的直流射流。直流燃烧器可以布置在炉膛四角、炉膛顶部或炉膛中部的拱形部分,从而形成四角布置切圆燃烧方式、W 型火焰燃烧方式和 U 型火焰燃烧方式。在我国的燃煤电站锅炉中,应用最广的是四角布置切圆燃烧方式。

（1）直流射流的基本特性

从喷口喷出来的直流射流,具有较高的初速,一般其雷诺数 $Re \geqslant 10^6$,因此燃烧器喷射出来的射流都是湍流射流。而且射流射入一个很大的空间后不受任何固体壁面的限制,这种气流就是直流自由射流。当射出的气流与空间中气体的温度相同时,称之为等温射流。

当射流射到大空间中去时,在湍流扩散的作用下,射流边界上的流体微团就与周围气体发生热质交换和动量交换,将一部分周围气体卷吸到射流中来,并随射流一起运动,因而射流的横截面不断扩大,流量不断增加,但却使射流的速度逐渐减慢,射流的结构特性及速度分布如图 4.31 所示。

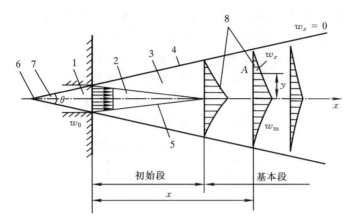

1—喷口；2—射流等速核心区；3—射流边界层；4—射流的外边界；

5—射流内边界；6—射流源点；7—扩展角；8—速度分布。

图 4.31　等温自由射流的结构特性及速度分布

　　射流自喷口喷出后，仅在边界层处有周围气体被卷吸进来。在射流中心尚未被周围气体混入的地方，仍然保持初速，这个保持初速为 w_0 的三角形区域称为射流等速核心区，核心区内的流体完全是射流本身的流体。在核心区维持初速 w_0 的边界称为内边界，射流与周围气体的边界（此处流速 $w_x \rightarrow 0$）称为射流的外边界。内外边界间就是湍流边界层，湍流边界层内的流体是射流本身的流体以及卷吸进来的周围气体。从喷口喷出来的射流段到一定距离，核心区便消失，只在射流中心轴线上某点处尚保持初速 w_0，此处对应的截面称为射流的转折截面。在转折截面前的射流段称为初始段，在转折截面以后的射流段称为基本段，基本段中射流的轴心速度也开始逐步衰减。

　　射流的内、外边界都可近似地认为是一条直线，射流的外边界线相交之点称为源点，其交角称为扩展角。扩展角的大小与射流喷口的截面形状和喷口出口速度分布情况有关。

　　因为射流的初始段很短，仅为喷口直径的 2～4 倍，这段距离在煤粉炉中尚处于着火准备阶段。因此，在实际锅炉工作中，主要研究基本段的射流特性。这些特性参数包括速度分布、射程、扩展角等。

　　试验发现，射流在基本段中各截面的速度分布是相似的。所谓射程，是指射流某一截面上的轴线速度 w_m 降低到某一不为零的数值时（即保持一定的余速，有人认为降到 $w_m = 0.05w_0$ 时），该截面与喷口之间的距离。射程反映了轴线速度 w_m 沿射流运动方向的衰减情况，也反映了射流对周围气体的穿透能力。射流的扩展角决定了射流的外边界线，也就决定了射流的形状。

　　(2)四角布置切圆燃烧方式

　　直流燃烧器布置在炉膛四角，每个角的燃烧器出口气流的几何轴线均切于炉膛中心的假想圆，故称为四角布置切圆燃烧方式。这种燃烧方式是以整个炉膛作为一个整体来组织燃烧的，由于四角射流着火后相交，相互点燃，有利于稳定着火。四股气流相切于假想圆后，使气流在炉内强烈旋转，有利于燃料与空气的扰动混合，而且火焰在炉内的充满程度较好。

　　①直流燃烧器喷口的排列方式。根据燃煤特性不同，切圆燃烧方式的直流燃烧器的一、二次风喷口的排列方式可以分为均等配风和分级配风两种，如图 4.32 所示。

　　均等配风方式的喷口布置如图 4.32(a)所示，其布置特点是，一、二次风喷口相间布置，即在两个一次风喷口之间均等布置 1～2 个二次风喷口，或者每个一次风喷口的背火侧均等布置二次风喷口。一、二次风喷口相互紧靠，其喷口边缘的上、下间距较小，一般为 80～160 mm。沿高度间隔排列的各个二次风喷口的风量分配接近均匀。这样布置有利于一、二次风的较早混合，使一次风煤粉气流着火后就能迅速获得足够的空气补充，使火焰根部不致缺氧而导致燃烧不完全。这种布置方式，在国内外燃用高挥发分的烟煤和褐煤锅炉上应用较多，故常称为烟煤、褐煤型配风方式。美国燃烧工程公司所设计的、燃用 $w_{daf}(V) \geqslant 13\%$ 煤种的锅炉，几乎全用这种配风方式。

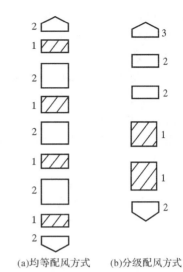

(a)均等配风方式　(b)分级配风方式

图 4.32　切圆燃烧方式直流燃烧器喷口的布置

　　分级配风方式的一、二次风喷口排列方式如图 4.32(b)所示。其布置特点是，一次风喷口相对集中布置，并靠近燃烧器的下部，二次风喷口则分层布置，而且一、二次风喷口边缘保持较大的距离，约为 160～350 mm。这样既可推迟一、二次风的混合，以保证在混合前的一次风煤粉气流有较好的着火条件。同时二次风分层，分阶段送入燃烧着的煤粉气流中去。首先在一次风煤粉气流着火后送入一部分二次风，促使已着火的煤粉气流的燃烧能继续扩展，待全部煤粉气流着火后，再高速送入部分二次风，使它与已着火的煤粉气流强烈混合，借此加强气流的扰动，提高扩散速度，促使煤粉的猛烈燃烧和燃尽过程的迅速完成。这种配风方式，适合于低挥发分的无烟煤和贫煤的燃烧要求，故又称为无烟煤、贫煤型配风方式。当燃用劣质烟煤时，为了稳定着火和燃烧，也常用这种配风方式。

　　在大、中型煤粉锅炉四角布置切圆燃烧方式直流燃烧器的一次风喷口中，有时还布置有一个狭长形的二次风喷口，因其形状和布置位置不同而分别称为周界风、夹心风和十字风，如图 4.33 所示。

　　在燃用低挥发分煤的切圆燃烧方式直流燃烧器的一次风喷口四周，有时常布置一层二次风，称为周界风，如图 4.33(a)所示。

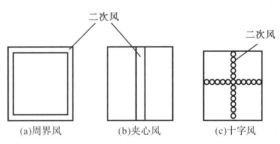

(a)周界风　　　(b)夹心风　　　(c)十字风

图 4.33　一次风喷口中布置的二次风

周界风的风层薄，约为 15～25 mm；风量小，约为二次风总量的 10%；但风速却较高，约为 30～45 m/s。布置周界风有利于将周围的高温烟气卷吸进一次风煤粉气流中，以提高煤粉气流的温度，有利于煤粉气流的着火，也有保护一次风喷口不易被烧坏的作用。但是应该注意，如果设计和使用不当，周界风反而会妨碍一次风直接与高温烟气的接触。

　　为了避免周界风妨碍一次风直接卷吸高温烟气的不利影响，又出现了夹心风。所谓夹心风就是在一次风喷口中间竖直地布置一个二次风喷口，如图 4.33(b)所示。夹心风的风速高于一次风速，其风量约占二次风总量的 10%～15%。夹心风的作用在于：能及时补充煤粉气流着火后燃烧所需要的空气，但却不影响着火；可提高一次风射流的刚性，使一次风射流减少偏斜;强化了煤粉气流的湍流脉动,有利于煤粉和空气的混合;减少了射流的扩展角,使煤粉气流不易冲墙贴壁,有利于防止炉内结渣。改变夹心风风量的大小,可作为煤种和负荷变动时的燃烧调节的手段。

在某些燃用褐煤锅炉的切圆燃烧方式直流燃烧器的一次风喷口中,为了使煤粉气流着火后能迅速补充氧气,常在一次风喷口中安装十字形排列的许多二次风小喷口,如图 4.33(c)所示,这种二次风称为十字风。十字风有利于减少火焰对大尺寸的一次风喷口内壁面的辐射传热,可以起到保护一次风喷口的作用;较高速的十字风可以加强一次风射流的刚性,使一次风不易偏斜;在一次风喷口停用时,还可以用十字风来继续冷却喷口。

②切圆燃烧方式直流燃烧器的主要热力参数。切圆燃烧方式直流燃烧器的一次风喷口都是多层布置,而且随着锅炉容量的增大,一次风喷口的层数逐渐增加。这是因为随着锅炉容量的增大,单个一次风喷口的热负荷不可能成正比地增加,否则会导致炉膛局部热负荷过高而引起结渣;而且还会因燃烧中心温度过高,致使有害气体 NO_x 的产量增加。单个一次风喷口热负荷的增加是有限的,只能增加一次风喷口的数量,以满足锅炉容量增大的需要,因此,便采用一次风喷口多层布置。当然,随着锅炉容量的增大,炉膛的深度和宽度也会增大(但没有锅炉容量增大得快),也要求一、二次风气流有较大的射程,特别是大容量锅炉,炉膛中气流上升速度增加,会使四角燃烧器喷射出来的四股气流在假想切圆相切后形成旋转上升气流的旋转强度减弱,为了避免这个缺点,适当地增加单个喷口的热负荷也是必要的,这就要求相应地增加一、二次风喷口的尺寸和出口气流速度。

切圆燃烧方式直流燃烧器一次风喷口的布置层数及其热负荷的参考数值如表 4.9 所示。

表 4.9　直流燃烧器的一次风喷口

机组电功率/MW	12	25	50	100、125	200	300	600
锅炉容量/(t·h^{-1})	60、75	120、130	220、230	400、410	670	约 1000	约 2000
一次风喷口层数	2	2	2～3	3～4	4～5	5～7	6
单个一次风喷口热负荷/MW	7.0～9.3	9.3～14.0	14.0～23.3	18.6～29.0	23.3～41.0	23.3～52.0	41.0～67.5

切圆燃烧方式直流燃烧器的一、二次风率主要根据燃煤的 $w_{\mathrm{daf}}(V)$ 值和着火条件来决定,同时也考虑制粉系统的采用情况,表 4.10 列出了固态排渣煤粉炉直流燃烧器的一次风率 r_1 的推荐值。

表 4.10　直流燃烧器的一次风率 r_1

煤种	无烟煤	贫煤	烟煤		劣质烟煤		褐煤
			$20\%<w_{\mathrm{daf}}(V)\leqslant30\%$	$w_{\mathrm{daf}}(V)>30\%$	$w_{\mathrm{daf}}(V)\leqslant30\%$	$w_{\mathrm{daf}}(V)>30\%$	
乏气送粉	—	—	0.20～0.30	0.25～0.35	—	约 0.25	0.20～0.45
热风送粉	0.20～0.25	0.20～0.30	0.25～0.40	—	0.20～0.25	0.25～0.30	—

若是液态排渣煤粉炉,其 r_1 值要比表 4.10 所列数值低 0.05～0.10。一次风率确定后,每一个一次风喷口的风量通常是平均分配的。

表 4.11 是固态排渣煤粉炉采用直流燃烧器时的一、二次风速的推荐值。一次风速 w_1 主要取决于煤粉的着火性能,对直吹式制粉系统或用乏气送粉的中间储仓式制粉系统取下限,热风送粉可取上限。二次风速 w_2 主要考虑气流的射程,以保证煤粉空气在燃烧后期混合良好并使之完全燃

表 4.11　固态排渣煤粉炉直流燃烧器的一、二次风速推荐值

煤种	无烟煤、贫煤	烟煤、贫煤
一次风出口速度 $w_1/(\mathrm{m \cdot s^{-1}})$	20～25	20～35
二次风出口速度 $w_2/(\mathrm{m \cdot s^{-1}})$	45～55	40～60
三次风出口速度 $w_3/(\mathrm{m \cdot s^{-1}})$	40～60	40～50

烧。一、二次风速比 w_2/w_1 一般是 1.1～2.3。三次风的风速一般用得较高,主要使三次风有较大的穿透深度,能较好地和火焰混合,以利其中含有的少量煤粉燃尽。三次风喷口一般放在燃烧器的最上层,常向下倾斜 5°～15°,对难着火的低挥发分煤,其倾角较小,甚至不向下倾斜,三次风喷口和上二次风喷口边缘的距离也较大。

③切圆燃烧方式直流燃烧器的布置。切圆燃烧方式直流燃烧器的布置方式有多种,如图 4.34 所示。

中小容量煤粉炉最常用的是正四角布置(见图 4.34(a)),这种布置方式的炉膛截面为正方形或接近正方形的矩形,直流燃烧器布置在四个角上,共同切于炉膛中心的一个直径不大的假想切圆,这样可使燃烧器喷口的几何轴线和炉膛两侧墙的夹角接近相等,因而射流两侧的补气条件差异很小,气流向壁面的偏斜较小,因而煤粉火炬在炉膛的充满程度较好,炉内的热负荷也比较均匀,而且煤粉管道也可以对称布置。正八角布置(见图 4.34 (b))也有同样的特点。现代大容量锅炉常采用大切角正四角布置(见图 4.34(c)),它是把炉膛四角切去,在四个切角上安装燃烧器。这种布置除具有正四角布置的特点外,还因为四角切去,可形成切角形水冷壁,这样既可增大燃烧器喷口两侧的空间,使两侧补气条件的差异更小,射流不易偏斜;同时燃烧器可与切角处的水冷壁连在一起,形成燃烧器的水冷套,以保护燃烧器喷口不易被烧坏。同向大小切圆方式(见图 4.34(d))适用于截面深宽比较大的炉膛或由于炉膛四角有柱子,而

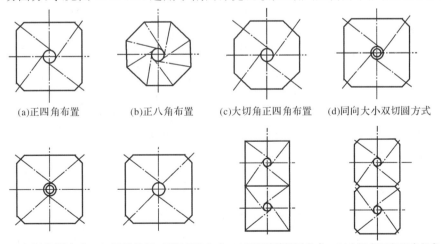

(a)正四角布置　(b)正八角布置　(c)大切角正四角布置　(d)同向大小双切圆方式

(e)正反双切圆方式　(f)两角相切,两角对冲方式　(g)双室炉膛切圆方式　(h)大切角双室炉膛方式

图 4.34　切圆燃烧方式直流燃烧器的布置方式

不能作正四角布置,燃烧器只能布置在两侧墙靠角的位置的情况。此时燃烧器喷口中的几何轴线和两侧墙间的夹角差异很大,射流的补气条件也有较大的差异,布置成大小切圆方式,即两对对角燃烧器的射流分别和两个直径不同的假想切圆相切,可以改变气流的偏斜,并可防止实际切圆的椭圆度过大。若采用正反双切圆方式(见图 4.34(e)),则由于两股气流反切,可减少实际切圆的椭圆度。两角相切,两角对冲方式(见图 4.34(f)),可以减小气流相切时的实际假想切圆的直径,降低气流的旋转强度,虽可防止气流的过分偏斜,避免炉膛水冷壁结渣,降低烟气出口残余旋转,减少过热器热偏差,但却使燃烧后期的混合扰动情况变差。更大容量的煤粉锅炉(发电功率大于 500 MW),有时设计成双室炉膛切圆方式(见图 4.34(g))和大切角双室炉膛方式(见图 4.34(h)),此时两个并排的炉膛(燃烧室)中间用双面水冷壁隔开,使每个炉膛截面都成为正方形或接近正方形的矩形,在各自的炉膛的四角布置直流燃烧器,形成切圆燃烧方式。

④切圆燃烧时炉内气流的偏斜。四角布置切圆燃烧方式中,燃烧器喷口的出口射流都与一个假想圆相切,形成的旋转气流使得每一角燃烧器喷出的煤粉气流都受到来自上游邻角燃烧器的高温火焰的加热,并使之很快着火燃烧,然后再去点燃下游邻角燃烧器喷出的煤粉气流,这对着火、燃烧是非常有利的。但实际中从燃烧器喷射出来的气流总会某种程度上偏离气流的设计方向,即偏离了喷口的几何轴线。一般说来,气流相切的假想切圆的直径

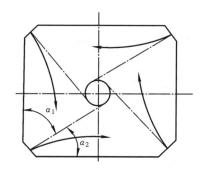

图 4.35　切圆燃烧方式炉内气流的偏斜

要比设计值大,偏离严重时就会引起炉内火焰的冲墙贴壁,从而使水冷壁结渣,这就是所谓的气流偏斜现象,如图 4.35 所示。

事实上,还有许多其他因素也会导致炉内气流偏斜。

a.炉内旋转气流所产生的横向推力会迫使燃烧器喷射出来的射流偏斜。旋转气流的横向推力的大小,取决于炉内旋转气流的旋转强度,即它的旋转动量矩。而旋转动量矩取决于一、二次风的动量和假想切圆的直径。由于二次风率和风速都比一次风高,所以二次风的动量起主要作用。适当增加一次风动量或减小二次风动量,都会减小旋转动量矩,而使气流的偏斜减弱。但一次风率及风速都不可能增加太多,特别是燃用低挥发分煤时,这是保证煤粉气流着火所必须的。一次风动量不能提高,二次风动量便不能减小,所以从这个意义上来说,气流偏斜是必然的。假想切圆的直径愈大,气流的旋转动量矩也愈大,气流偏斜的现象愈严重,甚至会出现火焰冲刷水冷壁而引起水冷壁结渣,严重影响锅炉的安全运行。但假想切圆直径又不能过小,否则会使炉内高温火焰集中在炉膛中央,炉膛四周的温度水平较低,也不利于煤粉气流的着火。因此,要针对燃用的煤种特性,正确选择假想切圆的直径。表 4.12 列出了不同容量、不同煤种的固态排渣煤粉锅炉通常选用的假想切圆直径范围。冷态试验表明,实际测量和观察到的切圆直径要比表 4.12 所列数值大 2.5～4 倍。而在热态试验时,由于燃烧引起气体膨胀,上升动量必然增加,致使旋转动量矩相应减少,假想切圆直径比冷态时稍小一些。

表 4.12　固态排渣煤粉炉的假想切圆直径　　　　　　（单位：mm）

煤种		锅炉容量/(t·h⁻¹)			
		≤130	220	410	670
无烟煤、贫煤、劣质烟煤	易结渣	300～400	400～500	600～700	700～800
	不易结渣	600～700	700～800	800～1000	1000～1200
优质烟煤、褐煤		300～400	400～500	600～700	700～800

b.炉膛实质上是一个有限空间,而且直流燃烧器的喷口大都是一个狭长的矩形,喷口的几何轴线与相邻两侧墙间的夹角通常是不相等的,如图 4.35 所示。燃烧器喷口的几何轴线与前墙的夹角为 α_1,与侧墙的夹角为 α_2,通常 $\alpha_1 > \alpha_2$。对于狭长形的燃烧器喷口出来的射流,主要从射流两侧卷吸炉内高温烟气。由于两侧的烟气被射流卷吸带走,形成负压及补气流。夹角大的一侧,即前墙一侧的自由空间较大,补气条件较好,补气流动阻力小,因此这一侧的压力便较高;夹角小的另一侧墙的补气条件相对较差,因此压力较低。由于射流两侧补气条件不同,两侧的压力也不相同。这样就使得射流两侧有不同的静压差,从而迫使射流向夹角小的一侧偏斜。

c.直流燃烧器本身的结构特性,也对射流的偏斜有一定的影响。因为直流燃烧器的狭长形喷口喷出来的扁薄射流,其刚性较差,不易抵抗上游邻角气流横向推力的冲击,特别是一次风射流动量较小,刚性更差,更容易偏斜。因此为了增强刚性,就要从燃烧器结构特性着手。燃烧器的高宽比 $h_总/b$ 不能过大,经验证明,直流燃烧器的总高度与喷口宽度之比 $h_总/b$ 不应大于 6～8,否则会因射流的刚性变差而使射流偏斜;但是 $h_总/b$ 值增大,却对着火和燃烧有利。这是因为 $h_总/b$ 增大,燃烧器出口气流与炉内高温烟气的接触面积增大,有利于煤粉气流的着火和燃烧的稳定。因此,在燃用低挥发分的无烟煤和贫煤时,常使 $h_总/b$ 大于 8,而采取燃烧器各喷口边缘间的间距 Δ 增大的办法,来减小喷口出来的狭长形射流两侧的静压差,以防止射流过分的偏斜。在设计中,常采用相对间距 Δ/b 来代替间距 Δ,目前,常采用的一、二次风喷口间的相对间距,对无烟煤和贫煤,Δ/b 取 0.3～0.9;对烟煤和褐煤,Δ/b 取小于或等于 0.3。燃烧器总面积 $A_总$ 与炉膛截面积 A 的比值,对射流偏斜也有影响。当 $A_总/A$ 增大时,在一定的燃烧器总面积下,意味着炉膛截面积 A 相对减小,这不但导致相邻射流交点前移,使射流提前偏斜,而且使得炉内气流的平均上升速度增加,对煤粉的燃尽不利;但对于矩形炉膛,由于直流燃烧器每角射流至相交点的行程各不相同,转弯向上流动的距离也各不相同,因而使上游邻角气流作用在射流上的动量部分错开,使射流产生偏斜的重要因素减弱,从而减小了射流的偏斜。

⑤炉膛出口气流残余旋转与烟温偏差。切圆燃烧方式中,炉内旋转上升的气流到达炉膛出口处时仍将具有相当的旋转强度,称为气流的残余旋转。实践表明,这会引起炉膛出口截面处的烟速和烟温产生严重的不均匀,称之为烟温或烟速偏差,总称为炉膛出口烟气能量不平衡(包括烟温、烟速和粉尘分布),也称炉膛出口烟气热偏差。逆时针残余旋转气流在烟道右侧与水平烟道入口气流速度方向一致,而左侧则刚好相反,从而使烟道右侧的烟速高于左侧的烟速。经换热后的右侧烟温也就高于左侧,形成右高左低的烟温偏差。顺时针残余旋转气流则

刚好相反,左侧烟温高于右侧烟温。

烟温及烟速偏差会导致过热器及再热器各蛇形管吸热不均匀,产生热偏差,严重时引起过热器及再热器管的超温爆管。随着锅炉容量的增大,这种偏差现象就越严重,这已经成为担忧在更大容量锅炉上不宜采用切圆燃烧方式的主要因素之一。

实践表明,烟温偏差不仅与气流的残余旋转有关,还应和烟气的温度场分布有关。多年来,为减少烟温偏差,在减少残余旋转、消旋上进行了很多试验研究工作。

5. 煤粉气流的稳燃技术

煤粉空气混合物较难着火,特别是燃用低挥发分的无烟煤、贫煤以及其他劣质煤时。低负荷运行时,能否稳定着火更是锅炉运行中的突出问题。为了提高着火、燃烧的稳定性,过去常用的办法就是投油助燃,因此耗费了大量的燃油。

为了提高不投油工况下煤粉气流的着火、燃烧稳定性,已研究开发出多种行之有效的技术。这些技术的共同点都是设法建立稳定的着火热源、增强对煤粉气流的传热能力和降低一次风煤粉气流的着火热。例如,敷设卫燃带来提高燃烧器区域的温度;采用热风送粉系统和较高的热风温度;采用较低的一次风率和一次风速;减小煤粉颗粒细度;控制锅炉最低运行负荷以及采用性能良好的燃烧器;提高风粉混合物中煤粉浓度等。燃烧反应速度与一次风粉气流中煤粉浓度和氧浓度有关。在一定的煤粉细度和空气温度条件下,一定的煤粉浓度范围内,随着煤粉浓度增大,反应速度加快,煤粉气流的着火和燃烧稳定性也变好。

在燃烧器出口附近增大回流区和回流量,获得较强的高温烟气的回流,这是形成局部高温区的有效措施。回流高温烟气直接送到煤粉火炬的根部,对煤粉火炬的稳定着火极为有利。这类燃烧器包括国内开发的煤粉预燃室(旋流式和大速差同轴射流直流式)、钝体燃烧器、火焰稳定船燃烧器、扁平射流燃烧器等。

采用浓淡分离的高浓度煤粉燃烧器,是提高燃烧器出口局部的煤粉浓度的有效方法。提高煤粉浓度,还可以降低 NO_x 的生成量。截至目前,已开发出多种浓淡燃烧器。

浓淡燃烧器的工作原理是利用离心力或惯性力将一次风煤粉气流分成富粉流和贫粉流两股气流,分别通过不同喷口进入炉膛内燃烧。这样,可在一次风总量不变的条件下,分离出一股高煤粉浓度的富粉流。由于高浓度煤粉气流具有良好的着火和稳燃性,因此它不需要特别强的热回流。这样,不仅实现强化着火在技术上简单易行,还可避免热回流过强带来的弊病,这类燃烧器有较宽的煤种适应性,不仅用于燃用高灰分劣质烟煤和高水分褐煤,也用于燃用无烟煤和贫煤。

图 4.36 示出目前常用产生煤粉浓淡分离的几种方法。

离心式煤粉浓缩器用在燃用无烟煤的 W 型火焰锅炉上;利用管道转弯所产生的离心力使煤粉浓缩在四角切圆燃烧的炉膛上得到应用;美国 FW 公司采用了一种带有百叶窗锥形轴向分离器的低负荷燃烧器,它的特点是在一次风管道中装有低负荷旁路,此旁路中的一次风经过轴向分离器后提高了煤粉浓度;带有旋流叶片的煤粉浓缩器用于燃用高水分褐煤的风扇磨煤机直吹式燃烧系统中。

CE 公司设计的 WR 燃烧器,其全名为直流式宽调节比摆动燃烧器,主要是为提高低挥发分煤的着火稳定性和在低负荷运行时着火、燃烧的稳定性而设计的。这种燃烧器的煤粉喷嘴是一种浓淡分离的高浓度煤粉燃烧器,其结构示意如图 4.37 所示。

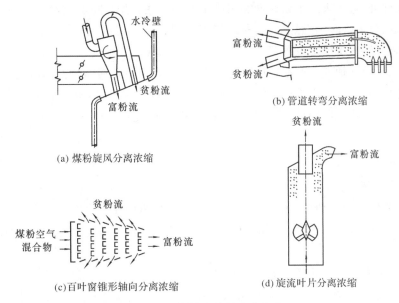

图 4.36　煤粉浓缩的几种方式

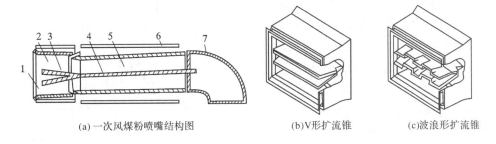

1—阻挡块;2—喷嘴头部;3—扩流锥;4—水平肋片;5—一次风管;6—燃烧器外壳;7—入口弯头。

图 4.37　WR 燃烧器的煤粉喷嘴

从图 4.37(a)可以看出,煤粉喷嘴的一次风道与煤粉管道的连接处有一个弯头,因此,WR 燃烧器使煤粉浓淡分离的工作原理就是利用煤粉气流通过这个管道弯头转弯时,受离心力的作用,大部分煤粉紧贴着弯头外侧进入煤粉喷嘴,而放置在煤粉喷嘴中间的水平肋片,将煤粉气流顺势分成浓淡两股,上部为高浓度煤粉气流,下部为低浓度煤粉气流,并将其保持到离开喷嘴以后的一段距离,从而提高了煤粉喷嘴出口处上部煤粉气流中的煤粉浓度。而在煤粉喷嘴出口处装有一个扩流锥,扩流锥有 V 形和波浪形两种(见图 4.37(b)、(c)),但多采用波浪形扩流锥。采用扩流锥可以在喷嘴出口形成一个稳定的回流区,使高温烟气不断稳定回流到煤粉火炬的根部,以维持煤粉气流的稳定着火。扩流锥装在煤粉管道内,不断有一次风煤粉气流流过,所以不易烧坏。其波浪形或 V 形的结构可以吸收扩流锥在高温辐射下的热膨胀;同时可以增加一次风煤粉空气混合物和回流高温烟气的接触面,加快煤粉空气混合物的预热和着火。扩流锥前端有一细长的阻挡块,当煤粉气流的流动速度发生变化时,有利于回流区的稳定。国内外的实践表明,WR 燃烧器能有效地燃用低挥发分的无烟煤和贫煤。

除上述几种外,近年来我国还研制和引进了其他一些新型煤粉燃烧器,诸如偏置射流预燃室、犁形燃烧器、分流型驻涡燃烧器、三段燃烧燃烧器、组合射流燃烧器、空间交叉组合射流煤粉燃烧器、可调分置三次风燃烧器等。

应当指出,影响锅炉燃烧过程的因素是多方面的,在新型煤粉燃烧器的研究开发与推广应用过程中,任何一种燃烧器都不可能完美无缺,正确的做法应该是,根据锅炉燃烧系统的设备条件、煤质特性和运行状况等具体条件,采用相应的新型燃烧器和综合治理措施,才能取得满意的效果。

6. W形火焰燃烧方式

(1) W形火焰燃烧方式的特点

为了使低挥发分的无烟煤、贫煤稳定地着火和燃烧,需要在着火区保持高温,加速着火,并有足够长的燃烧行程,以利燃尽。因此,出现了在燃烧室顶部布置燃烧器的 U 形或 W 形火焰燃烧方式。

采用 W 形火焰燃烧方式的固态排渣煤粉炉是美国的 FW 公司首创,脱胎于早期的 U 形火焰燃烧方式,故又称双 U 形火焰燃烧方式。由于燃烧器布置在前后对称的拱上,又称双拱燃烧。目前,许多国家都采用这种燃烧方式来燃用劣质烟煤、贫煤和无烟煤。

图 4.38 是燃用无烟煤的 W 形火焰炉膛的示意图。炉膛由下部的拱型着火炉膛和上部的辐射炉膛组成。拱型着火炉膛的深度比辐射炉膛约大 $80\%\sim120\%$,着火炉膛前后突出部分的顶部构成炉顶拱,煤粉喷嘴和二次风喷嘴从炉顶拱向下喷射,炉顶拱下面的着火炉膛中形成的 W 形火焰的高温烟气正好回流到煤粉气流的根部,十分有利于煤粉的着火过程,当着火的煤粉气流向下流动扩展,在着火炉膛的下部与三次风相遇后,再 180°转弯向上流动,便形成 W 形火焰,燃烧生成的高温烟气进入上部的辐射炉膛。在炉顶拱下面的着火炉膛的水冷壁上,敷设了卫燃带,形成着火区的高温,有利于着火。

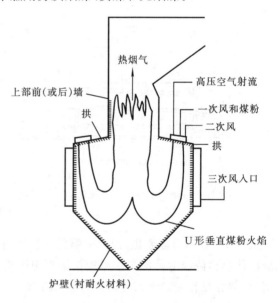

图 4.38　W形火焰锅炉炉膛示意图

W 形火焰的炉内过程分为三个阶段:第一阶段为着火的起始阶段,煤粉在低扰动状态下着火和初步燃烧,空气以低速、少量送入,以免影响着火;第二阶段为燃烧阶段,已着火的煤粉气流先后与以二次风、三次风形式送入的空气强烈混合,形成猛烈的燃烧;第三阶段为辐射换热和燃尽阶段,燃烧生成的高温烟气向上流动进入上部辐射炉膛后,除继续以低扰动状态使燃烧趋于完全外,烟气一边流动,一边对受热面进行辐射热交换。

国内外的实践经验表明,W 形火焰燃烧方式对燃用低挥发分煤种是有效的。但对 W 形火焰的燃烧有显著影响的因素有许多,如炉膛容积的大小和形状结构,卫燃带敷设的位置和敷设面积,一、二次风的配风比和风速比等。

W 形火焰燃烧方式的主要特点可归纳如下。

①W 形火焰燃烧方式的燃烧中心就在煤粉喷嘴出口附近,煤粉喷出后就直接受到高温烟气的加热,可以提高火焰根部的温度水平,前后拱型炉墙的辐射传热也提供了部分着火热,又在着火区敷设了卫燃带,这都有利于低挥发分煤的着火和燃烧。

②空气可以沿着火焰行程逐步加入,易于实现分级配风,分段燃烧,这不但有利于低挥发煤的着火、燃烧,还可以控制较低的过量空气系数及较低的 NO_x 生成量。

③W 形火焰燃烧方式在炉膛内的火焰行程较长,亦即增加了煤粉在炉内的停留时间,有利于低挥发分煤的燃尽。

④火焰在下部着火炉膛底部转弯 180°向上流动时,可使烟气中部分飞灰分离出来,减少了烟气中的飞灰含量。

⑤可以采用直流燃烧器或轴向可动叶轮旋流燃烧器,也可以采用高浓度煤粉燃烧器,有利于组织良好的着火、燃烧过程。

⑥由于在负荷变化时,下部着火炉膛中火焰中心温度变化不大,因而有良好的负荷调节性能,在较低负荷运行时可以不投油或少投油助燃。

(2)W 形火焰燃烧方式所用的燃烧器

W 形火焰燃烧方式可以用旋流燃烧器,也可以用直流式燃烧器。最常用的是带旋风子分离器的高浓度煤粉燃烧器,如图 4.39 所示。它用在 W 形火焰燃烧方式上,既有 W 形火焰燃烧方式的特点,又有高浓度煤粉燃烧器的优点。这种燃烧器的工作原理是:煤粉空气混合物经过分配箱分成两路,各进入一个旋风子分离器。在旋风子分离器内由于离心力的作用将煤粉与空气进行分离,而被分成高浓度煤粉气流和低浓度煤粉气流。大约有 50% 的空气和少量(约 10%～20%)的煤粉组成的低浓度煤粉气流,从旋风子分离器上部的抽气管通过通风燃烧器(乏气喷嘴)送入炉膛。其余 50% 的空气连同大部分煤粉(其煤粉浓度可达 1.5～2.0 kg/kg)形成的高浓度煤粉气流从旋风子下部流出,然后垂直向下通过旋流燃烧器(主燃烧器)旋转进入炉膛。主燃烧器的两侧有高速的二次风气流同时喷入。

带旋风子分离器的主燃烧器也可以是直流缝隙式燃烧器。

7. 液态排渣炉

液态排渣煤粉炉是在解决固态排渣煤粉炉中煤粉着火与结渣之间存在的矛盾而发展起来的。其设计思想是在炉膛下部保持足够高的温度,使炉渣全部熔化,以液态渣的形式从炉膛下部排出,经过渣井落入粒化水箱。在炉膛下部全部敷满耐火涂料,并以高温热风送粉,在炉膛下部形成熔渣段,其温度可达 1600 ℃以上,此时灰渣全部熔化,可以流动,结渣现象消失,同时煤粉的着火由于高温而十分稳定。

液态排渣炉的结构有开式和半开式两种。开式液态排渣炉中,从燃烧器区域往下全部水冷壁和炉底敷满耐火涂料,以减少水冷壁吸热,维持较高的温度。炉底设计成接近水平,以降低出渣口与燃烧中心间的距离,对维持熔渣段的高温有利。在出渣口上装置冷却管圈,由于它是凸起的,因而在炉膛底部形成一熔渣池。由出渣口流出的液态渣经过渣井落入粒化水箱,被冷却水急冷裂化成玻璃质状的固态灰渣,由捞渣设备不断地捞出水箱。炉膛上部为冷却段,由于水冷壁吸热,将烟气和它携带的渣粒冷却下来。

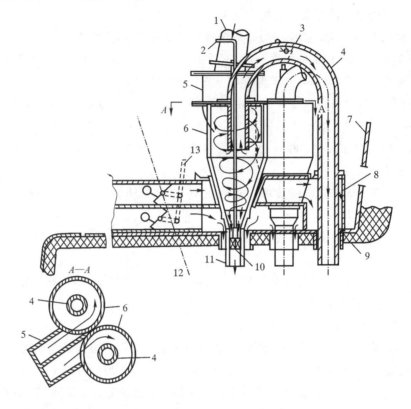

1——次风进口;2—主燃烧器轴向叶片调节杆;3—抽气控制挡板;4—抽气管;
5—煤粉气流分配箱;6—旋风子分离器;7—锅炉护板;8—二次风箱;9—耐火砖块;
10—叶片;11—主燃烧器喷嘴;12—点火油枪中心线;13—二次风调节挡板控制杆。

图 4.39 带立式双旋风子分离器的高煤粉浓度燃烧器

半开式液态排渣炉是在燃烧器区域之上由水冷壁管形成缩腰,将熔渣段和冷却段分开。采用半开式炉膛,由于冷却段的影响减小,可使熔渣段的温度提高 100 ℃左右。缩腰上部水冷壁管的倾角取 75°,可避免缩腰上部发生爬渣现象。

液态排渣炉一般都采用直流式燃烧器组织切圆燃烧。液态排渣炉的断面热负荷常设计成为一般煤粉炉的 1.5～1.7 倍,熔渣段的容积热负荷可达一般煤粉炉的 4～5 倍,整个炉膛的容积热负荷约为一般煤粉炉的 1.2～1.3 倍。因此在运行正常时,液态排渣炉的着火稳定,燃烧猛烈,大量的熔化灰渣在熔渣段内以液态方式排出,熔渣段以上水冷壁上也无结渣。由于熔渣段内火焰温度提高,因而燃烧过程更为猛烈,燃烧效率更高,q_4 损失较一般煤粉炉小。例如,燃用无烟煤时,可使 q_4 从固态排渣炉的 6%～7%降到 3%～4%。

在液态排渣炉中,为保证熔渣段内高温,不论燃用什么煤种,一律采用热风送粉。通常,对于无烟煤、贫煤和劣质烟煤,热风温度取 380～420 ℃;对于一般烟煤,取 350 ℃左右。乏气作为三次风。三次风口与上二次风口之间应留有足够距离,以免影响主气流的燃烧过程。

液态排渣的排渣率主要与炉型、燃料种类和锅炉负荷有关。通常在额定负荷下,开式炉的排渣率约为 15%～30%,半开式炉约为 15%～40%,其中低值相对于低挥发分煤种,高值相对于高挥发分煤种。锅炉负荷降低时，由于炉温下降，排渣率也相应降低。燃用多灰燃料时，由于灰滴凝聚机会增加，排渣率略有升高。当锅炉负荷降低时，炉内温度也随之下降。负荷低到一定程度，熔渣段内的温度将低到不再能液态排渣，这个负荷称为液态排渣炉的临界负荷。根据经验，开式炉的临界负荷约为 70%，半开式炉约为 60%。

分析液态排渣炉的经济性，从设备来看，由于炉膛容积热负荷 q_V 提高，对于中等容量的锅炉的炉膛尺寸可缩小一些，但对于 410 t/h 以上的大容量锅炉，由于受烟气冷却条件的限制，炉膛尺寸难以缩小，由于飞灰量减少，对流受热面烟气流速可取得高些，对流受热面可减小一些。另一方面，炉底构造略为复杂一些，经济性有所抵消。从锅炉热效率看，q_4 降低了，但 q_6 增加，特别是燃用多灰燃料时，可增加 2%～3%。一般，对于无烟煤，采用固态排渣炉时 q_4 大，采用液态排渣炉时 q_4 下降显著，抵消 q_6 的增加而有余，故总的锅炉热效率有所提高。烟煤则反之，可能效率还降低一些，但总的说来，相差并不悬殊。液态排渣炉在经济上的优越性主要体现在灰渣的综合利用。急冷裂化后的灰渣与一般煤粉炉冷灰斗排出的灰渣不一样，可以制砖，可作水泥配料，并可做经济价值更高的耐磨铸石。

液态排渣炉存在的主要技术问题是析铁和高温腐蚀，给锅炉的安全运行和检修带来较大的影响，在一定程度上影响了液态排渣炉的发展。

析铁的发生起源于煤粉离析，即燃烧器喷出的煤粉气流中有一部分未经燃烧而落入熔渣池，在高温的熔渣池中长期停留而和熔渣中的氧化亚铁发生化学反应生成纯铁，反应式如下：

$$FeO + C \longrightarrow Fe + CO$$

熔化的铁水易侵入炉底缝隙而损坏炉底结构。大量铁水积存在炉底，停炉后凝固成巨大铁块，很难清除。如果在运行中由出渣口流出落入粒化水箱，纯铁遇水可产生氢气，可能发生氢气爆炸。

防止析铁的方法一般是改进燃烧器和炉内空气动力工况以防止煤粉离析。例如燃烧器最下一层二次风，取风速 65 m/s 以上，以托住煤粉防止发生离析。适当增加燃烧器与熔渣池间的距离，下二次风口的下倾角保持 0°。有些液态排渣炉取消渣栏，而将炉底做成微倾斜，与水平面之间倾角为 10°～20°，这样可缩短熔渣在炉底的停留时间而防止析铁。但这种结构适用于灰熔点低、炉渣流动性好的煤种，否则由于炉底温度较低会影响液态排渣。

高温腐蚀是指在燃用高硫燃料时水冷壁管发生的腐蚀。这种腐蚀通常发生在受到火焰直接冲刷和还原性气氛（CO，H_2）笼罩的地方。无论是水冷壁光管或有铬矿砂敷盖的管子都会受到腐蚀，严重时，其腐蚀速度可达 3～4 mm/a。若燃烧工况组织不好，火焰中心上移，燃烧延迟，则过热器管子也可发生高温腐蚀。有关高温腐蚀的内容详见第 8 章。

对于灰熔点低、结渣性强而着火又较困难的煤种，液态排渣炉是一种好的燃烧方式，析铁和高温腐蚀等是可以解决的。但液态排渣炉由于炉内温度升高，燃烧过程中产生 NO_x 的问题较固态排渣炉严重，已影响到液态排渣炉的发展。

4.3.2　燃油炉

1. 油燃烧的基本要求

锅炉的燃油总是先通过雾化器雾化成细滴后再燃烧。雾化可极大地扩大燃料的表面积，以便通过空间悬浮燃烧实现快速和完全燃烧。

为了强化油的燃烧，要求如下。

①提高雾化质量,减小油滴直径。这样可以增大油滴的传热面积和蒸发面积,从而加快了油的蒸发速度。实际油滴气化气需的时间是和其直径的平方成正比的。

②增大空气和油滴的相对速度。这样可以加速气体的扩散和混合,从而有效地加强了燃烧。为此,应该采取一些扰动措施,例如组织空气流高速切入油雾及使气流保持旋转等。

③合理配风。分别对不同区域及时地供应适量的空气,以避免因高温缺氧而产生炭黑,并能在最少的过量空气下保证油的完全燃烧。正由于油的燃烧和配风条件较煤粉有利,所以应该采用较低的过量空气系数。在采用所谓低氧燃烧时,过量空气系数达到很低的数值,甚至可达 $\alpha \leqslant 1.03$。

油燃烧的上述要求是通过油燃烧器来达到的。油燃烧器主要由雾化器和配风装置所构成。燃油通过雾化器雾化成细滴,以一定的雾化角喷入炉内,并与经过配风器送入的、具有一定形状和速度分布的空气流相混合。油雾化器与配风器的配合应能使燃烧所需的绝大部分空气及时地从火炬根部供入,并使各处的配风量与油雾的流量密度分布相适应。同时也要向火炬尾部供应一定量的空气,以保证炭黑和焦粒的燃尽。油喷入炉膛之后一般也是由两种方式进行加热,即炉膛中的高温辐射以及喷出气流卷吸炉内高温烟气的对流换热。

2. 油雾化器

(1)油雾化器的分类及雾化质量的主要指标

油雾化器俗称油枪或油喷嘴。它由头部的喷嘴和连接管等构成。油雾化器按照喷嘴的种类可以简单地分为两大类:机械式雾化器(包括离心式和旋杯式)和介质式雾化器(以蒸汽或空气作介质),如图 4.40 所示。其中采用最多的是离心式机械雾化器。

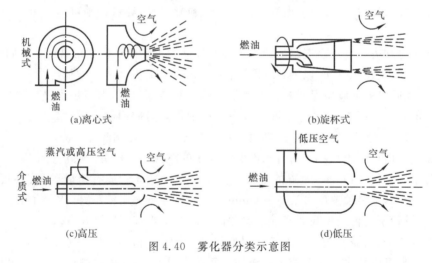

图 4.40 雾化器分类示意图

评价油雾化器雾化质量的主要指标有:雾化粒度和均匀性、雾化角、流量密度等。

雾化粒度是表示油滴颗粒大小的指标,一般有平均直径、最大直径和中值直径等。

油滴颗粒也存在着一个均匀性问题。试验表明,油滴颗粒度的分布基本上和煤粉颗粒度的分布规律相似。为了燃烧良好,一般总是要求雾化的油滴细而均匀。

雾化角的大小对油滴与空气的混合有较大的影响。雾化角过小,油雾不容易穿进风层。相反,雾化角过大,则油滴将穿过湍流最强烈的空气区域而使混合不良,甚至使油滴穿过风层,打在旋口或水冷壁管上,或掉在炉底上,造成结焦和燃烧不良。

单位时间内流过垂直于油雾速度方向的单位面积上的燃油体积称为流量密度。为了便于组织合理配风,要求流量密度沿圆周方向分布均匀,即流量密度曲线应该是对称的。同时,在雾化锥的中心区,流量密度应该较小,因为此处在燃烧时属于火炬的回流区。此外,流量过于集中也是不适宜的,因为此时高流量密度的地方有可能出现空气供应不足。

（2）离心式机械雾化器

离心式机械雾化器分为简单压力式和回油式两种。

①简单压力式雾化喷嘴。简单压力式雾化喷嘴(见图 4.41)主要由雾化片、旋流片和分流片所构成。由油管送来的具有一定压力的燃油,首先经过分流片上的几个进油孔汇合到环形均油槽中,并由此进入旋流片上的切向槽,获得很高的速度,然后以切线方向流入旋流片中心的旋流室。油在旋流室中产生强烈的旋转,最后从雾化片上的喷口喷出,并在离心力的作用下迅速被粉碎成许多细小的油滴,同时形成一个空心的圆锥形雾化炬。

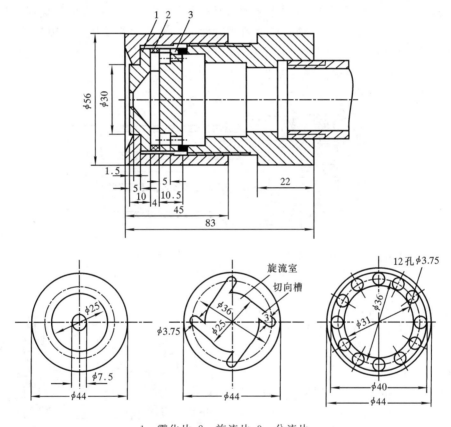

1—雾化片;2—旋流片;3—分流片。

图 4.41　切向槽式简单压力式雾化喷嘴(喷油量为 1700~1800 kg/h;图中单位:mm)

压力式雾化喷嘴,除上述最常用的切向槽式以外,尚有切向孔式的具有球形、柱形和锥形旋流室的喷嘴。这类喷嘴一般结构较为简单,工作阻力较小,但雾化质量较差,雾化角较小,射程较远。

简单压力式喷嘴的进油压力,一般为 2~5 MPa,单只喷油量为 120~4000 kg/h,选用雾化角为 60°~100°。这种雾化喷嘴的雾化粒度较粗,索特(Sauter)平均直径一般为 180~200 μm,但油雾流量密度分布较为理想,火焰短而粗。

在运行过程中,简单压力式喷嘴的喷油量通过改变进油压力来调节。进油压力降低会使雾化质量变差,这种喷嘴的最大的负荷调节比仅为1∶1.4。当锅炉在更低负荷下运行时,需要减少投入的燃烧器的数量或更换油喷嘴。这种喷嘴适用于带基本负荷的锅炉。

②回油式压力雾化喷嘴。回油式压力雾化喷嘴如图 4.42 所示。其结构原理与简单压力式基本相同。它们的不同点在于回油式喷嘴的旋流室前后各有一个通道:一个是通向喷孔,将油喷入炉膛;另一个则是通向回油管,让油流回储油罐。在油喷嘴工作时,进入油喷嘴的油流被分成喷油和回油二股流出。当进油压力保持不变时,总的进油量变化不大。改变回油量,喷油量也就自行改变。回油式喷嘴正是利用这个特性来调节负荷的。由于进油量基本上稳定不变,油在旋流室中的旋转强度就能保持,雾化质量也就始终能保证。事实上当喷油量减小时,总的进油量略有增加。因此,低负荷时雾化质量反而有所提高。这就保证了这种喷嘴有比较宽的负荷调节范围,一般调节比可达 1∶4。必须指出,在低负荷时,由于喷油的轴向速度降低较多,而切向速度反而有所提高,因此这时雾化炬的雾化角增大较多,有可能烧坏燃烧器的旋口,必须加以注意。尽管如此,回油式喷嘴的调节性能毕竟要比简单压力式喷嘴好得多,因而适宜用在负荷变化幅度较大和较频繁,并要求完全自动调节的锅炉上。但是,和简单压力式喷嘴相比,回油式喷嘴的回油系统较为复杂。

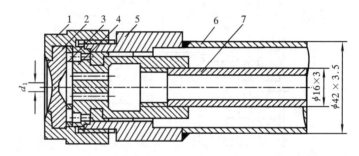

1—螺帽;2—雾化片;3—旋流片;4—分油嘴;5—喷油座;6—进油管;7—回油管。

图 4.42　回油式压力雾化喷嘴(分散小孔内回油;单位:mm)

以上两种离心式机械雾化喷嘴的共同特点,是结构简单,能量消耗少,噪声小,但加工精度要求较高,而且小容量喷嘴的喷口易于结焦和堵塞。

③旋杯式雾化器。该雾化器如图 4.43 所示。它的旋转部分由高速(3000~6000 r/min)的旋杯和通油的空心轴组成。轴上还装有一次风机叶轮,后者在高速旋转下能产生较高压头的一次风(2500~7500 Pa)。

旋杯是一个由耐热铸铁或青铜制成的空心圆锥体。燃油从油管引至旋杯的根部,随着旋杯的旋转运动沿杯壁向外流到杯的边缘(送油压力不大,一般为 0.005~0.3 MPa),在离心力作用下飞出雾化,高速的一次风

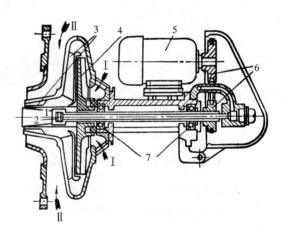

1—旋杯;2—空心轴;3— 一次风导流片;4— 一次风机叶轮;5—电动机;6—传动皮带轮;7—轴承。

Ⅰ——一次风;Ⅱ—二次风。

图 4.43　旋杯式雾化器

（40～100 m/s）则帮助把油雾化得更细。一次风通过导流片后做 1 旋转运动,其旋转方向与飞出油的旋转方向相反,这样能得到更好的雾化效果。

旋杯式雾化器,由于不存在喷孔堵塞和磨损问题,因而对油的杂质不敏感,油的黏度也允许高一些。这种雾化器在低负荷时不降低雾化质量,甚至会因油膜减薄而改善雾化细度,因此其调节比最高可达 1∶8,而且也便于自动调节。旋杯式雾化器的雾化颗粒较粗,但油滴大小和分布比较均匀,雾化角较大,火焰短宽,易于控制。此外,进油压力也低。但出力一般较小,通常都在 2500 kg/h 以下（国外也有个别旋杯式雾化器出力达到 5000 kg/h 左右）,所以这种雾化器主要用于工业锅炉。旋杯式雾化器的最大缺点是由于它具有一套高速旋转机构,因而结构复杂,对材料、制造和运行维护的要求较高。此外,这种雾化器还不宜于正压或微正压运行。

④介质式雾化器。介质式雾化器是利用高速喷射的介质（蒸汽或空气）冲击油流,并将其吹散而达到雾化的。

常用的高压雾化介质是蒸汽（也可用压缩空气）。雾化压力一般为 0.2～0.7 MPa。高压介质雾化器常分为外混式（气体和油在喷嘴外混合）和内混式（气体和油在喷嘴内混合）。内混式喷嘴的供油压力一般为 0.03～0.05 MPa,原则上只要求油能均匀流动就可以了,因为此时油是靠高速喷射气流引射而产生雾化的。这种喷嘴的喷孔直径较大,即使燃油中混入一点儿杂质,也不易堵塞。

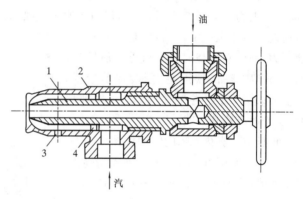

1—油管;2—蒸汽套管;3—定位螺丝;4—定位爪。

图 4.44　外混式蒸汽雾化喷嘴

图 4.44 为外混式蒸汽雾化喷嘴。油由中心管 1 流出,套管 2 中通蒸汽。中心管 1 相对于套管 2 的轴向位置可借助于手轮来调节,以改变蒸汽出口截面,使蒸汽和油保持合适的配比。

这种喷嘴的出力较小,为 10～400 kg/h,油压通常为 0.2～0.25 MPa,汽压一般应在 0.5 MPa 以上,平均汽耗量为 0.4～0.6 kg（汽）/kg（油）;火焰细长,长度为 2.5～7 m。

这种喷嘴的结构简单,制造方便,运行可靠,它的雾化质量比较好,而且稳定,调节比很大,可达 1∶5 以上,对油种的适应性也很好。但是,它的汽耗量太大,影响锅炉运行的经济性。此外,工作时有噪音,雾化不太好时,锅炉冒黑烟,锅炉尾部油垢较多。故一般用于小容量的自然通风喷嘴,也适用于燃用黏度较高的重油或要求火焰长的炉子。

Y 型蒸汽雾化喷嘴如图 4.45 所示,其油孔、汽孔、混合孔三者呈 Y 形相交。这是一

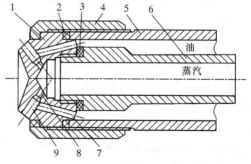

1—喷嘴头部;2,3—垫圈;4—螺帽;5—外管;6—内管;
7—油孔;8—汽孔;9—混合孔。

图 4.45　Y 型雾化喷嘴

种新型的内混式蒸汽喷嘴。油从外管进入喷嘴头部的油孔,蒸汽从内管进汽孔,油和蒸汽在混合孔中相遇,油在这里和汽流撞击被初步破碎,并形成乳化状态的油汽混合物,然后再经混合孔前面的喷口喷到炉内,雾化成细滴。喷孔一般为6、8、10个,与喷嘴轴线对称分布。

Y型喷嘴的出力可达10000 kg/h,一般为3000～7000 kg/h;入口油压为0.7～2.1 MPa,一般蒸汽压力比油压高0.1～0.2 MPa,通常为1 MPa。当然,蒸汽压力越高,雾化质量越好,但汽耗量增大,而且汽压过高还容易将火吹灭。

Y型喷嘴近年来有了较大改进,包括:改进了喷嘴的密封结构,以减少油、汽的泄漏;增加喷孔数,提高入口油压,以改善雾化质量,并使出力提高。这一切使Y型喷嘴不仅比普通的蒸汽雾化喷嘴优越,而且比离心式喷嘴优越。其优点主要有:由于油、汽通过分散的细孔道混合,使油的雾化质量很好,油滴平均直径甚至可达50 μm左右;调节比很大,可达1∶6～1∶10,而且在任何负荷下都能保持雾化角不变;喷孔的加工粗糙度对雾化质量的影响不明显;能适用于各种液体燃料(包括轻油),其最大优点是汽耗量很小,甚至仅需0.014～0.03 kg(汽)/kg(油),一般为0.07～0.14 kg/kg,仅为普通蒸汽喷嘴汽耗量的1/4左右。上述优点说明,这种喷嘴能适用于大型锅炉,特别是低氧燃烧。因为在大型锅炉中,压力雾化喷嘴要求有很高的进油压力,而低氧燃烧时则要求雾化质量非常好。

Y型喷嘴的缺点主要是:保养较难,当油质较差,管内有杂质时,喷孔易被堵塞,工作时有噪声。

低压空气雾化喷嘴的结构如图4.46所示。油在较低压力(0.03～0.1 MPa)下从喷嘴中心喷出,速度较高的空气(约80 m/s)从油的四周喷入,将油雾化。所需风压约为2000～7000 Pa。这种喷嘴的出力为2～300 kg/h,一般用于100 kg/h以下。

这种喷嘴的雾化质量较好,能使空气全部参加雾化,火焰较短,油量调节范围广,通常在1∶5以上,对油质要求不高,从

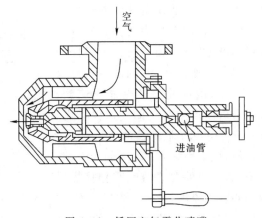

图4.46　低压空气雾化喷嘴

一般重油到轻油均可以燃烧,能量消耗较低,而且系统简单,装卸方便,适用于小型锅炉和小容量的工业炉。

3. 配风器

(1)对配风器的要求和配风器的分类

配风器的作用是对燃油供给适量的空气,并形成有利的空气动力场,使空气能与油雾充分混合,达到及时着火,充分燃尽的目的。根据油燃烧的特点,配风器应满足如下要求。

①必须有根部风,以尽可能地减少高温热分解。因此,配风器也需要分流空气,使一部分空气,即所谓一次风,在油雾化炬的根部,当油还没有着火燃烧以前,就已经混入油雾之中。

②在燃烧器出口应有一个尺寸较小的,离喷嘴有一定距离的高温烟气回流区,使之既能保证油的着火稳定,又能避免油滴喷入回流区而发生强烈的热分解。

③前期的油气混合要强烈。除根部风外,其余部分空气也应在燃烧器出口就能和油雾均匀而强烈地混合。这就要求风量和喷油量相适应,气流扩散角与油炬的雾化角相配。一般要

求气流的扩散角小于雾化角,以使二次风能切入油雾。

④后期油气扩散混合的扰动也应强烈,以保证炭黑和焦粒的燃尽。

配风器按气流流动的方式可以分为旋流式和直流式两大类。旋流式配风器所喷出的气流是旋转的,而直流式配风器所喷出的主气流则是不旋转的。

旋流式配风器的结构和旋流式煤粉燃烧器相似,一般也都采用旋流叶片作为二次风旋流器。一次风叶轮安装在配风器的出口处,它使一次风产生旋转,以造成一个稳定的中心回流区,并使中心风略有扩散,以加强火炬根部的扰动和早期混合。这样就能使着火和燃烧良好,并能在外层风的旋流强度和负荷变化时,仍能使配风器出口火焰有良好的稳定性。因此,这里一般总是把一次风叶轮叫作稳焰器。稳焰器也同样可以用阻流钝体,如扩流锥等构成。不过此处的钝体稳焰器上必需开有一定数量的通风槽孔,以便向火炬根部供应一部分空气,以防止燃油的高温热分解。

直流式配风器又可分为平流式和纯直流式两种。

a. 平流式配风器的特点是一、二次风不预先明确分开,而且二次风总是不旋转的。空气全部直流进入,依靠装在配风器出口的稳焰器产生分流。大部分空气平行于配风器轴线直流进入炉膛,只有流经稳焰器的小部分气流(相当于一次风)才由于受稳焰器的旋流作用而发生旋转,后者使喷出气流在中心部位造成一个回流区,以保证稳定着火。在平流式配风器中,由于只有中心的一部分气流旋转,因此出口气流在很大程度上接近直流气流。由此可见,平流式配风器基本上属于直流式配风器。必须指出,在小型燃油炉中,已开始采用平流式燃烧器,此时为了简化结构,可以采用简单的钝体,例如带槽孔的扩流锥,甚至多孔圆板等作为稳焰器。此时,连中心气流也近乎不旋转了。

b. 纯直流式配风器是一种出口气流完全不旋转,也不分一、二次风的最简单的空风管配风器。这种配风器常见于四角布置直流式煤粉燃烧器改烧油时的结构中。此时,一般只是简单地将油枪插入原煤粉燃烧器的二次风口中即成。实践表明,这种纯直流配风器对油的着火稳定性不利,故往往仍需要在出口处加装简单的稳焰器。正因为这样,这种配风器实际上也就已经成为平流式配风器了。

(2)旋流式配风器

旋流式配风器根据旋流叶片的结构,可分为轴向叶片式和切向叶片式两种,而每种型式的叶片又有固定和可动之分。图4.47所示为轴向可动叶片旋流式配风器。

一次风由一次风管后部进入,经稳焰器后旋转送入炉膛。稳焰器由 16 片 30°螺旋角抛物面形式的叶片构成。一次风的旋流强度可由改变稳焰器的轴向位置来调整。一次风量由装在一次风管进口的环形风门来控制。

二次风经二次风叶轮后旋转进入炉膛,二次风的旋转方向与一次风相同。二次风叶轮由 12 片 40°螺旋角螺旋面形式的叶片构成。二次风叶轮套在一次风管外面,并有操纵机构带动,可以沿轴向作前后移动以改变二次风的旋流强度。圆筒形风门是燃烧器一、二次风的总风门,由操纵机构控制。在油枪套上还开有 24 个 $\phi8$ mm 的冷却风孔,用以冷却油枪。

在旋流式配风器中,由于气流作强烈的旋转运动,因此燃料和空气的混合比较强烈,并能在中心产生稳定的回流区,这对稳定着火和燃烧都是有利的。同时,这种配风器的空气速度沿圆周的分布也比较均匀。因而,旋流式配风器是一种性能较好的配风器,过去已被普遍采用。

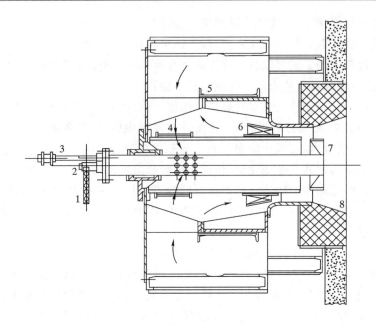

1—回油管;2—进油管;3—点火设备;4—空气;5—圆筒形风门;6—二次风叶轮;7—稳焰器;8—风口。

图 4.47　轴向可动叶片旋流式配风器

不过,旋流式配风器出口气流的旋转也不能过分强烈。这是因为:①旋流强度过强会使回流区过大且近,这样就有可能使燃油喷入回流区,从而产生强烈的热分解,并容易导致燃烧器的结焦;②旋流强度增大,气流速度就衰减得快,这对油和空气的后期混合是不利的;③旋流强度大,气流的扩散角也就大,这不但会使气流脱离油雾化炬,而且会使相邻两燃烧器之间的气流干扰加大;④旋流强度越大,气流的阻力也越大,这就会使送风的能量陡然增加。鉴于上述情况,目前有适当减小气流旋转强度的趋向。

从另一方面看,实践表明,一次风的旋转比二次风的旋转更有效。这一切都促使了平流式配风器的出现。

(3)平流式配风器

平流式配风器主要有两种结构型式:一种是直筒式的,如图 4.48(a)所示,它的风壳是圆筒形的,另一种是文丘里式配风器(见图 4.48(b)),这是由于其风壳呈缩放形的文丘里管状而得名的。两者的差别是:后者的气流边界层是紧贴在整个配风器风壳上的,在两者的稳焰器周围及其

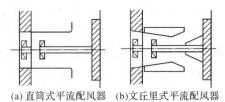

(a)直筒式平流式配风器　(b)文丘里式平流配风器

图 4.48　平流式配风器

以后的气体流线也有所不同,不过两者的最大差别还在于文丘里配风器风壳中部的喉口能起流量孔板那样的作用,因而便于测量流经配风器的风量。这对于控制每个燃烧器的风量使之和喷油量相适应是极为有利的,从而为发展低氧燃烧带来了方便。

如前所述,在平流式配风器中,进入的空气量是由配风器自行分配的,即自行分成流经稳焰器的旋流风(一次风)和不经过稳焰器的直流风(二次风)。两股气流的流量之比完全取决于配风器(在稳焰器处)的结构尺寸,一般不能随意调节。

　　实践表明,平流式配风器与旋流式配风器相比,具有以下一系列的优点。

　　①稳焰器所产生的中心回流较弱,回流区的形状、位置和尺寸比较合适。这些既能保证稳定着火,又能使火炬根部有一定的氧气浓度,以利防止燃油的高温分解。

　　②平流的二次风速度高,与油雾化锥的交角大,因而二次风的穿透深度大,扰动强烈。

　　③直流气流的速度衰减慢,射程长,后期混合好。

　　④火焰瘦长,各燃烧器喷出的气流不会很快会合,因此不易挡住高温烟气从外部回流至火炬根部。而且长形火焰使放热过程拉长,可降低最高热负荷。

　　⑤流动阻力小,因为只有小部分气流旋转,而且这种旋转又是比较微弱的。同时,由于两股气流是并联流的,因此总阻力系数受稳焰器阻力系数的影响不大。

　　⑥直流气流易于测量,特别是采用文丘里式配风器时,测量的精确度可更高,这一点对低氧燃烧很有利。

　　⑦没有二次风叶轮,因而结构简单,运行操作方便,并便于调节和自动控制。

　　鉴于以上优点,平流式配风器的应用越来越广泛。特别对大型油炉和低氧燃烧尤为适合。由于它的火焰比较长,因此过去在小型锅炉中较少采用,但经过大量的改进和调整,现在已能使火焰长度缩短到一般小型锅炉炉膛尺寸所允许的程度。而且还由于其火焰较窄,因而能完全避免邻墙或炉顶的结焦,而在小型油炉中使用旋流式配风器时,这种结焦现象是较易发生的。

　　(4)油喷嘴与配风器的配合

　　为了保证油和空气的良好混合,油雾的最大浓度区应当与主气流的高速度区相一致,因此,油喷嘴和配风器的相对位置必须合适。

　　图 4.49 示出了旋流式配风器的喷嘴位置对混合的影响。图 4.49(a)表示喷嘴的位置太前,引起风油"分层",混合显然不好。图 4.49(b)表示喷嘴的位置适中,使高浓度的油雾和高速空气流相遇,因而混合良好。图 4.49(c)表示喷嘴位置太后,油滴穿透风层,而打在风口或燃烧器周围的水冷壁管上,引起结焦。

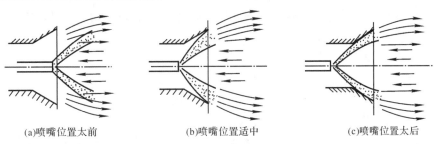

(a)喷嘴位置太前　　　　　　(b)喷嘴位置适中　　　　　　(c)喷嘴位置太后

图 4.49　喷嘴在配风器中的位置对混合的影响

　　在机械式雾化器和旋流式配风器配合使用时,油雾和空气流的旋转方向对燃烧的影响不大,因此两者的方向相同或相反均可。

　　4. 燃油锅炉的炉膛

　　燃油锅炉的炉膛结构与煤粉炉基本上相同。但由于油是无灰燃料不需出渣,炉底也不需要出渣口,因此,燃油炉炉膛均采用水平或微倾斜的封闭炉底。通常是将后墙(或前墙)下部水冷壁管弯转,并沿炉膛底面延长而构成炉底。为了提高炉内温度,可在炉底管上覆盖耐火材料保温。在小型燃油锅炉中,有时为了简化结构,炉底上也可不布设水冷壁管而直接用耐火砖砌成,这种炉底称为"热炉底"。相应地,前一种布置有水冷管的炉底则称为"冷炉底"。由于炉内的工作温度比较高,如果炉底不加以冷却,那么该处的耐火材料的表面就有可能发生局部熔化,因此热炉底是比较容易烧损的,但一般不致影响锅炉运行的可靠性。

油燃烧器在炉膛中的布置方式也与煤粉炉一样,通常有前墙布置、前后墙对冲或交错布置、四角布置等数种。

此外,还有油燃烧器炉底布置方式。这种布置较适宜于瘦长形的塔型和 Ⅱ 型锅炉。其主要优点有:火焰可不受任何阻挡地向上伸展;炉膛火焰能沿整个长度方向均匀地向水冷壁辐射放热,因而热负荷不会有局部过高的峰值。由于油着火容易,燃烧猛烈,因此,燃油炉的热力指标比煤粉炉高。炉膛容积热负荷达 290 kW/m^3,炉膛断面总的热负荷应不大于 9.3 MW/m^2,而单排的热负荷则不大于 3.5 MW/m^2;$q_3 = 0.5\%$,$q_4 \approx 0$。

燃油炉适宜于微正压锅炉和低氧燃烧。但要求锅炉的炉墙有很高的密封性,否则会造成喷烟,降低锅炉工作的可靠性,并使锅炉房的工作条件恶化。

5. 油燃烧过程中减少污染物产生的方法

重油的含硫量高达 3% 左右(煤中含硫一般约为 1%),而且还含有 $0.01\% \sim 0.05\%$ 的钒。其他燃料油的含硫量虽低一些,但在燃烧时,其硫分几乎全部转变为氧化硫气体,而在燃煤时,则约有一半硫分残留在灰分之中。由此可见,在燃烧油时,特别是燃烧重油时,氧化硫的生成量往往要比燃煤时多得多。又由于油燃烧时的热强度较大,燃烧温度高,这对氧化硫的生成具有促进作用。

因此,油燃烧时的低温腐蚀、高温腐蚀、积灰、大气污染等问题都有所恶化。由于各种污染物的形成条件不同,所采取的对策也不一样,而且其中有些甚至是彼此相矛盾的。例如,为了控制固体炭粒、未燃烃、CO 等的生成,就应该提高燃烧温度,加大氧气浓度,延长在炉内的停留时间。相反,为了减少 SO_3,特别是 NO_x 的产生量,则必须提供与以上完全相反的条件,即降低炉温,尽可能减少氧气浓度和缩短在炉内的停留时间。但提高雾化质量,减小油滴直径则总是能显著地减少所有污染物质的生成。加强气流扰动,改善燃料与空气的混合,也几乎对减少所有的污染物的产生有利。

(1)油中掺水燃烧

油掺水燃烧的关键在于"乳化",即要使所掺的水以极细的颗粒均匀散布在油中。乳化不好,非但得不到预期的效果,反而会使火焰脉动,甚至灭火。

关于油中掺水对燃烧的影响,目前公认的正面作用如下。

①改善雾化。试验发现,油掺水后,经雾化器喷出的油滴中心有水珠,也就是说油包水。显然,裹水的油滴喷入炉膛燃烧时,由于水的沸点比油低,因此水首先蒸发,体积急剧膨胀,而将油滴"炸"裂,起了所谓二次雾化的作用。

②化学反应。在炉膛高温的作用下,水蒸气与油发生化学反应,使较难燃烧的高分子烃转变成容易完全燃烧的低分子烃,从而有效地抑制了炭黑的产生。即使一旦在高温缺氧下产生了一些炭黑,这部分炭黑仍有可能与水蒸气化合而重新被汽化,即 $C + H_2O \longrightarrow CO + H_2$。由此可见,油中掺水燃烧可以减少炭黑的生成。

③均温作用。水在炉内高温区蒸发和分解吸热,再在较低温度区重新结合放出热量,从而降低了炉内的最高燃烧温度,对减少 NO_x 的生成量有利。油中掺水燃烧的负面影响主要是增大了排烟热损失以及由于烟气中水蒸气含量增加而加剧了低温腐蚀。实践证明,如果掺水量

适当,一般油中的最佳含水量为 $4\%\sim5\%$(包括原有的油中的水分),则不但能减少污染物质炭黑、NO_x 的生成,而且锅炉效率也有所提高。

(2)低氧燃烧

尽量减少过量空气,使油在接近理论空气量下的燃烧称为低氧燃烧。根据化学反应 $SO_2+O \longrightarrow SO_3$,低氧燃烧可以最大限度地减少 SO_3 的生成。如果没有过量空气(氧气),SO_3 就不能生成。低氧燃烧不仅能减轻低温腐蚀,而且还能减轻高温腐蚀,因为它同样能减少作为腐蚀剂的 V_2O_5 的生成。SO_3 的减少对控制"酸灰"的形成是极为有利的。酸灰由飞灰和硫酸结合而成,具有腐蚀性。低氧燃烧时,由于氧气浓度很低,NO_x 的生成也可减少。

低氧燃烧的关键在于合理配风。目前过量空气系数已可低达 $\alpha\leqslant1.03$。低氧燃烧会使烟气量减少,因而能提高锅炉效率。

(3)烟气再循环

由于采用烟气再循环后,火焰温度和氧气浓度均降低,则 NO_x 的生成量可以降低。试验表明,如果部分再循环烟气加入二次风箱,则由于二次风中氧气浓度的降低,可以获得更好的降低 NO_x 的效果。但是,实践证明,当烟气再循环率超过 25% 以后,减少 NO_x 生成量的效果就不显著了。

(4)两级燃烧

所谓两级燃烧是指将燃烧所需要的空气分二次送入,使燃烧分两次完成。一般是在燃烧器处送入不足量的空气($\alpha=0.8$),使在那里形成一个燃料富集的、具有还原性气氛的火焰,然后在燃烧器的上方再送入其余部分空气,以达到第二级燃烧。在两级燃烧中,由于在火焰最高温度区的氧气浓度较低,而在含氧浓度较高的区域,温度却已经降低,以及火焰的拉长又使平均温度降低,所有这一切都使 NO_x 的生成量减小。图 4.50 所示为两级燃烧的示意图。

试验发现,如果燃烧速度较高,那么两级燃烧的效果就会降低。这说明第一级燃烧需要有一定的停留时间。两级燃烧的问题是容易产生大量炭黑,因此必须保证燃料和空气的良好混合,燃烧调整精确。

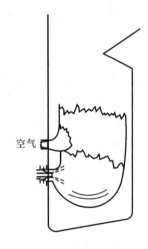

空气

图 4.50 两级燃烧

4.3.3 燃气炉

燃气锅炉的设备比较简单,结构比较紧凑,易于实现操作过程的自动化,对大气的污染也比较轻。但由于气体燃料易燃、易爆、有毒,因此气体燃料炉必须有防爆、防漏等方面的安全措施。

燃气锅炉,对燃烧器的主要技术要求:

①额定燃气压力下,燃烧器能达到额定出力;

②火焰的形状与尺寸应和炉膛结构尺寸相匹配,同时应有良好的火焰充满度;

③具有良好的调节特性,在锅炉最低负荷至最高负荷运行时,燃烧工况应稳定;

$$调节比=\frac{稳定燃烧工况下的最高负荷}{稳定燃烧工况下的最低负荷}$$

④燃烧完全,烟气中有害气体 CO_2、CO、NO_x 和 SO_x 排放少;

⑤结构紧凑、安装操作方便、调节灵活、噪音小。

燃气燃烧器的类型很多,分类方法也各不相同,要用一种分类方法来全面反映燃烧器的特性是比较困难的。

按燃烧方法来区分有以下几种。

a. 扩散式燃烧器。燃烧所需的空气不预先与燃气混合,一次空气系数 $\alpha_1 = 0$。

b. 大气式燃烧器。燃烧所需的部分空气预先与燃气混合,一次空气系数 $\alpha_1 = 0.2 \sim 0.8$。

c. 完全预混式燃烧器。燃烧所需的全部空气预先与燃气充分混合,$\alpha_1 = 1.05 \sim 1.10$。

按空气的供给方法可分为以下几种。

a. 引射式燃烧器。空气被燃气射流吸入或燃气被空气射流吸入。

b. 自然供风燃烧器。靠炉膛中的负压将空气吸入组织燃烧。

c. 鼓风式燃烧器。用鼓风设备将空气送入炉内组织燃烧。

按燃气压力可分为以下几种。

a. 低压燃烧器。燃气压力在 5000 Pa 以下;

b. 高(中)压燃烧器。燃气压力为 $5000 \sim 3 \times 10^5$ Pa。

另外,还有一些特殊功能的燃烧器,如浸没式燃烧器、高速燃烧器和低 NO_x 燃烧器。

(1)扩散式燃烧器

按照扩散燃烧方法设计的燃烧器称为扩散式燃烧器。扩散式燃烧器的一次空气系数 $\alpha_1 = 0$,燃烧所需要的空气在燃烧过程中供给。根据空气供给方式的不同,扩散式燃烧器又分为自然引风式和强制鼓风式两种。前者依靠自然抽力或扩散供给空气,燃烧前燃气与空气不进行预混,常简称扩散式燃烧器,多作为民用。后者依靠鼓风机供给空气,燃烧前燃气与空气也不进行预混合,常简称为鼓风式燃烧器,多用于工业。

①自然引风式燃烧器。自然引风式扩散燃烧器是最简单的扩散式燃烧器,它是在一根铜管或钢管上钻一排或交叉布置两排火孔,燃气在一定压力下进入管内,经火孔流出,依靠燃气分子的扩散与空气混合而燃烧,形成扩散火焰。自然引风式扩散燃烧器可根据加热工艺和燃烧的需要做成多种形式,如圆环形、管式、冲焰式、缝隙炉床式和多缝式等。圆环形燃烧器的特点是环形供气。因此,压力分布较均匀,火焰高度比较整齐。这种燃烧器加工简便,适用于具有圆形炉膛的小型锅炉。管式燃烧器有单管式和多管式两种。冲焰式燃烧器采用两个扩散火焰相撞的方法来加强气流扰动,增进燃气与空气之间湍动混合,提高燃烧稳定性和燃烧强化过程。缝隙炉床式扩散燃烧器主要在小型燃煤锅炉改烧燃气时应用。

②鼓风式燃烧器。在鼓风式燃烧器中,燃气燃烧所需要的全部空气均由鼓风机一次供给,但燃烧前燃气与空气并不实现完全预混,因此燃烧过程并不属于预混燃烧,而为扩散燃烧。鼓风式燃烧器可做成套管式、旋流式、平流式等各种结构型式。

a. 套管式燃烧器。套管式燃烧器由大管和小管相套而成,燃气从中间一根或数根小管子中流出,空气从大管子与小管子的夹套中流出,燃气与空气混合进入火道燃烧。单套管燃烧器的特点是结构简单,制作容易,气流阻力小,所需空气、燃气压力低,一般在 $800 \sim 1500$ Pa,燃烧稳定,不会回火。但其缺点是燃气与空气混合较差,热负荷不宜过大,否则火焰很长,需要较大的燃烧空间和较高的过量空气系数。因此单套管式燃烧器主要用于烧人工煤气的小型锅炉。管群式套管燃烧器与单管燃烧器不同的是燃气由数根小管流出,空气从花板(多孔板)以较高速度流出与燃气混合,改善了混合情况,在使用热值较高的天然气时取得了较好的效果。

　　b. 旋流式燃烧器。旋流式燃烧器的特点是燃烧器本身带有旋流器,空气在旋流器的作用下产生旋转,而燃气从分流器的喷孔(或缝)中流出。旋流式燃烧器广泛地应用于工业锅炉中。它可在不改动供风系统的情况下,方便地插入煤粉或燃油装置,组成多种燃料复合燃烧器。根据旋流器的结构(蜗壳或导流叶片)和供气方式的不同,旋流式燃烧器又有多种结构型式。

　　图 4.51 所示为中心进气蜗壳式旋流式燃烧器。天然气从中心管送入,中心管端部沿周向开有三排径向煤气孔,三排孔具有不同的孔径,使天然气射流横向穿入旋转空气流中时有不同的射程,从而达到天然气在空气流中分布较为均匀的目的。天然气和空气的混合物在出口前流经缩放段,可使混合进一步改善。这是一种具有预混合功能的燃烧器。实践证明,只要前排煤气孔与燃烧器出口平面间的距离保持在 400～500 mm 以上,混合就相当充分。由于混合物是旋转气流,因而在燃烧器出口附近形成高温烟气反向回流区,有利于稳定混合物的着火。这种燃烧器结构简单,安装维修方便,燃烧迅速,产生蓝色的不发光火焰,低负荷时燃烧稳定性好。如果天然气锅炉有时必须改烧重油或煤粉,则由于两种情况的火焰发光性不同,因而炉内辐射传热有较大的差别。为了弥合当燃用不同燃料时在辐射传热上的差别,燃烧器设计时应将煤气喷孔移向燃烧器出口,取消预混合。这样就会由于空气来不及与燃气充分混合,在高温和局部缺氧的条件下析出炭黑,形成黄红色的半发光性火焰,以尽可能接近重油火焰或煤粉火焰的发光性。

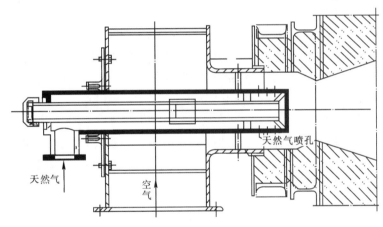

图 4.51　中心进气蜗壳式旋流式天然气燃烧器

　　c. 平流式燃烧器。平流式燃烧器是在直流套管式与旋流燃烧器的基础上,进一步发展起来的一种较新的鼓风式燃烧器。它仅在轴心装有直径不大的轴向叶片旋流器,以形成局部旋流稳定火焰,而大部分空气仍平行流动。平流式燃烧器能有效地控制空气与燃气的混合比例,可在过量空气系数低于 1.05 的情况下实现完全燃烧。由于大部分空气无需旋转,故能量损失较少,节省电能。图 4.52 所示为多枪平流式天然气燃烧器。天然气由母管送入集气环,再分配到 6 根喷枪管内。喷枪管头部做成楔状,以避免钝体后涡流引起炭黑粒子的积聚。喷枪头天然气喷孔布置和流出方向如图 4.52 所示,天然气从切向和横向两个方向由喷孔喷出,喷射速度高达 150～230 m/s,喷出后形成旋转气流。空气进入燃烧器时流经三片导向叶片,以使其分布较为均匀。在出口有一中心叶轮,起稳焰器的作用。运行时约有 13% 的风量通过叶轮,造成一个顺时针方向的旋转气流,其余空气以直流的方式从叶轮与喷口间的环形通道中喷出。喷口出口断面的平均风速为 60 m/s。在平流式燃烧器中,天然气与空气的强烈混合是依靠天然气射流与空气流以正交方式流动获得的。这种燃烧器有一个特点,可以通过调整煤气喷孔的喷射方向来改变火焰的发光性。若切向煤气射流构成顺时针方向旋转,横向射流指向中心叶轮(如图中所示),则混合良好,燃烧时产生不发光火焰,在燃烧器出口形成一个强烈旋转的蓝色火焰环,火焰长度距离喷口仅 1 m 左右。若切向煤气射流两两对冲,则混合恶化,燃烧过程较为缓慢,形成黄红色半发光火焰,其长度拖长至距喷口 7 m 左右。

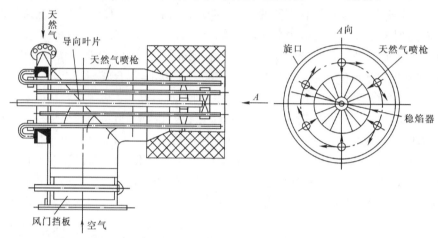

图 4.52 多枪平流式天然气燃烧器

由于天然气发热量很高,燃烧时火焰温度也很高,在采用空气预热(约 250 ℃)的情况下,燃烧稳定而完善,化学不完全燃烧损失 q_3 一般接近于零,过量空气系数 α 可控制在 1.05～1.10,炉膛容积热负荷 q_V 可达 330～420 kW/m³。

(2)完全预混式燃烧器

完全预混式燃烧器(也称无焰式燃烧器)主要由燃气喷嘴、进风装置、混合器(或称引射器)、混合气喷头及火道组成。根据燃烧器使用的压力、混合装置及头部结构的不同,完全预混式燃烧器可分为很多种。

按燃气压力分为低压及中(高)压两种,按燃气和空气的混合方式分为加压混合和引射混合两种。

在火道式完全预混燃烧器中,可燃混合气体的加热、着火和燃烧均在火道内进行。混合气体进入火道时,由于截面突然扩大,在火道入口处形成高温烟气回流区,回流烟气不仅将混合气体加热,同时也是一个稳定的点火源。火道由耐火材料做成,它近似于一个绝热燃烧室,使进入火道的燃气-空气混合物能迅速着火而进行燃烧,从而保证了较高的燃烧热强度和燃烧温度。

高炉煤气发热量很低,又含有大量 CO_2 等惰性气体,因而燃烧温度低(约为 1200～1400 ℃),着火困难。为了保证燃烧的稳定和完全,除了使煤气与空气有足够的预混合以外,还必须采取措施以强化着火,例如煤气和空气

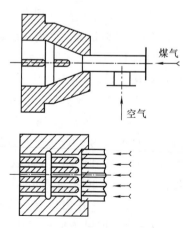

图 4.53 高炉煤气无焰燃烧器

都进行预热(约 250 ℃),采用耐火材料构筑燃烧道等。

图 4.53 所示为高炉煤气无焰燃烧器。高炉煤气和空气在混合段和前室中充分预混合,进入前室时开始点燃,并在燃烧道中完成大部分的燃烧过程。前室和燃烧道由耐火砖砌成,高炉煤气在其中燃烧所造成的高温,使流过的预混可燃混合物被加热到高温,并稳定地着火和燃烧。薄片形气流改善了混合,使燃烧相当完全,一般 q_3 仅 1%左右。但是,无焰燃烧器由于在燃烧道内就差不多已经完成燃烧,烟气体积随温度剧增而膨胀很多,致使燃烧道内气流速度大大增高,因而阻力较大。另外,燃烧道在运行中易发生堵灰,必须及时清除。这种无焰燃烧器适宜于燃烧低发热量煤气。

(3)大气式燃烧器

大气式燃烧器又称引射式预混燃烧器,应用十分广泛。它由头部和引射器两部分组成,如图 4.54 所示。大气式燃烧器工作原理是燃气在一定压力下以一定流速从喷嘴喷出,依靠燃气动能产生的引射作用吸入一次空气,在引射器内燃气与空气混合后,从排列在头部的火孔流出进行燃烧。这种燃烧器的一次空气系数 α_1 通常为 0.45~0.75,过量空气系数通常为 1.3~1.8。

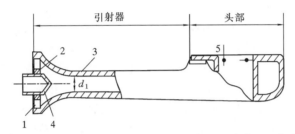

1—调风板;2—一次空气口;3—引射器喉部;4—喷嘴;5—火孔。

图 4.54　燃气引射式大气燃烧器示意图

大气式燃烧器按头部形状一般可分为环形燃烧器、棒形燃烧器、星形燃烧器、管排燃烧器等。

 ## 4.4　流化床燃烧方式及其设备

4.4.1　流化床燃烧简介

20 世纪初期,德国科学家在试验中发现,将燃烧产生的烟气引入一装有焦炭颗粒的炉室的炉底,固体颗粒因受气体的阻力而被提升,整个颗粒系统看起来就像沸腾的液体。这个试验标志着流态化工艺的开始。流态化技术于 20 年代初在德国首先应用于工业。此后,流化技术在美国、法国和英国等发达国家均开始研究开发和应用。至 40 年代,流化技术几乎在各工业部门(如石油、化工、冶炼、粮食、医药等)中都有应用。

20 世纪 60 年代开始,流化床被用于煤的燃烧,并且很快成为三种主要燃烧方式(即固定床燃烧、流化床燃烧和悬浮燃烧)之一。流化床燃烧的理论和实践也大大推动了流态化学科的发展。目前,流化床燃烧已成为流态化的主要应用领域之一,并愈来愈得到人们的重视。

流化床燃烧设备按流体动力特性可分为鼓泡流化床锅炉(或沸腾炉)和循环流化床锅炉(CFB 锅炉),按工作条件又可分为常压和增压流化床锅炉。这样流化床燃烧锅炉可分为常压鼓泡流化床锅炉、常压循环流化床锅炉、增压鼓泡流化床锅炉和增压循环流化床锅炉。其中前三类已得到工业应用,增压循环流化床锅炉正在工业示范阶段。循环流化床锅炉是在总结和研究沸腾炉的基础上开发、研制出来的。通常把早期的流化床锅炉称为鼓泡床锅炉,即第一代流化床锅炉,循环流化床锅炉称为第二代流化床锅炉。

我国从 20 世纪 60 年代起,一直进行着不同规模的流化床燃烧锅炉的研究和实践,取得了一定的成绩,目前全国使用的流化床燃烧锅炉已为数不少,并向更高参数、更大容量发展。

流化床燃烧方式是一种介乎层状燃烧和悬浮燃烧之间的燃烧方式。它因具有高传热率、高热强度、燃料适应性极强、能有效地脱硫除硝等一系列优点,而受到各国的高度重视。但各国在发展流化床燃烧锅炉过程中,由于国情不同,研究和使用的侧重点也颇不相同。例如,我国重点在于燃用劣质煤,英国侧重于利用埋管的高效传热和炉膛热强度高的特点来减小大容量锅炉的体积和降低成本,而美国则侧重于保护环境,控制 SO_x 和 NO_x 的排放。随着技术的进步,上述各自不同的侧重点已经得到兼顾。

4.4.2 沸腾燃烧方式及其设备

1. 鼓泡流化床的特征

前已述及,在流化床中,当燃料颗粒像液体沸腾时那样上下翻滚时,称为"沸腾床"。沸腾燃烧就是取这种状态而工作的。由于沸腾床中有大量的气泡,因此又称为鼓泡流化床。

流化床中的颗粒具有流体的性质,主要体现在以下几点:任一高度处的静压近似等于在此高度以上单位床截面内固体颗粒的重量;无论床层如何倾斜,床表面总是保持水平,床层的形状也保持容器的形状;床内固体颗粒可以像流体一样从底部或侧面的孔口中排出;密度高于床层表观密度的物体在床内会下沉,密度小的物体会浮在床面上;床内颗粒混合良好,当加热床层时,整个床层的温度基本均匀。

图 4.55 表示了料层高度、气流实际速度、料层阻力与流化床空截面流速的关系。在 ab 段,料层高度不随流速的增大而变化,这就是固定床阶段。在固定床中,气体在燃料颗粒间隙中的实际流速与空截面流速之间存在直线比例关系,料层阻力与空截面流速间基本呈二次曲线关系。达到 b 点以后,流速的增加使得料层高度不断增高,进入了流化床阶段。b 点是固定床和流化床的分界点,燃料层开始沸腾时的空截面流速 w_0 即为临界流化速度 w_0'。在流化床中,空隙中气体的实际流速保持不变。这是因为随着空截面流速的增加,虽然流过的空气量增加,但由于此时燃料层不断膨胀,燃料颗粒之间的间隙也随之增大,因而流通截面也相应增加,而且空气量的增加和流通截面的增大始终成比例。由于气流的实际速度不变,料层阻力也基本不变。实际中就是利用沸腾床中空截面风速增大时料层压降不变这一特征来判断料层是否进入流化状态的。但是,在料层刚要开始流态化时($w_0 = w_0'$),料层阻力先有所上升,而当 w_0 越过 w_0' 后又有所下降。这是因为当空截面风速等于临界流化速度 w_0' 时,并不是全部燃料颗粒都进入流态化,而

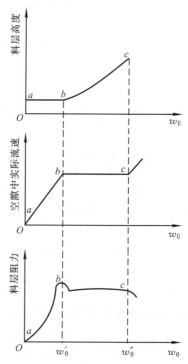

w_0—按空截面计算的气流速度

图 4.55 料层的特性曲线

是局部似动非动,局部有穿孔,使料层阻力瞬时突升,速度 w_0 越过 w'_0 后,全部燃料颗粒都进入了流态化,这时颗粒间的空隙增大,料层阻力也就下降了。c 点为"极限点",燃料颗粒开始被带走时,此点的流速达到极限速度(或飞出速度)w''_0。此点以后,颗粒就不能再停留在床层内而是为气体所带出,因而床层高度垂直上升。如果这时炉膛高度无限,床层高度就可无限上升。显然,形成沸腾床的必要条件是 $w'_0 < w_0 < w''_0$。

由图 4.55 可知,沸腾床层的气体流动阻力与气体的流量无关,在沸腾床能够存在的整个速度范围内都保持定值,等于单位面积布风板上静止料层的重量。由于沸腾床内靠近布风板处的颗粒往往不能被气流托起,实际的沸腾床层阻力常小于此值。料层愈厚时,未托起颗粒的影响就相对减小。必须指出,如果料层过薄,会使运行时流态化工况不稳定。相反,如果料层过厚,则又会使沸腾床阻力过大,导致送风机功率消耗不必要地增大。沸腾床层阻力一般为4000~5000 Pa。

沸腾炉设计或运行操作不当,会出现节涌、沟流和分层等异常沸腾床。

2. 沸腾炉内的燃烧

沸腾炉的燃煤颗粒一般相对较粗,最大粒径可达 30 mm,流化速度一般不大于 3 m/s。因此燃煤进入炉床后,基本沉积在炉膛下部与热床料混合加热沸腾燃烧。由于煤颗粒大而重,不易被吹浮到炉膛出口被烟气带走,只能在床内沸腾或悬浮于炉膛上部燃烧。这部分煤粒在炉内停留时间较长,可以燃尽变成冷灰(炉渣),最后从溢流口排出。尽管沸腾炉的燃煤颗粒相对较大,但是原煤中必然含有一部分细小颗粒。另外,煤经破碎机破碎后也将产生一定数量的小颗粒。这些细小颗粒送入炉内后停留时间很短,迅速被烟气携带出燃烧室。对于那些不易着火和燃尽的燃料,这部分细小颗粒很难燃尽,会降低锅炉的燃烧效率,使飞灰中可燃物增多。

沸腾炉炉内温度场沿水平方向比较均匀,而沿炉膛高度方向温差很大,由于大部分煤粒在炉膛下部燃烧,放出绝大多数热量,为了吸收这部分热量,防止料层温度过高而结焦,在床内布置有埋管。鼓泡床锅炉炉膛下部床内温度一般控制在 1050 ℃ 以内,上部由于处于稀相区,物料浓度低,与炉床温度一般相差 100~200 ℃,运行中如果调整不当,可能相差更大。

可以认为,沸腾床内的燃烧具有下列优越条件。

①沸腾床中经常保持着很厚的灼热料层,它相当于一个很大的蓄热池,其中新加入的燃料大约只占 5%。新燃料进入沸腾层后,立即和比自己多几十倍的灼热炉料相混合。此时,由于床层内固体颗粒之间的剧烈扰动和混合,新燃料迅速受到强烈而稳定的加热,从而使任何难以引燃的燃料得以迅速着火燃烧。

②料层中的炉料不断进行上下循环翻腾,大大延长了燃料颗粒在床内的停留时间。这就完全可能为任何难以燃尽的燃料提供足以保证其燃尽的燃烧时间。

③沸腾床中空气和燃料颗粒的相对速度较大,同时沸腾床内的燃料颗粒的扰动也相当剧烈,因此空气和燃料的接触和混合比较完善。试验发现,床层内存在着大量气泡,它将整个沸腾床分隔为气泡和颗粒团。气泡内包含的燃料颗粒极少,约为床层中颗粒的 0.2%~1.0%,而气泡以外的颗粒则处于浓度最大的临界沸腾状态。尽管气泡和颗粒之间存在着一定的物质交换,但是相对于两者浓度的巨大差别来说,气泡的存在,特别是大气泡的出现就意味着这部分气体的某种程度的短路,从而恶化了气固二相的接触。因此,对沸腾床内空气和燃料的接触混合的完善程度也不能估计过高。

沸腾床燃烧的不利条件是燃烧的温度受限制。因为过高的炉温会导致结焦,从而会破坏流化床的工作。通常,沸腾床的平均温度控制在燃料灰分的开始变形温度(DT)以下 200 ℃,约为 850～950 ℃,因此属于低温燃烧。虽然燃烧温度低会减慢燃烧的化学反应速度,但是根据理论分析和实践经验可知,对于在沸腾炉中燃烧的 0.2～8 mm 的燃料颗粒而言,当平均床温为 900～950 ℃时,它的燃烧速度不是取决于燃烧的化学反应速度,而是取决于气体的扩散速度,包括氧气从两相交界面由气泡相扩散到颗粒相,以及氧气在颗粒相中扩散到每个燃烧着的燃料颗粒。

3. 沸腾层中的传热

由热平衡计算可知,当沸腾层保持 950～1000 ℃时,需要从床层中吸走的热量占燃料燃烧后所放出热量的 45%～55%,否则床层温度就会升高而造成结焦。这种热量传递一般靠埋设在沸腾的、燃烧着的燃烧层中的管子受热面,称为"埋管"受热面来完成。

鼓泡床内的固体颗粒浓度很大,容积热容量比气体几乎大 1000 倍,而且受到气泡的强烈扰动、混合。所以鼓泡床的温度很均匀,对埋管受热面的放热系数很大,能够把床内放出的热量带走,将床温控制在对煤燃烧和脱硫两者均有利的温度范围之内。

鼓泡床与埋管受热面之间的热量传递主要通过三个途径:颗粒对流放热、颗粒隙间气体对流放热和床层辐射放热。

①鼓泡床中的固体颗粒可以看成是许许多多的颗粒团,每一颗粒团是由数量众多的颗粒集合而成的,颗粒团的温度与床温一样,在气泡运动的带动下颗粒团自成运动主体。当它们运动到受热面附近时,与受热面形成很大的温差,这时热量很快地从颗粒团经过气体膜以导热方式传给受热面和颗粒团直接碰撞受热面把携带的热量传给受热面。颗粒团停留在埋管受热面附近的时间愈长,颗粒团与受热面间的温差则愈小。反之,若颗粒团停留时间愈短,亦即颗粒团更新频率愈高,则颗粒团与受热面间的温差愈大,热量传递速率就愈高。颗粒团更新的频率与气泡扰动的强烈程度以及流化速度与临界速度之差的大小有关。其他条件相同的情况下,颗粒尺寸减少,单位受热面上接触的颗粒数量越多,传热就越剧烈。此外,当床温增高时,流化床与埋管受热面之间的放热系数增大。通常颗粒粒径为 40～1000 μm 时,颗粒对流放热是传热的主要方式。

②当颗粒直径变大,颗粒隙间气流处于湍流前的过渡状态或湍流状态时,气流的对流放热很显著。随着颗粒粒径的加大,隙间对流作用加强,通常在粒径大于 0.8 mm 直至数毫米时,隙间气体对流放热在传递热量中占主要份额。

③在实际鼓泡床中,这两种传热途径是并存的。在 0.5～3 mm 的范围内,总的传热系数与粒径的关系相对减弱。但随着温度增加,总传热系数由于气体导热系统增加而有所提高。当床温大于 530 ℃后,辐射换热份额愈来愈重要,而且组成床层的颗粒愈大时,辐射作用愈强,总传热系数显著上升。

鼓泡床内气-固两相流对埋管受热面传热系数不仅与锅炉运行条件有关,而且与床料固体颗粒物理特性、受热面结构参数以及烟气物理性质等许多因素有关。

流化床锅炉中受热面的布置方式多种多样,比如,垂直埋管、水平埋管、布置在周壁上的受热面、布置在悬浮区域的受热面等,另外,还有单管与管束之分。布置方式对放热系数影响十分复杂,布置方式不同的受热面将对局部颗粒循环产生不同程度的影响,因而将影响颗粒的对流换热。目前,受热面布置方式对放热系数的影响也是依靠试验或经验数据来确定的。实践证明,鼓泡床内竖直埋管的换热条件比横向布置的好,这是因为横管的下半周有时被上升气泡所包覆,横管的上半周又有可能被活动缓慢的固体颗粒所覆盖,这都将影响横管的传热条件。工业试验测得:当床料温度处于 800 ℃左右,床料颗粒为 0.8～1.6 mm 的条件下对埋管的传热系数为 170～260 W/(m² · K),床料细的取高值,床料粗的取低值。

颗粒的各种热物性中,颗粒热容量的影响最为显著。颗粒的热容量一般为气体的几百至几千倍,高热容的固体颗粒是携带热量并向受热面传递的主要媒介,因而也是流化床传热率远高于气体对流换热的主要原因之一。诸多气体热物性参数中热导率对换热的影响最大。在不太高的温度范围内,放热系数随床温升高而增大,在较大程度上是气体热导率随温度升高而增大的结果。

4. 沸腾炉的工作过程

在沸腾炉的发展初期,曾出现采用链条炉排的半沸腾炉和采用固定布风装置的全沸腾炉两种型式。由于前者炉内只有部分燃料处于流化状态,不能充分发挥沸腾燃烧的优越性,因而逐渐被淘汰。

图 4.56 所示的是全沸腾炉的结构原理图。空气从进风管送进风室后,经布风板的分配而均匀地进入炉子的下半部——沸腾段。气体在沸腾段中基本向上流动,直至流出沸腾段,流过整个炉膛。燃料从进料口送入沸腾段。由于沸腾炉一般燃用粒径在 8 mm 以下的煤末,这种燃料的颗粒直径的范围较宽,燃料进入沸腾段以后,一部分细粉(通常是颗粒直径在 2 mm 以下者)被气流吹出沸腾段,进入沸腾段以上的悬浮段,并在那里进行悬浮燃烧。其余绝大部分燃料颗粒则留在沸腾段内并被气流流化而形成沸腾床。这部分燃料颗粒在沸腾运动过程中完成燃烧。燃尽的灰渣从溢流口溢出。由于全沸腾炉一般都采用溢流除渣,所以又称为溢流式沸腾炉。

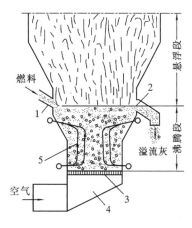

1—进料口;2—溢流口;3—布风板;
4—风室;5—埋管。
图 4.56　全沸腾炉结构原理图

沸腾燃烧、沸腾层传热和溢流除渣是全沸腾炉最基本的特点。

5. 沸腾炉的结构特点

(1)布风装置

沸腾炉的炉箅在流态化技术上称为布风装置,其主要作用是均匀地分配气体,使空气沿炉膛底部截面均匀地进入炉内,以保证燃料颗粒的均匀流化,并在停沸的状态下,起支承燃料的作用。

布风装置是沸腾炉的关键部件。沸腾床的流化质量,也就是沸腾炉工作的好坏,在很大程度上取决于布风装置的结构。目前在沸腾炉中使用最广泛的是风帽式布风装置。它由花板(多孔板)、风帽和风室等组成。其中花板和风帽组成一体,统称为布风板。

花板是由钢板或铸铁板制成的多孔平板,它用来固定风帽,并使之按一定方式排列,以达到均匀布风。花板的尺寸应与炉膛相应部位的内截面相适应,厚度为 20～35 mm。风帽插孔一般按等边三角形布置,孔距为风帽直径的 1.3～1.7 倍,帽檐间的最小间距不得小于 20 mm。通常每 1.3～1.5 m² 中开一个 φ108 mm 的放灰孔。

  风帽是一种弹头状的物体,它的上端封闭,称为帽头,下端敞开,制成插头,垂直地插于花板上的插孔中。风帽的颈部开有一圈水平的或略向下倾斜的小孔。空气在花板下进行"分流",分别从各风帽的下端流入各风帽,然后从风帽的所有小孔沿侧面向各个方向高速喷散出来。大量细小、高度分散和强烈扰动的高速气流,在布风板上形成一层均匀的"气垫",后者为均匀配风创造了优越的条件。实践表明,风帽小孔的喷散作用对空气的分配质量起了主要作用,而小孔风速则是一个最重要的参数。小孔风速一般为 35～45 m/s,相应的开孔率为 2.2%～2.8%。所谓开孔率,即是风帽小孔总面积和布风板面积之比。

  风帽有菌形(蘑菇形)、柱状、球形和伞形等型式。其中应用最广的是菌形风帽和柱状风帽。这两种风帽的结构及其固定如图 4.57 所示。

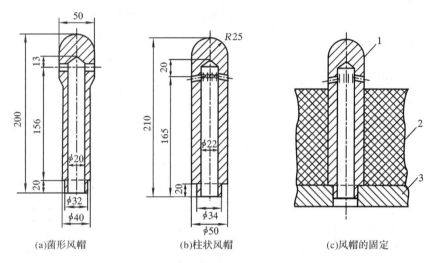

(a)菌形风帽   (b)柱状风帽   (c)风帽的固定

1—风帽;2—耐火混凝土充填(保护)层;3—花板。

图 4.57 风帽的结构及其固定(单位:mm)

  菌形风帽:风帽颈部钻有 $\phi6～8$ mm 小孔 $6～8$ 个,小孔可水平,也可钻成向下倾斜 15°的斜孔。这种风帽的阻力小,工作性能良好。但结构较复杂,清渣较为困难,在帽檐处经常有卡渣现象。此外,风帽菌头部分冷却面不够,易出现氧化烧穿等现象。因此,这种风帽有逐渐被柱状风帽所取代的趋势。

  风室是进风管和布风板之间的空气均衡容积,它的结构对于布风的均匀性也有一定的影响。目前,实用中已有很多种风室结构,但是结构简单且使用效果最好的却只是所谓等压风室,如图 4.58 所示。等压风室的结构特点是具有一个倾斜的底面,后者能使风室内的静压沿深度保持不变,从而有利于提高风量分配的均匀性。

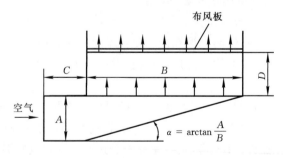

图 4.58 等压风室

  实践表明,为了稳定风室气流,在斜底以上留出一稳定段是必要的。稳定段的高度 D 不宜小于 500 mm。同时风室的进口风速也必须加以控制,一般不宜超过 10 m/s。风室进口直

段 C 不宜小于水力直径的 $1\sim3$ 倍。

(2)炉膛结构

沸腾炉的炉膛必须满足燃料颗粒流态化、燃烧、传热以及飞灰沉降等一系列要求,因此对炉膛形状和尺寸有相当严格的限制。

对于方形截面的炉膛,其截面的长宽比例既要使进料口和溢流灰口之间有一定距离,以减少燃料颗粒的短路现象,又要保证不致因截面过于狭长而产生气泡、节涌现象。通常长宽比不超过3:1就基本不会发生异常现象。为了防止流态化的死角,炉膛底部四角宜筑成具有一定半径的圆角。

在燃用宽筛分的燃料时,实行所谓分段配速,即采用变截面炉膛,以逐段降低气流速度,这样就既能保证流化质量,又能延长可燃颗粒在炉内的停留时间,增强飞灰在炉内的有效分离,从而减少飞灰带走损失。其结果是得到一个中部截面逐渐扩大的倒锥形炉膛,如图 4.59所示。

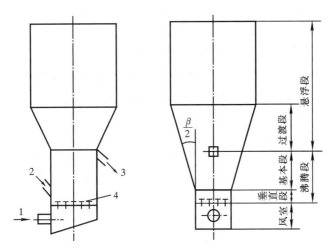

1—进风口;2—进料口;3—溢流灰口;4—风帽。

图 4.59　沸腾炉倒锥形炉膛简图

垂直段的主要作用是保证在距炉底的一定高度范围内有足够的气流速度,以使大颗粒在底部能良好沸腾,防止颗粒分层,减少"冷灰层"的形成。垂直段的截面尺寸应根据风量和该处风速来确定。垂直段风速一般取 $w_0=(1.1\sim1.2)w_0'$。垂直段的高度与燃料性质有关,一般为 $0.3\sim1.0$ m。

基本段是沸腾段的截面渐扩部分。此处炉膛可以从四面向外扩张,也可以只从左右两侧向外扩大。前一种结构的气流扩散比较均匀,但炉墙结构比较复杂。出于结构上的考虑,我国现有的沸腾炉多采用后一种结构。这里重要的是扩展角(锥角) β 的选择必须恰当。显然,扩展角过小,对降低气流速度、减少飞灰带走量和促进颗粒的循环返混都不利,而且炉子中心气流速度过高,易造成节涌现象。相反,扩展角过大,则会在炉墙转折处造成死滞区。因此有一最佳值,一般以 $44°$ 为宜,不过也有采用 $50°\sim60°$ 的。在不形成死滞区的条件下 β 以取大值为好。基本段的气流速度一般取为 $w_0=(0.6\sim0.7)w_0'$。

基本段的上界面或沸腾段的上界面即是灰渣的溢流面,也就是说,溢流口的高度即是沸腾段的高度,而沸腾段的高度则又决定了沸腾层的阻力和沸腾层的体积,而沸腾层的体积显然又决定了颗粒在沸腾层中的停留时间。因此,溢流口的高度应该合理选取。一般取溢流口的中心线离风帽小孔中心线的距离为 1.2~1.6 m。这一数值与燃料颗粒尺寸和密度等因素有关。溢流口的截面尺寸应根据排灰量的多少而定,一般为 300 mm×400 mm 左右。

悬浮段的作用是使部分被气流从沸腾段带出来的燃料颗粒因降速而落回沸腾段和延长细小颗粒在炉内的停留时间以便进行悬浮燃烧。但由于悬浮段温度较低,颗粒又比较粗,燃料和氧气浓度也比较低,两者的混合和扰动又不强烈,因此燃烧条件很差,颗粒燃尽的效果一般不显著。所以,悬浮段的作用主要是组织颗粒的沉降。应尽可能增大悬浮段的截面积,以降低该处的流速。为此,一个继续扩大段——过渡段是必要的。悬浮段的烟气流速一般取为 1.0 m/s 左右。

(3)进料方式

根据进料口所处部位的不同,进料方式可分为正压进料和负压进料两种。进料口设在正压区(溢流口以下)者,称为正压进料。反之,进料口设在负压区(溢流口以上)者,则称为负压进料。

正压进料时,全部燃料经过高温沸腾层,因此有利于细粒燃料的燃尽,因而也就可以降低飞灰带走损失。但进料口要求密封严密,而且进料口处新燃料容易堆积。同时,正压进料一般需要采用机械进料装置,如螺旋给煤机等。而且进料口处于正压的高温区,螺旋给煤机的工作条件恶劣,容易发生机械故障。

为了简化进料机构,并提高其工作可靠性,可以采用溜煤管(见图 4.60)来代替螺旋给煤机。溜煤管以 50°以上的倾角斜插入炉内正压区之中,管内燃料依靠煤柱压力直接注入炉内。为了防止从进料口喷火、冒烟,在炉墙内装设平衡管,使溜煤管与炉膛负压区连通。当然在密封良好时也可不装平衡管。

负压进料与正压进料相反,由于燃料从沸腾层以上进入,因此有部分细粒燃料未经沸腾层就被上升的烟气流带走,增加了飞灰损失。负压进料装置比较简单、可靠,而且是自由落下,故播散度大,不易造成料口堆料。

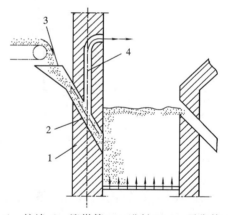

1—炉墙;2—溜煤管;3—进料口;4—平衡管。

图 4.60　溜煤管简图

6. 沸腾炉的优点及存在的问题

(1)沸腾炉的主要优点

①可以燃用品质极为低劣的燃料,其中包括灰分达 70%、发热量仅 4200 kJ/kg 的燃料以及挥发分为 2%~3% 的无烟煤和含碳量在 15% 以上的炉渣。

②由于其燃烧热负荷和埋管传热系数都非常高,因此可以大大缩减炉膛尺寸,一般为同容量的其他型锅炉尺寸的一半左右。这一点对于大型锅炉特别重要,因为这可减少金属耗量和安装费用。

③沸腾炉为低温燃烧,因而可以燃用低灰熔点的燃料,燃烧后烟气中 NO_x 等污染物质的含量也较少,而且易于在燃料中加入添加剂(石灰石、白云石),使燃料脱硫,进一步减少大气污

染、低温腐蚀和高温腐蚀。

④沸腾炉灰渣具有低温烧透的性质，便于综合利用。目前已成功地利用灰渣制造建筑材料、提取化工产品、用作农田肥料等。

⑤负荷调节性能好。沸腾炉能在 25%～110% 的负荷范围内正常运行。

（2）沸腾炉的主要问题

①锅炉热效率低。一般沸腾炉效率在 54%～68%。这主要是因为机械不完全燃烧损失 q_4 很大所致。q_4 值与所用燃料有关，一般对于石煤和煤矸石为 20%～30%，对于劣质烟煤为 15%～20%，对于劣质无烟煤为 20%～25%，对于褐煤为 5%～15%。沸腾炉的 q_4 之所以大，主要是飞灰热损失所造成的。

②埋管磨损快。有的单位在使用 3～6 个月后，3.5 mm 壁厚的埋管即被磨穿。但采取防磨措施后，一般能运行 1 年左右，有些甚至能运行 2 年以上。

③电耗大。主要消耗于高压送风、碎煤等。沸腾炉的单位蒸发量的电耗量比一般煤粉炉高一倍左右。

4.4.3　循环流化床燃烧方式及其设备

1. 循环流化床及其特点

为了提高沸腾炉的燃烧效率，历史上曾有人尝试采用飞灰再燃装置，即将逸出炉膛的未燃尽颗粒收集后送回炉膛继续燃烧，因此发明了循环流化床燃烧锅炉。早期（20 世纪 40 年代）的许多流化床的流化速度相对较高，后来因为技术上的困难，运行流化速度降低。20 世纪 50～60 年代，许多研究机构开始进行流态化的研究，研究重点放在流化床的气泡特性等方面。这样，对低速流化床的认识有了很大提高，而高速流态化过程则几乎被忽略，因此这段时间投运的流化床也基本上是鼓泡流化床。随着对高速流态化研究的开展，使得循环流化床技术得到了广泛应用。循环流化床燃烧锅炉更是在较短时间内从实验室研究发展到了电站应用。

快速流化床的流化风速通常高于单颗粒物料终端速度，但床层中细小物料会发生团聚形成细长的颗粒团，大的颗粒团具有较高的终端速度，可能会高于流化风速。这样，物料以大小不均的颗粒团的形式上下或向周边运动，产生高度的内部返混。颗粒团也经历着不断地生成、解体，又重新生成的过程。因此，快速流化床不同于气力输送，快速床内固体颗粒在床层中剧烈运动，返混量很大，且有很高的气固滑移速度，而气力输送的两相滑移速度几乎为零。

从流体动力学的角度看，大部分循环流化床密相区以外的区域工作在快速床的流体状态下。循环流化床的特点可归纳如下：①不再有鼓泡流化床那样清晰的界面，固体颗粒充满整个上升段空间；②有强烈的物料返混，颗粒团不断形成和解体，并且向各个方向运动；③颗粒与气体之间的相对速度大，且与床层空隙率和颗粒循环流量有关；④运行流化速度为鼓泡流化床的 2～3 倍；⑤床层压降随流化速度和颗粒的质量流量而变化；⑥颗粒横向混合良好；⑦强烈的颗粒返混、颗粒的外部循环和良好的横向混合，使得整个上升段内温度分布均匀；⑧通过改变上升段内的存料量，固体物料在床内的停留时间可在几分钟到数小时范围内调节；⑨流化气体的整体性状呈塞状流；⑩流化气体根据需要可在反应器的不同高度加入。

2. 循环流化床燃烧锅炉的基本特点

循环流化床由快速流化床（上升段）、气固物料分离装置和固体物料回送装置所组成。典型的循环流化床锅炉燃烧系统如图 4.61 所示。

循环流化床锅炉中,离开炉膛的大部分颗粒,由气固分离装置所捕集并以足够高的速率从靠近炉膛底部的回送口再送入炉膛。燃烧一次风通过布风装置送入炉膛,二次风则在布风装置以上的一定高度从侧墙送入。燃料燃烧产生热量的一部分由布置在炉膛四周或炉膛内的水冷、蒸汽冷却受热面所吸收,余下部分则被称为尾部受热面的对流受热面所吸收。

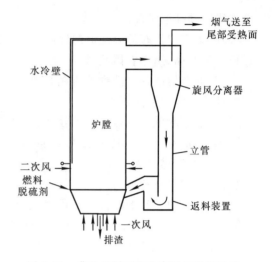

图 4.61 典型的循环流化床锅炉燃烧系统

风速、再循环速率、颗粒特性、物料量和系统几何形状的特殊组合,可以产生特殊的流体动力特性。这种特殊流体动力特性的形成,对循环流化床的工作是至关重要的。在这种流体动力特性下,固体物料被速度大于单颗粒物料的终端速度的气流所流化,同时固体物料并不像在垂直气力输送系统中立即被气流所夹带,而是以颗粒团的形式上下运动,产生高度的返混。这种细长的颗粒团既向上运动,向周围运动,也向下运动。颗粒团不断地形成、解体又重新形成。一定数量终端速度远大于截面平均气速的大颗粒物料也被携带,气固两相之间产生了大的滑移速度。

循环流化床锅炉是在鼓泡床锅炉的基础上发展起来的,它几乎保持了沸腾炉的所有优点。除电耗大外,它几乎可以解决鼓泡床锅炉的所有其他缺点,但与常规煤粉炉相比还存在一些问题。例如:

①大型化困难。尽管循环流化床锅炉发展很快,已投运的单炉容量已达 2000 t/h 级,更大容量的锅炉正在研制中。但由于受技术和辅助设备的限制,容量更大的锅炉较难实现。

②自动化水平要求高。由于循环流化床锅炉风烟系统和灰渣系统比常规锅炉复杂,各炉型燃烧调整方式有所不同,控制点较多,所以采用计算机自动控制比常规锅炉难得多。

③磨损严重。循环流化床锅炉的燃料粒径较大,并且炉膛内物料浓度是煤粉炉的十至几十倍。虽然采取了许多防磨措施,但在实际运行中循环流化床锅炉受热面的磨损速度仍比常规锅炉大得多。

3. 循环流化床锅炉的分类

早期的循环流化床锅炉称为循环床锅炉,其特点是炉内为快速床(流化速度>7 m/s)外加物料循环系统,循环倍率一般都较高。由于炉内流化速度较高,受热面磨损严重。目前循环流化床锅炉流化速度一般不大于 7 m/s。实际上一台循环流化床锅炉燃烧室内流化速度常常是一个变值,因此物料流化状态也在变化,有时是快速床,有时可能是湍流床,有时甚至是鼓泡床。所以其名称用"循环流化床锅炉"比用"循环床锅炉"更确切些。

目前已经投运的循环流化床锅炉的类型较多,并适合于不同的场合和要求。各种类型的循环流化床锅炉主要区别在分离器的类型和工作温度,以及是否设置外部换热器等。

(1)按分离器型式分类

按分离器型式,有旋风分离型循环流化床锅炉、惯性分离型循环流化床锅炉、炉内卧式分离型循环流化床锅炉、炉内旋涡分离型循环流化床锅炉、组合分离型循环流化床锅炉。

（2）按分离器的工作温度分类

按分离器的工作温度可分为高温分离型循环流化床锅炉、中温分离型循环流化床锅炉、低温分离型循环流化床锅炉（适合鼓泡床）、组合分离型循环流化床锅炉（两级分离）。在保证分离器可靠工作的条件下，循环流化床锅炉的设计中更趋于采用高温分离器。

（3）按有无外置式流化床换热器分类

按有无外置式流化床换热器可分为有外置式流化床换热器的循环流化床锅炉（见图 4.62(a)）和无外置式流化床换热器的循环流化床锅炉，如图 4.62(b)、(c)所示。根据有无外置式流化床换热器所设计的循环流化床锅炉，已经在制造领域形成对应的两大流派，各自具有不同的特点。

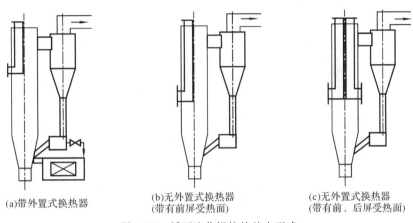

(a)带外置式换热器　　　(b)无外置式换热器　　　(c)无外置式换热器
　　　　　　　　　　　　（带有前屏受热面）　　　（带有前、后屏受热面）

图 4.62　循环流化锅炉的基本型式

在有外置式流化床换热器的锅炉中，燃烧与传热的过程是分离的，便于在运行中分别对燃烧与传热进行调节与控制，并使各自均达到比较好的状态。比如，仅需调节进入流化床换热器与直接返回燃烧室的固体物料的比例，即可调节和控制床温。另外，通常将再热器或过热器的部分受热面布置在外置式流化床中，锅炉汽温的调节比较灵活，也缓解了大型循环流化床锅炉炉内受热面布置空间紧张的状况。但采用外置式流化床换热器的锅炉结构比较复杂。一般来说，CFB 锅炉大型化后（如发展到 2000 t/h），在炉膛内布置更大比例的过热器和再热器受热面存在困难，外置式流化床换热器往往成为不可避免的技术选择。

无外置式流化床换热器的锅炉中，颗粒循环回路上的吸热主要靠炉膛水冷壁以及炉膛上部的屏式受热面来完成，锅炉的燃烧与传热调节比较复杂，但是锅炉的结构相对比较简单。

在循环流化床锅炉中，物料循环量是设计和运行控制中的一个十分重要的参数，通常用循环倍率来描述物料循环量，其定义如下：

$$R = \frac{循环物料量}{投煤量}$$

根据循环流化床锅炉设计时所选取的循环倍率的大小，可大致分为低倍率循环流化床锅炉（循环倍率为 1～5）、中倍率循环流化床锅炉（循环倍率为 6～20）、高倍率循环流化床锅炉（循环倍率大于 20）。

循环流化床锅炉燃烧系统的主要特征在于飞灰颗粒离开炉膛出口后，经气固分离装置和回送机构连续送回床层燃烧。由于颗粒的循环使未燃尽颗粒处于循环燃烧中，因此，随着循环倍率增加会使燃烧效率增加。但另一方面，由于参与循环的颗粒物料量增加，系统的动力消耗也随之增加。

按锅炉燃烧室的压力不同，又可分为常压流化床锅炉和增压流化床锅炉，后者可与燃气轮机组成联合循环动力装置。

目前，循环流化床燃煤锅炉的主流型式为带高温旋风分离器、有或无外置式换热器。

4. 循环流化床锅炉的构成

循环流化床锅炉燃烧系统由流化床燃烧室和布风板、飞灰分离收集装置、飞灰回送器等组成，有的还配置外部流化床热交换器。与燃煤粉的常规锅炉相比，除了燃烧部分外，循环流化床锅炉其他部分的受热面结构和布置方式与常规煤粉炉大同小异。典型的循环流化床锅炉的系统和布置示意如图 4.63 所示。

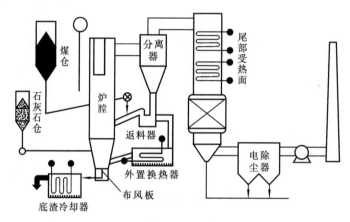

图 4.63　循环流化床锅炉系统和布置示意图

（1）燃烧室

循环流化床锅炉燃烧室的截面为矩形，其宽度一般为深度的 2 倍以上，下部为一倒锥型结构，底部为布风板。燃烧室下部区域为循环流化床的密相区，颗粒浓度较大，是燃料发生着火和燃烧的主要区域，此区域的壁面上敷设耐热耐磨材料，并设置循环飞灰返料口、给煤口、排渣口等。燃烧室上部为稀相区，颗粒浓度较小，壁面上主要布置水冷壁受热面，也可布置过热蒸汽受热面，通常在炉膛上部空间布置悬挂式的屏式受热面，炉膛内维持微正压。

流化风（也称为一次风）经床底的布风板送入床层内，二次风风口布置在密相区和稀相区之间。炉膛出口处布置飞灰分离器，烟气中 95% 以上的飞灰被分离和收集下来，然后，烟气进入尾部对流受热面。

给煤经过机械或气力输煤的方式送入燃烧室，脱硫用的石灰石颗粒经单独的给料管采用气力输送的方式，或与给煤一起送入炉内，燃烧形成的灰渣经过布风板上或炉壁上的排渣口排出炉外。

（2）布风板

布风板位于炉膛燃烧室的底部，和沸腾炉一样，也是开有一定数量和型式小孔的燃烧室底板，它将其下部的风室与炉膛隔开。它一方面将固体颗粒限制在炉膛布风板上，并对固体颗粒（床料）起支撑作用；另一方面，保证一次风穿过布风板进入炉膛，达到对颗粒均匀流化的作用。

为了满足均匀良好流化,布风板必须具有足够的阻力压降,一般占烟风系统总压降的 30% 左右。

（3）分离器

分离器是保证循环流化床燃煤锅炉固体颗粒物料可靠循环的关键部件之一,布置在炉膛出口的烟气通道上。它将炉膛出口烟气流携带的固体颗粒(灰粒、未燃尽的焦炭颗粒和未完全反应的脱硫吸收剂颗粒等)中的 95% 以上分离下来,再通过返料器送回炉膛进行循环燃烧,分离器性能的好坏直接影响燃烧与脱硫效率。

目前,最典型、应用最广、性能也最可靠的是旋风式分离器。旋风分离器使含灰气流在筒内快速旋转,固体颗粒在离心力和惯性力的作用下,逐渐贴近壁面并向下呈螺旋运动,被分离下来;空气和无法分离下来的细小颗粒由中心筒排出,送入尾部对流受热面。旋风分离器的阻力压降较大,加之布风板的阻力,因此,循环流化床锅炉的烟风阻力比常规煤粉炉高很多。

除了旋风分离器之外,还有许多其他的分离器型式,如 U 形槽、百叶窗等,但随着大型循环流化床燃煤锅炉的发展,越来越显示出旋风分离器在大型循环流化床锅炉中具有更高的可靠性和优越性。

（4）回料装置

回料装置是将分离下来的固体颗粒送回炉膛的装置,通常称为返料器。返料器的主要作用是将分离下来的灰由压力较低的分离器出口输送到压力较高的燃烧室,并防止燃烧室的烟气反串进入分离器。由于返料器所处理的飞灰颗粒均处于较高的温度(一般为 850 ℃ 左右),所以,无法采用任何机械式的输送装置。

目前,均采用基于气-固两相输送原理的返料装置,属于自动调整型非机械阀。典型的返料器相当于一小型鼓泡流化床,固体颗粒由分离器料腿(立管)进入返料器,返料风将固体颗粒流化并经返料管溢流进入炉膛。由于分离器分离下来的固体颗粒的不断补充,从而构成了固体颗粒的循环回路。典型的回料装置如图 4.64 所示。

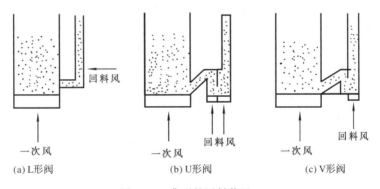

| (a) L形阀 | (b) U形阀 | (c) V形阀 |

图 4.64　典型的回料装置

有的循环流化床的设计采用将给煤直接送入返料器的出口段,使新鲜给煤与高温返料混合并升温后,一起送入炉膛内。

（5）外部流化床热交换器

有些循环流化床锅炉带有外置式热交换器(见图 4.62(a)和图 4.63),外置热交换器的主要作用是控制床温,但并非循环流化床锅炉的必备部件。它将返料器中一部分循环颗粒分流进入一内置受热面的低速流化床中,冷却后的循环颗粒再经过返料器送回炉膛。

循环流化床燃煤锅炉的其他部件,比如底灰排放系统(包括冷渣器等)、煤及石灰石制备系统等,都与常规煤粉炉有很大区别。

5. 循环流化床锅炉的燃烧

循环流化床流化速度高。为了减小固体颗粒对受热面的磨损,床料和燃料粒径一般比鼓泡床时小得多,并且绝大多数的固体颗粒被烟气带出炉膛。通过布置在炉膛出口的分离器,把分离下来的固体颗粒返送回床内再燃烧。因此,循环流化床燃烧技术的最大特点是燃料通过物料循环系统在炉内循环反复燃烧,使燃料颗粒在炉内的停留时间大大增加,直至燃尽。循环流化床锅炉燃烧的另一特点是向炉内加入石灰石粉或其他脱硫剂,在燃烧中直接除去 SO_2,炉膛下部采用欠氧燃烧($\alpha<1$)和二次风,采用分段给入等方式,不仅降低了 NO_x 的排放,而且使燃烧份额的分配更趋合理,同时炉内温度场也更加均匀。

煤粒在循环流化床锅炉内的燃烧过程是非常复杂的。煤颗粒进入燃烧室后大致经历四个连续的过程:①煤粒被加热和干燥;②挥发分的析出和燃烧;③煤粒膨胀和破裂;④焦炭燃烧和再次破裂及炭粒磨损。

循环流化床锅炉燃用的成品煤含水分一般较大,当燃用泥煤浆时其水分就更大,甚至超过40%。煤粒送入炉膛后与850 ℃左右的物料强烈混合并被加热、干燥,直至水分蒸发掉。当煤粒被加热到一定温度时,首先释放出挥发物。对于细小的微粒,挥发物的析出、释放非常快,而且释放出的挥发物将细小煤炭粒包围并立刻燃烧,产生许多细小的扩散火焰。这些细小的微粒燃尽所需要的时间很短,一般从给煤口进入炉床到从炉膛出口飞出炉膛一个过程就可燃尽。对于不参加物料再循环也未被烟气携带出炉膛的较大颗粒,其挥发物析出就慢得多。例如,平均直径 3 mm 的煤粒需要近 15 s 时间才可析出全部的挥发物。另一方面,大颗粒在炉内的分散掺混也慢得多。由于大颗粒基本沉积于炉膛下部,给入氧量又不足,因此大颗粒析出的挥发物往往有很大一部分在炉膛中部燃烧。这对于中小煤粒的燃烧和炉内温度场分布以及二次风口的高度设计都非常重要。理论上讲,大煤粒在循环流化床锅炉炉内燃尽是不存在问题的,尽管它们的燃尽时间需要很长,如平均直径是 2 mm 的颗粒需要 50 多秒,更大的煤粒甚至达几分钟。但由于大煤粒仅停留在炉膛内燃烧,因此大颗粒燃煤在炉内的停留时间将大大超出所需燃尽的时间。但如果在运行中一次风调整不当和排渣间隔时间过短、排渣时间太长,就有可能把未燃尽的炭粒排掉,使炉渣含碳量增大。介于细小微粒和大颗粒之间的参与外循环的中等煤炭颗粒,它们的挥发分析出及燃烧时间自然比细小微粒长、比大颗粒时间短,一般一次循环是很难燃尽的。表 4.13 给出燃尽所需时间和循环次数以及实际循环次数。

表 4.13 燃尽所需的时间及循环次数

煤粒直径/mm	0.1	0.5	1.0	2.0	>2.0
最长燃尽时间/s	0.68	8.9	23.1	50.1	炉内循环
需要的最大循环次数	0	3.6	7.2	16	炉内循环
实际循环次数	0	6.0	12.0	27	

注:煤种为煤矸石、石煤;总体循环倍率 $K=2.36$。

从表 4.13 给出的实验数据可知,如果锅炉设计和运行调整合理,参与循环的煤粒实际循环次数和通过炉膛的时间均将超出所需的循环次数和所需的燃尽时间。因此,煤粒的燃烧效率是比较高的。

在锅炉实际运行中,给入炉内的煤粒燃烧是相当复杂的,对于那些热爆性比较强的煤种,不论是大颗粒还是中等颗粒,在进入炉床加热干燥、挥发分析出的同时,将爆裂成中等或细小颗粒,甚至在燃烧过程中再次发生爆裂,如图4.65所示。

大多数煤种热爆性都比较强,使那些初期不参与循环的大颗粒爆裂成中等颗粒后参与物料的外循环,同样中等直径的颗粒爆裂后转化成细小微粒将可能不再循环(分离器捕捉不到)而随烟气进入尾部烟道。特别应当注意的是,循环流化床锅炉煤颗粒燃烧,除那些少量的细小微粒外,绝大多数处于焦炭燃烧,当煤粒挥发分被加热析出燃烧后,未被一次燃尽的煤粒往往

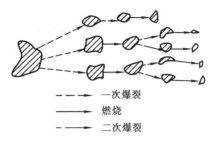

图 4.65 煤粒燃烧过程爆裂示意图

转化为焦炭颗粒或外层为焦炭内部仍为"煤"。焦炭比煤燃烧困难得多,所以在炉内的停留时间比按煤燃烧燃尽计算所需的时间要长。另外,煤粒在炉内循环掺混中不断地碰撞磨损使颗粒变小,同时将炭粒外表层不再燃烧的"灰壳"磨擦掉,这些都有助于煤粒的燃烧和燃尽,提高燃烧效率。

循环流化床锅炉虽然不像鼓泡床锅炉那样在炉内有一个明显的物料(料层)界面。但是炉床下部的物料浓度也足够大,对于高倍率的锅炉也在 $100\sim300$ kg/m³。因此炉内相当于一个很大的"蓄热池",当新燃料进入炉内后,立刻被850~900 ℃的物料强烈地掺混和加热,很快燃烧起来。即使是那些不易着火和燃尽的高灰分、高水分燃料进入炉内也可以燃烧和燃尽,这是因为给入的燃料量仅仅是炉内物料量的千分之几或者是几千分之几,有足够的热量加热新燃料而不会导致炉内的温度有较大的变化。另外,新燃料在炉内的停留时间远远大于其燃尽所必需的时间。因此,无论多么难燃烧的燃料,如果颗粒特性满足锅炉的要求,运行中调整适当都可以燃尽。循环流化床锅炉几乎可以燃用所有的固体燃料。

6. 循环流化床锅炉炉内热交换

锅炉结构布置的多样化、炉内物料浓度、粒度和流化速度的差别,使得炉内传热过程非常复杂。目前,对于循环流化床锅炉炉内传热的机理尚不十分清楚,难以用数学公式定量表达。但通过大量的研究、试验和工业实践,已经总结出了热交换的主导传热方式、炉内各种受热面的传热系数的大小范围以及对传热系数的影响因素,等等。

目前有两种炉内换热机理。一种认为炉内换热主要依靠烟气对流、固体颗粒对流和辐射来实现。这里所说的固体颗粒对流的作用可解释为颗粒对热边界的破坏,当颗粒在壁面滑动时实现热量的传递;而另一种认为是颗粒团沿壁面运动时实现热量传递。沿炉膛高度,随着炉内两相混合物的固气比不同,不同区段的主导传热方式和传热系数均不相同。影响循环流化床锅炉的炉内传热系数的主要因素有床温、物料浓度、循环倍率、流化速度、颗粒尺寸等。

在锅炉炉内沿炉膛高度各段,尽管其主导传热方式发生变化,但总的传热系数总是随着床温的增高而增大。床温增高,不仅颗粒的热阻力减小,而且辐射传热随着床温的增高而增大。炉内传热系数将随着物料浓度的增加而增大,这是因为炉内热量向受热面的传递是由四周沿壁面向下流动的固体颗粒团和中部向上流动的含有分散固体颗粒气流来完成的,由颗粒团向壁面的导热比起由分散相的对流换热要高得多。较密的床和较疏的床相比有较大份额的壁面被这些颗粒团所覆盖,受热面在密的床层会比在稀的床层受到更多的来自物料的热交换。物

料浓度的变化对炉内传热系数的影响是比较显著的,了解这一点对锅炉运行和改造是非常重要的。

循环倍率对炉内传热的影响,实质上是物料浓度对炉内传热系数的影响。循环倍率 K 与炉内物料浓度是成正比的。返送回炉床内的物料越多,炉内物料量越大,物料浓度越高,传热系数也越大,反之亦然。因此,循环倍率越大,炉内传热系数也越大。所以影响循环倍率的因素也必然影响炉内的传热。

快速流化床与鼓泡床不同,除了悬浮密度以外,流化速度的变化对于炉内热交换并无大的直接影响。在一定的悬浮密度即一定的物料浓度下,不同的流化速度对传热系数的影响很小。在大多数情况下,当流化速度增大时,若不考虑物料循环倍率的变化,其结果往往由于悬浮密度的减小而使传热系数降低,但实际中,流化速度变化对循环倍率是有影响的,这主要由物料粒度和分离器特性决定。因此在锅炉运行时一般增加(或减小)一次风量和增加(或减少)给料量是同时进行的,这样才能调整锅炉负荷。

颗粒尺寸大小对受热面的传热影响与受热面布置高度有关,对较短(矮)的受热面,炉内固体颗粒尺寸大小对传热系数有较明显的影响,这与鼓泡床中颗粒尺寸大小对竖式布置的埋管影响基本一致。而对于较长(高)的受热面,它对传热系数的影响并不显著。应当说明的是,这里叙述的颗粒尺寸的影响是在其他条件不变的情况下,仅仅考虑颗粒尺寸大小对炉内传热的影响。如果因颗粒尺寸的变化,而改变炉内物料浓度和浓度分布以及温度场,这也将影响炉内传热系数的大小。

循环流化床锅炉的炉内传热系数一般为 $100\sim200$ W/(m² · K)。具体数值及计算方法可参见有关文献。

 ## 4.5 旋风燃烧方式及其设备

4.5.1 旋风燃烧及其特点

空气带动燃料颗粒在圆筒内旋转燃烧时称为旋风燃烧,组织这种燃烧方式的设备称为旋风炉。旋风燃烧过程主要在具有圆形截面的旋风筒中进行,而高温烟气的传热过程主要是在布置于旋风筒后的主炉膛内进行。一台旋风炉可以有一只或数只旋风筒。旋风炉中,高速的二次风从切向进入筒内,而燃料既可以从切向,也可以从轴向进入。在筒内,二次风携带燃料颗粒旋转前进,大部分燃料颗粒在离心力的作用下摔向筒壁。旋风筒的内外壁上均敷设有保温层,以便在筒内保持高温。燃料在筒内受热后,迅速着火、燃烧,直至燃尽而被排出筒外,而燃料在燃烧中所放出的大量热量则反过来促进了筒内的高温。多数旋风炉采用液态排渣。此时,旋风筒内壁上有液态渣膜存在,由于有一层燃料贴附在熔渣膜上,使燃料颗粒受到的阻力更大,从而旋转和前进的速度大大减慢。旋风筒中燃烧所产生的高温烟气,全部进入锅炉的燃尽-冷却炉膛,进行进一步燃尽和冷却。较细的煤粉在圆柱形旋风筒中进行悬浮状燃烧。渣因高温熔化而黏在筒壁上形成液态渣膜。液态渣排出筒外形成液态排渣。旋风炉工作过程如图 4.66 所示。

(1)旋风燃烧方式的优点

①热强度高。由于火焰在旋风筒内高速旋转,扰动极其强烈,传热、传质条件非常好,可以采用低氧燃烧,旋风筒内的过量空气系数一般均小于1.1。又因为燃烧温度高,使得燃烧热强

度非常高。

②燃烧稳定。燃料进入旋风筒后摔向筒壁的颗粒会黏附在熔渣膜上,使燃料在筒内有相当长的滞留时间;燃烧室中蓄积一定热量的灼热熔渣膜,是极其稳定的燃烧场所。

③燃烧经济性高。旋风炉具有高的燃烧温度,优良的传热和传质条件,充分保证了燃料的完全燃烧。排渣中的含碳量一般均小于 0.2%,飞灰含碳量和飞灰份额均远低于煤粉炉。此外,过量空气系数较小,使得排烟热损失也较小。

④捕渣率高。旋风筒内高速旋转的气流具有很高的分离熔渣的能力。立式旋风炉捕渣率一般在 70% 以上。

⑤锅炉尺寸紧凑。由于捕渣率高,烟

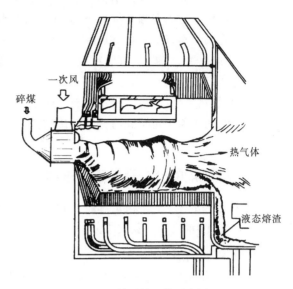

图 4.66　旋风炉工作示意图

气中挟带的飞灰量少,不必担心飞灰对受热面磨损。可提高烟速使传热强化;飞灰量减少,使除尘器负担减轻,这些都将使锅炉设备布置紧凑。

⑥旋风筒中的燃烧既不存在火床燃烧中那种保持火床层稳定的必要性,也没有悬浮燃烧中燃料颗粒与空气之间相对速度趋近于零、燃料颗粒在炉内停留时间很短的缺点。旋风燃烧是一种高热强度和高效率的燃烧方式。

(2)旋风炉的缺点

①能量消耗高。旋风筒中高速旋转气流使流动阻力剧增。采用热风送粉,必须有高压风机,这样锅炉自身消耗的电能就必然增高。

②煤质适应能力差。对旋风炉炉型来说,能适应各种煤种。但对于某一特定的旋风炉,因其对燃煤灰分的熔融特性、灰渣的流动能力极其敏感,尤其是锅炉负荷较低时,问题愈突出。对一台已投运的旋风炉,由于受结构特性、容量大小、制粉系统型式等一系列具体条件的限制,致使该炉对燃煤品种变动的适应能力变弱。

③锅炉可用率低。旋风炉存在的析铁、受热面烟气侧高温腐蚀、粒化冲渣系统容易发生故障、过热器和高温段省煤器处容易积灰等问题均能引起故障停炉,使旋风炉可利用率降低。实践表明,旋风炉在投运初期事故率较高,通过对配煤的摸索,对不合理的设计的改造,其安全状况、运行周期和可靠程度大体上接近固态排渣煤粉炉的平均水平。

④灰渣物理热损失高。旋风炉的燃烧经济性较高,但高温的灰渣送至渣沟排掉,尤其是燃用高灰分煤时,其灰渣物理热损失更大。如果考虑此项热量的回收,会使旋风炉的热效率提高。

⑤NO_x 生成量较高。旋风炉燃烧温度比一般煤粉炉高,从而导致较高的 NO_x 生成。研究和实践表明,采用分级燃烧技术的旋风炉可以大幅降低燃烧 NO_x 的生成。

⑥对流受热面易积灰。旋风炉捕渣率高,使进入对流受热面烟气中较粗的飞灰颗粒减少,因此丧失了大颗粒飞灰冲刷对流管束积灰的作用,使锅炉出口对流受热面积灰严重。

⑦制造费用高。旋风炉结构复杂，销钉焊接工作量大，制造费用比同容量的煤粉炉高。

⑧旋风燃烧方式只强化了燃烧，而未能强化传热。

虽然旋风炉有以上缺点，但在综合利用方面是其他炉型无法比拟的。如利用附烧熔融磷肥，可以生产出一、二级品磷肥；粒化后的玻璃体熔渣可直接做水泥掺合料；除尘下来的增钙粉煤灰加上一定数量的水泥、白灰、镁粉等经饱和蒸汽加压养生可得到建筑材料——加气混凝土，是很好的建筑砌块；由一定量的玻璃体水淬渣、除尘后的飞灰和生石灰等制成普通砖型，再经饱和蒸汽加压养生可得到与普通红砖质量几乎相同的增压免烧砖，是土建工程较好的建筑材料。

4.5.2 旋风炉的分类及其工作过程

旋风炉主要有立式旋风炉和卧式旋风炉两种类型。立式旋风炉按照旋风筒与主炉膛的布置方式，又有前置式和下置式之分。

1. 立式旋风炉

图 4.67 所示为前置式立式旋风炉。前置式旋风筒体由上下两个环形集箱和沿圆周密布的水冷壁管连接而成。管子的向火面焊有销钉，敷有耐火材料。筒的下端有冷却管圈形成的出渣口。炉膛也称二次室，下部敷满耐火材料的区域称为燃尽室，上部则为冷却炉膛。由旋风筒至炉膛的烟道称为过渡烟道。过渡烟道由旋风筒的水冷壁管围成，内壁亦敷满耐火材料。燃尽室的前墙水冷壁管在过渡烟道内拉稀成 4～6 排捕渣管束，以捕除 20%～25% 的液态灰渣。二次室后墙有折烟角，其作用在于改善燃尽室内的流动工况，减轻燃尽室炉底死角和流动死滞区内的堆渣现象。另外，这种折烟角也有利于提高燃尽室温度。旋风筒顶部装有叶片型煤粉燃烧器，其两根一次风道对冲引入，从一次风入口到出口旋流叶片之前保持有足够的混合长度，以使煤粉分布均匀。整个燃烧器由内外套管组成，向火侧端部采用耐热合金钢。固定在出口处的旋流叶片使环状一次风煤粉气流在喷入筒体时呈伞形的旋转气流，其内外两侧均能卷吸高温烟气以帮助着火。二次风喷口布置在筒体的上部，二次风切向引入。

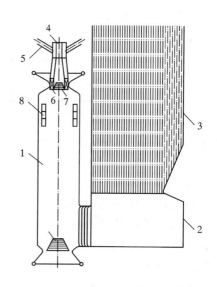

1—筒体；2—燃尽室；3—冷却炉膛；
4—叶片式燃烧器；5——次风管道；
6—叶片；7—冷却管圈；8—二次风喷口。

图 4.67　前置式立式旋风炉

前置式立式旋风炉燃用粗煤粉。制粉系统根据不同煤种可用储仓式或直吹式。对于热风送粉的系统，乏气作三次风喷口可布置在燃尽室的侧墙上。煤粉从顶部的叶片式燃烧器送入，二次风从二次风喷口切向引入，烟气由旋风筒下部的出口经捕渣管束进入燃尽室，熔渣则从旋风筒底部渣口排出。

旋风筒内的燃烧过程与空气动力场有密切关系。分析和测定表明，筒内各点气流的切向速度和轴向速度的分布形态如图 4.68 所示。

靠近筒壁的外圈气流接近于势流,而靠近中央的内圈气流通过动量交换和物质交换被外圈气流所带动,也跟着旋转,由于流体有黏性,内圈气流的运动接近于刚体的旋转。在距中心 $0.7 \sim 0.9$ 倍半径处,切向速度有一最大值,气流的旋转最为强烈。沿筒身不同的横截面上,切向速度分布以及最大切向速度分量的绝对值的大小均有所不同。这是由于有摩擦损耗存在,气流愈往下,旋转强度愈弱,但基本形态是类似的。热态运行时,由于筒壁上存在熔渣膜,气流中含有大量固体颗粒以及由于高温下气体

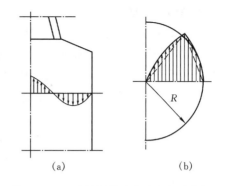

图 4.68　立式旋风筒内冷态空气动力场

黏性的增大,各点切向速度绝对值下降更快一些。当筒身长度达到 4 倍直径时,在下端出口附近,气流的旋转强度已大为减弱。

旋风筒中央有向上的回流。但热态运行时,由于煤粉气流燃烧时产生的气体体积膨胀,以及旋转强度比冷态时有较快的减弱,向上的回流只有在着火段内才有一定程度的存在。

前置式立式旋风炉的煤种适应范围很广,可燃用褐煤、烟煤、贫煤和无烟煤。对于煤种的限制主要是煤的灰熔点,这与液态排渣炉相似。这种旋风炉在我国还成功地用于综合利用方面,其中附烧钙镁磷肥具有较高的经济效益,因为此时锅炉不仅生产蒸汽,而且还烧制磷肥。另外,此时还因为加入熔剂会降低灰分熔化温度,所以煤的灰熔点就不再是限制因素了。

前置式立式旋风炉,由于其燃烧得到强化,因而容积热负荷 q_V 为一般煤粉炉的十几倍。在燃用烟煤时 q_V 约为 $2.2 \ \mathrm{MW/m^3}$,燃用无烟煤时约为 $1.25 \ \mathrm{MW/m^3}$。为了保证有较高的燃尽程度和捕渣率,旋风筒呈细长形,长径比 L/D 为 $3.5 \sim 4.5$。这种旋风炉的 q_3 几乎等于零,q_4 可小于 1%。因此,虽然 q_6 比固态排渣炉高些,但锅炉效率仍可达到 92%。这种炉子的捕渣率通常为 $60\% \sim 70\%$。旋风筒出口的过量空气系数一般为 1.05,煤粉细度 R_{90} 控制在等于或略高于煤的可燃基挥发分 $w_{\mathrm{daf}}(\mathrm{V})$ 的数值。

下置式立式旋风炉的旋风燃烧室置于冷却炉膛之下,二次风和煤粉沿旋风室割向引入,烟气由旋风室上部出口排入冷却炉膛,如图 4.69 所示。冷却炉膛为矩形截面,在冷却炉膛和旋筒的交界处,一部分水冷壁拉下形成圆柱形旋风筒体。这种旋风室的直径大、二次风速低,所以容积热负荷较低,约为 $1.2 \sim 1.4 \ \mathrm{MW/m^3}$,可燃用 $w_{\mathrm{daf}}(\mathrm{V}) \geqslant 12\%$、$R_{90} = 15\% \sim 45\%$ 的煤粉。

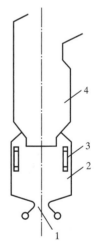

1—出渣口;2—旋风室(圆柱形旋风筒体);
3—切向布置燃烧器;4—矩形冷却炉膛。
图 4.69　下置式立式旋风炉

2. 卧式旋风炉

卧式旋风炉按照燃料进入方式的不同分为轴向进煤和切（割）向进煤两种。

轴向进煤卧式旋风炉如图 4.70 所示。这种旋风炉的旋风筒由水冷壁管弯制拼装而成。燃料经旋流式燃烧器沿轴向送入旋风筒，二次风以高速（约 150 m/s）切向喷入筒内，烟气从后环室喉口进入燃尽室，再经捕渣管束进入冷却炉膛，熔渣则从后环室下部的一次渣口流到燃尽室底部，再经二次渣口排出炉子。这种旋风炉可燃用 $w_{daf}(V) \geqslant 15\%$、粒度小于 5 mm 的煤屑。其容积热负荷在几种旋风炉中最高，可达 $3.5 \sim 7.0$ MW/m³。

切（割）向进煤卧式旋风炉与轴向进煤卧式旋风炉的不同之处仅在于燃料是在二次风口下以切（或割）向送入旋风筒。可以燃用着火困难的低挥发分燃料，一般燃用 $w_{daf}(V) > 10\%$ 的粗煤粉（$R_{90} = 40\% \sim 70\%$）。由于燃料切向引入，可以防止大量细粉沿旋风筒轴线涌出，避免固体不完全燃烧损失增大。

卧式旋风筒内的燃烧强度比立式旋风筒还要高，是由于后锥（也称喇叭口）的存在使空气动力场和燃烧过程具有独特性。图 4.71 所示为冷态试验中筒内气流的轴向运动规律。在靠近筒壁处，气流一面旋转一面向筒的后端行进，在进入后环室之后又退出来。这股退出来的环形旋转气流遇到近中心另一股向后运动的气流时，就分成两股，一股经后锥流出旋风筒，另一股又回向后环室而形成循环气流。在筒中央，一股圆柱形中心回流由筒外流进来，这是旋转气流中心负压所造成的（图 4.70 中蜗壳型燃烧器中心风只能使中心回流缩短行程，但筒内流动结构的基本形态不变）。二次风速愈高，上述各股气流的分界愈明显。筒内各点切向速度的分布和立式旋风筒相似。

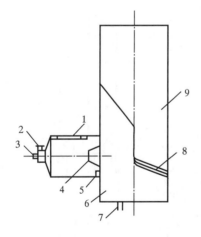

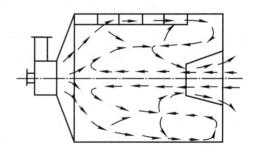

风喷口；2—蜗壳一次风进口；3—中心风管；
出口尾锥；5—旋风筒流渣口；6—燃尽室；
总流渣口；8—捕渣管束；9—冷却炉膛。

图 4.70 轴向进煤卧式旋风炉　　　　图 4.71 卧式旋风筒内气流轴向运动的规律

卧式旋风炉的热效率与立式旋风炉大致相同，捕渣率为 $85\% \sim 90\%$，q_v 可达 $3.5 \sim 7$ MW/m³。但卧式旋风炉不宜烧无烟煤或劣质烟煤，否则燃烧不易稳定，q_4 太大。这是因为二次风混入早，着火条件比不上立式旋风炉的缘故。

旋风炉在运行中所发生的问题，不少与液态排渣有关，其他方面一个较普遍的问题是二次风口结渣,即使采用割向进风也难以避免,在运行中多采用使两组二次风口轮流停风,烧去所结之渣。

4.5.3　旋风炉对燃料的适应性

旋风炉在参数、结构及排渣方式一定的条件下,能否正常运行,达到连续排渣并提高运行周期,主要取决于燃料在炉内的着火速度与燃烧温度。影响着火速度与燃烧温度的因素有挥发分、水分、灰分和发热量等。

(1)挥发分

通过一次风将煤粉送入旋风筒后,要求迅速着火,达到一定的燃烧强度。由于旋风筒的容积较小,如果气粉混合物不能及时着火,就会降低煤粉在旋风室内的燃尽度,同时容易使前置炉不着火而进入二次室强烈燃烧,即所谓"跑火",也称为"脱火",使前置炉温度水平明显下降,带来的后果是主蒸汽温度急剧上升,前置炉渣口暂时不流渣,大量的液态渣暂时停留在二次室炉底。

旋风炉具有优越的着火条件,如采用热风送粉,使一次风粉在进入旋风筒前就被加热,则有利于煤粉的着火;筒内敷设有碳化硅炉衬,蓄积大量的热量,为燃用低挥发分的贫煤、无烟煤提供了有利的燃烧着火条件,这就使旋风炉对煤种变动的适应能力较强。经验表明,75 t/h 立式旋风炉燃用可燃基挥发分为 15%～18% 比较合适。

(2)水分

燃料中所含的水分会降低燃料的低位发热量,使锅炉燃烧温度下降,导致燃烧不稳,影响煤粉的燃尽度,从而影响锅炉运行的可靠性和经济性。

若旋风炉选择中间储仓式制粉系统,旋风炉实际燃用的是经磨制和干燥过的煤粉,其水分小于原煤的固有水分,如果制粉系统的乏气不排入旋风筒内而是排入二次室的燃尽室,燃料水分对旋风筒内燃烧工况无影响。

(3)灰分

锅炉运行一段时间后,旋风筒内涂有的碳化硅被熔渣膜覆盖,而熔渣膜的厚度与燃料中的灰分大小有关。长期燃用发热量较高、灰分较小的煤种时,会使旋风筒渣膜变薄、烧漏,二次室炉底也容易烧漏流渣。如果长期燃用灰分较大而发热量又低的燃料,会使旋风筒渣膜增厚,筒内容积减小而造成正压,给运行安全造成极大威胁。同时由于灰分大,发热量低,燃料消耗量增加,因此给制粉系统运行带来影响,输送煤粉的一次风管常常造成堵塞,给运行安全也造成影响。

旋风筒上形成的液态渣层对煤的正常燃烧有重要影响,而且从旋风筒和主炉膛中排出的灰渣也呈液态,因此可以从液态排渣角度评价旋风炉对煤种的适应性。通常,灰渣在水平面上能够流动的条件是其黏度不高于 250P。这一黏度对应的温度(T_{250})可作为确定煤的适应性的准则之一。对 T_{250} 已有较多研究和经验,可根据煤灰的化学分析计算获得,此处不再赘述。

旋风炉对燃料品质的改变非常敏感,因此应使入炉煤质基本保持稳定,如果运行中燃料的灰熔点、挥发分、灰分、水分有大幅度变化,会使旋风筒燃烧工况受到明显的影响。一般说来,旋风炉不宜经常改变煤种,当燃煤无法保持单一煤种时,为了避免煤质波动,应将各品种的煤都在储煤场按品种分别储放,在上煤时按试验好的配比进行混合,使入炉的煤质基本保持稳定。

综上所述,旋风炉对燃料的适应性,不仅与燃料的特性有关,还与旋风炉的容量、结构、制粉系统型式、煤粉细度、热风温度及运行中的调整有关。因此旋风炉对煤种的适应性不能规定一个严格的界限,应根据常用的几种燃料,在试验室做各种不同的配比试验,或者在有条件的情况下在基本相似的旋风炉上进行试烧来确定。

 复习思考题

1. 何谓燃烧,燃烧的基本条件有哪些?

2. 何谓化学反应速度,影响化学反应速度的主要因素有哪些? 是如何影响的?

3. 试述着火的机理并分析着火温度的影响因素。

4. 分析煤粉气流着火的特点。如何强化煤粉气流的着火与燃烧?

5. 对比煤粉和油类燃烧的异同。

6. 分析各种层燃炉的着火、燃烧的基本特点。

7. 阐述炉拱、二次风对链条炉的燃烧和燃尽过程中的作用。

8. 说明直流燃烧器和旋流燃烧器的工作原理及其优缺点。

9. 什么是煤粉炉的一、二、三次风? 它们的作用是什么?

10. 什么是着火热,哪些因素会影响它的高低?

11. 一次风率与一次风温对燃烧过程有何影响?

12. 一、二次风速根据什么原则确定?

13. 煤粉炉内的火焰是怎样保持稳定的?

14. 说明各种稳燃技术的基本原理及适用范围。

15. 什么是火焰中心,其位置对锅炉工作有何影响? 运行中火焰中心位置可以调节吗?

16. 试述流化床燃烧锅炉的工作原理和主要特点。

17. 循环流化床燃烧锅炉为什么会成为目前竞相发展的锅炉型式? 它还有哪些问题没有得到很好的解决?

18. 如何评价燃烧的完全性?

第5章 锅炉各种受热面的作用及结构

工质在锅炉中的吸热是通过布置各种受热面来完成的。由于受热面所处的烟温区域不同,受热面所起的作用也不同。根据工质所处的热力学状态,锅炉的受热面可分为加热受热面、蒸发受热面和过热受热面。本章对这些受热面的作用和结构以及设计时所应注意的问题进行详细介绍。锅筒是多个受热面的连接节点,本章对它的结构和作用进行了说明。锅炉运行中蒸汽参数会受到许多因素的影响,本章对蒸汽温度的变化特性及其调节方法也进行了介绍。空气预热器是利用低温烟气加热燃烧所需空气的一种换热设备。尽管它与锅炉的工质参数没有直接关系,但由于空气预热器可以改善燃烧、提高锅炉热效率,它已经成为现代大容量锅炉不可缺少的组成部分。本章对空气预热器的作用、结构及布置等也进行了详细介绍。

 ## 5.1 水冷壁、凝渣管、对流管束及锅筒

水冷壁、凝渣管和对流管束在蒸汽锅炉中也称蒸发受热面。

5.1.1 炉膛水冷壁

1. 水冷壁的作用

早期的锅炉,炉膛中没有受热面,后来为了保护炉墙不被高温烟气烧坏和冷却燃烧产物而布置了水冷的管子。这些布置在炉膛四周的、管内流动介质一般为水或汽水两相混合物的受热面称为炉膛水冷壁。炉膛水冷壁是以辐射换热为主的受热面,热负荷很高。若锅炉为蒸汽锅炉,水冷壁主要为蒸发受热面;若锅炉为热水锅炉或超临界压力锅炉,则水冷壁主要为加热受热面。

在自然循环锅炉炉膛内,如果管内工质向上流动,水冷壁也称上升管。水冷壁的基本作用为:①吸收炉膛内火焰的热量。由于炉内火焰温度较高,且烟速很低,因此这种吸热主要通过辐射方式来进行,在炉膛出口处将烟气的温度冷却到足够低的程度。②保护炉墙。由于水冷壁的存在,使得火焰部分或完全不接触炉墙,从而起到保护作用。除此之外,水冷壁还能起到悬吊炉墙、防止炉壁结渣等作用。

2. 水冷壁的类型

水冷壁主要有两类,即光管式水冷壁和膜式水冷壁,如图5.1所示。

光管式水冷壁就是通过锅筒及集箱连接起来的一排布置在炉墙内侧的光管受热面;膜式水冷壁就是各光管之间用鳍片或扁钢焊接成的一组管屏。

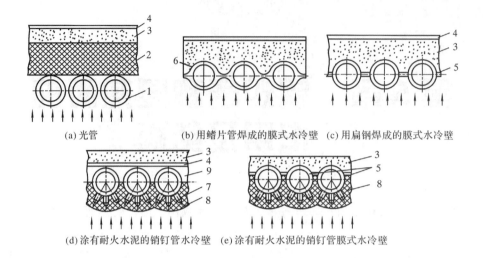

1—管子;2—耐火层;3—绝热层;4—护板;5—扁钢;6—鳍片管;7—特制销钉;

8—耐火水泥;9—耐火材料。

图 5.1　水冷壁管的型式

(1)光管式水冷壁

光管式水冷壁由普通的无缝钢管弯制而成,一般是贴近燃烧室炉墙内壁、互相平行的垂直布置,上端与锅筒或上集箱连接,下端与下集箱连接。

水冷壁管布置的紧密程度用管子的相对节距来表示。管子的节距 s 与外径 d 之比(即 s/d)称为相对节距。相对节距不同,说明水冷壁的吸热量和对炉墙的保护程度不同。若 d 不变,相对节距减小,说明 s 减小,管子排列紧密,即在同样大小的炉膛内布置水冷壁管多,水冷壁的吸热量大,炉墙的安全性增强,但火焰照射到炉墙上的辐射热量减少,炉墙对管子的反射热量少,管子金属的利用率低;相反,相对节距增大,水冷壁管的总的吸热量减小,对炉墙的保护作用差,但管子的利用率较高。

在一定的 s/d 下,水冷壁管中心线至炉墙内表面的距离 e 与管子外径的比值(即 e/d)对水冷壁的吸热量及炉墙的保护作用也有影响,若 d 不变,e/d 的数值大,则炉墙接受火焰的辐射热多。说明管子与炉墙之间的距离增加,炉墙内表面对管子的辐射作用增强,因而水冷壁管的吸热量也较多。但这时炉墙温度升高,炉墙上容易结渣,焊在水冷壁管背面起固定作用的拉杆也容易烧坏。

现代锅炉为了减轻炉墙重量,常将水冷壁的一半埋在炉墙中($e=0$),这种炉墙称为敷管式炉墙。这种炉墙的主要优点是炉墙温度较低,炉墙可以减薄,安装方便、节省材料,能够减轻锅炉的重量。自然循环锅炉常用的水冷壁管外径有 60 mm、76 mm、83 mm 等,壁厚为 3.5～6 mm。管径越小,遮盖同样面积的炉墙所消耗的金属越少。

光管式水冷壁具有制造、安装简单等优点。但它的缺点是保护炉墙的作用小,炉膛漏风严重。由于焊接工艺的限制,以前普遍采用光管式水冷壁。现代小型锅炉受制造成本的限制时,有时也采用光管式水冷壁。

(2)膜式水冷壁

膜式水冷壁有两种型式,一种是光管之间焊扁钢形成膜式水冷壁;另一种是由轧制成型的鳍片管焊成。膜式水冷壁对炉墙的保护最好,炉墙的重量、厚度大为减少。因为膜式水冷壁的炉墙只需要保温材料,不用耐火材料,因而可采用轻型炉墙。同时,水冷壁的金属耗量增加不多。此外,膜式水冷壁的气密性好,大大减少了炉膛漏风,甚至也可采用微正压燃烧,提高锅炉热效率。由于蓄热能力小,炉膛燃烧室升温快,冷却亦快,可缩短启动和停炉时间。厂内预先组装好才出厂,可缩短安装周期,保证质量。膜式水冷壁的缺点主要是制造工艺较复杂,设计时必须考虑到它的一些特点。如不允许两相邻管子的金属温度差超过 50 ℃(这个要求对自然循环锅炉是容易做到的),因要把水冷壁系统制成整体焊接的悬吊框式结构,设计膜式水冷壁时必须保证有足够的膨胀延伸自由,还应保证人孔、检查孔、看火孔以及管子横穿水冷壁等处具有良好的密封性。水冷壁管穿过炉墙的部分要留出膨胀间隙。为了防止漏风,间隙内填充石棉绳。对于敷管炉墙,炉墙贴附在膜式水冷壁管外面形成一个整体,穿墙部分可不留间隙。膜式水冷壁由于具有显著的优点,因而得到了广泛的应用。大型锅炉几乎全部采用的是膜式水冷壁。

3. 直流锅炉水冷壁

直流锅炉的水冷壁中的工质是靠水泵压头作强制流动,不像自然循环锅炉那样总是布置成垂直上升管屏,因而可以较自由地布置成各种型式。在直流锅炉发展初期,炉膛水冷壁的型式很多,图 5.2 所示为几种基本型式。

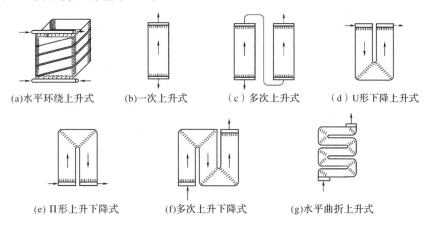

图 5.2　直流锅炉的水冷壁系统

水平环绕上升式水冷壁(或称螺旋管圈式水冷壁,见图 5.2(a))对炉膛四周吸热不均性不很敏感,允许工质焓增大(达 1200 kJ/kg)。因无中间集箱,金属耗量小。但是,在安装工地装配的焊口多,安装周期长,水冷壁需用额外部件进行支吊。螺旋管圈式又称为拉姆辛式。这种型式的水冷壁在超临界压力和亚临界压力情况下均可应用,非常适合于变压运行的直流锅炉。为避免传热恶化,设计时工质的质量流速一般取 3000~3500 kg/(m² · s);当水冷壁采用内螺纹管时,质量流速取 2500 kg/(m² · s)。

一次上升式水冷壁(见图 5.2(b))结构简单,工质在水冷壁管内平行一次上升,汽水系统阻力小,管间膨胀差别小,适宜采用膜式水冷壁,无需下降管,金属耗量小。常采用内螺纹管和进口加装节流圈等方法增强水动力的稳定性和减小出口工质的热偏差。若锅炉容量较小,其周界相对较长,则为得到较高的质量流速,将被迫采用小直径水冷壁管,增大了水冷壁的热敏感性。多次上升式水冷壁(见图 5.2(c))易于组装,易做成膜式水冷壁,易疏水,工质一次上升之后有混合,但因有较多的集箱和不受热的下降管,金属耗量较大。垂直上升式又称为本生式。

U 形下降上升式、Ⅱ形上升下降式及多次上升下降管屏式水冷壁(见图 5.2(d)、(e)、(f))便于组装,但不易疏水。因弯头多,做膜式壁较麻烦。它们对沿宽度的吸热不均性比较敏感。水平曲折上升式水冷壁(见图 5.2(g))对炉膛各面墙宽度的吸热不均匀性也不敏感,易于组装,但制造稍为复杂,阻力比前一种型式大。由于有许多弯头,不易做成膜式水冷壁。这几种型式都是多回程管屏式,也被称为苏尔寿式。

通常直流锅炉水冷壁要求进口工质具有足够的过冷度,出口为微过热的蒸汽。由于没有锅筒,直流锅炉中水的加热、蒸发和过热的受热面没有固定的分界。锅炉运行工况改变,这些分界点也在变化。为了保证锅炉水冷壁的安全,要求水冷壁在任何工况条件下管壁温度都不能超温,并且管子之间(特别是相邻管子之间)的管壁温度相差不能太大,以避免产生太大的热应力而造成破坏。由于直流锅炉运行对负荷变化比较敏感,锅炉工作压力变化速度也比较快。相对来说,直流锅炉的水冷壁设计难度较大。

对垂直布置的水冷壁管而言,炉膛周界长度、管子直径、管间节距决定了它的质量流速的大小。而管子直径和节距的选择都有一定的限制,假如管子的直径过细,会造成水冷壁管热敏感性过高,管子内壁上的结垢和热负荷的变化,会使某些管子产生过大的管间流量偏差而使管子超温。因此管子内径的选择不宜过小。同时为了防止管间鳍片过热烧损,管间节距不能太宽,一般以鳍端温度与管子正面顶点温度相等作为鳍片宽度选择的原则。这样一来,在一定的炉膛周界情况下,如果直流锅炉采用垂直布置的水冷壁管,由于管子直径不能过细,其管子根数基本固定,即水冷壁管内流通面积基本固定;而为了保证水冷壁管子的安全,必须保证一定的工质流量,所以垂直管圈的质量流速大小受到很严格的限制。

炉膛周界尺寸的增加与锅炉容量的增加是不成正比例的,前者慢于后者。容量较小的直流锅炉水冷壁往往单位容量炉膛周界尺寸过大,水冷壁管子内流通面积过大,因此难以保证足够的质量流速。例如,300 MW 容量的锅炉水冷壁不能设计成一次垂直上升型管圈,即使600 MW容量的锅炉在负荷低于 60% 时质量流速也显得不足(这里指的是采用较粗的管子且无多次上升垂直管圈,即采用 UP 型一次上升水冷壁结构)。根据国外经验,燃煤锅炉水冷壁设计成一次上升垂直水冷壁管圈的极限容量应不小于 700 MW。

解决炉膛周界和质量流速之间矛盾的方法一般有如下几种:采用小管径和多次混合的水冷壁(如上锅 300 MW 的 UP 型锅炉,采用内径 11 mm 的管子);水冷壁采用工质再循环(低倍率和复合循环锅炉);采用多次上升管圈型水冷壁(FW 型锅炉);采用螺旋管圈型水冷壁。其中,得到广泛采用的是螺旋管圈水冷壁。例如,国产 600 MW 超临界压力直流锅炉采用的就是螺旋管圈水冷壁。

螺旋管圈的一大特点就是能够在炉膛周界尺寸一定的条件下,通过改变螺旋升角来调整平行管的数量,保证容量较小的锅炉并列管束数量较小,从而获得足够的工质质量流速,使管壁得到足够的冷却,消除传热恶化对水冷壁管子安全的威胁。这样水冷壁的设计就可避免采用热敏感性太大的过细的管子。

螺旋管圈水冷壁的另一重要参数就是螺旋管圈盘绕圈数,这与螺旋角和炉膛高度有关。圈数太少会部分丧失螺旋管圈在减少吸热偏差方面的效益;圈数太多会增加水冷壁的阻力从而增加水泵功耗,而且在减少吸热偏差的效益方面增益不大,合理的盘绕圈数通常是 1.5～2.5 圈。

螺旋管圈水冷壁主要有以下优点:①能根据需要获得足够的质量流速,保证水冷壁的安全运行。②管间吸热偏差小,特别是对于容量比较小的锅炉,并列管子根数少,同时由于沿炉膛高度方向的热负荷变化平缓,因而热偏差小,螺旋管在盘旋上升的过程中,管子绕过炉膛整个周界,既途经热负荷大的区域又途经热负荷小的区域,因此就整个长度而言,螺旋管各管的吸热偏差很小。③抗燃烧干扰的能力强,当切向燃烧的火焰中心发生较大偏斜时,每根管子的吸热偏差与出口工质的温度偏差仍能保持较小值。④水冷壁不必设置进口流量分配节流圈,一次垂直上升管圈为了减少热偏差需要在水冷壁进口按照沿宽度上的热负荷分布曲线设计配置流量分配节流圈。这一方面增加了水冷壁的阻力,另一方面针对某一锅炉负荷和预定的热负荷分布而设置的节流圈在锅炉负荷变化时会部分地失去作用,给水冷壁的安全运行带来隐患。而采用螺旋管圈,吸热偏差很小,不需要设置节流圈,提高了锅炉的可靠性;⑤能适应锅炉变压运行的要求。螺旋管圈容易保证低负荷时的质量流速,工质从螺旋管圈进入中间混合联箱时的干度已足够高,容易解决进入垂直管屏时汽水分配不均问题,因此螺旋管圈可以更好地适应变压运行的要求。

但采用螺旋管圈水冷壁有以下缺点:①螺旋管圈的承重能力弱,需要附加的炉室悬吊系统;②制造成本高。螺旋冷灰斗、燃烧器水冷套以及螺旋管至垂直管屏的过渡区等部组件结构复杂,制造困难;③炉膛四角上需要进行大量单弯头焊接对口,安装难度大;④管子长度大,阻力较大,增加了给水泵的功耗。

直流锅炉炉膛的不同区域,由于其烟温水平、热负荷和工质性质均不相同,水冷壁管内工质流速和布置方式也不一样。一般大约以折焰角附近为分界,将水冷壁划分为下辐射区(也有将其进一步区分为中辐射区和下辐射区的)和上辐射区两部分。在上辐射区中,炉内温度水平和热负荷较低,可采用一次上升式水冷壁;下辐射区为燃烧区,包括热负荷和烟温水平都很高的燃烧器布置区域,可采用螺旋管圈式水冷壁和多次上升式水冷壁。上、下辐射区水冷壁之间的连接可通过联箱(混合联箱)和分叉管两种方式进行连接。

下部(包括冷灰斗)采用螺旋管圈,上部采用一次上升管屏,中间采用混合集箱过渡的组合型式被经常采用。这是因为下部螺旋冷灰斗的吸热偏差小,在水冷壁进口不装配节流圈的情况下也能保证很小的工质出口温度偏差,中间混合集箱过渡又能在低负荷时获得均匀的汽水两相分配,而且在结构处理上,下部螺旋管圈和上部上升管屏的转换根数之比没有限制。

为了在水冷壁的顶部采用结构上成熟的悬吊结构,超(超)临界压力直流锅炉也经常采用下炉膛为螺旋管圈水冷壁、上炉膛为垂直管圈水冷壁,中间混合集箱过渡的组合型式。图 5.3 为采用这种组合的 DG1900/25.4-Ⅱ1 型锅炉的水冷壁总体布置图。

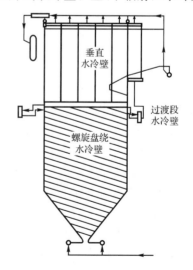

图 5.3　水冷壁总体布置图

冷灰斗螺旋水冷壁的结构如图5.4所示。

过渡段水冷壁的结构如图5.5所示。螺旋盘绕水冷壁前墙、两侧墙出口管全部抽出炉外,后墙出口管则是 4 抽 1 根(或 3 抽 1 根)管子直接上升成为垂直水冷壁后墙凝渣管,另 3 根抽出到炉外,抽出炉外的所有管子均进入螺旋盘绕水冷壁出口集箱,由连接管从螺旋盘绕水冷壁出口集箱引入位于锅炉左右两侧的两个混合集箱混合后,再通过连接管从混合集箱引入到垂直水冷壁进口集箱,然后由垂直水冷壁进口集箱引出光管形成垂直水冷壁管屏,垂直光管与螺旋管的管数比为 3∶1。这种结构的过渡段水冷壁可以把螺旋盘绕水冷壁的荷载平稳地传递到上部水冷壁。

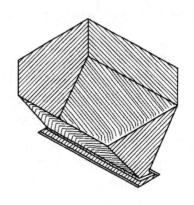

图 5.4　螺旋冷灰斗的结构

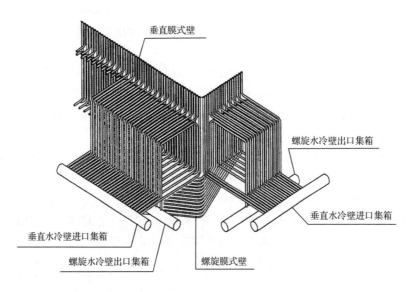

垂直膜式壁

螺旋水冷壁出口集箱

垂直水冷壁进口集箱

垂直水冷壁进口集箱

螺旋水冷壁出口集箱

螺旋膜式壁

图 5.5　过渡段水冷壁结构示意图

4. 卫燃带

对于不易着火的燃料,为使燃料迅速着火和稳定燃烧,例如,W 型火焰锅炉的炉膛,或在旋风炉及液态排渣炉中为了获得较高的温度,常常需要把一部分水冷壁管表面遮盖起来,以减少该部位的吸热量,这部分水冷壁表面称为卫燃带。常用的敷设卫燃带的方法是在卫燃带区域的水冷壁管表面焊上许多长 20~25 mm、直径 6~12 mm 的销钉(或称抓钉),然后敷上铬矿砂耐火可塑料,如图5.6所示。耐火可塑料是由耐火物料制成的粒状和粉状料中加入一定比例的可塑性黏土和化学复合结合剂等调配而成,呈泥膏状或干混料,并在使用中

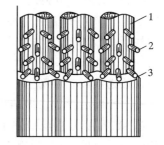

1—水冷壁管;2—销钉;3—铬矿砂耐火可塑料。

图 5.6　卫燃带的构造

具有良好可塑性，以捣打、压挤方式成型的材料。铬矿砂耐高温性能良好，而其导热系数比黏土耐火砖高得多，有利于冷却。在这种卫燃带构造中销钉起着冷却和固定的作用，焊接质量要好。

5. 炉顶、折焰角及冷灰斗

较大容量的锅炉一般做成平炉顶，炉顶由顶棚管过热器组成。但一般在炉膛后墙水冷壁上部接近炉膛出口处设有折焰（烟）角，如图 5.7 所示。这样做的目的是：提高炉膛内烟气流的充满程度，避免涡流与死角，提高炉膛辐射受热面的利用程度，改善屏式过热器及对流过热器的冲刷条件，防止上部烟气短路。增加水平连接烟道长度，在不增加锅炉深度下，可布置更多的对流受热面。

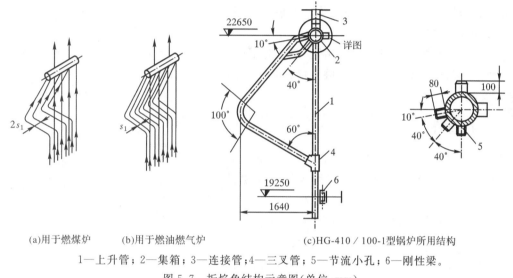

(a)用于燃煤炉　　(b)用于燃油燃气炉　　　　　(c)HG-410／100-1型锅炉所用结构

1—上升管；2—集箱；3—连接管；4—三叉管；5—节流小孔；6—刚性梁。

图 5.7　折焰角结构示意图（单位：mm）

对于固态排渣的煤粉炉来说，为了使炉膛内温度较高区域呈熔化状态的灰渣，在下落至灰斗过程中冷凝成固态，燃烧器下部的前后墙水冷壁都做成斗状，见图 5.3 和图 5.4。这样做的目的是使燃烧中心形成的呈熔化状态的灰渣在下落过程中，由于下部斗状水冷壁的强烈吸热，灰渣能被迅速冷却成为固态而落入灰斗，定期排出炉外。故前后墙水冷壁的下部称为冷灰斗。

燃油和气体燃料中的灰分很少，可忽略不计，也不用考虑灰渣冷却和排灰问题，炉底不设排渣口，故燃油和燃气炉的炉底做成平的。只烧油或气体燃料的锅炉，为了减少炉底漏风量、提高炉膛严密性并增加水冷壁的吸热量，常将前墙或后墙的水冷壁向后或向前弯曲并少许倾斜（倾斜的方向应使炉底水冷壁管内的炉水在流动方向逐渐升高以防止汽水分层）成为炉膛的炉底。由水冷壁组成的炉底，因为管内有水冷却，温度较低，因此称为冷炉底。有时为了提高炉膛温度，需要减少炉底水冷壁的吸热量，可在炉底水冷壁管上敷设耐火材料。有些小型锅炉，为了简化结构，炉底不布置水冷壁管，直接用耐火材料砌筑成炉底。这种炉底没有任何工质冷却，温度很高，所以称为热炉底。热炉底在炉膛火焰的辐射下，堆集在耐火材料表面的灰分常会熔化，但一般不会影响锅炉的安全运行。液态排渣的煤粉炉的炉底也属于热炉底。

在小容量工业锅炉中,水冷壁管常用支撑下集箱的办法固定,热膨胀向上进行。大型电站锅炉的水冷壁与上下集箱直接焊接,长度达几十米,采用上部固定、下部能自由膨胀的方法解决其热膨胀问题,即将水冷壁的上集箱吊挂、固定在锅炉钢架上,下集箱则由水冷壁悬吊着,如图 5.8 所示。水冷壁悬挂在锅炉钢架或锅炉房钢架的大梁上,用拉杆把上集箱吊住。

为使长且薄的水冷壁具有足够的刚性,避免受热产生结构变形,在炉墙外,沿炉膛高度方向,每间隔 3～4 m,设置一层环绕炉壁的水平刚性梁。刚性梁一般由工字钢组成,通过吊拉件与水冷壁管连接。

大容量锅炉的支撑、刚性梁和膨胀定位对锅炉的安全运行不可忽视,本书受篇幅所限不能详述,具体可见参考文献。

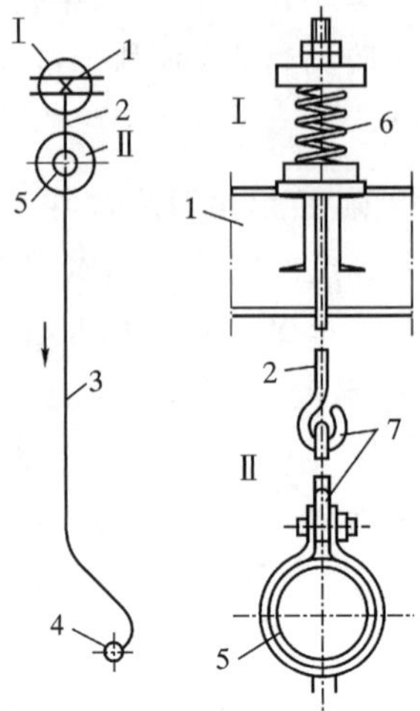

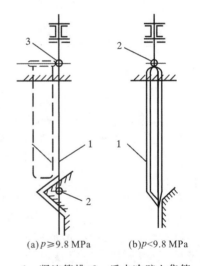

1—钢架大梁;2—拉杆;3—水冷壁管;
4—下集箱;5—上集箱 6—弹簧;7—吊钩。

图 5.8　水冷壁悬吊结构

5.1.2　凝渣管

后墙水冷壁管穿过炉膛出口烟道时,由于管子横向节距较小、管排较密集,当锅炉燃用煤等固体燃料并且炉膛出口烟温较高时,管排上会发生严重的结渣,为此必须增加管子的横向节距以避免烟道堵塞。

加大管子的横向节距办法有以下两种。

①当 $p<9.8$ MPa 时,将后墙水冷壁在炉膛出口处拉稀而成为几排管子,此时管束仍为蒸发受热面,这样的对流蒸发受热面就称为凝渣管束。

②当 $p\geqslant9.8$ MPa 时,此时不需要蒸发受热面,将后墙水冷壁的上集管布置在折焰角处,然后通过一排较粗、节距较大的管子穿过炉膛出口,这排管子也称为凝渣管,如图 5.9 所示。

凝渣管束可以保护后面密集的过热受热面不结渣堵塞,因此有时它也称为防渣管束。

(a) $p\geqslant9.8$ MPa　　(b) $p<9.8$ MPa

1—凝渣管排;2—后水冷壁上集箱;
3—凝渣管排上集箱。

图 5.9　凝渣管束

5.1.3　锅炉管束

对于低压锅炉,由于蒸发吸热量较大,仅布置水冷壁还不足以满足需要,还要布置对流蒸发受热面。

所谓的锅炉管束就是布置在上、下锅筒之间的密集管束。管束与锅筒可以是胀接,也可以是焊接。管内的水及汽水混合物自然循环流动,受热强的管子为上升管,受热弱的管子为下降管。通常在管束中用耐火砖或铸铁板把烟道隔成几个流程,同时各流程的烟气流通截面随烟气温度降低而逐渐缩小,以保持足够高的烟气流速。有时为了防止烟气从炉膛流入管束时结渣而堵塞烟气通道,把入口处几排管子的节距加大。锅炉管束中管子较多,若管束中间某根管子损坏(多是因腐蚀而损坏),修理十分困难,只能在锅筒中把管子两头堵住焊起来。这是这种结构的一大缺点。

典型的锅炉管束如图 5.10 所示。

我国小型锅炉一般采用 $\phi 51$ mm×2.5 mm 的管子作锅炉管束,节距 $s_1=100$ mm、$s_2=95$ mm,管子弯曲半径 $R=160$ mm。

事实上,在低压小容量锅炉中,除水冷壁和凝渣管外,其他用于加热或蒸发的受热面都可称为锅炉管束或对流管束。例如,A 型锅炉中与锅筒和集箱相连的密集管排及锅壳式锅炉的对流烟管等。

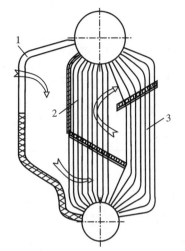

1—第一管束;2—第二管束;3—第三管束。

图 5.10　对流管束的布置

5.1.4　锅筒的作用及结构

锅筒习惯上也称为汽包,在锅筒中饱和蒸汽从水冷壁管排出的汽水混合物中分离出来,分离出来的水与来自省煤器的给水通过下降管再循环到水冷壁受热面,饱和蒸汽和省煤器给水分别通过各自的管口离开和进入锅筒。锅筒是锅筒型锅炉中最重要的圆柱形承压容器,价格昂贵。其作用主要如下。

①接受从省煤器来的给水,向过热器输送饱和蒸汽,连接上升管和下降管构成循环回路。所以,锅筒是水被加热、蒸发和过热三个过程的连接枢纽。

②锅筒中存有一定数量的饱和水,因而具有一定的蓄热能力。当工况发生变化时,可以减缓蒸汽压力变化的速度。蓄水量越大,越有利于负荷发生变化时的运行调节。

③锅筒内部安装有给水、加药、排污、分段蒸发和蒸汽净化等装置以改善蒸汽品质。此外,锅筒上还装有压力表、水位计和安全阀等附件。

小型锅炉常装有两个或两个以上的锅筒。位于下部的锅筒俗称泥鼓。由于下锅筒内不装设汽水分离等元件,其直径可小于上锅筒的直径。从锅炉发展的历史来看,早期的锅炉其锅筒也是一个巨大的受热面,但现代锅炉的锅筒一般是不受热的,锅筒承受饱和蒸汽压力并在饱和温度下工作。

锅筒为饱和蒸汽与水分离的自由可控水面和汽液分离等内部装置提供承压外壳,因此要足够大以容纳必需的内部装置,并能适应锅炉负荷变化时所发生的水位变化。例如,在蒸汽需要量迅速增加时,汽压会暂时下降,直到燃料增加到足以恢复汽压为止。汽压下降导致整个锅炉的蒸汽体积膨胀,使这一阶段锅筒内的水位升高。因此设计的锅筒应有必要的体积,以避免水位升得过高进入到汽水分离器中去,造成蒸汽携带水分。

锅筒尺寸、材料和壁厚根据锅炉的容量、参数的不同而不同。我国自然循环锅炉的锅筒内径和材料如表 5.1 所示。

当锅炉容量小、压力低、对蒸汽品质要求不高以及内部装置形式简单时,可采用较小的内径。多次强制循环锅筒锅炉的锅筒内径也可选得小些。

锅筒外面有许多管接头,连接着各管道,如给水管、上升管来的引入管、下降管、饱和蒸汽引出管以及连续排污管、事故放水管和加药管等。还有一些连接各种测量仪表及自动控制装置的管道等。图 5.11 给出了一种锅筒(汽包)的外形结构实例。

表 5.1　我国自然循环锅炉的锅筒内径和常用材料

压力	低压	中压	高压	超高压	亚临界压力
内径/mm	800～1200	1400～1600	1600～1800	1600～1800	1600～1800
壁厚/mm	16～25	32～45	60～100	80～100	130～202
材料	20g	20g	19Mn6	13MnNiMo5 - 4	13MnNiMo5 - 4

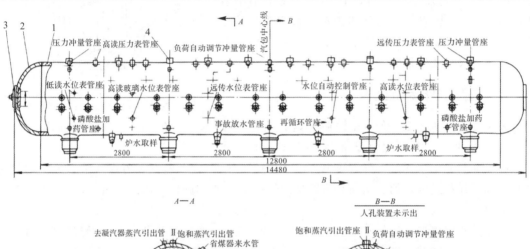

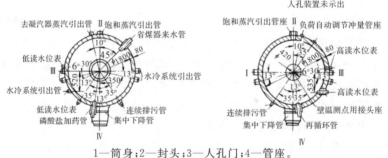

1—筒身;2—封头;3—人孔门;4—管座。

图 5.11　锅筒的外形结构实例(单位:mm)

锅筒两端的端盖称为封头。封头可分为平封头、椭球形封头及半球形封头。为了保证封头具有足够的强度,低压锅炉常采用平封头或椭球形封头;中压锅炉一般采用椭球形封头;高压及超高压锅炉则多采用半球形封头。

为了便于进入锅筒内部进行设备的安装和检修工作,在锅筒的一端或两端的封头下开设人孔。人孔一般为椭圆形,常用尺寸为 420 mm×325 mm,最小尺寸为 400 mm ×300 mm。人孔上的孔盖俗称倒门,是用拉力螺丝由锅筒里面向外关紧的。人孔之所以做成椭圆形,是为了使人孔盖能够放进锅筒。运行中锅筒内的压力可进一步将孔盖压紧。

锅筒内部布置有用以提高蒸汽品质的装置。作为示例,图 5.12 给出了多次强制循环锅炉锅筒内部装置,各内件的具体工作过程本书不再赘述。

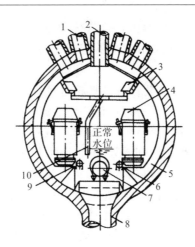

1—汽水混合物引入管；2—饱和蒸汽引出管；3—百叶窗；4—涡轮分离器；5—汽水
混合物汇流箱；6—加药管；7—给水管；8—下降管；9—排污管；10—疏水管。

图 5.12　多次强制循环锅炉锅筒内部装置

在超临界压力运行的锅炉，不会形成汽液相的分界面，不需要汽水分离；而在低于临界压力下运行的直流锅炉，通过连续不断的受热管完成水的蒸发并过热。这两种情况都不需要锅筒。但直流锅炉为了适应变压运行，一般都装有汽水分离器，并设有再循环泵，将低负荷下运行时分离下来的锅炉水返回水冷壁进行再循环。

 ## 5.2　过热器及再热器

5.2.1　过热器及再热器的作用及结构

1. 过热器及再热器的作用

过热器的作用是将锅炉的饱和蒸汽进一步加热到所需过热蒸汽温度。

对于电站锅炉，过热器是必需的受热面，它的作用是将饱和蒸汽加热到具有一定过热度的合格蒸汽，并要求在锅炉变工况运行时，保证过热蒸汽温度在允许范围内变动；对于工业锅炉，有无过热器取决于生产工艺是否需要；对于生活采暖锅炉则一般无过热器。

提高蒸汽初参数，如提高蒸汽初压和初温，以及改进循环结构（如采用回热和再热技术）可提高电厂循环热效率，但蒸汽初温的进一步提高受到金属材料耐热性能的限制，蒸汽初压的提高受到汽轮机排汽湿度的限制，因此为了提高循环热效率及降低排汽湿度，通常既提高过热器初温初压，又采用再热器。通常，再热蒸汽压力为过热蒸汽压力的 20% 左右，再热蒸汽温度与过热蒸汽温度相近。我国 125 MW 及以上容量机组都采用了中间再热系统。机组采用一次再热可使循环热效率提高 4%～6%，采用二次再热可使循环热效率进一步提高 2%。

随着蒸汽参数的提高，过热蒸汽和再热蒸汽的吸热量份额增加，如表 6.1 所示。在现代高参数大容量锅炉中，过热器和再热器的吸热量可占工质总吸热量的 50% 以上。因此，过热器和再热器受热面在锅炉总受热面中占很大比例，需把一部分过热器和再热器受热面布置在炉膛内，即需采用辐射式、半辐射式的过热器和再热器。

过热器和再热器内流动的是高温蒸汽,其传热性能差,而且过热器和再热器又位于高烟温区,所以管壁温度较高。如何使过热器和再热器管能长期安全工作是过热器和再热器设计和运行中的重要问题。

过去经常采用平均蒸汽流速来作为设计或校核过热器总流通面积的依据。为了保证过热器管子金属得到足够的冷却,管内工质必须保证一定的流速,流速越高,管子的冷却效果越好,但工质的压降也越大,通常过热器系统允许的压降不宜超过过热器工作压力的 8%~10%。管壁冷却还与蒸汽密度有关,密度大冷却效果好,但阻力损失大,所以不同压力等级的锅炉过热器的蒸汽流速不同。中压锅炉对流过热器中的蒸汽流速取为 15~25 m/s,辐射过热器中取为 20~25 m/s;高压锅炉中对流过热器冷段取为 9~11 m/s,热段取为 15~20 m/s,辐射式过热器中取值比前者要高 40%~50%;超高压锅炉为 8~16 m/s。

单位时间内单位面积上通过的工质质量称为质量流速,也被用来作为确定过热器总流通面积的依据。在蒸汽流量一定的条件下,蒸汽的流速与蒸汽的密度有关,而蒸汽的密度又取决于蒸汽的压力和温度。蒸汽在过热器管内流动时,温度不断升高,而压力却逐渐降低。需要算出过热器出、入口的平均温度和平均压力,才能求出过热器管内的平均流速。这样做不仅比较麻烦,而且由于各处的蒸汽流速是不同的,平均速度并不是各点的真正速度。如果采用质量流速来代替蒸汽流速,则在蒸汽流量一定的情况下,质量流速与蒸汽的压力和温度无关。显然,用质量流速来作为选定过热器的总流通截面更为方便和合理。例如,对中压锅炉的过热器的质量流速建议 ρw 取 250~400 kg/(m² · s);对于高压锅炉,对流过热器低温级的质量流速建议 ρw 取 400~700 kg/(m² · s),高温级建议 ρw 取 700~1100 kg/(m² · s)。

为了降低锅炉成本,应尽量避免采用高级别的合金钢,设计过热器和再热器时,选用的管子金属几乎都工作在接近其耐热的极限温度,此时 10~20 ℃的超温也会使过热器和再热器管的许用应力下降很多。

在过热器和再热器的设计及运行中,应注意下列问题:

①运行中应保持汽温的稳定,汽温波动不应超过±(5~10)℃;

②过热器和再热器要有可靠的调温手段,保证运行工况在一定范围内变化时能维持额定的汽温;

③尽量防止或减少平行管子之间的热偏差;

过热器及再热器所用材料取决于其工作温度。当金属管壁温度不超过 500 ℃时,可采用碳素钢;当金属温度更高时,必须采用合金钢或奥氏体合金钢。

2. 过热器及再热器的分类

过热器一般按烟气侧的传热方式来分类。主要可分为辐射式、半辐射式和对流式过热器三种。

(1)辐射式

辐射式过热器是指布置在炉膛中直接吸收炉膛辐射热的过热器。辐射式过热器有多种布置方式,若辐射式过热器设置在炉膛内壁上,称为墙式过热器,结构与水冷壁相似;若辐射式过热器布置在炉顶,称为顶棚过热器;若设置在尾部竖井的内壁上,则称为包覆过热器;悬挂在炉膛上部的前屏过热器也是辐射式过热器。

高参数大容量锅炉中,过热吸热占很大比例,蒸发吸热的比例减小,从布置足够的炉膛受热面来冷却烟气及从减小过热器金属耗量来看,布置辐射式过热器具有一定的好处,同时由于辐射式过热器与对流式过热器具有相反的温度特性,可达到改善锅炉汽温调节特性的目的。

由于炉内热负荷很高,辐射式过热器的工作条件恶劣,运行经验表明,管壁与管内工质的温差可达 $100\sim120$ ℃。为了改善工作条件,通常在辐射式受热面的设计、布置及运行时采用下列措施:①使辐射式受热面远离热负荷最高的火焰中心,辐射式过热器只布置在远离火焰中心的炉膛上部;墙式受热面会使水冷壁高度减少,对水循环的安全性不利,设计时特别注意水循环计算;②将辐射式过热器作为低温级受热面,以较低温度的蒸汽流过这些受热面,来达到冷却金属目的;③辐射式过热器内采用较高的蒸汽质量流速,以提高管内工质的放热系数。一般 ρw 取 $1000\sim1500$kg/$(m^2\cdot s)$,为此,需尽量减少受热面并列管子的数目,将受热面分组布置,增加工质的流动速度。

在大型锅炉中,为了采用悬吊结构和敷管式炉墙,在水平烟道或尾部烟道内壁布置了过热器管,此种过热器称为包覆过热器。

包覆过热器作为炉壁,主要用于悬吊炉墙。由于包覆过热器仅受烟气的单面冲刷,贴壁处烟气流速又低,对流传热效果差;又由于包覆过热器较紧密地布置在烟温较低的尾部烟道内,辐射吸热量很小,因此包覆过热器不能作为主受热面。

炉墙敷设在管子上,可以减轻炉墙重量,简化炉墙结构。由于包覆过热器内蒸汽来自焓增很小的炉顶过热器或直接来自锅筒,蒸汽温度较低,因此包覆过热器具有较低的管壁温度,有利于减少锅炉的散热损失。此外,包覆过热器还具有将蒸汽输送入布置在尾部烟道的低温过热器进口的作用。

包覆过热器的管径与对流过热器的管径相同。当包覆过热器采用光管结构时,管子间的相对节距 s/d 取 $1.1\sim1.2$;当包覆过热器采用膜式结构时,管子间的相对节距 s/d 取 $2\sim3$。为了保证锅炉对流烟道的严密性,并且为了减少金属消耗量,一般在管间焊上扁钢或圆钢成为膜式结构。

（2）半辐射式

半辐射式过热器是指布置在炉膛上部或炉膛出口烟窗处,既吸收炉内的直接辐射热又吸收烟气的对流放热的过热器,通常又称为屏式过热器,它由紧密排列的管屏组成。

管屏由进出口集箱及焊在集箱上的许多节距很小的处于同一平面内的 U 形管组成,它既吸收炉膛内的辐射热也吸收烟气的对流热,一般布置在炉膛的上方。它像"屏风"一样把炉膛上部隔成若干个空间,管屏通常悬挂在炉顶构架上,可以自由向下膨胀,为了增强屏的刚性,相邻两屏用它们本身的管子相互连接,有时在屏的下部用中间的管子把其余的管子包扎起来,如图 5.13 所示。值得指出的是,屏式过热器的进出口集箱的轴线既可以垂直于前墙（见图 5.13 和图 5.14）,也可平行于前墙。

半辐射式过热器屏中并列管子的根数约为 $15\sim30$ 根。屏间距离（横向节距）s_1 较大,通常 s_1 取 $600\sim$

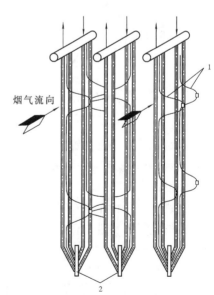

1—连接管；2—扎紧管。

图 5.13　屏式过热器

1200 mm,相对纵向节距s_2/d很小,通常s_2/d取1.1~1.25。

烟气在屏间流过,流速通常为6 m/s,半辐射式过热器热负荷较高,为了降低管壁温度以提高受热面工作的安全性,屏式受热面管内蒸汽的质量流速应比同样压力的对流过热器高,通常质量流速ρw取700~1200 kg/(m^2·s)。

半辐射式过热器中紧密排列的各U形管受到的辐射热及所接触的烟气温度有明显差别,并且内外管圈长度不同会引起阻力差异从而导致蒸汽流量的差别,因此平行工作的各U形管的吸热偏差较大,有时管与管之间的壁温可能相差很大。运行时应注意屏式过热器出口端金属壁温的监视和控制。屏最外圈U形管工质行程长、阻力大、流量小,又受到高温烟气的直接冲刷,接受炉膛辐射热的表面积较其他管子大许多,其工质焓增比屏的平均焓增大40%~50%,极容易超温烧坏。为了防止外管圈超温,有许多改进结构,如将外管圈的长度缩短,将外管圈和内管圈在中间交换位置,也可用加大外管圈管径及采用高一级材质的钢材等方法来提高其工作的可靠性。

布置在炉膛前上方的屏称为前屏,布置在炉膛后上方的屏称为后屏。布置在炉膛整个上方的屏称为大屏。屏在炉膛中的各种布置如图5.14所示。一般来说,在进行锅炉传热性能计算时,前屏按辐射受热面来处理,后屏则多按半辐射受热面来处理,具体规定可参见有关标准。

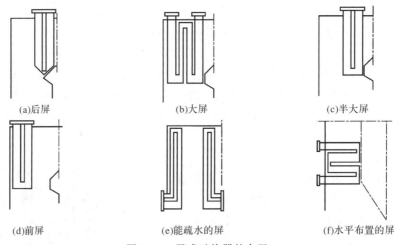

| (a)后屏 | (b)大屏 | (c)半大屏 |
| (d)前屏 | (e)能疏水的屏 | (f)水平布置的屏 |

图5.14 屏式过热器的布置

屏式过热器可垂直放置(见图5.15),也可水平放置(见图5.16)。水平放置时疏水容易,但固定困难,垂直放置时正好相反。我国多采用垂直放置。

(3)对流式

对流过热器是指布置在对流烟道内主要吸收烟气对流放热的过热器。对流过热器由许多平行连接的蛇形管和进、出口集箱组成。蛇形管一般采用无缝钢管弯制而成,管壁厚度由强度计算决定,管子材料根据其工作条件确定。蛇形管的外径一般采用32~42 mm,管子横向节距与管子外径之比s_1/d为2~3,纵向节距与弯管半径有关,一般此节距与管子外径之比s_2/d为1.6~2.5。过热器管与集箱连接采用焊接方式。

根据管子的布置方式,对流过热器可分为立式和卧式两种。蛇形管垂直放置的立式过热器的优点是支吊结构比较简单,可用吊钩把蛇形管的上弯头吊挂在锅炉的钢架上,并且不易积灰,立式过热器通常布置在炉膛出口的水平烟道中;它的缺点是停炉时管内存水不易排出。蛇形管水平放置的卧式过热器在停炉时管内存水容易排出,但它的支吊结构比较复杂且易积灰,常以有工质冷却的受热面管子(如省煤器管子)作为它的悬吊管。

根据管子的排列方式,对流过热器可分为顺列和错列布置两种方式。在烟气流速和管子排列特性等相同的条件下,错列横向冲刷受热面的传热系数比顺列大,但由于错列管束的吹灰通道小,错列管束的外表积灰难于吹扫干净,或者为了增大吹灰通道,不得不把横向节距过分地增大,从而降低了烟道的利用率;而顺列管束的外表积灰很容易被吹灰器所清除。国内绝大多数锅炉,在高温水平烟道中采用立式顺列布置的受热面(可以避免燃烧多灰分燃料时产生结渣和减轻积灰的程度)。通常,在尾部竖井烟道中采用卧式错列布置的受热面。近年来,为了提高锅炉运行的可用率和可靠性,大型电站锅炉在尾部竖井烟道中也有采用卧式顺列布置的受热面。

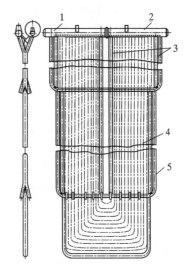

1—进口集箱;2—出口集箱;3—节距排列很小的管子;4—形成的平面管屏;5—缩短了并用作夹持管屏的管子。

图 5.15　立式屏的结构示例

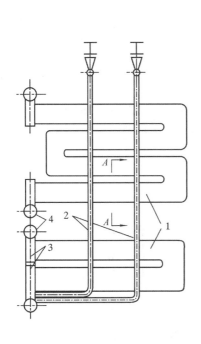

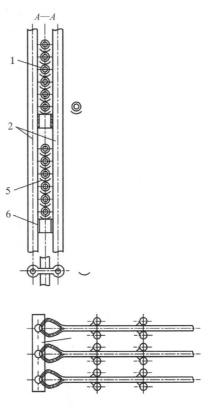

1—卧式屏;2—悬吊管;3—集箱;4—连接集箱;5—定位块;6—管屏支座。

图 5.16　卧式屏的布置

对流过热器位于炉膛出口水平烟道中,它受较高温烟气的冲刷,以吸收烟气对流热为主,烟气辐射热为辅。图 5.17 为 130 t/h 锅炉的过热器结构图。

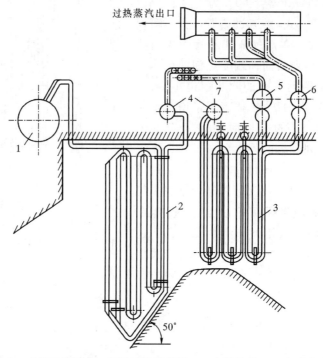

1—锅筒;2—对流过热器;3—高温对流过热器;4—中间集箱;5—表面式减温器;
6—过热器出口集箱;7—交叉管。

图 5.17　130 t/h 锅炉对流过热器结构图

对流过热器入口烟温较高,接近 1000 ℃,为防止结渣,常把过热器管的前几排拉稀成错列布置,如图 5.18 所示。过热器前几排管子横向节距拉稀后,纵向节距也相应增大,以免结渣搭桥。其横向节距 $s_1/d \geqslant 4.5$,纵向节距 $s_2/d \geqslant 3.5$。

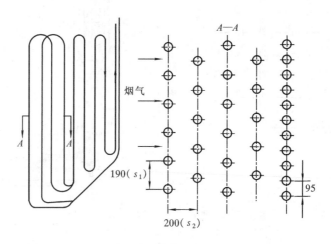

图 5.18　对流过热器前排管束的拉稀结构(单位:mm)

随着锅炉容量的不断增大,烟道变宽,烟温分布更加不均匀,造成蛇形管吸热不均,为此把过热器分成几级,在中间集箱进行混合,并将蒸汽左右交叉,即原来在左边流动的过热蒸汽经交叉集箱后,调换到右边,原来在右边流动的蒸汽经交叉集箱调换到左边,如图 5.19 所示。蒸汽经交叉调换后,烟温偏差对两侧过热汽温的影响显著减小。交叉集箱还兼有混合的作用,可消除过热器各蛇形管因烟气侧或蒸汽侧的吸热不均匀形成的汽温偏差。

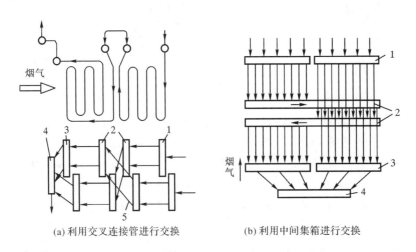

(a) 利用交叉连接管进行交换　　　　(b) 利用中间集箱进行交换

1—饱和蒸汽进口集箱;2—中间集箱;3—出口集箱;4—集汽集箱;5—交叉连接管。

图 5.19　蒸汽交换流动的连接系统

过热器的蛇形管可做成单管圈、双重管圈及三重管圈(见图 5.20),这与锅炉的容量和管内必须维持的蒸汽流速有关。因为在烟气通路截面不变并保持烟气流速的情况下,可以通过改变管圈数目来改变蒸汽速度。例如,由单管圈变为双重管圈,蒸汽通路截面增加 1 倍,蒸汽速度降为原速度的 1/2。因为过热器是顺列布置,所以管圈增加,烟气通路和烟气流速都不变。大容量锅炉通常采用三重或多重管圈结构,以将蒸汽流速降低到合适的范围。

(a)单管圈　　　　　　(b)双重管圈　　　　　　(c)三重管圈

图 5.20　对流过热器不同的管圈结构

蒸汽的流向与烟气的流向可呈逆流、顺流或混流,如图 5.21 所示。纯逆流时,温压大,节省金属,但管子壁温高,故高温过热器常采用混流布置。

对于逆流布置的过热器,蒸汽温度高的那一段处于烟气高温区,金属壁温高,但由于平均传热温差大,受热面可少些,比较经济,该布置方式常用于过热器的低温级(进口级)。对于顺流布置的过热器,蒸汽温度高的那一段处于烟气低温区,金属壁温较低,安全性较好。但由于平均传热温差最小,需要较大的受热面,金属耗量大,不经济。所以,顺流布置方式多用于蒸汽温度较高的高温级(最末级)。对于混流布置的过热器,低温段为逆流布置,高温段为顺流布置,低温段具有较大的平均传热温差,高温段管壁温度也不致过高。混流布置方式广泛用于中压锅炉,高压和超高压锅炉过热器的最后一级也常采用混流布置。

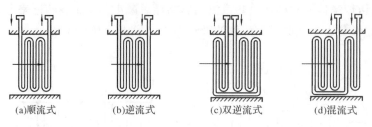

图 5.21　根据烟气与蒸汽相对流动方向划分的过热器型式

　　流经过热器受热面的烟气流速的选取受多种因素的相互制约。高烟气流速可提高传热系数,但管子的磨损也较严重;相反,过低的烟气流速不仅会降低传热系数,而且还导致管子的严重积灰。在额定负荷时,对流受热面的烟气流速一般不宜低于 6 m/s。在炉膛出口之后的水平烟道中,烟温较高,灰粒较软,对受热面的磨损较小,常采用 10~12 m/s 以上的烟气流速。在烟温小于 600~700 ℃ 的区域中,由于灰粒变硬,磨损加剧,烟气流速一般不宜高于 9 m/s。

3. 过热器系统

　　中压锅炉只有对流过热器,而高压及高压以上的大型锅炉,其过热器则是包括两种或三种换热方式的联合过热器。联合式过热器的汽温特性较好,当锅炉负荷变化时,汽温变化较为平稳。

　　图 5.22 为过热器的基本结构示例。

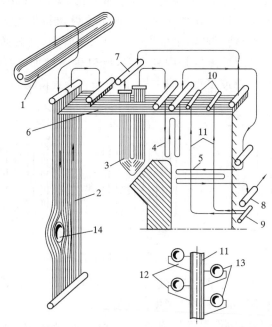

1—锅筒;2—二行程在炉膛壁上的辐射式过热器;3—炉膛出口处屏式过热器;4—立式对流过热器;
5—卧式对流过热器;6—顶棚过热器;7—喷水减温器;8—过热蒸汽出口集箱;9—悬吊管进口集箱;
10—悬吊管出口集箱;11—过热器悬吊管;12—支撑搁条;13—水平过热器蛇形管;14—燃烧器。
图 5.22　过热器的基本结构示例

4. 再热器的特点

过热蒸汽在汽轮机中膨胀做功到一定程度后,再回到锅炉中进行加热,然后再回到汽机中做功,这种受热面就叫再热器。再热器实质上也是过热器。

对流式再热器的结构与对流式过热器的结构相似,也是由大量平行的蛇形管和进出口集箱组成;也可分为低温段和高温段,分别布置在尾部竖井烟道和水平烟道中;对流式再热器也有顺流、逆流、立式布置与卧式布置之分,并且在这些方面的特点与对流式过热器相同。辐射式再热器通常布置在炉膛上部的壁面上,故又称为壁式再热器,壁式再热器由进出口集箱及覆盖在水冷壁上紧密排列的管子组成。

有时为了降低管壁温度,提高管子工作的可靠性,可采用纵向内肋片管,增加管子内壁表面积,使蒸汽侧热阻减小。在同样工作条件下,可降低管壁温度约 20～30 ℃。

再热器的进汽是汽轮机高压缸的排汽,它的压力约为主蒸汽压力的 20%,温度稍高于相应的饱和温度,流量约为主蒸汽流量的 80%,离开再热器后的蒸汽温度约等于主蒸汽温度。因此,再热器与过热器相比,具有下列几个特点。

①再热蒸汽压力低,蒸汽与管壁之间的对流放热系数小,对于超高压机组,再热蒸汽的对流放热系数只有过热蒸汽的 25%。再热蒸汽对管壁的冷却效果差,而再热蒸汽出口温度与过热蒸汽相同,为了使再热器管壁不超温,在出口段采用高级合金钢,并且让再热器尽量布置在烟气温度较低区域。有时为了降低管壁温度,提高管子工作可靠性,可采用纵向内肋管,增加管内表面积,降低蒸汽侧热阻。

②虽然再热蒸汽的质量流量约为主蒸汽流量的 80%,但由于再热蒸汽压力低、温度高、比容大,再热蒸汽的容积流量比主蒸汽大得多,因此再热蒸汽连接管道直径比主蒸汽管道大,再热器本身采用大管径多管圈受热面,管子直径为 42～60 mm,管圈数为 5～8。

③再热器蒸汽侧阻力的大小直接影响机组热效率,阻力每增加 0.98 MPa,汽轮机的汽耗增加 0.28%,因此再热蒸汽的连接管道和再热器本身的阻力越小越好。再热器本身的阻力一般限制在 0.2 MPa 左右,再热器内工质的质量流速一般为 250～400 kg/(m^2·s)。

④再热器对汽温偏差较敏感。在相同的温度下,蒸汽的比热随着压力的降低而减小,因此再热蒸汽的比热比过热蒸汽的比热低。例如,压力 13.7 MPa、555 ℃的超高压过热蒸汽的比热容为 2.62 kJ/(kg·℃),而 2.35 MPa、555 ℃的再热蒸汽的比热容为 2.232 kJ/(kg·℃),因此,在相同的热偏差下,再热器出口汽温偏差比过热器大。

⑤再热器出口汽温受进口汽温的影响。单元机组在定压下运行时,汽轮机高压缸排汽温度随着负荷的降低而降低,再热器进口温度也相应降低,从而使再热器出口汽温降低。对于对流式再热器,其对流汽温特性更加显著,汽温调节幅度比过热器大。

⑥当汽轮机甩负荷或机组启停时,再热器无蒸汽冷却可能会烧坏,因此在过热器和再热器之间装有高压旁路,将过热蒸汽通过高压旁路上的快速减温减压装置引入再热器,从而起到保护再热器的作用。

5.2.2 汽温变化及其调节的必要性

1. 汽温变化及其影响因素

各种型式和用途的蒸汽锅炉,其最终产品都是具有一定温度和压力的蒸汽。而蒸汽参数是设计人员按额定参数来设计的,一般来说,锅炉在运行过程中,总是希望锅炉在额定参数下工作。

要保证锅炉能在额定参数下工作,就必须保证锅炉的其他工作条件符合设计工况,例如,燃料特性、给水温度、过量空气系数等。但在实际运行中,锅炉的这些工作条件难免受到各种扰动,扰动的结果总是导致锅炉的蒸汽参数发生变化,也就是导致蒸汽的温度和压力发生变化。因此,我们说锅炉在实际运行中蒸汽参数总是处在不断变化之中。

为了获得相对稳定或变化很小的蒸汽参数,必须掌握蒸汽参数的变化规律。

对锅筒锅炉,饱和蒸汽在过热器中被加热提高温度后即变成过热蒸汽。由热量平衡关系有

$$i''_{gq} = i_{bq} + \frac{BQ_{gq}}{D_{gq}} - \Delta i \tag{5.1}$$

式中:i''_{gq} 为过热器出口蒸汽焓;i_{bq} 为过热器进口饱和蒸汽焓;B 为锅炉燃料消耗量;Q_{gq} 为过热器自烟气的吸热量;D_{gq} 为过热蒸汽流量;Δi 为因减温而减少的焓。

从该式可以看出:当蒸汽压力和饱和蒸汽温度不变时,如果每 kg 蒸汽从过热器中吸收的热量(即焓增)不变,减温焓也不变,则过热器出口蒸汽温度也不变。

改写上式为

$$(i''_{gq} - i_{bq} + \Delta i)D_{gq} = BQ_{gq} \tag{5.2}$$

左端＝将蒸汽过热到预定温度所需的热量

右端＝同时间内由烟气传给蒸汽的热量

因此,汽温是否发生变化,决定于流经过热器的蒸汽量(包括减温水量)的多少和同一时间烟气传给它的热量的多少。

如果在任一时间内能保持上述平衡,则汽温将保持不变,当平衡遭到破坏时,就会引起汽温发生变化,不平衡的程度越大,汽温的变化幅度也越大。

从以上讨论可以看出,影响汽温变化的因素分别来自烟气侧和蒸汽侧。

(1)蒸汽侧的主要影响因素

①锅炉负荷。过热器或再热器出口汽温随锅炉负荷的变化规律称为过热器或再热器的汽温特性。过热蒸汽温度的升降取决于蒸发吸热量和过热吸热量的比例变化。

对于辐射过热器

$$\Delta i_f = \frac{B_j Q_f}{D} \tag{5.3}$$

式中:Δi_f 为辐射过热器焓增,kJ/kg;B_j 为锅炉计算燃料消耗量,t/h;Q_f 为辐射过热器吸热量,kJ/kg;D 为过热蒸汽流量,t/h。

辐射式过热器只吸收炉内的直接辐射热。随着锅炉负荷 D 的增加,辐射式过热器中工质的流量 D 和锅炉的燃料消耗量 B_j 按比例增大,但炉内辐射热并不按比例增加。随锅炉负荷的增加,炉内火焰温度的升高并不太多,导致炉内辐射的总传热量没有燃料消耗量增长得快,因此相对每 kg 燃料的辐射传热量 Q_f 减小,使得辐射式过热器中工质的焓增降低,即辐射式过热器的出口汽温随锅炉负荷的增加而下降。

对于对流式过热器有

$$\Delta i_d = \frac{B_j Q_d}{D} \tag{5.4}$$

当锅炉的负荷 D 增加时,每 kg 燃料在炉膛内的辐射放热量降低,这就意味着将有更多的热量随烟气离开炉膛,被后续对流过热器等受热面所吸收,对流过热器中的烟速和烟温提高,

使得相对每 kg 燃料在对流过热器中的传热量 Q_d 随负荷增加而提高。负荷 D 增加与 B_j 的增加保持一致,此时过热器中工质焓增将提高,出口汽温将会升高,如图 5.23 的曲线 1 所示。对流式过热器的位置离炉膛越近,曲线 1 的斜率就越小。因此,对流式过热器总的汽温变化是随 D 的增加而增加,且过热器布置远离炉膛出口时,汽温随锅炉负荷的提高而增加的趋势更加明显。这里讨论的前提条件是,D 的增加与 B_j 的增加保持一致,在实际运行中,D 突然增加,B_j 不能立即跟上,这时 B_j/D 减小,汽温反而下和,但这种下降是短暂的,当 B_j 的变化跟上后,汽温就会升高,就是说,D 的增加导致汽温增加总有一个时间滞后现象,但总的趋势仍是 D 增加,对流过热器的汽温增加。

由此可见,锅炉负荷对辐射式过热器的汽温影响和对对流式过热器的汽温影响是相反的。如果一台锅炉同时布置这两种过热器,将比例适当的对流式和辐射式过热器串联在一起,就可能使得过热蒸汽的温度变化与锅炉负荷无关,或者得到较为平稳的过热汽温随负荷变化的特性,如图 5.23 所示。这就是许多大型锅炉同时布置辐射(半辐射)式过热器和对流过热器的原因之一。

图 5.24 为 10 MPa 锅炉在不同的辐射吸热量比例下过热汽温的变化特性。可以看出,当辐射吸热量比例为 57% 时,蒸汽温度在很宽的负荷范围内保持稳定,几乎不随锅炉负荷而变。

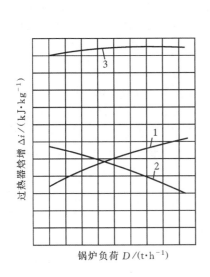

1—对流过热器;2—辐射过热器;3—总焓增。

图 5.23　过热器焓增与锅炉负荷的关系

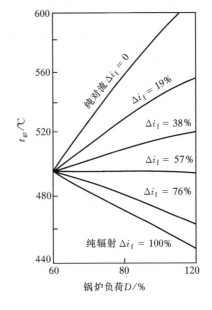

图 5.24　高压锅炉的过热汽温与锅炉负荷的关系

原则上,再热汽温的变化特性也同过热汽温变化类似,但其进口汽温随汽轮机负荷降低而降低,因此需要吸收更多的热量。此外,由于再热器布置在较低烟温区,且再热蒸汽的比热容又较小,故再热汽温的波动较大。采用滑压运行可以减少再热蒸汽温度随负荷而变化的数值。

②给水温度的影响。给水温度降低,锅炉工质的总吸热量将增加,因而需要增加燃料消耗量,这样会使对流过热器前的烟气温度和烟气流速增加,从而使对流过热器的吸热量增加,汽温升高,而对辐射式过热器的汽温影响不大。所以,给水温度的降低一般总是导致过热汽温的升高。在一般情况下,锅炉给水的温度变化不大,但在某些情况下,如高压加热器解列,突然停止工作将使给水温度显著降低,这时过热汽温会有较大的变化。根据运行经验,给水温度每降低 10 ℃,将使过热汽温增加约 4～5 ℃。国内有些电厂,由于高压加热器未投入运行,使给水

温度低于设计值约 60 ℃,这将引起过热气温升高约 30 ℃。

③饱和蒸汽湿度的变化。若某种原因使饱和蒸汽的带水量即饱和蒸汽的湿度大大增加,由于增加的水分在过热器中汽化要多吸收热量,在燃烧工况不变的情况下,用于使干饱和蒸汽过热的热量相应减少,因而将引起过热蒸汽温度下降。

④减温水的变化。若系统采用减温器,当减温水的温度和流量发生变化时,就会引起汽温相应变化。

(2)烟气侧的主要影响因素

①燃料性质的变化。燃料性质的变化,主要是煤中水分和灰分的变化,也会影响到过热汽温。如果水分和灰分增加时,由于燃料发热量降低而必须增加燃料消耗量,从而使对流过热器受热面的烟气流速增加,加强了对流传热,对流过热器的蒸汽吸热量增加,出口汽温将有所增高;对于辐射过热器,由于炉膛温度降低而使辐射吸热量减少,其出口汽温将要降低。一般情况下,水分增加 1% 时,过热汽温约增加 1 ℃;而灰分对汽温的影响则比较复杂。如果灰分增多,炉膛受热面结渣或积灰污染严重,会使炉内辐射传热量减少,过热器进口烟温提高,使对流过热器的汽温上升,但过热器本身也会因灰分增多而导致受热面的污染,使过热器传热能力下降,工质温度将会降低。如果燃料种类改变,过热汽温的变化将会更大。例如,由煤粉炉改烧重油时,因为重油火焰的发光性和炉膛热有效系数均比煤粉炉的火焰大,使炉膛吸热量增加,因而辐射式过热器的吸热量增加,而对流过热器的吸热量则会下降。

总之,燃料性质的变化对汽温的影响是较为复杂的。

②过量空气系数。炉膛过量空气系数的变化对过热汽温也有显著的影响。如过量空气系数增加,则由于炉膛温度水平降低而使辐射传热量减少,故辐射过热器的出口汽温将要降低。在对流过热器中,过量空气系数增加后,烟气量增大,受热面中的烟气流速增加而使对流吸热量增大,因而对流过热器的出口汽温将会升高,而且沿烟气流程愈往下游,由此而增加的比例愈大。对于屏式过热器,过量空气系数的变化对汽温的影响较小。一般的锅炉过热器系统以对流换热为主,所以随着过量空气系数增加,过热汽温将升高。根据运行经验,过量空气系数增加 10%,汽温可增加 10~20 ℃,而低温过热器中汽温增加的量比高温段中增加的量要大得多。但是,需要指出的是,改变炉膛过量空气系数虽然能使过热汽温变化,可是不能用来作为调节过热汽温的手段。因为增加过量空气将使排烟热损失增大,而过量空气系数过低,可能使燃烧不完全,增加不完全燃烧损失,因而都是不合理的。

此外,还有许多影响因素,如制粉系统、燃烧器的型式和布置、煤粉细度、配风方式、乏气位置,等等;运行中,炉膛结渣,火焰中心移动,炉膛上部或过热器区域发生局部再燃烧,等等。

对于直流锅炉来说,其过热蒸汽出口焓可表达如下:

$$i''_{gq} = i_{gs} + y\frac{B}{G}Q_{ar,net}\eta_l \tag{5.5}$$

式中:i_{gs} 为锅炉给水焓,kJ/kg;B 为燃料消耗量,t/h;G 为锅炉给水量,t/h;y 为一次汽系统的吸热份额,%;$Q_{ar,net}$ 为燃料低位发热量,kJ/kg;η_l 为锅炉热效率,%。

在一定负荷范围内,锅炉效率 η_l 和一次汽系统的吸热份额 y 将基本保持不变,如果燃料发热量 $Q_{ar,net}$、给水焓 i_{gs}(取决于给水温度)不变,直流锅炉出口焓(温度)只取决于燃料量和给水量的比例,只要维持一定的燃水比,就可维持一定的汽温。因此在直流锅炉中,过热汽温的调节主要是通过给水量与燃料量的调整来实现的。考虑到实际运行中锅炉负荷的变化,给水温度、燃料品质、炉膛过量空气系数以及受热面结渣等因素的变化,对过热汽温变化均有影响,在实际运行中要保证比值 B/G 的精确值是不容易的。特别是燃煤锅炉,控制燃料量是较为粗糙的,这就迫使除了采用 B/G 作为粗调的手段外,还必须采用蒸汽通道上设置喷水减温器作为细调(校正)的手段。

在直流锅炉运行中,为了维持锅炉过热蒸汽温度的稳定,通常在过热区段中取一温度测点,将它固定在相应的数值上,这就是通常所谓的中间点温度。实际上把中间点至过热器出口之间的过热区段固定,这相当于锅筒型锅炉固定过热器区段。在过热汽温调节中,中间点温度实际与锅炉负荷有关,中间点温度与锅炉负荷存在一定的函数关系,那么锅炉的燃水比 (B/G) 按中间点温度来调整,中间点至过热器出口区段的过热汽温变化主要依靠喷水来调节。

2. 汽温调节的必要性

运行中锅炉的过热汽温和再热汽温的变化是不可避免的,因此,为保证锅炉本身以及有关设备的安全性和经济性,必须进行调节以获得稳定的蒸汽温度。

汽温过高会加快金属材料的蠕变,还会使过热器蒸汽管道等产生额外的热应力,缩短设备的使用寿命,当发生严重超温时,甚至会造成过热器爆管,在化学工业生产工艺流程中,超温可能使化学反应失效,在食品轻工生产工艺流程中,超温能使产品变质甚至报废。汽温过低会使汽轮机最后几级的蒸汽湿度增加,对叶片的侵蚀作用加剧,严重时将会发生水击,威胁汽轮机的安全,还会使得整个电厂的热效率下降,在化学工业生产工艺流程中,蒸汽温度偏低可能使化学反应不完全或根本不能进行。在食品、轻工生产工艺流程中,蒸汽温度偏低会形成不合格的产品。

为此各国对蒸汽温度的允许偏差都有明确的规定,同时还规定了允许汽温变化速度、持续时间等。

5.2.3　汽温调节的原理和主要方法

既然影响汽温变化的因素可分为烟气侧和蒸汽侧,我们也可分别考虑从烟气侧和蒸汽侧对汽温进行调节。对汽温调节的要求是:①调节惯性或延迟时间要小,即灵敏度高;②调节范围要大;③结构简单、可靠;④对循环效率的影响要小;⑤附加的金属和设备的消耗要少;⑥尽可能起到保护金属的作用。

1. 烟气侧汽温调节

从烟气侧对汽温进行调节的原理:从烟气侧改变过热器或再热器的传热特性,影响蒸汽的焓增,改变汽温。

实现的途径有:改变通过过热器的烟气流量,以改变传热系数 K;改变烟温,以改变温压 Δt。

这种调节方法的特点主要有:蒸汽温度可以升高,也可以降低;不需要增加额外的受热面积;调节精度低,一般只能进行粗调节。

烟气侧汽温调节的主要方法如下。

(1)烟气再循环

锅炉尾部烟道中的一部分低温烟气(250~350 ℃)通过再循环风机送入炉膛,改变锅炉的辐射和对流受热面的吸热量比例,从而调节蒸汽的温度。

显然,汽温调节能力与烟气再循环量、送入炉膛的位置以及抽烟点的位置有关。烟气再循环对锅炉热力特性的影响如图 5.25 所示。

从炉膛底部送入时,炉膛温度水平下降,炉膛辐射吸热量减小,结果是炉膛出口烟温几乎

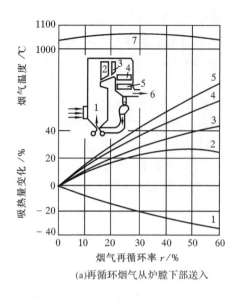
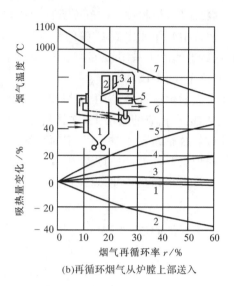

(a)再循环烟气从炉膛下部送入   (b)再循环烟气从炉膛上部送入

1—炉膛;2—高温过热器;3—高温再热器;4—低温过热器;5—省煤器;
6—去空气预热器;7—炉膛出口烟温。

图 5.25　烟气再循环对锅炉热力特性的影响

不变,由于烟气流量增加,导致流速增大,烟气侧的放热系数增加,对流传热量增加,汽温升高。此外,由于降低了炉膛温度水平,炉内氧浓度降低,抑制 NO_x 的生成量,减少污染。由于热负荷的降低,可防止水冷壁管内传热恶化。

从炉膛上部烟窗附近送入时,炉膛辐射吸热量改变很小,但使炉膛出口烟温显著降低,靠近烟窗的高温过热器的传热量温压减小,传热量降低。在烟气行程后部的受热面,烟气量增加而引起的强化传热作用大于温压减少的影响,使得吸热量增加。总的来说,此时对汽温调节作用不大。但是,这样做会降低和均匀炉膛出口烟温,防止对流过热器结渣及减少其热偏差,保护屏式及其他高温过热器。

同时设计炉膛上部和下部两组入口,当负荷低时从炉膛下部送入,起调温作用;负荷高时从上部送入,起保护受热面的作用。

总的说来,采用烟气再循环时,再循环风机工作条件比较恶劣,使锅炉排烟热损失增加,锅炉效率略有下降。烟气再循环多用于燃油锅炉的再热汽温调节。

(2)采用烟气挡板

把尾部烟道分成两部分,也有分成多个部分的,利用挡板开度的大小来改变流过烟道各部分中的烟气流量,从而改变过热器的吸热量。烟气挡板主要用来调节再热汽温,其设备简单,操作方便。缺点是挡板开度与汽温变化不成线性关系;有效开度范围窄,一般小于 40%;不能在高温区工作,烟温不高于 400 ℃。

如图 5.26 所示,把尾部烟道分隔成两个并联的烟道,在主烟道中布置再热器,旁通烟道中布置低温过热器或省煤器,也可以不布置受热面。额定负荷时两个烟道的烟气流量保持一定比例(例如 69:31),锅炉负荷降低时,关小旁路烟道的烟气挡板,保持主烟道内烟气的流量,可以保持再热汽温不变。

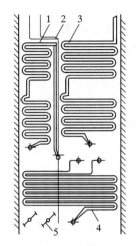

1—过热器；2—烟道隔墙；3—再热器；4—省煤器；5—烟气挡板。
图 5.26　烟气挡板调节再热汽温原理

也可在主烟道及旁通烟道中同时装设调节挡板。当再热汽温降低时，开大低温再热器侧的烟气挡板，使通过的烟气流量增加，从而提高再热汽温。而同时关小低温过热器侧的烟气挡板，使通过低温过热器的烟气流量减少，过热汽温下降。此时，过热汽温变化则通过喷水减温器的喷水量调节来维持过热汽温。

大容量锅炉多在竖井烟道中，采用低温再热器与低温过热器并列布置的方式，即在主烟道布置低温再热器，在旁路烟道布置低温过热器。低温再热器受热面积占整个再热器受热面积的 3/4 左右，其蒸汽焓增占整个再热蒸汽焓增的 $50\%\sim60\%$。确保在挡板调节时有较大的调温幅度。

图 5.27 表示负荷变化时由于挡板的调节使流经两个烟道的烟气量发生变化的情况。图 5.28 表示过热蒸汽温度和再热蒸汽温度的变化情况。

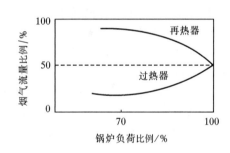

图 5.27　挡板调节时烟气流量随锅炉负荷的变化

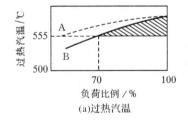

(a)过热汽温

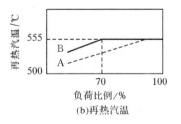

(b)再热汽温

A—挡板全开时汽温特性；B—挡板调节后汽温特性。
图 5.28　挡板调节时汽温随负荷的变化

烟气调节挡板设置在主、旁烟道的省煤器下方。这样布置的好处是：由于该处烟气温度稍低，挡板不易过热，变形量小，可保证挡板工作的安全；在省煤器出口的烟道截面可以收缩，可使挡板的长度相应缩短，重量减轻，刚性增强，并使驱动力矩相应减小。

主烟道和旁路烟道的挡板采用反向联动调节方式，两角度之和保持为 90°，在锅炉负荷变化范围之内，主烟道的理论调节角度为 40°～60°。因为这样的调节范围是挡板调节的灵敏区，即挡板改变单位角度后引起的烟气变化量较大，使传热量和汽温变化值亦较大，调节灵敏度高。另外，在此角度调节范围内，挡板的局部阻力系数较小，因而可降低引风机的电耗。

采用烟气挡板调节方法可能存在的问题。因挡板受热发生不规则变形，或转动及传动机构发生卡涩而不能正常动作，从而无法进行调节；由于理论设计计算与实际调节结构有较大出入，使调节超出可能范围。也就是说，在挡板的可调范围内，难以达到正常汽温值。有时，为了使汽温尽可能接近规定值，往往造成主烟道（或旁路烟道）中的烟速不是过高，就是过低，从而使受热面的管子磨损加剧，或发生严重积灰，影响锅炉的运行安全和经济性。

（3）改变火焰中心位置

最常用的改变火焰中心位置的方法是采用摆动式燃烧器。摆动式燃烧器多用于燃烧器四角布置锅炉。上下摆动燃烧器，使煤粉火炬上下倾斜，改变火焰中心的位置，从而改变炉膛出口烟气温度，调节过热或再热汽温。在用摆动燃烧器调节再热汽温时，由于它同时作用于再热器和过热器，即调节时再热汽温和过热汽温是同向变化的。这对在炉膛上部和炉膛出口附近布置有较多受热面的过热器或再热器的汽温调节特别有利，具有较大的灵敏度。一般燃烧器摆动可达 $\pm(20°～30°)$，炉膛出口烟温变化约 $110～140\ ℃$，调温幅度可达 $40～60\ ℃$。运行中当燃烧器摆动角度较大时，应注意有可能造成炉膛出口或冷灰斗处结渣。

对于前墙布置多层燃烧器，可通过投运不同层次燃烧器的方法改变火焰中心位置来达到调节汽温的目的。改变火焰中心位置的调温方法调节灵敏，惯性很小，但不精细，常用喷水减温等其他调温方法配合使用。

用摆动式燃烧器进行汽温调节时，理想的调节特性使燃烧器摆角变化对再热汽温和过热汽温的调节幅度能与再热器和过热器的汽温特性所具有的汽温变化率之间达到"匹配"。这样，在锅炉出力改变时，两者能实现"同步"的调节，从而可不用或只用少量减温水对汽温进行校正的细调节。

由于用摆动式燃烧器调温具有调温幅度大、时滞小，对于过热器和再热器采用高温布置情况下，受热面积少及锅炉钢耗较低等优点，使它成为现代大型锅炉，特别是四角切圆燃烧的锅炉进行再热汽温调节的主要方法。多次试验结果表明，每改变喷嘴摆角 $\pm1\ ℃$，大体上可改变再热器出口汽温 $2\ ℃$。对于燃用灰熔点较低的燃料，考虑到结渣、腐蚀的危险，上摆角度不能太大。

2. 蒸汽侧汽温调节

蒸汽侧汽温调节的原理是利用减温器来降低过热蒸汽的焓，使汽温降低到需要的温度。这种调节方法的特点是：①调节精度高；②若布置合理，能起到保护过热器金属的作用，能使各蛇形管中的蒸汽温度均匀；③只能降低温度，为此就必须在设计时布置适量多的受热面。这样会使过热器的钢材消耗量加大，还要额外消耗减温所需的材料。目前，中参数锅炉（如 $2.5\ MPa$、$3.9\ MPa$）的汽温调节可仅采用蒸汽侧调节，更高参数的锅炉多采用烟气侧和蒸汽侧联合调节的方法。前者为粗调节，后者为细调节。

减温器实质上就是一种换热器。布置减温器时主要应考虑到灵敏性和保护金属的作用两方面，显然有三种布置位置。如果减温器布置过前，例如布置在所有各级过热器之前，虽然能使第一级过热器都处于较低温度的工作状态，过热器的金属材料都处于较低温度的工作状态，过热器的金属材料都能得到保护。但是，由于过热器系统金属蓄热量大，会使得过热器出口蒸汽温度的调节延迟太大，调节不灵敏。如果减温布置过后，例如布置在过热器蒸汽出口，虽然能使蒸汽温度的调节很灵敏，但过热器的金属却得不到保护。因此，巧妙地在第一级和最后一级过热器之间布置一级，乃至几级（二或三级）减温器，可以获得既灵敏又能保护材料的效果。

减温器可分为面式减温器和喷水减温器两种,分别采用间壁式和接触式换热方法。

(1)面式减温器

面式减温器是一种管壳式热交换器,它利用锅炉给水或炉水作为冷却介质,通过与过热蒸汽的对流换热来冷却蒸汽。它的优点是冷却介质不与蒸汽接触,对冷却介质没有特殊要求,故常用于中小型锅炉。但一般说来,对一定的减温器,减温幅度随水量的增加而增大,但并不呈现线性关系,而冷却水出口温度随冷却水量的增加而下降。这是因为水的热容量远大于蒸汽的热容量所致。因此,对于一定的面式减温器,减温幅度有一饱和值,即冷却水量增加到一定值后,即使再增加流量,减温幅度也不再变化。若要继续增加减温幅度,只能更换容量更大的减温器。

面式减温在给水系统中的布置有两种形式。

①与省煤器并联。此时,因为通过减温器的给水流量随蒸汽温度的波动变化,因此会引起通过省煤器的水流量随之波动。如果需要的减温幅度较大,则通过减温器的水量很大,这时通过省煤器的水量就会很小,影响到省煤器工作的可靠性。

②与省煤器串联。串联布置的缺点是引起进入省煤器的给水温度升高,增加排烟温度。如果要降低排烟温度,就必须增加受热面。

面式减温器主要有 U 形管表面式减温器、套管表面减温器和螺旋管表面式减温器等,分别如图 5.29～图 5.31 所示。

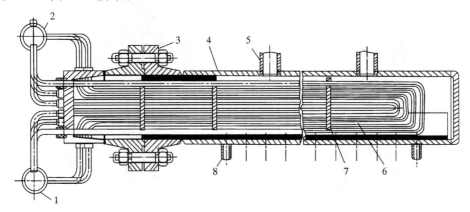

1—冷却水进口小集箱;2—冷却水出口小集箱;3—法兰;4—减温器壳体;

5—蒸汽引入管;6—U 形管;7—隔板;8—蒸汽引出管。

图 5.29　U 形管减温器

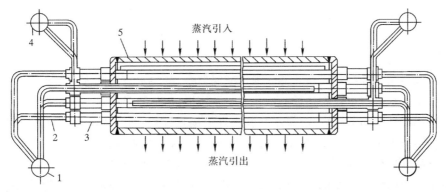

1—冷却水进口小集箱;2—内套管;3—外套管;4—冷却水出口小集箱;5—减温器外壳。

图 5.30　套管减温器

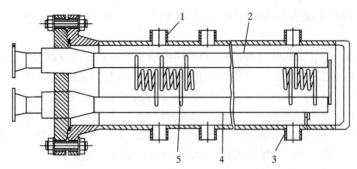

1—蒸汽引入管;2—冷却水出口小集箱;3—蒸汽引出管;4—冷却水进口小集箱;5—螺旋管。

图 5.31 螺旋管减温器

汽-汽热交换器也用于再热汽温的调节,利用高压过热蒸汽来加热再热蒸汽达到调节再热汽温的目的。有管式(分散式)和筒式(集中式)两种结构,如图 5.32 所示。

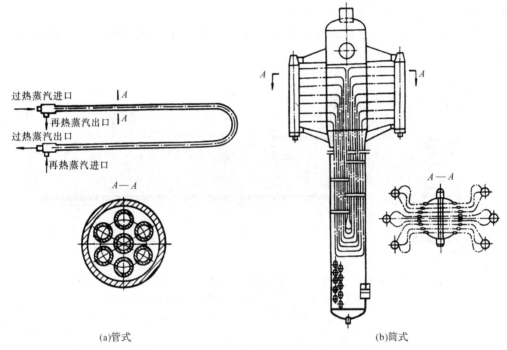

(a)管式   (b)筒式

图 5.32 汽-汽热交换器

(2)喷水减温器

喷水减温器是一种接触式换热器。喷水减温器中,减温水直接喷入过热蒸汽中,经喷嘴雾化后的减温水滴从蒸汽中吸收热量后汽化并与蒸汽混合,从而降低过热蒸汽的温度。

这种减温器具有如下特点:减温水与蒸汽直接接触,因而对减温水的水质要求较高;惯性小,调节灵敏,易于实现自动化;减温幅度与喷水量成正比,减温幅度大,可达 100 ℃;压力损失小;结构简单,省材料,一般在过热器的中间集箱或蒸汽管道间喷入减温水,无复杂设备;减温前的蒸汽温度不能过于接近饱和温度,至少要求高出 20 ℃,否则喷入的水不能及时得到汽化;给水减温时,喷水量越大,意味着流经过热器的蒸汽流量越小,温度越高。这个问题在直流锅炉中更需要注意。

直流锅炉中的喷水减温只是一个暂时措施,保持稳定汽温的关键是要保持固定的燃水比,其原因是,如果过热区段有喷水量 d,那么直流炉进口水量为($G-d$)。如果由于燃料量 B 增加、热负荷增加,而给水量 G 未变,这样过热汽温就要升高,喷水量 d 必然要增加,使进口水量($G-d$)的数值减少,这样变化又会使过热汽温上升。因此喷水量变化只是维持过热汽温暂时的稳定(或暂时维持过热汽温为额定值),但最终使其过热汽温稳定,主要还是通过燃水比的调节来实现的。而中间点的状态一般要求在各种工况下为微过热蒸汽。

喷水减温器布置的位置非常灵活,并常采用多级布置,实现调节灵敏和保护金属的作用。目前,电站锅炉多采用 1～3 级的喷水减温方案,其中,两级喷水减温得到广泛应用。

按减温水的来源,喷水减温器可分为以下几种。

①给水喷水减温器。减温水在给水泵出口抽取,依靠给水本身具有的压力喷入蒸汽。

②冷凝水喷水减温器。在给水品质较差的电厂中,将一部分冷凝水单独收集,并专用减温水泵将冷凝水喷入蒸汽。

③自制冷凝水喷水减温器。将部分饱和蒸汽在专用冷凝器中冷凝作为减温水,并利用减温水和过热蒸汽之间的压差将其喷入蒸汽,如图 5.33 所示。

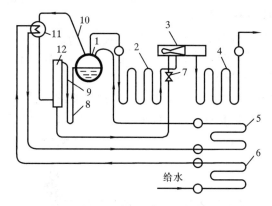

1—锅筒;2—第一级过热器;3—喷水减温器;4—第二级过热器;5—第二级省煤器;6—第一级省煤器;
7—喷水调节阀;8—水封;9—溢水管;10—饱和蒸汽;11—冷凝器;12—储水器。

图 5.33　自制冷凝水喷水减温系统

根据喷水的方式,可将喷水减温器分为喷头式、笛形管式、文丘里管式、旋涡式四种。

a. 喷头式喷水减温器以过热器连接管或过热器集箱为外壳,插入喷管或喷嘴,减温水从数个直径为 3 mm 的小孔喷出。为了避免水直接喷在管壁上而引起热应力,装有 3～5 m 长的保护套管(或称为混合管)。该种减温器由于喷孔数有限、阻力较大,一般用于中、小容量的锅炉上。

大容量锅炉上广泛应用的是笛形管式、文丘里管式、旋涡式喷水减温器,分别如图 5.34～图 5.36 所示。

b. 笛形管式喷水减温器又称多孔喷管式喷水减温器,它由多孔笛形喷管和内衬混合管组成。笛形喷孔直径为 5～7 mm,喷水速度为 3～5 m/s,喷水方向与汽流方向一致。该种喷水减温器比喷头式的喷孔阻力要小。为了防止悬臂振动,喷管采用上下两端固定,稳定性好,虽然水滴雾化质量较差,但适当加长混合管的长度足以使水滴充分混合、加热和过热。

c. 文丘里管式喷水减温器又称水室式喷水减温器,它由文丘里喷管、水室和混合管组成。

在文丘里管的喉部,布置有多排直径为 3 mm 的小孔,水经水室从小孔喷入蒸汽流中。孔中水速约 1~2 m/s,喉部蒸汽流速达 70~100 m/s,使水和蒸汽激烈混合而雾化。该种喷水减温器由于蒸汽流动阻力小、水的雾化效果良好,在我国得到广泛应用。

　　d. 旋涡式喷水减温器。旋涡式喷水减温器由旋涡式喷嘴、文丘里管和混合管组成。减温水经喷嘴强烈旋转,雾化成很细的水滴,在很短距离就汽化。该种喷水减温器由于减温幅度大,适用于减温水量变化大的场合。

　　设计喷水减温器时关键在于确定内衬管的长度,因为喷水减温器一般借用中间集箱或管道。内衬管的作用有:①使得喷入的冷却水在内衬管的长度范围内完全汽化,防止水滴撞击管壁,造成局部应力过大,导致疲劳破坏;②防止水滴进入下级过热器,造成热偏差。

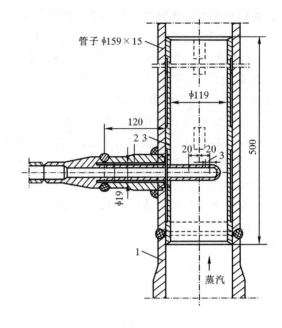

1—喷水减温器外壳;2—喷管;3—保护套管。

图 5.34　笛形管式喷水减温器(单位:mm)

　　混合内衬管的长度应根据水的汽化长度来确定。减温水的汽化长度是指喷水点到喷入的

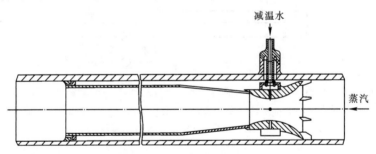

图 5.35　文丘里管式喷水减温器

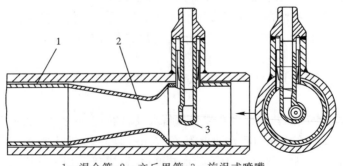

1—混合管;2—文丘里管;3—旋涡式喷嘴。

图 5.36　旋涡式喷水减温器

减温水完全汽化所需的距离。影响汽化长度的因素主要有:雾化质量、蒸汽温度、减温水的温度等。目前完全依靠理论分析来求解汽化长度尚有困难,只能依靠经验公式,先确定汽化时间,然后再确定汽化长度。

(3)蒸汽旁通法

蒸汽旁通法用于再热汽温的调节。将再热器分成两级:第一级作为调节级,放在低烟温区;第二级放在高烟温区,中间另置其他受热面,如图 5.37 所示。它通过改变第一级中再热蒸汽的流量,使其传热温压变化来改变其吸热量,达到调节再热汽温的目的。设计时预先在额定负荷下考虑一定的旁通蒸

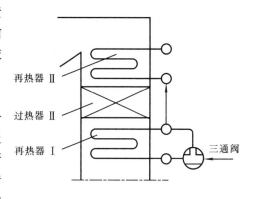

图 5.37　蒸汽旁通法调节再热汽温

汽量,当负荷降低时,则减少旁通量来使再热汽温升高,保持额定值。这种调节方法的优点是结构简单,惯性小,对过热汽温没有影响。缺点是再热器金属消耗量增加,初期投资大。

3. 调温系统举例

图 5.38 示出了 DG1900/25.4 - Ⅱ1 型锅炉(该型锅炉本体布置见图 6.10)的汽水系统及调温措施。

锅炉汽水系统包括省煤器、启动系统、水冷壁系统、顶棚过热器、包墙过热器、低温过热器、屏式过热器、高温过热器和连接管、低温再热器、高温再热器和连接管。尾部竖井烟道采用前后分隔双烟道,分别布置低温再热器、省煤器和低温过热器。

来自高压加热器的水经给水管路由炉前右侧进入位于尾部竖井后烟道下部的省煤器入口集箱。水流经省煤器受热面吸热后,由省煤器出口集箱右端引出经下水连接管进入螺旋水冷壁入口集箱,经螺旋水冷壁管、螺旋水冷壁出口集箱、混合集箱、垂直水冷壁入口集箱、垂直水冷壁管、垂直水冷壁出口集箱后进入水冷壁出口混合集箱汇集,然后经引入管引入汽水分离器进行汽水分离。循环运行时从分离器分离出来的水进入储水罐后排往冷凝器,蒸汽则依次经顶棚管、后竖井和水平烟道包墙过热器、低温过热器、屏式过热器和高温过热器,进入直流运行时全部工质均通过汽水分离器进入顶棚管。

汽机高压缸排汽进入位于尾部竖井前烟道的低温再热器和水平烟道内的高温再热器后,从再热器出口集箱引出至汽机中压缸。

过热汽温采用了水煤比调节和两级喷水减温控制方式,第一级减温器位于低温过热器出口集箱与屏式过热器进口集箱的连接管上,第二级减温器位于屏式过热器与末级过热器进口集箱的连接管上。每一级各有两只减温器,分左右两侧分别喷入。第一级减温器用于粗调,并对屏式过热器起保护作用;第二级减温器用于微调,使过热蒸汽出口温度维持在额定值。过热蒸汽管道在屏式过热器与高温过热器之间进行一次左右交叉,以减小两侧汽温偏差。

再热蒸汽温度通过布置在低温再热器和省煤器下游的平行烟气挡板来调节。再热器事故喷水减温器布置在低温再热器至高温再热器间的连接管道上,分左右两侧喷入。再热器喷水仅用于紧急事故工况、扰动工况或其他非稳定工况。正常情况下通过烟气调节挡板来调节再热器汽温。另外在低负荷时还可以适当增大炉膛进风量,作为再热蒸汽温度调节的辅助手段。

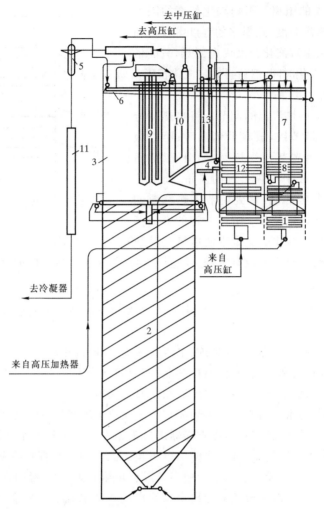

去中压缸

去高压缸

去冷凝器

来自
高压缸

来自高压加热器

1—省煤器;2—螺旋水冷壁;3—上部水冷壁;4—折焰角和水平烟道;5—汽水分离器;
6—顶棚过热器;7—包墙过热器;8—低温过热器;9—屏式过热器;10—高温过热器;
11—储水罐;12—低温再热器;13—高温再热器。

图 5.38　DG1900/25.4-Ⅱ1型锅炉的汽水系统及调温措施

 ## 5.3　省煤器及空气预热器

省煤器和空气预热器布置在锅炉对流烟道的最后,进入这些受热面的烟气温度已经不高,故常把这两个部件统称为尾部受热面或低温受热面。

5.3.1　省煤器的作用及结构

1. 省煤器的作用

早期的锅炉没有省煤器这一部件,锅炉的给水直接进入锅筒,锅筒连接的是蒸发受热面。离开蒸发受热面的烟气温度主要由沸腾水的饱和温度所决定。压力越高饱和温度就越高,烟气温度必然更高。这势必导致离开锅炉的烟气温度仍很高,将导致极大的锅炉排烟热损失。由于给水和烟气存在较大温差,用不太多的受热面即可加热给水,提高进锅筒的水温,同时把锅炉排烟温度进一步降低。这样就可提高锅炉的效率,节省燃料。这种受热面叫作省煤器,它提高了使用燃料的经济性。

省煤器是利用锅炉尾部烟气的热量来加热给水的一种热交换器,其作用主要为:

①降低排烟温度,提高锅炉效率,节省燃料;

②充当部分加热受热面或蒸发受热面。

值得注意的是,由于采用回热循环可提高电厂的热效率,现代大型锅炉的给水温度也较高,仅利用省煤器已不能充分降低排烟温度了,而需要布置空气预热器。

2. 省煤器的分类

按材料,省煤器可分为铸铁式和钢管式;按出口是否沸腾可分为沸腾式和非沸腾式。

铸铁省煤器由一系列外侧带有方形肋片的铸铁管通过180°铸铁弯头串接组成,如图5.39所示。水从最下层排管的一侧端头进入,水平来回流动至另一侧的最末一根管子,再进入上一层排管,如此由下向上流动。烟气则由上向下流动,与水流形成逆流换热。铸铁式省煤器的优点是耐腐蚀、耐磨损,这是由材料的性质决定的。

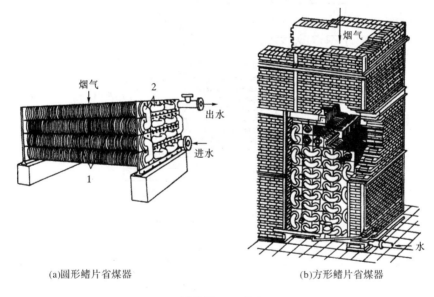

(a)圆形鳍片省煤器　　　　　　　　　　　　(b)方形鳍片省煤器

1—鳍片管;2—弯头。

图5.39　组装成的铸铁式省煤器

小容量低压锅炉一般都没有装置良好的给水除氧设备,内部易发生氧腐蚀;同时由于给水进省煤器时水温很低,管外壁容易结露,烟气中的 SO_3 和水蒸气结合形成的酸雾达到露点后就在管外壁形成酸液而发生外部酸腐蚀。因此,大多数小容量低压锅炉都采用铸铁省煤器。但是铸铁省煤器的强度不高,即承压能力低(不大于2.4 MPa)。容量较大的低压锅炉及中等参数以上锅炉普遍采用钢管省煤器。

因铸铁较脆,承受冲击能力差,所以铸铁式省煤器的缺点是不能做成沸腾式。要防止水在铸铁省煤器中汽化而发生水击,损坏省煤器;铸铁省煤器管壁较厚,体积和重量都大;肋片间易积灰、堵灰;弯头多,易渗水、漏水。

因为铸铁省煤是非沸腾式省煤器,其出口水温至少应比相应压力下的饱和温度低 30～40 ℃,以保证安全可靠。

铸铁式省煤器已经系列化,设计时可按有关手册选用。

管内介质中的水的放热系数非常大,并且流速的影响不大。一般水流速不小于 0.3 m/s,使给水加热过程中产生的 O_2 及 CO_2 等气体能随水流带走。流过省煤器(横向冲刷)的烟速应在 6～9 m/s,以避免严重积灰。为了保证受热面清洁,需布置吹灰器。最好有旁通烟道,水路也有旁通水路。

为了保证和监督铸铁省煤器的安全运行,在其进、出口的管路上安装各种仪表附件。进口装安全阀是为了避免给水管水击,出口装安全阀是为了汽化、超压时泄压,放气阀用以启动时排除空气。管路还要考虑省煤器损坏、漏水而在锅炉运行时检修,隔绝省煤器,给水直接进锅筒而设的旁路。

当锅炉点火与停炉时,不进行给水,但高温烟气仍流经省煤器,而使水汽化。为了避免汽化,铸铁省煤器常设烟气旁路,如图 5.40 所示。锅炉启动时高温烟气流过旁通烟道而不经省煤器,同时在省煤器出口处引一根管子与水箱相连,此管称为再循环管,锅炉启动时,其中的水与水箱不断循环。

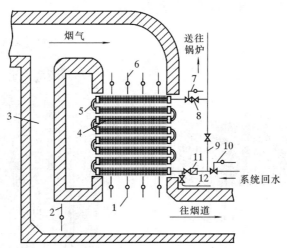

1—烟气挡板;2—旁通烟道挡板;3—旁通烟道;4—铸铁肋片管;5—连接弯头;
6—烟道挡板;7—安全阀;8—截止阀;9—旁通管;10—安全阀;11—逆止阀;12—疏水管。

图 5.40 铸铁式省煤器的连接系统

钢管式省煤器一般都是蛇形管,如图 5.41 所示。钢管式省煤器可做成沸腾式,也可做成非沸腾式。在现代大容量高参数锅炉中,蒸发吸热量比例减少,预热吸热量比例增大,总是采用非沸腾式省煤器,而且为了保证安全,省煤器出口的水都有较大的欠焓。管子可错列,也可顺列布置,钢管直径一般在 25～51 mm,每组高度不超过 1.5 m,以便于检修和吹灰。蛇形管的平面可平行前墙,也可垂直前墙。当平行前墙时,省煤器受到磨损时更换容易,并且只需更换几排,故多采用此种方式。省煤器可单面进水,也可双面进水,双面进水可降低水速,钢管式省煤器中的水速:非沸腾式不应低于 0.3～0.4 m/s,以便能带走空气(溶解在水中的受热后析出的气体),避免氧腐蚀;沸腾式不低于 1 m/s,以避免汽水分层。任何情况下不应高于 2 m/s,否则阻力太大。省煤器水侧阻力对低压锅炉不大于 8% p_g(锅筒压力);对高压锅炉不大于 5% p_g。

图 5.42 示出省煤器蛇形管在尾部竖井中的布置。为了降低水速,省煤器也可以采用多管圈形式。

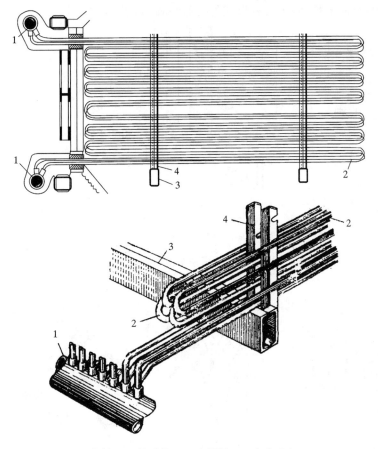

1—集箱;2—蛇形管;3—支撑梁;4—定位支架。

图 5.41　钢管式省煤器

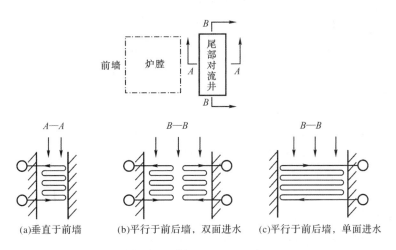

(a)垂直于前墙　　(b)平行于前后墙,双面进水　　(c)平行于前后墙,单面进水

图 5.42　省煤器蛇形管在尾部竖井中的布置

对于含灰量高的劣质燃料,省煤器受热面设计应该采用适当的防磨措施,才能有效地解

决磨损问题,这除了在省煤器受热面设计中采用大直径的厚壁管和管束作顺列布置外,主要是针对容易引起磨损的部位,装设各种形式的防磨装置,如图 5.43 所示。

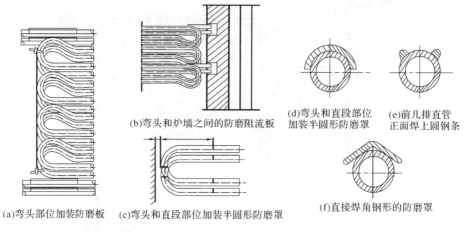

(a)弯头部位加装防磨板　(c)弯头和直段部位加装半圆形防磨罩

(b)弯头和炉墙之间的防磨阻流板

(d)弯头和直段部位加装半圆形防磨罩

(e)前几排直管正面焊上圆钢条

(f)直接焊角钢形的防磨罩

图 5.43　省煤器防磨措施(单位:mm)

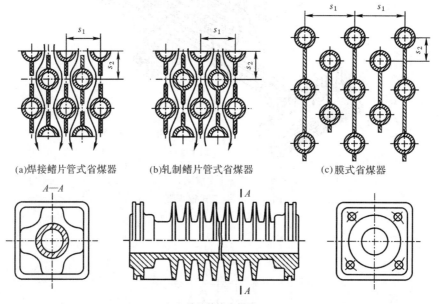

(a)焊接鳍片管式省煤器　(b)轧制鳍片管式省煤器　(c)膜式省煤器

(d)肋片管式省煤器

图 5.44　带扩展表面的省煤器受热面

近几年来为了进一步强化传热,采用了鳍片管、肋片管和膜式等带扩展受热面的省煤器,并取得了一定的效果,其结构示于图 5.44 中。鳍片管的成本稍高,而中间焊上 2～3 mm 厚的扁钢成本稍便宜些。肋片有多种形式,图 5.45 所示是一种 H 形肋片省煤器管。

鳍片管式省煤器和膜式省煤器可增加烟气侧受热面积 30% 左右,从而降低了单位蒸发量的金属耗量,阻力及积灰也可减轻。肋片管的烟气侧受热面积显著扩展,比光管大 4～5 倍,可缩小省煤器体积,减少材料消耗。

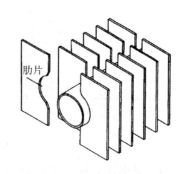

图 5.45　H 形肋片省煤器管

钢管式省煤器可用于任何压力和容量的锅炉，置于不同形状的烟道中。其优点是体积小，重量轻，价格低廉。在钢管式省煤器进口集箱和锅筒之间还应装有不受热的再循环管。在启动过程中，省煤器中预先上满的水受热升温或产生蒸汽，而再循环管中水温较低，形成自然循环来保护省煤器，如图 5.46 所示。

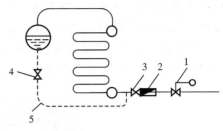

1—调节阀；2—逆止阀；3—截止阀；
4—再循环阀；5—再循环管。

图 5.46　再循环工作原理

5.3.2　空气预热器的作用及结构

1. 空气预热器的作用

空气预热器作为锅炉尾部受热面，利用尾部烟气热量来加热燃烧所需空气。空气预热器的作用如下。

①降低排烟温度提高锅炉效率，同时改善了引风机的工作条件。随着电站循环中工质参数的提高，由于采用多级抽汽回热循环，进入锅炉的给水温度愈来愈高。给水温度由中压的 150 ℃ 提高到亚临界压力的 260 ℃。只用省煤器就不能经济地降低锅炉的排烟温度，甚至无法降低到合适的温度。然而空气的温度较低，若将省煤器出口的烟气来加热燃烧所需的空气，则可以进一步降低排烟温度，提高锅炉效率。

②改善燃料的着火条件和燃烧过程，降低了燃烧不完全损失，进一步提高锅炉效率。对于着火困难的燃料，如无烟煤，常把空气加热到 400 ℃ 左右。

③热空气进入炉膛，提高了理论燃烧温度并强化炉膛的辐射传热，进一步提高锅炉的热效率。

④热空气还作为煤粉锅炉制粉系统的干燥剂和输粉介质。

鉴于以上几点，现代锅炉中空气预热器成为锅炉必不可少的部件。对于低压锅炉，因给水温度很低，用省煤器已能很有效地将烟气冷却到合理的温度，常无空气预热器。不过有的工业锅炉，给水除氧后温度也只有 104 ℃，为了改善着火燃烧条件，也有采用空气预热器的。对于火床燃烧的工业炉，因炉排片温度的限制，即使有空气预热器，空气的温度也不超过 150～180 ℃。

2. 空气预热器的分类

按空气预热器的工作原理，空气预热器可分为间壁导热式和再生式两种。

间壁导热式空气预热器的特点是在烟气与空气之间存在一个壁面，烟气将热量通过这中间壁面传给空气。间壁导热式空气预热器又可分为管式和极式预热器。

再生式空气预热器是烟气和空气轮流地流过一种中间载热体（金属、陶瓷、液体等）来实现传热。当烟气流经中间载热体时，把载热体加热；当空气流经载热体时，载热体本身受到冷却，而空气得到加热。

常用的再生式空气预热器是回转式空气预热器，通过缓慢旋转使冷热流体周期性地交替流过中间载热体。回转式空气预热器又可分为转子转和风罩转等型式。

3. 管式空气预热器

管式空气预热器是由许多薄壁钢管装在上、下及中间管板上形成的管箱。最常用的电站锅炉管式空气预热器有立式和卧式两种。立式预热器是烟气在管内纵向流动，空气在管外横向流动冲刷管子,常用于燃煤锅炉。卧式预热器是烟气在管外横向冲刷管子,空气在管内纵向流动,常用于燃油锅炉。总体上,烟气、空气作相互垂直的逆向流动。

立式管式空气预热器的典型结构如图 5.47 所示。它由钢管、管板（上、中、下）、框架、连通罩、导向板、墙板、膨胀节和冷、热风道连接接口等组成。

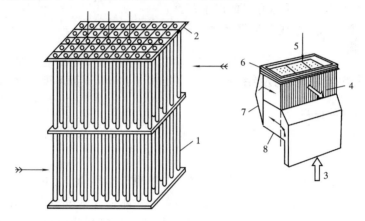

1—烟管管束;2—管板;3—冷空气入口;4—热空气出口;5—烟气入口;
6—膨胀节;7—空气连通罩;8—烟气出口。

图 5.47　立式管式空气预热器结构示意图

管式空气预热器的优点是无转动部分,结构简单,工作可靠,维修工作量少,严密性好,如果能采取措施解决预热器的低温腐蚀和磨损,则漏风量不超过 5%。缺点是体积很大,钢材消耗多,漏风量随着预热器管的低温腐蚀和磨损穿孔而迅速增加。

由于大容量锅炉的尾部烟道体积相对减少,常发生管式空气预热器难以布置的情况。

为了保持空气流速和烟气流速的合理比值,空气预热器结构设计时,必须正确地选择空气预热器的通道数目和进风方式。空气预热器的几种典型布置示于图 5.48 中。

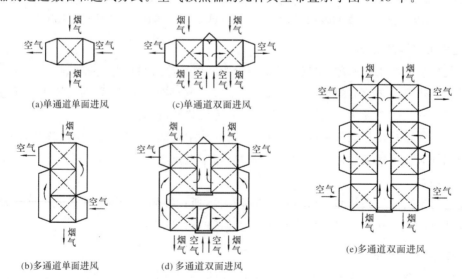

(a)单通道单面进风　　(c)单通道双面进风

(b)多通道单面进风　　(d)多通道双面进风　　(e)多通道双面进风

图 5.48　空气预热器典型流程布置

各种流程布置主要由锅炉总体布置设计确定。大容量电站锅炉的空气预热器流程大都采用双面进风或多面进风,以减少空气侧流动阻力。

卧式空气预热器的结构基本上与立式相似,仅仅将管箱水平横卧。这种预热器适用于燃油锅炉或燃煤旋风炉(液态排渣炉),并在尾部烟道中装设钢珠除尘装置,以清除油炱或升华的细煤灰。

卧式空气预热器相比于立式空气预热器具有下列几个优点。

①在烟、空气温度相同条件下,卧式预热器壁温要比立式高 $10\sim30$ ℃。这对改善腐蚀和堵灰有利。

②卧式预热器的腐蚀部位在冷端几排管子,设计上易于采用可拆结构,便于调换、减少维修工作量,而立式的腐蚀部位是在管子根部,以至整个管箱调换。

③高温预热器的进口管板不再位于高温烟气中,相应的管板的过热、翘曲和变形等缺陷不易发生,提高了钢珠除灰的效果。

管式空气预热器的管径和节距的选择主要取决于传热、烟风速的最佳比值、烟空气阻力、堵灰、清洗、振动和制造工艺等因素。常用的管式预热器采用错列布置,管子采用 $\phi40\ \text{mm}\times1.5\ \text{mm}$ 的有缝钢管,其相应的节距示于表 5.2 中。为了延长使用寿命,低温段空气预热器的管子采用 $\phi38\ \text{mm}\times2\ \text{mm}$ 或 $\phi42\ \text{mm}\times3.5\ \text{mm}$。有时为了降低堵灰的可能性,采用较大直径 $\phi51\ \text{mm}\times2\ \text{mm}$ 的管子。

表 5.2　管式预热器管节距　　　　　　　　　　　　　　(单位:mm)

名称	型式		备注
	立式	卧式	
横向节距 s_1	$60\sim70$	$70\sim75$	
纵向节距 s_2	$40\sim45$	$48\sim50$	
斜向节距 s_3	$\geq d+10$	$\geq d+20$	

卧式空气预热器中采用钢珠除灰时,预热器上排管子要经受钢珠的冲击,故采用厚壁管 $\phi40\ \text{mm}\times3\ \text{mm}$。同时,为了增加管箱的刚性,减少管箱中间的挠度,在管箱的中心和两侧采用间隔布置厚壁管。

考虑到运输、安装和制造的尺寸超限和起重设备等因素,管式空气预热器通常沿着锅炉宽度方向均分成若干个管箱。管箱的高度或长度一般不宜太高或太长。同时,立式管箱高度还与原材料长度和厂房高度以及起重设备能力和高度有关。若立式管箱高度太高,则不但刚性差、制造装配不便,还给运行维护、管内清灰带来不便。一般推荐高度不超过 5 m。卧式管箱的长度也不宜太长,以免中间过度挠曲。一般推荐长度为 $3\sim3.5$ m。对于低温段预热器,不论是立式或卧式,管箱的高度一般取为 1.5 m 左右,以便于维修和更换。

空气预热器中烟气和空气速度的选择应从传热、阻力和磨损等诸方面加以综合考虑。表5.3示出推荐的烟、空气速度。表 5.3 中大的数值适用于燃油或燃气机组，小的数值适用于固体燃料，且随固体燃料中的灰分及其灰渣磨损性而异，多灰或含磨损性严重灰渣偏向于采用较低的速度。

烟、空气速度值的选择从传热角度分析，要获得较佳的传热系数应使烟气侧表面传热系数接近于空气侧表面传热系数。因此，立式预热器中，空气速度与烟气速度的比值约为 0.45～0.55。卧式预热器大都用于液体燃料机组，设计时需注意的主要问题是腐蚀。为此，应尽可能提高管壁温度，故空气速度与烟气速度的比值为 0.4～0.6。比值小时，壁温较高，但当比值小于 0.4 时，带来结构布置上的困难和烟速增加后，烟气的阻力急剧上升。按照上述的烟、空气速度推荐值，预热器的传热系数为 17.5～22.3 W/(m² · ℃)。

当燃用的燃料中硫分较高又没有采取特殊措施时，空气预热器可能发生低温腐蚀。这种低温腐蚀大多发生在首先与冷空气换热的空气预热器下部，即所谓的冷端。而在预热器的上部，由于烟气温度和空气温度都较高，预热器管壁温度高于烟气露点，很少发生低温腐蚀。如果将低温段预热器易腐蚀的下部与不易腐蚀的上部分别做成两个独立可拆分的部分，如图5.49 所示，当由于空气预热器受到腐蚀而需要更换时，只需更换下部的预热器，材料的消耗和工作量均可大大减少。

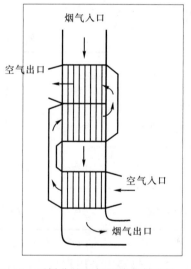

表 5.3　推荐的烟气和空气速度

名　称	型　式	
	立　　式	卧　　式
烟气速度/(m · s⁻¹)	10～16	8～12
空气速度/(m · s⁻¹)	5～10	6～10

图 5.49　可拆分的空气预热器低温段

烟气和空气的流动方向相互交叉，通常空气和烟气作不大于 4 次交叉。一般，一级空气预热器可以加热空气温度达 280～300 ℃。要使热空气的温度更高，应采用双级布置。第二级空气预热器的进口烟温不超过 500～550 ℃。否则上管板会形成氧化皮，由于短管效应，产生管板翘曲及管子与管板脱离的现象。

热管式空气预热器采用热管作为换热元件完成烟气和空气之间的热量传递。我国有不少电厂对其开展研究，并将其逐步应用于锅炉。热管式空气预热器安装像管式预热器一样，在烟道内放置若干组管箱，管箱内放置若干只作为换热元件的热管。图 5.50 为热管式空气预热器在烟道内的一种布置方案。

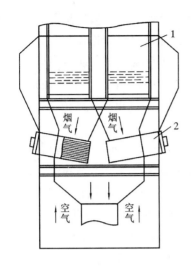

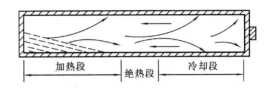

图 5.51　单支热管工作原理示意图

1—高温段管式预热器；2—热管式预热器盒形管箱。

图 5.50　热管式空气预热器在烟道内的布置

单只热管的工作原理如图 5.51 所示。按照精确定义，热管应称之为"封闭两相传热系统"，即在一个封闭的体系内，依靠流体（传热工质）的相态变化来传递热量的装置。

重力式钢-水热管由管壳和将管壳抽成真空并充入适量的水后密封而成。当热源（如烟气）对其一端加热时，水（工质）由于吸热而汽化，蒸汽在压差作用下高速流向另一端，并向冷源（如空气）放出潜热而凝结，凝结后的水在重力作用下从冷端（上端）流回热端（下端）重新被加热，如此重复下去，便可把热量不断地通过管壁从烟气侧传给空气而使空气变为热空气。

用热管组装而成的热管式空气预热器，具有体积小、阻力小、防止低温腐蚀性能好、漏风几乎为零等优点。所以，检修和日常维护的工作量少，且使用寿命较长，一般为 10～15 年。

4. 回转式空气预热器

目前大容量锅炉通常采用回转式空气预热器。

受热面回转再生式空气预热器又称容克式空气预热器，其基本结构如图 5.52 所示。

空气预热器由转子、受热元件、密封装置、传动装置、上下轴承座及其润滑系统、上

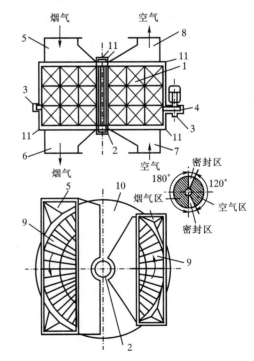

1—转子；2—中心轴；3—环形齿带；4—主动小齿轮；
5—进口烟道；6—出口烟道；7—进口风道；8—出口风道；
9—扇形仓格；10—密封区（过渡区）；11—密封装置。

图 5.52　受热面回转的再生式空气预热器

下连接板、外壳支承座、吹灰和水冲洗装置、漏风控制装置等组成。烟气从上方通过入口进入空气预热器，通过转子的一半(180°)的受热元件向下流，通过出口烟道流出。在烟气流经旋转着的转子中的受热元件时，把热量传给受热元件使其温度升高。空气从另一侧下方的空气入口流入空气预热器，并流过旋转着的转子的 120°的范围，冲刷其中已被烟气加热的受热元件，吸取它在被烟气加热时所储蓄的热量，空气温度升高，最后通过出口风道流出。由于烟气的容积流量比空气大，因此烟气通道占转子总横截面的 50%，空气通道只占 30%～40%。转子从上到下被径向的隔板分隔成互不通气的 12 个大格(每格 30°，里面还有小格)。在烟气与空气之间有 30°的过渡区，这里既不流空气也不流烟气，因而烟气与空气不会相混。但空气处于正压，烟气处于负压，可能有空气漏入烟气的问题。此外，空气入口风罩、出口风罩、烟气入口、出口流通罩与转子之间都有密封装置。转子周界与外壳之间也都有密封装置，使空气不致漏入烟气中去。转子中放置受热元件，由 12 块或 24 块径向隔板与中心筒和转子壳体连接形成 12 个或 24 个扇形仓。每个扇形仓由横向隔板分成多个梯形小室，放置受热元件篮子。冷段和冷段中间层受热元件制成抽屉式结构，便于更换。

大容量锅炉多采用三分仓回转式空气预热器，即将高压一次风和低压二次风分隔在两个分仓进行预热，二次风可用低压头送风机，这样能降低风机的电耗。同时，以布置在空气预热器前面的冷一次风机代替二分仓回转式空气预热器系统中工作条件较差的热一次风机。在环境温度下输送干净冷空气的冷一次风机可以采用体积小、电耗低的高效风机，这样可减轻风机磨损，延长寿命，使系统运行的可靠性和经济性得到提高。

通常三分仓空气预热器中烟气仓、一次风仓、二次风仓所占圆周角分别为 165°、50°、100°，另外 3 个密封区各占 15°。

图 5.53 示出了典型的三分仓模块式预热器的立体外形图。图 5.54 示出了空气预热器分解图。

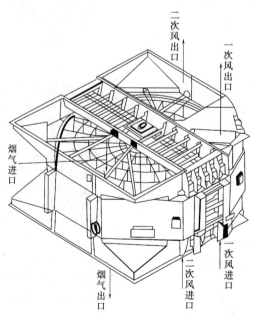

图 5.53　三分仓模块式空气预热器外形图

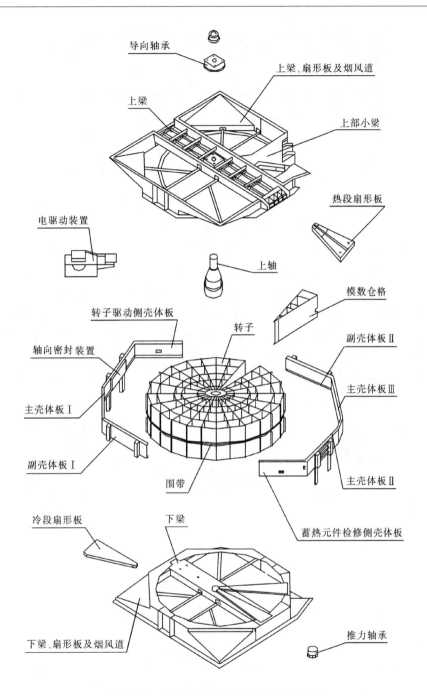

导向轴承

上梁、扇形板及烟风道

上梁

上部小梁

热段扇形板

电驱动装置

上轴

模数仓格

转子驱动侧壳体板

转子

副壳体板Ⅱ

轴向密封装置

主壳体板Ⅲ

主壳体板Ⅰ

副壳体板Ⅰ

围带

主壳体板Ⅱ

冷段扇形板

下梁

蓄热元件检修侧壳体板

下梁、扇形板及烟风道

推力轴承

图 5.54　三分仓模块式空气预热器分解图

　　有的锅炉采用四分仓回转式空气预热器。四分仓空气预热器与三分仓空气预热器结构基本相同,只是增加了一个二次风仓,使一次风仓布置于两个二次风仓之间而与烟气仓分开。这样可有效地降低风仓间压差,减少因一次风压高产生的向烟气侧的漏风,因此四分仓空气预热器可用于一次风压非常高的场合。图 5.55 为典型三分仓与四分仓空气预热器布置示意图。

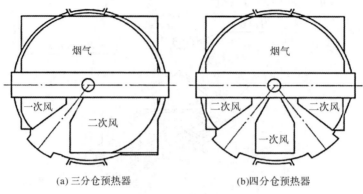

(a) 三分仓预热器   (b)四分仓预热器

图 5.55　三分仓、四分仓空气预热器布置示意图

常用的受热元件板型有 DU、NF 和 CU 三种,如图 5.56 所示。每一种板型都是由定位板和波纹板组成的。波纹板的波纹为有规则的斜波纹,定位板则是垂直波纹与斜波纹相间。波纹板与定位板的斜波纹与气流方向成一定的夹角,以增强气流扰动,强化传热。定位板既是受热面,又将波纹板相互固定在一定距离,保证气流有一定的流通截面。不同波纹板的结构特性如表 5.4 所示。对于固体燃料,热端和热端中间层采用 24GA 材料 DU 型受热元件,冷端层和冷端中间层采用 18GA 材料 NF 型受热元件。对于气体燃料,采用 CU 型受热元件,CU 型受热元件的单位容积的热面积多,材料采用普通碳钢,冷端采用耐腐蚀的低合金材料,在腐蚀严重的条件下,冷端也可采用涂搪瓷的受热元件。

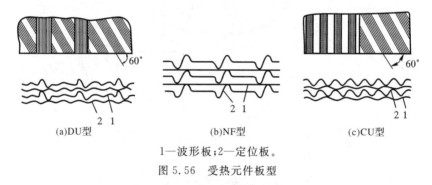

(a)DU型   (b)NF型   (c)CU型

1—波形板;2—定位板。

图 5.56　受热元件板型

受热元件沿高度方向分层放置,一般最多可分为四层,即热端层、热端中间层、冷端中间层和冷端层,每层高度为 300～600 mm。

表 5.4　不同波形板的结构特性

序号	结构简图	板厚 δ/mm	当量直径 d_e/mm	单位面积流通断面 K_b/(m²·m⁻²)	单位容积中受热面面积 C/(m²·m⁻³)	备注
1		0.5	9.32	0.912	396	国产板型
2		0.63	9.60	0.89	365	

序号	结构简图	板厚 δ/mm	当量直径 d_e/mm	单位面积流通断面 K_b/(m² · m⁻²)	单位容积中 受热面面积 C/(m² · m⁻³)	备注
3		0.63	7.80	0.86	440	
4		1.20	9.8	0.81	325	用于 低温段

　　风罩回转式空气预热器,也称罗脱谬勒式,如图 5.57 所示。受热面静止不动,通过上下对应的风罩旋转来改变空气和烟气流过受热面的位置,使烟气和空气交替流过传热元件达到预热空气的目的。其静子结构和传热元件与受热面旋转式空气预热器的转子和传热元件相似。

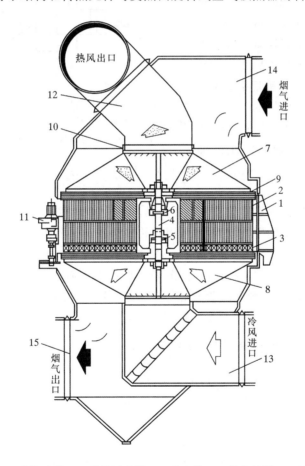

1—静子外壳;2—受热元件;3—受热面冷端;4—中心轴;5—推力轴承;6—轴承;7—上风罩;
8—下风罩;9—径向密封;10—环形密封;11—传动装置;12—热风管道;13—冷风管道;
14—进烟气管道;15—出烟气管道。

图 5.57　风罩回转式空气预热器

上下风罩由两个相对的扇形空气通道组成,将整个静子分为两个烟气通道和两个空气通道。烟气与空气通道之间为密封区。上下风罩由中心轴相连,在电动机驱动下同步旋转。风罩转动一周,烟气和空气交替流过受热面两次,因此风罩转动的速度可以稍慢些,约为 1～3 r/min。由于风罩的重量较受热面传热元件重量轻,因此支承轴的负荷减轻。

风罩回转再生式空气预热器是我国 20 世纪 60 年代中期引进开发的产品。70 年代上半期已制造出配 300 MW 火力发电机组的直径为 9.5 m 的大型空气预热器。国内的几家主要锅炉厂都分别制造过配 300 MW、200 MW、125 MW 和 100 MW 发电机组的各种规格的风罩回转预热器。与受热面回转的三分仓空气预热器一样,风罩回转再生式空气预热器也可对一、二次风分别进行加热,即

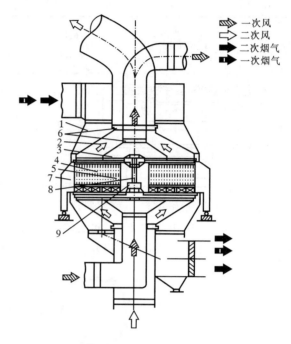

一次风　二次风　二次烟气　一次烟气

1—烟罩;2—二次风风罩;3——次风风罩;4—二次风蓄热板;5——次风蓄热板;6—密封环;7—支座;8—轴;9—轴承。

图 5.58　双流道风罩转动回转式空气预热器

双流道空气预热器。图 5.58 示出了某 300 MW 机组锅炉采用的双流道空气预热器简图,它的上、下风罩分内外两层。

回转式空气预热器的优点是受热面两面受热,单位体积内受热面大,外形尺寸小,重量轻,不怕腐蚀。同等换热容量的空气预热器,采用回转式空气预热器可比管式空气预热器节省约 1/3 的钢材。其缺点是漏风系数大,结构复杂,需传动装置,消耗电能。预热器受热元件布置紧密,工质通道狭窄,传热元件上易积灰,甚至堵塞通道,导致流动阻力增加,传热效率降低,从而影响预热器的正常工作,需经常吹灰和定期清洗。回转式预热器一般允许的瞬间进口温度不超过 450 ℃,最大连续运行进口温度不超过 430 ℃。

5.3.3　省煤器与空气预热器的联合布置

对空气预热器而言,若忽略散热,由热平衡可知

$$Q_{ky} = \omega_y(\theta'_{ky} - \theta_{py}) = \omega_k(t_{rk} - t_{lk}) \tag{5.6}$$

其中

$$\omega_y = V_y c_y, \quad \omega_k = V_k c_k$$

式中:ω_y 和 ω_k 分别为烟气和空气的热容量(也称热容流率或水当量);V_y 和 V_k 分别为烟气和空气的体积流量;c_y 和 c_k 分别为烟气和空气的体积比热容。

一般来说,在锅炉的尾部受热面中,由于燃料燃烧和漏风等因素,生成的烟气体积流量 V_y 大于所需空气的流量 V_k。又因为烟气中有水分、CO_2 等,其体积比热容 c_y 比空气的容积比热容 c_k 大。因此烟气的热容量(热容流率)ω_y 大于空气的热容量 ω_k。热容量(热容流率)越大,

温度-热量图上的曲线越平缓,如图 5.59 所示。

因为烟气的热容量大于空气的热容量,所以烟温下降速度小于空气升温速度。若要求的预热空气温度较高,空气出口温压将很小,受热面积将很庞大,很不经济。当预热空气温度高到一定程度时,出口温压有可能是零,单级空预器将无法把空气预热到更高温度。

为了使受热面用得较为经济,空气出口端温压一般不宜低于 30 ℃。

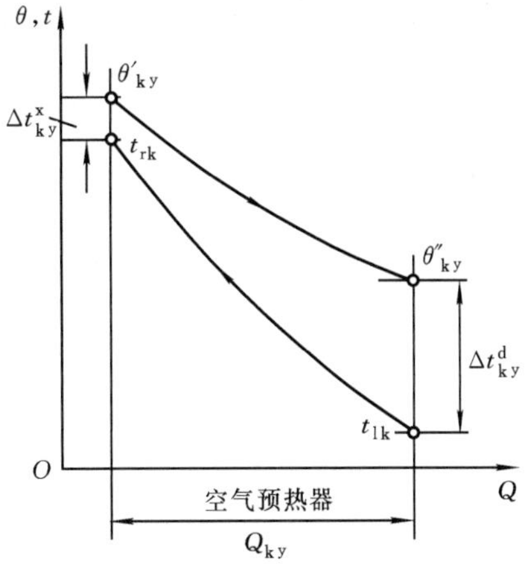

由于 $\theta'_{ky} = t_{rk} + \Delta t_{ky}^{x}$

代入式(5.6),得

$$t_{rk} = \frac{1}{1 - \dfrac{\omega_k}{\omega_y}}(\theta_{py} - \Delta t_{ky}^{x}) - \frac{\dfrac{\omega_k}{\omega_y}}{1 - \dfrac{\omega_k}{\omega_y}} t_{lk}$$

对于干燃料,$\dfrac{\omega_k}{\omega_y} \approx 0.8$,当 $\Delta t_{ky}^{x} = 30$ ℃,$t_{lk} = 30$ ℃时,则单级空预器可达到的最高 t_{rk} 为

$$t_{rk} = 5\theta_{py} - 270$$

于是

$$\theta_{py} = \begin{cases} 110 \\ 120 \\ 130 \end{cases} \longrightarrow t_{rk} = \begin{cases} 280 \\ 330 \\ 380 \end{cases}$$

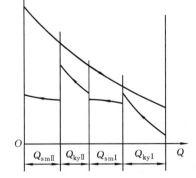

图 5.59　空气预热器中烟气、
空气温度变化示意图

若水分较大,$\dfrac{\omega_k}{\omega_y} \approx 0.7$ 时,有

$$\theta_{py} = \begin{cases} 110 \\ 120 \\ 130 \end{cases} \longrightarrow t_{rk} = \begin{cases} 196 \\ 230 \\ 263 \end{cases}$$

我们知道,当燃用劣质燃料、无烟煤及液态排渣时,一般要求 t_{rk} 取 350～420 ℃,此时必须采用省煤器和空气预热器的双级配合布置方案,采用单级空气预热器达不到预热空气温度的要求。

如图 5.60 所示,若第一级空预器空气出口的温压 Δt_{kyI}^{x} 取值较小,即在第一级空气预热器中将空气预热到较高的温度,则第一级省煤器给水入口的温压 Δt_{smI}^{x} 的数值将较大,有利于省煤器受热面的缩小,但不利于空预器。反之则有利于空气预热器,而不利于省煤器。这是一个局部优化问题。

图 5.60　省煤器、空气预热器双级配合
时烟气温度和工质温度的变化

考虑第一级省煤器和第一级空气预热器的交界处。若使空气预热器每多吸收热量 ΔQ,即将第一级省煤器和第一级空气预热器的分界点向烟气高温区移动相应的位置,空气预热器投资增加 ΔY_{ky};反之,使省煤器的吸热量也增加 ΔQ,即将分界点向烟气低温区移动相应位置,省煤器增加投资 ΔY_{sm}。

当 $\Delta Y_{sm} > \Delta Y_{ky}$ 时,表示提高第一级空气预热器的出口空气温度还会有利一些,投资还可能减少。反之,当 $\Delta Y_{sm} < \Delta Y_{ky}$ 时,将第一级空气预热器出口温度降低会更有利些。只有 $\Delta Y_{sm} = \Delta Y_{ky}$ 时才最佳。

设省煤器和空气预热器每 m^2 受热面的造价分别为 y_{sm} 与 y_{ky},当它们多吸收 ΔQ 的热量时增加的受热面分别为 ΔH_{sm} 与 ΔH_{ky},则

$$\Delta \overline{Y}_{sm} = y_{sm} \Delta H_{sm}$$

$$\Delta \overline{Y}_{ky} = y_{ky} \Delta H_{ky}$$

现已知

$$\Delta H_{sm} = \frac{\Delta Q}{k_{sm} \Delta t_{sm}^x}$$

$$\Delta H_{ky} = \frac{\Delta Q}{k_{ky} \Delta t_{ky}^x}$$

于是

$$\Delta \overline{Y}_{sm} = y_{sm} \frac{\Delta Q}{k_{sm} \Delta t_{sm}^x}$$

$$\Delta \overline{Y}_{ky} = y_{ky} \frac{\Delta Q}{k_{ky} \Delta t_{ky}^x}$$

最佳时

$$\Delta \overline{Y}_{sm} = \Delta \overline{Y}_{ky}$$

则有

$$\frac{\Delta t_{sm}^x}{\Delta t_{ky}^x} = \frac{y_{sm}}{y_{ky}} \cdot \frac{k_{ky}}{k_{sm}}$$

在实际情况下

$$\frac{y_{sm}}{y_{ky}} \approx 5, \quad \frac{k_{sm}}{k_{ky}} \approx 3$$

因此

$$\frac{\Delta t_{sm}^x}{\Delta t_{ky}^x} = \frac{5}{3} = 1.6$$

前已讲过,一般希望 $\Delta t_{ky}^x \geq 30 \ ℃$,由上式,则有

$$\Delta t_{sm}^x \geq 50 \quad ℃$$

由图 5.60,对第一级空气预热器有

$$t_{rk} = t_{gs} + \Delta t_{sm}^x - \Delta t_{ky}^x$$

最终有

$$t_{rk} = t_{gs} + (10 \sim 15) \quad ℃$$

这就是最佳的第一级空气预热器预热温度。有了 t_{rk},即可决定 Q_{kyI},因而也就决定了 θ'_{kyI}。

一般来说,当要求的 $t_{rk} > 300 \ ℃$ 并采用管式预热器时,宜双级布置;当采用回转式时,$t_{rk} > 350 \ ℃$,宜双级布置。

总之,锅炉尾部受热面布置原则可总结为图 5.61

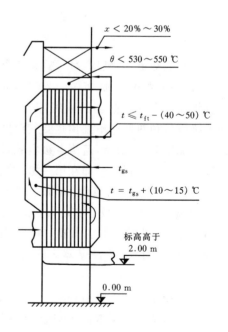

图 5.61　尾部受热面双级布置的原则

所示结构。

 复习思考题

1. 水冷壁、锅炉管束、省煤器、过热器、再热器、凝渣管、空气预热器的作用是什么?

2. 水冷壁、省煤器、过热器、空气预热器可分为哪几类? 各有什么优缺点?

3. 水冷壁、锅炉管束、省煤器、过热器、再热器、凝渣管、空气预热器都是锅炉必不可少的部件吗? 试述什么情况下必须布置,而哪些情况下可以不布置。

4. 为什么有些锅炉必须同时布置有空气预热器和省煤器,而有些可以没有? 为什么有时必须将空气预热器和省煤器交错双级布置?

5. 对蒸汽温度调节方法有哪些基本要求? 试述蒸汽温度调节的工作原理,为什么有些锅炉必须有减温器? 什么样的锅炉可以没有或不装减温器?

6. 说明锅炉负荷、给水温度、燃料性质、过量空气系数对汽温的影响。

7. 对比烟气侧汽温调节与蒸汽侧汽温调节的工作原理及其优缺点。

8. 请分别举例说明烟气侧调节方法和蒸汽侧调节方法,并说明各自的特点。

9. 一次垂直上升水冷壁和螺旋管圈水冷壁各有什么优点和缺点?

10. 在低参数蒸汽锅炉中,为什么省煤器相比水冷壁的管内易出现氧腐蚀?

11. 试说明锅筒的作用。

第6章 锅炉整体布置

一台完整的锅炉是由各种受热面组合而成的,但各种受热面的简单组合一般是达不到设计要求的。一个受热面处于锅炉中什么位置不仅关系到锅炉的成本,也关系到锅炉运行的经济性和安全性。设计一台锅炉时,首先要根据燃料特性,合理地确定各种受热面的大小及其在烟气行程中所处的位置,即构建好的锅炉热力系统。锅炉热力系统的外在表现就是锅炉的整体外形。也就是说,锅炉的整体外形应该满足锅炉热力系统的要求。本章的目的是阐明锅炉热力系统的主要影响因素及影响趋势、锅炉各种受热面布置的一般原则,介绍锅炉的各种可能外形及其适用条件以及设计锅炉时首先需要确定的基本参数的选取原则和方法。

 ## 6.1 锅炉热力系统

锅炉的热力系统是指锅炉的各种受热面在烟气行程中所处的位置及各受热面吸收烟气热量的比例关系。设计锅炉热力系统应以安全可靠为前提,最大的经济效益为目标(高效、省金属),制造、安装、维修要方便。

6.1.1 蒸汽参数对热力系统的影响

根据水及水蒸气性质,锅炉中单位质量工质吸收的热量为

$$i_{gr} - i_{gs} = (i_{gr} - i'') + (i'' - i') + (i' - i_{gs}) \tag{6.1}$$

式中:i_{gr} 为过热蒸汽的焓,kJ/kg;i_{gs} 为给水焓,kJ/kg;i'' 为饱和蒸汽焓,kJ/kg;i' 为饱和水焓,kJ/kg。$i' - i_{gs}$、$i'' - i'$、$i_{gr} - i''$ 分别称为锅炉的加热、蒸发、过热吸热量。

一般说来,锅炉压力升高总是伴随温度的升高。因此,这里仅讨论压力对锅炉热力系统的影响。

很显然,总吸热量不变时,随着压力的升高,过热、蒸发、加热三部分的吸热量占总吸热量的比例发生变化,即压力升高,蒸发吸热量减少,其他两项升高。不同参数和容量锅炉工质的吸热比例如表 6.1 所示。由此可得如下一些结论。

表 6.1 不同参数和容量锅炉工质的吸热比例

蒸发量 $D/(t \cdot h^{-1})$	工作压力 p/MPa	过热蒸汽温度 t''_{gr} /℃	给水温度 t_{gs} /℃	总吸热量 /(kJ · kg⁻¹)	配发电机组功率 /kW	加热吸热 /%	汽化吸热 /%	过热吸热 /%	再热吸热 /%
10	1.29	350	105	2708.5	1500	14.4	72.3	13.3	—
35 75 130	3.9	450	150	2698.1	6000 12000 25000	17.6	62.6	19.8	—

蒸发量 $D/(\text{t} \cdot \text{h}^{-1})$	工作压力 p/MPa	过热蒸汽温度 t''_{gr} /℃	给水温度 t_{gs} /℃	总吸热量 $/(\text{kJ} \cdot \text{kg}^{-1})$	配发电机组功率 /kW	加热吸热 /%	汽化吸热 /%	过热吸热 /%	再热吸热 /%
220 410	10.0	540	215	2551.6	50000 100000	18.8	51.8	29.3	—
400 670	13.7	555	240	2431.8	125000 200000	21.2	33.8	29.8	15.2
935 1000	16.7	555	265	2346.8	300000	23.1	24.7	36.0	16.2
1900	24.9	570	265	2303.3	600000	29.8	0	53.1	17.1

1. 对低压小容量锅炉的影响

对于低压小容量锅炉,蒸发吸热占最主要份额,一般仅布置水冷壁受热面还不能满足蒸发吸热的需要,因此还需要在炉膛外布置对流蒸发受热面,该受热面在水管锅炉中常称为锅炉管束或对流管束,在火管锅炉中就是对流烟管。对流管束是低压小容量锅炉的显著特征。低压小容量锅炉有较少的过热器或没有过热器,一般可装设省煤器,有时也采用空气预热器。较小的低压小容量锅炉甚至只有蒸发受热面。

燃煤的低压小容量锅炉多采用层燃燃烧方式,即所谓的火床燃烧方式,一般用于工业生产或生活采暖等,有水管式也有火管式。由于压力较低,蒸发需要的热量(汽化热)占 70%～92%。因此水冷壁与锅炉管束基本上都是蒸发受热面,有时只在尾部装有铸铁式省煤器以加热给水,同时降低排烟温度,提高锅炉效率。个别情况下也布置过热器以满足生产工艺的要求。

国内生产的容量为 10～20 t/h 的燃煤工业锅炉,大多数为双横锅筒水管锅炉。汽温有 194 ℃(饱和温度)及

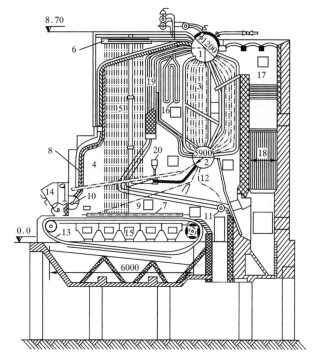

1—上锅筒;2—下锅筒;3—对流管束;4—炉膛;5—侧墙水冷壁;6—侧墙水冷壁上集箱;7—侧墙水冷壁下集箱;8—前墙水冷壁;9—后墙水冷壁;10—前水冷壁下集箱;11—后水冷壁下集箱;12—下降管;13—链条炉排;14—煤斗;15—风仓;16—蒸汽过热器;17—省煤器;18—空气预热器;19—防渣管;20—二次风管。

图 6.1　横置双锅筒水管锅炉

300 ℃两种,汽压为 1.275 MPa,给水温度为60～105 ℃,热空气温度为 150～160 ℃。水冷壁及对流锅炉管束多为 ϕ60 mm×3 mm 无缝钢管。如有过热器,则布置在第一管束之后,如图 6.1 所示。锅炉设计有铸铁(或钢管)省煤器和管式空气预热器。燃烧设备可采用鳞片式链条炉排。锅炉管束、过热器及省煤器都装有蒸汽吹灰装置。

图 6.2 为图 6.1 所示的低压蒸汽锅炉的热力系统简图。锅炉的参数为蒸汽压力 $p =$ 1.27 MPa,过热蒸汽温度 $t_{gr} = 350$ ℃,给水温度 105 ℃,蒸发量 20 t/h,配 3000 kW 汽轮发电机组。

由于需要布置大量的锅炉管束,在水管式锅炉中采用单锅筒的结构就无法满足布置较多锅炉管束的要求,所以常采用两个锅筒。为使结构简单,往往不用省煤器,而充分布置锅炉管束。此时,给水先进入上锅筒,与汽水混合后,其温度接近饱和温度,再进入下降管而参加水循环。这样,这种锅炉的排烟温度就不能太低,因为烟气温度至少要比工质温度高出 50～60 ℃ 以上,否则平均温压太小,传热效果太差,锅炉金属利用率太低。由于工质温度为饱和温度,因此排烟温度也就较高,例如,在 1.27 MPa 压力下,饱

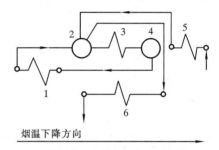

烟温下降方向

1—水冷壁;2—上锅筒;3—锅炉管束;
4—下锅筒;5—省煤器;6—过热器。

图 6.2　20 t/h 低压锅炉的热力系统简图

和温度为 194 ℃,排烟温度大约为 250 ℃,所以使锅炉的排烟热损失较大,热效率较低。

为了提高锅炉效率,节约燃料,有时在这类锅炉的锅炉管束后装设省煤器。此时在省煤器中给水被加热到一定温度(一般低于饱和温度)。由于省煤器中工质平均温度比饱和温度低得多,并可使工质流动方向与烟气流动方向呈逆流,在保持烟气和工质的最低温压为 40～60 ℃ 时,可大大提高烟气和工质的平均温压,从而有效地冷却烟气。亦即利用较少的受热面达到降低排烟温度、提高锅炉效率、节约燃料的目的。但是,装设省煤器使小型锅炉的总体结构复杂化,而且省煤器管子烟气侧可能产生低温腐蚀和堵灰等问题,为此,一般常用铸铁式省煤器。

2. 对中等压力锅炉的影响

中等压力时,由于蒸发吸热量的减少,水冷壁受热面基本能满足蒸发吸热的需要,若略有不够,可将省煤器设计成沸腾式,因而不需锅炉管束。一般来说,省煤器和空气预热器已是必不可少的受热面,有时甚至要双级交错布置,这取决于所需的热空气温度。过热器一般为对流式,置于烟温较高区,如在凝渣管后。

图 6.3 示出了国产 130 t/h 中压锅炉的热力系统,其相应的锅炉型式如图 6.4 所示。

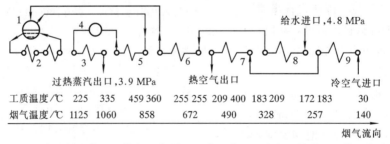

给水进口,4.8 MPa

过热蒸汽出口,3.9 MPa　　热空气出口　　　　　冷空气进口

| 工质温度/℃ | 225 | 335 | 459 | 360 | 255 | 255 | 209 | 400 | 183 | 209 | 172 | 183 | 30 |
| 烟气温度/℃ | 1125 | 1060 | 858 | | 672 | | 490 | | 328 | | 257 | | 140 |

烟气流向

1—锅筒;2—水冷壁凝渣管;3—热段过热器;4—减温器;5—冷段过热器;6—第二级省煤器;
7—第二级空气预热器;8—第一级省煤器;9—第一级空气预热器。

图 6.3　130 t/h 中压锅炉热力系统

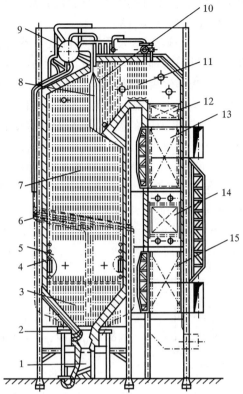

1—灰渣坑；2—下集箱；3—冷灰斗；4—燃烧器；5—卫燃带；6—下降管；7—水冷壁；
8—凝渣管；9—锅筒；10—第一级过热器；11—第二级过热器；12—高温省煤器；
13—高温空气预热器；14—低温省煤器；15—低温空气预热器。

图 6.4　SG-130/39 型锅炉

从整个热力系统来看，过热器（高温部件）布置在高温对流烟道，空气预热器（最低温部件）布置在最低烟温区，这样工质与烟气形成逆流，从传热学的观点来看，这样布置是合理的。但是在炉膛中从安全角度考虑，一般只布置蒸发受热面而不布置过热器。

炉膛四周布置有光管水冷壁。光管水冷壁贴近炉壁，互相平行地垂直布置，上部与锅筒或上集箱连接，下部与下集箱相连。水冷壁为 $\phi 60$ mm×3 mm，节距为 75 mm，为了保证无烟煤粉的燃烧，在燃烧器中心标高上下 1.5 m 处敷有卫燃带。后水冷壁在炉膛出口处设计成具有折焰角以改善烟气流动及冲刷情况，并将水冷壁管拉稀成四排变成凝渣管。它由两级对流式过热器组成，立式布置在连接炉膛和尾部烟井的水平烟道中。第一级过热器的蛇形管先作逆流后作顺流布置，第二级过热器为混流布置。饱和蒸汽从锅筒经炉顶管进入第一级过热器，出来后经 8 根引出管左右交叉引到两侧的面式减温器。然后，流过第二级过热器的两侧逆流段，经中间集箱混合后，再顺流流过布置在第二级过热器中间的热段，最后由第二级过热管出口集箱的左侧端部引出送往汽轮机。

省煤器和空气预热器都是两级，交错布置在尾部烟道中。省煤器由 $\phi 32$ mm×3 mm 的蛇形管组成，水平布置，管子错列，水自下而上地与烟气逆流流动。管式空气预热器立式布置，管子为 $\phi 40$ mm×1.5 mm，也是错列排列。热空气温度为 400 ℃，排烟温度为 140 ℃，锅炉效率为 88.65%。

3. 对高压锅炉的影响

高压、超高压及亚临界压力时，由于蒸发吸热的比例进一步下降，仅布置水冷壁受热面就能满足蒸发吸热的需要，甚至有富余。而过热吸热比例升高，故一部分过热器进入炉膛构成辐射或半辐射式过热器，此时过热器系统庞大而复杂。

高压锅炉中，由于过热吸热量份额增多，完全用对流过热器将使过热器的金属消耗量过多，布置的空间也发生困难，因此可采用部分辐射式及半辐射式（屏式）过热器，布置在炉顶及炉膛出口处。饱和蒸汽先经过这些部件后再进入对流过热器。这样，屏式过热器出口的烟气温度不应比一般采取的炉膛出口烟气允许温度值高。应当指出，在容量大于 410 t/h 的锅炉中，设置屏式过热器，还可降低烟气出炉膛的温度，因为对大容量锅炉，炉膛壁表面积相对较小，仅布置辐射受热面，还不能降低炉膛出口烟气温度到允许值以下。至于辐射及半辐射式过热器应吸收全部过热量的多少份额，从过热汽温特性平稳的要求来看，辐射吸热份额约占 50%～60% 最好。但实际上是达不到这个数值的，因为在高压下，蒸发吸热量份额还很大，如炉膛内布置过多的过热器受热面，将使省煤器内沸腾度过大，如因此而用锅炉管束则更是不合理的。所以，一般采用的辐射部分吸热份额约为 20%。至于此类锅炉热力系统的其他部分则和一般中高压参数是类似的。图 6.5 所示为国产 220 t/h 高压锅炉的热力系统。

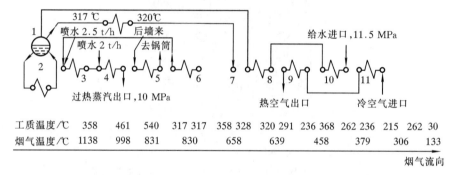

1—锅筒；2—水冷壁；3—屏式过热器；4—高温过热器；5—后墙引出管；6—低温过热器；7—后烟井包覆；
8—第二级省煤器；9—第二级空气预热器；10—第一级省煤器；11—第一级空气预热器。

图 6.5　220 t/h 高压锅炉热力系统

超高压力锅炉的热力系统的主要特点也表现在过热系统上。此时更应注意过热器及再热器的安全可靠。例如，过热器应多分几级，末级的工质焓增不要太多（≤170 kJ/kg），每级之间应有混合及交叉，末级过热器蛇形管组不宜沿整个烟道宽度布置，以减少热偏差，各级布置的烟温区域则应考虑到最高金属壁温不超过该级材料允许值，金属耗量不要过多，过热器热力特性平稳，等等。

过热器如采用对流-辐射-半辐射（屏式）-对流的系统可使第一级过热器布置在低烟温区域，以吸取较多热量而工质温度增加不多，因接近饱和温度处工质比热容很大，这样有可能应用碳钢管制造。但这种系统的缺点是，由于第二级即辐射过热器中工质温度已较高，受热面热负荷不能过高，焓增也就不能过多，这样使过热吸热中辐射吸热份额较小，汽温特性也不平稳。

如采用辐射-半辐射-低烟温对流-高烟温对流系统可克服上述缺点。辐射式过热器可沿炉膛全高度布置，过热吸热中辐射吸热份额较大，从而使汽温特性平稳。

考虑到过热器的安全，常采用上述后一种系统。例如，图 6.6 所示的国产 400 t/h 超高压具有一次中间再热锅炉的热力系统中，即采用此种过热器系统。辐射过热器采用了炉顶布置，较安全可靠。

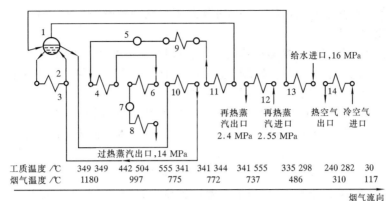

工质温度 /℃　　349 349　442 504　555 341　341 344　341 555　335 298　240 282　30
烟气温度 /℃　　1180　997　775　772　737　486　310　117

烟气流向

1—锅筒;2—炉室;3—水冷壁;4—屏式过热器;5—第一级喷水(5.0 t/h);6—冷段过热器;7—第二级喷水(4.0 t/h);
8—热段过热器;9—炉顶过热器;10—后墙引出管;11—转弯烟室;12—再热器;13—省煤器;14—空气预热器。

图 6.6　400 t/h 超高压锅炉热力系统

至于再热器一般布置在一次过热器的两对流级之间,亦可分两级与一次过热器的对流级交错布置,有时为了使再热器内工质压降不过多,亦采用半辐射对流的再热器系统。在不采用减温减压保护系统的场合中,再热器应布置在烟气入口温度低于 800 ℃(正常负荷时)的区域,这样可使再热器金属壁温在启动或甩负荷时亦不致超过材料允许温度。

亚临界压力锅炉的热力系统的主要特点也表现在过热器系统上,更应重视过热器及再热器的安全工作。过热器和再热器系统的布置考虑原则与超高参数基本相同。至于循环方式,在这一压力范围,既可以采用自然循环锅炉,也可采用强制循环锅炉或直流锅炉。

在亚临界压力锅炉中,由于容量大,一般为 300 MW 以上,即蒸发量在 1000 t/h 以上,因而炉膛中常布置有双面水冷壁,形成单炉体双炉膛结构。在直流锅炉中,锅炉的汽水系统常分为几个独立的并联回路,中间不互相混合,给水流量除了用给水泵转速进行总调节外,每一回路还有各自的给水调节阀可进行单独调节。

图 6.7 所示为国产 1000 t/h 亚临界压力燃油直流锅炉的热力系统。

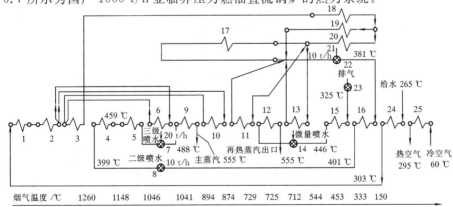

烟气温度 /℃　　1260　1148　1046　1041　894　874　729　725　712　544　453　333　150

1—双面水冷壁;2—四周水冷壁;3—炉顶过热器;4—前屏;5—后屏;6—第一悬吊管;7—第三级喷水
(20 t/h);8—第二级喷水(10 t/h);9—高温过热器;10—对流管束(前);11—对流管束(后);12—高温再热器;
13—第二悬吊管;14—再热器喷水减温器;15—低温再热器;16—低温过热器;17—水平烟道包覆;
18—竖井后包覆;19—竖井侧包覆;20—竖井前包覆;21—第一级喷水(10 t/h);22—高压缸排气口;
23—事故喷水;24—省煤器;25—空气预热器。

图 6.7　1000 t/h 亚临界压力锅炉热力系统

这台锅炉为单炉体、双炉膛,锅炉的汽水系统对应两个炉膛分为两个独立的并联回路。每一回路的汽水流程如下。

给水泵将给水经过高压加热器加热后送往省煤器,由省煤器出口通过过滤器进入双面水冷壁,这时具有一定欠焓的水经过节流阀进入下辐射管屏,水开始蒸发形成汽水混合物。然后依次流经第一级混合器、中辐射管屏、第二级混合器、上辐射管屏,出口已为过热蒸汽。再依次流经炉顶过热器、竖井及水平烟道包覆管、第一级喷水减温器、低温过热器、悬吊管、第二级喷水减温器、前屏过热器、后屏过热器、第三级喷水减温器,高温过热器,出口的高温过热蒸汽通往汽轮机高压缸。这是主蒸汽的流程。

由高压缸出来的蒸汽经过事故喷水减温器后,依次流经低温再热器冷段、低温再热器热段、微量喷水减温器、高温再热器,出口的高温再热蒸汽通往汽轮机的中低压缸继续做功。这是再热蒸汽的流程。

过热汽温调节除控制燃料-给水比之外,采用三级喷水调温。第一级喷水的作用是超前调节,控制中间点汽温;第二级喷水的作用主要是防止前屏过热器超温;第三级喷水的作用是最后修正主蒸汽温度。

再热汽温调节采用烟气再循环方式作为粗调,并在高低温再热器之间的连接管上装有微量喷水减温器作为细调。

燃煤亚临界参数直流锅炉的结构可参见图6.8。

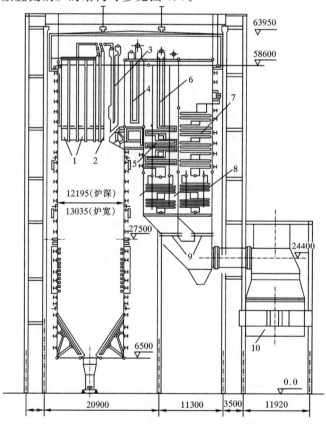

1—前屏过热器;2—后屏过热器;3—高温过热器;4—第二级再热器;5—第一级再热器;
6—低温再热器引出管;7—低温过热器;8—省煤器;9—烟气挡板;10—容克式空气预热器。

图6.8　300 MW亚临界压力直流锅炉

4. 对超临界锅炉的影响

超临界时,工质已成单相,不存在蒸发吸热量,因而也不存在蒸发受热面,整台锅炉的受热面只分两种,即加热受热面及过热器。此时加热吸热量约占总吸热量的 30%,其余吸热量均为过热吸热量。另一方面,因工质为单相,不分汽水,也就没有汽水之间那样明显的密度差,因此炉膛水冷壁不能采用自然循环,目前都用直流锅炉或复合循环锅炉。此外,尽管不存在蒸发受热面,但工质仍存在着最大比热容区,此区受热面易发生传热恶化现象而导致爆管,因而应将此区的管屏布置在传热热负荷较低的区域,如炉膛四角或中辐射区。

图 6.9 为某一超临界压力大容量直流锅炉的热力系统图。锅炉蒸发量为 1650 t/h,压力为 32.5 MPa,过热汽温/再热汽温为 545/545 ℃。锅炉为单炉体,炉膛水冷壁采用垂直上升管屏。过热汽温应用喷水减温调节,再热汽温应用汽-汽热交换器调节。

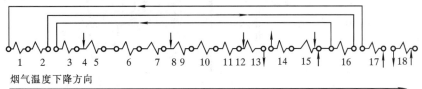

烟气温度下降方向

1—下辐射区Ⅰ;2—下辐射区Ⅱ;3—中辐射区Ⅰ;4—喷水(66 t/h);
5—中辐射区Ⅱ;6—炉顶过热器;7—汽-汽热交换器;8—喷水(25 t/h);9—上辐射区;
10—屏式过热器Ⅰ;11—屏式过热器Ⅱ;12—喷水(41 t/h);13—对流过热器;
14—再热器;15—喷水;16—过渡区;17—省煤器;18—空气预热器。

图 6.9　超临界压力大容量锅炉的热力系统图

图 6.9 所示锅炉各受热面的进出口工质温度与出口烟气温度列于表 6.2 中。

表 6.2　某一超临界压力锅炉各部件的工质温度和出口烟温

部件名称	烟气出口温度/℃	工质进口温度/℃	工质出口温度/℃	部件名称	烟气出口温度/℃	工质进口温度/℃	工质出口温度/℃
下辐射区Ⅰ		314	370	屏式过热器Ⅰ	1054	448	474
下辐射区Ⅱ		370	393	屏式过热器Ⅱ	1021	474	504
中辐射区Ⅰ		406	426	对流过热器	858	492	545
中辐射区Ⅱ		420	460	再热器	666	391	545
炉顶过热器	1192	460	488	过渡区	501	393	406
汽-汽热交换器	—	488	447	省煤器	385	277	314
上辐射区	980	443	448	空气预热器	131	30	340

超临界直流锅炉的结构可参见图 6.10。

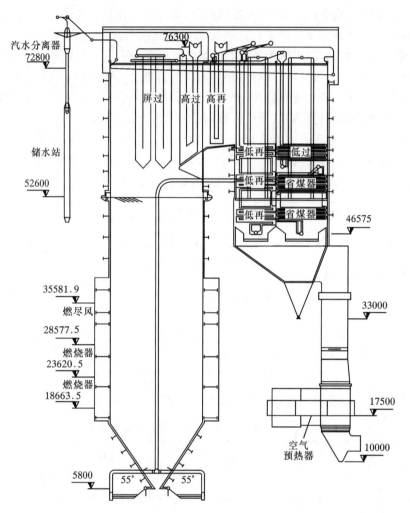

图 6.10　DG1900/25.4-Ⅱ1 型锅炉示意图(单位:mm)

6.1.2　燃料性质对热力系统的影响

燃用不同种类燃料的锅炉,其热力系统不同。燃用同种类燃料,若其化学成分、燃烧特性不同,对热力系统的影响也不同。锅炉不能进行通用性设计的困难就在于此。

燃料水分增多,理论燃烧温度下降,而炉膛出口温度则基本上由保证对流受热面不结渣的条件来决定,因而炉膛吸热量减少,对流吸热量相应增多,对流受热面也就增加。不过,此时由于炉温降低,炉内辐射传热减弱,辐射受热面未必能相应减少。相反,为了保证燃尽,应有更高的炉膛,以增长火焰长度。

燃料的水分高和挥发分低,着火不易,燃尽也难,都要求较高的热空气温度,以保证顺利着火,从而使空气预热器增大,并要求与省煤器双级交错布置,这在大型锅炉中常使倒 U 形布置的尾部竖井中难以布置下受热面。

燃料的灰分多易使对流受热面受到剧烈的磨损,因而必须降低烟气流速而使受热面积增多,有时还需采用防磨、减磨的受热面结构型式。灰分的变形温度和软化温度低会导致受热面结渣,应根据使对流受热面不结渣的条件来选择炉膛出口温度,这就影响到炉膛辐射受热面吸热量和对流受热面吸热量的比例,故也就影响到整台锅炉受热面的尺寸和结构。另外,为了中间除灰,有时还采用多烟道的锅炉布置型式。

燃料含硫量高会造成低温区受热面的低温腐蚀和堵灰以及在高温区受热面的高温腐蚀。因此对低温区需要选取较高的排烟温度,并采取防腐及防堵的结构措施。在高温区则应采取措施以保证管子壁温不超过 600 ℃。

燃料发热量低可能是由于燃料可燃成分中较低发热量的成分增多或较高发热量的成分减少所致,也可能是因惰性物质水分和灰分高引起。由于可燃成分所产生的烟气量和其发热量基本上成比例,当燃料可燃成分的发热量降低时,虽然每千克燃料的烟气量减少,但所需的燃料量相应增加,因此总的烟气量基本上不变。这样它们对受热面布置的影响不大。至于惰性物质水分和灰分高导致发热量降低的直接影响则是使所需的燃料量相应增加,从而在每千克燃料的惰性物质高的基础上又使总的惰性物质量进一步增多。

总之,燃料的影响较为复杂,有时并非单向,趋势难以判断。

6.1.3　容量对热力系统的影响

如果将锅炉炉膛的形状视为接近某种棱柱形,就可以粗略地认为炉膛体积与其线尺寸的三次方成正比,而炉膛的壁面积则与其线尺寸的平方成正比。因此,随着锅炉容量的增大,炉膛体积的增大要比炉膛壁面积增大快。这样,大容量锅炉的炉膛壁面积比小容量锅炉的炉膛壁面积相对减少。另一方面,从燃料燃烧产生热量的功率来看,则锅炉的容量大致与炉膛体积成比例;而从炉膛水冷壁吸热以保持炉膛出口烟温不致过高的能力来看,锅炉的容量则应与炉膛的壁面积成比例。由此可见,大容量锅炉炉膛的燃烧能力超过其传热能力,而中、小容量锅炉则相反。因此在大容量锅炉中,仅布置水冷壁将难以使炉膛出口烟温降低到能够防止在对流受热面区域结渣的程度,必须再布置双面露光水冷壁和双面受热的屏式过热器才能缓和这一矛盾。即使如此,为了满足传热需要,大容量锅炉的炉膛体积仍然有一定的富余。相反,在小型锅炉中,炉膛尺寸主要取决于燃烧设备的布置,炉膛壁面积相对较大,为此就应当增大水冷壁管的布置节距,甚至在某些墙面上不布置水冷壁,此时需考虑炉墙的保护问题,往往需要采用重型炉墙。即使如此,小型锅炉的炉膛出口温度一般仍有些偏低。

锅炉宽度是锅炉的一个方向的线尺寸,它随容量增加而增加的速度必然比炉壁面积增大的速度更慢,相应地,折算到锅炉单位宽度上的蒸发量(D/B)随锅炉容量的增大迅速增大。锅炉宽度对对流受热面的布置有很大的影响。过热器、再热器、省煤器的管圈片数及空气预热器的管排数均与锅炉的宽度成正比。由于随着容量的增大,D/B 急剧增大,因此大容量锅炉的宽度相对较小,对流受热面的流通截面偏小,导致工质和烟气流速过高;并且受热面也难以布置而显得不足。为此,对流过热器和再热器就需采用多重管圈结构、省煤器采用双面进水及多重管圈结构、管式空气预热器采用双面进风,以免介质流速过大。为了保证传热,过热器、再热器和省煤器需采用紧凑式布置和强化传热技术。空气预热器则往往用体积紧凑的回转再生式取代管式。在解决上述问题时,加大尾部对流竖井的深度也是首先要采取的措施。此外,在大容量锅炉中,考虑到对流部件数量大和级数多而布置困难的情况,有时还改变锅炉布置的型式,诸如采用一些具有多通道、多转折的对流烟道的锅炉型式来取代一般的倒 U 形布置等。

小容量锅炉情况恰恰相反。小容量工业锅炉通常采用单筒体的立式布置,没有尾部对流竖井。

由于锅炉容量一般总是与参数相联系的,大容量锅炉一般采用高参数。相反,中小容量锅炉则采用中低参数。因此,大容量锅炉一般总是具有高参数布置的特点,而中小容量锅炉则通常有中低参数的性质。

6.1.4 各种受热面布置原则

锅炉的任何受热面的布置都必须兼顾安全性和经济性两方面,并试图在两者之间找到一个平衡点,即确保安全可靠的前提下,追求最大的经济性。而经济性包括初投资和运行费用两个方面,一般需要进行局部优化。从传热观点来考虑,锅炉的全部受热面的布置应总体呈逆流,以利于节约金属,但这样往往易使高温受热面处于不安全状态。

沿工质流程,水温最低的受热面是省煤器。为了使工质温度较高的受热面获得足够大的传热温差,往往将省煤器这种受热面布置在烟温较低的区域,即锅炉的尾部,并且工质的流动方向与烟气的流向呈逆流。但需要考虑烟气中硫酸蒸汽凝结在壁温较低的受热面上,即需要考虑到发生所谓的低温腐蚀的可能性。

布置在炉膛周围的受热面是水冷壁。之所以将这种受热面布置在炉膛周围,是由于水冷壁中工质是单相的水或是汽水两相混合物,工质的放热系数很高,管壁能够得到足够的冷却,特别是可利用水发生相变时温度保持不变的特点,确保锅炉水冷壁管工作的可靠性。

对于过热器及再热器,由于其中的工质是蒸汽;而蒸汽的冷却能力相对较低,再热器中的蒸汽冷却能力则更低。而且由于蒸汽的温度较高,如果将所有的过热器布置成为与烟气呈逆流的形式,则过热器的管壁温度会太高,超过金属的允许温度,或不得不采用更高等级的合金钢,造成过热器成本的大幅度上升。通常的做法是,将蒸汽温度较低的过热器布置在烟温较高的区域,如炉膛出口附近;而蒸汽温度较高的过热器则布置在烟温较低的区域,如水平烟道或尾部竖井中。即总体为混流,从而兼顾到安全性和经济性。

空气预热器总是布置在烟气行程中的最后,以获得尽可能大的传热温差。因为空气一般取自环境,温度较低,需要注意到空气预热器冷端可能由于壁温太低而导致的低温腐蚀问题。

6.2 锅炉外形布置

锅炉外形的选择是为了满足热力系统对各种受热面布置的要求,选择时应考虑的因素有:锅炉的参数,燃烧设备的型式,制造及工艺条件,锅炉房的建筑型式,检修及运行操作是否方便,还要考虑到与其他设备(主要是汽轮机)的配合等。

6.2.1 工业锅炉的外形

工业锅炉多为低压小容量,往往没有空气预热器,有时也不装省煤器,燃煤时大都采用层燃。目前,我国燃用液体及气体燃料的工业及生活用锅炉日渐增多,对这类锅炉要尽量使它轻巧紧凑,占地、占空间少。在容量很小时,大都采用立式筒型(水管或火管)或卧式多回程火管锅炉等布置方式。

一般低压小容量锅炉,蒸发吸热量较大,都布置有对流管束,管束与炉排的相对位置非常重要。水管锅炉主要有纵置式和横置式两类。

最常使用的一种单锅筒纵置式锅炉是"A"字形或"人"字形锅炉。锅筒位于炉膛的中央上部,沿锅炉(炉排)的纵向中心线布置,下面左右两侧各有一个纵置大直径集箱,左右两组对流管束在上部与锅筒相连,下部则分别与左右两侧集箱相连。这种锅炉本体的型式最适用于烟气作二回程流动,故常用于抛煤机倒转链条炉排的燃烧,但也可采用其他燃烧装置。一般容量为 2～20 t/h,最大容量可达 40 t/h。图 6.11 所示为 DZD 20 - 2.5/400 - A 型单锅筒纵置式锅炉。两侧水冷壁沿高度长于对流管束,这样就可以空出侧墙下部以布置门孔,便于运行操作。烟气在炉膛中自后向前流动,流至前墙附近时,分左右两股经两侧的狭长烟窗进入对流管束,然后由前向后流动,横向冲刷管束。蒸汽过热器布置在右侧前半部对流管束烟道中,成为第二回程对流受热面的一部分。烟气流至锅炉后部后,左右两股分别向上,汇合于锅炉顶部,然后90°转弯向下,依次流过铸铁省煤器和空气预热器,经除尘器后由引风机抽出排入烟囱。A 型锅炉的突出优点有,结构紧凑、对称,容易制成快装锅炉,金属耗量小。其缺点是锅炉管束布置受结构限制,制造和维修也较麻烦。

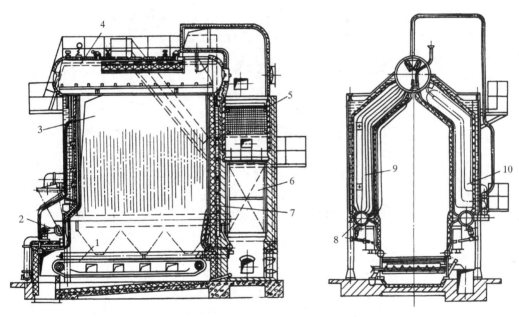

1—倒转链条炉排;2—风力-机械抛煤机;3—炉膛;4—锅筒;5—铸铁式省煤器;
6—空气预热器;7—水冷壁;8—下集箱;9—锅炉管束;10—蒸汽过热器。

图 6.11　DZD 20 - 2.5/400 - A 型单锅筒纵置式锅炉

图 6.12 所示的锅炉是把锅炉管束布置在炉排的一侧,构成所谓的"D"形锅炉。这种炉型的主要特点是锅炉管束布置灵活,它可以通过调整上、下锅筒中心距和管子的节距及排数,既保持管束的烟气流速在经济合理的范围内,又能适合不同容量的锅炉对辐射受热面和锅炉管束等受热面面积的需要。另外,燃烧室的形状特别适于采用链条炉排等机械化燃烧设备。例如,10 t/h锅炉的链条炉排其长度约为 6.5 m,而宽度仅为 2.03 m,把锅炉管束布置在炉排的一侧,很容易使锅炉管束的尺寸与窄长炉排所构成的燃烧室的长宽尺寸相适应,如果锅炉的容量增大或减少,燃烧室的水冷壁管和锅炉管束适当地增长或缩短就能适应不同的容量要求,锅炉管束和燃烧室在布置上有较大程度的独立性,这为锅炉的标准化和通用化设计创造了良好的条件。这种布置

型式的缺点是实现炉排双面进风比较困难,锅炉容量越大,宽度越宽,不利于快装出厂。

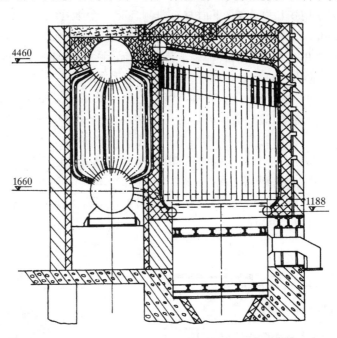

图 6.12　SZL‐10‐13‐P 型锅炉示意图

图 6.13 所示的纵置式锅炉是把锅炉管束布置在炉膛的后面,上锅筒向前延伸,两侧引出两排侧墙水冷壁管,前后端各引出一排前墙水冷壁管和后拱管形成燃烧室,构成所谓的"O"形锅炉。这种布置型式的最大特点是锅炉左右侧对称性良好,锅炉容量变化对受热面的影响集中在锅炉的纵轴线上,锅炉管束的通用化和标准化程度很高。炉膛左右侧不受限制,容易实现双面进风的要求。这种炉型的主要缺点是上锅筒随锅炉容量的增大而增长,锅炉本体中大直径承压部件利用率低。另外置于炉膛中的上锅筒下部与火焰接触,如果锅筒内水质不良,容易在锅筒底部发生水垢沉积,使下部锅筒金属过热,影响锅炉的寿命。

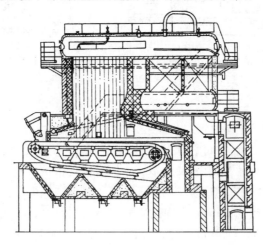

图 6.13　SZL 6.5‐13‐A 型锅炉示意图

较大容量和较高压力的工业锅炉常采用锅筒"横置式"的本体布置型式,如图 6.1 所示。这种炉型的锅炉上锅筒的轴线垂直于炉排的运动方向,锅炉管束置于燃烧室的后部,由隔烟墙形成迂回的烟气通道。由于锅炉压力的提高,锅炉的辐射蒸发受热面吸热量增多,采用横置式的布置型式可以通过提高炉膛高度来实现,炉膛高度提高后使省煤器和空气预热器有了足够的布置高度,锅炉本体的占地面积可以减少。

6.2.2 电站锅炉的外形

电站锅炉一般为中参数以上的锅炉,大多采用室燃燃烧方式,一般都有过热器、省煤器、空气预热器等部件,并形成一个整体。锅炉整体外形取决于炉膛和尾部受热面的相对位置。

1. Π 形(倒 U 形)布置

这种布置(见图 6.14(a))是电站锅炉中应用最广泛的型式,各种容量和各种燃料均可采用。主要优点是:锅炉高度较低,安装起吊方便;受热面易于布置成工质与烟气呈相互逆流;尾部烟道烟气向下流动,有利于吹灰,即具有所谓的自吹灰能力;锅炉烟气出口在底层,送风机、引风机、除尘器等都可布置在地面;汽机与过热器的连接管道长度较短。缺点是:占地面积较大;烟道转弯易引起飞灰对受热面的局部磨损;转弯气室部分难以利用,当燃用发热值低的劣质燃料时,尾部对流受热面可能布置不下;锅炉容量增大时,尤其配 200 MW 以上机组的锅炉,燃烧器布置有困难,前墙可能布置不下,前后墙布置则使煤粉管道复杂,采用四角燃烧时,炉膛和尾部烟道在截面和高度上应注意恰当配合。

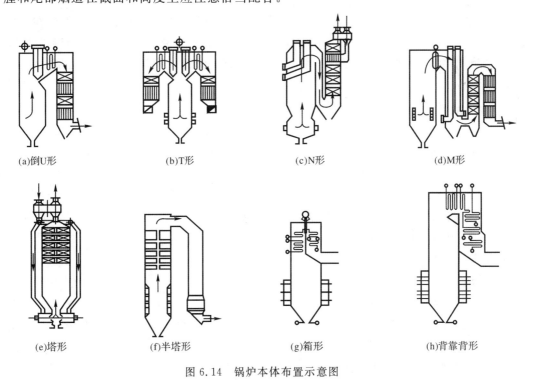

(a)倒U形   (b)T形   (c)N形   (d)M形

(e)塔形   (f)半塔形   (g)箱形   (h)背靠背形

图 6.14 锅炉本体布置示意图

为克服上述缺点,在 Π 形基础上有一些变形,如无水平烟道型也称背靠背形(见图 6.14

(h))。这种型式结构紧凑,密封性好,包墙管系统简单,有利于受热面采用悬吊结构。已在空气预热器单级布置、容量 200 MW 以下的烟煤、贫煤、油炉上广泛应用。国外在 700～1000 MW 机组上也有采用这种形式的。

2. T 形布置

这种布置(见图 6.14(b))实际上是将尾部烟道分成两部分,对称地放在锅炉两侧,以解决 Π 形布置尾部受热面布置困难问题。也可使炉膛出口烟窗高度减小,改善过渡烟道流动状况,减少烟气沿高度的热偏差,但占地更大,汽水管道连接系统复杂,金属消耗量大,苏联用得较多,在燃用多灰烟煤、无烟煤及低热值褐煤等劣质煤的场合为宜。

3. 塔形布置

这种布置(见图 6.14(e))的特点是:烟气一直向上流动,炉膛可呈正方形,四周布置膜式水冷壁直至炉膛上部,适用于褐煤、多灰分劣质烟煤。其优点是:所有对流受热面都水平悬吊在炉膛上部,以便于疏水;烟道短,烟气速度可以取得较高,使整个锅炉体积缩小,而且使得锅炉的占地面积减少;煤粉管道和燃烧器布置方便,用旋风炉也易布置;整台锅炉为悬吊结构,只有向下的垂直膨胀,对流受热面管子在一侧集中穿墙,减少密封面,烟气不改变流动方向,对受热面冲刷均匀,磨损减轻。缺点是:锅炉很高,安装和检修困难,蒸汽管道的长度和成本增加;炉膛上部受热面上的松散积灰将直接落入炉膛,对炉内的燃烧进程存在一定的干扰;炉膛和对流烟道的截面需配合恰当;将空气预热器和送引风机放在顶部,加重锅炉构架负荷,特别是构架需承载动负荷,也增加了安装和检修的困难。

为了克服上述缺点,将全塔形与 Π 形结合,形成半塔形布置(见图 6.14(f))烟气在依次通过布置在炉膛上方的过热器、再热器和省煤器后,转弯向下,从垂直的空烟道中流到放置在地面的空气预热器、除尘器和引风机,送风机也放在地面上。这种布置保持了全塔型的优点,多用来燃烧多灰劣质煤。

4. 箱形布置

箱形布置(见图 6.14(g))广泛用于中、大容量的燃油、燃气锅炉。优点是:布置紧凑,除空气预热器外的各个受热面部件都布置在一个箱形炉体中,外形尺寸小,构架简单,占地面积小;锅炉表面积小,胀缩缝少,大部分联箱在前墙上部,顶部密封结构简化,锅炉密封性好;便于采用全悬吊结构;对流受热面全部水平布置,利于疏水;上排燃烧器到出口烟窗距离较大,火焰长,有利于燃料燃尽;与汽轮机连接的主蒸汽和再热蒸汽母管较短,连接方便。缺点是:锅炉较高,炉膛与对流烟道截面必须配合恰当;水平式对流受热面的支吊结构复杂,工艺要求高;过热器辐射特性较差;安装检修较为困难。

5. W 形布置

锅炉燃用无烟煤时,由于挥发分低,着火温度高,着火困难,燃烧不易稳定,燃烧速度慢,而且其含氧量低于其他煤种,从而使其应用更加困难。为了保证无烟煤的成功燃烧,必须充分预热,并需要采用较长的火焰路径,可以采用所谓的 W 形火焰的炉膛,如图 4.38 所示。这种型式锅炉的尾部受热面的布置一般和倒 U 形的锅炉相似。

很多大容量电站锅炉采用尾部烟气竖井分隔烟道的布置方式来调节再热汽温,即采用膜式壁将尾部的对流烟道分隔成并行的两个烟道,在一个烟道内布置再热器,另一烟道内布置过热器。运行中根据再热汽温的要求,调节布置在烟道出口处的烟气挡板开度,改变平行烟道内的烟气流量,达到调节再热汽温的目的。常见的布置方式如图 6.15 所示。

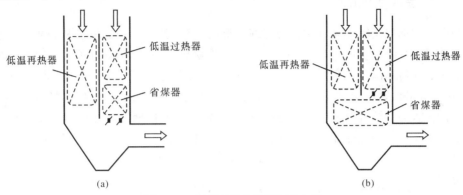

图 6.15　尾部竖井中分隔烟道布置

以往燃用无烟煤、高水分褐煤等煤种时,要求热风温度高达 380～430 ℃,空气预热器必须采用双级布置,有两级均为管式空气预热器的,也有高温级为管式、低温级为回转式空气预热器。随锅炉容量的增大,管式预热器不仅使设备质量增加很多,而且给锅炉总体布置和安装与检修带来困难。

随着锅炉本体及燃烧器的设计、制造和运行水平的不断提高,即使对挥发分低的煤,一般也不采用单纯提高空气预热温度的方法,而用改进燃烧方式和燃烧器结构、提高锅炉截面热负荷等其他方法来解决着火困难和燃烧稳定性差的问题。目前,高参数大容量锅炉几乎均采用单级布置的回转式空气预热器。

由于回转式空气预热器的直径一般比尾部烟道的深度大,通常需要将回转式空气预热器布置在尾部烟道的外面,如图 6.16 所示,将省煤器后的烟道水平引出,一分为二,分别采用支撑方式对称布置两台预热器,中间有连接风道,可单台运行;也有采用一台大直径空气预热器的。由于烟道的转向作用,部分飞灰由于惯性作用沉积下来,在省煤器与预热器之间可布置惯性烟气除尘设备,以减轻空气预热器的磨损和积灰。目前较多采用三分仓式空气预热器,压力较高的一次风和压力较低的二次风在预热

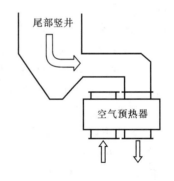

图 6.16　单级回转式空气预热器布置

器中是分开的;也有采用一次风单独配一台空气预热器,二次风配一台或两台空气预热器的布置方案。

6.3　基本参数的选取

锅炉的基本设计参数为排烟温度 θ_{py}、热空气温度 t_{rk}、炉膛出口的过量空气系数 α''_l 和各烟道受热面的漏风系数。其中,炉膛出口的过量空气系数 α''_l 和各烟道受热面的漏风系数的选取在第 3 章中已经述及。

6.3.1　排烟温度的选取

排烟温度的选取是锅炉设计中值得仔细分析的一个问题,它的选取应从技术经济性和安全性两个方面进行综合考虑。显然,排烟温度低,排烟热损失少,锅炉效率高,节约燃料,但会使尾部受热面的传热温差大幅降低,增加受热面积。可见这是一个技术经济问题,应兼顾受热面用钢(钢材价格)、燃料量(燃料价格)和投资回收期,以及相应的各种辅机(磨煤机、送风机、引风机)的电耗,得出综合经济效益最好的方案,这样选定的排烟温度称为最经济排烟温度。

在锅炉的最后一个受热面空气预热器中,忽略散热,烟气侧放热等于工质侧吸热,因此有

$$(t_{rk} - t_{lk})\beta V^0 C_k = (\theta'_{ky} - \theta_{py})\alpha_{py} V^0_y C_y \tag{6.2}$$

令 $m = \dfrac{\beta V^0 C_k}{\alpha_{py} V^0_y C_y}$,并注意到 $\theta'_{ky} = t_{gs} + \Delta t_{sm} = t_{rk} + \Delta t_{ky}$,则

$$\theta_{py} = (t_{gs} + \Delta t_{sm})(1 - m) + m(t_{lk} + \Delta t_{ky}) \tag{6.3}$$

式中:t_{rk}、t_{lk} 分别为热空气温度、冷空气温度;β、α_{py} 分别为空气预热器中空气量与理论空气量之比和排烟处的过量空气系数;V^0、V^0_y 分别为理论空气量、理论烟气量;C_k、C_y 分别为空气比热容、烟气比热容;θ_{py} 为排烟温度;θ'_{ky} 为空气预热器进口烟温;t_{gs} 为给水温度;Δt_{sm} 为省煤器出口烟温与给水温度之差;Δt_{ky} 为空气预热器进口烟温与热空气温度之差。

一般情况下,为了使传热效果较好,须保证 Δt_{sm} 和 Δt_{ky} 足够大,不妨设为一定值,因此当 t_{gs} 和 t_{lk} 较高时,θ_{py} 应选高些。一般情况 Δt_{sm} 取 $30 \sim 50$ ℃,Δt_{ky} 取 $30 \sim 50$ ℃,以不使受热面过于庞大。

m 值表示空预器中空气的热容量与烟气的热容量之比。它与燃料性质尤其是燃料的水分有关,还与排烟中的过量空气系数有关。当燃料中水分增加时,由于烟气容积及比热都增加,而使 m 值下降,一般 m 取 $0.7 \sim 0.9$。当 m 值较小时,θ_{py} 应选取较高一些,这是因为烟气水当量较大,不易被冷却,如要冷却到较低的 θ_{py} 值,必须布置较多的空预器受热面,这是不合算的。

除了以上技术经济因素外,选用排烟温度时还要考虑低温腐蚀和堵灰等工作安全可靠性问题。这就要提高受热面壁面温度,使之高于烟气中酸蒸汽的露点。对折算含硫量 $w_{zs,ar}(S)$ 为 $0.6\% \sim 5\%$ 的燃料,酸蒸汽露点可达 $120 \sim 150$ ℃。如仅用提高排烟温度的方法来提高壁温则会使锅炉效率下降太多,故用暖风器等措施来提高进风温度,而使 θ_{py} 保持在经济合理的水平。推荐的经济排烟温度值如表 6.3 和表 6.4 所示。表中数字仅作为参考。设计时要根据燃料性质、钢材和燃料的供应价格进行分析后选定。

表 6.3　中小容量锅炉($D \leqslant 75$ t/h)的排烟温度

燃料	排烟温度/℃	
	$D \leqslant 10$ t/h	$D > 10$ t/h
$w_{zs,ar}(M) < 7\%$ 的煤、天然气	$160 \sim 180$	$120 \sim 130$
$w_{zs,ar}(M) = 8\% \sim 45\%$ 的煤	$180 \sim 200$	$140 \sim 150$
重油	$160 \sim 180$	$150 \sim 160$

表 6.4　中大容量锅炉($D > 75$ t/h)的排烟温度

给水温度 t/℃		150	$215 \sim 235$	265
燃料折算水 $w_{zs,ar}(M)/\%$	$\leqslant 7$	$110 \sim 120$	$120 \sim 130$	$130 \sim 140$
	$8 \sim 45$	$120 \sim 130$	$140 \sim 150$	$150 \sim 160$
	> 45	$130 \sim 140$	$160 \sim 170$	$170 \sim 180$

值得指出的是,如果不考虑腐蚀问题或腐蚀问题较轻(如燃气锅炉),排烟温度可选取较低的数值,甚至将烟气中的水蒸气冷凝下来,这样可以最大限度地利用水蒸气凝结所放出的汽化

潜热,锅炉的热效率可以大幅度地提高,这种锅炉称为冷凝式锅炉。冷凝式锅炉的热效率若仍按低位发热量来计算,可以超过 100%。

6.3.2　热空气温度的选取

　　热空气除了在煤粉制备中起干燥预热作用外,主要是用来帮助煤粉在炉内迅速着火。理论上讲,t_{rk} 越高越好,但高到一定数值后,对强化燃烧没有太大的帮助,反而要耗费过多的空气预热器受热面,并增加尾部受热面布置的困难。对于层燃炉,若 t_{rk} 太高,易烧坏炉排。故通常只要燃料能稳定燃烧,制粉系统干燥的需要能得到满足,热空气温度不必太高。一般只是挥发分少的无烟煤、水分高的褐煤以及用液态排渣方式时需选用高的热风温度。表 6.5 为空气温度的推荐值。

表 6.5　热风温度推荐值

炉型	燃料种类	热风温度/℃
固态排渣煤粉炉	烟煤、贫煤	300～350
	无烟煤、褐煤	360～400
液态排渣炉和旋风炉		360～400
重油及天然气炉		250～300
高炉气炉		250～300
流化床炉		150～250
火床炉		<200

6.3.3　炉膛放热强度

　　炉膛的截面形状大多为矩形,它的几何特性是宽度 W、深度 D 和高度 H。炉膛的主要热力特性是单位时间内输入的平均热量,也称炉膛热功率或称炉膛热负荷或称炉膛放热强度。在锅炉设计、运行中必须注意的炉膛热负荷有以下几种。

1. 炉膛容积热负荷

单位时间送入炉膛单位容积中的平均热量(以燃料的收到基低位发热量计算)称为炉膛容积热负荷,用 q_V 表示。

$$q_V = \frac{B_j Q_{net,ar}}{V_1} \tag{6.4}$$

式中:B_j 为燃料消耗量,kg/s;$Q_{net,ar}$ 为燃料收到基低位发热量,kJ/kg;V_1 为炉膛容积,m³。

　　在进行相关计算中,应说明炉膛容积热负荷是 BMCR 工况还是 BRL 工况。对其他热负荷也应如此。

　　q_V 基本反映了在炉内流动场和温度场条件下燃料及燃烧产物在炉膛内停留的时间。q_V 愈大,炉膛容积 V_1 愈小,锅炉愈紧凑。但 q_V 过大,则单位时间内在单位炉膛容积内的燃煤量过大,炉内烟气量增大,烟气流速加快,使燃料在炉内的停留时间缩短,不能保证燃料充分燃尽。同时会使炉膛壁面积相对较小,布置足够的水冷壁有困难,这不但难以满足锅炉蒸发量的需要,而且会使燃烧区域及炉膛出口的烟气温度升高,从而导致炉内及炉膛出口后的对流受热面结渣。q_V 愈小,说明炉膛容积愈大,停留时间愈长,对燃料燃尽愈有利,燃用煤等固体燃料时炉壁结渣的可能性也愈少,排出 NO_x 浓度也可能有所降低。但 q_V 过小,则会使炉膛容积过大,炉内温度水平降低,燃尽困难,甚至着火也困难。因此,q_V 的大小应合适。

　　设计锅炉时,q_V 的选取除与锅炉容量有关外,还与燃烧方式、燃料特性有关。对于采用固态排渣、切向燃烧、配 300～600 MW 机组的煤粉锅炉,当燃用的煤种 $w_{daf}(V) > 25\%$ 时,

q_V(BMCR)的上限值可取 85～115 kW/m³;当燃用的煤种w_{daf}(V)<25％时,可取 80～105 kW/m³。大容量锅炉的 q_V 要比小容量锅炉选得小一些。

2. 炉膛截面热负荷

按燃烧器区域炉膛单位截面来计算,单位时间送入炉膛的平均热量称为炉膛截面热负荷q_a,即

$$q_a = \frac{B_j Q_{net,ar}}{F} \qquad (6.5)$$

式中:F 为燃烧器区域炉膛截面积,m²。

q_a 反映了炉膛水平断面上燃烧产物的平均流动速度。q_a 愈小,断面平均流速愈低。一般认为此时气粉流的湍流脉动和混合条件可能减弱,会使燃烧强度和着火稳定性受到影响,但在高温区的停留时间有所增加,也会有利于减轻水冷壁表面的结渣和高温腐蚀。

选定了 q_V,决定了炉膛容积后,还必须恰当地决定炉膛的形状和尺寸,才能达到预期的燃烧效果。

q_a 可以确定炉膛的截面,也就决定了炉膛横截面的周界长度,亦即决定了燃烧器区域内所能敷设的水冷壁(辐射受热面)的数量,从而决定了燃烧器区域的温度水平,这关系到燃料的着火以及燃烧器区域水冷壁的结渣。

如果 q_a 值选得过高,说明炉膛截面积小,炉膛横截面周界也小,炉膛呈瘦高形,燃料在燃烧器区域放出的热量,周围没有足够的水冷壁受热面去吸收这些热量,而使温度过高,这当然对着火有利,但却容易引起燃烧器附近的受热面严重结渣。对于亚临界压力锅炉,还可能使水冷壁管内发生传热恶化。如果 q_a 选得过低,炉膛呈矮胖形,则烟气不能充分利用炉膛容积,烟气在离开炉膛时还未得到足够的冷却,会使炉膛出口烟温过高,后续受热面上发生结渣;同时q_a 过低,燃烧器区域的温度降低,对着火不利。

因此,q_a 的大小也必须合适。设计锅炉时,q_a 的选取除与锅炉容量有关外,还与燃烧方式、燃料特性和排渣方式有关。对于采用固态排渣、切向燃烧、配 300～600 MW 机组的煤粉锅炉,当燃用的煤种w_{daf}(V)>25％时,q_a(BMCR)可取 4.0～5.1 MW/m²;当燃用的煤种w_{daf}(V)<25％时,可取 4.2～5.2 MW/m²。大容量锅炉的 q_a 要比小容量锅炉选得大一些。

在多层布置燃烧器的大容量锅炉中,还必须考虑每层燃烧器的截面热负荷,以考核各层燃烧器局部地区的温度水平。一般各层燃烧器的截面热负荷q_{ac}近似相等,即

$$q_{ac} = \frac{q_a}{n} \qquad (6.6)$$

式中:n 为燃烧器层数。

3. 燃烧器区域壁面热负荷

大容量锅炉为了减少 NO_x 的排放量,趋向于采用单个热功率较小的燃烧器,同时燃烧器采用多层布置,而且每层燃烧器在高度方向的间距加大,使燃烧器区域的温度水平降低。这样,单纯用炉膛截面热负荷 q_a 来判断煤粉着火的稳定性和结渣的可能性已经不够严格,这时可采用燃烧器区域壁面热负荷作为补充指标。

按照燃烧器区域炉膛单位炉壁面积来计算,单位时间送入炉膛的平均热量称为燃烧器区域炉壁热负荷 q_r,式如

$$q_r = \frac{B_j Q_{net,ar}}{F_r} \tag{6.7}$$

式中：F_r 为燃烧器区域炉壁面积，m^2。

对直流燃烧器组织切向燃烧的炉膛 F_r，式如

$$F_r = 2(W + D)(h_2 + 3) \tag{6.8}$$

式中：W、D 和 h_2 分别为炉膛的宽度、深度和最上层燃烧器煤粉喷口与最下层燃烧器煤粉喷口中心线之间的铅直距离。

对于旋流式燃烧器，Babcock 公司建议，以最上排燃烧器以上 1.52 m 和最下排燃烧器以下 1.52 m 之间的距离为燃烧器区域的高度。

q_r 可以在一定程度上反映炉内燃烧中心区的火焰温度水平。q_r 愈小，该区的温度愈低些。相对较大的燃烧器区域空间和较低的温度水平有利于减轻该区壁面结渣倾向。q_r 与 q_a 一样，反映了燃烧器区域的温度水平。但 q_r 还能反映火焰的分散或集中情况。q_r 愈大，说明火焰愈集中，燃烧器区域的温度水平就愈高，这对燃料的稳定着火有利，但却容易造成燃烧器区域的壁面结渣。

q_r 的推荐值为：褐煤，$0.93 \sim 1.16$ MW/m^2；无烟煤及贫煤，$1.4 \sim 2.1$ MW/m^2；烟煤，$1.28 \sim 1.40$ MW/m^2。对于采用固态排渣、切向燃烧、配 $300 \sim 600$ MW 机组的煤粉锅炉，q_r(BMCR) 的上限值可取 $1.2 \sim 2.0$ MW/m^2。大容量锅炉的 q_r 要比小容量锅炉选得大一些。

4. 燃尽区容积热负荷

燃尽区容积热负荷是锅炉输入热功率与燃尽区炉膛容积的比值，可按下式计算：

$$q_m = \frac{B_j Q_{net,ar}}{V_m} \tag{6.9}$$

式中：V_m 为炉膛燃尽区容积，对切向及墙式燃烧方式，$V_m = WDh_1$，m^3；对拱式燃烧，$V_m = WD_U h_1$。各符号的意义参见图 7.8。

q_m 的数值基本反映了最上层喷口喷出的煤粉在炉内的最短可能停留时间。q_m 愈小，停留时间愈长，该层煤粉射流的燃尽愈可得到保证，也有利于降低屏区入口局部烟温，避免沾污结渣倾向。

对于采用固态排渣、切向燃烧、配 $300 \sim 600$ MW 机组的煤粉锅炉，q_m(BMCR) 的上限值可取 $200 \sim 260$ kW/m^3。大容量锅炉的 q_m 要比小容量锅炉选得大一些。

6.3.4　炉膛出口烟温的选取

炉膛出口烟温的选取应在确保锅炉受热面安全可靠的前提下，尽可能提高经济性。

1. 保证锅炉辐射受热面和对流受热面工作的可靠

燃用固体燃料时，以受热面不结渣为限，炉膛出口烟温应小于 DT 值。如果是短渣煤种，即灰的软化温度 ST 与 DT 相差小于 100 ℃，则炉膛出口烟温应不超过(ST−100) ℃。当炉膛出口布置有半辐射屏式受热面时，则应使屏后的烟气温度不超过(DT−50) ℃或(ST−150) ℃；而屏前的烟温，燃用不结渣煤时应低于 1250 ℃，燃用一般性结渣煤时应低于 1200 ℃，燃用强结渣煤和页岩时应低于 1100 ℃。

燃用液体和气体燃料时，无结渣问题，主要受经济性的限制。但是炉膛出口烟温也不宜过低，否则炉内平均温度水平降低，影响着火的稳定和燃尽。

2. 技术经济性的要求

炉膛出口烟温还与锅炉的技术经济性有关。众所周知,炉膛中辐射传热量与火焰温度的四次方成正比,在高烟温区中,辐射传热的效果优于对流传热,即吸收相同的热量,采用辐射传热方式可以节省受热面积,但这只有在高温区才较显著。在低温区,烟气的辐射能力较小,而且辐射受热面管子表面并不全部起辐射传热作用,而被高速烟气冲刷的对流受热面倒具有足够高的传热系数,对流受热面管子表面能有效地起对流传热作用,因此在低烟温区布置对流受热面更为合算。这样,受热面金属可较节省,布置也较紧凑。如果提高炉膛出口烟温值,由于传热的强化和炉膛辐射受热面吸热量的减小会使炉膛金属消耗量降低,节省了这部分投资。但由于对流吸热量的增加,对流受热面面积和金属耗量会相应提高。如果确定的炉膛出口烟温很低,炉膛内烟气平均温度水平将降低,辐射传热的效果变差,辐射吸热量增大,炉膛的辐射受热面积和金属消耗增大。对流受热面的吸热量的减少虽然可以节省一些受热面积,但是炉膛出口烟温的降低使对流传热温压减小,对流传热效果变差,对降低对流受热面的投资反而不利。

一般推荐小型锅炉燃用固体燃料时,炉膛出口烟温不宜低于 950 ℃。对于燃用固体燃料的大中型室燃炉,比较经济合理的炉膛出口烟温约为 1200 ℃;燃用气体燃料时,因其火焰发光性较差,黑度较小,辐射传热效果差,而对流受热面没有飞灰磨损的限制,将用较高的烟气流速,以获得较大的对流传热系数,炉膛出口烟温可提高到 1400 ℃左右。

6.3.5 空气和烟气流速

在设计锅炉时,对流受热面中的工质流速和烟气流速是根据安全可靠和技术经济方面的要求进行确定的。具体有以下一些考虑。

对流受热面中选择烟气流速时,考虑的因素有对流受热面的传热强度、烟气流动阻力、含尘气流对受热面的磨损、受热面的积灰等。

为了防止受热面积灰堵塞,在额定负荷时,烟气横向冲刷管束的最小流速应大于 6 m/s,烟气纵向冲刷管式和回转式空气预热器的最小流速应大于 8 m/s。

增大烟气流速对减少受热面积灰和增强传热有利,可用相对较少的受热面积达到要求的传热量,从而节省钢材;但烟道阻力同时增大,受热面磨损严重,引风机能量消耗增加。权衡这两个相互制约的因素,可得出一个最经济的烟气流速,在该流速下锅炉对流受热面的初投资与运行费用之和最为节省。按这个要求计算得到的最经济烟气流速如表 6.6 所示。应指出的是随钢材价格和煤、电价格的变动,经济烟气流速也会有所改变。若钢材价格比煤、电价格上涨很多,则采用高的经济烟气流速,偏向于节省受热面。反之,则降低经济烟气流速以减少运行费用。

对于顺列管束,经济烟速比表 6.6 中的数值要高 40%。

对燃油及气体燃料锅炉,不考虑受热面的磨损问题,应按经济烟速来选择烟气流速。

对燃用固体燃料锅炉,对流受热面受到烟气中飞灰的磨损,其磨损量与烟气流速的三次方成正比,故而要从防止受热面受飞灰

表 6.6 经济烟气流速

错列管束受热面	经济烟速/(m·s^{-1})
省煤器(20 号钢)	11～15
过热器(珠光体钢)	12～16
再热器(珠光体钢) 过热器(奥氏体钢)	17～21

磨损的要求对烟气流速加以限制。通常,过热器的允许流速为 10～14 m/s,省煤器错列布置时的允许流速为 9～11 m/s,顺列布置时则为 10～13 m/s。液态排渣炉中,烟气含灰量大为降低,减轻了对受热面的磨损,故其烟气流速可提高到接近经济烟速。相反,流化床燃烧锅炉燃用劣质燃料,飞灰浓度大,飞灰颗粒未经熔融而带棱角,为防止磨损应采用较低的烟气流速,仅为经济流速的一半左右。

空气预热器两侧分别为空气和烟气,两者的放热系数较为接近,则在考虑受热面的初投资与运行费用时,要同时选择合适的烟气流速和空气流速。因此除了确定经济流速外,还应计算最经济的空气和烟气流速比。对管式空气预热器,最经济烟气流速为 9～13 m/s,最经济流速比 $w_k/w_y = 0.45～0.55$。对回转式空气预热器,最经济烟气流速为 9～11 m/s,最经济流速比 $w_k/w_y = 0.7～0.8$,即 $w_k = 6～8$ m/s。

 复习思考题

1. 试述蒸汽压力、燃料性质、锅炉容量对锅炉热力系统的影响。
2. 请说明怎样选取排烟温度、炉膛出口过量空气系数和热空气温度。
3. 为什么低压小容量锅炉必须设置锅炉管束?
4. 炉膛出口烟温的选取应遵循哪些原则?
5. 炉膛容积热负荷、炉膛截面热负荷具有什么物理意义?
6. 锅炉的整体外形与热力系统之间有什么关系?
7. 比较 Ⅱ 形、T 形和塔形布置方案的优缺点。
8. 由于空气预热器是用烟气(热流体)来加热空气(冷流体)从而提高空气的温度,而升温了的空气送入了炉膛,亦即从烟气吸收的热量又返回了烟气行程。因此,有人说:在空气预热器中烟气的热量传递给了空气,空气携带的热量送进了炉膛,因而又送回了烟气,这份热量并未传递给工质,故对提高锅炉的热效率毫无作用。试评论这种观点。

第 7 章　锅炉传热性能计算

锅炉传热性能计算也称锅炉热力计算,目的是确定锅炉各受热面与燃烧产物和工质参数之间的关系。通常按锅炉受热面的传热特点进行锅炉的传热性能计算。根据传热学的基本原理,传热方式分为辐射、对流和导热。就锅炉各受热面的工作过程来说,起主导作用的为辐射和对流传热方式。受热面也因此有辐射受热面和对流受热面之分。相对而言,辐射传热过程要比对流传热过程复杂得多。因此,由于对锅炉炉膛内辐射传热过程理解上的差异,产生了不同的炉内传热计算的方法,最终导致了不同的锅炉传热性能计算方法。锅炉性能计算主要包括锅炉热力计算、锅炉水动力计算、受热面管壁温度校核计算、受压元件强度计算和锅炉空气动力计算。其中,锅炉热力计算是其他计算的基础。

20 世纪 50 年代,苏联提出了《锅炉机组传热性能计算的标准方法》,作了详细的规定和统一。近半个世纪以来,《锅炉机组热力计算标准方法》在苏联和俄罗斯分别于 1954 年、1957年、1973 年和 1998 年先后正式发表了四个版本。由于众所周知的原因,1957 年标准和 1973年标准,在我国得到了长期和广泛的使用。国内许多锅炉制造企业在电站锅炉和工业锅炉的设计计算中,一直沿用着苏联的标准方法,成为锅炉设计和调整运行的主要技术依据。该方法以从能量方程和辐射能传递方程出发导出的准则为基础,用相似理论方法整理实验数据,建立出炉膛出口烟温的计算式。该方法推荐用来计算单炉膛和半开式炉膛内的换热。国内也有电站锅炉制造厂采用苏联 1957 年标准方法(简称 57 标准)加 1962 年的《修正通报》作为锅炉设计计算方法。

尽管其他工业发达国家也对锅炉传热计算开展过大量的研究工作,提出了各种各样的传热计算方法,但相对说来,这些方法分散在各锅炉设计制造企业内部,不仅没有形成统一的方法,而且更依赖经验数据。截至目前,苏联和俄罗斯提出的锅炉传热计算方法仍然是体系最为完整的锅炉传热性能计算方法。

本章在阐明锅炉各种受热面传热特点的基础上,以苏联提出的锅炉传热计算方法为主线,介绍锅炉传热性能计算的任务和类型、辐射及对流受热面传热计算的具体步骤和方法。

7.1　锅炉传热计算的类型和方法

7.1.1　传热性能计算的任务和类型

根据已知条件和计算目的的不同,锅炉传热性能计算可分为设计计算和校核计算两类。

设计计算的任务是在给定的给水温度和燃料特性的前提下确定保证达到额定蒸发量、选定的经济指标及给定的蒸汽参数所必需的锅炉各个受热面的结构尺寸,并为选择辅助设备和进行锅炉的其他性能计算提供原始资料。

设计计算是设计新锅炉时常用的计算方法。设计一个好的锅炉,必须大量的实践经验的积累,必须遵循实践—认识—再实践—再认识的认识论原理。

校核计算是根据已有的锅炉各受热面结构参数及传热面积和热力系统的型式,在锅炉参数、燃料种类或局部受热面积发生变化时,通过传热性能计算确定各个受热面交界处的水温、汽温、烟温及空气温度的值以及各种介质的流量和流速,确定锅炉的热效率和燃料消耗量等。

进行校核计算的目的是评估锅炉在非设计工况条件下运行的经济指标,寻求改进锅炉结构的必要措施,以及为选择辅助设备和进行空气动力计算、水动力计算、受热面管壁温度校核计算、受压元件强度计算和其他可靠性计算提供原始资料。在进行锅炉校核计算时,必须提供锅炉的图纸和有关燃烧设备、受热面及烟道结构和尺寸的资料,并提出在校核工况下的锅炉参数和燃料特性作为计算的原始数据。

例如,当锅炉将要安装或已经安装好,但所用燃料品种发生变化,需要预先计算一下所用燃料不是原设计(或原来运行时的燃料)时,锅炉的效率将达到何值,能否保证过热蒸汽温度正常,受热面要不要修改。锅炉厂接到定货后,发现燃料与设计的某型锅炉所用燃料相差不多(锅炉容量参数相同),能否用这一型式锅炉,在设计上要不要修改,也需要根据订货所给定的燃料,根据锅炉的原有结构进行一次计算,作出判断。这些计算都是校核传热性能计算。

设计计算和校核计算依据相同的传热原理,公式和图表都是相同的,仅在于计算任务和所求数据不同。在设计计算时,对各部件的计算,为了计算上的方便,也往往采用校核计算的方法。有经验的设计人员可根据经验,预先布置好部件的结构尺寸,再进行校核计算,如布置不合适,则修改后再行计算,因此设计计算与校核计算在本质上是相同的。

1. 设计计算的已知条件

①燃烧设备的型式和所拟定的锅炉整体布置资料。

②燃料特性,包括燃料的元素分析、低位发热量、灰的成分分析、灰熔融温度和灰渣的温度特性。

③锅炉最大连续蒸发量及在该蒸发量时主汽阀处的蒸汽压力、温度,以及根据汽轮机或其他使用蒸汽的装置所要求的汽压、汽温允许偏差范围,锅炉的给水压力、给水温度,对自然循环锅炉和强制循环锅炉,还应给出锅筒的工作压力。

④对装有再热器的锅炉,应给出再热蒸汽的流量,再热蒸汽进入锅炉时的压力、温度,再热蒸汽在锅炉出口处的压力、温度。

⑤当从锅筒抽取饱和蒸汽时,应给出饱和蒸汽的流量,当从过热器系统中抽取过热蒸汽时,应给出抽取的过热蒸汽的流量。

⑥连续排污量。

⑦过热蒸汽及再热蒸汽的调温方式,当用喷水减温时,应给出减温水的压力和温度;当采用表面式减温器时,应给出减温水的连接系统;不论哪种减温方式,都应给出减温器在过热器系统中的位置。

⑧当采用煤粉燃烧方式时,应给出煤粉制备系统的计算数据,包括煤粉空气混合物的总量、一次空气量、为干燥燃料而抽取的烟气量、煤粉制备系统的漏风量等。

⑨锅炉使用地的气象条件和海拔高度。

在具备了上述数据资料时，方能正确进行锅炉设计传热性能计算。当进行设计传热性能计算时，锅炉的排烟温度、热风温度都是指定的，或者按照设计的具体条件，根据经验或有关推荐选用适当的数值。

2. 进行校核传热性能计算所需的原始资料

①锅炉机组的图样和足以确定所有必需结构特性的资料，包括燃烧设备、炉膛、受热面和烟道的结构、尺寸数据。

②同热力设计计算中所需原始资料数据的第②～⑧项。

③当校核计算的结果不能达到预定的出口过热蒸汽温度或出口再热蒸汽温度时，应降低出口过热蒸汽温度或出口再热蒸汽温度的数值，校核所能达到的出口蒸汽温度水平。

锅炉低负荷工况的计算是在已知锅炉各部分结构数据和蒸汽参数条件下的特殊校核传热性能计算，对计算所得的结果要考虑其合理性，对计算所得各级受热面交界处的工质参数和烟气参数，要考虑其是否在推荐的数值范围内。

7.1.2 锅炉传热计算的步骤

为了进行锅炉的传热性能计算，不论是设计计算或校核计算，均可按下列顺序进行。

①列出与计算任务相应的原始数据，当设计计算时，应列出锅炉的蒸发量和蒸汽参数、给水参数等；校核计算时应给出炉膛及各受热面的尺寸以及所校核的负荷工况，不论设计计算或校核计算，都应给出燃料的特性数据。

②燃料的燃烧计算，包括沿烟道各段过量空气条件下三原子气体的容积、水蒸气的容积、容积份额以及烟气和空气的焓。

③机组的热平衡计算，确定机组的热效率和燃料消耗量。

④炉膛计算。

⑤上部炉膛各级受热面的计算，包括过热器受热面、再热器受热面或锅炉管束等蒸发受热面。

⑥尾部受热面的计算。

⑦整个锅炉机组主要计算数据汇总表。

当对锅炉机组的某一部件进行计算时，实际上是根据该部件进、出口的烟气温度和工质温度，用逼近法计算该部件的吸热量、传热系数和传热温压，保证按热平衡方程所确定的吸热量和按换热方程所确定的吸热量两者间所必需（事先规定）的准确性。

 ## 7.2 辐射受热面的传热计算

7.2.1 炉膛传热过程及特点

进入炉膛的燃料与空气混合，着火燃烧后生成高温的火焰（烟气），通过传热过程将热能传递给四周水冷壁管中的工质，到达炉膛出口处，烟气被冷却到某一温度后进入对流烟道。

炉内传热具有如下特点。

①炉膛内的传热过程与燃料的燃烧过程同时进行，参与燃烧与传热过程的各因素相互影

响。例如,燃料种类不同燃烧过程不尽相同,形成的火焰成分及温度场不同,炉膛的吸热量就会不同,即传热过程不同。反之,传热过程不同就会导致温度场发生变化,影响燃烧及燃尽。

②炉膛传热以辐射为主,对流所占比例很小。这主要是因为炉膛内火焰温度较高,例如1000℃左右,而四周水冷壁管的温度较低,不大于500℃。炉膛内烟气流速较低,因此,对流传热量占总换热量的份额很小,一般小于5%。

③火焰与烟气温度在其行程上变化剧烈。对于一般的煤粉炉,炉膛中心线上的温度变化如图7.1所示。

由图可见,火焰温度的变化幅度很大,并且先升高,后降低。出现这种现象的原因是:在火焰根部,燃料燃烧生成的热量大于辐射传热量,因此火焰温度升高。火焰继续上升,可燃物逐渐燃尽,燃烧生成的热量小于辐射传热量,因而火焰温度下降。于是存在一个点,在该点火焰温度最高,称为火焰中心。

④火焰在炉膛内的换热是一种容积辐射。辐射换热量与整个炉膛的形状和尺寸等有关。容积越大,炉内换热量越多,炉膛出口烟气温度越低。反之,炉膛内换热量越小,炉膛出口烟气温度越高。

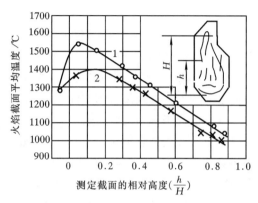

$1—\alpha=1.15$；$2—\alpha=1.28$。

图 7.1　火焰温度沿炉膛高度的变化

（锅炉的额定负荷 220 t/h；测定时的负荷 170 t/h）

⑤运行因素影响炉内传热过程,若运行过程中有污染发生,污染后的受热面表面温度升高,导致炉膛换热量降低。

7.2.2　烟气的辐射特性

从传热学的基本知识可以知道,固体发射或吸收辐射可以认为在表面进行,称表面辐射。气体介质辐射的一个重要特点是可能具有明显的选择性,气体只辐射和吸收一定波长间隔(称为光带)中的辐射能,对于其他波长的辐射能,它几乎是透明的。当气体或带有悬浮固体粒子的气体和其他物体进行辐射换热时,它的辐射和吸收是沿整个容积进行的,称为容积辐射。

在锅炉炉膛中燃烧的产物是烟气。烟气一般由二原子气体(N_2、O_2、CO)、三原子气体(CO_2、H_2O、SO_2)以及悬浮固体粒子(炭黑、飞灰、焦炭粒子)所组成。

由于烟气中 N_2、O_2 发射和吸收辐射热的能力很微弱,即可以认为 N_2、O_2 是透明的,而 SO_2 和 CO 的浓度很低,所以它们对总辐射能的减弱可以忽略不计。因此,三原子气体 CO_2 和 H_2O 的辐射能减弱特性在锅炉炉内换热过程中起着决定性作用。另外,气体介质散射辐射的能力很弱,因此在炉内换热计算中散射可忽略不计,CO_2 和 H_2O 可认为是纯的吸收性介质。

这样一来,锅炉烟气中具有辐射能力的主要是三原子气体和悬浮的固体粒子,即以下四种成分。

(1) 三原子气体　CO_2、H_2O、SO_2 在红外线光谱区的某些光带内辐射和吸收能量,在光带外既不辐射也不吸收,呈现透明性质。因此,若火焰完全是由三原子气体组成时,肉眼看不到,称为不发光火焰。炉内气体辐射是 CO_2 和 H_2O 的共同辐射。在炉膛温度下,它们的辐射和吸收具有明显的选择性,也就是说只能在红外光谱区的某些光带内选择性地辐射和吸收能量。而且由于 CO_2 和 H_2O 吸收光谱带有部分重叠,一种气体的辐射有一部分被另一种气体吸收,从而导致气体混合物的黑度有所降低。

(2)焦炭粒子 煤粉颗粒中的水分和挥发分逸出后剩下的就是焦炭粒子。其直径为 $30\sim50\ \mu m$。在未燃尽前悬浮在火焰气流中,具有很强的辐射能力并使火焰发光,是一种主要的辐射成分。

(3)灰粒子 焦炭粒子的可燃成分燃尽后成为灰粒子,其直径为 $10\sim20\ \mu m$。灰粒子在高温火焰中也以一定的辐射能力使火焰发光。含有焦炭粒子和灰粒子的火焰称为半发光火焰。

(4)炭黑粒子 燃料中的烃类化合物在高温下裂解而形成炭黑粒子,其直径约为 $0.03\ \mu m$,以固体表面辐射的方式发射辐射能,呈现很强的辐射能力使火焰发光。在燃烧器附近含有大量炭黑粒子的火焰称为发光火焰。

燃烧重油和气体燃料时,若燃料空气比过大或混合不良时会造成局部区域缺氧,伴随燃烧过程还会在火焰中形成炭黑,炭黑以固态小粒子(其粒径约为 $10^{-2}\ \mu m$ 数量级)形式存在于火焰中,这些粒子对火焰的热辐射会产生强烈的影响。火焰中的碳粒子可直接从气相通过碳氢化合物的热分解以及原子碳的聚合形成,这样的过程通常发生在燃烧气体燃料时。

重油燃烧时,雾化燃料滴的焦化也可能形成炭黑粒子。燃料燃烧的工况条件,特别是火焰根部燃料与空气中氧的混合条件、燃烧温度以及炉内压力等都对炭黑的生成有很大影响。因此,重油和气体燃料火焰的辐射是由气态的完全燃烧产物 CO_2 和 H_2O 以及悬浮于气流中的炭黑粒子的辐射所组成。

煤粉火焰中的碳粒以焦炭粒子和炭黑粒子的形式存在。大量实验证实,煤粉火焰中炭黑粒子的浓度(g/m^3)要比灰粒和焦炭粒的浓度小几个数量级,可以认为炭黑粒子的辐射不应该对煤粉火焰的辐射特性产生明显的影响。因此,煤粉火焰不同于气体和重油火焰。气体和重油火焰的热辐射只与燃烧产物中 CO_2 和 H_2O 以及炭黑粒子的辐射有关,而煤粉火焰的辐射除了气体辐射外,灰粒和焦炭粒子的辐射会对总辐射带来重大影响。这些粒子不同于炭黑粒子,它们的尺寸要大得多,而且在煤粉火焰中的质量浓度要比气体、重油火焰中炭黑粒子的浓度高许多倍。

炉膛内的换热是在燃烧后形成的高温气体和固体颗粒组成的所谓火焰与包围火焰的受热面之间进行的。而火焰辐射的特点是它在整个炉膛容积中进行。火焰与周围水冷壁的换热量可以看作是整个炉膛容积内的火焰对其全部周界面的辐射力。由于炉膛的形状不尽规则,从不同方向辐射对周界面上的射线行程各不相同,导致到达周界面上的辐射力亦不相同。由于具有辐射能力的物体也具有吸收能力,因此当辐射能通过吸收性气体层时,因沿途被气体吸收而减弱。减弱的程度取决于辐射强度及途中所碰到的气体分子数目。气体分子数目则和射线行程长度及气体密度有关。

1. 二氧化碳和水蒸气的辐射吸收特性

为了确定 CO_2 和 H_2O 辐射特性,早在 20 世纪 40 年代就开始通过实验测定气体的黑度与压力行程长度 ps、总压 p_0 与温度 T 间的关系。具有代表性而且在工程实际中应用最广的是霍特尔(Hottel)等人根据 CO_2 和 H_2O 辐射的实验数据整理出的线算图。实践证明,在实验所能覆盖的定性参数值范围内,线算图具有很高的精确性。而在外推区域则存在明显的偏差,尤其是对于水蒸气的辐射特性。

利用比尔(Beer)或称布格(Bouguer)定律计算气体的总辐射:

$$a_{\mathrm{q}} = 1 - \mathrm{e}^{k_{\mathrm{q}} p_{\mathrm{q}} s} \tag{7.1}$$

式中:p_{q} 为三原子气体 CO_2 和 H_2O 的总分压力,$p_{\mathrm{q}} = p_{CO_2} + p_{H_2O}$;$k_{\mathrm{q}}$ 为 CO_2 和 H_2O 总减弱(吸收)系数,可利用 Hottel 数据整理得到;s 为有效辐射层厚度。

总减弱系数的计算结果表明,当辐射层厚度 $s =$ 常数时,对于各种燃料的燃烧产物,无论是干烟气或湿烟气,减弱系数 k_{q} 是温度 T(K)的线性递减函数。

$$k_{\mathrm{q}} = \left[\frac{7.8 + 16\varphi(H_2O)}{\sqrt{10 p_0 \varphi_{\mathrm{q}} s}} - 1 \right] (1 - 0.37 \times 10^{-3} T) \tag{7.2}$$

式中:p_0 为炉内烟气总压力,取 $p_0 = 0.101$ MPa;s 为有效辐射层厚度,m;φ_{q} 为三原子气体(RO_2)与水蒸气(H_2O)的体积分数的和。

式(7.2)的应用范围不能超出实验数据所能覆盖的范围,在这个范围内所描述的 CO_2 和 H_2O 辐射特性与 Hottel 线算图误差为 $\pm 10\%$。在 $1900 \sim 2300$ K 温度范围,只能用来粗略地估算三原子气体的辐射。这是因为 Hottel 线算图的高温区是建立在外推基础上的。

20 世纪 60 年代通过光谱实验,根据气体的光谱来求得气体的黑度和减弱系数,并给出了相应的辐射特性新数据线算图。在新线算图基础上,米托尔(Митор)等人于 1975 年综合整理了三原子气体新的辐射减弱系数计算公式,有待于今后在制订新锅炉传热性能计算方法时采用。

2. 灰粒子的辐射吸收特性

含灰气流中灰粒子的辐射减弱一部分是由于被粒子吸收(辐射能转变为热能),另一部分是由于被粒子散射(被粒子折射、反射及绕射,辐射能量的数值没变但方向发生变化)。所以含有灰粒子的介质属于吸收、散射性介质。

根据布格定律,含灰气流的单色吸收率(或黑度)为

$$a_{\lambda} = 1 - \mathrm{e}^{-k_{\lambda} F \mu' s} \tag{7.3}$$

式中:k_{λ} 为含灰气流单色减弱系数;F 为灰粒子的平均单位面积,m^2/g;μ' 为灰粒子的体积浓度,g/m^3;s 为有效辐射层厚度,m。

综合有关含灰气流单色辐射特性的实验数据,可以得到 $k_{\lambda} = f\left(\frac{\pi d}{\lambda}\right)$ 的单一关系式。锅炉内的含灰气流,当 $\left(\frac{\pi d}{\lambda}\right) = 5 \sim 50$ 时,对于不同尺度(d)和浓度的灰粒,$k_{\lambda} = f\left(\frac{\pi d}{\lambda}\right)$ 在对数坐标上是线性关系。而含灰气流的总吸收(或黑度)也可按布格定律确定并可表示成

$$a = 1 - \mathrm{e}^{-k F \mu' s} \tag{7.4}$$

1973 年标准中灰粒子吸收系数计算式为

$$k_{\mathrm{h}}\mu = \frac{4300 \rho_y}{\sqrt[3]{d^2 T^2}} \mu \qquad\qquad 1/(\mathrm{m} \cdot \mathrm{MPa}) \tag{7.5}$$

式中:ρ_y 为标准状态下烟气的密度,kg/m^3。

俄罗斯 1998 年标准中又进一步作了简化处理,采用下式来计算灰粒减弱系数 $k_{\mathrm{h}}\mu$:

$$k_{h}\mu = \frac{10^4 A_{h}}{\sqrt[3]{(T'_1)^2}} \cdot \frac{\mu}{1+1.2\mu s} \qquad (7.6)$$

式中:T'_1 为炉膛出口烟温,K;A_h 为与燃料种类和排渣方式等有关的系数。

3. 焦炭粒子的辐射特性

许多工业试验研究结果表明,火焰黑度沿火焰的行程是变化的。苏联的试验结果示于图 7.2 中。

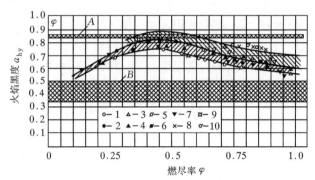

由图可见,无论对高挥发分的长焰煤或贫煤,黑度(火焰的吸收特性)的最大值是在燃尽率 $\varphi \approx 0.4 \sim 0.5$ 处,这一点远在挥发分强烈燃烧区之后。国际火焰研究中心也得到了相同的结果。由此可知,火焰黑度的提高并不是由于挥发分未完全燃烧产生的炭黑所致,而是由于火焰中心煤粉的着火和燃烧。接下来的黑度降低是由于火焰温度降低以及焦炭粒子燃尽所致。

A—按发光火焰计算的黑度值(57 标准,烟煤、褐煤);
B—按半发光火焰计算的黑度值(57 标准,无烟煤、贫煤);
1~7—烟煤燃烧的试验数据;8~10—贫煤燃烧的试验数据。

图 7.2 烟煤、贫煤煤粉火焰黑度

由图还可以看出,贫煤火焰的黑度高于烟煤,但按 1957 年标准的计算结果却相反,这表明 1957 年标准没能反映燃料燃烧时的真实情况。这也说明,在火焰开始阶段大部分挥发分都已燃尽,燃烧时出现的炭黑对火焰辐射没有明显作用。按 1957 年标准计算烟煤(褐煤)火焰的黑度时,是按照发光火焰来计算的,并且采用了和液体燃料相同的计算公式,因而导致辐射减弱系数过高,而且没有反映焦炭粒子和灰粒子的辐射作用,过分地夸大炭黑粒子的辐射作用。相反,在燃烧贫煤的时候,按 1957 年标准计算得到的辐射减弱系数要比试验数据低很多。主要原因是对于半发光火焰没有考虑焦炭粒子的辐射。任何一种煤粉火焰都应该是半发光火焰。在火焰辐射中起主导作用的是三原子气体、灰粒子和焦炭粒子。

烟煤焦炭粒子的反应能力较强,燃烧也快,因而火焰中焦炭粒子浓度减少得也快。实验表明,贫煤火焰中焦炭的平均浓度几乎是烟煤火焰中焦炭浓度的 3 倍。这正是贫煤火焰黑度大于烟煤火焰黑度的原因。

实验表明,对煤粉火焰吸收特性有重大影响的大颗粒焦炭粒子,其平均单位表面积在各种燃烧设备中变化较小。图 7.3 示出了通过试验得出的颗粒($d > 40\ \mu m$)碳粒子流光学厚度 τ_K 与 μs 的关系。在 $\mu s \leqslant 30\ g/m^2$ 的区域里有效减弱截面 $K(K=kF)$ 与 μs 无关,可取 $K = 0.06\ g/m^2$。由此可得焦炭粒

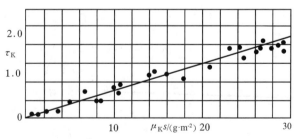

图 7.3 大颗粒($\frac{\pi d}{\lambda} \gg 1$)碳粒子流 $\tau_K = f(\mu_K s)$(电极碳实验)

子流的光学厚度为

$$\tau_K = 0.06\mu_K s \tag{7.7}$$

式中：μ_K 为焦炭粒子的浓度，g/m^2。

将其转换到标准状态下的浓度为

$$\mu_K^* = \mu_K \frac{T}{273} \tag{7.8}$$

同样可写出

$$\mu_K^* = \frac{1000w_{ar}(C)\sigma}{v_y} \tag{7.9}$$

式中：$w_{ar}(C)$ 为燃料收到基含碳量，%；v_y 为标准状态下，1 kg 燃料燃烧产物的容积，m^3/kg；σ 为影响系数。

系数 σ 表示燃料种类和燃烧条件对火焰中焦炭粒子平均浓度影响的一个系数。它可以表示成两个系数的乘积，即

$$\sigma = x_1 x_2 \tag{7.10}$$

式中：x_1 为考虑燃料性质对 μ_K^* 影响的系数；x_2 为考虑燃烧设备结构（燃烧方式）影响的系数。

根据实验结果，按照火焰中焦炭粒子的平均浓度，可将半发光煤粉火焰分为两类。

第一类是低反应能力燃料无烟煤和贫煤燃烧时形成的半发光煤粉火焰。此时燃烧是在过渡区内进行，火焰中焦炭粒子的相对平均浓度水平较高，$x_1 = 1.0$。

第二类是高反应能力燃料烟煤、褐煤等燃烧时形成的半发光火焰。此时燃烧主要是在扩散区内进行，火焰中焦炭粒子的相对平均浓度水平较低，系数 $x_1 = 0.5$。

室燃煤粉炉 $x_2 = 0.1$；层燃炉 $x_2 = 0.03$。

焦炭粒子的辐射减弱（吸收）系数为

$$k_K = x_1 x_2 \qquad 1/(m \cdot MPa) \tag{7.11}$$

综上所述，任何一个煤粉火焰，与燃料挥发分的多少无关，都应看作半发光火焰。火焰中基本的辐射成分是三原子气体（$CO_2 + H_2O$）及浮于其中的灰粒子和焦炭粒子。1973 年标准方法就是采用上述计算方法。

燃用不同燃料时，焦炭粒子的颗粒组成决定于由磨制条件确定的煤粉粒子的尺寸分布。计算焦炭粒子的辐射时，可以近似地取用如下的粒子平均直径 d：无烟煤 $d = 24\ \mu m$；烟煤 $d = 38\ \mu m$；褐煤 $d = 70\ \mu m$。

烟气中焦炭粒子的质量浓度 μ_K（kg/kg）（或称无因次浓度）为

$$\mu_K = \frac{5.5 \times 10^{-3} w_{ar}(C)(10 + 100q_4)}{(1 + w_{daf}(V))G_y} \tag{7.12}$$

式中：G_y 为 1 kg 燃料产生的烟气的质量，kg/kg。

像灰粒子一样，若考虑 μs 对减弱系数的影响，则焦炭粒子的辐射减弱（吸收）系数为

$$k_K \mu_K = \frac{A_K}{\sqrt[3]{T^2}}\left[1 - \frac{0.9}{1 + \frac{35.5 \times 10^{-3}}{(\mu_K s)^2}}\right]\mu_K \tag{7.13}$$

式中：A_K 为决定于焦炭粒子平均直径的系数。

由于烟气中焦炭粒子浓度很小（至少比灰粒子浓度相差一个数量级），μs 对焦炭粒减弱系

数的影响可以忽略不计,式(7.13)可简化为

$$k_K \mu_K = \frac{A_K}{\sqrt[3]{T^2}} \mu_K \tag{7.14}$$

燃用固体燃料时,在炉内介质的总吸收系数中,焦炭粒子的吸收系数远小于三原子气体和灰粒子的吸收系数,因此在 1998 年俄罗斯标准中对焦炭粒子的吸收系数 $k_K \mu_K$ 作了更为简化的处理,对于一定的煤种,取 $k_K \mu_K$ 为常数。

4. 炭黑粒子的辐射特性

炭黑粒子连续发射辐射能,使火焰发光,发射能力一般是三原子气体的 2~3 倍。炭黑火焰的辐射强度决定于温度、辐射层厚度、炭黑粒子的尺寸和浓度。炭黑粒子的辐射主要在重油和气体火焰中应予以考虑。

苏联学者的研究成果表明,重油火焰的黑度决定于温度和辐射层厚度。而且在不同的热负荷和不同过量空气条件下,着火和燃烧工况并不影响辐射减弱系数。在整理炉内炭黑火焰辐射实验数据的基础上,古尔维奇等人提出了 k_C 计算式并在 1957 年标准中采用,即

$$k_C = 1.6 \times 10^{-3} T - 0.5 \tag{7.15}$$

对发光火焰中炭黑的辐射特性进行的试验研究表明,除了炭黑粒子的颗粒组成以外,烟气流中的炭黑浓度也是决定发光火焰辐射特性的主要因素。炭黑浓度则取决于燃料的种类及其燃烧条件。

炉膛内沿火焰行程,伴随炭黑生成的同时还进行炭黑粒子的燃尽。沿炉膛高度的炭黑浓度分布取决于炭黑粒子的生成和燃尽条件。沿炉膛横截面炭黑浓度的分布则主要取决于氧气和燃料进入炉膛的条件。

有机燃料燃烧时,影响火焰中炭黑浓度的主要因素是燃料的物理化学性质(燃料中的碳氢比 C/H)、火焰根部燃料同空气的混合情况(燃烧器结构、燃烧器布置、燃料和空气的供入方式)、过量空气系数、烟气的再循环率以及炉内的温度场等。火焰中炭黑粒子的平均浓度 $\overline{\mu}_T$ 与过量空气系数 α 间近似呈线性关系。

国际火焰中心对液体燃料燃烧的研究指出,燃料中的碳氢比(C/H)对火焰中炭黑的生成影响很大。碳氢比(C/H)愈高,炭黑浓度 μ 愈大,C/H 值的改变不仅会改变火焰中炭黑粒子平均浓度水平和它的发光程度,也会对沿火焰燃尽行程炭黑粒子的局部浓度产生明显影响,C/H 值愈高这种变化就愈强。根据实验数据整理出了火焰中炭黑的平均浓度 $\overline{\mu}_T$ 与 $\frac{w_{ar}(C)}{w_{ar}(H)}$ 值的关系,对于重油和气体燃料,当 $\frac{w_{ar}(C)}{w_{ar}(H)} \leqslant 10$ 时,$\frac{w_{ar}(C)}{w_{ar}(H)}$ 和整个炉膛平均炭黑浓度 $\overline{\mu}_T$ 间呈线性关系。

综合各种液体和气体燃料燃烧时的比值 $(\overline{\mu}_T/\rho) / \left(\frac{w_{ar}(C)}{w_{ar}(H)} \right)$ 随过量空气系数 α 的变化发现,无论对重油或气体燃料,比值 $(\overline{\mu}_T/\rho) / \left(\frac{w_{ar}(C)}{w_{ar}(H)} \right)$ 是过量空气系数 α 的同一函数,它代表了火焰中炭黑浓度的平均水平。该函数关系为

$$\frac{\overline{\mu}_T}{\rho} = 0.03(2 - \alpha) \frac{w_{ar}(C)}{w_{ar}(H)} \tag{7.16}$$

式中：ρ 为炭黑粒子的密度，g/cm^3。

式(7.16)在 $1 \leqslant \alpha < 2$ 时是正确的，由于各种燃料炭黑粒子密度变化很小，该式就表示了燃烧液体和气体燃料时火焰中炭黑粒子的平均浓度。

1973 年标准中炭黑粒子减弱（吸收）系数计算式为

$$k_C = 0.03(2 - \alpha)(1.6 \times 10^{-3} T - 0.5) \frac{w_{ar}(C)}{w_{ar}(H)} \qquad 1/(m \cdot MPa) \qquad (7.17)$$

炭黑粒子辐射吸收系数是油、气火焰的重要辐射特性。对比 1957 年和 1973 年标准中炭黑粒子辐射吸收系数可有

$$\frac{k_{C.57}}{k_{C.73}} = \frac{1}{0.03(2 - \alpha) \dfrac{w_{ar}(C)}{w_{ar}(H)}} \gg 1$$

由此可见，两个标准 k_C 计算值偏差很大。

俄罗斯 1998 年标准中，炭黑粒子的辐射吸收系数为

$$k_C = f(\alpha_T^2)(\frac{w_{ar}(C)}{w_{ar}(H)})^n (1.6 \times 10^{-3} T - 0.5) \qquad 1/(m \cdot MPa) \qquad (7.18)$$

该标准加大了过量空气系数 α 对炭黑生成的影响，而降低了比值 $\dfrac{w_{ar}(C)}{w_{ar}(H)}$ 的作用。三个版本的标准中，炭黑粒子辐射减弱系数的计算值偏差很大。按下述条件完成对比计算：燃料-重油；$\dfrac{w_{ar}(C)}{w_{ar}(H)} = 7.0$；$\alpha_1 = 1.1$；$T_1'' = 1400$ K。按 1957 年、1973 年和 1998 年版本计算得到的 k_C 值分别为 $17.40/(m \cdot MPa)$、$3.29/(m \cdot MPa)$ 和 $2.061/(m \cdot MPa)$。如此显著的差别表明对 k_C 这个特性还没有明确的概念，需要进一步完善。

5. 炉内介质的总吸收系数

1998 年标准中，当燃用重油和气体燃料时，基本辐射组分是气体燃烧产物（RO_2、H_2O）及悬浮于气流内的炭黑粒子；当燃用固体燃料时，基本辐射组分是气体燃烧产物（RO_2、H_2O）及悬浮于气流内的灰粒子和焦炭粒子。

燃用重油或气体燃料时，炉内介质的总吸收系数中用系数 m 考虑炭黑粒子发光火焰对炉膛的相对充满情况。此时炉内介质的总吸收系数为

$$k = k_q + mk_C \qquad (7.19)$$

燃用固体燃料时，炉内介质的总吸收系数为

$$k = k_q + k_h \mu_h + k_K \mu_K \qquad (7.20)$$

当燃用混合燃料时，按每种燃料的热量份额计算平均的吸收系数。当固体燃料、重油和气体燃料混烧时：

$$k = k_q r_n + (1 - q_M - q_q)(k_h \mu_h + k_K \mu_K) + m_M k_{C.M} q_M + m_q k_{C.q} q_q \qquad (7.21)$$

式中：r_n 为烟气中三原子气体的总容积份额；q_M 为总放热量中重油的份额；q_q 为总放热量中气体燃料的份额；$k_{C.M}$ 为按式(7.18)计算的重油炭黑粒子的辐射吸收系数；$k_{C.q}$ 为按式(7.18)计算的气体燃料炭黑粒子的辐射吸收系数；m_M、m_q 分别为重油和气体燃料的 m 值。

按 1973 年标准计算总辐射减弱系数时：

$$k = \sum_{i=1}^{m} q_i (k_q r_n)_i + \sum_{i=1}^{n} q_i (k_h \mu_h + k_K \mu_K) + \sum_{i=n+1}^{m} q_i k_{Ci} \qquad (7.22)$$

$$\sum_{i=1}^{m} q_i = 1 \qquad\qquad (7.23)$$

式中:m 为混合燃料中燃料的总数量;n 为混合燃料中固体燃料的数量;$(m-n)$ 为混合燃料中液体和气体燃料量的数量。

7.2.3 炉膛受热面的辐射特性

1. 角系数及有效角系数

炉内吸热是借炉膛内布置辐射受热面——水冷壁来实现的,如图 7.4 所示。水冷壁的辐射受热面面积并不等于所有管子的表面积,这是因为水冷壁管一般都是靠炉墙布置,只有曝光的一面受到炉内火焰的辐射,而其背面只受到炉墙的反射辐射,所以不能完全利用。

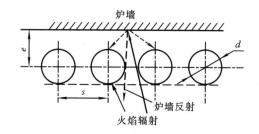

图 7.4 水冷壁管辐射受热示意图

设火焰向炉壁总的投射热量为 Q_t,而一次投落到管子壁面上的热量为 Q',则 $\varphi = Q'/Q_t$ 为传热学的角系数定义,它纯粹是一个几何因子,角系数可以运用传热学中辐射面之间辐射换热的完整性和互换性推导出来。它仅与受热面的几何形状及相对位置有关,而与受热面的外壁温度、黑度等因素无关,可用几何方法求得。

由于锅炉的水冷壁与炉墙的相对位置,使得未直接投射到水冷壁管上的辐射热到达炉墙后,会被反射回来或因再辐射而部分落到水冷壁管子上,最终被水冷壁所吸收。对于水冷壁中的工质而言,不论辐射热来自何方,只要落到水冷壁管子上并最终被水冷壁所吸收就是有效的。因此给出有效角系数 x 的定义为

$$x = \frac{投射到受热面的热量}{投射到炉壁的热量}$$

它计及了火焰辐射与炉墙反射的作用,即 $x = f(\frac{s}{d}, \frac{e}{d})$,具体数值可查阅有关手册。

对膜式水冷壁,犹如管靠管($s/d=1$),火焰辐射热量全部落到水冷壁上,有效角系数为 1。

此外,s 的增大使炉墙上布置的管子数目减少,减少了炉膛辐射受热面,并使炉墙内表面温度增高,e 的距离过大,水冷壁也会失去保护炉墙的作用。如果 s 太小,使单位受热面积的吸热量减少,金属利用率差,但炉墙结构可减薄。当然,炉膛辐射受热面的多少,还得保证一定的炉膛出口温度,以使燃料在炉内燃烧完全。

炉膛出口烟窗对炉膛而言,可取 $x=1$,这是因为炉膛火焰投射在出口烟窗上的辐射热,陆续通过烟窗后各排管子,不再有反射,全部被吸收。但对炉膛出口处布置的管排而言,x 不能视为 1。

有效角系数与炉壁面积的乘积称为有效辐射受热面,为

$$H_f = xF_b$$

若某区域的炉壁面积为 F_{bi},有效角系数为 x_i,则该区域的有效辐射受热面为

$$H_{fi} = x_i F_{bi}$$

由于各区域布置水冷壁有效角系数不尽相同,则炉膛总的有效辐射受热面为

$$H = \sum H_{fi} = \sum x_i F_{bi}$$

整个炉膛的平均角系数为

$$\bar{x} = \frac{\sum x_i F_{bi}}{\sum F_{bi}} = \frac{H}{F_{bz}} \tag{7.24}$$

式中：F_{bz} 为炉膛壁面总面积。对层燃炉，$F_{bz} = F_1 - R$；F_1 为炉膛包覆面积；R 为炉排面积。

$\bar{x}$ 也称作炉膛的水冷程度，现代锅炉炉膛的水冷程度都很高，一般可达 0.9 以上。有关角系数更为详细的数据可参见有关手册。

2. 热有效系数

炉膛水冷壁管的热有效系数表示火焰与炉壁间的换热量与火焰有效辐射之比。

$$\psi = \frac{\text{受热面吸收的热量}}{\text{投射到炉壁的热量}}$$

如果火焰对炉壁的有效辐射为 q_{yx1}，炉壁对火焰的有效辐射为 q_{yx2}，则单位面积上火焰和炉壁间的换热量为 $q_{yx1} - q_{yx2}$。该热量与火焰对炉壁的有效辐射之比就是炉壁的热有效系数 ψ，即

$$\psi = \frac{q_{yx1} - q_{yx2}}{q_{yx1}} \tag{7.25}$$

ψ 值越大，表示炉壁的吸热能力越高，ψ 值的大小取决于 q_{yx2}，若 $q_{yx2} = 0$，$\psi = 1$；若 $q_{yx2} = q_{yx1}$，$\psi = 0$。

q_{yx2} 由自身辐射及反辐射所组成。显然，若炉壁温度很低，则其自身辐射部分相对地就很小；若炉壁黑度增大，则炉壁的反辐射就减小。所以，炉壁的有效辐射决定于炉壁温度 T_b 及黑度 a_b。

如果水冷壁管表面十分干净，则外壁温度接近管内工质温度，一般情况下不会高于 500 ℃，管壁的自身辐射相对于火焰的有效辐射可以忽略。

若水冷壁管外壁积了一层灰垢，即使很薄，管子最外层灰垢的表面温度也会很高（如 900 ℃），这时自身辐射就不能忽略了。此外，水冷壁越脏，炉壁黑度就越小，使炉壁的反辐射增加。

整个炉膛中，所布置的水冷壁结构特性不同或污染情况不同时，各部分的热有效系数不等。则整个炉膛的平均热有效系数为

$$\psi_1 = \frac{\sum \psi_i F_{bi}}{F_{bz}} \tag{7.26}$$

3. 污染系数

水冷壁管的污染系数 ζ 表示水冷壁管由于沉积灰垢导致管壁温度升高和黑度减小而使水冷壁管吸热能力减小的一个系数，其计算如下：

$$\zeta = \frac{\text{受热面吸收的热量}}{\text{投射到受热面的热量}}$$

显然，气体燃料的 $\zeta >$ 液体燃料的 $\zeta >$ 固体燃料的 ζ。表 7.1 给出了不同条件下水冷壁的污染系数。

表 7.1 水冷壁污染系数 ζ

水冷壁型式	燃料种类	ζ 值
光管水冷壁	气体燃料	0.65
	重油	0.55
膜式水冷壁	室燃无烟煤、贫煤、褐煤、泥煤	0.45
	室燃高灰分烟煤	0.35~0.40
	层燃各类燃料	0.60
有耐火涂料的水冷壁	所有燃料	0.20
覆盖耐火砖的水冷壁	所有燃料	0.10

对液态排渣炉中覆盖了耐火涂料的带销钉的水冷壁,其污染系数计算式为

$$\zeta = b\left(0.53 - 0.25\,\frac{t_{zy}}{1000}\right) \tag{7.27}$$

式中:t_{zy} 为灰渣的熔点,可取比灰熔点 FT 低 50 ℃;b 为经验系数,对单室炉及双室炉,$b=1.0$,对半开式炉膛,$b=1.2$。

对包含在炉子有效容积内的双面曝光水冷壁及屏(边壁屏除外),其污染系数 ζ 值应比贴墙水冷壁的值降低 0.1,而膜式双面曝光水冷壁及屏则降低 0.05。

当炉膛出口布置屏式过热器时,考虑屏间烟气向炉膛反辐射的影响,对屏与炉膛的分界面的污染系数要乘以修正系数 β,即

$$\zeta_{p} = \beta\zeta \tag{7.28}$$

系数 β 与炉膛出口烟温及燃料种类有关,可参阅有关手册。

有效角系数 x、污染系数 ζ 和热有效系数 ψ 从不同的角度描述了炉膛受热面的辐射特性。三者的关系为

$$\psi = x\zeta \tag{7.29}$$

7.2.4 炉膛传热计算方法及基本公式

由于炉内传热的极端复杂性,人们提出了多种炉膛传热计算的方法。根据"维"数来分,有零维、一维、二维、三维模型。根据方法论,有经验法和半经验法。

零维模型假定炉内各物理量如烟温、火焰温度、受热面壁温等都是均匀的,计算得到的结果也是某些平均值,如平均炉膛出口烟温、平均受热面热负荷等。

一维模型中,沿炉膛的轴线方向,例如高度,考虑温度、黑度等的变化,而在垂直于轴线的平面上则认为各个物理量是均匀的。

二维模型适用于轴对称的圆柱型炉膛。

三维模型可以得到炉膛内的温度场、热负荷等。

零维、一维模型简单,计算方便,但与实际情况相差较大。三维模型计算难度大,考虑的因素多,但接近实际情况。计算机的快速发展,使得该模型方兴未艾、前途光明。利用计算机和三维模型可对炉膛内燃料燃烧、烟气流动、传热和传质过程进行数值求解,得到炉内详细的流场、温度场和烟气各组分浓度场。将炉膛数值计算与锅炉性能计算相耦合,一方面,当缺少锅

炉运行实测数据时,性能计算的结果能够为数值模型提供验证;另一方面,数值计算得到的各种场的详细结果可为性能计算提供基础数据,显著提升锅炉性能计算的准确度,从而更好地指导锅炉的设计、运行和维护。为此,西安交通大学开展了一系列探索性的研究工作。

经验法就是根据工业性试验结果,整理成经验公式或图表,计算往往比较简单,也可能相当精确。缺点是局限较大,只能用于规定的范围,不能外推。现在产品较单一的厂家,仍然采用此方法。

半经验法采用一定的理论,例如相似理论,找到描述炉内过程的微分方程,进一步得到准则方程,再利用这些准则方程整理试验数据。

目前,零维模型、半经验法仍是炉膛传热计算的常用方法。

1. 热平衡方程式

由于火焰与水冷壁之间有热交换,火焰的温度实际上会低于理论燃烧温度。在炉膛出口处,烟气完成了炉内的全部换热过程,温度最低,烟气的焓最小。根据能量守恒原理,烟气在炉膛内的换热量可以看成烟气从理论燃烧温度到炉膛出口温度的焓降,即

$$Q = \varphi B_{\rm j}(Q_{\rm l} - I_1'') \tag{7.30}$$

式中:φ 为保温系数;$B_{\rm j}$ 为计算燃料消耗量;$Q_{\rm l}$ 为有效放热量,即随同每千克计算燃料送入炉膛的热量。

若烟气在理论燃烧温度 $T_{\rm ll}$(K)和炉膛出口烟温 T_1''(K)之间的比热容量,可用某一平均值 $VC_{\rm pj}$ 表示,则

$$Q = \varphi B_{\rm j} VC_{\rm pj}(T_{\rm ll} - T_1'') \tag{7.31}$$

2. 辐射换热方程式

由于炉内传热以辐射为主,炉内传热量以辐射换热的形式表示。计算炉内辐射换热量的方法有两种。

(1) 由 Stephan-Boltzmann 定律直接计算辐射换热量

把火焰和炉壁看成两个无限大的平行平面,则

$$Q = a_{\rm xt} F_1 \sigma_0 (T_{\rm hy}^4 - T_{\rm b}^4) \tag{7.32}$$

式中:$a_{\rm xt}$ 为系统黑度,$a_{\rm xt} = \dfrac{1}{\dfrac{1}{a_{\rm hy}} + \dfrac{1}{a_{\rm b}} - 1}$,$a_{\rm hy}$、$a_{\rm b}$ 为火焰和炉壁的黑度;$T_{\rm hy}$、$T_{\rm b}$ 为火焰和炉壁的平均温度;F_1 为炉壁面积。

(2) 根据有效辐射计算换热量

由于

$$q = q_{\rm yx1} - q_{\rm yx2} = \psi q_{\rm yx1}$$

则

$$Q = F_1 \psi q_{\rm yx1} \tag{7.33}$$

利用辐射热流计或其他仪器可测得 $q_{\rm yx1}$ 和 $q_{\rm yx2}$,于是得到炉内总的换热量 Q。

假定 $q_{\rm yx1}$ 也可用温度的四次方方程来表示,则

$$q_{\rm yx1} = a_1 \sigma_0 T_{\rm hy}^4 \tag{7.34}$$

式中:a_1 为炉膛黑度。

值得注意的是，a_1 既非火焰黑度，也非系统黑度，而是对应于火焰有效辐射的一个假想的黑度。

由热平衡方程来看，要求得炉换热量 Q，必须先求得 T''_1。

由于 $Q_{热平衡} = Q_{辐射}$，则有

$$\varphi B_j V C_{pj}(T_{ll} - T''_1) = a_{xt} F_1 \sigma_0 (T^4_{hy} - T^4_b) \tag{7.35}$$

或

$$\varphi B_j V C_{pj}(T_{ll} - T''_1) = F_1 \psi a_1 \sigma_0 T^4_{hy} \tag{7.36}$$

由式(7.35)知，若求 T''_1，必须预先得到 T_{hy}、a_{xt}、T_b。由式(7.36)知，若求 T''_1，必须预先得到 T_{hy}、ψ、a_1。

采用式(7.35)还是采用式(7.36)来计算炉膛出口烟温的数值会导致不同的炉内传热计算方法。主要的区别在于对 a_{xt} 及 T_b 的确定和 ψ 及 a_1 的确定是否困难的不同认识。苏联学者认为 a_{xt} 及 T_b 的确定有困难，因而在计算炉内换热量时采用了式(7.36)。我国工业锅炉学者在制订我国层燃锅炉传热性能计算方法时采用了式(7.35)。可以看出，无论哪种方法，都需要先确定火焰的平均温度 T_{hy}。

本书重点介绍苏联 1973 年标准中的主要内容。

7.2.5 炉膛传热计算的相似理论法

1. 炉内温度场分布规律

研究炉内温度场分布规律的目的就是确定火焰的平均温度 T_{hy}。

影响炉内温度场沿炉膛高度的变化有许多因素，例如：燃料特性、燃烧方式、受热面的结构特性等。但试验表明，对于有相当高度而四周布满水冷壁的炉膛，炉内温度场具有类似性，并且可表示为

$$\Theta^4 = e^{-\alpha X} - e^{-\beta X} \tag{7.37}$$

$$\Theta = \frac{T}{T_{ll}} \tag{7.38}$$

式中：T_{ll} 为理论燃烧温度；X 为相对火焰高度，$X = \dfrac{x}{L}$，L 为火焰的总高度（燃烧器中心到出口烟窗中心），x 为距燃烧器中心的火焰高度；α、β 为考虑传热、燃烧对火焰温度影响的经验系数。

在式(7.37)中令 $X=1$，得到炉膛出口无因次温度的四次方：

$$\Theta''^4_1 = e^{-\alpha} - e^{-\beta} \tag{7.39}$$

将式(7.37)从 0 到 1 积分，可得到炉膛火焰温度四次方的平均值：

$$\overline{\Theta^4_{hy}} = \int_0^1 \Theta^4 \, dx = \frac{1}{\alpha}(1 - e^{-\alpha}) - \frac{1}{\beta}(1 - e^{-\beta}) \tag{7.40}$$

最高温度点的位置由

$$\frac{d\Theta^4}{dx} = 0 \tag{7.41}$$

来确定。得

$$X_m = \frac{\ln\alpha - \ln\beta}{\alpha - \beta} \tag{7.42}$$

由于 Θ''^4_1、$\overline{\Theta^4_{hy}}$ 及 X_m 均为 α 和 β 的函数,联立后消去 α 和 β,得

$$\overline{\Theta}_{hy} = f(\Theta''_1, X_m) \tag{7.43}$$

此函数关系画在图上,即得到图 7.5。可以看出,X_m 不变时,$\lg \overline{\Theta}_{hy}$ 与 $\lg\Theta''_1$ 呈线性关系。因此有

$$\overline{\Theta}_{hy} = \sqrt[4]{m}\, \Theta''^n_1$$

m 和 n 均是 X_m 的函数,即

$$\lg \overline{\Theta}_{hy} = n\lg\Theta''_1 + \lg\sqrt[4]{m} \tag{7.44}$$

截距近似为 0,即 $\lg\sqrt[4]{m}\approx0$,于是,$m\approx1$。n 实际上是 X_m 为不同值时,直线的斜率,从图中可以大致得到

$$0.4 < n \leqslant 1.0$$

最后,火焰平均温度为

$$\left(\frac{T_{hy}}{T_{ll}}\right)^4 = m\left(\frac{T''_1}{T_{ll}}\right)^{4n}$$

即

$$T^4_{hy} = mT^{4(1-n)}_{ll}\, T''^{4n}_1 \tag{7.45}$$

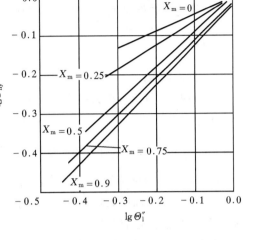

图 7.5　$\overline{\Theta}_{hy}$ 与 Θ''_1 及 X_m 的关系

2. 炉膛黑度

对室燃炉,根据前面讲过的两个传热方程 $Q=a_{xt}F_1\sigma_0(T^4_{hy}-T^4_b)$ 和 $Q=F_1\psi a_1\sigma_0 T^4_{hy}$,令二者相等,则有

$$a_1 = \frac{a_{xt}}{\psi}\left(1-\frac{T^4_b}{T^4_{hy}}\right) = \frac{1}{\psi\left(\dfrac{1}{a_{hy}}+\dfrac{1}{a_b}-1\right)}\left(1-\frac{T^4_b}{T^4_{hy}}\right) \tag{7.46}$$

火焰的有效辐射

$$q_{yx1} = a_1\sigma_0 T^4_{hy}$$

炉壁对火焰的有效辐射

$$q_{yx2} = a_b\sigma_0 T^4_b + (1-a_b)a_1\sigma_0 T^4_{hy} \tag{7.47}$$

而

$$\psi = \frac{q_{yx1}-q_{yx2}}{q_{yx1}}$$

将 q_{yx1} 和 q_{yx2} 代入并整理后,得

$$\left(\frac{T_b}{T_{hy}}\right)^4 = a_1\left(1-\frac{\psi}{a_b}\right) \tag{7.48}$$

于是,式(7.46)成为

$$a_1 = \frac{1}{\psi\left(\dfrac{1}{a_{hy}}+\dfrac{1}{a_b}-1\right)}\left[1-a_1\left(1-\frac{\psi}{a_b}\right)\right] \tag{7.49}$$

整理可得

$$a_1 = \frac{1}{\dfrac{\psi}{a_{hy}-\psi+1}} = \frac{a_{hy}}{\psi(1-a_{hy})+a_{hy}} \tag{7.50}$$

对于火床炉,炉排上的炽热煤层也参与辐射换热,情况更为复杂。假定燃烧层的黑度为1,燃烧层的温度与火焰温度相等,求解得:

$$a_1 = \frac{a_{hy} + (1-a_{hy})\rho}{1-(1-a_{hy})(1-\psi)(1-\rho)} \tag{7.51}$$

式中:ρ 为炉排面积 R 与不包括 R 的炉膛总壁面积 F_{bz} 之比。即

$$\rho = \frac{R}{F_{bz}} \tag{7.52}$$

3. 火焰黑度

从传热学的观点,将火焰作为灰体,则

$$a_{hy} = 1 - e^{-kps} \tag{7.53}$$

式中:$s = 3.6\dfrac{V}{F_1}$,称 s 为有效辐射层厚度,V 为炉膛容积,F_1 为炉壁面积;p 为炉膛压力,一般取 $p = 0.1$ MPa;k 为火焰辐射减弱系数,是火焰中各种辐射介质的减弱系数的代数和。

燃用气体、重油的火焰中,主要辐射介质是三原子气体及炭黑。燃用固体燃料的火焰中,除三原子气体外,还有灰粒子及焦炭粒子。一般将上述两种情况分开处理。

燃用气体或液体燃料时,火焰的黑度可认为由火焰中的发光部分的黑度 a_{fg} 和不发光部分的黑度 a_{bfg} 组成。即

$$a_{hy} = ma_{fg} + (1-m)a_{bfg} \tag{7.54}$$

式中:m 为发光部分在火焰中所占份额,它取决 q_V。当 $q_V \le 400$ kW/m³ 时,$m = 0.1$(气体)和 $m = 0.55$(液体);当 $q_V > 1200$ kW/m³ 时,$m = 0.6$(气体)和 $m = 1$(液体);当 $400 < q_V \le 1200$ 时,采用直线内插法确定。

$$a_{fg} = 1 - e^{-(k_q r_q + k_{th})ps} \tag{7.55}$$

$$a_{bfg} = 1 - e^{-k_q r_q ps} \tag{7.56}$$

式中:r_q 为火焰中三原子气体总的容积份额,$r_q = r_{RO_2} + r_{H_2O}$;$k_q$ 为三原子气体的辐射减弱系数;k_{th} 为火焰中炭黑粒子的辐射减弱系数。

$$k_{th} = 0.3(2-\alpha_1'')\left(1.6\frac{T_1'}{1000} - 0.5\right)\frac{w_{ar}(C)}{w_{ar}(H)} \qquad 1/(m \cdot MPa)$$

从该式中可看出:C/H 越高,炭黑粒子的浓度就越高,k_{th} 越大。α_1'' 越高,k_{th} 越小,当 $\alpha_1'' = 2$ 时,$k_{th} = 0$。T_1' 越高,炉膛中 C_mH_n 分解得越多,k_{th} 越大。

燃用固体燃料时

$$k = k_q r_q + k_h \mu_h + k_j x_1 x_2 \tag{7.57}$$

$$k_h = \frac{43000\rho_y}{\sqrt[3]{T_1''^2 d_h^2}}$$

式中:ρ_y 为烟气的密度,可取 $\rho_y = 1.3$ kg/m³;d_h 为灰粒的平均直径,对层燃炉,可取 $d_h = 20$ μm,对煤粉炉,可取 $d_h = 16$ μm;μ_h 为灰粒的无因次浓度。

$$\mu_h = \frac{w_{ar}(A)a_{fh}}{G_y}$$

焦炭颗粒的辐射减弱系数 k_j 可取 $k_j = 101/(m \cdot MPa)$。

4. 炉膛出口烟温及其影响因素

由前可知,炉膛传热量的确定等价于炉膛出口烟温的确定。炉膛出口烟温的数值就决定着分配给炉膛的传热量的多少。

(1)苏联"热力计算标准方法"

苏联学者曾对炉内换热进行过大量而细致的研究工作。确定炉膛传热量的基本出发方程是热平衡方程 $Q_{热平衡} = \varphi B_j V C_{pj}(T_{ll} - T''_1)$ 和炉膛辐射换热量方程 $Q_{热辐射} = \sigma_0 a_1 \psi F_1 T^4_{hy}$。

由于

$$T^4_{hy} = m T^{4(1-n)}_{ll} T''^{4n}_1$$

则

$$Q_{热辐射} = \sigma_0 a_1 F_1 \psi m T^{4(1-n)}_{ll} T''^{4n}_1$$

由以上两个方程可得

$$\Theta''^{4n}_1 - \frac{Bo}{ma_1}(1 - \Theta''_1) = 0 \tag{7.58}$$

式中

$$\Theta''_1 = \frac{T''_1}{T_{ll}}$$

$$Bo = \frac{\varphi B_j V C_{pj}}{\sigma_0 \psi F_1 T^3_{ll}}$$

这里 Bo 称为炉膛换热相似准则数或 Boltzmann 准则数。它表示炉膛换热能力与炉膛为黑体时的换热能力之比。

若能够确定 m、n 的数值,则从这个无因次方程可以进行炉膛传热的计算。如前面所述,$m \approx 1$,则

$$\Theta''_1 = f\left(\frac{Bo}{a_1}, n\right) \tag{7.59}$$

研究表明,n 与燃烧及传热条件有关,不能依靠理论分析得到,统计分析大量的试验结果,得

$$\Theta''_1 = \frac{\left(\dfrac{Bo}{a_1}\right)^{0.6}}{M + \left(\dfrac{Bo}{a_1}\right)^{0.6}} \tag{7.60}$$

或者

$$T''_1 = \frac{T_{ll}}{M\left(\dfrac{\sigma_0 \psi F_1 a_1 T^3_{ll}}{\varphi B_j V C_{pj}}\right)^{0.6} + 1} \tag{7.61}$$

式中:M 为经验系数,取决于火焰最高点的相对位置 X_m,与燃料种类、燃烧方式有关。

M 的数值可按下列经验公式来求得

$$M = A - B X_m \tag{7.62}$$

式中:A、B 为与燃料炉膛结构有关的经验系数,可参阅有关手册。

X_m 值按下式确定

$$X_m = X_r + \Delta X \tag{7.63}$$

式中：$X_r = \dfrac{h_r}{H_1}$ 为燃烧器的相对标高，h_r 为燃烧器轴线离炉底或冷灰斗中腰线的高度，m，H_1 为从炉底或冷灰斗中腰线到出口烟窗中位线的炉膛高度，m；ΔX 为考虑到炉内最高温度的位置偏离燃烧器标高时的修正值，可参阅有关手册。

根据式(7.61)可以计算出炉膛出口烟温 θ'_1 或炉膛壁面积 F_1。

当已知炉壁面积，需求炉膛出口烟气温度时：

$$\theta'_1 = \frac{T_{ll}}{M\left(\dfrac{\sigma_0 \psi F_1 a_1 T_{ll}^3}{\varphi B_j V C_{pj}}\right)^{0.6}+1} - 273 \tag{7.64}$$

当已知炉膛出口烟气温度，需求炉膛辐射受热面 H_f 时：

$$H_f = \frac{\varphi B_j V C_{pj}(T_{ll}-T''_1)}{\sigma_0 a_1 \zeta M T''_1 T_{ll}^3}\sqrt[3]{\frac{1}{M^2}\left(\frac{T_{ll}}{T''_1}-1\right)^2} \tag{7.65}$$

或

$$F_1 = \frac{\varphi B_j V C_{pj}(T_{ll}-T''_1)}{\sigma_0 a_1 \psi M T''_1 T_{ll}^3}\sqrt[3]{\frac{1}{M^2}\left(\frac{T_{ll}}{T''_1}-1\right)^2} \tag{7.66}$$

以上就是苏联《锅炉机组热力计算标准方法》1973 年版本中关于炉内换热的主要内容。

（2）我国层燃炉热力计算方法

基本出发方程式

$$Q = \frac{\sigma_0 a_{xt} H_f}{B_j}(T_{pj}^4 - T_b^4) \tag{7.67}$$

式中：T_{pj} 为炉内烟气(火焰)的有效平均温度

$$T_{pj} = T_{jr}^{(1-n)} T''^n_1 \tag{7.68}$$

式中：T_{jr} 为绝热燃烧温度，即理论燃烧温度；n 为反映燃烧工况对炉内温度场影响的系数，对抛煤机炉 $n=0.6$，对其他层燃炉 $n=0.7$；T_b 为水冷壁管外积灰层表面温度

$$T_b = \varepsilon q_f + T_{gb} \tag{7.69}$$

式中：T_{gb} 为水冷壁管金属温度，取为工作压力下水的饱和温度；ε 为管外灰层热阻，取决于燃料性质及炉内燃烧工况，一般取为 0.0026 m² · ℃/W；q_f 为辐射受热面热流密度

$$q_f = \frac{B_j Q}{H_f} \tag{7.70}$$

由于

$$q_f = \sigma_0 a_{xt}(T_{pj}^4 - T_b^4) \tag{7.71}$$

整理后得

$$q_f\left(\frac{1}{a_{xt}}+\frac{\sigma_0}{q_f}T_b^4\right) = \sigma_0 T_{pj}^4 \tag{7.72}$$

设 $m = \dfrac{\sigma_0}{q_f}T_b^4 = \dfrac{\sigma_0}{q_f}(\varepsilon q_f + T_{gb}^4)$（考虑水冷壁积灰层表面温度对炉膛传热的影响），则

$$q_f = \frac{1}{\dfrac{1}{a_{xt}}+m}\sigma_0 T_{pj}^4 \tag{7.73}$$

则

$$Q = \frac{q_{\mathrm{f}} H_{\mathrm{f}}}{B_{\mathrm{j}}} = \frac{\sigma_0 H_{\mathrm{f}} T_{\mathrm{pj}}^4}{B_{\mathrm{j}} \left(\dfrac{1}{a_{\mathrm{xt}}} + m \right)} \tag{7.74}$$

与热平衡方程 $Q = \varphi V C_{\mathrm{pj}} (T_{\mathrm{jr}} - T_1'')$ 联立,得

$$\frac{\sigma_0 H_{\mathrm{t}} T_{\mathrm{pj}}^4}{B_{\mathrm{j}} \left(\dfrac{1}{a_{\mathrm{xt}}} + m \right)} = \varphi V C_{\mathrm{pj}} (T_{\mathrm{jr}} - T_1'') \tag{7.75}$$

由此,有

$$\frac{T_{\mathrm{pj}}^4}{T_{\mathrm{jr}} - T_1''} = \frac{\varphi V C_{\mathrm{pj}} B_{\mathrm{j}}}{\sigma_0 H_{\mathrm{f}}} \left(\frac{1}{a_{\mathrm{xt}}} + m \right) \tag{7.76}$$

$$\frac{\left(\dfrac{T_{\mathrm{pj}}}{T_{\mathrm{jr}}} \right)^4}{1 - \dfrac{T_1''}{T_{\mathrm{jr}}}} = Bo \left(\frac{1}{a_{\mathrm{xt}}} + m \right) \tag{7.77}$$

$$\frac{\Theta_{\mathrm{pj}}^4}{1 - \Theta_1''} = Bo \left(\frac{1}{a_{\mathrm{xt}}} + m \right) \tag{7.78}$$

改写　$T_{\mathrm{pj}} = T_{\mathrm{jr}}^{(1-n)} T_1''^{\,n}$　为

$$\frac{T_{\mathrm{pj}}}{T_{\mathrm{jr}}} = \left(\frac{T_1''}{T_{\mathrm{jr}}} \right)^n \tag{7.79}$$

即

$$\Theta_{\mathrm{pj}} = \Theta_1''^{\,n} \tag{7.80}$$

$$\frac{\Theta_1''^{\,4n}}{1 - \Theta_1''} = Bo \left(\frac{1}{a_{\mathrm{xt}}} + m \right) \tag{7.81}$$

对于层燃炉,当 q_{f} 为 $474 \sim 1186 \ \mathrm{kW/m^2}$ 时,对应一定的工质温度,m 值可取为常数,具体参阅有关手册。

系统黑度

$$a_{\mathrm{xt}} = \frac{1}{\dfrac{1}{a_{\mathrm{b}}} + \dfrac{x(1 - a_{\mathrm{hy}})(1 - \rho)}{1 - (1 - a_{\mathrm{hy}})(1 - \rho)}} \tag{7.82}$$

式中:a_{b} 为水冷壁黑度,一般可取 $a_{\mathrm{b}} = 0.8$。

$$\rho = \frac{R}{F_{\mathrm{bz}}} \tag{7.83}$$

式中:R 为炉排有效面积;F_{bz} 为炉膛不包括 R 的所有炉壁面积;x 为水冷壁的平均角系数,$x = \dfrac{H_{\mathrm{f}}}{F_1}$;$F_1$ 为炉壁总面积。

若已知 $Bo \left(\dfrac{1}{a_{\mathrm{xt}}} + m \right)$ 及 n,则可求得 Θ_1''。

为了便于工程计算,改写上式成为

$$\Theta_1'' = k \left[Bo \left(\frac{1}{a_{\mathrm{xt}}} + m \right) \right]^p \tag{7.84}$$

对应于 n、$Bo \left(\dfrac{1}{a_{\mathrm{xt}}} + m \right)$ 可由表 7.2 查得 k、p 之值,从而得到 Θ_1''。

表 7.2　系数 k 和 p 的数值

n	$Bo\left(\dfrac{1}{a_{xt}}+m\right)$	k	p
抛煤机链条炉 $n=0.6$	$0.6\sim1.4$	0.6465	0.2345
	$1.4\sim3.0$	0.6383	0.1840
其他层燃炉 $n=0.7$	$0.6\sim1.4$	0.6711	0.2144
	$1.4\sim3.0$	0.6755	0.1714

燃尽室的传热计算与炉膛类似,但

$$T_{jr}=T'_{rj} \tag{7.85}$$

$$T_{pj}=\sqrt{T'_{rj}T''_{rj}} \tag{7.86}$$

$$n=0.5 \tag{7.87}$$

$$\Theta''_{rj}=\frac{T''_{rj}}{T'_{rj}} \tag{7.88}$$

得

$$Bo\left(\frac{1}{a_{xt}}+m\right)=\frac{\Theta''^2_{rj}}{1-\Theta''_{rj}} \tag{7.89}$$

$$Bo=\frac{\varphi B_{j}VC_{pj}}{\sigma_0 H_{rj}T'^3_{rj}} \tag{7.90}$$

$$a_{xt}=\frac{1}{\dfrac{1}{a_{b}}+x\dfrac{1-a_{y}}{a_{y}}} \tag{7.91}$$

式中:a_y 为燃尽室的烟气黑度。

最后解得

$$\Theta''_{rj}=\frac{1}{2}Bo\left(\frac{1}{a_{xt}}+m\right)\left[\sqrt{1+\frac{4}{Bo\left(\dfrac{1}{a_{xt}}+m\right)}}-1\right] \tag{7.92}$$

（3）影响炉膛出口烟温的因素

分析炉膛传热基本公式以及实际运行经验,有如下一些因素会对炉膛出口烟温有明显的影响。

①燃烧器型式及布置位置。燃烧器型式不同和布置在炉膛中的位置不同将会明显地改变炉内火焰中心的位置。例如,摆动式直流燃烧器一、二次风喷嘴上下摆动±20°时,火焰中心的高度将变化 1.5～2.5 m。当火焰中心提高时,θ'_1 会提高。一般的摆动式直流燃烧器上下摆动幅度±(20°～30°),这时炉膛出口烟温可增加或降低 110～140 ℃。

对于多层布置的旋流式燃烧器,改变上下各排的燃烧器的热功率,也能使火焰中心抬高和降低,从而改变炉膛出口烟温。例如,一台 2000 t/h 燃用褐煤的锅炉,当最上层一排燃烧器的热功率减到额定功率的 40%时,炉膛出口温度由原来的 989 ℃降低到 952 ℃。

②受热面的多少。显然炉膛辐射受热面的增加,将使炉膛出口烟温降低。

③炉膛形状系数。炉膛形状系数 f 为炉壁面积 F_1 与炉膛有效容积 V 之比。图 7.6 示出了炉膛形状系数 f 与炉膛的 H/d_{dl} 的关系。H 为炉膛的高度，d_{dl} 为炉膛横截面的平均当量直径。在同样的炉膛容积和炉壁面积时，H/d_{dl} 越大，f 值越大，即炉膛的当量直径越小（或炉膛横截面积越小），炉壁面积越大。布置双面曝光水冷壁也可以提高形状系数。

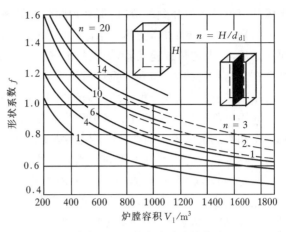

——表示无双面曝光水冷壁的炉膛；

---表示有双面曝光水冷壁的炉膛。

图 7.6　炉膛形状系数 f 与炉膛的 H/d_{dl} 的关系

图 7.7 给出了一台 220 t/h 燃油锅炉的炉膛容积热负荷与形状系数和炉膛出口烟温的关系。在相同炉膛容积热负荷 q_V 的条件下，改变炉膛的形状系数，可以计算出不同的炉膛出口烟温。由图可见，q_V 不变时，随着形状系数的增加，炉膛出口烟温不断降低。我国的研究人员对一些 75 t/h 的中压煤粉炉、220 t/h 的高压煤粉炉及 420 t/h 的超高压煤粉炉进行炉膛传热试验时也发现，炉内温度场的分布与炉膛的几何特性 H/d_{dl} 有明显的关系。

炉膛形状对炉膛黑度也有一定的影响。形状系数大的炉膛，有效辐射层厚度较小，因而火焰黑度和炉膛黑度也较小。在实用的室燃炉炉膛中，炉膛形状的变化有限，有效辐射层厚度的变化一般不超过 20%，由此而引起的炉膛黑度的变化亦不超过 3%，所以对炉膛出口烟温的影响很小。但当有效辐射层厚度减小时，会使炉膛面积及相应的有效辐射面积成正比地增加，从而使受热面的吸热量增加，炉膛出口烟温降低。

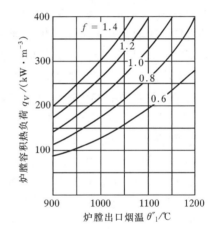

图 7.7　炉膛出口烟温与形状系数的关系

总之，炉膛形状对炉膛传热过程是有影响的，而且主要反映在对炉内温度场的影响上。

④受热面结渣和积灰程度的变化。在燃用固体燃料以及重油等液体燃料时，炉膛的水冷壁管外表面发生结渣或积灰现象是不可避免的，而且积灰或结渣随运行工况的变化，其严重程度也有所不同。例如，运行过程中由于煤的可磨性系数的变化或制粉系统热平衡状态的不同均会改变送入炉膛中煤粉的细度。当煤粉细度增加时，煤粉颗粒变粗，煤粉在炉膛内的燃尽时间相对增加，而大粒度未及时燃尽的煤粉很容易被抛到烟气流速较低的炉壁面上。如果这些颗粒的灰呈黏性状态，则必然会黏附到受热面上，并逐渐发展成大的渣块。因此，过粗的煤粉加剧了结渣的程度，恶化了炉内的传热过程，造成炉膛出口烟温的升高。

又如，在运行过程中一次风风温的变化会改变煤粉火焰的着火距离。一次风温提高，煤粉着火提前，着火距离缩短，使燃烧器出口附近的燃烧强度增加；火焰温度升高，容易造成燃烧器区域受热面的结渣。燃烧器区受热面的结渣不仅影响到受热面的传热能力，引起炉膛出口烟温的升高；更为严重的是可能烧坏燃烧器，影响到炉内空气动力场，致使火焰中心偏斜。若一次风气流形成一股扑壁气流时,那么炉膛内的结渣现象更加严重。

特别需要强调的是,受热面结渣污染和传热过程的相互作用是一个不稳定的过程。受热面污染后,炉内传热过程减弱,炉膛的烟气温度水平提高,从而使更多的灰粒处于黏性状态,更容易在受热面上结渣,加剧了受热面的污染,这个过程在炉膛中很难达到平衡状态。因此,炉膛出口烟温不断升高,严重地危及锅炉机组的经济安全运行。

⑤锅炉负荷变化。运行中锅炉负荷的变化会引起燃料消耗量的变化,炉内火焰的温度场的形态和数值也将随之而变。炉内温度场的变化必然导致炉内辐射换热量的改变。但是炉内辐射换热量的变化幅度并不等同于燃料量的变化幅度。根据试验,锅炉负荷从半负荷状态变化到额定负荷时,负荷增加 100%,炉内火焰平均温度增加约 200 ℃,炉内辐射换热量增加 70% 左右。这说明炉内辐射换热量的变化率小于锅炉负荷的变化率。所以,当锅炉负荷增加时,炉膛出口烟焓必然增加,炉膛出口烟温升高。

⑥过量空气系数的变化。过量空气系数的变化对炉内温度场的影响是很显著的,其原因主要基于下述几个方面。

过量空气系数增加,送入炉内的吸热性介质增多,烟气的热容量增大,火焰中心的温度水平下降,火焰中心的位置上移。如果过量空气系数 α_1'' 增加较多,送入炉膛的空气被加热到火焰的温度所吸收的热量大于因炉内烟气平均温度的降低而减少的辐射换热量,那么,炉膛出口烟温下降。如果 α_1'' 过小,则炉膛出口烟温上升。上述分析是在燃料的燃烧处于正常工况的情况下,即 α_1'' 的变化不至于造成燃料的不完全燃烧,否则情况将更加复杂。

过量空气系数的变化还会改变灰渣的物理特性,因为一些煤种的灰熔点与烟气的"气氛"有关,在氧化性气氛中灰熔点比在还原性气氛中低。当 α_1'' 增加时,燃烧器附近烟气的氧化性气氛增强,灰熔点降低,燃烧器附近受热面结渣现象趋于严重,从而导致炉膛出口烟温的升高。

锅炉运行时,炉膛负压的变化,炉膛漏风量改变也会引起炉膛出口过量空气系数的变化。炉膛负压过大,炉壁漏风严重,α_1'' 增加。这些漏入炉膛中的冷空气对燃烧毫无帮助,只能降低炉膛的温度水平,削弱辐射传热过程,造成炉膛出口烟温的升高。所以,锅炉运行时应保持适当的炉膛负压,减少锅炉漏风。

⑦烟气再循环。部分烟气送入炉膛后可以改变炉膛烟气的平均热容量,降低炉膛烟气的平均温度,改变炉膛受热面的热负荷,控制炉膛出口烟温。再循环烟气送入炉膛的位置不同,再循环烟气量不同,对炉膛出口烟温的影响也不同。因此,烟气再循环工况的改变常用来作为调节锅炉蒸汽参数的手段。

(4)炉膛传热计算方法存在的问题及改进

计算表明,对于小容量锅炉,在 $(X_r + \Delta X)$ 取 0~0.25 时,$(X_r + \Delta X)$ 对 θ_1'' 的影响较小,故在 1957 年标准中将 M 取为定值,即 0.445。随着锅炉容量的增大,为考虑沿炉膛高度方向温度场的不均匀性对炉内换热的影响,1973 年标准中将 M 写成燃料性质及燃烧器中心相对标高的函数形式,即 $M = A - B(X_r + \Delta X)$。

苏联的研究表明,1973 年标准中炉膛出口烟温计算式对于蒸发量小于 230~300 t/h 的锅炉在理论燃烧温度 T_{ll} 大于 1900~2000 K 的条件下,计算结果是准确的。当应用到较大容量锅炉(600~2650 t/h)的炉膛换热计算时发现,实际的炉膛出口烟温 T_1'' 比用 1973 年标准计算值高出 100~130 K;而对于采用风扇磨煤机的炉膛燃烧低质褐煤时,炉内过程因受烟气再循环的影响,炉膛出口烟温比 1973 年标准计算值低 50~80 K。炉膛出口烟温计算的准确性直接影响过热器工作的可靠性。

我国使用这一方法的经验表明,对于多数燃烧烟煤、贫煤的中、小容量电站锅炉,应用 1973 年标准得到的炉膛出口烟温的计算值是比较准确的。但对于某些高参数大容量锅炉或者燃用无烟煤、褐煤的锅炉,却不同程度地出现了一些问题。例如,对于燃烧褐煤的锅炉,特别是用热炉烟干燥燃料时,实际炉膛出口烟温比计算值低。相反,对于燃用无烟煤的锅炉,实测值常常高于计算值。多数高压以上锅炉(特别是燃油锅炉)普遍存在有过热蒸汽超温现象。这与苏联所发现的问题是完全一致的。

造成偏差的原因除了传热模型本身存在的缺陷外,未能正确考虑炉内温度场、炉膛几何形状等对炉内传热的影响也是重要因素。

为了考虑炉内温度场不均匀性对炉膛传热的影响,苏联标准把火焰有效平均温度 T_{yx} 作为独立参数引入到了计算式中。综合考虑了不同容量锅炉机组燃用不同种类燃料时炉内总换热量和温度场试验数据后,提出了如下的炉膛传热计算公式:

$$\Theta''_1 = 1 - 0.96M(T_0/T_{ll})^{1.2}(a_1/Bo)^{0.6} \tag{7.93}$$

式中:T_0 为炉膛假想温度。根据试验,当炉膛火焰有效平均温度 $T_{yx} = T_0 = 1470$ K 时,按前述炉膛传热计算方法算出的炉膛吸热量与实际值吻合。如 $T_{yx} > 1470$ K,则计算值大于实际值;如 $T_{yx} < 1470$ K,则计算值小于实际值。在式(7.93)中,建议 $T_0 = 1470$ K。

由 1973 年标准炉内换热计算准则方程式可得

$$\frac{1 - \Theta''_1}{\Theta''_1} = M\left(\frac{a_1}{Bo}\right)^{0.6} \tag{7.94}$$

将式(7.93)写成与 1973 年标准相似的形式,并注意 $\Theta''_1 = \dfrac{T''_1}{T_{ll}}$,则有

$$\frac{1 - \Theta''_1}{\Theta''_1} = 0.96\frac{M}{(T''_1/T_0)(T_{ll}/T_0)^{0.2}}\left(\frac{a_1}{Bo}\right)^{0.6} \tag{7.95}$$

该关系式中附加考虑了温度函数

$$M' = \frac{0.96}{(T''_1/T_0)(T_{ll}/T_0)^{0.2}} \tag{7.96}$$

对炉内换热的影响。

若取 $T_0 = 1470$ K,则式(7.96)可写成

$$M' = \frac{6068}{T''_1 T_{ll}^{0.2}}$$

该方法在计算关系式中更完全地考虑炉膛容积、温度场的性质对换热的影响,沿炉膛高度方向影响因子为 M,炉膛横截面内为 M',即

$$\frac{1 - \Theta''_1}{\Theta''_1} = MM'\left(\frac{a_1}{Bo}\right)^{0.6} \qquad 或 \qquad \Theta''_1 = \frac{Bo^{0.6}}{MM'a_1^{0.6} + Bo^{0.6}} \tag{7.97}$$

由此可见,在改进的炉膛传热计算方法中是用 $T''_1 T_{ll}^{0.2}$ 来代表火焰有效平均温度 T_{yx},而用 T_{yx}/T_0 来反映炉膛温度场不均匀性对炉膛传热的影响。大量试验结果表明,在容量为 $160\sim 2650$ t/h 的各种锅炉中,采用改进的炉膛传热计算公式(7.97)得到的炉膛出口烟气温度与实测值相比,大多数试验点的偏差均不超过 ± 30 ℃,也即都处在试验数据本身的精度范围以内。

苏联和我国学者都证实了炉膛形状系数对炉内换热的影响,并提出了各自的修正方法,具体可参见有关参考文献。

《锅炉热力计算(标准方法)》修订、补充第三版 1998 年在俄罗斯开始应用。该版中并没有

对锅炉传热性能计算的方法和结构作原则上的修改，仅基于新的实验数据，对标准方法进行了修订。其中修订内容最大的是炉内换热计算及受热面壁温计算。

1998 年标准中，炉内总换热量的计算方法仍是将相似理论应用于炉内过程。决定炉膛出口烟气无因次温度 Θ''_1 的主要参数是波耳兹曼准则 Bo 和布格（Bouguer）吸收特性准则 Bu。

炉膛出口烟气无因次温度（适用于 $\Theta''_1 \leqslant 0.9$）

$$\Theta''_1 = \frac{T''_1}{T_{ll}} = \frac{Bo^{0.6}}{M\widetilde{Bu}^{0.3} + Bo^{0.6}} \tag{7.98}$$

式中：M 为考虑燃烧器布置相对标高、炉内烟气中惰性成分多少以及其他因素对炉内换热影响的参数；$\widetilde{Bu}$ 为布格准则 $Bu(kps)$ 的函数，称为布格准则的有效值，其计算式如下：

$$\widetilde{Bu} = 1.6\ln\left(\frac{1.4Bu^2 + Bu + 2}{1.4Bu^2 - Bu + 2}\right) \tag{7.99}$$

$$M = M_0(1 \mp aX_r)b \tag{7.100}$$

1998 年标准中的 M 值考虑了炉膛型式、燃料燃烧方法、燃烧器种类及其布置方式、烟气组成以及燃用混合燃料、分级燃烧和烟气再循环等的影响，同 1957 年、1973 年标准有很大差别。

炉膛出口烟温的计算式为

$$\Theta''_1 = \frac{T_{ll}}{1 + M\widetilde{Bu}^{0.3}\left[\dfrac{\sigma_0\psi F_1 T^3_{ll}}{\varphi B_j V C_{pj}}\right]^{0.6}} - 273 \quad \text{℃} \tag{7.101}$$

另外，1998 年标准中还有两个重要变化，取消了炉膛分区计算法；炭黑粒子辐射减弱系数的计算公式做了重大改变。

值得指出的是，炉内换热计算方法的制订除了取决于对高温燃烧产物与炉壁辐射换热机理认识的不断深入，还依赖于燃烧产物在炉膛出口处的准确测量。事实上，正是随着温度测量技术的进步，才使得苏联和俄罗斯能够不断推出锅炉传热性能计算的新方法。

7.2.6 炉膛传热计算步骤

设计炉膛进行受热面布置时，要综合考虑燃烧、传热、水动力以及制造、安装、运行等方面的要求。燃烧方面要求合理布置燃烧器，并使炉膛具有足够的容积和合理的形状，以使燃料易于着火和充分燃尽，防止严重结渣。传热方面要求适当布置受热面数量和结构型式，以使炉膛出口烟温符合预期的数值。水动力方面要求受热面的布置和结构能保证工质循环的可靠性。在达到性能要求的前提下，尽量节省材料、降低成本、便于安装，易于操作和维修。

布置好炉膛的几何形状、受热面的结构和面积后就可进行炉膛的传热性能计算。计算的目的是校核所设计的炉膛能否将火焰冷却到预期的炉膛出口温度，在炉膛内布置的受热面能否吸收预先分配的辐射吸热量。

一个炉膛燃烧燃料 $B(\text{kg/s})$，由于存在固体及气体不完全燃烧热损失 q_4 及 q_3 以及灰渣物理热损失 q_6，炉膛中单位时间实际可用来加热燃烧产物的热量为

$$BQ_r(1 - q_4 - q_3 - q_6)$$

式中：Q_r 为每 kg 燃料送入炉膛的可用热量，kJ/kg。

设计锅炉时，为了计算方便，采用计算燃料消耗量（B_j）来计算燃烧产物的量，为

$$B_j = B(1 - q_4)$$

显然，计算燃料消耗量中每 kg 燃料的燃烧产物在炉膛中可以得到燃料的热量为

$$\frac{BQ_{\mathrm{r}}(1-q_4-q_3-q_6)}{B(1-q_4)}=Q_{\mathrm{r}}\frac{1-q_4-q_3-q_6}{1-q_4}$$

除燃料燃烧后发出的热量以外，还有参加燃烧的空气带来的热量 Q_{k}，因此每 kg 计算燃料的燃烧产物所拥有的热量为

$$Q_{\mathrm{r}}\frac{(1-q_4-q_3-q_6)}{1-q_4}+Q_{\mathrm{k}}$$

式中：Q_{k} 为每 kg 燃料空气带入炉膛的热量，kJ/kg，按下式计算：

$$Q_{\mathrm{k}}=(\alpha_1''-\Delta\alpha_1-\Delta\alpha_{\mathrm{zf}})I_{\mathrm{rk}}^0+(\Delta\alpha_1+\Delta\alpha_{\mathrm{zf}})I_{\mathrm{lk}}^0 \tag{7.102}$$

式中：$\Delta\alpha_1$、$\Delta\alpha_{\mathrm{zf}}$ 为炉膛及制粉系统的漏风系数；I_{rk}^0 为每 kg 燃料理论空气量在热空气温度时的焓，kJ/kg；I_{lk}^0 为每 kg 燃料理论空气量在冷空气温度时的焓，kJ/kg。

考虑到外来热源加热空气的热量不应重复计算，因此需从空气热量中减去。此外，在考虑烟气再循环的热量后，具有普遍意义的炉膛有效放热量为

$$Q_1=Q_{\mathrm{r}}\left(1-\frac{q_3+q_6}{1-q_4}\right)+Q_{\mathrm{k}}-Q_{\mathrm{wr}}+rI_{\mathrm{xh}} \tag{7.103}$$

式中：Q_{wr} 为用外热源加热空气的热量，kJ/kg；r 为烟气再循环的份额；I_{xh} 为再循环烟气的焓，kJ/kg，按所取烟气处的焓计算。

以炉膛有效放热量 Q_1 作为烟气的理论焓求得理论燃烧温度 T_{ll}。

燃烧产物的平均热容量 VC_{pj} 为

$$VC_{\mathrm{pj}}=\frac{Q_1-I_1''}{T_{\mathrm{ll}}-T_1'} \tag{7.104}$$

由于 a_{hy} 和 VC_{pj} 与 θ_1' 有关，而计算的目的是求出 θ_1'，因此，必须先假定一个 θ_1'，然后比较假定值与计算的差别，若二者之差小于 $\pm100\,℃$，则认为计算合格，并以计算值为准。否则应重新假定，再次计算，直至合格为止。由于计算机的存在，加上现代电站锅炉对炉膛设计有着更高的要求，在实施计算时，可控制炉膛出口烟温的假定值和计算值之差在更小的范围内。

当预先给定炉膛出口烟温时，也可确定所需的炉壁面积。在计算时须预先假定水冷壁的热有效系数 ψ，其与最后确定的 ψ 值相差应不超过 ψ 值的 $\pm5\%$。同理，ψ 值的偏差也可控制在更小的范围内。

1. 炉膛几何特征

炉膛几何特征主要指炉膛的容积、炉壁面积和受热面积等几何参数。

确定炉膛容积的一般性原则：炉膛容积的边界是水冷壁管中心线所在平面或是绝热保护层的向火表面，未敷设水冷壁的地方则是炉膛的壁面。在炉膛出口断面（又称出口烟窗）以通过屏式过热器、凝渣管或锅炉排管的第一排管子中心线作为容积边界。炉膛下部容积的边界是炉底。有冷灰斗时，则以冷灰斗高度一半处的假想平面作为容积边界。冷灰斗的下半高度区域被认为是对燃烧无用的呆滞区（但有助于降低炉渣温度）。

火床炉中，炉膛容积为由炉排面及通过炉排两端和除渣板或挡渣板的垂直平面所包围的容积。对链条炉应从以炉排为下界面的容积中扣除燃料层及灰渣层的容积，即以燃料层的外表面作为界面。燃料层及灰渣层的平均计算厚度可取为：烟煤 150～200 mm，褐煤 300 mm，木屑 500 mm。抛煤机炉中燃料厚度很小，在计算炉膛容积时不予考虑。

大型电站锅炉中，一般在炉膛中布置各种屏式受热面。此时炉膛容积还要根据以下原则确定。

①对于倒 U（或称 Π）型布置的锅炉，炉膛出口烟窗截面一般规定为炉膛后墙折焰角尖端

垂直向上直至顶棚管形成的假想平面,如图 7.8 所示。布置在上述假想平面以内(即炉膛侧)的屏式受热面的屏板净间距应不小于 457 mm;如果小于 457 mm,则该屏区应从炉膛有效容积中扣除;例如布置在上述假想平面前的屏(一般称为后屏)平均净间距小于 457 mm,则此时炉膛出口烟窗相应移到该屏区之前,如图 7.9 所示。

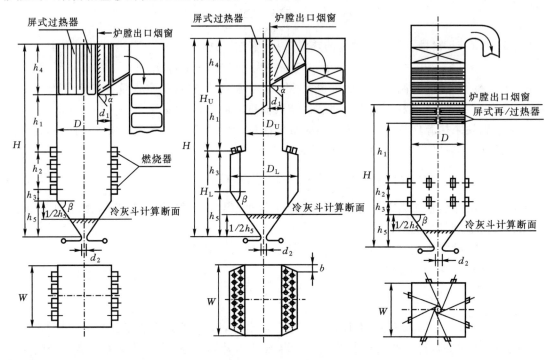

　　　　(a) Π 形布置,切向或墙式燃烧　　　(b) Π 形布置,拱式燃烧　　　(c)塔式布置,切向或墙式燃烧

H—炉膛高度,倒 U 形炉为从炉底排渣喉口至炉膛顶棚管中心线;塔式炉为从炉底排渣喉口至炉膛出口水平烟窗;

W—炉膛宽度,左右侧墙水冷壁管中心线间距离;

D—炉膛深度,前后墙水冷壁管中心线间距离;

H_L—(拱式燃烧)下炉膛高度,从炉底排渣喉口至拱顶上折点;

H_U—(拱式燃烧)上炉膛高度,从拱顶上折点至炉膛顶棚管中心线;

D_L—(拱式燃烧)下炉膛深度;

D_U—(拱式燃烧)上炉膛深度;

h_1—燃尽区高度;

h_2—最上层燃烧器煤粉喷口(或乏气喷口)与最下层燃烧器煤粉喷口中心线之间的铅直距离;

h_3—最下层燃烧器煤粉喷口中心线与冷灰斗上折点的铅直距离;拱式燃烧炉膛为拱顶上折点至冷灰斗上折点的铅直距离;

h_4—(Π 型炉)从折焰角尖端(如有直段,即为其上折点)铅直向上至顶棚管中心线;

h_5—冷灰斗高度,即排渣喉口至冷灰斗上折点的铅直距离;

d_1—折焰角深度;

d_2—排渣喉口净深度;

b—炉膛横断面上炉墙切角形成的小直角边尺寸,见图 7.8(b);

α—折焰角下倾角;

β—冷灰斗斜坡与水平面夹角。

图 7.8　炉膛有效容积的确定方法

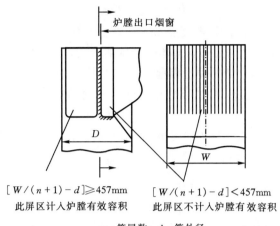

$[W/(n+1)-d] \geqslant 457\text{mm}$　　　$[W/(n+1)-d] < 457\text{mm}$

此屏区计入炉膛有效容积　　　此屏区不计入炉膛有效容积

n—管屏数；d—管外径。

图 7.9　炉膛出口烟窗因后屏净间距过小而前移示例

若在上述假想平面后的屏式受热面屏板平均净间距不小于 457 mm,此时炉膛出口烟窗可以沿烟流方向后移到出现管子横向平均净间距小于 457 mm 的断面,但最远不得超过炉膛后墙水冷壁管中心线向上延伸形成的断面,如图 7.10 所示。1998 标准中,该界限值为 700 mm。

②对于塔式布置的锅炉,炉膛出口烟窗为沿烟气行程遇到的受热面水平方向管间平均净距离小于 457 mm 的第一排管子中心线构成的水平假想平面,如图 7.8(c)所示。

③炉膛的四角如设计带有较大的切角（切角三角形的小边长 $b \geqslant \sqrt{W/D}/10$）时,如图7.8(b)举例所示,则其炉膛有效容积应按切角壁面包裹的实际体积计算。

要补充说明的是 h_1 对倒 U 形炉为最上层燃烧器一次风煤粉喷口中心

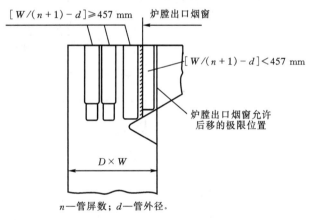

$[W/(n+1)-d] \geqslant 457$ mm　　　炉膛出口烟窗

$[W/(n+1)-d] < 457$ mm

炉膛出口烟窗允许后移的极限位置

$D \times W$

n—管屏数；d—管外径。

图 7.10　炉膛出口烟窗允许后移示例

线至折焰角尖端,如图 7.8(a)所示;对于拱式燃烧炉膛可取为拱顶上折点至折焰角尖端的铅直距离,如图 7.8(b)所示;对于塔式炉则为上述一次风喷口或乏气喷口至炉内水平管束最下层管中心线的铅直距离,如图7.8(c)所示。

炉壁面积按包覆炉膛容积的表面尺寸计算。对双面曝光水冷壁及屏,应以其边界管中心线间距离和管子曝光长度乘积的两倍(即计及双面)作为其相应的受热面积。在计算半开式炉膛燃烧室时,炉墙面积应包括位于燃烧室及冷却室之间的烟窗面积。

炉膛宽度、深度和炉膛横截面面积均按水冷壁管中心线之间的距离计算。

炉膛有效受热面积 H_1 等于炉壁面积减去不布置水冷壁的面积(如燃烧器、防爆门),即各水冷壁所占据的炉墙面积 F_i 乘以各水冷壁的角系数 x_i,即

$$H_1 = \sum F_i x_i$$

炉膛形状与火焰形式、燃烧方式、燃烧器布置和炉型等有关。常见炉膛体型有瘦高和矮胖型两种。由于大容量锅炉的发展需要和切向燃烧技术的应用,瘦高型炉膛得到广泛采用。按炉膛的宽度 W 和深度 D 的比例,常见的炉膛截面形状有方形($W/D \leqslant 1.2$)和长方形($W/D > 1.2$)两种。方形炉膛适用于切向燃烧,长方形炉膛则适用于前墙布置或前后墙对冲布置旋流燃烧器。

在确定炉膛宽度 W 时,还要兼顾对流受热面的工质流速和烟气流速,以及锅筒内部装置的要求。超高压以上的锅炉还要根据上升管内工质的质量流速来选择炉膛周长。

2. 单室炉及半开式炉膛的传热性能计算

大型锅炉设计计算时,炉膛容积是根据允许的炉膛出口烟温所需的炉内受热面来确定的。炉膛出口烟温应保证布置在炉膛之后的受热面不发生结渣,炉膛容积热负荷 q_V 及炉膛截面热负荷 q_F 应处于燃烧条件允许的范围之内。在确定 q_V 时,炉膛上部横向节距 $s_1 > 457$ mm 的屏式过热器的容积也应包括在炉膛容积之中。

在设计中小型锅炉时,炉膛容积一般按允许的热负荷 q_V 确定,然后确定炉膛出口烟温,并与允许值比较。对小型锅炉,从炉子的工作条件来看,炉墙不需要铺满水冷壁。

3. 带有屏的炉膛传热计算

带有屏的炉膛有效容积示意图如图 7.11 所示。

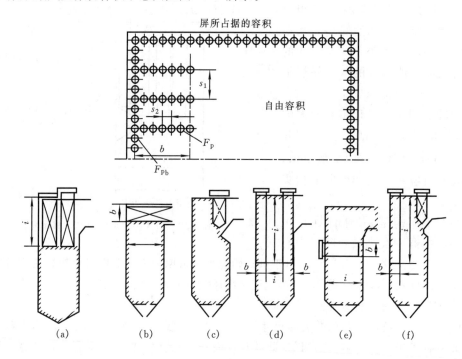

图 7.11 带有屏的炉膛有效容积示意图

(1)炉壁总面积 F_1 应包括炉膛空容积部分的炉壁面积 F_k、屏的面积 F_p 及屏区水冷壁的面积 F_{pb},而对后两项应计及其曝光不完全性,即

$$F_l = F_k + z_p F_p + z_{pb} F_{pb} \tag{7.105}$$

式中：z_p、z_{pb} 为屏和屏区水冷壁的曝光不均匀系数。

（2）屏和屏区水冷壁的有效辐射受热面积为

$$F_{yx,p} = x_p z_p F_p \tag{7.106a}$$

$$F_{yx,pb} = x_{pb} z_{pb} F_{pb} \tag{7.106b}$$

式中：x_p、x_{pb} 为屏及屏区水冷壁的角系数。

（3）炉膛有效辐射层厚度 s 考虑屏的面积后计算式为

$$s = \frac{3.6 V_l}{F_k + F_p + F_{pb}} \left(1 + \frac{F_b}{F_k + F_{pb}} \frac{V_k}{V_l} \right) \tag{7.107}$$

式中：V_k 为炉膛空容积部分的容积；V_l 为炉膛总容积。

（4）屏及屏区水冷壁的曝光不均匀系数计算式为

$$z_p = \frac{a_p}{a_k} \tag{7.108a}$$

$$z_{pb} = \frac{a_{pb}}{a_k} \tag{7.108b}$$

$$a_p = a_{pj} + \varphi_p c_p a_k \tag{7.109a}$$

$$a_{pb} = a_{pj} + \varphi_{pb} c_{pb} a_k \tag{7.109b}$$

式中：a_k 为炉膛空容积中的火焰黑度；a_p、a_{pb} 分别为屏及屏区水冷壁的火焰黑度，由屏间容积的火焰黑度和来自炉膛空容积的火焰黑度组成；a_{pj} 为屏间容积的火焰黑度，按 $a_{pj} = 1 - e^{-kps}$ 计算，其有效辐射层厚度 s_{pj} 按屏间容积的尺寸计算；φ_p、φ_{pb} 为屏及屏区水冷壁的辐射系数，可参阅有关手册；c_p、c_{pb} 为修正系数，可参阅有关手册，辐射系数与修正系数乘积表示该受热面单位面积受到炉膛容积的辐射热与屏入口窗单位面积受到的辐射热之比。

屏的污染系数比一般水冷壁低 0.1，对膜式屏，则比一般水冷壁低 0.05。

4. 双室炉炉膛的传热性能计算

双室炉包括扰动炉、卧式旋风炉和立式旋风炉。在计算时把两个炉室当作整体看待，仍然以式(7.64)作为传热计算的基本公式。由于冷却室的经验数据不足，其吸热量是按炉内总吸热量与燃烧室及捕渣管束吸热量之差来确定。具体参阅有关资料。

5. 炉膛的热负荷分布

炉膛有效辐射受热面的平均热负荷为

$$q_f = \frac{\varphi B_j (Q_l - I_l'')}{H_l} \tag{7.110}$$

炉膛内温度场及黑度场是不均匀的，使热负荷沿炉膛高度、炉膛宽度（深度）、各炉墙间的分布也不均匀。这种不均匀性可分别用沿炉高热负荷分布不均匀系数 η_r^g 和沿炉宽或炉深热负荷分布不均匀系数 η_r^k、各炉墙间热负荷分布不均匀系数 η_r^q 来进行计算。事实上，要精确计算某一部分受热面的热负荷或吸热量是非常困难的。在实际进行有关锅炉性能计算而需要知道局部热负荷时，一般是通过引用热负荷不均匀系数（即局部热负荷与平均热负荷的比值）η_r 来近似计算炉内某一区域的热负荷。首先根据试验或经验数据，确定要计算的区段的热负荷不均匀系数 η_r，进而这个区段上辐射受热面的热负荷 q_{fi} 为

$$q_{fi} = \eta_r q_f \tag{7.111}$$

$$\eta_{\mathrm{r}} = \eta_{\mathrm{r}}^{\mathrm{g}} \eta_{\mathrm{r}}^{\mathrm{k}} \eta_{\mathrm{r}}^{\mathrm{q}} \tag{7.112}$$

有关 $\eta_{\mathrm{r}}^{\mathrm{g}}$、$\eta_{\mathrm{r}}^{\mathrm{k}}$、$\eta_{\mathrm{r}}^{\mathrm{q}}$ 的确定方法参见第 9 章。由于计算机的发展,可通过数值模拟的方法计算得到炉膛内的温度场,进而导出某个区段上辐射受热面的局部热负荷。

7.2.7 其他辐射受热面的传热计算

主要为辐射式过热器和再热器,如前屏、顶棚管和墙式过(再)热器等。

辐射过热器的吸热量

$$Q_{\mathrm{fgr}} = \frac{H_{\mathrm{fgr}} q_{\mathrm{gr}}}{B_{\mathrm{j}}} \tag{7.113}$$

式中:q_{gr} 为炉膛中辐射式过热器部分的受热面热负荷,$\mathrm{kW/m^2}$;H_{fgr} 为辐射式过热器的受热面积,$\mathrm{m^2}$。

吸热量确定后,可根据过热器入口处已给定的蒸汽焓,由热平衡方程式算出蒸汽的终焓和终温。传热性能计算中不涉及其进、出口的烟温。

7.3 对流受热面的传热计算

7.3.1 对流受热面及其传热特点

就某根圆管来说,其传热过程包含如下三个串联环节:①从热流体(烟气)到壁面高温侧的热量传递。由于积灰,管外壁上有灰层,实际上是热流体向灰层外表面放热,再通过灰层导热到管外壁面;②从壁面高温侧(管外壁面)向低温侧(管内壁面)的热量传递;③从壁面低温侧(管内壁面)向冷流体的热量传递。由于有结垢,实际上是先通过垢层导热到垢内表面,随后垢层由内表面对冷流体的放热。即

$$\text{热烟气} \xrightarrow{\text{对流}+\text{辐射}} \text{(灰层外表面} \xrightarrow{\text{导热}} \text{)管外壁} \xrightarrow{\text{导热}} \text{管内壁}(\xrightarrow{\text{导热}} \text{垢内表面}) \xrightarrow{\text{对流}} \text{工质}$$

烟气对灰层外表面的对流传热量 Q_{d} 可用牛顿冷却公式来表示,即

$$Q_{\mathrm{d}} = \alpha_{\mathrm{d}} \pi d_0 l (t_1 - t_{\mathrm{bl}}) \tag{7.114}$$

辐射传热量与两物体温度四次方之差成正比。为了方便,把高温烟气对灰层外表面的辐射放热也写成牛顿冷却公式的形式,即

$$Q_{\mathrm{f}} = \alpha_{\mathrm{f}} \pi d_0 l (t_1 - t_{\mathrm{bl}}) \tag{7.115}$$

那么,总放热量为

$$Q = Q_{\mathrm{d}} + Q_{\mathrm{f}} = (\alpha_{\mathrm{d}} + \alpha_{\mathrm{f}}) \pi d_0 l (t_1 - t_{\mathrm{bl}}) = \alpha_{1\mathrm{h}} \pi d_0 l (t_1 - t_{\mathrm{bl}}) \tag{7.116}$$

式中:d_0 为灰层外表面直径;t_1 为烟气平均温度;t_{bl} 为灰层外表层温度;α_{d}、α_{f} 分别为对流放热系数和辐射放热系数;$\alpha_{1\mathrm{h}}$ 为烟气对灰层外表面的放热系数;l 为管长。

同样可得到内壁向工质的对流放热量。按热阻叠加的原理可得经由壁面的导热量。

由于现代锅炉的工质经过严格水处理及煮炉等,水垢较少或无水垢,因此,管金属内壁是对管内工质放热;由于金属的导热系数较大,金属的热阻可忽略不计;管外壁虽有积灰,但一般灰层较薄。

计算表明,无论何种情况,采用平壁传热系数的计算公式来代替圆管的计算公式,所引起的计算误差在锅炉传热性能计算中是可以接受的。这样一来,任何情况下都可以认为传热系

数与计算面积无关。但是,传热量的数值受计算传热面积的影响仍很大。锅炉传热性能计算中规定,对于传热量的计算,当管壁两侧的放热系数相差很大时,以放热系数小的一侧面积作为计算传热面积;当两侧的放热系数相当时,以内、外壁的表面积的算术平均值作为计算传热面积。

对流受热面的传热系数可一般性地表示为

$$K = \frac{1}{\dfrac{1}{\alpha_{1h}} + \dfrac{\delta_h}{\lambda_h} + \dfrac{1}{\alpha_2}} \tag{7.117}$$

尽管如此,实际中,由上式直接确定传热系数仍有困难。主要是很难测得含灰气流对污垢管壁表面的放热系数 α_{1h} 以及灰层厚度 δ_h。一般采用不含灰气流冲刷干净的管壁的对流放热系数 α_1、α_2 以及一个能反映受热面污染程度的系数来计算传热系数的大小。考虑受热面污染的方法的不同导致了不同的计算公式。锅炉传热性能计算中,采用如下一些实用公式来计算传热系数的大小。

(1) 对流式受热面

燃用固体燃料,管束错列布置时

$$K = \frac{1}{\dfrac{1}{\alpha_1} + \varepsilon + \dfrac{1}{\alpha_2}} \tag{7.118}$$

式中: ε 为污染系数。

燃用固体燃料,管束顺列布置,以及燃用气体和液体燃料时

$$K = \psi \frac{1}{\dfrac{1}{\alpha_1} + \dfrac{1}{\alpha_2}} \tag{7.119}$$

式中: ψ 为热有效系数。

(2)半辐射式屏式过热器

$$K = \frac{1}{\dfrac{1}{\alpha_1} + \left(1 + \dfrac{Q_f}{Q_d}\right)\left(\varepsilon + \dfrac{1}{\alpha_2}\right)} \tag{7.120}$$

式中: $\left(1 + \dfrac{Q_f}{Q_d}\right)$ 为考虑屏式过热器吸收炉膛辐射热影响的系数; Q_f 为屏吸收炉膛的辐射热量; Q_d 为屏吸收屏间烟气的辐射和对流的热量。

因为屏的受热面按平壁计算,所以在计算烟气侧放热系数 α_1 时应进行修正,即

$$\alpha_1 = \xi\left(\alpha_d \frac{\pi d}{2s_2 x_p} + \alpha_f\right) \tag{7.121}$$

式中: ξ 为屏的利用系数,它是考虑由于烟气对屏的冲刷不完全而使吸热减少的修正系数; s_2 为屏的管子纵向节距; x_p 为屏的辐射角系数。

(3)管式空预器

$$K = \xi \frac{\alpha_1 \alpha_2}{\alpha_1 + \alpha_2} \tag{7.122}$$

式中: ξ 为利用系数,对于管式空气预热器它还包括受热面被污染对传热的影响。

(4)回转式空气预热器

回转式空气预热器其传热过程不同于其他对流受热面,它是一种不稳定的蓄热式传热过

程,其传热系数是以蓄热板两侧的传热面积之和为基准的,即

$$K = \xi \frac{C}{\dfrac{1}{x_y \alpha_1} + \dfrac{1}{x_k \alpha_2}} \tag{7.123}$$

式中:x_y、x_k 分别为烟气侧受热面、空气侧受热面各占总受热面积的份额;C 为考虑不稳定传热影响的系数。对于厚度为 $0.6 \sim 1.2$ mm 的蓄热板,C 的数值与预热器转子的转速 n 有关,可参阅相关手册。

7.3.2 对流放热系数

对流放热系数是表征对流换热过程强弱的指标,它与流体的物性、流动状态、温度、管束中管子的布置结构、冲刷方式(纵向、横向或斜向)、管壁温度等因素有关。其数值是用试验方法得出的,再用相似理论整理出实用的计算公式。以下介绍的公式是顺列和错列管束在 Re 数为 $1.5 \times 10^3 \sim 100 \times 10^3$ 之间进行试验得出的。通常,锅炉计算中烟气气流的 Re 数在这个范围之内,故应用时不必进行使用条件的校验。

1. 横向冲刷顺列管束的对流放热系数

$$\alpha_d = 0.2 C_s C_z \frac{\lambda}{d} Re^{0.65} Pr^{0.33} \tag{7.124}$$

式中:Re 为雷诺准则数,反映流动状态对换热的影响,$Re = \dfrac{wd}{\nu}$;d 为定性尺寸,取管子外径,m;Pr 为普朗特准则数,反映流体物性对换热的影响,$Pr = \dfrac{\mu c_p}{\lambda}$,$\mu$ 为平均温度下烟气的动力黏性系数,Pa·s;c_p 为平均温度下烟气的比定压比热容,kJ/(kg·℃),λ 为平均温度下烟气的导热系数,kW/(m·℃);ν 为平均温度下烟气的运动黏度,$\nu = \dfrac{\mu}{\rho}$,m²/s;ρ 为平均温度下烟气的密度,kg/m³,C_s 为管束几何布置方式的修正系数,与纵向相对节距 $\sigma_2 = s_2/d$ 及横向相对节距 $\sigma_1 = s_1/d$ 有关:

$$C_s = \left[1 + (2\sigma_1 - 3)\left(1 - \frac{\sigma_2}{2} \right)^3 \right]^{-2} \tag{7.125}$$

式中:当 $\sigma_2 \geqslant 2$ 或 $\sigma_1 \leqslant 1.5$ 时,$C_s = 1$;$\sigma_2 < 2$ 且 $\sigma_1 > 3$ 时,式中的 σ_1 取为 3;C_z 为烟气行程方向上管子排数的修正系数,其值按所求管束的各个管组的平均排数求取。

当 $Z_2 \geqslant 10$ 时,$C_z = 1$,$Z_2 < 10$ 时,

$$C_z = 0.91 + 0.0125(Z_2 - 2) \tag{7.126}$$

2. 横向冲刷错列管束的对流放热系数

$$\alpha_d = C_s C_z \frac{\lambda}{d} Re^{0.6} Pr^{0.33} \tag{7.127}$$

式中:C_s 为节距修正系数,由 σ_1 和 φ_σ 值 $[\varphi_\sigma = (\sigma_1 - 1)/(\sigma_2' - 1)]$ 确定,φ_σ 中的 σ_2' 为平均斜向相对节距 $\sigma_2' = \sqrt{\left(\dfrac{\sigma_1}{2} \right)^2 + \sigma_2^2}$,$\sigma_2$ 为纵向相对节距。当 $0.1 < \varphi_\sigma \leqslant 1.7$,$C_s = 0.34 \varphi_\sigma^{0.1}$;当 $1.7 < \varphi_\sigma \leqslant$

$4.5,\sigma_1<3,C_s=0.275\varphi_\sigma^{0.5}$；当 $1.7<\varphi_\sigma\leqslant4.5,\sigma_1\geqslant3,C_s=0.34\varphi_\sigma^{0.1}$。

C_z 为考虑沿气流方向管子排数以及横向相对节距的修正系数。当 $Z_2<10$ 且 $\sigma_1<3.0$，$C_z=3.12Z_2^{0.05}-2.5$；当 $Z_2<10$ 且 $\sigma_1\geqslant3.0,C_z=4Z_2^{0.02}-3.2$；当 $Z_2\geqslant10,C_z=1$。

分析以上气流横向冲刷管束时的放热系数计算公式可见：

①Re 数对传热系数有明显影响，且对顺列布置的影响（0.65 次方成正比）大于对错列布置的影响（0.60 次方成正比）；

②通常的锅炉结构布置范围内，Re 数在顺列或错列情况下是接近的，而错列的 C_s 值大于顺列的 C_s 值，故错列布置的对流放热系数比顺列布置的大；

③横向冲刷时，管径越小，对流放热系数越大，故锅炉尾部对流受热面通常采用小管径；

④沿流动方向上管束排数 Z_2 的影响是入口段和出口段流动不稳定性造成的，当排数超过 10 排，可不考虑其影响，即 $C_z=1$。

3. 纵向冲刷受热面的对流放热系数

锅炉中受热面管内流动的单相湍流介质对受热面进行纵向冲刷时，其放热系数由下式求出：

$$\alpha_d=0.023\frac{\lambda}{d_{dl}}Re^{0.8}Pr^{0.4}C_tC_l \tag{7.128}$$

式中：λ 为流体的导热系数，$kW/(m\cdot℃)$；d_{dl} 为定性尺寸，当量直径，对圆管内流动取为管子的内径；流体在非圆管内流动或纵向冲刷管束时则为

$$d_{dl}=\frac{4F}{U} \tag{7.129}$$

式中：F 为流体的流通截面积，m^2；U 为被流体湿润的全部固体周界（湿周），m。

对于布置有管束的矩形烟道，当量直径为

$$d_{dl}=\frac{4\left(ab-n\frac{\pi d^2}{4}\right)}{2(a+b)+n\pi d} \tag{7.130}$$

式中：a、b 为矩形烟道横断面净尺寸，m；n 为烟道中的管子总数；d 为管子的外径，m。

C_t 为考虑管壁温度对流体特性影响的温度修正系数，当管内为烟气且被冷却以及管内为水蒸气和水且被加热时，$C_t=1$，管内为空气且被加热时有

$$C_t=\left(\frac{T}{T_b}\right)^{0.5} \tag{7.131}$$

式中：T 为流体（空气）的温度，K；T_b 为管壁内表面的温度，K；C_l 为相对长度修正系数，考虑传热的入口效应对 α_d 的影响，仅在 $\frac{l}{d}<50$ 且圆管入口是直的，没有圆形导边的情况下才采用。$\frac{l}{d}\geqslant50$ 时，$C_l=1$。

4. 回转式空气预热器的对流放热系数

由于其结构特性，回转式空气预热器内的流动不同于单纯的管内纵向冲刷，其 α_d 也主要通过试验决定。

$$\alpha_d=AC_tC_l\frac{\lambda}{d_{dl}}Re^mPr^{0.4} \tag{7.132}$$

式中:A 为与传热元件型式有关的系数,具体数值参阅有关手册;m 为考虑传热元件型式的指数,强化传热型 $m=0.83$,其他 $m=0.8$。

7.3.3 辐射放热系数

1. 计算公式

管间烟气中含有三原子气体及飞灰,具有辐射能力,与对流受热面有辐射换热。由于烟气及管壁都不是黑体,辐射能要经历多次吸收和反射的过程才能被吸收,数学上严格处理较困难,只能近似处理。

①由于管壁黑度较大,在 $0.8 \sim 0.9$ 之间,烟气与管壁之间的辐射可仅考虑一次吸收的部分,而用增加管壁表面黑度的方法来考虑多次吸收与辐射的因素,用管束黑度 a_{gs} 来代替管壁黑度 a_b,且取

$$a_{gs} = \frac{1 + a_b}{2} \tag{7.133}$$

②假定固体燃料所生成的含灰烟气与管束均为灰体,因此是两个灰体之间的辐射换热。

$$q_f = a_y \sigma_0 T_y^4 a_{gs} - a_{gs} \sigma_0 T_{hb}^4 a_y = a_y a_{gs} \sigma_0 (T_y^4 - T_{hb}^4) \tag{7.134}$$

而 $q_f = \alpha_f (T_y - T_{hy})$,则

$$\alpha_f = \frac{\sigma_y a_{gs} \sigma_0 (T_y^4 - T_{hb}^4)}{T_y - T_{hb}} = a_y a_{gs} \sigma_0 T_y^3 \frac{1 - \left(\frac{T_{hb}}{T_y}\right)^4}{\left(\frac{T_{hb}}{T_y}\right)} \tag{7.135}$$

③当燃用气体和液体燃料时,烟气为不含灰气流,有效辐射成分仅是三原子气体,此时,烟气的吸收率不等于黑度,即烟气不能作为灰体来处理。

设烟气的吸收率为 A_y,则 $A_y \neq a_y$。进行修正,得

$$A_y = a_y \left(\frac{T_y}{T_{hb}}\right)^{0.4} \tag{7.136}$$

则

$$q_f = a_y \sigma_0 T_y^4 a_{gs} - a_{gs} \sigma_0 T_{hb}^4 A_y \tag{7.137}$$

最后

$$\alpha_f = \frac{a_g a_{gs} \sigma_0 (T_y^4 - T_y^{0.4} T_{hb}^{3.6})}{T_y - T_{hb}} = a_y a_{gs} \sigma_0 T_y^3 \frac{1 - \left(\frac{T_{hb}}{T_y}\right)^{3.6}}{1 - \left(\frac{T_{hb}}{T_y}\right)} \tag{7.138}$$

2. 烟气黑度、灰壁温度等的计算

(1)烟气黑度计算

$$a_y = 1 - e^{-kps} \tag{7.139}$$

式中:$k = k_q r_q + k_h \mu_h$,对不含灰气流,$\mu_h = 0$(燃油及气);对层燃炉,也可取 $\mu_h = 0$。

(2)烟气的有效辐射层厚度计算

①光管管束

$$s = 0.9d \left(\frac{4s_1 s_2}{\pi d^2} - 1\right) \tag{7.140}$$

②屏式受热面

$$s = \frac{1.8}{\frac{1}{A} + \frac{1}{B} + \frac{1}{C}} \qquad (7.141)$$

式中：A、B、C 为相邻两片屏间烟气的高、宽、深。

③管内冲刷的管式空预器

$$s = 0.9 d_{\mathrm{n}} \qquad (7.142)$$

（3）灰壁温度计算

屏式受热面，对流过热器及包墙管过热器，可按热阻叠加原理计算，即

$$q = \frac{t_{\mathrm{hb}} - t}{\frac{1}{\alpha_2} + \frac{\delta}{\lambda} + \varepsilon} \qquad (7.143)$$

一般情况下，管壁热阻 $\dfrac{\delta}{\lambda} \Rightarrow 0$，则

$$t_{\mathrm{hb}} = t + \left(\varepsilon + \frac{1}{\alpha_2} \right) q = t + \left(\varepsilon + \frac{1}{\alpha_2} \right) \frac{B_{\mathrm{j}} Q}{H} \qquad (7.144)$$

式中：t 为受热介质的平均温度，℃；ε 为污染系数，$(\mathrm{m}^2 \cdot ℃)/\mathrm{kW}$。

对流烟道中往往有空的气室存在，如转弯气室（转向烟室）、各级受热面之前或级间的气室，这些气室中的烟气具有辐射能力。

气室对四周的辐射热量为

$$Q_{\mathrm{f}} = \alpha_{\mathrm{f}} (\theta_{\mathrm{pj}} - t_{\mathrm{hb}}) H_{\mathrm{f}} / B_{\mathrm{j}} \qquad (7.145)$$

式中：α_{f} 为气室的辐射放热系数；θ_{pj} 为气室空间烟气的平均温度；H_{f} 为气室四周受热面的辐射受热面积。

气室辐射对下游受热面辐射的影响，一般用增大计算管束的辐射放热系数的办法来考虑。即

$$\alpha_{\mathrm{f}}' = \alpha_{\mathrm{f}} \left[1 + C \left(\frac{T_{\mathrm{qs}}}{1000} \right)^{0.25} \left(\frac{l_{\mathrm{qs}}}{l_{\mathrm{gs}}} \right)^{0.07} \right] \qquad (7.146)$$

式中：T_{qs} 为计算管束前气室中的烟气温度，K；l_{qs} 为气室在烟气流动方向上的深度，m；l_{gs} 为管束在烟气流动方向上的深度，m；C 为系数，与燃料种类有关；α_{f} 为计算管束的辐射放热系数，$\mathrm{kW}/(\mathrm{m}^2 \cdot ℃)$。

气室辐射对上游的影响可不计。

7.3.4　传热温压

所谓温压 Δt，就是参与换热的两种流体在整个受热面中的平均温差。由传热学，对单纯的顺流或逆流

$$\Delta t = \frac{\Delta t_{\mathrm{d}} - \Delta t_{\mathrm{x}}}{\ln \dfrac{\Delta t_{\mathrm{d}}}{\Delta t_{\mathrm{x}}}} \qquad (7.147)$$

式中：Δt_{d} 为受热面两端中较大温差一端的介质温差；Δt_{x} 为另一端较小的介质温差。

锅炉受热面的布置有时较复杂，既非纯顺流，也非纯逆流。主要有以下几种。

（1）串联混流　由两段组成，一段顺流，另一段逆流。这是对流式过热器常用的布置方案。

（2）并联混流　指在同一烟气流通截面上布置成并行的几部分,工质在烟气进口截面上要往返几个行程。

（3）交叉流　两种介质的流动方向是互相交叉的,如管式空气预热器。

根据传热学的知识,逆流布置时,温压最大,顺流时最小。其他情况的温压均介于这两者之间,可用下式计算

$$\Delta t = \psi_t \Delta t_{nl} \tag{7.148}$$

式中:Δt_{nl} 为按逆流计算的平均温压;ψ_t 为考虑非逆流布置的修正系数,称温压修正系数。

ψ_t 值可根据具体布置,进行解析求解或作成线算图。

串联混流时,为了确定是 ψ_t,需要三个无因次参数,即

$$P = \frac{\tau_2}{\theta' - t'}, \quad R = \frac{\tau_1}{\tau_2}, \quad A = \frac{H_{sl}}{H}$$

式中:τ_1、τ_2 为流体的温度变化。

从烟气流程看,先顺后逆时

$$\tau_1 = \theta' - \theta'', \quad \tau_2 = t'' - t'$$

从烟气流程看,先逆后顺时

$$\tau_1 = t'' - t', \quad \tau_2 = \theta' - \theta''$$

式中:t'、t'' 为工质的进、出口温度,℃;H_{sl}、H 为顺流部分及总受热面积。

令

$$\phi = \exp\left(\frac{\ln\frac{1-P}{1-PR}}{\psi_t(R-1)}\right)$$

则 ψ_t 可由下式求得

$$\frac{\left(\frac{1}{P}-1\right)\left[\phi^{A(R+1)}-1\right]}{R\phi^{A(R+1)}+1} + \frac{\frac{1}{P}-R}{R-1}\left[\phi^{(1-A)(R-1)}-1\right] = 1$$

并联混流时,需要两个参数。当一个行程为顺流,另一个行程为逆流时

$$P = \frac{\tau_x}{\theta'-t'}, \quad R = \frac{\tau_d}{\tau_x}$$

式中:τ_d 为烟气或工质温度变化 $\theta'-\theta''$ 或 $t''-t'$ 取两者中的大者;τ_x 为烟气或工质温度变化 $\theta'-\theta''$ 或 $t''-t'$ 取两者中的小者。

$$\psi_t = \frac{\dfrac{\sqrt{R^2+1}}{R-1}\ln\dfrac{1-P}{1-PR}}{\ln\dfrac{\dfrac{2}{P}-1-R+\sqrt{R^2+1}}{\dfrac{2}{P}-1-R-\sqrt{R^2+1}}}$$

当两个行程均为逆流时

$$\psi_t = \frac{\ln\dfrac{1-P}{1-PR}}{2(R-1)a}$$

式中:$a = \dfrac{t''-t'}{2\Delta t}$, $R = \dfrac{\tau_d}{\tau_x}$, $P = \dfrac{2(1+e^a)(1-e^{(1-2R)a})}{(1+2e^a)(R-e^{(1-2R)a})+R+e^a}$。

当两个行程均为顺流时

$$\psi_t = \frac{\ln \dfrac{1-P}{1-PR}}{2(R-1)a}$$

$$P = \frac{2}{\dfrac{1+2R}{1-e^{-(2R+1)a}} + \dfrac{1}{1+e^{-a}}}$$

式中：a 和 R 同前。

交叉流时，温压的大小主要取决于行程曲折次数及气流相互流动的总趋向（顺流或逆流）。

当总趋向为逆流时

$$P = \frac{\tau_x}{\theta' - t'}, \quad R = \frac{\tau_d}{\tau_x}$$

$$\psi_t = \frac{\dfrac{R}{R-1}\ln\dfrac{1-P_1}{1-P_1 R}}{\ln\Phi - \ln(1-P_1 R)}$$

式中

$$P_1 = \frac{\left(\dfrac{1-P}{1-PR}\right)^{\frac{1}{n}} - 1}{R\left(\dfrac{1-P}{1-PR}\right)^{\frac{1}{n}} - 1}$$

式中：n 为交叉次数，$n=1$, 2, 3, 4（$n>4$ 则 $\psi_t=1$）。

$$\Phi = \sum_{i=1}^{\infty} \varphi_i$$

$$\varphi_0 = 1$$

$$\varphi_1 = \alpha + \frac{\alpha}{\beta}(e^{-\beta} - 1)$$

$$\varphi_2 = \frac{1}{2}\alpha(2\varphi_1 - \alpha\varphi_0) + \frac{\alpha^2}{2!}e^{-\beta}$$

$$\varphi_3 = \frac{1}{3}\alpha\left(2\varphi_2 - \frac{\alpha}{2}\varphi_1\right) + \frac{\alpha^3}{3!}\frac{\beta}{2!}e^{-\beta}$$

……

$$\varphi_i = \frac{1}{i}\alpha\left(2\varphi_{i-1} - \frac{\alpha}{(i-1)!}\varphi_{i-2}\right) + \frac{\alpha^i}{i!}\frac{\beta^{i-2}}{(i-1)!}e^{-\beta}$$

……

$$\beta = \frac{\ln\dfrac{1-P_1}{1-P_1 R}}{(R-1)\psi_t}; \quad \alpha = \beta R$$

上面的无穷级数收敛很快，计算 Φ 的结束准则可取为

$$\left|\frac{\varphi_i - \varphi_{i-1}}{\varphi_i}\right| < 10^{-5}$$

ψ_t 的计算可采用迭代法，取 $\psi_{t0}=0.75$ 作为 ψ_t 的初始值，再计算 β、α，接着计算 $\varphi_i(i=1,2,3,\cdots,N)$，若 φ_i 满足计算准确度，则计算 Φ，如果在 N 这一步满足 $|\varphi_{N-1}-\varphi_N|<0.002$，则计算即可结束。

当交叉流总趋势为顺流时,用参数 P_1 代表 P

$$P_1 = \frac{1 - [1 - P(R+1)]^{\frac{1}{n}}}{R+1}$$

手工计算时更常使用线算图,具体可参见有关锅炉手册。

7.3.5 传热面积和流速

1. 对流传热面积的确定

锅炉对流受热面大多采用圆管。由于管径和管壁厚度不同,管子内、外表面积的比值也不一样。尤其是现代亚临界和超临界参数大型电站锅炉,受热面管子长,管壁厚,管子内、外表面积的差值问题就要引起注意。所以在传热性能计算中合理地规定受热面的传热面积对准确计算传热量有很大的影响。

通常采用的计算对流受热面传热面积的原则与传热系数计算方法有关。当采用平壁传热系数计算公式时,如果壁面两侧的放热系数相差很大,则以放热系数小的一侧的湿润面积作为传热面积;如果壁面两侧的放热系数相近,则以管子内、外表面积的算术平均值作为传热面积。

具体来说,锅炉的凝渣管束、锅炉管束、省煤器、过热器和再热器等受热面,都以管子外侧(烟气侧)的全部表面积作为计算传热面积。

屏式过热器为半辐射式受热面,故计算传热面积按平壁表面积,即等于通过屏受热面各管子的中心线并由屏最外圈管子的外廓线所围成的平面面积 F_p 的 2 倍(双面),再乘以角系数 x_p:

$$H_p = 2x_p F_p \tag{7.149}$$

布置在炉膛出口的顺列管束与屏的区别在于其纵向相对节距 σ_2 和横向相对节距 σ_1 不同。当 $\sigma_2 \leqslant 1.5$ 且 $\sigma_1 > 4$ 时,其传热面积即可按屏来计算。

管式空气预热器的传热面积按烟气侧和空气侧的平均表面积计算。回转式空气预热器的传热面积按蓄热板两侧表面积之和计算。

2. 工质和烟气流速计算和选取

第 6 章已叙及在设计锅炉时,对流受热面中的工质流速和烟气流速是根据安全可靠和技术经济方面的要求进行确定的。

流过各受热面的流体的流速在不同的地点都不相同,这是因为:①截面积发生变化;②流体温度发生变化。传热计算中所涉及的流速是指定性温度下所规定流通截面上的平均流速。

定性温度一般取进、出口截面上的温度的算术平均值。规定的流通截面视流体的冲刷方式而定,参阅有关手册。

烟气流速为

$$w_y = \frac{B_j V_y (\theta_{pj} + 273)}{273 F} \tag{7.150}$$

式中:B_j 为计算燃料消耗量;V_y 为 1 kg 燃料燃烧后,按标准状态下及烟道中平均过量空气系数下计算的烟气体积;F 为流通断面的面积。空气的计算速度为

$$w_k = \frac{B_j \beta_{ky} V^0 (t_{pj} + 273)}{273F} \tag{7.151}$$

式中：V^0 为燃烧所需的理论空气量；β_{ky} 为空气预热器中空气侧过量空气系数，即

$$\beta_{ky} = \beta'_{ky} + \frac{\Delta \alpha_{ky}}{2} + \beta_{yz} \tag{7.152}$$

式中：β'_{ky} 为空气预热器出口处的空气量与理论空气量之比；β_{yz} 为在空气预热器中进行再循环的空气的份额；$\Delta \alpha_{ky}$ 为空气预热器的漏风量，即等于空气侧漏到烟气侧的风量。

如果部分被加热的空气从空气预热器引出，即存在空气旁路，则 β'_{ky} 值应扣除流经旁路的那部分空气量。而不论在空气侧或在烟气侧有旁路的空气预热器中，漏风量 $\Delta \alpha_{ky}$ 仍保持不变。

蒸汽和水的流速为

$$w = \frac{D v_{pj}}{f} \tag{7.153}$$

式中：D 为蒸汽或水的流量，kg/s；v_{pj} 为蒸汽或水的平均比容，m^3/kg；f 为蒸汽或水的流通断面的面积，m^2。

在布置有被烟气或空气横向及斜向冲刷的管束的烟道中，烟气或空气的流通截面按管子中心线的平面来确定，等于烟道内截面积与管子所占面积之差。这样确定的流通截面与其他平行截面相比是最小的。凡是要确定气流速度都应采用这种最小截面积的原则。具体在各种受热面中计算流通截面积的公式如下。

当介质横向流过光滑管束时：

$$F = ab - z_1 ld \tag{7.154}$$

式中：a、b 为所求截面烟道的尺寸，m；z_1 为每排管子的根数；d、l 为管子的直径（外径）和长度，m；如是弯管，则取其投影长度作为管长。

当介质纵向冲刷受热面时：

若介质在管内流动，有

$$F = z_2 \frac{\pi d_n^2}{4} \tag{7.155}$$

式中：z_2 为平行并列的管子数；d_n 为管子内径，m。

若介质在管间流动，有

$$F = ab - z \frac{\pi d^2}{4} \tag{7.156}$$

式中：z 为管束中的管子数。

当所求烟道的各部分截面积不同而求其平均流通截面积时，可按照速度平均的条件，也就是按 $1/F$ 值平均的方法来求出。

若所计算的几段烟道，受热面的结构特性及冲刷特性是同样的，只是流通截面积不等，则平均流通截面可按下式计算：

$$\overline{F} = \frac{H_1 + H_2 + \cdots}{\dfrac{H_1}{F_1} + \dfrac{H_2}{F_2} + \cdots} \tag{7.157}$$

式中：H_1，H_2，$\cdots$ 为对应于流通截面各为 F_1，F_2，$\cdots$ 的受热面积，m^2。

若烟道流通截面是平滑渐变,其进口和出口截面积分别为 F' 和 F'',则平均流通截面为

$$\overline{F} = \frac{2F'F''}{F' + F''} \tag{7.158}$$

若通道截面积相差不超过 25％,可按算术平均法求其平均截面积。

7.3.6　污染及冲刷不完全对传热的影响

由于烟气中含有灰粒子以及流场不均匀等原因,受热面上的积灰及冲刷不完全是避免不了的。一般用污染系数 ε、热有效系数 ψ 和利用系数 ξ 来考虑其影响的程度。

1. 污染系数

设干净气流、清洁管壁下的对流传热的总热阻为 $\frac{1}{K_0}$,含灰气流和污染管壁在同样的传热温压、传热面积及结构参数条件下的传热阻为 $\frac{1}{K}$,则定义

$$\varepsilon = \frac{1}{K} - \frac{1}{K_0} \tag{7.159}$$

一般

$$\frac{1}{K_0} = \frac{1}{\alpha_1} + \frac{1}{\alpha_2} \tag{7.160}$$

$$\frac{1}{K} = \frac{1}{\alpha_{hb}} + \frac{\delta_h}{\lambda_h} + \frac{1}{\alpha_2} \tag{7.161}$$

则

$$\varepsilon = \frac{1}{\alpha_{hb}} + \frac{\delta_h}{\lambda_h} - \frac{1}{\alpha_1} \tag{7.162}$$

所以,ε 不仅与灰层外表面放热系数 α_{hb} 和灰层热阻 $\frac{\delta_h}{l_h}$ 有关,而且还与同样条件下的清洁管壁的放热系数 α_1 有关。因此,虽然污染系数 ε 是用来考虑灰层热阻对受热面传热的影响的,但 $\varepsilon \neq \frac{\delta_h}{\lambda_h}$。

一般由实验室或实际锅炉受热面上测定 $\frac{1}{\alpha_{hb}} + \frac{\delta_h}{\lambda_h}$ 总值,再获得 $\frac{1}{\alpha_1}$ 来得到 ε 的大小。

根据试验

$$\varepsilon = C_d C_{kl} \varepsilon_0 + \Delta\varepsilon \tag{7.163}$$

式中:ε_0 为基准污染系数,实验条件 $d = 38\ \text{mm}$,$R_{30} = 33.7％$。不同烟气流速和管子纵向相对节距的试验结果如图 7.12(a)所示。C_d 为管径修正系数,显然 $d = 38\ \text{mm}$ 时,$C_d = 1$。管径大易积灰,如图 7.12(b)所示;C_{kl} 为灰分颗粒组成的修正系数,即偏离 $R_{30} = 33.7％$ 的情况,用下式计算

$$C_{kl} = 1 - 1.18\lg\frac{R_{30}}{33.7} \tag{7.164}$$

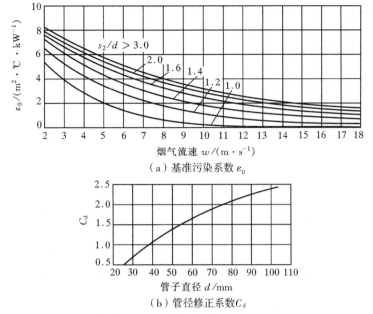

（a）基准污染系数 ε_0

（b）管径修正系数 C_d

图 7.12　燃用固体燃料时错列管束的污染系数

当缺乏燃料灰粒的粒度组成资料时,可取:煤及页岩 $C_{kl}=1$,泥煤 $C_{kl}=0.7$。$\Delta\varepsilon$ 为污染系数的附加修正值,与燃料种类和受热面型式有关,可参阅相关手册。ε 用于考虑燃用固体燃料时对横向冲刷错列管束的污染的影响。

对于屏式过热器也是采用污染系数来考虑积灰污染对传热的影响,其值取决于燃料种类和烟气的平均温度,燃用固体燃料时按照燃料的性质和烟气平均温度从图 7.13 查得。当锅炉燃用重油时,取 $\varepsilon=5.2$（m² · ℃）/kW;燃用气体燃料时,取 $\varepsilon=0$。

2. 热有效系数 ψ

热有效系数 ψ 通过修正清洁管的传热系数来考虑管壁外表面积灰对传热的影响。定义为污染管传热系数 K 与清洁管传热系数 K_0 之比,即

$$\psi=\frac{K}{K_0} \qquad (7.165)$$

在计算顺列布置的对流过热器、省煤器、凝渣管、锅炉管束、再热器和直流锅炉的过渡区等受热面时,都用热有效系数来修正传热系数。燃用无烟煤屑和贫煤时,$\psi=0.6$;燃用烟煤、褐煤、烟煤的洗中煤时,$\psi=0.65$;燃用油页岩时,$\psi=0.5$。

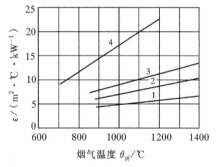

1—不结渣煤;2—微结渣煤并带吹灰;

3—微结渣煤无吹灰及强结渣煤带吹灰;

4—油页岩并带吹灰。

图 7.13　屏式过热器的污染系数 ε

当燃用重油时,除空气预热器外的对流受热面都采用热有效系数进行计算。当锅炉在过量空气系数 $\alpha_1''>1.03$ 下工作时,热有效系数按表 7.4 选取。当 $\alpha_1''\leqslant1.03$ 且采用钢珠除灰时,所有受热面的热有效系数值都比表 7.3 中数值增加 0.05,如无钢珠除灰,则取用表 7.4 中的数值。

表 7.3 燃油锅炉的热有效系数 ψ

受 热 面 名 称	烟气流速/(m·s^{-1})	热有效系数 ψ
第一级和第二级省煤器,直流锅炉过渡区,并有钢珠除灰时	4～12	0.7～0.65
	12～20	0.65～0.6
对流竖井中的对流过热器、再热器并有钢珠除灰	4～12	0.65～0.6
水平烟道中的顺列过热器和再热器无吹灰,凝渣管束,小型锅炉的锅炉管束	12～20	0.6
小型锅炉省煤器,进口水温≤100 ℃	4～12	0.55～0.5

注:较低的速度对应于较大的 ψ 值。

如在重油中加入固体添加剂(如菱苦土、白云石)以减轻尾部受热面的腐蚀时,则第二级省煤器、过渡区、低温过热器和再热器等受热面的污染会加重,其热有效系数应比表 7.4 降低 0.05。如加入的是液体添加剂,除小型锅炉省煤器增加 0.05,其余各项不变。ψ 用于考虑当锅炉燃用固体燃料时,顺列布置的管束以及燃用液体燃料和气体燃料的各种布置的管束因积灰污染对传热的影响。

燃用气体燃料时,除空气预热器外的所有对流受热面也都采用热有效系数来考虑污染对传热的影响。对于 $\theta'\leqslant400$ ℃的第一级省煤器或单级省煤器,$\psi=0.9$;对于 $\theta'>400$ ℃的第二级省煤器、过热器和其他受热面,$\psi=0.85$。

锅炉燃用重油之后燃用煤气时,热有效系数应取为燃用重油与煤气时的平均值;燃用固体燃料之后燃用煤气时(如没有停炉吹灰)则按固体燃料取用。

当燃用混合燃料时,污染系数或热有效系数均按污染程度较严重的燃料取用。

3. 利用系数 ξ

利用系数 ξ 是考虑烟气对受热面冲刷不均匀而造成的对传热过程的影响。对于布置在炉膛顶部及进入对流烟道烟气转弯处的屏式过热器,可按烟气流速由图 7.14 查取;当烟气流速 $w_y\geqslant$ 4 m/s 时,$\xi=0.85$;$w_y<4$ m/s 时,$\xi<0.85$。

管式空气预热器中,把灰污染和冲刷不均匀的影响合并在利用系数 ξ 内予以考虑,其值列在表 7.4 中。该表所列数据是不带中间管板的情况。当设置中间管板使空气折流,则该级空气预热器的利用系数将降低,有一块中间管板时,ξ 值降低 0.1;有两块中间管板时,ξ 值降低 0.15。

回转式空气预热器的利用系数 ξ 与燃料无关,只取决于漏风系数。当空气预热器的漏风 $\Delta\alpha_{ky}=0.2～0.25$ 时,$\xi=0.8$;当 $\Delta\alpha_{ky}=0.15$ 时,$\xi=0.9$。

当锅炉燃用重油且进入空气预热器的空气温度较高时,在受热面上不发生潮湿状的积灰,则可按上述规定取用 ξ 值。但

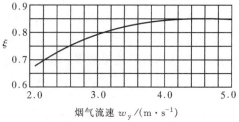

图 7.14 屏式过热器的利用系数

表 7.4 管式空气预热器的利用系数 ξ

燃料种类	第一级(低温)	第二级(高温)
无烟煤屑	0.80	0.75
重油	0.80	0.85
其余各种燃料	0.85	0.85

如果管式空气预热器进口空气温度低于 80℃,回转式空气预热器的进口空气温度低于 60℃,或过量空气系数 $a''_1 > 1.03$ 情况下燃用重油,利用系数 ξ 均应降低 0.1。

1998 标准方法中,对流受热面污染系数 ε、热有效系数 ψ 和利用系数 ξ 的使用和取值都做了简化。对于屏式受热面,采用利用系数 ξ 考虑烟气对受热面冲刷不完全的影响,采用污染系数 ε 考虑灰污对传热的影响;对于其他对流受热面,一律采用热有效系数 ψ 考虑灰污对传热的影响。三个系数的取值可参阅相关手册。

7.3.7　强化受热面的传热计算

在烟气管外横向冲刷管束的对流受热面中,一般说来,管外热阻比管内热阻大得多,因此可采用扩展受热面,增加相对于基本面单位面积的传热量,达到强化传热的效果,此外还可以调整受热面的壁温,某些结构形式的扩展受热面还能使通风阻力和工质的流动阻力有所降低,改善受热面的外部工作条件。因此,在锅炉的对流受热面中广泛采用扩展受热面。

扩展受热面的型式很多,在锅炉中常见的有肋片管、鳍片管及膜式对流受热面等。肋片的截面形状有圆形、方形、H 形及更复杂的形状。鳍片管是指沿管子轴向扩展表面的受热面,鳍片的形状有矩形、梯形等。膜式对流受热面是将沿烟气流动方向相邻两排管子用薄钢板焊接成膜式屏的受热面。与鳍片管相比较,膜式管具有自支承作用、受热均匀、积灰和磨损现象有所改善等特点。鳍片管和膜式管扩展的受热面面积与肋片管相比较都是有限的,但它们不易堵灰,因而在燃煤锅炉的对流受热面中广泛应用。而肋片管和销钉管表面扩展程度比较大,但容易堵灰,适用于燃用重油或天然气锅炉的对流受热面。图 7.15 示出了几种扩展对流受热面。

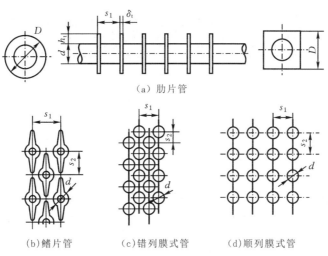

（a）肋片管

（b）鳍片管　　　　（c）错列膜式管　　　　（d）顺列膜式管

图 7.15　几种扩展对流受热面

对火管式锅炉烟管、管式空气预热器等,烟气在管内纵向冲刷,放热系数较低,可以采用螺旋槽纹管、管内扰流子等结构强化传热。

螺旋槽纹管的结构是在圆管表面滚轧出螺旋形的凹槽,管内则形成螺旋形的凸起,如图 7.16 所示。根据轧制时的螺纹头数可分为单头和多头的螺旋槽纹管。烟气在管内流动时,由于受螺旋槽纹的导引,靠近壁面部分的烟气顺槽旋转,而螺旋形的凸起,使烟气产生周期性的扰动,这样可使流体边界层减薄,并增强流体的扰动,使传热强化。根据在工业锅炉上实际应用的经验,可使传热量提高约 40%～50%,具有很好的效果。为使流动阻力不致增加太大,螺旋槽不宜太深。

横槽纹管在管壁上滚轧出与管子轴线成 90°的槽纹,在管壁内形成一圈圈突出的圆环,如图 7.17 所示。其强化传热的作用是使流体经过圆环时在管壁上形成轴向的旋涡,增加流体边界层扰动。

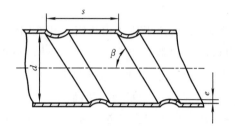

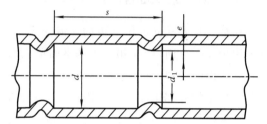

d—内径;s—槽距;e—槽深;β—槽与管轴线夹角。

图 7.16　单头螺旋槽纹管

图 7.17　横槽纹管

在管内加入某种元件,使流体发生旋转,从而增大流体的湍流程度而使传热强化,这种元件称为扰流子。扰流子有多种型式,如扭片、螺旋片、螺旋线圈等。显然,由于在管内增加了元件,流体的阻力也会增加。所以,对于各种型式的扰流子,都要具体研究加装了扰流子后传热强化与阻力增加之间的关系,即增加的传热量与因阻力增加而多消耗的能量之间的合理比值。图 7.18 所示为螺旋型扭片的结构型式。

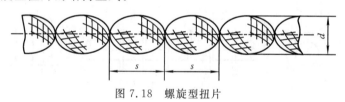

图 7.18　螺旋型扭片

各种型式的强化受热面如图 7.19 所示。

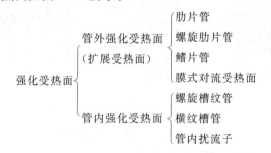

图 7.19　各种型式的强化受热面总结

随着传热理论和技术的发展,锅炉各种受热面上将会采用越来越多的强化传热技术。各种强化传热受热面的放热系数的计算仍然主要依赖于实验,可参阅有关文献。

7.3.8　对流受热面传热计算的方法(包括各受热面计算要点)

图 7.20 为一对流受热面。

工质的吸热量为

$$Q_{\mathrm{rpg}} = \frac{D(i'' - i')}{B_{\mathrm{j}}}$$

若受热面直接吸收炉膛的辐射热(如凝渣管及屏)为 Q_{f},则

$$Q_{\mathrm{rpg}} = \frac{D(i'' - i')}{D_{\mathrm{j}}} - Q_{\mathrm{f}}$$

烟气传给工质的热量可以由烟气侧的热平衡计算

$$Q_{\mathrm{rpy}} = \varphi(I' - I'' + \Delta\alpha_{1\mathrm{f}} I_{1\mathrm{k}}^0)$$

由传热方程

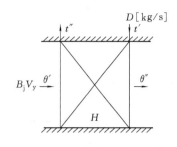

图 7.20　对流受热面传热计算示意图

$$Q_{\mathrm{cr}} = KH\Delta t / B_{\mathrm{j}}$$

理论上讲

$$Q_{\mathrm{rpg}} = Q_{\mathrm{rpy}} = Q_{\mathrm{cr}} = Q \tag{7.166}$$

一般情况下, t'、θ' 为已知。

①若 Q 一定,即受热面传递的热量一定, θ'' 或 t'' 必已知,那么计算的目的就是如何布置、调整受热面,使之满足传热要求。显然,这是一个设计计算。

②若受热面已布置好,求传热量。显然,这是一个校核计算。此时,一般 θ'' 未知,需在计算前假定。

因为传热方程中,传热系数 K 的求取需要受热面的结构特性,所以无论设计计算还是校核计算,都可采用校核的方法,即预先布置受热面,使得传热量等于烟气的放热量(或工质的吸热量)。

二者的区别在于:设计计算中,只能改变结构修改受热面,使传热量等于烟气放热量。校核计算中,可改变结构,修改受热面(整台锅炉为设计);也可受热面不变,只修改假定的 θ'',使传热量等于烟气的放热量。对于有经验的设计人员,一般受热面的布置不变,即预先能够确定多少受热面大致能传递多少热量,这个热量是设计人员预先分配好的。计算时,只需改变 θ'',直到满足计算要求为止。

实际计算中,前面提到传热量等于烟气放热量(或工质吸热量),由于计算误差、受热面结构(如不能截掉半根管子)等因素,不能使二者严格相等。只要使二者的误差在许可范围内,就可认为计算完成。

以校核计算为例说明对流受热面传热性能计算的步骤:

①假定 θ'',由焓温表得 I''。

②由热平衡方程得烟气放热量 $Q_{\mathrm{rp}} = \varphi(I' - I'' + \Delta\alpha_{1\mathrm{f}} I_{1\mathrm{k}}^0)$。

③求工质出口焓 i''

$$i'' = i' + \frac{\varphi B_{\mathrm{j}}(I' - I'' + \Delta\alpha_{1\mathrm{f}} I_{1\mathrm{k}}^0)}{D}$$

然后由 i'' 求得 t''。

④由 θ'、θ'' 和 t'、t'' 求受热面的温压 Δt。

⑤由 θ_{pj} 求烟气流速 w_y。

$$w_y = \frac{B_j V_y}{3600 F}\left(\frac{273 + \theta_{pj}}{273}\right)$$

⑥确定 α_d、ε 或 ψ 或 ξ。

⑦由 t_{pj} 求工质流速 w。

$$w = \frac{Dv}{3600 f}$$

⑧确定工质侧放热系数 α_2。

⑨确定灰壁温度 t_b。

⑩确定烟气辐射放热系数 α_f。

⑪确定放热系数 α_1。

⑫确定传热系数 K。

⑬确定传热量 Q_{cr}。

⑭检验烟气出口温度的原假设是否合理。

$$\delta Q = \left|\frac{Q_{rp} - Q_{cr}}{Q_{rp}}\right|$$

对凝渣管 $\delta Q \leqslant 5\%$，对无减温器的过热器 $\delta Q \leqslant 3\%$，其他受热面一般 $\delta Q \leqslant 2\%$ 时，则认为假定的烟气出口温度是合理的，计算结束。此时，温度和焓的最终数值应以热平衡方程式中的数值为准。

当 δQ 不符合上述要求时，必须重新假定 θ''，再次计算。

当在对流受热面的烟道中有附加受热面时，计算方法将有所不同，具体参阅相关手册。

各受热面热力计算要点如下。

1. 过热器与再热器

①辐射式过热器的传热性能计算按辐射受热面处理。

②半辐射式过热器总体上按对流受热面处理。

屏式过热器的计算需考虑屏直接接收炉膛辐射热 Q'_f 的影响，以及屏间烟气辐射给屏后受热面的热量 Q''_f。前者通过传热系数 K 的修正来反映，后者要在计算屏区烟气对流放热 Q'_d 时予以计及，即

$$Q'_d = \varphi(I'_p - I''_p + \Delta\alpha_{lf} I^0_{lk}) - Q''_f \tag{7.167}$$

屏的总吸热量

$$Q_0 = \frac{D(i'' - i')}{B_j} = Q'_d + Q'_f \tag{7.168}$$

1998 标准对屏式过热器的计算作了简化，未考虑屏间烟气辐射给屏后受热面的热量，且炉膛透过出口烟窗的辐射热量最多被出口烟窗后布置的两级受热面吸收，可参阅相关手册。

对流过热器和屏式过热器的计算顺序是相同的。在作设计计算时，按照给定的过热汽温和假定的减温器吸热量计算出过热器的总吸热量。如有汽汽热交换器将热量传给再热蒸汽，则过热器的吸热量为

$$Q_{rp} = \frac{D(i'' - i')}{B_j} - Q_f + Q_{zq} \tag{7.169}$$

式中：Q_f 为吸收炉膛的辐射热量，kJ/kg；Q_{zq} 为汽汽热交换器中传给再热蒸汽的热量，对每 kg

燃料而言,单位为 kJ/kg。

减温器吸热量按如下方法考虑。

①如果减温器装在饱和蒸汽侧,减温器的吸热量用每 kg 蒸汽放给冷却水的热量 Δi_{jw} (kJ/kg)表示,则过热器进口工质的焓为

$$i' = i_{bh} - \Delta i_{jw} \tag{7.170}$$

③如果减温器的吸热量用过热器前的蒸汽干度表示,则蒸汽的初焓为

$$i' = i_{bh} - r(1-x) \tag{7.171}$$

式中:i_{bh} 为饱和蒸汽的焓,kJ/kg。

③如果减温器布置在过热器级间,则按各段中实际温度计算,进入第二级的过热蒸汽比焓应减去减温器的焓降。

⑤如果过热器级间布置喷水减温器,则减温器前的过热器流量应减去喷水量 ΔD,即

$$\Delta D = D - D' = D \frac{\Delta i_{jw}}{i''_1 - i_s} \tag{7.172}$$

$$\Delta i_{jw} = i''_1 - i'_2 \tag{7.173}$$

式中:i''_1 为第一级过热器出口蒸汽比焓;i'_2 为第二级过热器入口蒸汽比焓;i_s 为喷入减温器水的比焓。

a. 在设计计算时,减温器焓降 Δi_{jw} 一般是预先给定的。

b. 单级过热器,一般由于 t_{gr} 已知,吸热量一定,故只能是设计计算。

c. 再热器的计算按再热器流量与参数进行,其计算方法与过热器基本相同。当有汽汽热交换器时,再热器从烟气中的吸热量为

$$Q_{zr} = \frac{D_{zr}}{B_j}(i''_{zr} - i'_{zr}) - Q_{zq} \tag{7.174}$$

2. 凝渣管与对流管束的计算

在设计凝渣管与对流管束时,一般采用校核计算的方法,先假定管束后的烟温,然后再校验和校准。由于工质侧是沸腾的汽水混合物,工质温度不变,因此计算时不用工质侧热平衡方程式。由已知的进口烟温和假定的出口烟温,根据烟气侧热平衡方程式求得的管束吸热量与传热方程式求得的吸热量的差值,如果对凝渣管束不超过 5%,对对流管束不超过 2%,则计算完成。

管束中管子的排数等于或多于 5 排时,可认为由炉膛辐射给管束的热量,全部被管束所吸收。管子排数较少时,就会有一部分热量穿过管束被后面的受热面所吸收,此时凝渣管束吸收的炉膛辐射热为

$$Q_{f,nz} = \frac{x_{nz} A_{f,nz} q_{nz}}{B_j} \tag{7.175}$$

式中:x_{nz} 为凝渣管束的角系数;$A_{f,nz}$ 为凝渣管束的辐射受热面积;q_{nz} 为炉膛辐射在凝渣管区域的平均热负荷。

凝渣管束的吸热量等于对流受热面的吸热量加炉膛辐射吸热量:

$$Q_{nz} = Q_{d,nz} + Q_{f,nz} \tag{7.176}$$

注意:对流管束沿烟气流向会分成几个行程,若每个行程中烟速及结构参数不同时,应分行程计算,但有时也统算。

3. 直流锅炉的过渡区

在压力较低的直流锅炉中,有不少锅炉布置外置式过渡区以沉积盐分,也就是把蒸发段的末段布置在烟温较低的尾部烟道中。一般过渡区进口的蒸汽湿度约为 $25\%\sim30\%$,以保证下辐射区各管中不积盐,过渡区出口一般略有过热,$\Delta i_{gr}=60\sim80\ \mathrm{kJ/kg}$,以避免在上辐射区积盐。这样,过渡区由蒸发段和过热段两段组成,应分两段计算。

4. 省煤器计算

在设计省煤器时,θ'_{sm}、i'_{sm},即入口烟焓(温)和入口水焓均为已知。由于省煤器是工质侧的最后一个受热面,其吸热量可由热平衡方程式确定,即

$$Q_{sm}=Q_r\eta\frac{1}{1-q_4}-(Q_f+Q_p+Q_{gr}+Q_{zr}+Q_{gd})\tag{7.177}$$

式中:Q_f、Q_p、Q_{gr}、Q_{zr}、Q_{gd} 分别表示对每 kg 燃料而言的炉膛辐射受热面、屏、对流过热器、再热器、过渡区等各部分受热面的吸热量(kJ/kg)。各部分吸热量均用热平衡方程式求得的值代入。

求得吸热量后即可由热平衡方程式求得省煤器出口水的焓为

$$i''_{sm}=\frac{B_jQ_{sm}}{D_{sm}}+i'_{sm}\tag{7.178}$$

当省煤器与空气预热器为双级交错布置时,可先分配各级吸热量,然后逐级进行计算。

$I''_{sm}(\theta''_{sm})$ 可由两种方法确定:

① 由 $Q_{sm}=\varphi(I'-I''+\Delta\alpha I^0_{lk})$;

② 由 $I''_{sm}=I'_{ky}=I_{py}+\dfrac{Q_{ky}}{\varphi}-\Delta\alpha_{ky}I^0_{lk}$。

当省煤器单级布置,吸热量一定时,计算目的是布置调整受热面使之满足要求,故为设计计算。当双级布置时,应根据尾部受热面双级布置的原则,分配各级省煤器工质的吸热量,然后分级计算。双级布置时,一级为校核计算,另一级必为设计计算。其中一级的传热性能计算的完成,标志着另一级吸热量的确定。一般先进行的是校核计算,后进行的是设计计算。

在计算省煤器时,应当采用通过省煤器的水的实际流量 D_{sm},即要考虑排污量及通过减温器的水量(当减温器与省煤器并联时),并采用省煤器进口处水的实际焓,即当减温水回到省煤器时应考虑减温器的吸热量,则

$$i'_{sm}=i_{gs}+\Delta i_{jw}\frac{D_{gr}}{D_{sm}}\tag{7.179}$$

5. 空气预热器的传热性能计算

空气预热器的计算须根据空气的实际流量进行。

在空气预热器设计计算时,热空气温度 t_{rk} 是选定的,冷空气温度 t_{lk} 亦是给定的,可由热平衡方程式求得空气预热器吸热量,即

$$Q_{ky}=\beta_k(I^{0\prime\prime}_k-I^{0\prime}_k)\tag{7.180}$$

式中:$I^{0\prime}_k$、$I^{0\prime\prime}_k$ 分别为进、出空气预热器的理论空气量的焓,kJ/kg;β_k 为空气预热器中平均空气量与理论空气量之比。

由于空气预热器中不可避免有部分漏风,会使部分空气漏至烟气中去,因此对空气预热器而言有

$$\beta_k=\frac{1}{2}(\beta''_k+\beta'_k)\tag{7.181}$$

而 $\beta'_k = \beta''_k + \Delta\alpha_{ky}$，代入上式，有

$$\beta_k = \beta''_k + \frac{1}{2}\Delta\alpha_{ky} \tag{7.182}$$

式中：β''_k、β'_k 分别为空气预热器出口和进口空气量与理论空气量之比；$\Delta\alpha_{ky}$ 为空气预热器的漏风系数。则

$$Q_{ky} = \left(\beta''_k + \frac{1}{2}\Delta\alpha_{ky}\right)(I_k^{0''} - I_k^{0'}) \tag{7.183}$$

单级布置时，进口烟温 θ'_{ky} 已由省煤器计算获得，出口烟温即为 θ_{py}，计算的目的是布置受热面，使之符合要求，因此为设计计算。

当然，也可采用校核计算，即假定 θ'_{ky}，布置受热面，使传热量等于烟气放热量。但此时若 θ'_{ky} 与 θ_{ky} 相差较大，说明 η、B_j 等值不正确，因此采用此法时，要求 $|\theta'_{ky} - \theta_{ky}| \leqslant 10\ ℃$，否则还要调整受热面，并且要以计算所得的 θ_{py} 校准热平衡计算中的有关参数（如 η、B_j、q_2 等）。

另一种校核计算方法是，令 $\theta'_{ky} = \theta_{py}$，但 t_{rk} 待校核，即空气预热器的吸热量由下式确定

$$Q_{ky} = \varphi(I'_{ky} - I_{py} + \Delta\alpha I^0_{lk})$$

然后由 $Q_{ky} = \left(\beta''_k + \dfrac{1}{2}\Delta\alpha_{ky}\right)(I_k^{0''} - I_k^{0'})$ 确定 $I_k^{0''}$，进而得到 t_{rk}（计算 Δt 时用到）。布置受热面，使传热量与烟气的放热量的误差在允许的范围内。如果计算得到的 t_{rk} 与原来假定的值误差小于 $\pm 40\ ℃$，则满足要求，否则仍要调整受热面，并以计算的 t_{rk} 校核 θ'_l 及 Q_f（炉膛辐射吸热量）。

由于计算机的存在，在实施计算时，可控制排烟温度或热风温度的假定值和计算值之差在更小的范围内。

采用校核计算的好处在于，调整受热面和调整 θ' 同时进行，迅速接近要求，减少重复计算工作量。双级布置时，要看与省煤器的配合。一般一级为校核，另一级为设计计算，也是先进行的为校核计算，后进行的为设计计算。值得一提的是：省煤器和空气预热器的传热性能计算不必遵循沿烟气行程依次进行，次序可灵活，只要满足误差要求便可。

6. 整台锅炉热量平衡校验

整台锅炉计算完成后，一般可按

$$\Delta Q = Q_r\eta - \sum Q(1 - q_4) \tag{7.184}$$

来校核汽水边和烟气边的热量平衡。其中，$\sum Q$ 为汽水系统各受热面的总吸热量。

若 $\left|\dfrac{\Delta Q}{Q_r}\right| \leqslant 0.5\%$，则认为计算正确，全部计算完成。实际上，该判定条件是为了检验手工计算过程中是否有错误，如果使用计算机进行计算，在保证计算过程中没有错误的情况下，可不作该判定。

值得强调指出的是：整台锅炉的设计计算时，各个受热面都可以采用设计计算方法计算。但为了计算方便，有些受热面也可以采用校核计算方法计算。但是，并不是所有受热面都可以按校核进行。如两级布置的过热器，先算的那一级可采用校核计算，后计算的那一级只能采用设计计算。

整台锅炉作校核传热性能计算时，各个受热面都必须采用校核计算方法，而不能采用设计计算方法。

7.4 热力计算的程序化方法简介

锅炉热力计算是锅炉性能计算中最重要的内容,是其他计算的基础和依据。前面介绍的热力计算方法都是基于手工计算的。随着锅炉技术的不断进步,锅炉热力计算的重要性和复杂性不断提高。燃料种类除传统的煤、石油、天然气外,还出现了生物质、垃圾等,各种燃料的混烧也较常见;锅炉容量增大,包括二次再热锅炉的出现,使受热面数目增多,主受热面和附加受热面的布置更加灵活,烟气侧和工质侧受热面的连接关系更加复杂;尾部对流受热面型式多变,各种扩展式受热面越来越多地应用于工程实际;汽温调节方式众多,一台锅炉一般需要几种调节方式配合使用;超临界锅炉的结构特点使个别受热面的计算有特殊性;锅炉的设计和改造需要考虑不同负荷的适应性,以满足灵活调峰的需要。以上这些都对锅炉热力计算提出了新的要求,如果通过手工方法来进行热力计算,计算耗时将是非常大的,计算结果的准确性也难以得到保障。因此,开发能够处理各种工作条件和多种炉型的通用热力计算软件具有重要意义。

1. 锅炉通用热力计算模型

(1)燃料对象

燃料的燃烧计算建立在燃烧化学反应的基础上,是热力计算的基础。燃烧过程遵循物质不灭定律。无论是传统的锅炉燃料煤、石油、天然气,还是生物质、垃圾,或者各种燃料混烧,都可将燃料看成是由碳、氢、氧、氮、硫、水分和灰分组成,计算过程中只需要将各种成分按一定的计算基准折算即可。通过对燃料的抽象,可以真正地解决热力计算对燃料的适应性。

(2)锅炉热力系统分析

锅炉热力系统可以看作是由众多锅炉部件遵循一定的逻辑关系连接而成的。根据锅炉部件的功能和特点,具体可以分为如下四种。

①换热部件。锅炉中数目最多的部件,工质(水、水蒸气、空气)流经该类部件时吸收烟气的热量,包括主受热面和附加受热面。按传热方式分类,主受热面可分为辐射受热面(炉膛、大屏、墙式受热面、转向烟室等)、半辐射受热面(后屏)和对流受热面(对流管束、省煤器、空预器等)。对于超临界直流锅炉,水冷壁后墙引出管等受热面中工质非汽水混合物,工质侧传热系数必须计算,炉膛水冷壁需要进一步划分才能求得水冷壁后墙引出管内工质的流量和温度。

②减温部件。对过热蒸汽和再热蒸汽进行汽温调节,主要指喷水减温器。其他的汽温调节方式包括燃烧器摆动、烟气挡板、烟气再循环等,在热力计算过程中是通过调整炉膛 M 数或流经烟道的烟气份额来实现的,不作为具体的部件。

③连接部件。受热面之间起分叉或汇合作用的部件,包括进口集箱和出口集箱,且都不受热。

④虚拟部件。为界定计算边界,方便进行计算,人为定义的部件,包括炉膛出口烟窗、分烟挡板和合烟挡板。该类部件不受热,也不作为工质的流通通道。

(3)热力计算模型建立

根据对锅炉热力系统的分析,将锅炉部件进行如下抽象。图 7.21 中,i 和 i' 分别表示进、出口工质,I 和 I' 分别表示进、出口烟气,m、n、j 和 k 为流体的分支数。

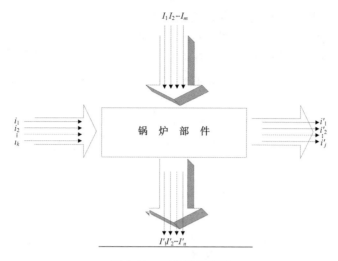

图 7.21 锅炉部件模型

换热部件、减温部件、连接部件和虚拟部件从属于锅炉部件,它们的模型可由锅炉部件模型进一步简化得到,如图 7.22 所示。针对单个换热部件,烟气和工质的流体分支数目均为 1。减温部件不受热,没有烟气流体分支,工质的进、出口状态保持不变。虚拟部件没有工质流体分支,对于炉膛出口烟窗,进、出口烟气的流体分支数目均为 1;对于分烟挡板,进口烟气流体分支数目为 1,出口烟气流体分支数目为 2;对于合烟挡板,进口烟气流体分支数目为 2,出口烟气流体分支数目为 1。各部件工质侧的关系由连接部件实现。

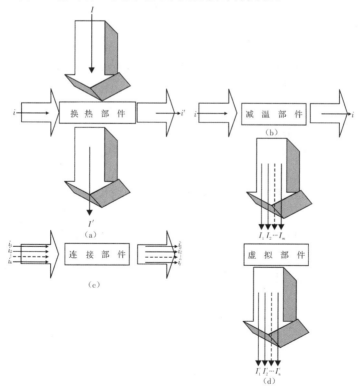

图 7.22 四种锅炉部件的模型

任意电站锅炉的热力系统均可由以上四种基本的部件构建而成,部件之间的关系为烟气侧和工质侧连接关系。热力系统构建过程中将生成烟气和工质链表。采用面向对象的方法,分别建立部件类对以上部件进行描述。为便于编程,根据实际电站锅炉中的部件应用情况,将四种基本部件细化为具体部件,如炉膛、屏式过热器等。热力计算沿烟气链表依次进行,每完成一个部件的计算,相关参数沿烟气和工质链表传递给后续受热面。

2.热力计算流程

锅炉热力计算的流程如图 7.23 所示。整个锅炉热力计算可采用校核计算的方法,校核初始或假定的过热和再热蒸汽温度、排烟温度和热空气温度与计算值的偏差是否满足要求。

基于上述思想,西安交通大学成功解决了锅炉热力计算的程序化问题,开发出了通用的锅炉热力计算软件。

 复习思考题

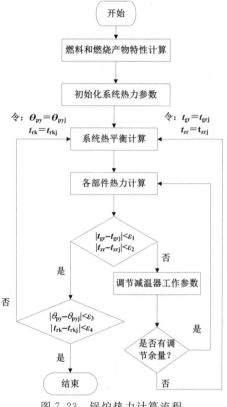

图 7.23 锅炉热力计算流程

1. 说明炉内换热的特点。

2. 炉内烟气的成分有哪些? 请说明它们对炉内换热的作用。

3. 炉内传热计算的原理和基本方程式是什么? 简述苏联的炉内换热计算的基本思路,并与我国层燃炉炉内换热计算方法做比较。

4. 何谓炉膛黑度? 引出它有何意义?

5. 说明怎样确定炉膛的形状和尺寸以及怎样进行炉膛的热力计算。

6. 辐射受热面的有效角系数 x、热有效系数 ϕ 和污染系数 ζ 的定义如何? 三者之间的关系怎样?

7. 锅炉负荷的变化怎样影响炉内换热量的大小及炉膛出口烟温的大小?

8. 请说明确定炉膛出口烟温的原则,并请给出各种锅炉炉膛出口烟温的推荐值。

9. 设计一台锅炉时,炉膛出口烟温应如何确定? 一台锅炉运行时,影响炉膛出口烟温的因素有哪些? 是怎样影响的,为什么?

10. 说明对流受热面的传热过程,哪些受热面是锅炉的对流受热面? 其传热有何特点?

第8章 受热面外部工作过程

燃料燃烧,特别是固体燃料燃烧时,由于燃料中含有灰分、水分以及硫分,锅炉各受热面的外部工作条件非常恶劣。

煤粉燃烧完成后,煤中的灰分最终都要排放出锅炉本体,其中绝大部分(对于干态排渣煤粉炉约85%以上)经过尾部受热面后到达除尘器,所以煤灰会沉积在锅炉的各种受热面上,严重时使受热面堵塞。大量的灰粒流过,势必会对受热面造成磨损。

燃料中含有硫分及水分,其中硫分燃烧后产生 SO_2,部分 SO_2 被氧化成为 SO_3,它们与烟气中的水蒸气结合形成硫酸或亚硫酸蒸汽,遇到较冷的受热面后就会凝结在受热面表面,造成对受热面的磨蚀。如果烟气中的水蒸气遇冷后凝结(结露)下来,也会加重对锅炉尾部的低温受热面的腐蚀和堵灰。

另外,处于流动烟气中的锅炉受热面会产生所谓的流致振动问题。一旦受热面的振动频率与其固有频率接近,就会导致受热面的损坏。

我国燃用劣质煤较多,因此电站锅炉受热面"四管"因积灰、腐蚀、磨损和振动而引起的泄漏爆管事故十分惊人。所谓"四管",是指水冷壁管、过热器管、再热器管及省煤器管。在我国,电站锅炉"四管"的泄漏爆管事故占电厂总事故的四分之一以上。

本章的目的是阐明锅炉受热面外部工作过程,包括污染、腐蚀、磨损及振动发生的原因、影响因素和减轻或防止的措施等。

8.1 结渣与积灰

1. 煤粉燃烧后的灰渣形态

①保持固体状态,以飞灰形态通过锅炉各受热面,引起受热面磨损。这些飞灰颗粒由大小不同的分散相组成,在经过火焰高温区时,灰粒可被熔化成球形,或局部熔化成钝角形,或全不熔化而以原来带有的不规则尖角形式,不同的灰粒形状所引起的磨损严重程度亦不相同。

②熔化成液态,然后粘在炉膛受热面上,经逐步沉积而形成块状,通常称之为结渣。结渣会使锅炉出力降低。我们知道,焦炭是煤中水分和挥发分析出后的剩余物。结焦是指高温下焦炭或未燃烧完全的煤粒的聚集成团,结焦也会造成与结渣类似的危害。

③在高温下升华成气态,然后在较冷的水冷壁、过热器或再热器管面上凝结,并与飞灰相结合一起沉积于管子上,对受热面造成沾污。

图 8.1 所示是扫描电子显微镜下煤粉高温燃烧后灰渣的微观形貌。煤灰颗粒形状、大小以及表面结构形态不一。

图 8.1　扫描电子显微镜(SEM)下的煤灰微观形貌

2. 结渣、沾污及磨损引起的主要问题

①污染、结渣会降低炉内受热面的传热能力。灰污在受热面沉积后,由于其导热系数很低,热阻很大,一般污染数小时后水冷壁的传热能力会降低 30%～60%,使得炉内火焰中心后移,炉膛出口烟温相应提高。由于炉膛出口烟温提高,使得飞灰易黏结在对流和屏式过热器上,引起过热器的沾污和腐蚀。积灰会使省煤器和空气预热器堵塞、传热恶化,从而提高排烟温度,降低锅炉运行经济性。

②由于总的传热阻力增大,可能会使锅炉无法维持在满负荷下运行,只好增加投煤量,引起炉膛出口烟温进一步提高,使灰渣更容易粘在受热面上,形成恶性循环,导致发生一系列锅炉恶性事故,如过热器、省煤器管束堵灰、爆裂,空气预热器大量漏风,出渣系统堵死等。烟温升高还会导致蒸汽过热汽温升高,使管子金属处于超温运行状态。

③在高温烟气作用下,黏结在水冷壁或高温过热器上的灰渣会与管壁发生复杂的化学反应,形成高温腐蚀。

④只能低负荷运行、增加检修工作量或者被迫停炉检修而造成巨大的直接及间接的经济损失。

8.1.1　结渣

结渣,也叫熔渣,是指受热面上积聚了熔化的灰沉积物,主要发生在炉膛受热面及高温对流受热面,如凝渣管和过热器的前部等处。它主要由烟气中夹带的熔化或部分熔化的颗粒碰撞在炉墙、水冷壁或管子上被冷却凝固而形成,结渣的形态主要是以黏稠或熔融的沉淀物形式出现。特别是当灰熔点较低,而炉膛中及出口处的烟气温度又很高时,飞灰呈熔状的黏结颗粒,碰到受热面后即黏结在管壁上。

积灰是指温度低于灰熔点时灰粒在受热面上的积聚。积灰几乎可以发生在任何受热面上,积灰过程是一个复杂的物理化学过程和空气动力学过程。这就是说,积灰过程可能伴随着化学变化,而流场的形态会影响到颗粒的运动,因此影响到积灰过程。一般说来,积灰可分疏(干)松灰、高温黏结灰和低温黏结灰三种形态。

由于燃烧用空气中也含有灰粒,因此积灰在任何锅炉中几乎是不可避免的,只能采用措施来减轻。

1. 结渣过程

锅炉实际运行中只有当一部分灰粒的黏度足以使其附着在壁面上时才有可能在炉膛壁面上产生结渣，然后可以在壁面上形成一层灰层，这一灰层由受热面不断地向炉膛内延伸，直至达到熔融相为止。图 8.2 示出了炉膛受热面上结渣的进程。

结渣过程与炉内空气动力场的组织和温度水平等有密切关系。当炉内某区域内的烟气停滞不动或在原地回旋时，烟气流所携带的灰渣粒由于惯性作用可能就会部分地沉淀在炉墙上，此时如果炉墙是炽热的或是被分离的灰渣具有高于熔点的温度，那么灰渣在炉墙上积聚一定数量后因重力作用会向下流动，下落至较冷的地方（如落在人孔、手孔或其他有漏风的观察孔附近和较冷的水冷壁管上），并凝结成"钟乳石"状的渣瘤，如图 8.3 所示。

按灰渣黏聚的紧密程度，由弱到强，可将渣型分为：附着灰、微黏聚渣、弱黏聚渣、黏聚渣、强黏聚渣、黏熔渣及融熔渣七个等级。

2. 结渣趋势预测

由于煤灰中各种组分的灰熔点不同，因而可用灰的主要成分来判断煤灰的结渣指标。

（1）碱酸比 B/A　由于煤灰中的酸性成分（SiO_2、Al_2O_3、TiO_2）比碱性成分（Fe_2O_3、CaO、MgO、Na_2O、K_2O）的熔点普遍要高些，煤灰中酸性成分多会使煤灰熔点高，因此可用碱酸比来衡量煤灰结渣的难易。

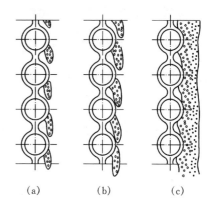

(a)　　　(b)　　　(c)

 ⋯⋯ — 多孔干燥；　 ⬛⬛ — 熔化

图 8.2　炉膛受热面上结渣的进程

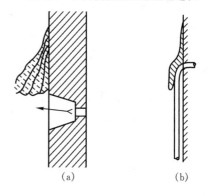

(a)　　　　　(b)

图 8.3　观察孔及引出管的渣瘤

$$\frac{B}{A} = \frac{w(\text{Fe}_2\text{O}_3) + w(\text{CaO}) + w(\text{MgO}) + w(\text{Na}_2\text{O}) + w(\text{K}_2\text{O})}{w(\text{SiO}_2) + w(\text{Al}_2\text{O}_3) + w(\text{TiO}_2)} \tag{8.1}$$

式中：B 为煤灰中碱性成分含量；A 为煤灰中酸性成分含量；$w(\text{Fe}_2\text{O}_3)$、$w(\text{SiO}_2)$ 等分别为干燥基各种灰组分的质量分数。

推荐的判断值：当 $\dfrac{B}{A} = 0.4 \sim 0.7$ 时，为结渣煤；当 $\dfrac{B}{A} = 0.1 \sim 0.4$ 时，为轻微结渣煤；当 $\dfrac{B}{A} < 0.1$ 时，为不结渣煤。

（2）硅铝比　即 $\dfrac{2w(\text{SiO}_2)}{w(\text{Al}_2\text{O}_3)}$ 的值，因为 SiO_2 熔点较高，但对灰渣熔化温度的影响却比较复杂。如果全部 SiO_2 与 Al_2O_3 结合成高岭土（$Al_2O_3 \cdot 2SiO_2$），熔点也高，此时其硅铝比 $\dfrac{2w(\text{SiO}_2)}{w(\text{Al}_2\text{O}_3)} = 1.18$，不会结渣。如果 $\dfrac{2w(\text{SiO}_2)}{w(\text{Al}_2\text{O}_3)}$ 比值大于 1.18，就有自由的 SiO_2 存在，这时 SiO_2 将会和 CaO、MgO、FeO 等化合形成易熔的共晶体，导致煤的灰熔点下降，就有可能结渣。

（3）结渣指数 R_t 和 R_s。 美国把煤灰分为烟煤型灰和褐煤型灰两种，这两种灰并不是按煤的分类划分，而是按煤灰中的 $\dfrac{w(Fe_2O_3)}{w(CaO)+w(MgO)}$ 的比值来区分的。当 $\dfrac{w(Fe_2O_3)}{w(CaO)+w(MgO)}>$ 1 的煤灰称为烟煤型灰；而 $\dfrac{w(Fe_2O_3)}{w(CaO)+w(MgO)}<1$，且 $(w(CaO)+w(MgO))>20\%$ 的煤灰称为褐煤型灰。

对于褐煤型灰，其结渣指数用 R_t 表示，即

$$R_t = \frac{ST_{max}+4DT_{min}}{5} \tag{8.2}$$

式中：ST_{max}、DT_{min} 分别为在氧化介质和还原性介质中测得的较高的软化温度和较低的变形温度，℃。

推荐的判断指标：$R_t>1343\ ℃$ 的煤为不结渣煤；$R_t=1149\sim1343\ ℃$，为中等结渣煤；$R_t<1149\ ℃$，为严重结渣煤。

对于烟煤型灰，其结渣指标用 R_s 或铁钙比 $\dfrac{w(Fe_2O_3)}{w(CaO)}$ 表示，即

$$R_s = \frac{B}{A}S_d \tag{8.3}$$

式中：S_d 为煤的干燥基硫分质量分数，%。

推荐的判断指标：$R_s<0.6$，为不结渣煤；$R_s=0.6\sim2.0$，为中等结渣煤；$R_s>2.0$，为严重结渣煤。

当 $\dfrac{w(Fe_2O_3)}{w(CaO)}<0.3$，为不结渣煤；$\dfrac{w(Fe_2O_3)}{w(CaO)}=0.3\sim3.0$，为中等结渣煤；$\dfrac{w(Fe_2O_3)}{w(CaO)}>3.0$，为严重结渣煤。

（4）结渣特性指数 S_c。 针对高结渣和严重结渣概率较大的情况，为了使评价工作更为准确，我国电力行业标准 DL/T 831—2015《大容量煤粉燃烧锅炉炉膛选型导则》推荐采用一维火焰试验炉对煤粉燃烧的结渣（结焦）特性进行试验评价（具体方法参见 DL/T 1106—2009）。根据试验结果，确定煤种的结渣特性指数 S_c，并根据 S_c 的大小确定结渣特性等级。

表 8.1　一维火焰炉判定煤粉燃烧结渣特性分级

S_c	$S_c>0.65$	$0.45<S_c\leqslant0.65$	$0.25<S_c\leqslant0.45$	$S_c\leqslant0.25$
结渣特性等级	严重	高	中	低

此外，判别煤灰结渣特性的指标还有软化温度 ST、灰黏度 200 Pa·s 对应温度 T_{200} 以及综合结渣判别指数 R_z 等。

3. 减轻或防止结渣的措施

防止结渣需要从设计和运行两个方面来着手。

设计锅炉时，根据煤种特性，选择合理的燃烧方式，选取合理的炉膛出口烟温，采用适当的燃烧器区域壁面热负荷，四角切圆燃烧时要特别注意假想切圆直径的大小。

运行锅炉时，正确地组织燃烧器的工作，使炉内具有良好的空气动力场，避免在水冷壁附

近形成还原性和半还原性气氛,控制炉内温度水平,采用适当的吹灰打渣方法,特别是抑制初始渣层的发展。

8.1.2　干松灰

干松灰的积聚过程完全是一个物理过程,灰层中无黏性成分,灰粒之间呈现松散状态,易于吹除。干松灰主要发生在管子的背风面,迎风面几乎没有(特别是烟速较大时)。随烟气流速的增加,积灰量减小。因此,对应于一定烟气流速积灰几乎是一定的,不可能无限增加。干松灰主要是细微灰粒,较大的颗粒不太可能积聚成干松灰。

实际错列布置的管束上干松灰的积聚情况如图 8.4 所示。

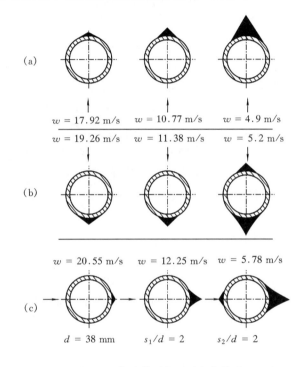

图 8.4　管子错列布置时积灰情况
(a)向上流动;(b)向下流动;(c)水平流动

气固两相流绕流过管子,由于边界层的分离,在背风面必产生旋涡区,细小颗粒与烟气几乎具有相等的速度,并且易于随气体改变方向,因此易于被旋涡旋进背风区。

1. 促使飞灰沉积在管壁上的作用原因

(1)机械网罗作用　管壁表面具有一定的粗糙度,对于小于 $3\sim5$ μm 的灰粒,靠机械作用被毛刺拉住,沉积在管壁上,小于 0.2 μm 的灰粒甚至可以穿过氧化层与管壁金属接触。

(2)分子间的吸引力　单位重量的微小灰粒具有较大的表面积,当小于 3 μm 的灰粒接近管壁时,灰粒与管壁之间的分子吸引力大于灰粒本身的重量,灰粒被吸附在管壁上。

(3)热泳力作用　烟气温度高于管壁温度,飞灰颗粒处在具有温度梯度的流场中,受到由于高温侧速度较高的气体分子碰撞比低温侧来得多而引起的热压力向壁面运动。在有温度梯度的流场中,使颗粒由高温区向低温区运动的力称为热泳力。热泳力易使得 $0.5\sim5$ μm 的飞灰沉积在管壁上。

（4）静电吸引力作用　烟气中的飞灰由于碰撞、摩擦等作用会带上电荷,荷电灰粒碰到管壁时会因静电吸引力吸附在管壁上。对于细小灰粒,尤其是小于 10 μm 的灰粒,将因静电力大于其本身的重力而吸附在管壁上。

2. 影响干松灰积聚的主要因素

（1）烟气流速及粒子直径分布　烟气流速提高,积灰量下降;大粒子多,积灰量下降。飞灰中的较大颗粒,由于惯性大,不仅不易沉积,而且对积灰有冲刷作用。管子的两侧由于受到飞灰的冲刷,一般不会有灰沉积。管子的迎风面由于受到大灰粒的冲击,所以很少积灰。背风面的积灰达到一定的厚度时也会受到气流中大颗灰粒的冲刷,使积灰层不再增加,达到动平衡状态。

（2）管子直径　直径越小,曲率越大,使得灰粒与烟气分离的能力越大,越不易进入尾流区,积灰减轻。

（3）管子节距及管束的布置方式　错列布置时管子的背风面较易受到冲刷,积灰减轻。顺列布置时,管子的背风面不易受到冲刷,第一排以后迎风面也受冲刷较少,因此积灰严重。错列时,减少纵向距 s_2,背风面受的冲刷更为强烈,积灰减轻。顺列时,减少纵向节距 s_2,使相邻管子的积灰易于搭桥,积灰更为严重。横向节距 s_1 在锅炉常用的节距范围内一般影响不大。

（4）灰粒浓度　由于对应于一定的结构及烟气流速,积灰量存在一个最大量,不能无限增加,只是达到这个量的时间不同。因此,烟气中灰粒浓度的大小只能影响到达这一量所需的时间,不能影响到积灰量。

减轻或防止干松灰积聚的措施有:

①设计时采用足够高的流速,一般不能低于 5～6 m/s;

②采用小管径,错列、紧凑布置(减小纵向节距)的管束;

③正确设计和布置吹灰装置,并确定合理的吹灰间隔时间和一次吹灰的持续时间。

8.1.3　高温黏结灰

高温黏结灰出现的范围较广,主要在温度较高的区域形成,但在远低于 ST 的烟温区,例如在高温省煤器上也能形成黏结灰。伴随着化学反应黏结灰能够无限地增长,坚硬而不易清除。不仅在背风侧,而且更多地在迎风面形成。高温黏结灰分层形成,各层的化学成分不同,颜色也有差异。灰的黏性是由化学反应产物而来的。

高温黏结灰的形成关键在于首先形成一层处于熔化或软化的黏性灰层,靠这一层黏性灰的捕捉作用积聚飞灰粒子,被捕捉到的飞灰在化学作用下形成紧密的灰层。事实上,高温黏结灰的形成与高温腐蚀是密切相关的。飞灰中的化学成分不同,将会有不同的高温黏结灰的形成机理以及不同的灰层颜色。

燃烧多碱性金属的燃料时,高温黏结灰的形成机理大致如下。

①燃料灰分中的碱金属的氧化物在燃烧时升华,升华灰非常细小,靠扩散作用到达并冷凝在管壁上。

②冷凝在管壁上的碱金属氧化物与烟气中三氧化硫反应形成硫酸金属。钢管壁面的催化作用,使得烟气中的 SO_2 在氧化成 SO_3 的同时形成硫酸盐。

③硫酸盐与飞灰中的氧化铁 Fe_2O_3 及烟气中的三氧化硫反应,形成复合硫酸盐 $Na_3Fe(SO_4)_3$、$K_3Fe(SO_4)_3$;与飞灰中的氧化铝,形成 $Na_3(AlSO_4)_3$、$K_3(AlSO_4)_3$,这些反应产物在 $500\sim800\ ℃$ 范围内呈现熔状,具有黏性。

④以这层为黏结剂,一方面捕捉飞灰,另一方面还可继续形成黏结物,灰层迅速增长。

研究表明,形成黏结灰的原因很多,不同的燃料成分导致不同的高温黏结灰的形成机理。

目前,一般采用这样的式子来表征燃料形成高温黏结灰的程度。

$$R_{jh} = \frac{w(Fe_2O_3) + w(CaO) + w(MgO) + w(Na_2O) + w(K_2O)}{w(SiO_2) + w(Al_2O_3) + w(TiO_2)} \times w(Na_2O) \quad (8.4)$$

式中:$w(Fe_2O_3)$…表示该成分在燃料灰分中的质量分数。

若 $R_{jh}<0.2$,则程度轻微;若 R_{jh} 取 $0.2\sim0.5$,则为中度;若 R_{jh} 取 $0.5\sim1.0$,则为严重;若 $R_{jh}>1.0$,非常严重。一般若 $R_{jh}>0.2$,则需采用措施来减轻。

由公式(8.4)可见,煤灰中 Na_2O 的含量对高温黏结灰的形成有重要贡献,Na_2O 含量越高,越容易形成高温黏结灰。例如近年来我国新发现的大型整装煤田新疆准东煤,其灰分和硫分含量低,着火和燃尽性能优良,然而最大的问题就是其灰中碱金属 Na 含量太高,导致其在燃烧利用过程中极易形成高温黏结灰,限制了准东煤的大规模高效安全应用。

1. 影响高温黏结灰的主要因素

(1) 燃料成分　燃料成分是产生黏结灰的源头。例如,当灰中 CaO 含量大于 40% 时,开始在管壁外积结松散的灰层,但在烟气温度高于 600 ℃ 的高温环境下,CaO 与烟气中的 SO_3 会烧结成坚实的灰层,如图 8.5 所示。

(2) 燃烧方式　火床或煤粉炉产生的高温黏结灰的程度是不同的,也即最终归结为燃烧强度不同,积灰程度不同,强度高,升华物便多,高温黏结灰严重。

(3) 温度水平　高温黏结灰发生在温度较高的区域。

(4) 烟气流速　可以推想,烟气流速越高,积灰越少,但研究表明,只有烟速高于 20 m/s 时,烟速作用才明显,锅炉中的经济烟速一般为 $8\sim12$ m/s,可以认为在这个范围内,流速影响不大。

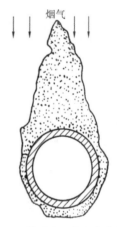

烟气

图 8.5　管子表面的积灰烧结

2. 减轻或防止高温黏结灰的措施

①设计时,严格选定炉膛断面热负荷及炉膛出口烟温,不要过大。

②正确设计和布置受热面,例如拉大横向节距 s_1。

③加入添加剂,改变灰的化学成分,使其不易形成黏结灰或形成机械强度小的灰。

④采取有效的吹灰装置,如压缩空气吹灰、水力吹灰、振动吹灰和钢珠吹灰等,并且运行一开始就正常投入吹灰装置,限制第一层灰升华灰的形成。

8.1.4　低温黏结灰

1. 形成过程

低温黏结灰一般形成在低温受热面上,锅炉中的低温受热面一般是指受热面的壁温低于或稍高于烟气露点的受热面,大约在 $50\sim180\ ℃$ 的范围内。

低温黏结灰常发生在空气预热器或省煤器上，形成的速度高，呈现水泥状，质紧密，不易清除，能无限增长。严重时将烟气通道堵死，危害大。如果新锅炉投运不久即发现烟气阻力明显增加，就有可能是这种低温黏结灰将空气预热器或省煤器的烟气通道堵塞所致。此时，通风阻力增加，受热面吸热率降低，排烟温度升高，锅炉效率下降，严重时会造成堵灰面积过大而需要停炉清除堵灰。

这种黏结灰的形成过程大致是这样的：冷凝在受热面的硫酸蒸汽，可以捕捉飞灰粒子，飞灰粒子中含有 CaO，于是与硫酸反应形成硫酸钙，该反应物具有黏性，可以继续捕捉飞灰，无限增长。这个过程即为通常所说的积灰水泥化。

2. 积灰机理

低温黏结灰的形成与烟气的酸露点紧密相关。一般酸露点高，积灰严重。

当烟气或受热面壁温达露点时，受热面上开始结露，烟气中灰粒子便更容易黏在受热面上形成积灰。灰的沉积物中，大部分可溶性物质为铝、钙和铁的硫酸盐，其中的硫酸铝和硫酸钙是由热浓硫酸作用而形成的，即

$$x\mathrm{CaO} \cdot y\mathrm{Al_2O_3} \cdot \mathrm{SiO_2} + (x+3y)\mathrm{H_2SO_4} \longrightarrow x\mathrm{CaSO_3} + y\mathrm{Al_2(SO_4)_3} + \mathrm{SiO_2} + (x+3y)\mathrm{H_2O}$$

$$(8.5)$$

硫酸铁主要是硫酸与灰中氧化铁反应生成，也包括受热面氧化铁层及钢材本身被硫酸腐蚀的产物，即

$$\mathrm{Fe_3O_4} + 4\mathrm{H_2SO_4} \longrightarrow \mathrm{FeSO_4} + \mathrm{Fe_2(SO_4)_3} + 4\mathrm{H_2O} \tag{8.6}$$

在黏结反应中，少量的碱金属硫酸盐也起一定的作用，但不是主要作用。如果灰沉积物中含有过量酸，则沉积灰层相对潮湿松软，可用水冲洗除掉。当空气预热器由于积灰或其他原因使烟温增高，则沉积层中过量酸会蒸发，使灰干燥，形成难以用吹灰方法清除的灰层，造成堵灰。

此外，在锅炉启动和停炉过程中，空气预热器冷端壁面温度较低，有时达到水露点，甚至更低，使金属表面结露，积灰量增加。此时，由于烟气量较少、烟气流速较低，进一步使积灰加重。若启、停过程中投油稳燃时，处于煤油混烧阶段，燃烧不充分时产生的油垢将在受热面上黏结，也会促进积灰过程的加剧。

3. 影响因素

①影响酸露点的因素都能影响积灰的程度。

②受热面的结构及布置方式也影响积灰的程度，例如，顺列比错列好。

4. 防止和减轻低温黏结灰的措施

（1）提高受热面的温度

设法提高空气预热器受热面的温度是防止烟气在受热面上结露、避开低温腐蚀和减缓空气预热器沾污的最有效手段之一。如热风再循环、加暖风器、燃料脱硫和采用前置式热管空气预热器等方法均可减轻积灰。国内外的锅炉制造厂根据实践经验总结出了不同燃烧方式时，受热面允许的最低温度和燃料含硫量的关系曲线，如图 8.6 和 8.7 所示。

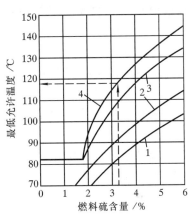

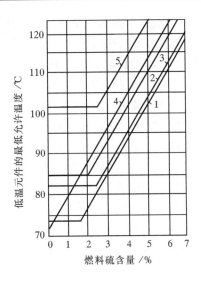

1—煤粉炉;2—烟煤抛煤炉;3—燃油炉;

4—烟煤链条炉或下饲式炉(对于不含硫的
无烟煤及天然气,最低允许壁温为 70 ℃)。

图 8.6　管式空气预热器受热面的最低允许壁温

1—低挥发分烟煤煤粉炉;2—高挥发分烟煤煤粉炉;

3—不含钒重油炉;4—燃气炉;5—含钒重油炉(灰
中 V_2O_5 含量在 35% 以上)。

图 8.7　回转式空气预热器低温端受热面的最低
允许温度

图 8.7 中:①无烟煤煤粉炉的最低允许温度为 65 ℃;②采用炉排燃烧的锅炉,最低允许温度较煤粉炉增加 11 ℃。

无论任何工况和季节条件下,只要保持受热面壁温不低于图中允许值,受热面的低温腐蚀和积灰将相对较轻。根据国内外经验,在锅炉启停时,采用热风再循环或者投入暖风器,也可以将两种方式结合使用,可以有效地减轻腐蚀和积灰。图 8.8 为采用 10% 热风再循环时,回转式空气预热器沾污明显减轻的情况。

因此,只要将空气预热器进口空气温度提高到 80~100 ℃,受热面的沾污和腐蚀问题则可基本解决。

(2)空气预热器的吹灰

空气预热器可以用蒸汽或压缩空气吹灰。吹

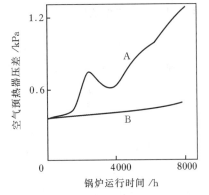

A—无再循环(严重沾污);B—有再循环(不沾污)。

图 8.8　热空气再循环对回转式预热器沾污的影响

灰介质中的水分在吹灰时将会引起空气预热器积灰加重,实际运行中发现比不吹灰时积灰更严重。运行实践证明,用湿蒸汽吹灰的受热面,每隔数月就需要用水冲洗一次。当改用过热蒸汽吹灰后,可长达 3 年不需用水冲洗空气预热器。

在锅炉冷态启动期间,为减少空气预热器受热面的沾污,只有当吹灰蒸汽高于 300 ℃时才允许投入吹灰器。对采用玻璃管的管式空气预热器,其吹灰蒸汽温度要低于 425 ℃,蒸汽压力为 1 MPa。

对采用压缩空气吹灰的锅炉,压缩空气应经脱水,否则可能引起受热面沾污。在锅炉启动期间,只有当空气预热器的受热面被加热至某一规定的温度水平之后,才能投入空气吹灰器。否则可能发生由于吹灰引起的受热面过度冷却,严重时,会造成回转式空气预热器转子变形而使漏风量增加,并可能造成水蒸气凝结而使受热面沾污加重。一般要求空气出口温度达 150 ℃时,才允许投入空气吹灰器。

(3)空气预热器的水冲洗

回转式空气预热器的冷端和热端均装有固定式多喷嘴水冲洗装置,该装置可装在空气侧,也可以装在烟气侧。

运行状态下的玻璃管空气预热器,可以用 90 ℃左右的软化水进行冲洗,并保持受热面与水之间的温度差小于 100 ℃。

对回转式空气预热器,也可以在锅炉降负荷条件下,解列其中一台回转式空气预热器,进行冲洗。此时,可利用尾部烟道中的挡板,将一台空预器隔开,降低转速后,进行冲洗。冲洗完毕后,用同样方法对另一台空气预热器进行冲洗。

 ## 8.2 受热面的外部腐蚀

锅炉受热面的烟气侧的腐蚀进行得相当快,有的运行一年就要更换管子。锅炉受热面所发生的腐蚀严重地影响了锅炉的安全性和经济性,影响了电站机组的可用率。根据发生腐蚀区烟温的高低,可分为高温腐蚀和低温腐蚀。

高温腐蚀主要指炉膛水冷壁的烟气侧腐蚀和过热器或再热器管子的外部腐蚀。低温腐蚀主要是指空气预热器冷端的腐蚀,对于低压工业锅炉,有空气预热器时,也可能在省煤器中发生。

8.2.1 水冷壁管的腐蚀

炉膛水冷壁管的外部腐蚀先在高压液态排渣炉上发现,后来在其他超高压锅炉甚至在超临界压力锅炉的下辐射部分相继发现严重的外部腐蚀问题。事实上,任何容量参数型式的锅炉的炉膛水冷壁上都可能发生腐蚀。

腐蚀通常发生在燃烧器中心线位置标高上下,对于管子来说,向火侧的正面点腐蚀得最快,侧面较好,背面几乎不发生腐蚀,腐蚀速度高达 2 mm/a,一般情况下为 1.1~1.5 mm/a。目前,对这种高温腐蚀发生的机理还认识得不很清楚。但研究表明,发生腐蚀的管壁附近,没有例外地都是还原性气氛,并且当管壁温度超过 300 ℃时,才发生腐蚀,温度越高,腐蚀越严重;H_2S 及 SO_3 的浓度越高,腐蚀越严重。

防止或减轻水冷壁管腐蚀的措施如下。

①燃料脱硫,如果能在进入炉膛前彻底脱除燃料中的硫分,则几乎不会产生高温腐蚀。但现有的技术水平,还不能实现。

②尽量减少 H_2S 及 SO_3 的产生,降低其浓度,可采用燃烧过程脱硫的办法。

③改善环境气氛,合理组织燃烧室的空气动力场,不使燃烧过程有局部的缺氧,抑制还原性气氛的产生。

④设法降低管壁温度,采用烟气再循环。

⑤在可能发生腐蚀的区域贴壁喷入空气流,形成保护膜。

⑥采用耐腐蚀的材料,如在水冷壁管上喷涂氧化铝等。

8.2.2　过热器及再热器的腐蚀

过热器或再热器以及吊挂部件的烟气侧腐蚀有时是很快的,可高达 1 mm/a,会很快地引起爆管而被迫停炉检修,影响电站的安全性、可靠性和经济性。这种腐蚀与高温黏结灰的形成有关,多发生在迎风面。

对燃煤或燃油锅炉,腐蚀机理有所不同。对燃煤锅炉,主要为硫酸盐型腐蚀。对燃油锅炉,主要为钒氧化物型腐蚀。

过热器或再热器管上存在积灰层(高温黏结灰),这些积灰层中有复合硫酸盐 $X_3Fe(SO_4)_3$ (X 为 Na 或 K)存在,若其温度高于 550 ℃,则呈熔液状态。若其温度高于 710 ℃,则发生分解,分解出 SO_2 而形成正硫酸盐。液态的复合硫酸盐对金属有强烈的腐蚀作用,尤其在 650~750 ℃范围内腐蚀速度很快,过程如下:

$$
\begin{array}{llll}
\text{Fe} & + & X_3Fe(SO_4)_3 \longrightarrow X_2SO_4 & + & \text{FeS} \\
\text{(管壁金属)} & & \text{(液态)} & + & + \\
& & Fe_2O_3\text{(飞灰中)} & O_2 \\
& & & + \\
\mathrel{\llcorner} SO_3 & \leftarrow O_2 & + & SO_2 + Fe_3O_4
\end{array}
$$

事实上,这个过程的周期性结果相当于 $Fe + O_2 \longrightarrow Fe_3O_4$,而其他中间产物相当于催化剂的作用。

这个过程说明,只要有少量的液态 $X_3Fe(SO_4)_3$ 存在,并有氧气供给,就可腐蚀大量的金属,此外,这个过程中产生的 FeS 也有腐蚀作用。

燃油炉的钒腐蚀主要是由于油中的矿物质在燃烧高温作用下升华,而在过热器或再热器管子较低温度的壁面上冷凝下来,形成一些腐蚀性物质,尤其是熔点低的钒钠的复杂化合物,腐蚀性最强的是 $Na_2O \cdot V_2O_4 \cdot 5V_2O_5$。当壁温在 600~650 ℃时出现这种腐蚀。发生腐蚀的重要条件是受热面上有液态的沉积物。液态的钒酸盐能溶化原来金属表面的保护性氧化膜。

影响高温黏结灰的所有因素都影响高温腐蚀的程度和速度,其中温度的影响较为突出。研究证实,若壁温小于 550 ℃,则腐蚀大为减轻,这也是现代锅炉过热蒸汽不再提高(540 ℃左右)的原因之一。复合硫酸盐中当 Na 和 K 的比例约为 1 时,熔点最低,腐蚀最为严重。

防止及减轻过热器及再热器腐蚀的措施主要有以下几种。

①控制管壁温度。因硫酸盐型和钒氧化物型腐蚀都在较高温度下产生,且温度越高,腐蚀速度越快,所以降低管壁温度可以防止和减缓腐蚀。目前,主要采用限制蒸汽参数来控制高温腐蚀。国内外大部分锅炉过热蒸汽温度与再热蒸汽温度趋向于定为 540 ℃。同时蒸汽出口段不布置在烟温过高处。

②采用低氧燃烧技术,降低烟气中 SO_3 和 V_2O_5 的含量。试验表明当过量空气系数小于1.05 时,烟气中的 V_2O_5 含量迅速下降,且烟气温度越高,降低过量空气系数对减少 V_2O_5 含量的效果越显著。

③选择合理的炉膛出口烟温,以及在运行过程中避免出现炉膛出口烟温过高现象,以减少和防止过热器与再热器结渣及腐蚀。

④定时对过热器和再热器进行吹灰,清除含有碱金属氧化物和复合硫酸盐的灰污层,阻止

高温腐蚀发生。当已存在高温腐蚀时，过多的吹灰使灰渣层脱落，反而会加速腐蚀的进行。

⑤合理组织燃烧，改善炉内空气动力及燃烧工况，防止水冷壁结渣、火焰中心偏斜或后移等可能引起热偏差的现象发生，减少过热器与再热器的沾污结渣。

8.2.3　低温受热面的腐蚀

烟气中的水蒸气和硫酸蒸汽进入低温受热面时，与温度较低的受热面金属接触，并可能发生凝结而对金属壁面造成腐蚀。管壁温度较低的管式空气预热器的低温段和金属温度较低的回转式空气预热器冷端，均是容易发生低温腐蚀的部位。

低温受热面上的腐蚀多是由于烟气中的硫酸蒸汽冷凝在受热面上所引起，而酸雾的凝结与烟气的酸露点有直接的关系，为此，先介绍一下酸露点。

1. 酸露点

水蒸气遇到冷壁面时，蒸汽将冷凝在表面上，形成一个个的小水珠。烟气中的水蒸气也会发生同样的过程。如果燃料中不含有硫分，或虽然含硫但不形成 SO_3，那么尾部受热面上只有达到对应纯水蒸气分压力时的饱和温度 t_s 时才会有水凝结下来。一般说来，在锅炉尾部，$t_s =$ $30 \sim 60 ℃$，这一数值相对说来是比较低的，远远低于排烟温度。

如果燃料含有硫分，而且燃烧时，有部分 SO_3 生成，SO_3 与烟气中水蒸气作用时，会形成硫酸，它能在较高的温度下凝结。将烟气中硫酸蒸气凝结的温度称为酸露点，用 t_1 表示。它的数值主要与烟气中的 SO_3 含量有关，当然也与水蒸气含量有关。例如，若烟气中含有 0.005％ 的 SO_3，则露点可高达 150 ℃。这一数值与排烟温度相当。

研究表明，酸露点并不随 SO_3 含量的增加线性增加。SO_3 增加到某一浓度后，进一步提高 SO_3 的含量，酸露点的增加变缓。但这并不说明由于酸露点的增加变缓，而认为硫酸蒸气含量超过一定量后，危险性就不会增加。因为，露点温度的高低还不足以表明腐蚀的严重程度，而最主要的是受热面金属低于露点以下部分的硫酸凝结量。

烟气酸露点虽不能全部表征低温腐蚀的程度，但它毕竟是一个能清楚表征腐蚀是否会发生的指标，在一定程度下也能表征腐蚀的严重与否。所以，若能建立起烟气露点与燃料含硫量之间的精确数量关系，就可以预先判断和计算各种燃料的酸露点温度的大小，这对于锅炉设计是非常有帮助的。

烟气中的 SO_3 是由燃料的硫氧化而得或由硫酸盐的分解而得，但是其含量除和燃料中的含硫量有关外，还和燃料中的灰含量、灰的化学组成、过量空气系数等有关。

目前，只有靠经验式来计算酸露点。各国学者提出的酸露点的计算式有十几种，适合不同的条件，具体可参阅有关文献资料。值得指出的是，同样条件下，这些公式计算得到的酸露点值相差很大。

下式为苏联热力计算标准方法中推荐的烟气露点温度计算式：

$$t_1 = t_s + \frac{\beta \sqrt[3]{w_{ar,zs}(S)}}{1.05^{\alpha_{fh} w_{ar,zs}(A)}} \tag{8.7}$$

式中：当炉膛出口过量空气系数 $\alpha_1'' = 1.2 \sim 1.25$ 时，$\beta = 121$；$\alpha_1'' = 1.4 \sim 1.5$ 时，$\beta = 129$；$w_{ar,zs}(A)$ 为收到基的折算含灰量，％；$w_{ar,zs}(S)$ 为收到基折算含硫量，％；α_{fh} 为飞灰份额，对煤粉炉，$\alpha_{fh} =$ $0.75 \sim 0.8$；另外，t_s 为水露点温度。在烟气为一个大气压时，烟气水露点温度和水蒸气含量的关系如表 8.2 所示。

表 8.2　t_s 和水蒸气含量的关系

烟气水蒸气含量/%	1	5	10	15	20	30	50
烟气水露点温度/℃	6.7	32.3	45.6	53.7	59.7	68.7	80.9

2. 低温腐蚀

发生在低温受热面上的腐蚀就称为低温腐蚀。

(1)低温腐蚀具有的特点

①有化学腐蚀(如硫酸作用于金属),也有电化学腐蚀(如水蒸气冷凝后与金属作用)。

②腐蚀产物中主要是低价铁的硫酸铁(如 $FeSO_4$)和铁的氧化物 Fe_2O_3 及 Fe_3O_4 等。

③腐蚀速度有时很高,可高达 1 mm/a。

④这种腐蚀都发生在温度低于酸露点的壁面上。

⑤当壁温处于酸露点和水露点之间时,腐蚀速度并不随硫酸浓度的增大而线性增加,约在浓度 56% 时达到最大。

⑥当壁面温度达到或低于水露点后,由于有大量的水蒸气凝结,腐蚀速度急剧增加。壁温低于酸露点 30℃ 左右时,腐蚀速度最大。

⑦蒸发受热面上的积灰,有时能加速腐蚀,有时能抑制腐蚀,但多数情况是促进的。

(2)影响低温腐蚀主要因素

①燃料中的含硫量。含硫量越高,SO_3 生成的量就可能越多,酸露点就越高。

②运行时的过量空气系数 α。过量空气系数越高,O_2 量越多,SO_3 生成量就越多。

③受热面的金属温度。在锅炉的常见尾部受热面壁温范围内,壁温与腐蚀速度一般并不存在线性关系。但壁温越低,腐蚀越严重。

④烟气的温度。一般说来,壁温一定的条件下,烟温高,腐蚀速度低。

⑤吹灰方法。吹灰可以消除积灰的影响。

⑥锅炉的结构参数和运行参数。

(3)防止或减轻低温腐蚀的方法

①燃料脱硫,即入炉前脱硫。煤中硫化物有相当部分以黄铁矿的形态存在,可在煤粉制备前利用重力分离方法将其分离出来,以减少煤中的含硫量。因为有机硫难以去除,所以这种方法只能除去煤中一部分硫。

②改善燃烧方法减少 SO_3 的生成。采用低氧燃烧、烟气再循环或流化床燃烧。在保证完全燃烧或不降低锅炉燃烧效率的条件下,适当降低燃烧所用的空气量,即低过量空气系数的燃烧,可使烟气中过剩氧减少,从而减少 SO_3 的生成量,使烟气露点降低,减轻低温腐蚀。

③加入某种添加剂和 SO_3 进行反应。目前,使用添加剂的方法在燃油锅炉和沸腾炉中已经取得了一定的效果。可用粉状石灰石混入燃料中,直接吹入炉膛内燃烧,使烟气中 SO_3 与石灰石粉发生反应,生成 $CaSO_4$ 和 $MgSO_4$,使烟气中硫酸蒸汽分压力下降并减轻腐蚀。

④提高受热面的壁温,使其高于酸露点,这一方法要做具体分析,否则不经济。

具体措施如下。

a. 热风再循环。将空气预热器出口的部分热风通过管道再送回空气预热器入口,使空气预热器入口空气温度升高,以提高金属壁面温度,如图 8.9(a)、(b)所示。图 8.9 所示为管式空气预热器的系统,但对回转式空气预热器也同样适用。此方法可使冷空气温度达到 $50\sim$ 65 ℃,使锅炉效率下降得不太多。对燃用高硫煤的锅炉,当烟气露点较高时,此方法可能不会满足空气温度需要提高的程度,否则锅炉效率将会下降较多。

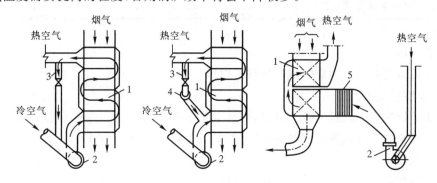

(a)利用送风机再循环　　　(b)利用再循环风机　　　(c)加装暖风器

1—空气预热器;2—送风机;3—调节挡板;4—再循环风机;5—暖风器。

图 8.9　热风再循环及暖风器系统

b. 加装暖风器。在空气预热器和送风机之间加装暖风器作为前置式空气预热器,如图 8.9(c)所示。暖风器是利用汽轮机抽汽加热空气的管式加热器,通过调节蒸汽流量来改变空气出口温度,而暖风器出口处蒸汽应全部凝结成水。这种方法也会使排烟温度提高,锅炉热效率下降。但由于它利用了汽轮机的抽汽,减少了汽轮机的冷源损失,提高了热力系统的热经济性,也即提高了循环热效率,使全厂经济性下降不多。无论是采用热风再循环,还是采用暖风器,均会使风机电耗增加。

c. 采用热管式空气预热器。目前主要采用重力式钢水热管,热管可以垂直布置或倾斜布置。热管空气预热器一般故障较少,运行时间长,但造价较贵。

⑤采用抗腐蚀材料。为减轻空气预热器冷端受热面的低温腐蚀,在燃用高硫分燃料的锅炉中,管式空气预热器的低温级置换段可用耐腐蚀的玻璃管或其他耐腐蚀材料制作的管子。回转式空气预热器的冷端受热面可采用耐腐蚀的搪瓷、陶瓷或玻璃等材料制造。

⑥有效地进行吹灰。

8.3　磨损

8.3.1　磨损机理分析

对于燃煤锅炉来说,由于大量的灰粒子流经尾部受热面,因此,这些受热面的磨损几乎是不可避免的。

分析颗粒对受热面的磨损可由两个方面来进行。

如图 8.10 所示,粒子碰撞壁面,A 处所受到的力 R 可分解成为法向力 P_N 和切向力 P_Z,若粒子速度、大小等一定,则 P_N 和 P_Z 主要随 α 角(即碰撞角)而变化。

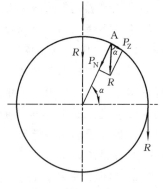

图 8.10　灰粒打击在圆管上的情况

显然

$$P_N = R\sin\alpha, \qquad P_Z = R\cos\alpha$$

P_N 的作用是使金属显微颗粒克服分子之间的结合力,使碰撞点的温度升高引起该处金属变软。P_Z 的作用是把该处变软的金属撕下来,表征切削能力的大小。显然,P_N 越大,该处的温度越高,越容易被撕下来,即 α 越大越好;而 P_Z 越小,切削能力越小。可以看出,P_N 增加,必然 P_Z 减小。

研究表明,被撕下来的金属的体积可表示为

$$V = B\frac{\sin2\alpha}{\sin\xi\alpha} \tag{8.8}$$

式中:B 为与管子有关的常数;ξ 为与管材有关的常数。

对上式求极值可得到磨损最为严重时的 α 角。

令 $\dfrac{dV}{d\alpha}=0$,则

$$\tan^2\alpha = \frac{2-\xi}{2} \tag{8.9}$$

对于碳钢,$\xi=0.78$,则 $\alpha=38°$,即 $\alpha=38°$ 时,管子的磨损最为严重。实际锅炉管子磨损最严重发生在 $\alpha=36°\sim40°$ 处,如图 8.11 所示。

一般来说,撕下金属必然需要一定的能量,这个能量必与灰粒子所具有的能量有关。一般来说,灰粒子所具有的能量主要为灰粒子所具有的动能,其中的势能可忽略。

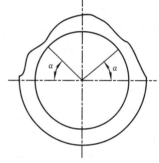

很容易理解,粒子的动能越大,被撕下来的金属的量越大,即

$$T \propto \frac{\eta G w^2}{2}\tau \qquad \mathrm{g/m^2} \tag{8.10}$$

式中:T 为管壁表面的磨损量,$\mathrm{g/m^2}$;w 为灰粒速度,可近似地认为等于烟气速度,$\mathrm{m/s}$;τ 为作用时间,h;G 为每秒钟通过每平方米烟道中灰的质量,$\mathrm{g/(m^2 \cdot s)}$;显然,$G=\mu w$,μ 为烟气中灰粒浓度,$\mathrm{g/m^3}$;η 为灰粒撞击在受热面上的撞击率。

图 8.11　管子磨损情况

引入系数得

$$T = C\eta\mu w^3\tau \tag{8.11}$$

这里,C 与灰粒的磨损性能、金属材料的抗磨性能、受热面的结构特性等有关。可以看出,磨损与烟气流速的三次方成正比。实验结果表明,磨损与烟气流速的 3.22 次方成正比。

实际应用中,常用磨损厚度 δ 来表示磨损量,则

$$\delta = \frac{T}{\rho_m} \tag{8.12}$$

式中:ρ_m 为金属的密度,$\mathrm{g/m^3}$。

8.3.2　减轻或预防磨损的方法

影响磨损的因素有:烟气流速、烟气中灰粒的浓度及其平均直径、灰粒的物理化学性质、管子材料的性能、管壁金属温度、烟气冲刷管束的角度、管束的排列方式等。

根据观察,绝大部分管子的磨损都是局部的。对流过热器被飞灰磨损部位大都在靠两侧

墙的烟气走廊附近的 1～5 排以内的管子、处于水平烟道底部的弯头以及个别突出在顺列管束之外的管子和弯头上。高温段省煤器易磨损的是靠后墙的几排管子、靠两侧墙的弯头和穿墙管以及靠前墙的 1～3 排管子(如烟气走廊较大),并且以顺烟气流向的第 2、3 两排管子磨损最严重。管式空气预热器的磨损发生在管子的烟气入口区段。

飞灰浓度越大引起的磨损就越严重。因此,煤粉炉在燃烧多灰燃料时,磨损问题更为严重。如果在烟道中形成飞灰浓度集中的局部区域,例如烟气走廊,则亦引起受热面的严重磨损。

飞灰的物理化学性质决定于燃料中矿物质的原始性质、开采和运输的方法、燃烧方法及受热面所处的温度条件等。如果燃料灰粒中多硬性物质,灰粒粗大而有棱角,受热面所处烟温较低而使灰粒变硬,则灰粒的磨损性也加大。

烟气流速的影响最为严重,磨损量与速度成三次方关系。因此布置受热面时,应使烟气流速不太大,更应避免局部地区流速过大。在水平烟道的过热器两侧及底部、下降烟道的省煤器靠后墙处,均易发生磨损破坏。

锅炉负荷增加,烟气流速也就增加,飞灰磨损就加快。烟道漏风增加,也将使烟气流速增高而加快磨损,例如高温省煤器前漏风系数增加 10%,磨损速度将加快 25%。运行中燃烧不良,飞灰含碳量大量增加时,因焦炭粒比灰粒硬而加快了磨损。

减轻和防止磨损的办法主要有以下几种。

①减小烟气中的飞灰浓度。如何减小是一个还没有解决的问题。燃烧方法对飞灰浓度有很大影响,例如液态排渣炉,尤其是旋风炉可使飞灰浓度大为降低。火床燃烧时飞灰浓度也较低,也可减轻磨损。飞灰浓度首先取决于燃料中的灰分。我国动力燃烧以煤为主,并且煤质比较差,燃料的固有灰分较多,再加上多采用固态排渣炉,这使得飞灰浓度很难减少。

②尽量使灰粒的浓度场均匀,特别要避免转弯烟道中可能产生的浓度场的不均匀。还要避免烟道中形成烟气走廊。要避免局部地区飞灰浓度过高的原因是显而易见的,但要完全避免却不太容易。应该使受热面的横向节距布置均匀,受热面与炉墙之间的空隙不过大。

③采用适当的烟气流速:烟速对磨损影响很大,大于三次方关系,注意不要使烟速过高。

④尽量使烟气的速度场均匀,应极力避免形成烟气走廊。

⑤尽可能采用顺列布置。

⑥采用防磨装置或使用耐磨管材。

 ## 8.4　振动

8.4.1　对流受热面的振动

周期和振幅相同的波相对行进,将互相干涉,形成所谓驻波,锅炉烟道中烟气柱的声驻波具有一般驻波的特性,是一个疏密波,具有固定的波腹和波节点,在相邻的两半波中相位相反。图 8.12 表示锅炉烟道中声驻波的第一谐波到第四谐波的图形。驻波可用位移波或压力波表示,位移波曲线表示任一瞬间气流分子的横向位移振幅。驻波形状决定于烟道宽度 B,其基波(第一谐波)是半波,等于半个波长。此时,在烟道两侧壁面处气体的振幅为零,在烟道中央振幅最大。压力波与位移波相位差 90°,亦即在侧墙处压力波动最大,而在烟道中央则压力波动为零。最大位移点对应于最小压力点,而零位移点则对应于最大压力点。因为在固定的烟道两侧壁面处其位移必定为零,故所有谐波总是基波的倍数。

声波频率 f_s(Hz)的基本方程式为

$$f_s = \frac{c}{\lambda} \tag{8.13}$$

式中:c 为声速,m/s;λ 为波长,m。

假如存在驻波,则其波长 λ 和烟道宽度 B 之间必须有一定的关系。对于基波(第一谐波),其波长是烟道宽度的 2 倍,$\lambda = 2B$,对于第二谐波,$\lambda = \frac{2B}{2}$;对于第三谐波,$\lambda = \frac{2B}{3}$;以此类推。于是可得到

$$f_{s,n} = \frac{nc}{2B} \tag{8.14}$$

式中:n 为谐波序数,$n = 1, 2, 3, \cdots$。

气体的声速 c 应用理想气体关系式为

$$c = \sqrt{KRT} \tag{8.15}$$

式中:K 为气体绝热指数,对于空气 $K = 1.4$,烟气 $K = 1.333$;R 为气体常数,对于空气 $R = 287\text{J}/(\text{kg} \cdot \text{K})$,烟气 $R = 276\ \text{J}/(\text{kg} \cdot \text{K})$;$T$ 为烟气热力学温度。

如设烟气平均温度为 550℃,可以计算出烟气流声驻波的基本波和高谐波的频率 f_s 与烟道宽度 B 的关系如图 8.13 所示。

当流体流过一个圆柱体时,在圆柱体后面的尾流就不再是有规律的分层流动,而是呈现一种明显的顺时针方向和逆时针方向交替旋转的旋涡,如图 8.14 所示,称为卡门涡流。这些旋涡交替地从圆柱体两侧脱落,产生垂直于气流方向的气压脉动。气压脉动的频率与卡门涡流脱落的频率一致。卡门涡流的脱落频率 f_k 与气流速度 w 成正比,而与圆柱体直径 d 成反比,即

$$f_k = St \frac{w}{d} \tag{8.16}$$

式中:St 为斯特罗哈数,或称无因次涡流频率。

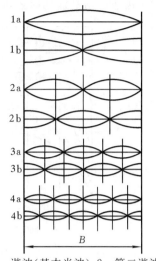

1—第一谐波(基本半波);2—第二谐波(一个波);3—第三谐波(一个半波);4—第四谐波(二个波);a—位移波;b—压力波。

图 8.12　锅炉烟道声驻波示意图

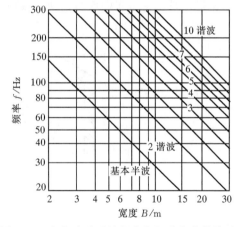

图 8.13　烟气中声驻波频率与烟道宽度的关系

图 8.14　圆柱体后尾流中的卡门涡流

根据许多研究的结果,当流体通过单根圆柱体时,在雷诺数从 300 到临界雷诺数下限约为 2×10^5 的条件下,斯特罗哈数为一常数,约等于 0.20。此后,斯特罗哈数因涡流区变窄而增大。但当雷诺数达到超临界范围,$Re = 3.3 \times 10^5$ 时,尾气流完全紊乱,涡流则很少存在,而当雷诺数超过 3.3×10^6 时,涡流又重新产生,涡流脱落的斯特罗哈数 $St = 0.27$。

烟气在管束中流动时,亦与上述过程相似,在管后形成卡门涡流,而其脱落频率则与管子布置方式及管子的横向相对节距 $\sigma = s_1/d$ 和纵向相对节距 $\sigma = s_2/d$ 有关。根据实验研究的结

果,烟气横流管束的斯特罗哈数 St 可由图 8.15 查得。

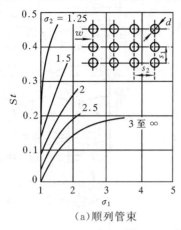
（a）顺列管束

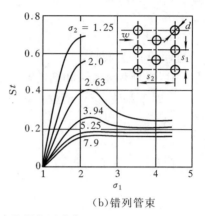
（b）错列管束

图 8.15 烟气横流管束的斯特罗哈数

当气体稳定地横向流过管束时,可能产生一个既垂直于管子又垂直于流动方向的声学驻波。这种声学驻波在壳体内壁(即空腔)之间穿过管束来回反射(见图 8.16),能量不能往外界传播出去,而流动场的旋涡脱离或冲击的能量却不断地输入,当声学驻波的频率与空腔的固有频率相吻合时就会引起剧烈的振动和噪声。

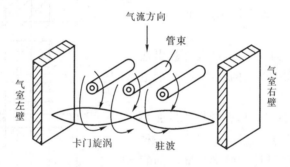

图 8.16 两平行壁间的声学驻波

如果管束中卡门涡流的脱落频率与管束间烟气柱声驻波的固有频率耦合时,就会激发起烟气柱发生强烈的自激振动。这种振动的类型为声学型,振动时发生强烈的噪声。烟气柱的振动引起炉墙振动,甚至整台锅炉振动,从而造成设备的损坏。

实践证明,锅炉烟道是一个很易引起共振的结构。烟气流过管束时,卡门涡流必然产生,也就是引起共振的激振力总是存在的。另一方面,烟气流的声驻波具有无限的谐波,只要卡门涡流引起的激振频率与烟气柱声驻波任一谐波频率相耦合,共振就要发生。不同负荷时卡门涡流频率 f_k 与声驻波频率 f_s 相耦合的示意图如图8.17所示。振动一般发生在频率为 $40\sim100$ Hz,并主要

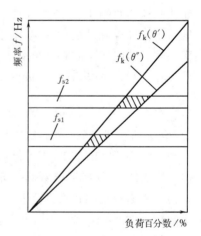

图 8.17 卡门涡流频率与声驻波频率相耦合示意图

发生在燃气或燃油锅炉中。在煤粉炉中,在启动和吹灰期间也曾出现过振动,但当管束上有了正常的积灰后,振动就会衰减。随着锅炉烟道宽度增加,声驻波的固有频率减小,振动愈易发生。由于频率的耦合首先从低频时开始,所以烟气柱的强烈振动在烟温较低的尾部受热面中首先开始。

　　为了抑制这种气体的振动,必须使振动系统失谐。通常是在烟道的宽度方向装设若干隔板,把烟道分隔成小的气室,使各个气室所具有的声驻波固有频率大于卡门涡流的最大频率。一般把气室的固有频率提高到100 Hz以上,即能防止振动的发生。隔板的位置应装在预计发生共振的声驻波位移波曲线的波腹处。如果受热面管组较高,则防振隔板可以分段交叉布置,如图8.18所示。隔板间的距离应互不相同,这样可使受热面管组高度上不同段的声驻波固有频率互不相同,即使在管组某一部分发生共振时,其他部分由于它们的固有频率不同而仍保持平静,因此共振是局部的,整个管组不会发生总体振动。而且这种局部的共振也很轻微,因为所有相邻的其他气柱都由于惯性作用而对这一振动起阻尼作用。

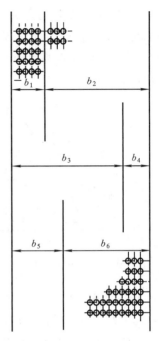

图 8.18　防振隔板交叉布置示意图

　　此外,如果卡门涡流的激发频率与受热面管子的固有频率相耦合,则引起管子振动,并强化涡流脱落,引起强烈的噪声和结构的疲劳破坏。如果卡门涡流的激发频率与炉墙的固有频率耦合,则引起炉墙振动。遇到这类振动时,则须加强管子的刚性及对振动部位的炉墙进行加固,提高管子或炉墙的固有频率使振动失谐,振动即能消除。

8.4.2　炉膛的振动

　　研究表明,燃烧并不是一个连续的定压过程,而是一个脉动过程。在炉膛的燃烧过程中,风量、风压、燃料供应量等的波动会引起通常靠高温烟气的回流来加热和点燃的火焰着火前沿的波动。燃烧室着火部分的这种微小波动引起燃烧室内的压力波动,这种波动通常有很低的不规则的频率,其较高的谐波将激发炉膛烟气柱的固有振动。

　　在锅炉炉膛中,由于燃烧过程的波动可能激发炉膛烟气声驻波的固有频率而引起共振。炉膛中烟气声驻波的谐波次数可以是无限的,亦即其振动的固有频率是无限的,激发其中哪一谐波频率共振决定于炉膛尺寸、燃烧器布置、燃烧器位置和负荷以及燃烧条件等因素。

　　旋流式燃烧器喷出的旋流很容易由于某一扰动而产生切向波运动,如果切向波的频率与炉膛烟气柱声驻波的固有频率相近时,就激发横向烟气柱共振。通过反馈产生强烈的自激振动。燃烧器出力大时,其喷出的旋流容易变得不稳定,尤应加以特别注意。振动的激发机理与燃烧器射流的旋流性质有关。

　　图 8.19 所示为试验锅炉的三只旋流燃烧器的旋流方向。由下面两只燃烧器喷出的旋流具有相同的旋转方向,因此它产生一个强大的旋转流动场,围绕着上面的第三只燃烧器。

于是，从第三只燃烧器喷出的旋流就会遇到一股很不均匀的绕流，从而引起该旋流产生切向运动。其中某一特殊的波，当其频率与燃烧室内横向烟气柱的固有频率很接近时，就激发横向烟气振动（共振）。由于反馈效应，这一横向烟气振动将其能量反馈给上述切向波，因此该波又进一步激化。由此，出现一个强烈的自激烟气振动。

为了防止这一烟气的自激振动，必须改善气流对第三只燃烧器的绕流。将下面两只燃烧器的旋流改变成相反的旋转方向，使之绕轴线产生一个上升流动的气流（见图8.20）。这样，上面第三只燃烧器喷出的旋流便能获得一股几乎是平行的上升气流，从而只受到很小的扰动。

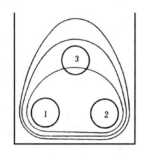 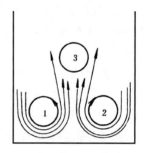

图 8.19　燃烧室内按原有旋流方向的强烈旋流场　　　图 8.20　改变旋流方向后绕轴线产生的上升流动

除了上述采用改变旋流器旋流方向来减小振动的方法外，还有下列方法也可以减小旋流燃烧器的燃烧振动。①改变旋流燃烧器直径；②改变在燃烧器喉部处的旋流器位置；③改变旋流叶片的位置；④改变接管开孔的位置；⑤改变一次风和二次风的配比。

组织四角切圆燃烧时，锅炉一般装有几十只燃烧器，若某一只燃烧器满足振动条件，就能够激起炉内的气柱振动，这是由振动能量和衰减率的关系来决定的。低负荷时，在减少燃烧器数目的情况下，不易引起振动；在燃烧器数目多的高负荷情况下，容易引起振动。

目前还不能依据燃烧动力学基础来计算出燃烧过程的波动频率。一般说来，炉膛中烟气柱的固有频率是难于调整的。因此，若发生共振只能改变燃烧器的固有频率。但采用这些措施的效果不能用计算得出，只能通过试验来确定。此外，如果燃烧过程的波动频率与锅炉炉墙的固有频率相近时，将要引起炉墙振动。在出现这种情况时，则须加强炉墙的刚性以避免发生共振。

一般在燃烧重油或气体燃料时，有引起炉膛烟气柱振动的危险。在燃煤时，具有较低的频率，容易激发炉墙的振动。

尽管目前还没有足够的理论来预防炉膛的振动，但已有足够的实际办法能在振动发生时将其消除。

 复习思考题

1.什么是常说的电站锅炉受热面"四管"？

2.结渣、沾污、腐蚀及磨损会给锅炉工作带来哪些问题？

3.结渣的基本条件是什么？何谓灰的结渣特性指标？

4.结焦和结渣有什么区别?

5.结渣和积灰有什么区别?

6.说明各种积灰的形成过程、机理、影响因素和减轻措施。

7.何谓酸露点?引出它有何意义?

8.什么是高温腐蚀?它有哪些特点?如何防止或减轻高温腐蚀?

9.什么是低温腐蚀?它有哪些特点?影响因素有哪些?减轻及防止低温腐蚀的措施有哪些?

10.磨损发生的原因是什么?如何减轻或预防磨损?

11.对流受热面振动和炉膛振动有什么异同?

12.如何消除锅炉受热面的振动?

第9章 锅炉水动力学及锅内传热基础

锅炉的工作过程主要可分为锅内过程(即工作流体的流动、吸热、蒸发及过热等)和炉内过程(燃料的燃烧组织、热量释放、热量传递等)。最能代表锅内过程特点的是所谓的循环方式。显然,锅炉性能的优劣取决于锅内过程和炉内过程能否良好配合。组织良好的锅内过程,就是组织管内工质的合理流动,在各种参数条件下都能够使工质从火焰或烟气吸收足够的热量,并且能确保管壁得到充分冷却。本章的目的是介绍锅炉水动力学(即水、蒸汽及汽水混合物流动规律)及管内工质传热的基本知识,内容包括:锅炉水循环方式,汽水混合物的流动型式,描述汽水两相混合物的基本参数,汽水两相混合物流动阻力的确定方法,管内工质传热的基本规律,各种条件下管内放热系数的确定方法,各种条件下集箱中的压力及流量变化特性,热偏差及其减小的方法,等等。

 ## 9.1 流型及流动参数

9.1.1 锅炉水循环方式

我们已经知道,工质在锅炉管内的一般流程是:给水流经加热受热面(省煤器)进入蒸发受热面(水冷壁或锅炉管束)产生蒸汽,在过热受热面(过热器)中被加热到额定蒸汽参数。其中,省煤器及过热器内的工质流动均属于强迫流动,且是一次性流过这些部件,它们的流动和传热特性都是相同的,有所不同的是蒸发受热面及超临界压力时的中间一部分受热面。根据工质流经蒸发受热面的流动动力和循环方式,锅炉的水循环可以分为自然循环、多次强制循环、一次性通过(直流)等三种。有时也将在直流锅炉中加装再循环泵,使锅炉低负荷和启动时工质能在管内再循环的所谓复合循环视为第四种循环方式。除自然循环外,其余三种型式的锅炉蒸发受热面内工质的流动均属于强迫流动。自然循环和多次强制循环方式适用于低于临界压力的锅炉。图9.1是各种循环方式的示意图。

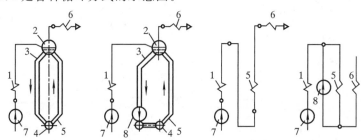

(a)自然循环锅炉　(b)强制循环锅炉　(c)直流锅炉　(d)复合循环锅炉

1—省煤器;2—锅筒;3—下降管;4—下集箱;5—水冷壁;6—过热器;7—给水泵;8—循环泵。

图9.1　水管锅炉的水循环

1. 自然循环锅炉

自然循环锅炉蒸发受热面中工质流动的驱动力来自不受热的下降管与受热的上升管（图 9.1(a) 中的水冷壁）中工质之间的密度差。由锅筒、下降管、下集箱及上升管组成的封闭回路中，不受热的下降管内是温度较低而密度较大的水，上升管内的工质是温度较高而密度较小的汽水混合物或热水（如热水锅炉）。这两者之间的密度差形成重位压差，从而引起回路中的工质能在没有外界动力的作用下自然流动。上升管中向上流动的汽水混合物进入锅筒后进行汽水分离，分离出的饱和蒸汽进入过热器继续加热或直接使用，分离出的水则再次流经下降管，继续循环受热。

锅筒是自然循环锅炉的一个特征，它是蒸发受热面和过热器的固定分界点。自然循环锅炉流动方式简单、水动力特性稳定、运行可靠，在亚临界压力以下的锅炉中得到广泛应用。由于蒸发受热面中的流动阻力不需要锅炉给水泵的压头来克服，可以减小锅炉运行的能量消耗。锅筒具有较大的蓄热和蓄水能力，使得自然循环锅炉易于进行自动调节，并可通过排污降低对水处理的要求。但压力较高的锅炉，金属耗量大，成本较高，制造、运输、安装都存在一定的难度，较厚的筒壁形成的较大筒壁热应力差限制了锅炉的启停速度。此外，随着压力升高，汽水间的密度差减小，使得自然循环流动的动力明显下降，可能出现停滞、自由水位及倒流等影响自然水循环可靠性的现象。

全部由受热管束组成的回路也可形成自然循环，第 5 章所介绍的锅炉管束就是这样。受热相对较强或阻力小的管子容易成为上升管，反之，则为下降管。

2. 强制循环锅炉

这种锅炉蒸发受热面中工质的流动动力除了依靠汽水混合物与水的密度差之外，主要依靠锅炉循环回路中下降管上加装的循环泵的压头，如图 9.1(b) 所示。随着锅炉压力参数的提高，汽水混合物的密度增大，汽水混合物与水的密度差减小。为了保证自然循环锅炉水循环的可靠性，从而发展了多次强制循环锅炉，这种锅炉主要用于亚临界压力锅炉，也称为辅助循环或控制循环锅炉。下降管上的循环泵是强制循环与自然循环的主要区别。它不仅使循环回路的水冷壁布置比较自由，减小管子和锅筒的直径，减少金属消耗量，加快锅炉的启停和升降负荷的速度，扩大负荷调节的范围，还增加了管内工质的流速，提高了蒸发受热面水循环的稳定性。但循环泵的投运不但增加了锅炉自用电耗，而且由于长期在高温高压的条件下运行，需要使用特殊材料，其工作的可靠性直接影响整台锅炉运行的安全性和经济性。

3. 直流锅炉

直流锅炉中工质流动的全部动力来自给水泵。从图 9.1(c) 可以看出，锅炉给水在给水泵的作用下，依次流经加热受热面、蒸发受热面和过热受热面，最终成为所需参数的过热蒸汽。直流锅炉没有锅筒，蒸发受热面中的工质为一次性通过的强迫流动，这是与自然循环锅炉的主要区别。直流锅炉的水冷壁可以自由布置，金属耗量少，制造方便，启动和停炉的速度都比较快，能适应电网负荷的频繁变化，适用的压力范围很广，尤其是超临界参数的锅炉。但由于两相流体的流动阻力较大，使得亚临界压力直流锅炉增加了给水泵的电耗，同时也提高了对自动调节和给水处理的要求。

由于直流锅炉采用强迫流动，蒸发受热面可以布置成不同的结构类型，如图 5.2 所示。历史上，水平围绕管圈（图 5.2(a)）、垂直上升管屏（图 5.2(b)、(c)）和回转管屏（图 5.2(d)、(e)、(f)、(g)）这三种基本型式曾各自独立发展了相当长的一段时期。

4. 复合循环锅炉

复合循环锅炉的基本特点是在中间装了一台循环泵,它只在低负荷时工作,此时一部分水经过再循环管路在蒸发受热面中进行再循环,以充分冷却蒸发受热面,而在高负荷时停止工作,自动切换成直流锅炉运行状态,再循环管路中没有循环流量,如此一来可大幅度减小蒸发受热面中的流动阻力。

本质上来说,复合循环的应用是为了解决直流锅炉在高负荷时流动阻力太大,而在低负荷时又因流过蒸发受热面的工质流量太低不能保证传热性能这个矛盾的。它是结合一般直流锅炉和强制循环锅炉的优点而发展起来的,故称为复合循环。

由于复合循环能降低在额定负荷下工质的质量流速,因而有降低整个锅炉汽水系统阻力的显著优点。所以它不仅可应用于超临界压力锅炉,而且还可应用在亚临界压力锅炉上。这时在汽水系统中,除了混合器外还应设有汽水分离器。如果在亚临界压力条件下再提高全负荷下的再循环量,那么串联式全负荷复合循环锅炉实际上就是所谓的低循环倍率强制循环锅炉,简称低循环倍率锅炉。由于这种锅炉实质上仍是按强制循环原理工作的,因此也有人把它划为强制循环类锅炉。但它有两点不同于强制循环锅炉:①循环倍率小,额定负荷时的循环倍率 $K \leqslant 2$,一般为 1.3~1.8。而强制循环循环倍率 K 一般为 4,因此得名为低循环倍率锅炉。②低循环倍率锅炉要有起储存汽水、固定受热面界限作用的储罐,而强制循环锅炉有锅筒,因此低循环倍率锅炉是无锅筒低循环倍率强制循环锅炉。

9.1.2 汽液两相流的流型

所谓流型也称为流动结构,实质上它是流体流动时的外在表现。在单相流中,把流型分为层流和湍流,这两种流型的水动力性质和传热特性都有非常大的不同,研究方法也有很大的差别。两相流的流动结构就是指两相流体在流道内流动时两相流体的速度分布和沿流道截面两个相的分布。掌握流型的重要性在于:不同的多相流流动结构具有不同的流体动力学和传热特性,因而研究并设法预测锅炉蒸发管中的汽液两相流流型,对于锅炉设备的热工设计和运行是十分重要的。

1. 垂直管内汽液两相流体主要流型

受热垂直上升管内汽液两相流动的主要流型如图 9.2 所示。

(1)泡状流型

当汽液两相流体的质量含汽率较小时,从管壁汽化核心上形成并脱离的蒸汽以小汽泡形状分布于液相中,散布在整个管子截面上向上运动。直径在 1 mm 以下的细小汽泡近似呈球形,直径大于 1 mm 的汽泡呈现多种多样的形状。

(2)弹状流型

管内的小汽泡随着含汽率的增加而合并成一系列头部为球形,尾部扁平,长度不等,形状如汽弹的大汽泡。弹状汽泡直径接近于管子的内径,占据了大部分管子截面。但汽弹与管壁之间仍存在一层缓慢流动的液膜,液膜中及汽弹之间也可能夹有小汽泡。当管内

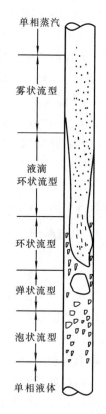

图 9.2 受热垂直上升管
汽液两相流流型

汽速增大时,汽弹由于相互碰撞可能分裂成不规则形状的蒸汽块团。试验表明,弹状流型只出现在低压时,汽弹尺寸可达 1 m 以上,并随压力增高而减小。压力大于 10 MPa 时,弹状流型就会消失,其原因是汽水分界面上的表面张力随压力增高而减小。

（3）环状流型

当蒸汽含量更大时,弹状汽泡汇聚成汽柱沿着管子中心流动,而水形成环状沿着管壁流动。在环状流动时,管壁上液膜厚度可能比弹状时还厚得多,液膜中仍含有气化核心产生的细小汽泡。在汽相和液相的界面出现大的波浪,气流卷吸波峰的液体进入主流,在汽柱内形成大小不等的液滴,较大的液滴有时还聚合成团,细小液滴则形成长条纤维。

（4）液滴环状流型

在这种流型中,环状液膜随着含汽率的增大而减薄,热阻下降,从而抑制了汽泡在汽化核心中的生长,液膜中的汽泡消失。热量通过液膜导热传递到汽液分界面上,界面上的液体由于蒸发而产生蒸汽。由于这时的蒸汽流速非常高,中心汽流会从四周液膜表面上卷吸出许多细小的水滴散布在汽流中,随汽流一起运动。

（5）雾状流型

随着液膜表面的蒸发,中心汽流的速度更大,卷吸携带水量增加,管壁液膜不断减薄,最终由于蒸发导致水膜完全被蒸干或汽流将水膜撕破,形成许多细小液滴分布于蒸汽流中被带走,汽与水形成雾状流动。这种流型由于管壁上无液膜冷却,而蒸汽导热性能差,当热负荷较高或工质流速较低时易引起管壁超温而导致爆管,使受热蒸发管处于一种不安全的状态。

上述各种流型在受热蒸发管中往往是沿着管子长度依次出现的。受热垂直上升管中沸腾时的两相流流型随热负荷(热流密度)增加的变化如图 9.3 所示。在图中,温度低于饱和温度的水以固定流量进入各受热蒸发管。各蒸发管的热流密度依次自左往右逐渐增加。由图可见,随着热流密度的增大,各管中的工质沸腾点逐渐移向管子进口,各管中的流体也经由上述各种流型逐渐由单相水的流动一直发展到干饱和蒸汽和过热蒸汽的流动。

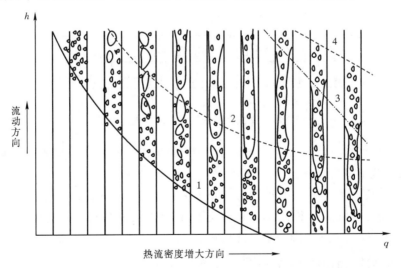

1—汽泡状沸腾开始线；2—汽泡状沸腾终止线；3—蒸干线；4—过热蒸汽线。

图 9.3　受热垂直上升管中沸腾时的两相流流型随热流密度增加而变化的示意图

汽液两相流体在垂直管内向下流动时流型的研究资料相对较少。由空气与水或其他液体的混合物作为工质得出的实验结果表明,下降流动时的流型类似于上升流动的流动结构,也出现泡状、弹状和环状等几种流型。与上升管不同的是,含汽率较小时的泡状流型中的小气泡主要聚集在管子中心区域向上运动。下降流动时,由于汽泡受到向上的浮力的作用,只有当水的速度大于汽泡上浮的速度,汽泡才被带着向下流动。若混合物的流速较小,则汽泡可能发生停滞或上升。在压力为 3~18 MPa 范围内,能将汽泡带着往下运动的最小流速为 0.2~0.1m/s。随着压力的增加,汽水密度差减小,最小流速也可取得小一些。

2. 水平管内汽液两相流体主要流型

汽液两相流体在水平管中流动时,由于受到浮升力的影响,蒸汽多聚集在管子的上部,形成不对称的流动结构。随着汽水混合物流速较小或管子直径增大,这种不对称性更加明显。当汽水混合物的流速高时,流型与垂直上升管中基本相似;当流速减小到某一界限值时,将形成蒸汽在管子上部流动,水在管子下部流动,两相之间存在一平滑分界面的分层流型。

图 9.4 是受热水平管中汽液两相流体的流型示意图,主要分为泡状流型、塞状流型、弹状流型、波状流型、环状流型和分层流型 6 种,各种流型都显示出流动结构的不对称性。泡状流型与塞状流型表示不同蒸汽含量时的流动型态,弹状流型与塞状流型的差别在于汽弹的上部没有水膜,当汽弹被前后涌起的波浪扰动时,上部管壁周期性地受到润湿。波状流型是一种不稳定的分层流动,当气相流量较高时,汽水分界面上掀起扰动的波浪,管子上壁面间歇性地时而和蒸汽接触,时而和液膜接触。环状流型出现在更高汽相流量条件下,管子中部为带有液滴的汽柱,四周为液膜,底部的液膜较厚。各种流型的出现主要与汽水混合物的流速有关,当流速较高时,如进口水速大于 1 m/s,受热水平管内混合物的流型逐渐由泡状流、塞状流转变为较为对称的环状流,最后管子顶部全为汽而底部保持一薄层液膜;当流速很低时,如进口水速小于 0.5 m/s,沿工质流动方向上流型都是不对称的,在含汽率较大时形成波状流或分层流动,这时管子上部壁温周期性变化或持续处于高温状态,可能导致管壁产生疲劳或过热损坏,应力求避免。

| 泡状流型 | 塞状流型 | 弹状流型 | 波状流型 | 环状流型 | 分层流型 |

图 9.4　受热水平蒸发管汽液两相流流型

当汽水混合物的速度很小,蒸汽含量和管子直径大时可能产生分层流动。为了消除分层流动,首先要提高流速,保证汽水混合物的质量流速大于发生汽水分层时的界限质量流速。界限质量流速可查阅有关手册。其次,尽量避免水平布置而采用倾斜管。研究资料表明,增加倾斜管倾角将使分层流动的范围缩小,一般向上倾斜 10°~15°的管内分层流动就很少发生,当水平倾角超过 30°~60°,其流型即与垂直管相同。

3. 研究两相流体的流动模型

研究两相流体的流动时常作如下一些简化。

(1)认为管内工质(无论是单相流体还是两相流体)的流动是一维流动

建立基本方程式时都只考虑工质的流速和压力在流动方向上有变化,在流通截面上各点的流速和压力都相同,对管道截面上各物理量采用一个平均的概念,如假想的平均流速概念。

(2)两相流体是不可压缩流体

即不仅将水看作不可压缩流体,蒸汽也被看作是不可压缩的。由于蒸汽的比容与压力有关,当汽水混合物在管道内流动时会产生压降,但此压降与它的绝对压力相比可以忽略,除非工质压降占绝对压力的份额较大时才考虑蒸汽的压缩性。因此,蒸汽的比容(和密度)可按管道的起点或终点的压力选取,不考虑沿管长压力变化对它们的影响。

目前,工程上研究两相流体的流动模型主要有以下两种。

①均相流模型。这种模型假定两相流体流动时非常均匀,可以看作是具有平均流体特性的均质单相流体,汽液两相之间没有相对速度且处于热力学平衡状态。该模型可以应用单相流体的各种方程式,必要时借助于试验系数对方程式进行修正。这是一种简单的处理两相流动问题的方法,最适用于泡状流型,但实际工程中却被不加选择地广泛应用。

②分相流模型。这种模型假定两相流体流动时完全分开,它们各自以一种平均流速流动,即两相之间流速不等但已经达到热力动态平衡。这种模型可以对每一相流体写出一组基本方程式,或者将两相的方程式合并在一起,并应用经验关系式建立某一物理量与流动的独立变量之间的关系式。这种模型比较精确但是很复杂,最适宜用于环状流型。

有关两相流动的更多内容可参阅有关文献。

9.1.3　汽液两相流的基本参数

单相流体的基本流动特性可以用速度和流量两个参数来描述。锅炉的蒸发受热面中流动的是汽液两相混合物,随着蒸汽含量的增加,其比容和流速不断发生变化,并且汽液两相之间存在相对速度。为了研究两相流体的流动特性,需要建立新的流动特性参数。

1. 流量参数

(1)汽液两相流体的质量流量

单位时间通过管道流通截面积的汽液两相流体的质量称为汽液两相流体的质量流量 G_h,其值为蒸汽质量流量 G_q 和水质量流量 G_s 之和,即

$$G_h = G_q + G_s \tag{9.1}$$

(2)汽液两相流体的容积流量

单位时间通过管道流通截面积的汽液两相流体的容积称为汽液两相流体的容积流量 Q_h,其值为蒸汽容积流量 Q_q 和水容积流量 Q_s 之和,即

$$Q_h = Q_q + Q_s = G_q v'' + G_s v' \tag{9.2}$$

式中: v' 和 v'' 分别为饱和水及饱和蒸汽的比容,m^3/s。

(3)循环流速

流量等于管内汽液两相流体质量流量 G_h 的饱和水流量 G_0,通过整个管道截面 f 时的水速称为循环流速 w_0,即

$$w_0 = \frac{G_0 v'}{f} \tag{9.3}$$

在各种蒸汽锅炉中,蒸发管入口的水接近于饱和水,一般认为进入蒸发管的水速即等于循环流速,相应的质量流量 G_0 即为循环流量。

（4）质量流速

通过管子单位流通面积的工质质量流量称为质量流速 ρw，即

$$\rho w = \frac{G_0}{f} = \frac{G_h}{f} \tag{9.4}$$

根据质量守恒定律，在稳定流动时，无论受热与否，如管子截面不变，工质流经管子任一截面的质量流速均相等，即 $\rho w =$ 常数。

（5）折算流速

在汽液两相流体中，假设蒸汽或水单独占据管子全部流通截面积时的流速分别称为折算汽速 w_0'' 或折算水速 w_0'，按以下两式确定

$$w_0'' = \frac{G_q v''}{f} = \frac{Q_q}{f} \tag{9.5a}$$

$$w_0' = \frac{G_s v'}{f} = \frac{Q_s}{f} \tag{9.5b}$$

这两种折算速度在实际中都不存在，也不可测量，在两相流体力学中用于分析某一相单独流过管子截面时的压降。受热的蒸发管内由于存在相变，此两值沿管长不断变化。

需要特别指出，循环流速、质量流速以及折算流速三个参数虽然都称为速度，但是它们都是代表流量的参数。

2. 速度参数

（1）汽液两相流体的混合流速

通过管子单位流通截面积的工质容积流量称为混合流速 w_h，即

$$w_h = \frac{Q_h}{f} = \frac{Q_s + Q_q}{f} = w_0' + w_0'' \tag{9.6}$$

根据质量守恒定律，由质量流速定义

$$\rho' w_0 = \rho_h w_h = \rho' w_0' + \rho'' w_0'' \tag{9.7}$$

可得

$$w_h = w_0 + w_0''\left(1 - \frac{\rho''}{\rho'}\right) \tag{9.8}$$

（2）实际流速

在汽液两相流体中，通过管子蒸汽流通截面积 f'' 的蒸汽容积流量称为蒸汽的实际流速 w_{sj}''，通过管子水流通截面积 f' 的水的容积流量称为水的实际流速 w_{sj}'，按以下两式确定

$$w_{sj}'' = \frac{Q_q}{f''} \tag{9.9}$$

$$w_{sj}' = \frac{Q_s}{f'} \tag{9.10}$$

（3）相对速度与滑移比

在汽液两相流体中，蒸汽实际流速与水的实际流速之差称为相对速度 w_{xd}，蒸汽实际流速与水的实际流速之比称为滑移比 S，按以下两式确定

$$w_{xd} = w_{sj}'' - w_{sj}' \tag{9.11}$$

$$S = \frac{w_{sj}''}{w_{sj}'} \tag{9.12}$$

当蒸汽的实际速度大于水的实际速度时，$w_{xd}>0$，$S>1$；反之，$w_{xd}<0$，$S<1$；当两者的速度相等时，$w_{xd}=0$，$S=1$。

3. 含汽率

(1)质量含汽率

汽液两相流体中，蒸汽质量流量所占混合物质量流量的份额称为质量含汽率(x)，也称为蒸汽干度。当两相流体完全处于热力学平衡状态时

$$x=\frac{G_q}{G_h}=\frac{\rho''w_0''}{\rho'w_0} \tag{9.13}$$

对于受热蒸发管，质量含汽率也可用热物性参数来表示，称为热力学含汽率，也称为沸腾度。在蒸发管任一截面建立热平衡方程，可得

$$x=\frac{i-i'}{r} \tag{9.14}$$

式中：i 为任一截面工质比焓，kJ/kg；i' 为工质饱和水比焓，kJ/kg；r 为汽化潜热，kJ/kg。这样表示的质量含汽率有利于分析受热工质的状态，当 $x<0$，工质处于未饱和水（过冷沸腾）区；$0\leqslant x\leqslant1$，处于饱和沸腾区；$x>1$，处于过热蒸汽区。

受热蒸发管中入口的水量 G_0 与产生的蒸汽量 D 的比值，称为循环倍率 K，为质量含汽率的倒数，即

$$K=\frac{G_0}{D}=\frac{1}{x} \tag{9.15}$$

将式(9.13)代入式(9.8)，可得混合流速与质量含汽率之间的关系式

$$w_h=w_0\left[1+x\left(\frac{\rho'}{\rho''}-1\right)\right] \tag{9.16}$$

(2)容积含汽率

汽液两相混合流体中，蒸汽容积流量所占混合物容积流量的份额称为容积含汽率 β，即

$$\beta=\frac{Q_q}{Q_h}=\frac{w_0''}{w_h}=\frac{w_0''}{w_0'+w_0''} \tag{9.17}$$

将式(9.8)和式(9.13)代入上式，可得出容积含汽率与质量含汽率之间的关系

$$\beta=\frac{1}{1+\dfrac{\rho''}{\rho'}\left(\dfrac{1}{x}-1\right)} \tag{9.18}$$

(3)截面含汽率

用平均流量概念表示的质量含汽率 x 或容积含汽率 β 采用的是均相流模型，没有考虑汽水之间实际存在的相对速度，因此都没有反映管内混合物真正的蒸汽含量，它们都只反映了水速与汽速相等条件下的含汽率。反映蒸发管某截面上工质的真实含汽率称为截面含汽率 ϕ，又称真实容积含汽率，采用的是分相流模型，需要用试验确定，其值为汽液两相流体中，某一管道截面上蒸汽流通截面积与整个管道截面的比值，即

$$\phi=\frac{f''}{f} \tag{9.19}$$

该值需要通过试验来确定。将式(9.5a)、式(9.5b)、式(9.9)、式(9.10)、式(9.12)、式(9.17)和式(9.18)的关系应用到上式，可得

$$\phi = \frac{1}{1+S\dfrac{\rho''}{\rho}\left(\dfrac{1}{x}-1\right)} = \frac{1}{1+S\dfrac{(1-\beta)}{\beta}} \tag{9.20}$$

上式表明了截面含汽率与质量含汽率或容积含汽率之间的关系。为了分析相对速度对含汽率的影响,应用式(9.5a)、式(9.5b)和式(9.9)、式(9.10),将式(9.19)改写为

$$\phi = \frac{w_0''}{w_{sj}''} = \frac{w_h}{w_{sj}''}\frac{w_0''}{w_h} = \frac{w_h}{w_{sj}''}\beta = C\beta \tag{9.21}$$

式中:系数 $C=\dfrac{w_h}{w_{sj}''}$ 也反映出汽水间存在的相对速度,可由试验确定。该式表明,汽速与水速度相等时,$C=1$,$\phi=\beta$;在向上流动中,由于蒸汽的流速比水快,因此 $C<1$,$\phi<\beta$;在向下流动时,由于汽泡受到浮力的作用,蒸汽的流速应当比水慢,即满足 $C>1$,$\phi>\beta$ 的关系。但在实际情况下的向下流动,当 β 值小于某一界限 β_{jx} 值时,$\phi>\beta$;而当 β 值超过 β_{jx} 值时,则有 $\phi<\beta$,即 ϕ 值并不总是大于 β 值,其机理尚不完全清楚。一般来说,随着压力提高,汽水之间密度差减小,相对速度减小;循环流速增加,相对速度的影响减小,向上流动中的 ϕ 值增大,向上流动中和向下流动中的 ϕ 值趋近于 β 值。质量含汽率 x 增大,则 ϕ 值增大,当 $x=1.0$ 时,ϕ 值也等于 1.0。试验表明,管壁粗糙度对垂直向上流动工况的 ϕ 值没有影响,在垂直下降流动时,相对粗糙度的增大可使 ϕ 值明显降低。当循环流速增大时,相对粗糙度的影响减小。

4. 密度

汽液两相流体中,工质的质量流量与容积流量的比值称为汽水混合物密度 ρ_h,即

$$\begin{aligned}\rho_h &= \frac{G_h}{Q_h} = \frac{\rho''Q_q+\rho'Q_s}{Q_h} = \beta\rho''+(1-\beta)\rho'\\ &= \rho'-\beta(\rho'-\rho'')\end{aligned} \tag{9.22}$$

将式(9.18)代入上式,可得

$$\rho_h = \frac{\rho'}{1+x\left(\dfrac{\rho'}{\rho''}-1\right)} \tag{9.23}$$

在一长为 Δl 的微元管段上,单位微元管段容积具有的混合工质质量称为汽水混合物实际密度 ρ_{hsj},即

$$\begin{aligned}\rho_{hsj} &= \frac{(f''\rho''+f'\rho')\Delta l}{f\Delta l} = \phi\rho''+(1-\phi)\rho'\\ &= \rho'-\phi(\rho'-\rho'')\end{aligned} \tag{9.24}$$

由此得出汽水混合物的实际流速 w_{hsj} 为

$$w_{hsj} = \frac{\rho'w_0}{\rho_{hsj}} = \frac{\rho'w_0}{\rho'-\phi(\rho'-\rho'')} \tag{9.25}$$

应用上列各式,也可将这些特性参数表达为其他关系式。

 9.2 流动阻力

锅炉管内工质既有单相流体,又有汽液两相流体,它们在管内流动时由于需要克服各种阻力会产生一定的压力降。按照动量守恒方程式,锅炉水动力计算中压降计算的基本方程式为

$$\Delta p = \Delta p_{\text{mc}} + \Delta p_{\text{jb}} + \Delta p_{\text{zw}} + \Delta p_{\text{js}} \tag{9.26}$$

式中:Δp 为总压降,它定义为管道始端和终端压力之差;Δp_{mc} 和 Δp_{jb} 分别代表摩擦阻力和局部阻力,这两项之和通常称为流动阻力 Δp_{ld};Δp_{zw} 和 Δp_{js} 分别称为重位压降和加速压降。

9.2.1　摩擦阻力

单相流体摩擦阻力为

$$\Delta p_{\text{mc}} = \lambda \frac{1}{d_{\text{n}}} \frac{\bar{\rho} w^2}{2} \tag{9.27}$$

式中:$\bar{\rho}$ 为工质的平均密度,kg/m³。对于临界压力前和超临界压力中焓增 $\Delta i < 200$ kJ/kg 或焓值在大比热区($i = 1700 \sim 2700$ kJ/kg)以外的单相流体,由于工质焓增值不大,或其密度随焓的变化近似呈线性关系,所以 $\bar{\rho}$ 可以按其进出口参数的算术平均值计算,或者按进出口焓的算术平均值查水与水蒸气表得到。这里 λ 为摩擦阻力系数。由于锅炉中工质温度高,黏度小,管内流动工况在完全粗糙管区。此时摩擦阻力系数 λ 值与 Re 数无关,即

$$\lambda = \frac{1}{4 \left(\lg 3.7 \dfrac{d_{\text{n}}}{k} \right)^2} \tag{9.28}$$

式中:d_{n} 为管子内直径;k 为管子内壁绝对粗糙度,在我国电站锅炉水动力计算方法中对于碳钢和珠光体钢管 $k = 0.06$ mm,奥氏体钢管 $k = 0.008$ mm。

汽液两相流体的摩擦阻力有许多计算式,大体可以分为均相流和分相流两种模型。我国电站锅炉水动力计算方法中采用的修正均相流模型法是西安交通大学的研究成果,即借用单相摩擦阻力计算公式的形式,再进行试验修正。将混合物流速式(9.16)和混合物密度式(9.23)代入式(9.27),考虑到试验修正,可以得到两相流体摩擦阻力为

$$\Delta p_{\text{mc}} = \psi \lambda \frac{l}{d_{\text{n}}} \frac{\rho' w_0^2}{2} \left[1 + \bar{x} \left(\frac{\rho'}{\rho''} - 1 \right) \right] \tag{9.29}$$

式中:λ 为单相流体摩擦阻力系数,按式(9.28)计算;$\bar{x}$ 为计算管段的平均质量含汽率;ψ 为摩擦阻力校正系数,与质量含汽率 x、压力 p 及质量流速 ρw 有关,由试验数据得出,其物理意义是双相摩擦阻力与按均相模型计算的摩擦阻力之比。计算式为

$$\psi = 1, \qquad\qquad \rho w = 1000 \ \text{kg/(m}^2 \cdot \text{s)} \tag{9.30a}$$

$$\psi = 1 + \frac{x(1-x)\left(\dfrac{1000}{\rho w} - 1\right)\dfrac{\rho'}{\rho''}}{1 + x\left(\dfrac{\rho'}{\rho''} - 1\right)}, \quad \rho w < 1000 \ \text{kg/(m}^2 \cdot \text{s)} \tag{9.30b}$$

$$\psi = 1 + \frac{x(1-x)\left(\dfrac{1000}{\rho w} - 1\right)\dfrac{\rho'}{\rho''}}{1 + (1-x)\left(\dfrac{\rho'}{\rho''} - 1\right)}, \quad \rho w > 1000 \ \text{kg/(m}^2 \cdot \text{s)} \tag{9.30c}$$

ψ 值也可从我国电站锅炉水动力计算方法中的线算图查得。

此法精度较高,适用范围较广,可用于压力大于 1 MPa 锅炉的水动力计算,低于此压力则误差增大。经国内各主要锅炉厂对各种类型锅炉的水动力工况进行试算后,和实际运行工况接近。

9.2.2 重位压降

重位压降又称重位压头。单相流体的重位压降可表示为

$$\Delta p_{zw} = \bar{\rho} g \Delta h \tag{9.31}$$

式中:$\bar{\rho}$ 为工质平均密度,kg/m^3,其计算方法如前所述;Δh 为管子进出口之间的水准标高差,m。

水的重位压降都必须计算。由于过热蒸汽的重位压降占总压力降的份额较小,只有当锅炉压力大于 10 MPa,在计算辐射式过热器和屏式过热器时或其他有必要精确计算场合才进行计算。在一般计算中,工质向上流动时重位压降取为正值,下降流动时取负值。水平管子中重位压降 $\Delta p_{zw} = 0$。

汽水混合物重位压降的计算采用分相流动模型,汽水混合物的平均密度取式(9.24)的平均实际密度,其计算式为

$$\Delta p_{zw} = \bar{\rho}_{hsj} g \Delta h = [\rho' - \bar{\phi}(\rho' - \rho'')] g \Delta h \tag{9.32}$$

式中:$\bar{\phi}$ 为管段内平均截面含汽率,求得平均质量含汽率 $\bar{x}$,按式(9.18)计算出平均容积含汽率 $\bar{\beta}$,再进一步求出 $\bar{\phi}$。

9.2.3 加速压降

加速压降的物理意义是通过出口和进口的单位截面上工质的动量差。两相流体中,此动量差值又由汽相和液相的动量差组成。

单相流体的加速压降可表示为

$$\Delta p_{js} = \rho w (w_c - w_j) = (\rho w)^2 (v_c - v_j) \tag{9.33}$$

式中:下标 c 和 j 分别表示出口和进口参数。

由于加热和压力对水的比容变化影响很小,对于低于临界压力的单相流体可不计其加速压降。对过热蒸汽虽然有一定影响,但 Δp_{js} 值与其他压力降相比也较小,因此也可以忽略不计。但在超临界压力锅炉的大比热区,工质的比容在受热后有较大的变化,尤其在热负荷较高时,Δp_{js} 的影响相对较大。所以,在单侧加热时当管子的热负荷高于 460 kW/m^2,或双侧加热时大于 230 kW/m^2,以及工质的入口焓小于等于 1700 kJ/kg 时,应计算加速压降。

汽液两相流体的加速压降采用均相流模型,计算式为

$$\Delta p_{js} = (\rho w)^2 (x_c - x_j)(v'' - v') \tag{9.34}$$

由于水在加热的蒸发管中不断汽化,使出口汽水混合物的容积增大很多,因此加速压降较大,特别是在低压时,在热负荷较高的管子中加速压降比较明显。

9.2.4 局部阻力

单相流体的局部阻力是由于流体流动时因流动方向或流通截面的改变而引起的能量损耗,其局部阻力为

$$\Delta p_{jb} = \zeta \frac{\rho w^2}{2} \tag{9.35}$$

式中:ζ 为单相流体局部阻力系数,由试验确定。各类单相流体局部阻力系数可详见有关资料。由于锅炉中有许多特殊的管路连接方式,这些元件的局部阻力系数的确定多数只能在有关锅炉的专门手册中才能得到。

管子弯头局部阻力系数按下式计算

$$\zeta_{wt} = \zeta_{wt}^0 k_\Delta \tag{9.36}$$

式中：ζ_{wt}^0 为弯头基本阻力系数；k_Δ 为粗糙度修正系数。

汽液两相流体的局部阻力比其他相同条件时的单相局部阻力大。因为除了与单相流体一样，存在由于流体速度场的变化和流体质点撞击以及涡流引起局部阻力损失以外，还会发生由于汽水两相分布及流动结构变化所引起的能量消耗。

与汽液两相摩擦阻力一样，我国的计算方法中汽水混合物的局部阻力也采用均相流模型，其计算式为

$$\Delta p_{jb} = \zeta'_{jb} \frac{\rho' w_0^2}{2} \left[1 + x_{jb} \left(\frac{\rho'}{\rho''} - 1 \right) \right] \tag{9.37}$$

式中：x_{jb} 为产生局部阻力处的质量含汽率；ζ'_{jb} 为汽水混合物的局部阻力系数，由试验确定。在锅炉水力计算方法等有关文献中可以查得各类汽水混合物的局部阻力系数。

无论是单相还是双相的特殊类型的局部阻力系数都应由试验确定。

以上讨论了总压降和各种压降的计算方法。这些计算方法都是在进行阻力试验时综合试验资料后得出的。由于试验方法以及试验数据处理方法会存在差异，在计算总压降时，必须成套采用各种计算方法中 Δp_{mc}、Δp_{zw} 和 Δp_{js} 的计算式，才能保持总压降的计算结果接近实际试验值。

9.3　锅炉管内传热

正常情况下，锅炉过热受热面和加热受热面中管内单相流体的 $\alpha_2 = 10^2 \sim 10^3$ W/(m² · ℃)，蒸发受热面的沸腾换热的 α_2 高达 10^4 W/(m² · ℃)。这样高的放热系数足以保证管壁得到充分冷却。但在实际中，即使水动力稳定和热偏差不大，也会发生沸腾管管壁超温烧损。这表明沸腾管内侧发生了传热恶化，使得 α_2 急剧降低，壁温飞升。对于直流锅炉，在 $x = 1.0$ 时这种现象不可避免。

9.3.1　管内传热过程

1. 管内沸腾换热的工况区间

图 9.5 示出了中等热负荷下未饱和水在均匀受热的垂直管中向上流动直到形成过热蒸汽的整个过程中，流动工况、换热方式、管壁温度及流体温度的变化。

按换热规律可以分为以下几个区间。

（1）区间 A 为单相液体强制对流换热区　此区段液体温度尚未达到饱和温度，管壁温度稍高于水的饱和温度，但低于产生汽泡所必须的过热度。

（2）区间 B 为表面沸腾（也称过冷沸腾）区　此区段位于泡状流动的初期，管壁温度已具有形

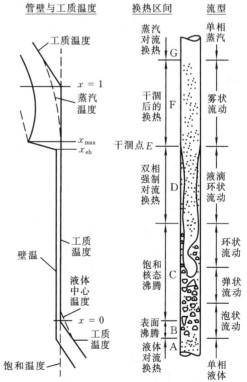

图 9.5　垂直管内强迫对流沸腾的换热工况

成汽化核心的过热度,内壁面上开始产生汽泡,但由于主流的平均温度仍低于饱和温度,存在过冷度。因此形成的汽泡或者脱离壁面进入中心水流后即被冷凝而消失,或者仍然附着在壁面上。此时管子截面上的热力学含汽率 $x<0$,当所有的水均加热到饱和,即 $x=0$ 时,此区段结束。

(3)区间 C 为饱和核态沸腾区 此区段流动结构包括泡状流动、弹状流动和部分环状流动。由于此时管内水的温度已达到饱和温度,汽泡脱离壁面后不再凝结消失,含汽率 x 值由 0 开始增加。在环状流动的初期阶段,贴壁的液膜尺寸较厚,内壁上还能形成汽泡,此时换热状态仍可近似认为属于核态沸腾。当液膜中不再产生汽泡,沸腾传热机理发生变化时,该区段结束。

(4)区间 D 为双相强制对流换热区 随着 x 的增加,工质进入液滴环状流动结构。由于环状液膜的厚度逐渐减薄,因而液膜的导热性增强,最后使得紧贴管壁的液体不能过热形成汽泡时,核态沸腾的作用受到抑制。

(5)图中的 E 点称为干涸点 随着液膜不断地蒸发及被中心汽流卷吸,沿着流动方向液膜愈来愈薄,最终管壁上的液膜在某一 x 值下被蒸干或撕破而完全消失,出现干涸,即传热恶化现象。这时壁面直接同蒸汽接触,使得壁面温度急剧上升。

(6)区间 F 为干涸后的换热区,也称为欠液区 蒸干后,管内为蒸汽携带液滴的雾状流动,直到液滴完全蒸发变成干蒸汽为止。这一区段的换热依靠液滴碰到壁面时的导热及含液滴蒸汽流的对流换热,此时可能处于蒸汽有些过热而液滴仍为饱和温度的热力学不平衡状态。因此在该区段管子的某一截面上,热力学含汽率 $x=1$。

(7)区间 G 为单相蒸汽强制对流换热区 此区段中,汽流携带的液滴全部蒸发成蒸汽,此时的流动工况为单相的过热蒸汽。

2. 管内沸腾换热机理及放热系数的变化规律

图 9.5 所示的对流沸腾,在各换热区间中对流与沸腾两种换热方式所起的作用是不一样的,具有不同的换热机理,其管内局部对流沸腾放热系数沿管长(即随 x)的变化关系如图 9.6 所示,图中每条曲线表示某一热负荷,A,B,…,G 相应于图 9.5 中的换热区间。下面先讨论热负荷不太高,即图中曲线 1 的情况。

①在单相液体区(A 段),换热机理为单相强制对流换热,热负荷的影响很微弱,放热系数 α_2 主要取决于流速,基本上是一常数,沿着管长方向由于流体温度的上升而略有增加。

②进入表面沸腾区(B 段)后,放热系数 α_2 明显增加。热量传递除了单相流体的强制对流外,还通过沸腾换热将潜热转移到主流中。潜热的传递有两种方式:脱离壁面的汽泡在主流中的冷凝,或是附着在壁面上的汽泡,在其根部的液体微层中连续蒸发及在其顶部的相应的凝

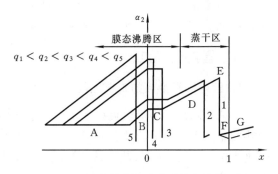

图 9.6 垂直管内对流沸腾放热系数
与热负荷、含汽率的关系

结。这一区间的流速与热负荷对放热系数均有影响。在始沸点后的初期,壁面上的汽化核心数很少,热量主要是通过对流方式而传递。随着流体温度的升高和汽化核心的增加,沸腾换热所占的比例逐渐增加。

③在饱和核态沸腾区(C 段)初始阶段,x 约小于 0.3 时,热量传递主要是沸腾换热,换热

强度取决于热负荷,而对流,即流速的影响趋近于零,热负荷一定时,α_2 基本保持不变,这一阶段也称为旺盛沸腾区。随着含汽率的进一步提高,除了沸腾换热以外,由于汽液混合物流速的大大增加,可达进口水速的几倍乃至十几倍,宏观对流作用的影响再次显示出来,因此 α_2 又开始增加,且与双相强制对流换热区(D 段)没有明显的分界。饱和核态沸腾时的 α_2 非常大,因为此时内壁面上的汽化核心数相当多,大量的汽泡形成、长大和脱离,除了其本身携带走潜热以外,还把近壁层的过热液体推向中心主流,而汽泡脱离后的位置又由中心主流的较冷流体来补充,这样在管壁附近形成了非常猛烈的微观对流。

④进入双相强制对流换热区域(D 段)后,随着液膜的逐渐减薄,液膜的导热性增强而不再形成汽泡,此时由管壁传来的热量以强制对流的方式,通过液膜的导热而传递到汽水分界面上,在该界面上液体不断被蒸发,使液体的汽化过程从核态沸腾转入表面蒸发。由于汽水混合物流速的进一步提高,放热系数沿流动方向继续增大,沸腾换热的影响逐渐下降,而对流换热的份额越来越大。当混合物流速相当高时,热负荷的影响渐趋消失,流速成为决定性因素。

⑤在干涸点 E,由于液膜被蒸干或撕破而消失,α_2 突然下降到接近于饱和蒸汽对流换热的数值。

⑥干涸后的欠液换热区(F 段),是传热恶化后湿蒸汽与管壁的换热。此时工质处于热力学不平衡状态,热量传递过程相当复杂。热量可以由壁面传给蒸汽,使蒸汽过热后再传给液滴,从而使液滴蒸发,热量也可以从壁面直接传给能撞击到壁面上的液滴而使其蒸发。若壁温很高,热量还可以由壁面以辐射的方式传给蒸汽和液滴。这一区段中的放热系数 α_2 比上一区段显著下降,其变化趋势取决于工质的质量流速 ρw。如果 ρw 较大(大于 700 kg/(m² · s)),由于主流中的液滴因紊流扩散撞击壁面的几率增加,液滴快速蒸发使得蒸汽流速进一步增加,故 α_2 又随 x 的增加而上升;如果 ρw 较小(小于 700 kg/(m² · s)),液滴不易撞击壁面,使壁面热量的传递速率减缓,壁温升高,则 α_2 可能继续下降,如图 9.6 中的虚线所示。

⑦进入过热蒸汽区(G 段)后,换热又遵循单相强制对流的规律。由于蒸汽温度比内壁温度增加得快一些,放热系数 α_2 随蒸汽温度的提高而略有增大。

管壁温度沿管长的变化取决于局部放热系数,如图 9.6 所示。在单相水和表面沸腾区,壁温与工质温度差值不大,并随工质温度的提高而增加。进入饱和核态沸腾和双相强制对流换热区,由于放热系数 α_2 很大,并随 x 的增加而提高,而工质温度保持在饱和温度,故内壁温度只比工质温度高几度,两者在干涸点前逐渐接近。当水膜干涸消失时,α_2 剧烈下降,虽然工质温度仍处于饱和温度,壁温却因传热恶化而飞升。壁温飞升通常是指温度的变化区域很小,而温度的飞升值很高。干涸后区域壁温与 α_2 的变化有关,若质量流速较高,α_2 增加,壁温飞升后即逐渐有所降低;反之,壁温可能持续增加,如图 9.6 中的虚线所示。到过热蒸汽区后,虽然 α_2 增加,但蒸汽温度在吸热后不断增加,故壁温也随之不断增高。

3. 热负荷对沸腾换热的影响

如果进入管子的水流量不变,加在管子上的热负荷不断升高,则换热区域和放热系数 α_2 会发生变化。如果热负荷在某一界限值以下增加,单相水和双相强制对流区的长度缩短,核沸腾(包括表面核沸腾和饱和核沸腾)和干涸后传热区扩大。其中,单相流体 α_2 不变,整个核沸腾区的 α_2 由于汽化核心数目和汽泡产生及脱离的频率增加,传热变得更加强烈而增大,但两相强制对流区的 α_2 仅略有增加,干涸点的位置提前,出现在 x 值更低的时候,如图 9.6 曲线 2 所示。

但是当热负荷大于某一界限值后再增加,则过冷沸腾进一步提前,饱和核沸腾区逐渐缩短。虽然核沸腾区的 α_2 更高,但在 x 达到某一定值时,不经过两相强制对流区,直接从核沸腾转入传热恶化。这时发生传热恶化的 x 值比较小,恶化点的位置更早,其恶化机理也发生变化,不再是由于液膜的蒸干和撕破,而是原先为核态沸腾的工况因水不能润湿壁面而转变为膜态沸腾,如曲线 2、3 所示。这种情况可能在环状流动中发生,也可随着热负荷不断升高而相继在弹状流动或泡状流动工况时发生。

当热负荷非常高时,甚至在过冷区域就会偏离核沸腾而转入膜态沸腾,如曲线 5 所示。

9.3.2 沸腾传热恶化及其防止措施

1. 两类沸腾传热恶化

(1) 两类沸腾传热恶化的现象及机理

如前所述,沸腾传热恶化按其机理基本上可分为两类。

当热负荷 q 较高时,在含汽率 x 较小或过冷沸腾的核态沸腾区,包括泡状流动、弹状流动及环状流动的初期,如果热负荷大于某一临界热负荷,由于管子内壁的汽化核心密集,汽泡的脱离速度小于汽泡的生长速度,在管壁上形成连续的汽膜,出现膜态沸腾。此时,管壁得不到液体的冷却,放热系数 α_2 显著下降,壁温飞升值很高,通常壁温未升高到稳定值时,受热面已经烧坏了。这种由核态沸腾的工况因水不能进入壁面而转变为膜态沸腾的传热恶化,通常称为偏离核沸腾(Departure from Nucleal Boiling,DNB)或烧毁(burn-out),也称为第一类传热恶化。还因为这类传热恶化时壁温飞升速率很快,又称为快速危机。通常在亚临界压力参数以上的锅炉中,可能会遇到第一类传热恶化的问题。

发生传热恶化现象与热负荷、质量含汽率、质量流速、压力及管径有关。通常用发生传热恶化时的临界热负荷 q_{cr}(Critical Heat Flux,CHF)作为第一类传热恶化发生的特征参数

$$q_{cr} = f(p, \rho w, x, d) \tag{9.38}$$

在热负荷 q 较低、含汽率 x 较高的液滴环状流阶段的后期,由于管子四周贴壁处的液膜已经很薄,因蒸发或中心汽流的卷吸撕破使液膜部分或全部消失,该处的壁面直接与蒸汽接触而得不到液体的冷却,也使放热系数 α_2 明显下降,壁温升高,但壁温的增值比第一类恶化要小,其升温速度也较慢。这类传热恶化通常称为蒸干(dry-out),又称为第二类传热恶化或慢速危机。

第二类传热恶化发生时的热负荷较小,在一般的高参数直流锅炉中,尤其在燃油锅炉炉膛受热面中可能遇到,而且传热一旦恶化,可能使壁温超过金属的允许值。通常用发生传热恶化时的含汽率 x_{eh} 作为第二类传热恶化发生的特征参数

$$x_{eh} = f(p, \rho w, q, d) \tag{9.39}$$

上式表明,发生第二类传热恶化时的 x_{eh} 与热负荷、压力、质量流速和管径等有关,这些因素的交互作用使其对 x_{eh} 的影响相当复杂。

一般来讲,随着 q 增加,各换热区间的界限相对前移,长度缩短,使 x_{eh} 点位置也相对前移,传热恶化提前发生;随着压力提高,饱和水密度 ρ' 减小,汽流扰动对液膜影响大,同时表面张力 σ 也减小,降低了液膜的保持能力,所以两者的减小都使液膜的稳定性降低而易被撕破,因此 x_{eh} 点的位置提前;质量流速 ρw 的影响对 x_{eh} 的影响呈现非单调性,由图 9.7 可见,ρw 存在着某一界限质量流速 $(\rho w)_{jx}$ 使 x_{eh} 最小。当 $\rho w < (\rho w)_{jx}$ 时,由于 ρw 较低,主汽流与液膜间的相对速

度随质量流速增加而增大,液膜易被撕破,因此 x_{eh} 随 ρw 的增加而减小。当 ρw 较高时,主汽流与液膜间的相互作用已趋于稳定,而且由于紊流扩散作用使主汽流中沉降到液膜上的水滴增加,因此 x_{eh} 随 ρw 的增加而增大,即传热恶化推迟。

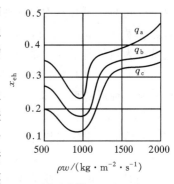

$p = 18.6$ MPa; $q_a < q_b < q_c$。

图 9.7　x_{eh} 与 q 和 ρw 的关系

发生液膜蒸干的第二类传热恶化后,管壁温度开始急剧上升,同时还经常伴随着壁温的周期性波动,也称为脉动。实验表明,发生脉动的区域大致为 $30\sim60$ mm,温度波动值可达 $60\sim125$ ℃。这是由于:①在开始出现恶化的地区,部分液膜虽已撕破,但管壁仍有残留的细小液流,使管壁上同一地点交替地与蒸汽和残余液流接触,造成温度脉动;②由于流量的微小波动使液膜与蒸汽间的分界线发生周期性的波动,烧干位置可能前后移动;③中心汽流的液滴可能时而撞击壁面。壁温波动幅度过大一方面引起管子金属的疲劳损坏,同时也加快了氧化层的破坏,使金属的腐蚀过程加剧。为了限制蒸干点位置壁温脉动的振幅,要求在传热恶化区管壁与工质的温度差不超过 80 ℃。

（2）两类传热恶化的异同

两类传热恶化现象的发生,都是由于管壁与蒸汽直接接触得不到液体的冷却而使放热系数显著减小、管壁温度急剧飞升所致。一般来说,随着热负荷的提高,x_{eh} 值减小,恶化点提前,这是它们共同的特点。而它们的不同点是发生传热恶化的机理不同,所处的流动结构和工况参数不同,引起的后果也不相同。

例如,第一类传热恶化处于核态沸腾区,恶化后管子中部为含有汽泡的液体;第二类传热恶化处于液膜表面蒸发的两相强制对流传热区,恶化后管子中部为含有液滴的蒸汽。两者恶化后区段的传热机理也不同,前者转入膜态沸腾然后再过渡到欠液区,后者则直接转入欠液区。此外,前者通常发生在 x 较小或欠热（$x<0$）时,以及热负荷高的区域,而后者恰好相反。恶化时两者的放热系数都急剧降低,比正常核态沸腾时下降一个到两个数量级,但后者的 α_2 稍高于前者。这是由于第二类传热恶化发生后的换热方式为强制对流,蒸汽流速高,又有残余液膜的润湿和水滴的撞击可能冷却管壁,所以 α_2 值比膜态沸腾时高。

由于两种传热恶化的工况参数存在差异,它们对管壁温度的影响也不相同。第一类传热恶化的壁温飞升程度远比第二类严重和剧烈。设两种情况下的放热系数均降为 2300 W/（m²·℃）,当受热面的热负荷大于临界热负荷 q_{cr}（一般为 $2.3\sim3.5$ MW/m²）而转入膜态沸腾时,水冷壁的壁温将超过饱和温度 $1000\sim1500$ ℃,实际上膜态沸腾的 α_2 更小,壁温将超过 2000 ℃。一般压力的锅炉中不会出现这样高的热负荷,但在接近临界压力时,水的 q_{cr} 显著下降,有可能发生第一类传热恶化。第二类传热恶化发生在热负荷不高于 $580\sim700$ W/m² 的情况下,此时管壁温度仅高于饱和温度 $250\sim300$ ℃。这样的热负荷在一般高参数直流炉中可能遇到。当水冷壁的热负荷不太高时发生壁温突升,从传热的观点是恶化了,但壁温不一定超过允许值。只有在高热负荷值下的传热恶化,才可能使壁温超过金属的允许值而烧损。因此必须注意第二类传热恶化。

（3）不均匀加热对传热恶化的影响

上面所讨论的还只是沿管长和管子圆周均匀加热时的工况。而锅炉的实际受热面往往是单面受热,且沿管子长度方向的受热也不均匀,因此加热表面的热负荷沿着长度及沿圆周方向都是变化的。研究不均匀加热的影响时,热负荷分布的不均匀性通常采用两个指标来表示,即 q_{max}/q_{pj} 及 q_{max}/q_{min},其中 q_{max}、q_{pj} 和 q_{min} 分别为最大热负荷、平均热负荷和最小热负荷。q_{max}/q_{pj} 通常称为热负荷不均匀系数。

目前,对不均匀加热的传热恶化过程的认识还存在两种不同的观点:一种观点认为传热恶化只是一种局部现象,即当局部区域的工况参数($p,q,x,\rho w,d$)达到会发生恶化对应的数值时,就会发生传热恶化。另一种观点认为传热恶化现象是整体现象,恶化点以前管道内的热负荷分布将直接影响到恶化时的热负荷 q 与含汽率 x_{eh} 的关系,即恶化点上游的工况参数对下游有影响。不同的观点具有不同的确定传热恶化点的方法。

当沿管长的热负荷分布不均匀时,随着热负荷不均匀系数的变化,传热恶化的位置有可能位于管子的出口截面,也可能在管段的中间区域,后者主要发生在热负荷偏差较大的时候,此时传热恶化点移向热负荷最大区。而沿管长均匀加热时,传热恶化的位置首先出现在管子的出口截面上。试验证明,第一类传热恶化与沿管长的热负荷分布规律有关,符合整体现象;而第二类传热恶化与沿管长的热负荷分布规律无关,因此可以将这种传热恶化看作局部现象。锅炉中通常发生的是第二类传热恶化,因此我国主要是采用局部现象的观点来处理此问题。

当垂直管沿圆周的热负荷分布不均匀时,传热恶化首先发生在管内壁热负荷最大的向火侧位置,p、q、x、ρw 等工况参数对传热恶化的影响规律定性上与均匀加热时相同,但在定量上两者却有差别。设沿圆周不均匀加热时的局部最大热负荷 q_{max} 与平均热负荷 q_{pj} 发生传热恶化时的临界热负荷分别为 $q_{max,cr}$ 和 $q_{pj,cr}$,均匀加热时的临界热负荷为 q_{cr}。如果以 $q_{max,cr}$ 来衡量受热不均匀时传热恶化,在其他条件相同的情况下,则有 $q_{max,cr}>q_{cr}$,这可能是在不均匀加热时,热负荷较低区的液体能以环向对流的形式向受热强的区域扩散补充,推迟了此处传热恶化的发生。如果以 $q_{pj,cr}$ 作为受热不均匀时传热恶化的特征参数,当液体的环向对流扩散速度适应热负荷分布的不均匀性,能够及时补充较高热负荷区域汽化失去的液体,$q_{pj,cr}=q_{cr}$;若液体的环向对流扩散速度与热负荷的分布规律不匹配,不能及时流向较高热负荷区域汽化消失的液体,则 $q_{pj,cr}<q_{cr}$,在较低的平均热负荷下出现传热恶化,而且热负荷不均匀系数 q_{max}/q_{pj} 越大,$q_{pj,cr}$ 值越低。

随着压力、质量流速和管径的增加,不均匀加热与均匀加热的差别也逐渐缩小。

在锅炉壁温校核时通常取用的是沿圆周最大热负荷值 q_{max},由于 $q_{max,cr}>q_{cr}$,相应的沿圆周受热不均匀管子发生传热恶化的含汽率大于受热均匀时的含汽率,如选用均匀加热管传热恶化的试验数据,所得的结果是偏安全和保守的。

(4)水平管中传热恶化现象的特点

水平管中发生传热恶化现象比垂直管中更复杂。由于重力的影响,水平管中的蒸汽偏于上半部形成不对称流动,沿管子周界液膜的厚度差异很大。如果工质 ρw 很低,则在 x 较小处可能出现汽水分层现象。因此,管子顶部先发生传热恶化现象,而管子下部则后发生传热恶化。管子的顶部发生传热恶化后,还可能发生再润湿现象,有时发生多次的再恶化和再润湿现象。由此可知,水平蒸发管沿圆周的上管壁温度通常大于下管壁温度,当汽水混合物发生分层流动时,此温差最大。即使管壁最高温度不超过材料允许值,过大的上下壁温差也是不允许的,它会使汽水分层面处的金属发生疲劳损坏。均匀受热水平沸腾管的试验研究表明,沿管子圆周存在着显著的壁温差。上管壁的恶化位置在 $x_{eh}=0.15$ 处,其最大壁温飞升值约为 $560\,℃$,而下管壁直到 $x_{eh}=0.68$ 左右壁温才开始飞升。在 $x=0.15\sim0.8$ 的管段之间,上下管壁温差 $\Delta t=265\,℃$。随着质量流速的增大,发生传热恶化时的位置推迟及上下壁的 x_{eh} 的差值减小,管子壁温飞升值及上下壁温差明显下降。压力增加,传热恶化时地点提前,在亚临界及近临界压力时管子顶端的传热恶化可能在工质过冷条件下开始发生,上下壁的 x_{eh} 的差值增大,因此为减小 Δt 所需质量流速也就越高。与垂直管相同,随着热负荷增加,传热恶化提前发生,管子上壁温飞升值及上下壁温差增大。

2. 两类沸腾传热恶化区域的确定

（1）两类传热恶化区域的划分

由于两类传热恶化发生时管壁温度都飞升,因此难以用壁温升高来判断传热恶化的类型,采用观察或其他办法来直接界定也很困难,因此只有通过试验结果,并对传热恶化的过程加以理论分析后才能作出间接的判断。

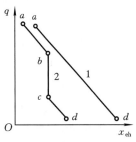

图 9.8 传热恶化时
x_{eh} 与 q 的关系

前已指出,随着热负荷的提高,x_{eh} 值减小,两类传热恶化的位置提前。但在一定的压力、质量流速和管径下,在不同热负荷条件下进行试验时,得到的传热恶化时含汽率 x_{eh} 与热负荷 q 之间却存在着两种不同的关系,如图 9.8 所示。一种情况是 x_{eh} 随 q 的下降而增加,如图中的曲线 1 所示。这种情况很难判断属于哪一类传热恶化,即使该曲线存在两类传热恶化,也难以确定两者的界限。

另一种情况如图中的曲线 2 所示,该曲线分为两部分,线段 ab 表示第一类传热恶化的情况,此时发生传热恶化时的含汽率 x_{eh} 随临界热负荷的降低而增大。b 点为两类传热恶化的分界点,曲线 bcd 表示第二类传热恶化的情况。其中,在热负荷较高的范围内,传热恶化时的含汽率 x_{eh} 与热负荷大小无关(即垂直线段 bc),而 c 点后的 cd 段中发生传热恶化时的 x_{eh} 与 q 的关系又和线段 ab 相同。由于此时存在 x_{eh} 与 q 大小无关(bc 段),用临界热负荷 q_{cr} 作为发生传热恶化的特征参数就没有意义,因此通常用恶化时的含汽率 x_{eh} 作为第二类传热恶化的特征参数,而对第一类传热恶化则常用 q_{cr} 来表示。

发生第二类传热恶化时,出现恶化时的含汽率与热负荷无关现象的 bc 垂直段与流动结构有关。进入液滴环状流动阶段后,通常含汽率比较高而中心汽流的速度比较大,使得贴于管壁的环形液膜表面上产生波浪。由于汽液表面之间存在相对速度的影响,流速较高的中心汽流将卷吸波峰处的部分液膜,成为汽流中的携带液滴。同时中心汽流中的液滴也会因紊流扩散而沉积到液膜表面上。由于受热流体的液膜的蒸发量及被汽流卷吸的水量之和大于从主流沉积到液膜表面上的液滴量,因此在汽流流动方向上的液膜越来越薄。当液膜减薄到一定程度时,其表面的波浪即会消失,变得非常平滑,这时仍存在于壁面的薄膜称为微观液膜。当微观液膜消失时就发生第二类换热恶化。

当形成微观液膜后,其光滑的表面使中心汽流不再卷吸液膜上的液滴,而中心汽流中的液滴则随不同的工况条件,有时能沉积到液膜上去"润湿"液膜,有时又不能沉积到液膜上。同时,汽液两相流体的流动会出现一种称为"阻力危机"的现象。在受热管中,两相流体的流动阻力通常随着含汽率增加而增大,一旦进入微观液膜区域,液膜表面的波浪消失而变得光滑后,流动阻力便会突然下降,这就是所谓的"阻力危机",此时的质量含汽率为 $x_{\Delta p}$。而第二类传热恶化发生在"阻力危机"之后,即 $x_{eh} > x_{\Delta p}$,但两者的数值已相差不多了。试验表明,$x_{\Delta p} = f(p, \rho w)$,与热负荷无关,即 q 的变化只影响管子截面上发生"阻力危机"的位置。

中心汽流的液滴能否沉降到微观液膜上,主要取决于液滴在汽流中垂直于管壁的受力状态。设将液滴推向液膜的力为 F_1，阻止液滴沉积到液膜上的阻力为 F_2，当 $F_1 > F_2$ 时，液滴就能沉降到液膜上，反之，则被汽流带到管子中心。一般情况下，质量流速越大，则流体中的紊流脉动扩散作用越强，液滴流向液膜的力 F_1 也越大，而热负荷越高，则从液膜表面蒸发出的蒸汽速度越大，液滴所受到的阻力 F_2 也越大，润湿液膜的可能性减小。

当热负荷较高而质量流速相对较低时，主流中的液滴不能沉积到微观液膜上，即微观液膜得不到主流的湿润，则从发生"阻力危机"截面 $x_{\Delta p}$ 到传热恶化截面 x_{eh} 之间，由微观液膜所蒸发的含汽率 Δx 基本是一个常数，也与 q 无关。因此，$x_{eh} = x_{\Delta p} + \Delta x = f(p, \rho w)$，得到 x_{eh} 与 q 无关的结果，出现图 9.8 中 bc 垂直段，这种现象一直持续到较低的热负荷 c 点为止。这种情况下，x_{eh} 比 $x_{\Delta p}$ 要大得少些，壁温飞升值较高。当热负荷较低而质量流速相对较高时，液滴在飞向壁面过程中所受到的迎面汽流的阻力减小，主流中的液滴能够沉积到微观液膜上，使微观液膜能得到更多的来自主流的水滴，因而 x_{eh} 增加，且比 $x_{\Delta p}$ 大得多些。这种情况的壁温飞升值较低，一般不会破坏蒸发受热面的正常工作。随着热负荷降低，润湿液膜的液滴增多，则 x_{eh} 也增大，因此 x_{eh} 就与 q 有关了，如图 9.8 中 cd 段所示。

随着质量流速的提高，推动液滴飞向液膜的力 F_1 增大，在热负荷较高时就会出现润湿液膜的现象，图中 c 点的位置上升，bc 垂直段缩短。当质量流速大到一定程度，c 点就会和 b 点相重合，bc 垂直段消失。

(2) 传热恶化位置 x_{eh} 的确定

要计算沸腾传热恶化区的管壁温度工况，以及提出保证锅炉工作可靠性的有效措施，首先要确定恶化点的位置，即计算出 x_{eh} 值。由于沸腾传热恶化的现象极为复杂，各种计算方法主要通过试验来确定，因此它们之间的差别有时也很大，可参考有关资料。

3. 超临界压力的管内换热

超临界压力下，由于工质没有汽液两相共存的沸腾状态，它在管内的换热应该符合单相流体的强迫对流换热规律，较低于临界压力时有所改善，一般认为不会出现沸腾传热恶化现象。但实践证明，超临界压力锅炉的炉膛辐射受热面在一定区域内也会发生传热恶化而导致爆管事故。

当水的工作状态超过热力学临界点（$p_{cr} = 22.064$ MPa，$t_{cr} = 373.99$ ℃）时，在一个很小的温度范围内，物性参数发生显著的变化。图 9.9 为 $p = 24.5$ MPa 时工质的物性参数。在温度 380～390 ℃ 附近，当温度 t 稍有增加，水的物性参数导热系数 λ 和动力黏度 μ 明显降低，比容 v 和焓 i 显著增加，μ 和 v 的变化达数倍之多。特别是水的定压比热容 c_p 急剧飞升，并在某一个温度下具有极大值，该值比一般的水和蒸汽的比热值（$\leqslant 4.2$ kJ/(kg·℃)）大得多。当工质的定压比热容 c_p 达到最大时对应的温度，称为拟临界温度或类临界温度。一般认为，使比热容达到极大值所

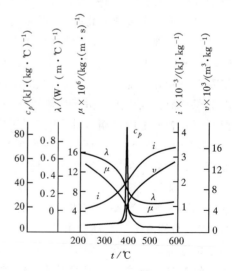

$p = 24.5$ MPa；c_p—定压比热容；
λ—导热系数；i—焓；μ—动力黏度；v—比容。

图 9.9 大比热区内水的物性参数变化

对应的拟临界温度为相变点,工质温度低于拟临界温度时为类似水的液体,高于拟临界温度时为类似蒸汽的气体。拟临界温度和比热极大值与压力有关,随着压力的增大,拟临界温度有所提高,而比热容极大值的数值降低。

通常把比热容大于 $8.4\ kJ/(kg \cdot ℃)$ 的区域称为大比热区。随着压力的提高,大比热区的焓值范围略有缩小,但最大比热容值大致处于同一个焓值区域,如图 9.10 所示。图中还可以看出,大约 $i=1700\ kJ/kg$ 时进入大比热区,且大比热区内的焓值范围相当大,约为 $950\ kJ/kg$,占到超临界压力锅炉中总焓增的 $1/3$ 左右。当然,真正最大比热区域占的焓增范围约为 $50\ kJ/kg$,故超临界压力锅炉的设计,比较容易确定大比热区的位置。

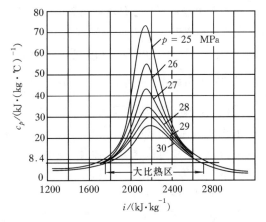

图 9.10　水的比热容与焓的变化关系

超临界压力下的管内强制对流换热可以分为两类基本工况,一种是在一定的热负荷下壁温沿着流动方向单调地增加的正常换热工况,另一种是在管子的某一区域壁温温剧升高,达到最大值后又迅速降低的传热恶化工况。超临界压力下管内发生传热恶化,壁温飞升主要是由于在大比热区内工质物性参数变化相当剧烈所致。其表现为当管壁温度大于拟临界温度,工质平均温度又小于拟临界温度时,水的物性从壁面处开始沿半径方向有很大的变化,导致出现不同于通常恒定物性的单相流体的换热现象。

试验表明,垂直上升管中的传热恶化可以分为两种类型,第一种类型恶化发生在管子进口段上,$l/d \leqslant$ $40 \sim 60$ 处,它可以在流体的任何焓值(直到拟临界焓)下发生;第二种类型的恶化则发生在热负荷较高、工质温度已接近拟临界温度时,恶化位置与热负荷的大小有关,即壁温随工质焓的增加出现两个峰值,如图 9.11 所示。图中可以看出,当热负荷较小时,在所列试验结果中 $q < 454\ kW/m^2$,壁温沿着流动方向单调增加,与工质温度的差值基本保持恒定,处于正常换热工况。而热负荷增大后,所列的试验结果中 $q \geqslant 507\ kW/m^2$,才出现两种类型的传热恶化现象。

进口段上发生第一种类型的恶化与液体热稳定过程中边界层的形成过程有关。在进口较短的区间中,中心流体仍处于进口时较低的温度,而近管壁处一层流体吸热后温度较高。这样,中心流体的黏度 μ_z 大,近壁面处流体的黏度 μ_b 小,两者相差较大,如流体温度在 $400 \sim 300\ ℃$ 时,$\mu_z/\mu_b = 3$;当流体温度处于 $300 \sim 100\ ℃$ 之间,$\mu_z/\mu_b = 1.5 \sim 2$;而流体温度小于

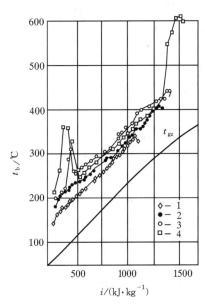

$p = 26.5\ MPa$;$\rho w = 495\ kg/(m^2 \cdot s)$

$1-q = 362\ kW/m^2$;$2-q = 454\ kW/m^2$;

$3-q = 507\ kW/m^2$;$4-q = 570\ kW/m^2$。

图 9.11　管壁温度随焓的变化关系

100 ℃时，μ_z/μ_b 高达 6。因此，当进口流体温度较低，而热负荷较高时，会使流动边界层增厚，出现层流化现象，当边界层达到一定厚度，就出现传热恶化和壁温的峰值。但是，进口段的换热现象非常复杂，其壁温分布规律与 Gr/Re 的比值有关，只有在一定条件下才会发生传热恶化。

第二种类型的恶化也是流动边界层的层流化的结果。此时，中心流体温度低于拟临界温度，壁温已大于拟临界温度，正处于物性变化剧烈的最大比热区范围。除了管子截面上存在的工质黏度差别，$\mu_z/\mu_b=3$ 以外，近壁层处和中心流体的密度、导热系数及比热容相差也很大，尤其是靠近管壁处工质的密度可能是管子中心处工质密度的 $\frac{1}{4} \sim \frac{1}{3}$，浮力的作用使近壁处的流体向上流动，抑制了工质横向的紊流脉动。因此在垂直上升管中，由密度不均引起的相当强烈的自然对流作用，促进了流动层流化的发展。当管内横向紊流脉动消失和出现最厚的层流边界层时，放热系数 α_2 显著降低，壁温再次飞升。流体一旦恢复紊流边界层时，管壁温度又开始下降。

在不发生传热恶化的区域，工质与管壁的换热都是单相流体强制对流换热区，可以按照单相流体的换热公式进行计算。

影响超临界压力下发生传热恶化的因素主要是热负荷和工质的质量流速。一般来讲，若质量流速一定，低热负荷时不会发生传热恶化，甚至有传热强化的作用，即在大比热区内的 α_2 比单相流体的要大。但随着 q 的提高，这种强化作用不断减弱，α_2 逐渐减小，q 达到某一数值时则出现传热恶化工况，α_2 开始下降，如图 9.12 所示。q 值越大，最低 $\alpha_2^{\min}$ 越小，恶化时的壁温峰值也越高，发生恶化的截面向管子进口方向移动。若热负荷不变时，随着质量流速 ρw 上升，开始出现传热恶化的 q 也提高，恶化点的焓值也移向更高的地方，当 ρw 大到一定值时，传热恶化现象消失。总之，试验证实，提高 q 和降低 ρw 都将导致传热恶化，因

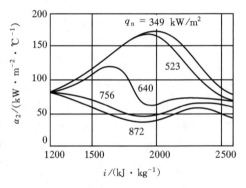

$p=24$ MPa；$\rho w=700$ kg/(m² · s)。

图 9.12 超临界压力时的放热系数 α_2

此可以采用组合参数 $C=q/\rho w$ 来有效地综合试验数据。参数 C 表示单位质量流量所吸收的热量，单位为 kJ/kg，并可作为是否发生传热恶化的判据。

若以大比热区内工质的放热系数 α_2 是否大于大比热区外单相水的放热系数 α_0 作为判断发生传热恶化的标准，由试验得到：当 $C>0.84$ 时，α_2 总是小于 α_0，出现传热恶化的现象；C 取 $0.42 \sim 0.84$，各种工质焓的 α_2 可能大于，也可能小于 α_0；$C<0.42$ 时，α_2 总是大于 α_0，不会出现传热恶化。因此，为了使超临界压力锅炉大比热区不出现传热恶化现象，应当保证

$$\frac{q}{\rho w}<0.42 \qquad \text{kJ/kg} \tag{9.40}$$

此外，有些研究者的试验发现，管径越小越不易出现传热恶化，但如果发生传热恶化，则恶化区的范围延伸得越大。

对于超临界压力时的水平管，也会出现类似于亚临界压力下的不对称及分层流动现象。一般认为，造成这种现象的原因与亚临界压力下相同，在横截面上的自然对流作用下，轻的介质集中在管子上部，使上部管壁温度高于下部，出现上下管壁的温差，而且此温差在拟临界温度附近有一最大的峰值。

对于垂直下降流动时的换热工况尚需进一步研究。目前,不同的研究者得到的结论不同,有些结论甚至相互矛盾。有的认为下降流动要优于相同条件下的上升流动,不易发生传热恶化,也有的认为两者之间没有什么差别或者恰恰相反。

4. 防止或推迟传热恶化的措施

传热恶化会对锅炉的安全可靠运行产生严重威胁。因此,在设计亚临界压力以上的高参数锅炉时必须采取必要的防护措施,考虑如何防止或推迟传热恶化现象的产生,或者减轻传热恶化产生后的危害。由于直流锅炉蒸发管中不可避免地要产生第二类传热恶化,若要完全防止发生会受到经济性的限制。因此,对于第二类传热恶化,通常考虑的是推迟传热恶化的发生,保证传热恶化后壁温在允许的温度值以内。防止或推迟传热恶化的措施主要有以下几种。

（1）适当提高质量流速

提高工质的质量流速 ρw 是防止或推迟传热恶化的有效措施之一,可以将壁温降到金属的允许温度值以下,传热恶化的区域减小,同时使 x_{eh} 也有所增加,即传热恶化被推迟,这在前面的讨论中已述及。因为 ρw 的增加可以提高工质的紊流扩散能力,使更多的中心汽流液滴沉降到液膜上。但是,过高的 ρw 会使流动阻力大幅度增加,锅炉的运行经济性下降。

（2）合理安排受热面热负荷

降低传热恶化区受热面的热负荷 q 可以减小恶化时壁温飞升值。热负荷越低,壁温峰值越小。因此,在设计锅炉时应合理安排受热面的热负荷,充分利用 q 沿管长不均匀加热的特点,将可能发生传热恶化的管组区段布置在 q 较小的区域,以减轻传热恶化所造成的后果。此外,增大 ρw 也可将 x_{eh} 移向炉膛上部 q 较小的区域,起到了降低传热恶化区 q 的效果。在超临界压力时,管组进口端热负荷高时易出现进口端的传热恶化,因此,要注意进入炉膛的管圈入口不宜放在热负荷高的地方。

（3）加强流体在管内的扰动

加强流体在管内的扰动,在流体扩散力或离心力的作用下,可以增加中心汽流中的液滴在管壁液膜上的沉降,并能强化传热,以达到消除和推迟传热恶化的目的。目前,除了提高质量流速以外,通常还采用内螺纹管或加装扰流子两种方法减轻传热恶化的后果。

在直流锅炉蒸发受热面中易出现传热恶化的区段采用内螺纹管可大大推迟传热恶化,显著降低管壁温度。所谓内螺纹管是在管子内壁上开出单道或多道的螺旋形槽道的管子。内螺纹管防止或推迟传热恶化的主要作用在于:①工质在内螺纹的作用下形成强烈的旋转汽流,使中心汽流中的水滴因离心力作用沉降到液膜上,推迟了蒸干现象的发生;②近壁面的旋转汽流加强了对流动边界层和热边界层的扰动,减小了边界层的热阻,使管壁温度降低,起到强化传热的作用;③内螺纹槽中的液膜不易被中心汽流卷吸携带;④增大管子的内表面积,降低内壁热负荷。由于内螺纹管能推迟传热恶化,并且降低壁温峰值的效果显著,因而是目前用得最多的一种方法。

图 9.13 是单道内螺纹管的结构和传热效果示意图。图中可以看出,光管在质量含汽率 x 大约为 0.03 时,壁温开始飞升,发生传热恶化,壁温峰值达 500 ℃左右,而采用内螺纹管后,约在 $x=0.9$ 后壁温才开始有些升高,该处热负荷已相应较低,显然推迟了传热恶化的发生,其后果也大为减轻。内螺纹管的效果与其结构型式有关。经过优化筛选,具有很好传热效果的单道内螺纹管的结构尺寸为:外径 22.22 mm,最小内径（螺纹顶间的直径）10.44 mm,螺纹接近矩形,螺距为 9.5 mm,螺纹宽度为 4.75 mm,螺纹深度为 0.5 mm。

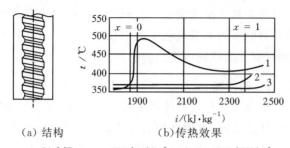

（a）结构　　　　（b）传热效果

$p=21$ MPa；$\rho w=950$ kg/(m² · s)；$q=495$ kW/m²

1—光管温度；2—内螺纹管壁温($q=400$ kW/m²)；3—工质温度。

图 9.13　单道内螺纹管结构及传热效果

　　四道内螺纹的鳍片管同样可以收到推迟传热恶化发生的明显效果。试验表明，接近图 9.13 的试验工况下，鳍片内螺纹管将鳍片光管发生传热恶化时的 x_{eh} 推迟了 0.5 左右，x_{eh} 约为 0.8。单侧加热时四道内螺纹鳍片管中发生传热恶化时的 x_{eh} 与压力、热负荷、质量流速等因素有关，可按以下经验关系式确定

$$x_{eh}=(605-22.96p)(0.86q)^{-0.6}(\rho w)^{0.33} \qquad (9.41)$$

　　若按上式算出 $x_{eh} \geqslant 1$，则表明在 $x=0 \sim 1$ 的范围内不会发生传热恶化。

　　扰流子是将一根长的金属薄片扭曲成螺旋状后装入管中，并加以固定而成。螺旋状的扭转扁带在管内将原管子通道分隔成两个螺旋状的子通道，迫使汽流旋转，一方面使中心汽流中的液滴向液膜沉降，另外使管截面中心及近壁面上的流体因受扰动而充分混合。这是推迟传热恶化和降低壁温峰值的另一种有效方法，其结构和传热效果如图 9.14 所示。

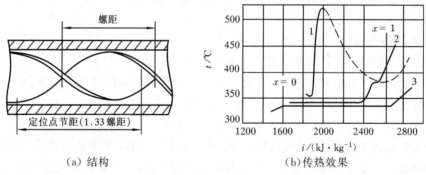

（a）结构　　　　　　　（b）传热效果

$p=18.5$ MPa；$\rho w=1500$ kg/(m² · s)

1—无扰流子壁温，$q_n=500$ kW/m²；2—装扰流子壁温，$q_n=400$ kW/m²；3—工质温度。

图 9.14　扰流子结构及传热系数

　　扰流子两端固定在管壁上，每隔一段长度上（约为 1.33 倍扭带的节距）装有定位小凸缘，用以防止扭带的移位及保证扰动流体的效果。为了避免结垢引起腐蚀，扭带与管壁留有 1.6 mm 的间隙。采用扰流子具有与内螺纹管相同的传热效果，但其结构和制造工艺相对简单，技术要求也低一些，因此具有一定的优越性。

　　为了减小流动阻力和金属耗量，提高推迟传热恶化的效果，在采用扰流子时，不必沿管子长度安装整根扰流子，而是在每隔一段距离装一小段扰流子。这样，一方面汽流在扰流子末端脱离时，已经形成的旋转扰动不会立即消失，仍然能保持一段距离，而且使得附着在扰流子表

面上的液膜有机会在扰流子的末端脱离而分离到管壁上,增加了液膜上的水量,从而起到了降低流动阻力,节省金属材料,强化传热的效果。

内螺纹管和扰流子对超临界压力时的传热恶化现象也有减轻其后果的作用,尤其是内螺纹管近年来在超临界及超超临界锅炉上得到了非常广泛的应用。

9.3.3 各类传热区域放热系数计算

各换热区间的放热系数都是通过试验整理得到的,计算关联式相当多。下面对各换热区间分别介绍一种常用的放热系数的计算方法。

1. 单相流体强制对流换热

对于临界压力以下的水,$Re>10^6$ 的过热蒸汽,以及超临界压力时工质焓值 $i<1000$ kJ/kg 或 $i>2700$ kJ/kg 的水和蒸汽,放热系数 α_2 可按下式进行计算

$$\alpha_2=0.023\frac{\lambda}{d_n}Re^{0.8}Pr^{0.4} \quad \text{kW/(m}^2 \cdot \text{℃)} \tag{9.42}$$

式中:λ 为工质的导热系数,kW/(m·℃);d_n 为管子内径,m。式中各物性参数按工质的平均温度确定,定性尺寸为管子内径。

对于 $Re<10^6$ 时的过热蒸汽,通常为锅炉再热器中的蒸汽,α_2 的试验值小于上式的计算值,建议按下式进行计算

$$\alpha_2=0.0133\frac{\lambda}{d_n}Re^{0.84}Pr^{1/3} \tag{9.43}$$

式中符号同上式,但工质物性按工质温度 t_{gz} 和管子内壁温度 t_{nb} 的算术平均值确定。通常 t_{nb} 是未知的,需用试凑法进行计算。

2. 表面沸腾

热水锅炉受热管内的工质平均温度 t_{gz} 尚未达到饱和温度 t_{bh},而内壁温度 t_{nb} 已超过 t_{bh},达到一定值时,即具有一定的过热度 $\Delta t_{gr}=t_{nb}-t_{bh}$,就会在内壁上生成汽泡,汽泡脱离后进入具有欠焓的主流水中时冷凝消失,从而形成表面沸腾。表面沸腾时汽泡的生成和消失可能引起包括锅炉的热水供暖系统的压力波动和水击。此外,一般热水锅炉的水处理很简单,水质较差,在沸腾处会因含有盐类水的蒸发浓缩形成水垢,热阻增大,壁温升高。这些都可能导致锅炉部件的损坏。因此,热水锅炉的受热面中不允许发生表面沸腾。

由上述可知,如果工质温度 t_{gz} 越低,则发生表面沸腾的可能性越小。当工质的过冷度 $\Delta t_{gl}=t_{bh}-t_{gz}$ 大于某一值时,就不会发生表面沸腾,因此可以用过冷度 Δt_{gl} 作为是否发生表面沸腾的判据。不发生表面沸腾的条件为

$$\Delta t_{gl} \geqslant \frac{q_n}{\alpha_2}-0.236\frac{q_n^{0.3}}{p^{0.15}}+5 \quad \text{℃} \tag{9.44}$$

式中:q_n 为内壁热负荷,W/m^2;p 为压力,MPa;α_2 为管内水强制对流放热系数,通常可用式(9.42)计算。若考虑到将要发生表面沸腾时管子横截面上水温存在差别,为了更准确些,建议用考虑物性修正系数后的下式进行计算

$$\alpha_2=0.023\frac{\lambda}{d_n}Re^{0.8}Pr_{gz}^{0.4}\left(\frac{Pr_{gz}}{Pr_{nb}}\right)^{0.06} \quad \text{kW/(m}^2 \cdot \text{℃)} \tag{9.45}$$

式中:Pr_{gz} 和 Pr_{nb} 分别为按工质平均温度和按内壁温度计算的普朗特数。

由式(9.44)中看出,减小热负荷,降低压力,提高质量流速以及增大过冷度都不易发生表面沸腾。因此热水锅炉设计时可以把水温高的区域布置在热负荷较低处,或增加水温高处的流速。

对于水平管或倾斜管,由于自然对流的作用,沿垂直方向发生水温分层现象。管子上部的水温高而先发生表面沸腾,管子下部的水温低而后发生表面沸腾。与垂直管相比较,假定两者的水温相同,相当于管子下部处的放热系数 α_{2x} 增大,管子上部处的放热系数 α_{2s} 减小。试验表明,水平管或倾斜管的 α_2 增大或减小几乎仅仅与管子的倾角有关。则管子下部的放热系数为

$$\alpha_{2x}=\frac{\alpha_2}{C_\beta^x} \quad kW/(m^2 \cdot ℃) \tag{9.46}$$

管子上部的放热系数为

$$\alpha_{2s}=\frac{\alpha_2}{C_\beta^s} \quad kW/(m^2 \cdot ℃) \tag{9.47}$$

式中:α_2 为按式(9.42)或式(9.45)计算的放热系数,$kW/(m^2 \cdot ℃)$;C_β^x,C_β^s 为管子下部和上部的管子倾角修正系数,按图9.15确定,倾角 β 为管子中心线与垂直线之间的夹角。

计算时,如果用式(9.45)计算 α_2,需根据设计条件,先假定一个内壁温度才能求得 α_2;再按 $t_{nb}=t_{gz}+q_n/\alpha_2$ 计算出内壁温度,若内壁温度的假定值和计算值不同,则要重新假定,重复计算。直到两者相同时的 α_2 代入按式(9.44)计算不发生表面沸腾的过冷度。当所用的实际过冷度大于式(9.44)计算出的数值,则表明不会发生表面沸腾。

通常设计热水锅炉时,先要选取工质的流速。对未除氧水,沿圆周均匀加热管,当水的 $Re>10^4$ 时,不发生表面沸腾的水速按下式计算

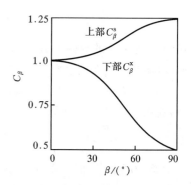

图 9.15　倾角修正系数

$$w \geqslant \left[\frac{C_\beta q_n d_n}{0.023\lambda\rho^{0.8}Pr^{0.4}(t_{bh}+0.064C_\beta q_n^{0.9438}/p^{0.2731}-t_{gz}-5)}\right] \tag{9.48}$$

式中:C_β 按图9.15查取,其余参数见上述说明。对沿圆周不均匀加热管,计算时用管子内壁最大热负荷 $q_{n,max}$ 代替上式的 q_n,$q_{n,max}$ 的计算见第12章。

3. 饱和沸腾

管内饱和沸腾时的换热区间包括了饱和核态沸腾区和双相强制对流换热区。这两个换热区间的换热机理虽然有所区别,饱和核态沸腾区以沸腾换热为主,双相强制对流换热区以对流换热为主,但两者的放热系数都非常大,内壁温度只比工质的饱和温度稍高几摄氏度,传热计算中的热阻非常小。此外,这两个换热区间的界限也很难确定,因此 α_2 的计算将两个区间统一考虑。我国所用的计算方法如下:

$$\alpha_2=\alpha\sqrt{1+1.027\times10^{-9}\left(\frac{\rho'w_h r}{q_n}\right)^{\frac{3}{2}}\left(\frac{0.7\alpha_{ch}}{\alpha}\right)^2} \quad W/(m^2 \cdot ℃) \tag{9.49}$$

$$\alpha=\sqrt{\alpha_{dl}^2+(0.7\alpha_{ch})^2} \quad W/(m^2 \cdot ℃) \tag{9.50}$$

$$\alpha_{dl}=0.023\frac{\lambda}{d_n}Re^{0.8}Pr^{0.4}\left(\frac{\mu_{nb}}{\mu_{gz}}\right)^{0.11} \tag{9.51}$$

$$\alpha_{ch} = 3.16\left(\frac{p^{0.14}}{0.722} + 0.019p^2\right)q_n^{0.7} \tag{9.52}$$

式中：α_{dl} 为单相流体的强制对流放热系数，$W/(m^2 \cdot \text{℃})$；α_{ch} 为池沸腾时的沸腾放热系数，$W/(m^2 \cdot \text{℃})$；Re 为按循环流速 w_0 计算的雷诺数；w_h 为汽水混合物速度，m/s，按式(9.16)计算；r 为汽化潜热，kJ/kg；p 为压力，MPa；q_n 为内壁热负荷，W/m^2；μ_{gz}、μ_{nb} 分别为按工质温度和内壁温度计算的黏性系数，$Pa \cdot s$。

以上各式的其他物性均按工质温度确定。

式(9.49)的适用条件为：$p = 0.2 \sim 17$ MPa；$q_n = 8 \times 10^4 \sim 6 \times 10^6$ W/m^2；$w_h = 1 \sim 300$ m/s；$(\rho' r w_h / q_n)(0.7\alpha_{ch}/\alpha)^{4/3} > 5 \times 10^4$。

由于式(9.51)中求 μ_{nb} 时要求知道内壁温度，故也得用试凑法进行计算。

4. 传热恶化后的换热

发生传热恶化后，工质处于雾状流动状态。当质量流速较大时，可以认为工质中蒸汽和液滴的温度相等，即处于热力学平衡状态。因此可采用均相流模型，借用单相强制对流的计算式，然后通过试验修正来处理。修正系数 y 主要考虑实际中非均相的影响，包括蒸汽和液滴间存在的相对速度，液滴在汽化时对边界层的附加扰动，管中截面上的密度梯度对边界层中速度分布和温度分布的影响等因素，与压力和含汽率有关。将汽水混合物速度式(9.16)代入式(9.44)的雷诺数中，整理后有

$$\alpha_2 = 0.023\frac{\lambda''}{d_n}\left(\frac{\rho' w_0 d_n}{\rho' v''}\right)^{0.8}(Pr'')^{0.4}\left[x + \frac{\rho''}{\rho}(1-x)\right]^{0.8}y \quad W/(m^2 \cdot \text{℃}) \tag{9.53}$$

$$y = 1 - 0.1\left(\frac{\rho''}{\rho} - 1\right)^{0.4} - (1-x)^{0.4} \tag{9.54}$$

从上式可以看出，当 ρw 较大时，随着 x 增加，蒸汽的速度也增加，则放热系数 α_2 增大，出现壁温飞升时的峰值。

当 $\rho w < 700 \sim 800$ $kg/(m^2 \cdot s)$时，热力学不平衡程度较严重，用上式计算偏差较大，建议用下式进行计算

$$\alpha = 1.16\left[\frac{12.5 + 0.025\rho w}{(x+0.001) - x_{ch}} - (4650 - 8\rho w)(x - x_{ch}) + 1240\right] \quad W/(m^2 \cdot \text{℃}) \tag{9.55}$$

上式表明，当 ρw 较小时，随着 x 增加，蒸汽流速的有限增加使换热过程加强的影响小于热力学不平衡程度对换热过程减弱的影响，结果放热系数 α_2 减小，壁温增高，不存在恶化时壁温的最高峰值。这与上述讨论是一致的。

5. 超临界压力大比热区的换热计算

超临界压力下大比热区，由于工质物性变化剧烈，换热过程有可能出现强化，也有可能出现恶化。对于工质焓在 $i = 1050 \sim 2720$ kJ/kg 范围的垂直管的放热系数 α_2，可按下式计算

$$\alpha_2 = A\alpha_0 \tag{9.56}$$

式中：A 为修正系数，按图 9.16 查取；α_0 为超临界压力下工质焓 $i = 840$ kJ/kg 时的放热系数，$W/(m^2 \cdot \text{℃})$，按下式计算

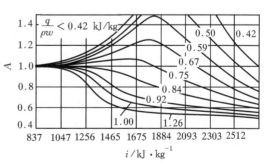

图 9.16　超临界压力下的修正系数 A

$$\alpha_0 = 0.021 \frac{\lambda}{d_n} Re^{0.8} Pr^{0.4} \tag{9.57}$$

由图 9.16 可以看出:如果满足式(9.40)的条件,即 $q/\rho w < 0.42$ kJ/kg 时,$A > 1$。表明在整个焓值范围内 α_2 都大于 α_0,放热系数不会下降,可以保证超临界压力锅炉大比热区不出现传热恶化现象。此时,α_2 可按下式计算

$$\alpha_2 = 0.023 \frac{\lambda}{d_n} Re^{0.8} Pr_{min}^{0.4} \qquad W/(m^2 \cdot ℃) \tag{9.58}$$

式中:Pr_{min} 为分别按工质平均温度及壁温确定的 Pr 数中的较小者。

水平管或倾斜管,沿圆周均匀加热时或顶部加热时,管子顶部的温度最高,其顶部放热系数 α_{2sp} 可按下式进行计算

$$\alpha_{2sp} = B\alpha_2 \tag{9.59}$$

式中:α_2 为垂直管的放热系数,$W/(m^2 \cdot ℃)$,按式(9.56)计算;B 为倾角修正系数,按图9.17确定,图中 α 为管子中心线与水平线的夹角。

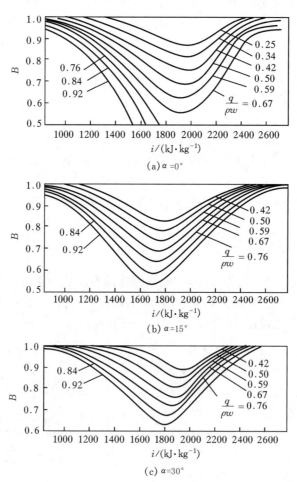

图 9.17　超临界压力下管子倾角修正系数 B

9.4 集箱水动力学

9.4.1 分配集箱和汇集集箱中的压力变化

集箱是流体分散和汇集的关键部件,是并联管组的连接件。在电站锅炉中,集箱工作特性的优劣直接影响到连接于其间的受热面工作的安全和可靠,尤其是严重影响到过热器和再热器等高温受热面工作的可靠性。如果分配集箱中是两相混合物,则易造成各支管中流量与干度的分配不均匀。因此,集箱系统中流体分配和汇集特性的研究一直受到高度重视,并且各国都为电站锅炉分配集箱的流动计算制订了标准方法。

锅炉的并联管组两端通常由两个集箱将其连接在一起。与管组进口连接的集箱称为分配集箱,与管组出口连接的集箱称为汇集集箱。在这两个集箱中,工质沿集箱轴线方向的压力变化对并联各管的流量分配有很大的影响,此压力变化与集箱中工质的流动阻力有关,更与两集箱的连接型式有关。

在分配集箱中,由于工质沿集箱流动方向不断分流,其流量逐渐减小,轴向速度下降,因而工质的动压减小而静压力增加,如图 9.18(a) 所示。由于沿集箱长度工质的质量流量是变化的,因此不宜用伯努利方程式来分析沿集箱长度的静压变化。我国水动力计算标准方法中应用动量方程来建立集箱内静压分布的函数表达式,并通过试验提出两种集箱的静压变化系数的计算公式。

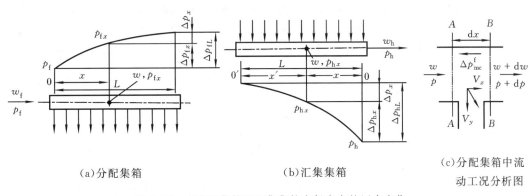

(a) 分配集箱   (b) 汇集集箱   (c) 分配集箱中流动工况分析图

图 9.18 在分配集箱和汇集集箱中任意点的压力变化

对图 9.18(a) 所示的分配集箱取一微段 $\mathrm{d}x$,如图 9.18(c) 所示,在界面 $A-A$ 及 $B-B$ 所构成的控制容积中列出 x 方向的动量方程式为

$$[p-(p+\mathrm{d}p)]-\Delta p_{\mathrm{mc}}^{\mathrm{f}}=\rho(w+\mathrm{d}w)^2-\rho w^2-\rho V_x \mathrm{d}w \tag{9.60}$$

上式右端最后一项为工质从集箱进入支管处的轴向动量分量,经整理后得

$$\mathrm{d}p=-\frac{\lambda\rho}{2d_{\mathrm{n}}}w^2 \mathrm{d}x-2\rho w\mathrm{d}w+\rho V_x \mathrm{d}w-\rho(\mathrm{d}w)^2 \tag{9.61}$$

式中:d_{n} 为分配集箱的内直径。

为了对式(9.61)积分,作如下假定:①沿集箱长度工质的分流是连续的;②分流中工质的摩擦阻力系数为常数;③工质从集箱进入支管处的轴向速度分量 V_x 与 w 成正比,$V_x=c_{\mathrm{f}}w$,c_{f} 由试验确定;④略去式(9.61)中的高阶项 $\rho(\mathrm{d}w)^2$;⑤各分支管的分流流量均匀,并设相对长度

为 $X=x/L$,则沿集箱长度任意点 x 的工质流速 w 按线性规律分布,即

$$w=w_\mathrm{f}(1-x/L)=w_\mathrm{f}(1-X) \tag{9.62}$$

式中:w_f 为分配集箱的进口速度。

将上述假定应用于式(9.61),积分整理后可得离集箱进口端 x 处的静压 p_fx 与进口静压 p_f 差值,即该处工质的静压变化值 Δp_fx 为

$$\Delta p_\mathrm{fx}=p_\mathrm{fx}-p_\mathrm{f}=\frac{\rho w_\mathrm{f}^2}{2}\left\{(2-c_\mathrm{f})\left[1-(1-X)^2\right]-\frac{\lambda L}{3d_\mathrm{n}}\left[1-(1-X)^3\right]\right\} \tag{9.63}$$

当 $x=L$,即 $X=1$ 时,得到分配集箱中最大静压差 Δp_fL 的计算式

$$\Delta p_\mathrm{fL}=\frac{\rho w_\mathrm{f}^2}{2}\left[(2-c_\mathrm{f})-\frac{\lambda L}{3d_\mathrm{n}}\right]=K_\mathrm{f}\frac{\rho w_\mathrm{f}^2}{2} \tag{9.64}$$

式中:K_f 为分配集箱静压变化系数,由试验确定 $c_\mathrm{f}=1.24$,则有

$$K_\mathrm{f}=(2-c_\mathrm{f})-\frac{\lambda L}{3d_\mathrm{n}}=0.76-\frac{\lambda L}{3d_\mathrm{n}} \tag{9.65}$$

由以上两式可见,影响集箱内动压与静压转换的主要因素是集箱的阻力特性,$\dfrac{\lambda L}{d_\mathrm{n}}$ 越大,动压转换为静压的效率越低,即静压曲线越平缓。

为了得到工程上简便的集箱中任意点 x 的静压变化计算式,采用以下的处理方法。参照图 9.18(a)所示的压差关系,再应用式(9.64)和式(9.62),得到分配集箱静压变化值 Δp_fx 为

$$\Delta p_\mathrm{fx}=\Delta p_\mathrm{fL}-\Delta p_x=K_\mathrm{f}\frac{\rho w_\mathrm{f}^2}{2}-K_\mathrm{f}\frac{\rho w^2}{2}=\Delta p_\mathrm{fL}X(2-X) \tag{9.66}$$

在汇集集箱中,沿工质流动方向由于不断汇流,工质流速逐渐增大,压力能减小而动能增加,如图 9.18(b)所示。图中,相对坐标 $X'=1-X$,X' 坐标的原点为 $0'$,X 坐标的原点为 0。仍采用图 9.18(c)的模型,按照分配集箱的分析方法,同理可得 $X=1$ 时汇集集箱中最大静压差 Δp_hL 的计算式

$$\Delta p_\mathrm{hL}=\frac{\rho w_\mathrm{h}^2}{2}\left[(2-c_\mathrm{h})+\frac{\lambda L}{3d_\mathrm{n}}\right]=K_\mathrm{h}\frac{\rho w_\mathrm{h}^2}{2} \tag{9.67}$$

式中:w_h 为汇集集箱工质出口流速;K_h 为汇集集箱静压变化系数,试验系数 $c_\mathrm{h}=0$,则有

$$K_\mathrm{h}=(2-c_\mathrm{h})+\frac{\lambda L}{3d_\mathrm{n}}=2+\frac{\lambda L}{3d_\mathrm{n}} \tag{9.68}$$

比较式(9.68)和式(9.65)可见,若分配集箱和汇集集箱的结构特性相同,$K_\mathrm{h}>2Kk_\mathrm{f}$;如果分配集箱和汇集集箱的动压头也相等,则 $\Delta p_\mathrm{hL}>2\Delta p_\mathrm{fL}$,即汇集集箱的静压曲线变化比分配集箱要大许多,更加陡峭。这是因为在汇集集箱中,除了摩擦阻力损失外,还有与集箱工质流动成交叉的各管工质流动进入集箱时所引起的涡流损失,管子中的流速与集箱中的流速比值越大,引起的能量损失也越大。根据图 9.18(b)所示的压差关系,再应用式(9.66)和 $w=w_\mathrm{h}X'=w_\mathrm{h}(1-X)$ 的关系,可得汇集集箱任意点 X 的静压变化值 Δp_hx 为

$$\Delta p_\mathrm{hx}=\Delta p_\mathrm{hL}-\Delta p_x=K_\mathrm{h}\frac{\rho w_\mathrm{h}^2}{2}-K_\mathrm{h}\frac{\rho w^2}{2}=\Delta p_\mathrm{hL}X(2-X) \tag{9.69}$$

在应用式(9.66)和式(9.69)计算时,坐标原点 $X=0$ 均在集箱引入管或引出管处。λ 值按式(9.28)计算。L 值应代入集箱的有效区(与受热面管子相连接的区域)长度。

在计算集箱压力变化的各种方法中,一般都采用式(9.64)和式(9.67)作为基本形式进行处理,但由试验得出的 K_f 值及 K_h 值各有所不同,详细的资料可参见锅炉水动力计算方法等

有关文献。

事实上，由于生产实际的需要，早在 20 世纪初就有人对集箱进行研究，但由于试验条件和研究方法的差异，各国学者得到的集箱端压差转换系数也各不相同。目前我国锅炉制造行业对于并联管组流量分配，主要采用我国电站锅炉水动力计算方法、苏联锅炉机组水力计算标准方法及美国的有关标准进行计算。由于各国在科研、设计、制造和运行等方面的水平、能力及经验的差异，故所制订的标准在许多方面也存在不同之处。

不同标准推荐的集箱端压差转换系数见表 9.1（表中 C 为集箱同一截面上并联管数，d_n、d_{sl} 分别为集箱和导汽管内径）。

表 9.1　不同标准的集箱端压差转换系数推荐值

标　　准	端压差转换系数	
	K_f	K_h
中国电站锅炉水动力计算标准	0.71～0.56	2.0～2.2
苏联锅炉水动力计算标准	0.80	2.0
美国有关标准	1.00	$\dfrac{1.72(d_n/d_{sl})^{0.3}}{C^{0.15}}$

为了得到并联各管的流量，必须已知集箱内工质静压变化规律，对此，我国水动力计算标准采用的是通过理论与试验研究得出的分布规律。而苏联和美国的有关标准则均假设其按抛物线规律分布，两者的分布规律有所不同，前者有较可靠的理论和试验基础，后者则缺乏可靠的依据，因而按后者得到的流量分配比较粗糙。

对于复杂集箱布置系统，在我国和苏联水动力计算标准中只涉及沿集箱长度多管均匀径向引入引出的布置型式，且认为此时集箱内静压变化可忽略不计，因而使流量分配计算大为简化。而实际情况是，径向引入引出时集箱内工质静压分布的不均匀性总是存在的，这会使集箱内局部静压降低而导致部分管子的流量减小。因此，我国和苏联水动力计算标准对这种系统的处理方法是不妥当的。近年来，我国学者对集箱中流量和静压分布进行了许多研究，并提出了改进方法。具体可参见有关文献。

9.4.2　集箱的连接型式及其对流量分配的影响

根据流体的引入引出方式，通常可把并联管组分为两类：一类是典型布置的并联管组系统，另一类是非典型布置的并联管组系统。所谓典型系统是指流体在集箱的端部轴向引入或引出，而非典型系统是指流体沿集箱在布置管组的长度内径向引入或引出，也称为复杂系统。

为了保证在并联各管中流量分配均匀，可采用多种集箱连接型式，如 Z 形、U 形、H 形、Ш 形及其他的复杂形式。

由于分配集箱和汇集集箱中工质的静压不断变化，当并联管与两个集箱连接后，各管进出口的压差也随之变化，即各管的流动动力不相同，从而影响各并联管的流量分配。而且，各根管子进出口的压差与分配集箱和汇集集箱的连接方式有关，不同的连接方式对各并联管的压差变化影响很大。

图 9.19 为 Z 形连接系统，工质从分配集箱的一侧端部引入，而从汇集集箱的另一侧端部引出。分配集箱中沿工质流动方向流量及轴向速度逐渐下降，因此工质动压头下降而静压力 p_{fz} 增加。由于流动阻力损失的存在，因此实际的 p_{fz} 曲线低于不考虑流动阻力时的静压变化

曲线1,两条曲线的差值为分配集箱的流动阻力 Δp_{lz}^f。汇集集箱中沿长度方向工质流量及流速不断增大,因而动压头增加而静压力 p_{hx} 减小。由于有流动压力损耗,故实际的 p_{fx} 曲线高于无流动阻力时的静压变化曲线2,Δp_{lz}^h 为汇集集箱的流动阻力。由图可见,$\Delta p = p_{fx} - p_{hx}$ 为各管工质流动的进出口压差,分布很不均匀。分配集箱进口侧的管子的 Δp 最小,因而管内的流量也最小,这根管子成为这一管组中的偏差管,流动工况最为危险。而汇集集箱出口侧的管子的 Δp 最大,故流量也最大。

图9.20为另一种U形连接系统,工质的引入和引出管分别布置于两个集箱同一侧的端部。此时分配集箱和汇集集箱的静压变化趋势相同。由于汇集集箱的最大静压差 Δp_{hL} 大于分配集箱的 Δp_{fL},因此分配集箱终端处的管子 Δp 最小,成为这一管组中的偏差管,而分配集箱进口侧管子的 Δp 最大,故流量也最大。显然,从流量分配均匀性方面考虑,在相同的其他条件下,U形连接系统流量分布比较均匀,Z形系统比U形系统具有较大的流量偏差。

如果选择合理的集箱连接系统,可以有效减小集箱连接造成的流量分布不均匀性。采用多点引入和多点引出的集箱连接方式可以降低集箱中工质流速,使静压变化值减小。图9.21为中点引入中点引出和两点引入两点引出时的集箱静压变化曲线,由图可见,与条件相同的Z形(或U形)比较,前者集箱轴向工质流速为Z形的1/2,其集箱压力变化值为原来的1/4;后者的工质流速减小为Z形的1/4,其集箱压力变化值减为原来的1/16。

因此,当工质不是从集箱的端部而是在集箱的侧面的几点上引入和引出时,可以减小流量偏差。随着引入点数目的增加,在集箱中工质的速度显著降低,因此使集箱中的压力变化以及由它而引起的流量偏差减小。在表9.2中列出集箱轴向动压头的变化与引入点数量的关系。由此表可见,当工质由3~4点引入集箱时,其动压头的数值已小到可以略去不计。

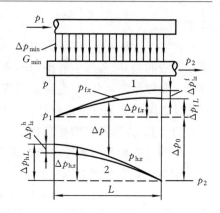

图9.19　Z形连接系统沿集箱长度工质的压力变化

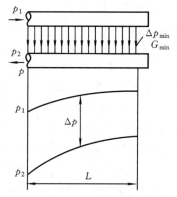

图9.20　U形连接系统沿集箱长度工质的压力变化

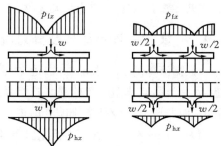

(a)中点引入中点引出型　(b)两点引入两点引出型

图9.21　两种集箱连接系统的静压分布曲线

表9.2　集箱轴向动压头的变化与引入点数量的关系

集箱上工质引入点数	1个引入点		2	3	4
	端部	中间			
最大的轴向速度/%	100	50	25	17	12
最大的动压头/%	100	25	6	3	1.5

这种连接系统又称为 Ⅲ 型连接系统,如图 9.22 所示,它也可能产生局部的流量分配不均,例如在工质入口处由于流体的撞击或抽吸作用而引起流量偏差。在同一集箱截面上也可能产生流量分配不均,如图 9.22(b)、(c)所示。在汇集集箱中就没有上述问题。

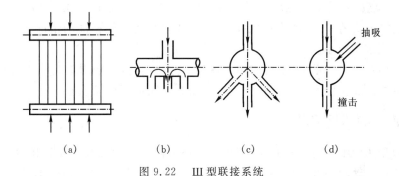

(a)　　　　(b)　　　　(c)　　　　(d)

图 9.22　Ⅲ 型联接系统

除上述几种连接系统外,还有 L 形、J 形、H 形及其他复杂形式的连接系统,如图 9.23 所示,有的可看成是由几个 U 形或 Z 形组合而成的系统。实际上,Ⅲ 型系统也可以看成由几个 U 形和 Z 形组合而成。

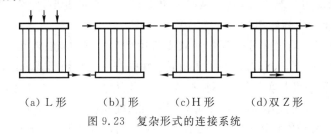

(a) L 形　　(b)J 形　　(c)H 形　　(d)双 Z 形

图 9.23　复杂形式的连接系统

显然,并联各管不同的工质进出口压差 Δp 引起流量分配的不均匀性,Δp 的差异取决于不同的集箱连接方式。参照图 9.19,任何一种集箱连接方式的任意一根管子的 Δp 均可表示为

$$\Delta p = p_{fx} - p_{hx} = p_1 - p_2 - (\Delta p_{hx} - \Delta p_{fx}) \tag{9.70}$$

在集箱连接系统中,最危险的管子是流量最小的偏差管,通常用集箱偏差管的压差 Δp_p 与平均工况管的压差 Δp_{pj} 的差值 $\delta \Delta p_{jx}$ 来计算和判断集箱并联管组的流量偏差的大小。将式(9.70)分别用于偏差管和平均工况管,考虑到集箱的进出口压差对于任意一根管子都是不变的,即 $p_1 - p_2 =$ 常数,可得

$$\delta \Delta p_{jx} = \Delta p_p - \Delta p_{pj} = (\Delta p_{hx} - \Delta p_{fx})_{pj} - (\Delta p_{hx} - \Delta p_{fx})_p \tag{9.71}$$

显然,$\delta \Delta p_{jx} < 0$。$\delta \Delta p_{jx}$ 的绝对值愈大,表明偏差管的流量比平均工况管的流量相差愈多。应用式(9.70)可以确定集箱管组平均工况管、偏差管和最大压差管的坐标位置,再利用式(9.66)和式(9.69)就可以对上式进行计算。

对 Z 形系统,由于工质的引入和引出管分别在两个集箱的两侧的端部,如果以分配集箱进口截面作为坐标原点,则汇集集箱的 Δp_{hx} 中的 X 用 $1 - X$ 变换,则有

$$\Delta p_{hx} - \Delta p_{fx} = \Delta p_{hL}(1 - X^2) - \Delta p_{fL} X(2 - X) \tag{9.72}$$

由式(9.70)可确定 Z 形系统平均工况管的 $X_{pj} = 0.54$、偏差管的 $X_p = 0$、最大压差管的 $X_{max} = 1$,将 X_{pj}、X_p 分别代入式(9.72)后,再代入式(9.71),可算得

$$\delta\Delta p_{\text{jx}}=(\Delta p_{\text{h}}-\Delta p_{\text{f}})_{\text{pj}}-(\Delta p_{\text{h}}-\Delta p_{\text{f}})_{\text{p}}=-0.29\Delta p_{\text{hL}}-0.79\Delta p_{\text{fL}} \tag{9.73}$$

同理,对 U 形系统,引入和引出管在两个集箱的同一侧,不需坐标变换,$X_{\text{pj}}=0.42$,$X_{\text{p}}=1$,$X_{\text{max}}=0$,可算得

$$\delta\Delta p_{\text{jx}}=(\Delta p_{\text{h}}-\Delta p_{\text{f}})_{\text{pj}}-(\Delta p_{\text{h}}-\Delta p_{\text{f}})_{\text{p}}=-0.33\Delta p_{\text{hL}}+0.33\Delta p_{\text{fL}} \tag{9.74}$$

从两种连接方式的 $\delta\Delta p_{\text{jx}}$ 计算式也可分析出,如在其他条件相同的情况下,U 形系统的流量偏差比 Z 形系统的要小。

对其他各种集箱连接系统,也可应用上述类似方法,算得其平均工况管位置、偏差管位置、最大压差管位置以及相应的 $\delta\Delta p_{\text{jx}}$ 值,具体可查阅有关锅炉教材或手册。

9.4.3 集箱中的两相流动

在锅炉的受热面中,常常遇到汽液两相流流经集箱并分配到和集箱连接的各并联管中的流动过程。这种流动问题既是一种带有分支管道的复杂系统中的两相流动过程,又是一种变质量的两相流动过程。对于这种复杂的流动,在实际生产过程中一般都要求汽液混合物均匀地流入各并联管子中去,这是电力设备安全运行和生产得以保证的条件。

如果汽液两相混合物在集箱中分配不良,加上各引出支管的工作条件不可能一致,这会造成并联管组内的水动力工况不佳,其中某些引出支管的水流量过小,导致这些引出管发生传热恶化现象,从而可能发生爆管事故。

开展如何使两相流均匀地分配到各并联支管中的研究工作,是近几十年的事。以往在没有充分试验数据的情况下,人们总是假设两相混合物是按一种理想形式分配的,即认为分配是均匀的。后来发现这种假设与实际情况不相符合,因而就从结构上、流动状况上研究使两相流量分配均匀的各种方法。目前,还没有一种十分理想的方法能从根本上解决两相流分配均匀的问题。

日本学者曾对 3 种结构的分叉管、10 种结构的集箱进行过试验研究。集箱结构如图 9.24 所示。

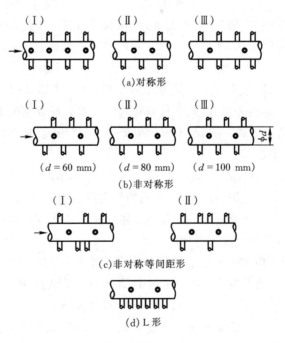

图 9.24 集箱结构示意图

全部试验在空气-水试验台上进行,试验时保证空气、水的容积流量与实际运行工况时对应于各种干度的蒸汽、水的容积流量相一致。试验时所测得的主要参数有:进口的气、水流量,各引出管的气、水流量。

试验结果按干度和流量偏差来整理。流量偏差的定义是

$$\Delta W_i = \frac{W_i - \overline{W}}{\overline{W}} \tag{9.75}$$

$$\overline{W} = \frac{1}{N} \sum_{i=1}^{N} W_i \tag{9.76}$$

式中:W_i 为某根引出管或支管中的气流量或水流量;N 为引出管或支管的总根数。

分配性能是用对应于各种干度下的分叉管或一组集箱引出管中的空气、水流量的标准偏差来评价的,标准偏差的定义是

$$\delta W = \frac{\sqrt{\dfrac{1}{n} \sum_{i=1}^{n} (W_i - \overline{W}')^2}}{\overline{W}} \tag{9.77}$$

$$\overline{W}' = \frac{1}{n} \sum_{i=1}^{n} W_i \tag{9.78}$$

式中:n 为分叉管或集箱待评价的支管根数或引出管根数;$\overline{W}'$ 为分叉管的 n 根支管中的平均气流量(水流量)或 n 根集箱引出管的平均气流量(水流量)。

试验表明,分叉管的分配性能不如集箱,集箱的分配性能以对称等间距型为最好,非对称等间距型次之。

西安交通大学在空气-水试验台上,对具有不同集箱内直径或不同集箱引出管集箱的两相分配均匀性及对水平 U 形和 Z 形集箱系统的两相流流量的分配特性进行了研究。气液两相混合物流经 Z 形和 U 形并联管连接系统时,沿分配集箱和汇集集箱长度的压力变化与单相流体流经这类连接系统时的压力变化是相似的。当气-水两相流的质量流量较低时,分配集箱内的流动状况对集箱系统的两相流量分配有着较大影响。当气-水两相流质量流量提高时,特别是气相流量提高时,分配集箱和汇集集箱内的压力分布成为影响集箱系统两相流量分配的主要因素,分配集箱内的流动状况对两流量分配仍然起作用,但作用程度已大为减弱。

9.5　并联管组的热偏差

9.5.1　热偏差的产生及其影响因素

1. 热偏差的基本概念

锅炉的各种受热面大都由并联管子组成。管组中的每一根管子都应该能在设计工况下安全可靠地工作。实际锅炉中的并联各管间存在各种差异,这些差异将导致各根管子的工质焓增值不同。这种并联管中工质焓增的不均匀现象称为热偏差。热负荷高或流量小的管子中工质焓增多,管子出口焓值高,可能威胁并联管组工作的安全性。由于工质焓值高,在蒸发受热面中,工质的含汽率大,可能发生传热恶化现象;在过热器中工质的出口温度高,加上过热器又工作在较高的烟温区,因此存在管壁温度过高而损坏的危险性。随着锅炉向大型化发展,受热

面尺寸增大,各管的工况偏离平均工况的现象也趋严重。

为了定量评估热偏差的影响,将并联管组中某根管子的工质焓增 Δi_p 和整个管组工质平均焓增 Δi_{pj} 之比 ρ 称为热偏差系数或简称热偏差,即

$$\rho = \frac{\Delta i_p}{\Delta i_{pj}} \qquad (9.79)$$

对并联管组的安全性危害最严重的是焓增最大的那根管子。通常把焓增最大的管子称为偏差管。

无论对于偏差管还是管组中平均工况管,工质的焓增都与管子的热负荷 q、受热面积 H 和通过管子的工质质量流量 G 有关,均可以表示为

$$\Delta i = \frac{qH}{G} \qquad (9.80)$$

将上式分别代入式(9.79),可得

$$\rho = \frac{(q_p/q_{pj})(H_p/H_{pj})}{G_p/G_{pj}} = \frac{\eta_r \eta_m}{\eta_l} \qquad (9.81)$$

式中:$\eta_r = q_p/q_{pj}$,称为热负荷不均匀系数;$\eta_m = H_p/H_{pj}$,称为受热面积不均匀系数;$\eta_l = G_p/G_{pj}$,称为流量不均匀系数。

由式(9.81)可见,并联管组的热偏差取决于管子的热力特性、受热面的结构特性和工质的水力特性。偏差管的热负荷越高,受热面积越大,工质流量越小,即 η_r 和 η_m 越大,η_l 越小,则热偏差也越大,管子的工作条件越差。由于锅炉并联管组的各管受热面积的差别有限,因此影响热偏差的主要因素是管组的热负荷不均匀性及流量的不均匀性,其中,热负荷不均匀系数与受热面的结构尺寸和运行状态有关,流量不均匀系数主要取决于受热面的结构特性、热负荷分布、布置方式及集箱的连接型式。

热偏差存在于锅炉的各种受热面,不可能完全被消除,必须根据受热面金属的可靠性条件,使并联管组中最大的热偏差小于某一允许热偏差 ρ_{yx}。如果管子的允许焓增为 Δi_{yx},则其允许热偏差为

$$\rho_{yx} = \frac{\Delta i_{yx}}{\Delta i_{pj}} \qquad (9.82)$$

锅炉中的不同受热面有不同的允许热偏差值及其确定方法。炉膛的蒸发受热面热负荷最高,为了避免发生传热恶化以及膜式水冷壁相邻两管壁温相差过大(>50 ℃)而出现变形损坏等工况,偏差管的允许热偏差值应根据其出口的允许含汽率来确定。强制循环热水锅炉炉膛受热面为了保证不出现过冷沸腾,要求允许热偏差满足其出水有足够的欠焓。过热器是锅炉中工作条件最差的受热面,其工作可靠性取决于管壁金属温度。由于过热器的蒸汽温度最高且处于较高烟温区,其管壁工作温度已经接近于管子金属材料的允许温度,因此它的允许热偏差在锅炉各种受热面中是最小的。在设计布置过热器时应尽量使各并联管中的工质流量与管子的热负荷相适应,管壁工作温度尽可能均匀一致。由所用的金属材料允许温度可以确定最大的允许工质温度,并可得到最大的允许工质焓增,从而计算出允许热偏差值。

垂直上升水冷壁中,根据不出现传热恶化、保证两相邻管间的鳍片壁温差不大于 50 ℃ 以及工质中间混合和分配的条件,分别定出其允许热偏差。而省煤器由于工质温度低且处于较低的烟温区域,其传热情况良好,一般存在较大的热偏差也不会使管壁过热损坏,因此热偏差的危害性不大。允许热偏差可根据沸腾式钢管省煤器的工质出口含汽率小于 20%,铸铁式省

煤器不允许工质沸腾,其出口水的过冷度至少 30 ℃来确定,而对非沸腾式钢管省煤器不需校验其热偏差。

2. 热负荷及受热面积的不均匀性

热负荷分布不均匀性是产生热偏差的主要原因之一。热负荷的偏差还可能造成流量偏差。由式(9.80)可知,用热负荷不均匀系数 η_r 可表示各并联管的热负荷不均匀性的程度。显然,我们关注的是 $\eta_r > 1$ 的状态,此时偏差管的热负荷大于平均工况管的热负荷。

影响并联管组各管热负荷不均匀的因素很复杂。锅炉烟气的温度场和速度场以及燃烧产物的浓度场分布不均匀是形成热力不均匀的主要原因。受火焰中心位置的影响,靠近炉壁的烟气温度远比中间温度低,其沿宽度的热力不均匀可达 30%～40%。对流受热面中具有较大的烟气流通截面的所谓烟气走廊会造成中间部分烟气流速较快,使对流传热加强。一般来说,位于炉膛出口的对流受热面沿宽度的热力不均匀可达 20%～30%,烟温偏差可达 200～300 ℃,过热器个别管圈的汽温偏差可达 50～100 ℃或更高。如果火焰形状和充满度不好,火焰中心偏斜,局部地区发生煤粉再燃烧,部分燃烧器停运或各个燃烧器负荷不一致,以及部分受热面上结渣等也会导致严重的热力不均匀。

炉膛辐射受热面的热负荷在炉高和炉宽(深),以及各炉墙之间都存在不均匀性,其热负荷不均匀系数按下式计算

$$\eta_r = \frac{q_{fi}}{q_f} = \eta_r^g \eta_r^k \eta_r^q c \tag{9.83}$$

式中:q_{fi}、q_f 为炉膛受热面局部、平均热负荷,kW/m^2;η_r^g、η_r^k、η_r^q 为沿炉膛高度、宽度(深度)、各墙间热负荷不均匀系数;c 为修正系数。炉膛受热面平均热负荷 q_f 由锅炉热力计算确定。η_r^g 表示炉膛某标高处全周界的平均热负荷与整个炉膛受热面平均热负荷的比值;η_r^k 表示炉内某一相对标高处,某侧壁上的局部热负荷与该炉壁平均热负荷之比;η_r^q 表示炉膛某一标高处,某墙的平均热负荷与全周界平均热负荷的比值。各种不均匀系数可根据不同的燃料、排渣方式、燃烧和燃烧器布置方式等在我国电站锅炉水动力计算方法的有关线算图或表上查取。

修正系数 c 是为了保证各局部热负荷的平均值等于炉膛壁面平均热负荷,可由下式求出

$$c = \frac{F_1}{\sum_{i=1}^{n} \eta_r^{gi} \eta_r^{ki} \eta_r^{qi} F_1^i} \tag{9.84}$$

式中:F_1 为炉膛壁面投影面积,m^2;F_1^i 为将面积 F_1 分为 n 个面积单元时,其中任一炉膛壁单元面积,m^2;F_r^{gi}、F_r^{ki}、F_r^{qi} 为第 i 块炉壁单元面积沿炉高、沿炉宽及各墙间的热负荷不均匀系数。

炉膛出口烟气在进入对流烟道时,由于沿烟道宽度烟温及烟气流速的不均匀,烟气对各管列(片)的表面传热系数和传热量不同,造成沿烟道宽度各管列热负荷的不均匀。

一般认为,锅炉宽度愈大(与锅炉容量有关),则沿宽度的烟温偏差也愈大,热负荷最高处的 $\eta_{r,max}^k$ 值也愈大;沿烟气流程热力不均匀性逐渐减小,即随着烟气平均温度的降低,热力不均匀系数 $\eta_{r,max}^k$ 逐渐减小;烟气与介质的温压减小,则 $\eta_{r,max}^k$ 值增大;切向燃烧方式沿烟道宽度的热力不均匀图形比较固定,可能是中间高两侧低,也可能是呈马鞍形的。前后墙布置燃烧器方式沿烟道宽度的热力不均匀图形不太固定,会随投运不同的磨煤机(即燃烧器)而改变;即使是切向燃烧方式,沿烟道宽度的热力不均匀系数 η_r^k 的图形也不一定是沿烟道中心线对称的。热负荷最高点的位置可能偏移到相对宽度 $x = 0.25～0.35$,甚至 $x = 0.08～0.1$ 的位置。

根据大量实测数据,容量在 100 MW 及以下的切向燃烧锅炉,炉膛出口水平烟道中沿宽度的热力不均匀系数 $\eta_{r,max}^{k}$ 一般为 $1.2\sim1.25$。但在更大容量的电站锅炉(包括 300 MW 和 600 MW 机组锅炉)上测量结果表明,随着锅炉容量的增大,切向燃烧方式的炉膛出口烟速和烟温的偏差也增大。有的锅炉水平烟道中,屏、对流过热器和再热器沿烟道宽度的热力不均匀系数最高值 $\eta_{r,max}^{k}$ 达到 $1.3\sim1.4$,甚至更高的数值;炉膛出口两侧烟温差有的高达100 ℃ 以上,导致锅炉两侧出口汽温偏差过大和过热器再热器的超温爆管事故,严重影响到锅炉的安全运行。

有关热负荷分布不均匀系数的更多内容可参考文献资料。要获得准确的热负荷分布应借助于实炉测量数据。

受热面不均匀系数 η_m 与受热面布置方式、各管的结构尺寸有关,设计中应尽量保持各管的受热面几何尺寸相同,一般可估计为 $\eta_m=0.95\sim1.05$。同热负荷偏差一样,受热面积的偏差也可能造成流量偏差。

3. 流量偏差

前面已经介绍了集箱效应所造成的流量偏差。有许多因素会影响流量的不均匀性,进而影响到热偏差。

(1)流量不均匀系数

流量偏差可用前述的流量不均匀系数 η 表示,即并联管组中偏差管的工质流量 G_p 与平均工况管中工质流量 G_{pj} 之比,当管径相同时,亦即为两种管子中的质量流速之比

$$\eta=\frac{G_p}{G_{pj}}=\frac{(\rho w)_p}{(\rho w)_{pj}} \tag{9.85}$$

由式(9.70)可知,并联管组中任意一根管子两端的压差 Δp 为

$$\Delta p=p_{hx}-p_{fx}=p_1-p_2-(\Delta p_{hx}-\Delta p_{fx})$$

此压差为管子的流动动力,用于克服管内工质的流动阻力、重位压差和加速阻力。如不计加速阻力,则有

$$\Delta p=p_1-p_2-(\Delta p_{hx}-p_{fx})=Z\frac{(\rho w)^2}{2}\overline{v}\pm\overline{\rho}gh \tag{9.86}$$

式中:$Z=\lambda l/d_n+\sum\zeta_{jb}$;$\overline{\rho}gh$,向上流动取"+"号,向下流动取"−"号。

将上式分别用于偏差管和平均工况管,并以下标 p 和 pj 表示,整理后得

$$p_1-p_2=Z_p\frac{(\rho w)_p^2}{2}\overline{v}_p\pm\overline{\rho}_pgh+(\Delta p_h-\Delta p_f)_p \tag{9.87}$$

$$p_1-p_2=Z_{pj}\frac{(\rho w)_{pj}^2}{2}\overline{v}_{pj}\pm\overline{\rho}_{pj}gh+(\Delta p_h-\Delta p_f)_{pj} \tag{9.88}$$

对于任一根管,p_1-p_2 为常数,故以上二式相等,得流量不均匀系数的计算公式为

$$\eta=\sqrt{\frac{Z_{pj}\overline{v}_{pj}}{Z_p\overline{v}_p}\left[1+\frac{(\Delta p_h-\Delta p_f)_{pj}-(\Delta p_h-\Delta p_f)_p\pm hg(\overline{\rho}_{pj}-\overline{\rho}_p)}{Z_{pj}\frac{(\rho w)_{pj}^2}{2}\overline{v}_{pj}}\right]} \tag{9.89}$$

令 $\delta\Delta p_{zw}=hg(\overline{\rho}_{pj}-\overline{\rho}_p)$ 为平均工况管与偏差管的重位压差的差值,并利用式(9.71),上式可变为

$$\eta=\sqrt{\frac{Z_{pj}\overline{v}_{pj}}{Z_p\overline{v}_p}\left[1+\frac{\delta\Delta p_{jx}\pm\delta\Delta p_{zw}}{Z_{pj}\frac{(\rho w)_{pj}^2}{2}\overline{v}_{pj}}\right]} \tag{9.90}$$

由上式可知,流量偏差与管子的结构特性(流动阻力系数、管子尺寸)、热负荷分布(工质的平均比容和平均密度)、集箱效应(集箱的连接形式)、重位压差(流动方向)以及平均工况管的流动阻力(质量流速)等因素有关,以下分别进行讨论。

(2)影响并联管组中流量偏差的因素

①并联管组结构特性对流量偏差的影响。由各根管子结构不均匀性而引起流量偏差是容易理解的。仅仅考虑阻力不均的影响,流量偏差为 $\eta_l = \sqrt{Z_{pj}/Z_p}$。显然,如果偏差管的阻力特性 Z_p 增加,而平均工况管的 Z_{pj} 不变,流量不均匀系数 η_l 减小,流量偏差增大。因此,改变各并联管的阻力特性,即增大平均工况管的总阻力系数 Z_{pj} 或减小偏差管的总阻力系数 Z_p,都可以减小流量偏差。

②集箱效应对流量偏差的影响。由式(9.89)可见,表示集箱效应的项 $\delta\Delta p_{jx}$ 增大,即集箱偏差管的压差 Δp_p 与平均工况管的压差 Δp_{pj} 的差值增大,由于 $\delta\Delta p_{jx}<0$,流量不均匀系数 η_l 减小,流量偏差增大。集箱压力变化对锅炉各受热面流量偏差的影响是不同的。

在过热器和再热器中,由于分段较多,单相流体的平均比容变化不剧烈,对流量偏差影响不大,且大多数属于垂直双行程以上或水平的管圈,重位压差的影响也较小,因此集箱效应对其流量偏差有较大影响。因为,过热器集箱中的过热蒸汽比容大、流速高,尤其在汇集集箱中,蒸汽比容经吸热后比分配集箱中的更大,比分配集箱中流速更高,且静压变化系数 K_h 值也较大,因此 $\delta\Delta p_{jx}$ 较大。再热器中,由于蒸汽在中压状态下工作,其比容比过热器中更大,如果集箱的尺寸与连接方式与过热器相同,则集箱中蒸汽流速更高,流量偏差将会更大。因此,注意正确选择集箱连接系统,增大集箱直径以减小蒸汽流速,降低集箱,特别是汇集集箱中的压力变化值,以免因流量分布不均而使管子烧坏,这在过热器和再热器中尤为重要。

在直流锅炉(或控制循环锅炉)的蒸发管中由于工质流动阻力大,集箱效应对流量偏差的影响可以忽略。在省煤器中由于水的比容小,进出集箱的流速低,一般 $\delta\Delta p_{jx}$ 值比较小,其对流量偏差影响也可忽略不计。

③平均工况管流动阻力对流量偏差的影响。平均工况管流动阻力对流量偏差的影响主要反映在式(9.89)的分母项中。如果平均工况管的 Z_{pj} 不变,增加其管内的流量,流动阻力增大,则集箱效应和重位压差对流量偏差的影响减小,流量偏差趋于水平管的特性。如果再增加平均工况管的总阻力系数 Z_{pj},不仅可以得到同样的效果,还能增加偏差管内的流量。因此,增大平均工况管的流动阻力可以削弱流量分布的不均匀性,对减轻热偏差是有利的。

④热负荷分布对流量偏差的影响。热负荷分布不均匀是影响流量偏差的重要因素,尤其对工质比容变化剧烈的区域,即临界压力以下的蒸发受热面和超临界压力下的大比热区域。这些受热面,在结构尺寸和阻力系数相同的情况下,并联管由于热负荷不均匀引起的流量偏差称为热效流量偏差。对于水平管管组,当不计集箱效应,且 $Z_p=Z_{pj}$ 时,由式(9.89)可得热效流量偏差的表达式为

$$\eta_l = \sqrt{\frac{\overline{v}_{pj}}{\overline{v}_p}} \tag{9.91}$$

上式表明,热效流量偏差反映出由于热负荷不均匀导致并联各管工质吸热不均匀而造成的比容变化。因此,热效流量偏差对比容变化剧烈的受热面影响最大。在水平蒸发管圈中,由于平均工况管工质的流动阻力远大于集箱效应和重位压差的偏差,且结构尺寸的差异有限,因此,上式就代表了并联管内工质的流量随热负荷而改变的状况。随着热负荷的增加,工质比容增大

而流量减小。在热负荷分布不均匀情况下,出现受热强管中流量小,受热弱管中流量大的现象。

当各管受热面积相等时,由式(9.79)和式(9.81),流量不均匀系数 η_l 可改写为

$$\eta_l = \frac{\Delta i_{pj}}{\Delta i_p}\eta_r = f(\Delta i_p, \Delta i_{pj}, p, \eta_r) = f(t_{pc}, i_j, \Delta i_{pj}, p, \eta_r) \qquad (9.92)$$

上式表明,热效流量偏差 η_l 与 Δi_p、Δi_{pj}、p、η_r 四个参数有关,而 $\Delta i_p = i_{pc} - i_j$,$i_{pc}$ 为偏差管的出口焓值,讨论中可用偏差管的出口温度 t_{pc} 和管组进口焓值 i_j 来表示偏差管的焓增以及对热效流量偏差的影响。

对于超临界压力的直流锅炉,早期认为都是单相流体而低估了热效流量偏差的影响,曾经发生多台锅炉的炉膛下辐射区受热面的超温爆管事故。而且由于过热器的允许热偏差较小,热流量偏差还会影响过热器的工作可靠性。在超临界压力下,水与水蒸气的性质中存在一个大比热区(在 $i = 1700\sim2500$ kJ/kg 区域内)。当工质从进入到离开这个区域时,比容增大 4 倍以上,工质沿管长的比容平均值 $\bar{v}$ 也明显增大。此时如受热较强管的工质焓增值稍有增大,该管的平均比容 $\bar{v}$ 随之迅速增大,流量明显减小,偏差管中工质出口温度可能超过平均值 $100\sim200$ ℃以上,形成较大的热效流量偏差。

分析表明,当工质进口焓值 i_j 和其他参数不变时,随着热负荷不均匀系数 η_r 和工质平均焓增 Δi_{pj} 的增大,均使流量不均匀系数 η_l 减小和偏差管工质出口温度 t_{pc} 升高,即使热效流量偏差加剧。尤其当 Δi_{pj} 值增大到使平均出口焓值进入大比热区,此时 η_r 稍有增加,η_l 迅速减小而使 t_{pc} 急剧升高。

如果工质的 Δi_{pj} 和其他参数一定时,则管组进口焓值 i_j 的变化对 η_l 和 t_{pc} 都有明显的影响。当 i_j 值很高时,相当于进入过热器,此时随着 η_r 的增大,η_l 减小相对缓慢。当 i_j 值较低时,若工质吸热后使平均工况管出口焓值接近大比热区域,此时只要 η_r 稍有增大就会使偏差管内工质流量急剧减小,其工质出口温度 t_{pc} 飞速上升,这十分有害于受热面工作的安全性。此外,当 η_r 一定时,随着 i_j 的增加,η_l 出现先降后升的非单值性变化。即对应某一 i_j 值,η_l 有一极小值,该 i_j 称为极限进口焓,对应的 η_l 称为极限热效流量偏差,这种情况也会出现在平均工况管的工质出口焓接近最大比热点时。

总而言之,η_l 随着热负荷不均匀系数 η_r 和并联管组平均焓增 Δi_{pj} 增加而减小,热效流量偏差增大;工质进口焓值 i_j 增高,使平均工况管工质出口焓值接近最大比热区时,η_l 急剧减小。

临界压力以下产生热效流量偏差的过程机理与超临界压力相同,当平均工况管的工质出口焓值处于沸腾区时,η_l 具有最小值。此外,由于蒸发管内工质比容显著增大,偏差管中流量的减小幅度比超临界压力时要大。

⑤重位压差对流量偏差的影响。强迫流动并联管组中工质的流动方向分为水平、垂直向上、垂直向下三种,垂直流动中重位压差对流量偏差的影响非常大,必须加以考虑。如不计集箱效应、各管结构特性,流量不均匀系数由式(9.89)变换为

$$\eta_l = \sqrt{\frac{\bar{v}_{pj}}{\bar{v}_p}\left[1 + \frac{\pm 2gh(\bar{\rho}_{pj} - \bar{\rho}_p)}{Z_{pj}(\rho w)_{pj}^2 \bar{v}_{pj}}\right]} = \sqrt{\frac{\bar{v}_{pj}}{\bar{v}_p}\left[1 \pm A\frac{\bar{\rho}_{pj} - \bar{\rho}_p}{\bar{v}_{pj}}\right]} \qquad (9.93)$$

式中:$A = 2gh/Z_{pj}(\rho w)_{pj}^2$,为高度系数;重位压差前的正负号,工质向上流动时取正值,向下流动时取负值。

由上式和图 9.25 可见,随着质量流速的提高,高度系数 A 变小,即重位压差的影响减小,水平管、上升管和下降管的流量偏差相对接近,垂直管与水平管的 η_l 相差不大。降低质量流

速,A 增大,重位压差的影响使向上流动时的 η_l 增大,甚至可以大于 1.0,只有当热负荷不均匀系数 η_r 很大时才转为小于 1.0 的数值;而向下流动时的 η_l 减小,水平、上升和下降三种流动的 η_l 差距很大。因此,向上流动的 η_l 值最大,水平流动的 η_l 居次,向下流动的 η_l 最小。在锅炉启动和低负荷运行时,质量流速较低,下降流动中的流量偏差增大。

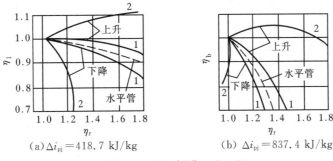

(a) $\Delta i_{pj} = 418.7$ kJ/kg　　　(b) $\Delta i_{pj} = 837.4$ kJ/kg

$$p = 24 \text{ MPa}; i = 1256 \text{ kJ/kg}; d_n = 20 \text{ mm}$$

1—$\rho w = 3600$ kg/(m^2 · s),$A = 1 \times 10^{-6}$ m^6/kg^2;2—$\rho w = 1\,200$ kg/(m^2 · s),$A = 9 \times 10^{-6}$ m^6/kg^2。

图 9.25　垂直管的热效流量偏差

当高度系数 A 不变时,上式的流量不均匀系数只与工质的平均比容或密度有关,其实质是垂直并联管组的热效流量偏差。与水平并联管组相同,热效流量偏差随工质平均焓增 Δi_{pj} 增加而增大,这可以从图 9.25 中(a)与(b)两图的比较看出。根据式(9.79),偏差管中工质的焓增超出平均值的大小为 $\Delta i_p - \Delta i_{pj} = (\rho - 1)\Delta i_{pj}$,在同样热偏差的情况下,平均焓增值增大,热效流量偏差增加。

下面进一步分析热负荷分布不均匀对垂直并联管组的影响。从式(9.93)看出,受热强管中的平均比容 $\bar{v}_p$ 增大使热效流量偏差增加,当工质向上流动时,$\bar{\rho}_p$ 的减小又使 η_l 增大,即重位压差减小了热效流量偏差;而当工质向下流动时,$\bar{\rho}_p$ 的减小促使 η_l 进一步减小,即重位压差加剧了热效流量偏差。垂直上升管与水平管相同,也存在一极限热效流量偏差,但相应 η_l 极小值时的 i_j 值比水平管的大,i_j 选用范围比水平管宽广。当平均工况管焓增 Δi_{pj} 相对较低时,上升管的热流量偏差不大,即对热效流量偏差不敏感。

在锅炉低负荷运行及启动时,较大的热负荷不均匀性增加了热效流量偏差。但由于工质流速减小,向上流动中的 A 增大可减小热效流量偏差,因而可以补偿因热负荷增大产生的热效流量偏差增大的后果。

并联管组无论是向上还是向下流动,受热强还是受热弱,当管内工质流量非常小时都会危及工作的安全性。假定某一根受热管中的工质已经停止流动,即 $\eta_l = G_p/G_{pj} = 0$,由式(9.93)可得

$$1 \pm \frac{A}{\bar{v}_{pj}}(\bar{\rho}_{pj} - \bar{\rho}_p) = 0 \tag{9.94}$$

上式中的 $A/\bar{v}_{pj} > 0$,总是正值。当工质向上流动时,从上式可得出,$\bar{\rho}_p > \bar{\rho}_{pj}$,即如果发生流动停止的偏差管中平均密度大,那么该管热负荷小,由此可见上升流动时,受热弱管中流量小。当热负荷弱到一定程度时,管中的工质流动可能出现停滞和倒流现象,其原因将在第 11 章垂直上升蒸发管组水动力特性问题中讨论。反之,工质向下流动时,可得出 $\bar{\rho}_p < \bar{\rho}_{pj}$ 的结果,即下降流动时,受热强管中的流量小。

(3)流量不均匀系数 η_l 的计算

在用不计加速阻力的公式(9.90)计算流量不均匀系数 η_l 时,其中的各项影响因素是否都考虑,应根据具体情况决定。对于锅炉的不同受热面,可以略去作用很小的个别项,进行某些简化。

①对水平管组或管圈布置,一般可不计重位压差偏差项 $\delta\Delta p_\mathrm{zw}$。

②对管内工质为单相水的非沸腾式省煤器,偏差管的工质平均比容和平均工况管的工质平均比容近乎相等,比容偏差可以忽略。

③对管内工质为单相蒸汽的过热器或再热器,由于分段较多,比容偏差一般也不大。在中压锅炉中,如果工质平均焓增 $\Delta i_\mathrm{pj}<120\ \mathrm{kJ/kg}$,可取平均工况管和偏差管的平均比容的比值为 1;在高压锅炉中,如果 $\Delta i_\mathrm{pj}<170\ \mathrm{kJ/kg}$,比容偏差也可以忽略。

④过热器或再热器中,重位压差偏差项 $\delta\Delta p_\mathrm{zw}$ 与分母之比<0.05,可以忽略不计,但在单行程的一次上升辐射式过热器中要考虑。对多行程的垂直蛇形管对流式过热器,$\delta\Delta p_\mathrm{zw}$ 可以不计。

⑤在单相流体受热面中,当工质从集箱侧面多点均匀引入和引出时,在大部分情况下可以不计集箱效应 $\delta\Delta p_\mathrm{jx}$ 的影响。如果采用集箱端部引入及端部引出连接型式,只有当 $\delta\Delta p_\mathrm{jx}$ 与分母之比<0.05 时,才可以忽略不计。

⑥在强制流动受热面中工质比容变化剧烈的区域可能有:低于临界压力的沸腾式省煤器、蒸发受热面以及超临界压力直流锅炉的大比热区。沸腾式省煤器各管中的重位压差可能相差较大,所以应采用式(9.90)计算流量不均匀系数 η_l 值。其他两类工质比容变化剧烈的受热面,由于流动阻力压降大,因而可不计集箱效应 $\delta\Delta p_\mathrm{jx}$ 引起的流量偏差。重位压差偏差项 $\delta\Delta p_\mathrm{zw}$ 对于水平布置的并联管组可忽略不计,而在垂直并联管组中必须考虑。

各种受热面的各种布置型式的流量不均匀系数 η_l 的具体计算可查阅有关的锅炉手册。

9.5.2　减小热偏差的措施

热负荷和流量分布不均匀是引起热偏差的主要原因。尽管不可能完全消除热偏差,但在设计和运行中可通过采取有效措施减小热偏差,使得实际热偏差小于允许热偏差。虽然提高允许热偏差值也能达到安全运行的效果,但却要采用耐更高温度的金属材料,这往往是不经济的。事实上,除了尽量保证锅炉各并联管结构一致外,采取的主要措施应是减小热负荷与流量的不均匀性,并力求使管内的流量与热负荷相适应,即符合热负荷强的管中流量大,热负荷弱的管中流量小的基本原则,力求各并联管的工质出口焓值相接近,以减小热偏差。

在现代大型锅炉中,为了减小由于锅炉炉膛中烟气的温度场分布不均匀对受热面热负荷的影响,采用烟气再循环方式,即将低温烟气送入炉膛上部以均匀沿炉宽的烟气温度。如果在对流过热器管束中形成烟气走廊,即在个别蛇形管之间具有较大的烟气流通截面,则该处的烟气流速加快和气室辐射作用加强,使得走廊两侧管子吸热增多,热负荷不均匀系数增大,故应尽量避免。

根据热负荷分布情况将并联管组进行分组是一种有效的减小热负荷不均匀的方法。对炉膛辐射受热面可把管组或管圈的宽度减小,将其分为若干个独立的并联管组,则在同样的炉膛温度场分布情况下可减少各独立管组管间的热负荷不均匀性。通常要求水平围绕并联管带的高度小于 3 m,如一组管带流速过高,可将蒸发受热面分成两股或三股并绕,而垂直独立管组的宽度一般为 1.5~2.5 m。

锅炉投运或大修后,必须做好炉内冷态空气动力场试验和热态燃烧调整试验。在正常运行时,应根据锅炉出力要求,合理投运燃烧器,调整好炉内燃烧。烟气要均匀充满炉膛空间,避免产生偏斜和冲刷屏式过热器。尽量使沿炉宽方向烟气流量和温度分布比较均匀,控制水平烟道左右烟温偏差不能过大。及时吹灰,防止因结渣和积灰而引起的受热不均现象产生。

锅炉的过热器及再热器系统中可能产生的热偏差往往是人们关心的重点。减轻热偏差的主要措施包括以下几种。

将过热器、再热器分级,级间进行中间混合,即减少每一级过热器、再热器焓增 Δi_{pi},从而减少出口汽温的偏差。对于中压锅炉一般将过热器分成两级,对于高压以上锅炉常将过热器分成三到四级,甚至更多。过热器分级后,每级中工质的焓增量一般不超过 $250\sim400$ kJ/kg,末级过热器焓增一般不超过 $120\sim200$ kJ/kg。因为在工质温度最高的末级过热器中,其比热容最小,使得在同样热偏差的条件下产生的温度偏差最大,采用较小的焓增可以保证过热器工作可靠性。如图 9.26 所示过热器系统中,低温过热器分为两组,高温过热器分为三组,各组之间采用交叉管和中间混合集箱,这些方法都有助于减小沿烟道宽度对流受热面热负荷的不均匀性。但在再热器系统中一般不宜采用左右交叉,其目的是减少系统的流动阻力,以提高再热蒸汽的做功能力。

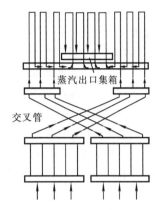

蒸汽出口集箱

交叉管

图 9.26 过热器分组和交叉混合

在直流锅炉的蒸发受热面中,也可以采用中间混合集箱进行分级布置,减小每级受热面的工质焓增以减小热负荷偏差和流量偏差,并可提高其允许热偏差值,但应特别注意防止中间混合集箱中的汽水混合物的分配不均匀性。

减少屏前或管束前烟气空间尺寸,减少屏间、片间烟气空间的差异。受热面前烟气空间深度越小,烟气空间对同屏、同片各管辐射传热的偏差也越小。用水冷或汽冷定位管固定各屏或各片受热面,以防止其摆动,并使烟气空间固定,传热稳定。

适当均衡并列各管的长度和吸热量,增大部分管段的管径,减少其阻力(一级过热器或再热器按受热条件、壁温工况采用不同材料、不同管径)。

减少炉膛出口烟气残余旋转,减少炉膛出口及水平烟道的左右烟温偏差,减少过热蒸汽、再热蒸汽的左右汽温偏差。例如,在炉膛上部加装分隔屏(前屏)过热器,以减少炉膛出口烟气残余旋转的旋转能量,减少水平烟道受热面(包括折焰角上部受热面)的左右流动偏差和左右烟温偏差;部分二次风反切,以减少炉膛出口烟气的旋转能量。

垂直上升管中的重位压差可以减小热效流量偏差,对于单行程的垂直管组应该布置工质向上流动的系统,当条件限制必须布置向下流动系统时,则应提高工质的流速以增加阻力,减小重位压差对热效流量偏差的不良影响。若采用垂直上升-下降的流动系统,或水平的蛇形管受热面,都推荐汇集集箱在上,分配集箱在下的连接方式。

为了减小集箱效应产生的流量偏差,应合理选择集箱的尺寸和连接方式,这对过热器和再热器尤其重要。加大集箱直径,采用多点均匀引入和引出的集箱连接系统,可以降低集箱内的工质流速,减小集箱中的压力变化。特别在汇集集箱中,蒸汽经吸热后其比容更大,流速更高,且静压变化系数 K_h 值也较大,增加直径的方法更有效。另一种方法是在汇集集箱两端并联一根较粗的分流管,以分流部分蒸汽,减小集箱中的流速。

为了解决对流过热器和再热器烟道两侧烟温低、中间烟温高引起的热负荷不均匀性,应选择烟道中部管子流量大、两侧管子流量小的集箱连接系统,如分配集箱两端引入,汇集集箱中点引出的方式,从而减少热偏差。

在管子入口单相水处加装节流圈,增大受热面管子的流动阻力,可以同时减小重位压差和集箱效应对流量偏差的影响,还能在不计这两项(如水平蒸发管)时,提高节流圈的阻力,使结构和比容不相同的并联管组的流量不均匀系数趋于 1。

在直流锅炉和强制循环锅炉中的管子或管组,尤其是下降流动的蒸发受热面的入口加装节流圈是减小热偏差的有效措施,它可以强制工质流量的合理分配以适应热负荷的不均匀性。

在屏式过热器中,为减少各并联管屏间的热偏差,可在各管屏入口前装设不同节流程度节流圈,以适应各管屏的热负荷。同一片屏中,由于外圈管子最长,且直接受火焰辐射而热负荷最高,可采用合理的集箱连接系统增大该管的进出口压差,或增大该管的直径和缩短该管的长度,也可以减小该管相对于其他管圈的节流程度,则可使该管圈中流量增大,出口焓值降低,从而使热偏差减小。

直流锅炉的炉膛辐射受热面的进口工质焓值 i_j 对热效流量偏差的影响很大。因此,在设计时应合理选择 i_j,以使水平布置受热面的平均工况管的出口焓值避开进入沸腾区(亚临界压力)或接近最大比热区(超临界压力)的焓值,垂直并联管组的平均工况管出口焓值避开热效流量偏差急剧增大的焓值。

在直流锅炉中加装再循环泵,当锅炉低负荷和启动时投入使用,使工质在管内再循环,可以增加炉膛辐射受热面的工质流量,降低其焓增以及管壁温度,减小热效流量偏差,这种有效方法已在超临界压力复合循环锅炉中得到广泛应用。

 复习思考题

1. 锅炉的水循环方式有哪些,是如何区分的,各种循环方式的特点是什么?
2. 受热管垂直向上流动有哪几种主要流型? 水平流动的流动结构有什么特点?
3. 何谓均相流动模型及分相流动模型?
4. 影响汽液两相流体在管内流动时的截面含汽率的因素有哪些,影响作用是什么?
5. 何谓热偏差及热偏差系数,与哪些因素有关?
6. 影响并联管组各管热负荷不均匀的主要因素有哪些?
7. 集箱效应是如何形成的,对并联管内流量的分配有什么影响?
8. 什么是热效流量偏差? 试述流量不均匀系数的影响因素及其影响作用。
9. 试述减小热偏差的措施。
10. 管内强迫对流换热沿管长分为哪些区间?
11. 试述管内各换热区间的沸腾换热机理、放热系数的变化规律以及对管壁温度的影响。
12. 什么是第一类传热恶化及第二类传热恶化? 两类传热恶化各有何特点?
13. 水平管发生传热恶化时有何特点?
14. 如何判别两类传热恶化,为什么在第二类传热恶化中会出现恶化时的含汽率与热负荷无关的现象?
15. 热负荷及其分布规律对传热恶化有何影响?
16. 超临界压力下管内换热有何特点?
17. 防止或推迟传热恶化的措施有哪些?
18. 如何计算各类换热区间的放热系数?

第10章 自然循环锅炉水动力特性

各种循环方式之间的差别主要体现在蒸发受热面内工质流动的动力来源的不同。自然循环锅炉依靠不受热下降管中的水与受热上升管中的工质的密度差使工质在一封闭的系统中产生循环流动。工质循环流动所在的封闭系统称为循环回路。循环回路一般由下降管、上升管、锅筒、集箱及其他部件所组成。自然循环方式只能用于临界压力以下的锅炉。由于自然循环锅炉蒸发受热面内工质的流动不借助于外界动力,为了组织蒸发受热管内工质的合理流动并确保对管金属的足够冷却,设计正确的循环回路至关重要。本章的目的是阐述各种循环回路中工质流量及工作点的确定方法、自然循环锅炉水动力计算的基本内容和计算方法、各种可能的水循环故障及其影响因素。

10.1 自然水循环原理

10.1.1 自然循环回路的水动力基本方程

1. 循环回路

循环回路通常可分为简单回路和复杂回路。

简单回路是由并联的一组(根)下降管,一组(根)几何结构尺寸及吸热相同的上升管以及其他部件所组成的独立循环系统,如图10.1所示。实际锅炉中,由于受热及结构上的差异,严格意义上的简单回路并不存在。通常把吸热及几何形状基本相同的循环回路作为一个简单回路来分析和计算,在校验循环可靠性时再考虑受热不均匀的影响。复杂回路由一系列回路所组成,各回路之间相互有联系,共用其中的某一环节,如有共同或部分共同的上升管,或有共同下降管,但锅筒总是各循环回路所共有的。图10.2所示的复杂回路中,前墙和侧墙水冷壁管共用同一下降管。

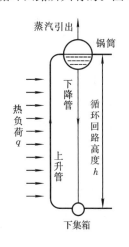

图10.1 简单循环回路

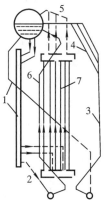

1—下降管;2—引入管;3—后墙水冷壁;4—防渣管;
5—引出管;6—前墙水冷壁;7—侧墙水冷壁。

图10.2 复杂循环回路

2. 简单回路的水动力基本方程

稳定流动条件下,回路中任意一个截面上的作用力是平衡的。图 10.1 所示的简单回路中,考虑到下集箱左右两侧共同承受可以相互抵消的锅筒液面上压力,则左右两侧管内所存在的力只有重位压差 $\rho g h$ 和流动阻力 Δp,其压差平衡方程式为

$$\rho_{ss} gh + \Delta p_{ss} = \rho_{xj} gh - \Delta p_{xj} \quad \text{Pa} \tag{10.1}$$

式中:h 为锅筒液位面到下集箱中心高度,m;ρ_{ss}、ρ_{xj} 分别为上升管和下降管中工质的平均密度,kg/m^3;Δp_{ss}、Δp_{xj} 分别为上升管和下降管中的工质流动阻力,Pa。

式(10.1)左侧称为上升管压差 $S_{ss} = \rho_{ss} gh + \Delta p_{ss}$,方程右侧称为下降管压差 $S_{xj} = \rho_{xj} gh - \Delta p_{xj}$。该式表明了从锅筒液位面到下集箱中心高度之间,计算的上升管压差与下降管压差相等。此式为简单回路的水动力基本方程,这种计算方法称为压差法。经整理后可得

$$(\rho_{xj} - \rho_{ss}) gh = \Delta p_{ss} + \Delta p_{xj} \quad \text{Pa} \tag{10.2}$$

式(10.2)左侧称为回路的运动压头 $S_{yd} = (\rho_{xj} - \rho_{ss}) gh$,方程右侧为回路的总阻力 $\sum \Delta p = \Delta p_{ss} + \Delta p_{xj}$。运动压头是循环回路中产生的水循环动力,稳定流动时用于克服回路中工质流动的总阻力。以该式为基础进行水动力计算的方法称为运动压头法。由上式可得

$$(\rho_{xj} - \rho_{ss}) gh - \Delta p_{ss} = \Delta p_{xj} \quad \text{Pa} \tag{10.3}$$

式(10.3)左侧称为回路的有效压头 $S_{yx} = S_{yd} - \Delta p_{ss}$。有效压头是循环回路中运动压头克服上升管的流动阻力后剩余的部分水循环动力,稳定流动时用于克服回路中下降管的流动阻力。以该式为基础进行水动力计算的方法称为有效压头法。

无论是运动压头还是有效压头都是回路中工质流动的动力,实质上是完全相同的,只是物理意义上有所差异而已。这些压头越大,则水循环的速度也越大,水循环就越强烈,可以克服回路中更大的流动阻力。由于习惯上的差异,各国的水动力计算所使用的方法有所不同。我国曾应用有效压头法。但目前我国的电站锅炉水力计算方法中采用的是压差法。本书只介绍压差法。

3. 自然循环的重要特征参数

第 9 章中已对与自然循环有关的参数,如循环流速、循环流量、质量含汽率和循环倍率等做了介绍。其中,循环倍率 K 是衡量锅炉水循环可靠性的重要指标之一。由式(9.15)可知,$K = G_0/D = 1/x$,即上升管的入口循环流量与出口蒸汽流量的比值,数值上为质量含汽率的倒数。每根蒸发管、每组管屏、每个循环回路以及整台锅炉都有各自的循环倍率,其数值并不一定相等。对简单回路而言,只有每根管子吸热量和结构均相同时,各根管的循环倍率才相同,则此时的回路循环倍率和管子的循环倍率才相同。循环倍率小意味着上升管中的蒸汽含量大而循环流量小,相应的循环流速 w_0 也就小。当循环倍率小于某一界限值 K_{jx} 时,由于水速很低而可能出现传热恶化,甚至循环流速等于零或几乎为零,水循环发生停滞或形成自由水位,从而可能导致蒸发管过烧损坏。表 10.1 为锅炉的常用循环倍率及界限循环倍率范围。

表 10.1 推荐循环倍率及界限循环倍率

锅筒压力 p/MPa		2~3	4~6	10~12	14~16	17~19
锅炉蒸发量 $D/(t \cdot h^{-1})$		20~200	35~240	160~420	185~670	≥800
推荐的循环倍率 K	燃煤	45~65	15~25	7~15	4~8	4~6
	燃油		12~20	7~12	4~6	3.5~5
界限循环倍率 K_{jx}			10~20	4~5	2~3	1.1~1.5

除了上述几个参数外,锅筒水室凝汽量也是自然循环锅炉的一个重要参数。

亚临界压力锅炉,饱和蒸汽与饱和水的密度差减小,汽水分离比较困难,锅筒水室中不可避免地含有较多的蒸汽,而由省煤器送入锅筒水室的水则具有一定的欠焓。因此,亚临界锅炉锅筒水室中存在着蒸汽的凝结过程,使水冷壁的实际蒸发量 D 大于从锅筒引出的饱和蒸汽量 D_0。在锅筒水室中被凝结的蒸汽量就称为锅筒水室凝汽量,记作 ΔD,$\Delta D = D - D_0$。水冷壁中的质量含汽率应按实际蒸发量计算。

按锅筒引出的饱和蒸汽量计算的循环倍率称为名义循环倍率 K_0,即

$$K_0 = G_0 / D_0$$

凝汽量 ΔD 与循环流量 G_0 的比值被称为凝汽率 x_{nq},即

$$x_{nq} = \Delta D / G_0$$

凝汽率与锅炉压力、省煤器出口焓值和负荷等有关。例如,一台容量为 1025 t/h 的亚临界参数锅炉,最大凝汽量达到 290 t/h,锅筒水室中存在的凝汽过程,使得 MCR 负荷时水冷壁中实际的蒸发量比名义蒸发量大 6.8%,水冷壁中的质量含汽率由 0.24 增大到 0.31,由此引起循环系统的实际循环倍率小于名义循环倍率。

10.1.2 循环回路的压差特性

在一定的热负荷及结构特性条件下,压差 S 和管内流量 G(或质量流速 ρw)的关系称为压差特性或水动力特性,由此关系在平面坐标图上画出的曲线称为压差特性曲线或水动力特性曲线。压差特性曲线可以用来分析自然循环回路的工作原理及其影响因素,也可用来确定回路的工作状态。

1. 简单回路的压差特性

图 10.3 示出简单回路的压差特性曲线及工作状态。上升管的压差为

$$S_{ss} = \bar{\rho}_{ss} g h + \Delta p_{ss} \quad \text{Pa} \tag{10.4}$$

在受热的上升管中,如果入口具有一定欠焓的水,沿工质流动方向可分成两段,加热水段和含汽段。加热水段中流动的是单相水,工质在流动过程中由于吸热而温度逐渐升高;含汽段中流动的是汽水两相混合物,沿流程工质含汽率不断增加。这两段的高度(或长度),以及含汽段的含汽率随管中工质的流量大小而变化。

当热负荷一定时,随着流量增大,用于加热水的热量随之增大,因而蒸发量减少,含汽率降低,上升管内工质平均密度增大,故 $\rho_{ss} g h$ 随 G 增加而单调增大。但是它以饱和水的重位压差值 $\rho' g h$ 为其渐近线。由于自然循环锅炉中蒸发管入口欠焓较小,上升管 Δp_{ss} 也是单调地随 G 增加而增大。因此,这两条曲线按压差叠加得到的上升管的压差 S_{ss} 曲线必然是一条单调增的曲线,而且斜率较大。从理论上看,在 $G=0$ 时,$\Delta p_{ss}=0$,工质平均密度接近饱和蒸汽密度,因此 S_{ss} 曲线与纵坐标的交点应为 $\rho'' g h$。实际上,在流量很小的范围内,水循环处于不稳定工况,一般不画 $G=0$ 的情况,通常都只从某一 G 值画起。下降管压差的表达式为

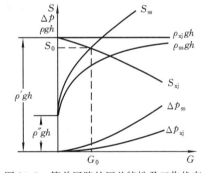

图 10.3 简单回路的压差特性及工作状态

$$S_{xj} = \rho_{xj} g h - \Delta p_{xj} \quad \text{Pa} \tag{10.5}$$

一般下降管不受热。若下降管没有蒸汽,可以认为管内单相水的密度接近饱和水密度,其重位压差为 $\rho' g h$。因此,随着流量增大,$\rho_{xj} g h$ 为不变的定值,而下降管的 Δp_{xj} 单调增大,这两

条曲线按压差相减得到的下降管的压差 S_{xj} 曲线必然是一条单调减的曲线。

自然循环在稳定流动条件下,由于上升管压差和下降管压差都是单调变化,这两条曲线必然有一交点。根据 S_{ss} 和 S_{xj} 相平衡原理,两曲线的交点即为此简单回路在一定条件下的工作状态,称为回路的工作点,其工作压差和循环流量分别记为 S_0 和 G_0。

2. 实际回路的压差特性

锅炉的实际循环回路,蒸发受热面都是由若干串、并联管子组成管屏,各管屏又以不同的方式连接。由于炉膛热负荷分布的不均匀性,管子与管子之间、管屏与管屏之间具有不同的吸热量,使得各自的重位压差和流动阻力也不相同,即吸热量对上升管压差有很大的影响。这里进一步定性地讨论上升管吸热量对 S_{ss} 的影响。由流体力学可知,流动阻力的表达式为

$$\Delta p = Z \frac{\rho w^2}{2} \tag{10.6}$$

式中:$Z = \left[\sum \zeta + \lambda \dfrac{l}{d} \right]$,$\zeta$ 为局部阻力系数,λ 为摩擦阻力系数,l 和 d 分别为管长和管内径。

为了简化分析,假定上升管入口为饱和水,管内工质为两相流体,这不会影响定性结论。将式(9.16)汽水混合物流速和式(9.23)混合物密度代入上式,可以得到按均相流模型计算出来的 Δp_{ss};而将式(9.24)混合物实际密度代入 ρ_{ss},则式(10.4)变为

$$S_{ss} = [\rho' - \phi(\rho' - \rho'')]gh + Z \frac{\rho' w_0^2}{2} \left[1 + x \left(\frac{\rho'}{\rho''} - 1 \right) \right] \tag{10.7}$$

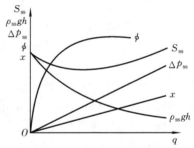

图 10.4　上升管压差与吸热量的关系

当管子的结构尺寸一定,质量流量不变时,式(10.7)中 $S_{ss} = f(\phi, x)$,而截面含汽率 ϕ 和质量含汽率 x 只与吸热量 q 有关,因此,q 是影响 S_{ss} 变化的最主要因素。图 10.4 是上升管 S_{ss} 与吸热量 q 的关系。随着吸热量 q 的增加,ϕ 和 x 都增大,但两者的增大趋势却有很大的差别。由式(9.14)热力学含汽率可知,质量含汽率 x 随吸热量 q 增大线性增加,因此上升管流动阻力 Δp_{ss} 也几乎是随 q 增加而线性增加(这里没有考虑相对速度的影响)的。而截面含汽率 ϕ 随吸热量 q 增大是非线性增加,当工质吸热比较少,x 较小时,ϕ 随 q 的增大迅速增加,即 ϕ 的增加远大于 x 的增加;而在某一 x(或 q)值后,x 的增加却大于 ϕ 的增加。这是由水与水蒸气的物性所决定的,因为当水转变为蒸汽时,体积急剧膨胀。与此对应,重位压差 $\rho_{ss}gh$ 随 q 的增大先下降得很快,而后下降得较慢。因此 $\rho_{ss}gh$ 和 Δp_{ss} 的叠加使得 S_{ss} 和 q 的关系呈现先下降而后上升的形状。

3. 自补偿能力

进一步考察 q 的变化对循环回路工作状态的影响。由式(10.2),水动力基本方程可以写成

$$\phi(\rho' - \rho'')gh - \left\{ Z_{xj} + Z_{ss} \left[1 + x \left(\frac{\rho'}{\rho''} - 1 \right) \right] \right\} \frac{\rho' w_0^2}{2} = 0 \tag{10.8}$$

方程的第一项为回路的动力运动压头 S_{yd},第二项为回路的总阻力 $\sum \Delta p$。当 q 较低、x 较小、循环倍率 K 较大时,随着 q 的增加,ϕ 的增加大于 x 的增加,则 S_{yd} 的增加大于总阻力 $\sum \Delta p$ 的增加,此时回路中的动力大于阻力,使得循环流量 G_0 相应增加,G_0 与 q 的关系如图 10.5 所示。即当 K 大于某一界限循环倍率

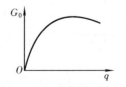

图 10.5　上升管循环流量和吸热量的关系

K_{jx} 时,循环回路具有因上升管吸热量 q 增加而使循环流量 G_0 随之增加的能力,称为自然循环回路的自补偿能力。由于图 10.3 中的 S_{ss} 特性曲线下移,因此回路的工作点向右移,循环流量 G_0 增加。这种情况维持到一定程度,当 K 小于 K_{jx} 时,q 再进一步增加,因上升管压差升高而使 S_{ss} 特性曲线上移,工作点的位置左移,循环流量 G_0 减小,循环回路失去自补偿能力。

在正常循环倍率条件下,自补偿能力是自然循环锅炉的优点之一。设计自然循环回路时应使工作的循环倍率大于界限循环倍率,使之处于有自补偿能力的范围内。界限循环倍率 K_{jx} 值一般与压力有关,可以通过计算得到,其值见表 10.1。

10.1.3　循环回路工作点的确定方法

1. 确定循环回路工作点的图解法

压差特性曲线在手工进行水动力计算中起着重要的作用。通过水动力计算需要求出各管子或管组的循环流量或压差,从而可以判断回路是否在可靠的状态下工作。对于一个简单回路,原则上可以利用 $S_{ss}=S_{xj}$ 求出工作点。但是,压差特性的关系式由一些非线性方程组成,因此需要求解非线性方程或方程组。除最简单的回路外,很难用普通代数方法来求解,需要借助计算机采用迭代方法进行计算。

在手工计算时常采用图解法或试凑法,即先假定几个循环流量（或流速）的数值,通常选取三个,如图 10.6 中的 G_1、G_2、G_3,分别计算出相应的上升管压差和下降管压差值,再将这几个压差值连接起来就得到 S_{ss} 和 S_{xj} 的特性曲线。这两条压差特性曲线的交点 A 即为简单回路工作点,其对应的 G_0 和 S_0 即为工作点的循环流量和压差。通过手工计算,能够加深了解循环回路的工作原理,为计算机编程提供参考思路。

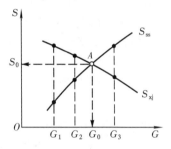

图 10.6　确定工作点的图解法

2. 复杂回路的压差特性曲线和工作点

锅炉中通常遇到的是由不同特性的管组或管子所组成的复杂回路。各管组或管子之间或有不同的吸热量,或有不同的结构特性,或有串联和并联两种不同的连接方式。每个管组或每根管子有各自的特性曲线和工作点,整个复杂回路有一总工作点。通过手工水动力计算,用图解法确定所有的工作点。其主要步骤为:①利用简单回路绘制压差特性曲线的方法,通过计算作出各管组或管子在一定条件下的压差特性曲线;②寻找所有回路的共同部分,将各曲线合成,得出整个系统的总特性曲线,并求出回路的总工作点;③再按相反的顺序或通过分析,从总工作点反推求得各管组或管子压差特性曲线的工作点。

对于特别复杂的回路,难以用简单的串、并联办法将各特性曲线合成,这时只能预先假定循环流量,然后用试凑法作流量平衡。

压差特性曲线的合成基于工质的物质平衡和作用于工质上的力平衡两个基本原理。其合成规律为:稳定工况下,串联回路时的流量相等,在相同流量下压差叠加;并联回路的两端压差相等,在相同压差下流量叠加。其求解法举例如下。

（1）并联回路

如图 10.7 所示,由 4 排热负荷不同的上升管排组成的并联循环回路,第 1 排受热最强,依次递减,并具有共同的下降管。各管排及下降管的压差相等,下降管的流量为各排流量之和。

按简单回路的计算方法求出每排管的压差曲线 S_i，$i=1,2,3,4$，在同一压差下将各管排的流量叠加，得到合成的上升管总压差曲线 S_{ss}。再计算并绘制下降管的压差曲线 S_{xj}，与 S_{ss} 的交点 A 即为整个回路的总工作点，得到 G_0 和 S_0。由此交点按 S_i 曲线合成方向(水平方向)的相反路径反推与各 S_i 曲线相交，几个交点即为各管排的工作点。

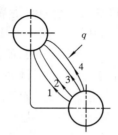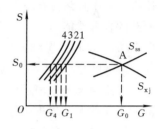

图 10.7　并联回路及其特性曲线

(2)串联回路

如图 10.8 所示，由水冷壁(sb)、上联箱和不受热汽水引出管(yc)组成的串联回路，各组成部分的流量相等，压差为水冷壁和汽水引出管的压差之和，并与下降管压差相等。分别计算绘出水冷壁管 S_{sb} 和汽水引出管 S_{yc} 曲线，在同一流量将两者的压差叠加，得到合成的上升管总压差曲线 S_{ss}，与绘制的下降管 S_{xj} 曲线的交点即为整个回路的总工作点 A，得到 G_0 和 S_0。由此交点按 S_{sb} 与 S_{yc} 曲线合成方向(垂直方向)的相反路径反推相交于 S_{sb} 与 S_{yc} 曲线，其交点即为水冷壁和汽水引出管的工作点。

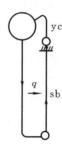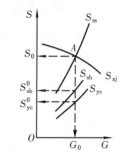

图 10.8　串联回路及其特性曲线

(3)具有共同引入管、不同引出管的复杂回路

如图 10.9 所示，由水冷壁 1 和 2、汽水引出管 3 和 4 以及供水引入管 5 组成的复杂回路，假定 $q_1<q_2$，其中，1 和 3、2 和 4 各自串联，然后并联，再与共有的引入管串联。先分别计算绘制水冷壁、引出管、引入管及下降管的特性曲线；曲线 1 和 3、2 和 4 分别按串联规律进行压差叠加，得到曲线 S_{13} 和 S_{24}；这两条曲线再按并联规律进行流量叠加，得到曲线 S_{1324}；再与引入管曲线 5 按串联规律进行压差叠加，得到合成的上升系统总压差曲线 S_{ss}，其与下降管 S_{xj} 曲线的交点即为整个回路的总工作点 A，G_0 和 S_0 分别为该复杂回路的循环流量和压差。然后，从 A 点按各曲线合成方向的相反路径逐步反推相交于各曲线，如图中箭头所指，可以分别得到各管或管组的工作点，如水冷壁 1 工作点($G_{1,3}$，S_1^0)、汽水引出管 3 工作点($G_{1,3}$，S_3^0)及供水引入管 5 工作点($G_{0,5}$，S_5^0)。

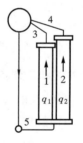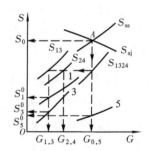

图 10.9　有共同引入管、不同引出管的回路及其特性曲线

(4)有集中下降管的复杂回路

如图 10.10 所示，这种回路是现代锅炉中常见的系统，可由集中下降管与多个(本例只示出两个以说明求解方法)并联的系统组成，图中 1、2 为

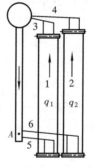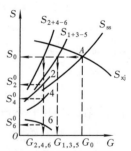

图 10.10　有集中下降管的回路及其特性曲线

水冷壁,3、4 为引出管,5、6 为引入管,假定 $q_1 > q_2$。按照水动力基本方程,应以锅筒液面与系统的最低点(本例中下集箱中心线)的距离作为平衡高度,即为共用的压差点,则下降系统压差由集中下降管和引入管两部分的压差组成。

但在水动力计算中,通常的共用压差点取锅筒液面与下降管下止点 A,而把引入管归属到上升系统中。这样,上升系统分别由 1、3、5 和 2、4、6 各自串联,然后再并联组成。串联的上升管屏压差 S_{1+3-5} 和 S_{2+4-6} 为

$$\begin{cases} S_{1+3-5} = S_1 + S_3 - S_5 \\ S_{2+4-6} = S_2 + S_4 - S_6 \end{cases} \tag{10.9}$$

式中:S 为压差,下标数字对应各管组。由于本例中的引入管实际属于下降系统,其压差特性随流量的增大而递减,并且在压差串联叠加时,引入管的压差为负值。

作图时先分别计算绘制各管组特性曲线,按式(10.9)得到两条串联叠加的压差曲线 S_{1+3-5} 和 S_{2+4-6},再按并联规律进行流量叠加,得到上升系统总压差曲线 S_{ss},其与 S_{xj} 曲线的交点即为回路的总工作点 A。然后,从 A 点引等压差线与 S_{1+3-5} 和 S_{2+4-6} 曲线相交,从两交点引等流量线即可求出每个上升系统的流量和各管段的工作压差值。

3. 有效压头法水动力计算原理

以上所述是按压差法计算水循环特性,此外,也可按有效压头法进行计算。由式(10.3)

$$S_{yx} = (\rho_{xj} - \rho_{ss})gh - \Delta p_{ss} = \Delta p_{xj}$$

可知,该式是压差法计算公式移项的结果,因此两种方法实质上是完全相同的。

用有效压头法计算水循环的方法与压差法相同。首先选取几个循环流量或循环流速,分别求出相应的有效压头及下降管阻力,再用作图法求出回路的循环特性。有效压头法压差特性曲线如图 10.11 所示。随循环流量增加,下降管的密度不变,上升管的密度增大,两者的密度差减小,而上升管阻力增加,因此有效压头 S_{yx} 是递减的;而下降管的阻力 Δp_{xj} 随流量的增加总是增大,这两条曲线的交点即为循环回路的工作点,从而由图可以确定回路的循环流量和有效压头。

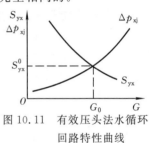

图 10.11　有效压头法水循环回路特性曲线

 10.2　自然循环水动力计算

10.2.1　水动力计算的目的和内容

自然循环锅炉的水动力计算是锅炉设计时的主要计算项目,它的目的是为锅炉设计或循环系统变动较大的改装锅炉确定最佳的回路结构,校核锅炉受热面的工作可靠性,并提出提高可靠性的措施。

水动力计算的主要内容和原则:①确定循环流量或流速、循环倍率、循环回路的各种压差以及可靠性指标;②计算时的受热状况、工质流速、压差等参数为管组或回路的平均值,但在进行安全性校验时,需按条件最差的管子进行;③锅炉在通常的负荷变化范围内对水循环特性影响不大,通常只对额定参数进行计算;④对结构特性和受热状况基本相同的回路,可选其中一个回路进行计算。

水动力计算在锅炉受热面布置和热力计算完成后进行。它所需的原始数据分回路的结

构特性和热力数据两类,结构数据包括下降管、引入管、上升管、汽水引出管、集箱等的内径、数量、高度、长度、倾角、弯头数和角度,汽水分离器的入口截面积,以及各种局部阻力系数;热力数据取自锅炉热力的结果,主要是各受热面的热负荷及吸热不均匀系数,需将吸热量在各回路之间进行分配。

10.2.2 循环回路的压降计算

1. 下降系统压差的计算

下降系统通常不受热,携带的蒸汽量也很少,工质为单相流体的流动。若忽略加速压降,则下降管的压差为

$$S_{xj} = \rho_{xj} g h - \left(\sum \zeta_{xj} + \lambda \frac{l_{xj}}{d_{xj}} \right) \frac{\rho_{xj} w_{xj}^2}{2} \tag{10.10}$$

式中:ρ_{xj} 通常按锅筒压力下的饱和水的密度计算,即 $\rho_{xj} = \rho'$,但对于锅水具有欠焓的亚临界压力锅炉,或锅水欠焓 $\Delta i_{qh} > 34$ kJ/kg 的超高压锅炉,以及下降管的带汽量 $\phi_{xj} > 0.03$ 时,需要按平均密度计算。

根据质量守恒,计算回路中下降系统与上升系统的流量相等。设下降系统和上升系统的总流通截面分别为 f_{xj} 和 f_{ss},则下降系统流速为

$$w_{xj} = \left(\frac{f_{ss}}{f_{xj}} \right) w_0 \tag{10.11}$$

2. 上升系统压差的计算

由于上升系统各段结构特性及热负荷分布不同,其压差需分段计算,各段内的热负荷沿高度取平均值,总压差为各段压差之和。分段的原则:①某段中同时存在水段和含汽段;②热负荷变化超过平均热负荷的 50% 以上且长度大于上升管总长度的 10%;③不受热段的长度超过总长度的 10%;④上升管倾斜角度改变超过 20°,且其长度大于上升管总长度 10%;⑤管径改变超过 10% 或流通截面积改变超过 20%。

图 10.12 表示一自然循环锅炉水冷壁的水动力计算回路。上升管受热段按热负荷及结构不同分为 h_1、h_2 及 h_3 三段,相应的吸热量为 Q_1、Q_2 及 Q_3,引入段 h_{yr}、引出段 h_{yc} 及高出锅筒水位的提升段 h_{ts} 不受热。由于从锅筒进入下降管的是过冷水,存在一定的欠焓,同时由于水柱的重位压头作用,使进入开始受热点(简称始热点)B 的饱和温度提高,因此上升段中工质开始沸腾点(简称始沸点)A 的位置必然高于 B 点的位置。所以,A 点以下为水段高度 h_s,其中 h_{rs} 为加热水高度(或称始沸点高度),A 点以上的高度为含汽段高度 h_{hq}。由此,上升系统压差的计算式为

$$S_{ss} = \sum_{i=1}^{n} \rho_i g h_i + \sum_{i=1}^{n} \Delta p_{ss,i} \tag{10.12}$$

式中:ρ_i 为上升管系统各管段中工质的计算密度,kg/m³。单相水取锅筒压力下的饱和水密度 ρ';受热含汽段按式(9.32)说明求出各段的平均截面含汽率,由式(9.24)计算其平均实际密度;受热段出口后各段按出口截面含汽率 ϕ_c 计算其实际密度;h_i 为各段高度,m;$\Delta p_{ss,i}$ 为上升管系统各管段中工质的流动阻力,Pa,包

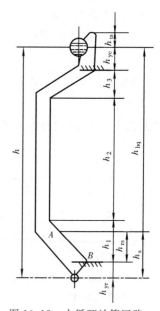

图 10.12 水循环计算回路

括各种摩擦阻力和局部阻力，单相流体按式(9.27)和式(9.35)计算，汽水混合物按式(9.29)和式(9.37)计算。

若上升管引入锅筒的蒸汽空间，则上升系统压差中应计入把汽水混合物提升到超过锅筒正常水位高度 h_{ts} 所需要的压差 Δp_{ts}：

$$\Delta p_{ts}=\rho_c g h_{ts}-\rho''g h_{ts}=(1-\phi_c)(\rho'-\rho'')g h_{ts} \tag{10.13}$$

式中：ϕ_c 为上升系统出口截面含汽率。

若上升系统出口有汽水分离器，则上升系统阻力中应加上分离器的阻力 Δp_{fl}：

$$\Delta p_{fl}=\zeta_{fl}\left(\frac{F_{ss}}{F_{fl}}\right)^2\frac{\rho'w_0^2}{2}\left[1+x_c\left(\frac{\rho'}{\rho''}-1\right)\right] \tag{10.14}$$

式中：F_{ss}/F_{fl} 为上升管流通截面积和分离器进口截面积之比；x_c 为上升管出口含汽率；ζ_{fl} 为分离器阻力系数，对于多台并联于联通箱的锅内旋风分离器为 3.5～4.0，单位式连接时为 3.0，导流式分离器为 2.0。

要计算上升管压差，首先必须要确定始沸点 A 的位置，亦即要确定加热水段高度 h_{rs}，这一高度主要取决于上升管始热点 B 的欠焓 Δi_{Bqh} 大小，这与下降管水的入口欠焓、受热或散热、带入蒸汽量、阻力以及重位压差等因素有关。

(1)下降管水的入口欠焓 Δi_{qh}

所谓欠焓就是将每 kg 水加热到饱和温度所需的热量，Δi_{qh} 也是锅筒中水的出口欠焓，当 Δi_{qh} 增大时，使始热点 B 的工质欠焓 Δi_{Bqh} 相应增加，则 h_{rs} 增加。Δi_{qh} 由锅筒的热量平衡确定，若忽略排污量，则有

$$\Delta i_{qh}=\frac{i'-i''_{sm}}{K} \tag{10.15}$$

若是沸腾式省煤器，或给水全部进入锅筒的蒸汽清洗装置，以及锅炉分段蒸发的盐段，则 $\Delta i_{qh}=0$。对部分给水通过蒸汽清洗装置，则认为蒸汽将清洗水层的水都加热到饱和水，Δi_{qh} 计算式为

$$\Delta i_{qh}=\frac{i'-i''_{sm}}{K}\frac{1-\eta_{qx}}{1+\eta_{qx}\dfrac{i'-i''_{sm}}{r}} \tag{10.16}$$

对分段蒸发的净段，Δi_{qh} 计算式为

$$\Delta i_{qh}=\frac{i'-i''_{sm}}{K}\frac{D}{D_{jd}} \tag{10.17}$$

以上三式中：i''_{sm}、i' 和 r 分别为省煤器出口水焓、锅筒压力下饱和水焓和汽化潜热，kJ/kg；η_{qx} 为清洗水量占给水量的份额；D、D_{jd} 分别为锅炉和净段的蒸发量，kg/s；K 为锅炉的循环倍率。

在计算锅筒中水的欠焓过程中，必须要用到锅炉的循环倍率 K，而 K 值是水循环的计算结果之一。对此，可按表 10.1 的推荐先假定一个 K，计算完后再校核。若假定值得到的 Δi_{qh} 值和用计算结果 K 得到的 Δi_{qh} 值，两者的绝对误差小于 12 kJ/kg，相对误差不超过 30%，认为计算完成；否则需重新假定 K 值重复计算，直至达到误差要求。表 10.1 推荐的 K 是额定负荷下的值，若需要校核低负荷(定压运行时)下水循环可靠性时，其循环倍率可按下式估取，即

$$K_d=\frac{K_e}{0.15+0.85\dfrac{D_d}{D_e}} \tag{10.18}$$

式中：D_d 及 D_e 为低负荷及额定负荷，t/h；K_d 及 K_e 为低负荷及额定负荷循环倍率。

(2)下降管的受热焓增或散热焓减 Δi_{xj}

下降管受热时的工质焓增使得始热点 B 的工质欠焓 Δi_{Bqh} 减小,则 h_{rs} 降低;散热时 B 点的工质欠焓 Δi_{Bqh} 增加,则 h_{rs} 升高。Δi_{xj} 计算式为

$$\Delta i_{xj} = Q_{xj}/G_{xj} \tag{10.19}$$

式中:Q_{xj} 为下降管的吸热量或散热量,kW;G_{xj} 为下降管中的水流量,kg/s。

(3)下降管的带汽焓增 Δi_{dq}

下降管带入的蒸汽随着下降流动将会冷凝放热,其潜热用于加热水,使管内工质的焓增加,则 B 点的工质欠焓 Δi_{Bqh} 减小,h_{rs} 降低。通常,只要锅炉结构设计合理,一般下降管带汽率很小,可以忽略不计。只有当采用分段蒸发时的盐段下降管,或上升管口与下降管口相距小于 $200\sim300$ mm,以及采用再循环管时才需考虑。根据国内的实践,我国电站锅炉水动力计算方法在 h_{rs} 的计算中忽略了此项,需要计算可参考有关文献资料。

(4)下降管的阻力 Δp_{xj} 和重位压差 $\rho g h_{hq}$

下降管的阻力 Δp_{xj} 增大,则 B 点的工质压力降低,相应的饱和温度减小,使得该点的欠焓 Δi_{Bqh} 减小,则 h_{rs} 降低;而下降管的重位压差 $\rho g h_{hq}$ 增大,则 B 点的工质压力提高,相应的饱和温度增加,使得该点的欠焓 Δi_{Bqh} 增加,则 h_{rs} 升高。根据图 10.12 所示结构,h_{hq} 值为

$$h_{hq} = h - h_s = h - h_{yr} - h_{rs} \tag{10.20}$$

考虑上述影响热水段高度的各种因素,在 h_{rs} 段列出热量平衡方程,其物理意义为,每 kg 工质到达始沸点 A 在炉内的吸热量等于始热点 B 的欠焓值 Δi_{Bqh},凡是使 B 点欠焓 Δi_{Bqh} 增加,h_{rs} 升高的因素取正号,反之则取负号。现假设 A 点处于上升系统的第一段 h_1,该段的吸热量为 Q_1 kW,循环流量为 G_0 kg/s。并考虑到一般回路的高度很大,而热水段的流动阻力所占比例相对很小,该段的流动阻力可以忽略。若整个回路的高度很低时,最好要把由下集箱进入上升管的局部阻力也算到下降管阻力 Δp_{xj} 中去。热量平衡方程为

$$\frac{Q_1 h_{rs}}{G_0 h_1} = \Delta i_{qh} \mp \Delta i_{xj} - \Delta i_{dq} + \left[\rho'g(h - h_{yr} - h_{rs}) - \Delta p_{xj}\right]\frac{\Delta i'}{\Delta p} \times 10^{-6} \quad \text{kJ/kg} \tag{10.21}$$

整理后得到

$$h_{rs} = \frac{\Delta i_{qh} \mp \Delta i_{xj} - \Delta i_{dq} + \rho'g\left(h - h_{yr} - \dfrac{\Delta p_{xj}}{\rho'g}\right)\dfrac{\Delta i'}{\Delta p} \times 10^{-6}}{\dfrac{Q_1}{G_0 h_1} + \rho'g\dfrac{\Delta i'}{\Delta p} \times 10^{-6}} \tag{10.22}$$

式中:下降管吸热取负号,散热取正号;下降管阻力 Δp_{xj} 的单位是 MPa;$\Delta i'/\Delta p$ 为每 MPa 压力变化时饱和水焓的变化量,kJ/(kg·MPa),计算时以锅筒压力为准,由水蒸气性质表确定;其他的参量见以上所述。

如果始热点 B 的水欠焓较大,始沸点 A 的位置可能上升到第二加热段 h_2,该段的吸热量为 Q_2 kW。用上述的类似方法可得

$$h_{rs} = h_1 + \frac{\Delta i_{qh} \mp \Delta i_{xj} - \Delta i_{dq} + \rho'g\left(h - h_{yr} - \dfrac{\Delta p_{xj}}{\rho'g}\right)\dfrac{\Delta i'}{\Delta p} \times 10^{-6} - \dfrac{Q_1}{G_0}}{\dfrac{Q_2}{G_0 h_2} + \rho'g\dfrac{\Delta i'}{\Delta p} \times 10^{-6}} \tag{10.23}$$

10.2.3 水动力计算方法和步骤

水动力计算的基本步骤如下。

①收集计算需要的原始数据,包括锅炉的热力计算和结构数据,合理划分回路和管屏区

段,并进行吸热量的分配。

②按表 10.1 推荐假设锅炉的循环倍率,计算出锅筒中水的欠焓值。

③对一个循环回路的上升管组,假设三个循环流量 G_0 或循环速度 w_0。

④计算下降管的重位压降 $\rho_{xj}gh$,以及按三个循环流量计算下降管的流动阻力 Δp_{xj},将二者相减得到三个下降管压差 S_{xj} 值,然后绘制下降管压差特性曲线。

⑤按三个循环流量计算:a. 加热水段高度 h_{rs},得到水段高度 h_s 和含汽区段高度 h_{hq};b. 上升管各管屏区段出口处的蒸汽流量,并算出相应的质量含汽率,以及各区段中的平均质量含汽率、容积含汽率、截面含汽率和平均密度;c. 上升管的重位压降 $\rho_{ss}gh$ 和流动阻力 Δp_{ss},二者相加求出三个上升管压差 S_{ss};绘制出上升管压差特性曲线。

⑥若是简单回路,上升管和下降管的两条曲线的交点即为回路工作点,得到工作点压差 S_0 和循环流量 G_0。

⑦若是复杂回路,按③～⑤条重复计算并绘制其他各循环回路的压差特性曲线,并按串联或并联原则对相关曲线进行合成,求出复杂回路的总工作点及各回路的工作点。

⑧合并各循环回路的循环流量和蒸发量,求出锅炉的循环倍率及锅筒水的欠焓,并校验它与原假设值的误差是否在容许范围内。如不符合则按前面②～⑧条重复计算。

⑨进行水循环可靠性校验并提出提高可靠性的措施。

10.3　自然水循环的可靠性

10.3.1　上升管内工质的流动停滞和倒流

锅炉炉膛内并联的上升管组,由于存在热负荷及结构特性的偏差,各上升管中的循环流量也不相同。在锅炉的自补偿范围内,吸热强的管中循环流量大,吸热弱的管中循环流量小。若热负荷偏差很大,则在吸热弱的管中,其循环流量可能很小,甚至发生停滞或倒流,影响锅炉工作的可靠性。

考察上升管组从锅筒的水空间引入时的情况。由于并联上升蒸发管组的各管均在同一工作点的压差 S_0 下工作,即 S_0 是一个常数,则各上升管的压差可表示为

$$\bar{\rho}_h gh \pm Z \frac{(\rho w)^2}{2}\bar{v}_h = S_0 \tag{10.24}$$

式中:Z 为结构特性参数,向上流动取正号,向下流动取负号。

从上式可以看出,若存在并联管的吸热不均匀性,在锅炉的自补偿能力范围内,当某管受热弱时,该管中工质的平均密度增大,其重位压降也增大;由于工作点 S_0 不变,则该管的流动阻力减小,即流量减小。当该管的重位压降刚好等于 S_0 时,则偏差管内工质的流速为零;当该管的重位压降大于 S_0 时,则工质的流动改变方向,成为受热的下降流动管。

1. 停滞

通常把上升管工质的进口流量 G 与出口蒸发量 D 相等,即循环倍率 $K=1$ 的情况称为流动停滞,简称停滞,此时的上升管压差称为停滞压差 S_{tz},如图 10.13 所示。在这种情况下,蒸汽泡靠其浮力穿过几乎静止的水而流入锅筒,属于浮泡流动,而直流锅炉中 $K=1$ 的情况是质量流速较大的强迫流动。发生停滞现象的本质是因为受热弱管子由于工质密度增大,与下降管构成的循环回路中两者的密

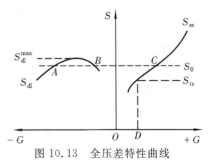

图 10.13　全压差特性曲线

度差减小,即流动动力减弱,导致该管的流量减小,所以发生循环停滞总是在受热弱的管子上。当回路的工作点压差 S_0 小于管子的停滞压差 S_{tz},就会发生停滞现象,反之则不会发生停滞。

压差特性曲线在流量 $G=0 \sim D$ 的区间为流动不稳定区域。因为流量极低时,产生的蒸汽在管内积聚,使平均密度急剧减小,重位压降减小而 S_0 不变,即循环动力增加,因此流量增加;而流量增加后含汽率又减小,平均密度大,重位压差增大而使流量又减小,这使得流量一直处于波动状态。

当上升管引入锅筒的蒸汽空间,循环停滞时将在受热弱的上升管中形成自由水面。自由水面以下为几乎静止的水柱,上部为蒸汽空间,在流量 $G=0 \sim D$ 的不稳定区域仍存在,表现为自由水面的上下波动。当管子受热强到管内形成的运动压头足以克服该上升管的阻力和下降管的阻力时,则汽水混合物将上升进入锅筒而使自由水面消除。

停滞和自由水面都不能保证管子的正常冷却,所以不允许发生。

2. 倒流

当受热上升管内的工质改变流动方向而向下流动时,称为倒流。对于在同样压差下工作的并联管组,有时某些管子处于倒流状态时也可能达到相同的压差。由此,对于任何一根受热管,其压差特性曲线不仅有向上流动(正流量)部分,也具有向下流动(负流量)的区间。通常把包括正流量和负流量的整个流量范围内的压差特性曲线称为全压差特性曲线。

产生循环倒流的原因亦是在受热弱的管子中,流动动力减弱到不能克服循环流动阻力所致。分析倒流时的压差特性曲线时,在式(10.24)中取负号,并用倒流压差 S_{dl} 取代工作点压差 S_0。可以看出,随着循环流量的增加,重位压头和流动阻力均增加,S_{dl} 有可能增大或减小。计算表明,当热负荷、压力以及几何尺寸一定时,倒流压差特性曲线为有极大值的二次曲线。在倒流流量较小的范围内,重位压头随倒流流量的增大超过了流动阻力的增加,则 S_{dl} 持续增加至极大值,即最大倒流压差 S_{dl}^{max} 处;其后,随着倒流流量的继续增大,重位压头增大小于流动阻力的增加,因而 S_{dl} 一路递减,如图 10.13 所示。显然,回路或管屏的工作点压差 S_0 大于该管的最大倒流压差 S_{dl}^{max},则不会发生倒流现象。

若 $S_0 < S_{dl}^{max}$,由图示可见,在同一压差 S_0 下,该管有三个工作点 A、B 和 C,即可能有三种工作状态。这表明当回路的流量出现扰动时,该管的工作点可能会在这三个点之间跳动,使得流量忽大忽小以至于工质流动方向发生变化,导致流动出现不稳定或不可靠。实际上,B 点处于不稳定的工作状态,若在微小扰动下使倒流流量减小时,该管的密度相应减小,则循环动力增大,促使流动向上升方向转变,直至流量到达 C 点才稳定下来;反之,若倒流流量增大时,该管的密度也增大,则循环动力减小,使得倒流流量继续增大,直至到达 A 点流量才稳定下来。因此,B 点是不稳定的,而 A 点和 C 点的工作状态相对稳定,只有在较大的流量扰动时,工作点才会在 A 点和 C 点之间跳动。若 C 点的倒流流量大到足以顺利地带走汽泡,则流动仍然可以看作是可靠的。根据国内电站锅炉的实践,由于发生倒流时管内带汽,使该管的压差降低,将阻止倒流的发生。如果倒流的话,其工作点一般都在 A 点,倒流速度较大,不致发生危险。目前,我国在锅炉设计中,仍要对倒流进行校核,以避免这种现象的出现。

由于在同样流量下,受热最弱的管子中汽水混合物的平均密度最大,则倒流压差 S_{dl} 最大,因此最大倒流压差 S_{dl}^{max} 也最高,它也最先大于或等于回路工作点 S_0。所以受热最弱的那根管子最先可能发生循环倒流。

显然,当上升管是接入锅筒的汽空间则不可能发生倒流现象,故此时全特性曲线没有负流量的部分。

10.3.2 循环可靠性校验

1. 水循环可靠性指标

自然循环锅炉中,正常的水循环特性是上升管吸热量变化时,循环流量能够一直保持较高的数值;且当吸热量增大时,流速也增加,工作状态处于锅炉的自补偿能力范围之内。

自然水循环可靠性指标是保证所有的水冷壁管子都具有足够流量且得到正常和充分的冷却。凡是各种使得水冷壁管不能得到正常冷却的条件都有可能引起水循环的不稳定或不可靠的,主要有以下几种。

①循环停滞或自由水面,即上升蒸发管屏中受热弱的管子内,水与蒸汽缓慢地流动。发生流动停滞时,在停滞管的弯头、焊缝等处易于积聚汽泡,倾斜管段上可能形成汽水分层,管壁上由于水的不断蒸发使得该管炉水含盐浓度增大而可能沉积水垢。当形成自由水面时,管子上部空间由于与蒸汽相接触,其冷却条件更差而更易过热烧坏,且管壁温度随着不稳定的水位波动可能产生热疲劳损坏。因此,不允许发生循环停滞,形成自由水位,发生汽水分层等现象。

②循环倒流,即受热管中的工质向下流动。倒流并不是导致水冷壁管冷却不良而发生故障的必然条件,这主要取决于工质的流速。当向下流动的速度大到能够顺利带走汽泡时,管子的工作仍然是可靠的。但若发生低速倒流,汽泡易在弯头或水平段滞留而造成管子损坏。目前对低速倒流问题尚未彻底弄清,为了水循环的安全,在我国的水动力计算方法中规定不允许发生水循环倒流现象。

③下降管内的工质带汽或汽化,使循环动力下降、减弱,直至破坏。

④超高压以上锅炉,随着蒸发受热面热负荷和质量含汽率的提高,若循环流量过低,即循环倍率过小,有可能出现沸腾传热恶化,应当校核受热强管的循环倍率是否过小。

⑤锅炉的水质成分不合格,含盐量过高。这会在管壁上形成水垢或沉积水渣,使得管壁温度升高而破坏,因此须保证合格的水质工况。此外,循环倍率或流速过低,水中含盐量因蒸发浓缩也可能在上升管出口附近形成水垢,或使水渣沉积在水平或微倾斜管处。通常希望循环流速大于 0.2 m/s。

我国水动力计算方法中对可能的受热最弱管进行循环停滞和倒流的校验。

2. 停滞压差校验

(1)不发生停滞的条件:

$$\frac{S_0}{S_{tz}} \geqslant 1.05 \tag{10.25}$$

(2)不发生自由水面的条件:

$$\frac{S_0}{(S_{tz} + \Delta p_{ts})} \geqslant 1.05 \tag{10.26}$$

式中:S_0 为回路工作点压差,按前述方法计算;Δp_{ts} 为提升压差,按式(10.13)计算;1.05 是考虑计算可能存在的不确定性而增加 5% 的安全裕度系数;S_{tz} 为受热弱管的停滞压差,按下述方法计算。

停滞压差只能用间接模拟的试验方法确定。忽略停滞时的流动阻力和加速压降,上升管的停滞压差 S_{tz} 计算式为

$$S_{tz} = \rho' g h_{rq} + \sum_{i=1}^{n} \left[(1 - K_{\alpha i} \phi_{tzi}) \rho' + K_{\alpha i} \phi_{tzi} \rho'' \right] g h_i + \left[(1 - \phi'_{tz}) \rho' + \phi'_{tz} \rho'' \right] g h_{rh} \quad \text{Pa}$$

$$(10.27)$$

式中：h_{rq} 及 h_{rh} 为受热前段及受热后段的高度，m；$K_{\alpha i}$ 为受热弱管第 i 段管子倾斜修正系数；ϕ_{tzi} 及 ϕ'_{tz} 为受热弱管第 i 段及不受热部分停滞截面含汽率，计算式为

$$\phi_{tzi} = \frac{w''_0}{A w''_0 + B} \quad (10.28)$$

$$\phi'_{tz} = \frac{w''_0}{0.95 w''_0 + B} \quad (10.29)$$

式中：w''_0 为受热弱管子中的蒸汽平均折算速度，m/s；系数 A、B 按表 10.2 选取。

表 10.2 系数 A 及 B

工作压力 p/MPa	A	B	有效范围 w''_0/(m·s^{-1})	工作压力 p/MPa	A	B	有效范围 w''_0/(m·s^{-1})
1.0	0.965	0.661	<10	10.0	1.086	0.246	<10
1.3	0.970	0.647	<10	11.0	1.100	0.209	<10
2.0	0.984	0.612	<10	12.0	1.113	0.180	<10
3.0	0.992	0.544	<10	14.0	1.135	0.127	<10
4.0	0.999	0.476	<10	16.0	1.182	0.095	<4.45
6.0	1.019	0.385	<10	18.0	1.217	0.091	<3
8.0	1.071	0.306	<10	20.0	1.290	0.082	<3

注：1. 有效范围适用式(10.28)；

2. 式(10.29)中若算出 $\phi'_{tz} > 1$ 时，取 $\phi'_{tz} = 1$。

3. 最大倒流压差校验

不发生倒流的条件：

$$\frac{S_0}{S_{dl}^{max}} \geqslant 1.05 \quad (10.30)$$

式中：S_0 为回路工作点压差；S_{dl}^{max} 为受热弱管的最大倒流压差，按下述方法计算。

在计算 S_{dl}^{max} 的过程中，为了能适用于各种结构，引入倒流比压差的概念，即单位高度上的倒流压差值 S_{dl}^{b}，可由高度 h 除式(10.24)的两边得到

$$S_{dl}^{b} = \bar{\rho}_h g - Z \frac{(\rho w)^2}{2} \bar{v}_h \quad \text{Pa} \quad (10.31)$$

式中：$Z = (\sum \xi + \lambda l / d) / h$ 为单位高度的阻力系数，1/m。

S_{dl}^{max} 的计算，原则上可以对式(10.31)中的 ρw 求导，得到该式一阶导数等于零时的 ρw 值，则可求出最大倒流比压差。由于式(10.31)过于繁杂，需用计算机求解。这里只给出线算图线计算方法，如图 10.14 所示，此图的使用方法为：①按受热弱管的蒸汽折算速度 w''_{0min} 及压力 p 由图(a)求得倒流有效比压头 S_0；②按 w''_{0min} 及 Z 值由图(b)求得阻力系数修正系数 C_z；③按 w''_{0min} 及 d 由图(c)求出管径修正系数 C_d；④计算有效比压头 $S = S_0 C_z C_d$；⑤按 S 及 p 由图(d)求出倒流比压差 S_{dl}^{b}；⑥最大倒流压差 $S_{dl}^{max} = S_{dl}^{b} h$。

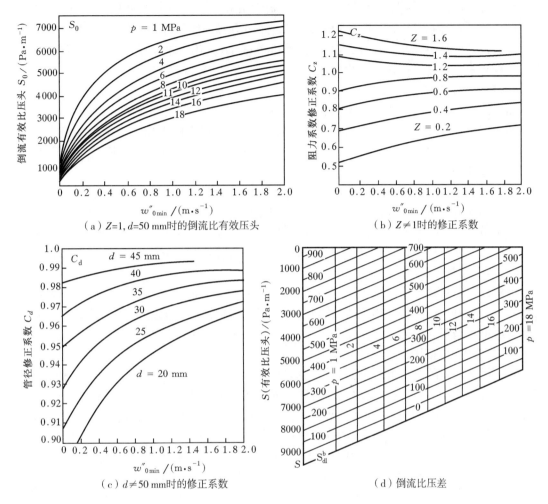

（a）$Z=1$，$d=50$ mm时的倒流比有效压头

（b）$Z \neq 1$时的修正系数

（c）$d \neq 50$ mm时的修正系数

（d）倒流比压差

图 10.14　决定倒流比压差的线算图

10.3.3　水循环可靠性分析

从循环可靠性指标可知，有许多影响循环可靠性的因素，下面对影响循环发生停滞、自由水面以及倒流的因素进行讨论，并提出提高循环可靠性的措施。

1. 循环可靠性的影响因素

循环的可靠性取决于回路工作点压差 S_0，因此，凡是使 S_0 降低及使受热弱管子的工作点接近其停滞压差或最大倒流压差的因素都会降低水循环的可靠性。

（1）压力的影响

压力对循环特性的影响如图 10.15，图中 S_1 和 S_2 分别为高压和低压时的压差曲线。从式（10.24）及水与水蒸气的性质分析可知，在低压时，重位压差小而流动阻力大，其倒流的压差低，停滞倒流容易发生，如图 S_2 工作在 S_0' 下，B 点可能已经在停滞区，但没

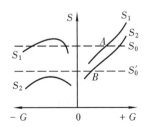

图 10.15　压力及热负荷对循环可靠性的影响

有发生倒流。随着压力的提高,重位压差增大而流动阻力减小,在正流量区压差的变化非常有限(图中为示意将压差拉开);而倒流压差增大较多,与低压压差曲线间的差距较大,则倒流较易发生。

随着锅炉的压力提高,由于汽水之间的密度差减小,循环倍率和循环流速均下降,且循环倍率的变化幅度比循环流速的变化幅度大。

(2)热负荷的影响

图 10.15 也能反映热负荷不均匀性对特性曲线的影响。由于存在热负荷的不均匀性,工作在同一回路工作点 S_0 下,受热最弱管中工质流量最小,该管的工作点最接近停滞压差或最大倒流压差,最易发生停滞、自由水位或倒流。如图中受热弱管的曲线 S_1 比受热强管曲线 S_2 的工作可靠性要差。

图中反映的另一问题是热负荷高低对循环特性的影响,其中 S_1 与 S_2 分别为低负荷与高负荷时受热弱管的特性曲线。在高热负荷时,倒流曲线比较平缓,甚至没有最高点,因此停滞比倒流更易发生。当热负荷降低时,重位压差增加而流动阻力减小,使得压差曲线向上移,向上流动的压差变化较小;而负流量区压差增加很快,且曲线的弯曲较大,倒流压头可能比停滞压头大,即倒流较易发生。

沿管组宽度受热不均匀时,受热弱管循环流速减小而循环倍率增加。锅炉的压力和结构尺寸不变,当锅炉负荷增大(热负荷增加)时,循环倍率降低而循环速度增大。此时循环倍率的变化幅度也比循环速度的变化幅度大。

(3)回路阻力的影响

整个循环回路的流动阻力主要包括三部分:下降管的阻力、水冷壁的阻力及汽水引出管道阻力。在自然循环锅炉中,管内的流量由回路的密度差所确定。当密度差增大时,由于回路的循环动力增加,使得管内的流量相应增加,此时虽然流动阻力也增加,但是提高了循环的可靠性,对循环是有利的。而由于回路结构特性的原因,如管径、管长及各种阻力系数等因素使得回路的阻力增大,这就要求回路有足够的循环动力才能保证循环的可靠性,否则回路中的流量将会减少,降低了循环的可靠性,对循环是不利的。因此,这里的阻力是指回路的结构特性尺寸。

下降管阻力对回路工作点的影响如图 10.16 所示。下降管阻力的增大,其压差特性曲线降低,若上升管热负荷和结构不变,则回路工作点的压差 S_0 下移到 S_0',流量从 G_0 减小到 G'。这使得受热弱管流量更小,更易发生停滞、倒流等现象。

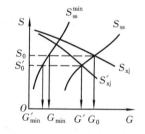

图 10.16 下降管阻力对回路工作点的影响

图 10.17 是水冷壁系统的阻力对压差特性曲线的影响。在并联受热弱的管子阻力增加,该管的压差也增大,曲线上移至 $S_{ss}^{min'}$,若回路的工作点 S_0 不变,受热弱管子的流量进一步减小;如果受热弱管子阻力不变而增加回路的阻力,回路的压差增大,曲线 S_{ss} 上移至 S_{ss}'',回路工作点压头从 S_0 提高到 S_0'',则回路流量减小,而受热弱管子中的流量反而增加,提高了受热弱管子的可靠性。这实际上是增加了受热强管阻力的结果,使得受热强管的流量减小,出口含汽率增大,回路循环倍率下降。

水冷壁管组通常进入上集箱,再用流通截面较大的几根汽水引出管引到锅筒中。由于汽水引出管流通截面小、流速大且含汽率

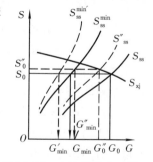

图 10.17 水冷壁阻力对循环可靠性的影响

高,因此流动阻力很大,引出管压差 S'_{yc} 随流量增大而递增幅度很快,使得总回路压差特性曲线 S'_{ss} 很陡,对水循环可靠性有很大影响。此时的循环特性曲线如图10.18所示。当汽水引出管阻力增加很大时,其压差曲线由 S_{yc} 快速增至 S'_{yc},回路曲线由 S_{ss} 增至 S'_{ss},回路工作点和受热弱管的流量均减少很多。若此时的下降管阻力也很大,将使图中的回路工作点和受热弱管中的流量达到最小值。

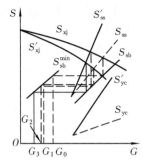

图 10.18　汽水引出管阻力对
循环可靠性的影响

（4）下降管含有蒸汽的影响

由式(10.10)分析可知,下降管中如果含有蒸汽,会使管中工质密度减小,重位压头大为下降,循环回路的运动压头降低;此外,下降管中的工质因变成两相流动而阻力增大。这两方面的原因使得下降管特性曲线及回路的工作点大为降低,因而对水循环不利。当下降管内水速较小时,由于下降的水不易带走蒸汽泡,故下降管含汽的危害性较大。下降管出现蒸汽的原因有以下四个方面。

①进入下降管的水发生自汽化。锅筒水进入下降管时,如果锅筒中水的过冷度不大,由于入口的局部阻力,以及在流动方向上的动压头增加,使下降管入口处的静压力降低,从而使进水引起自汽化,或称自蒸发。此外,当锅炉的压力下降时在下降管中也会发生水的自汽化现象。

②锅筒水空间的蒸汽被直接带入下降管。水空间的含汽来自两个方面:当上升管的汽水混合物引入锅筒水空间时,导致水空间中含有大量的汽泡;当锅筒内水位发生波动或汽流撞击水面时,也可能使汽空间的蒸汽进入水空间中。这些水空间的蒸汽被水流直接带入下降管中。进入下降管的水速增大,上升管口和下降管口的距离缩小,锅炉压力增高,汽水分离装置效率降低等都会增加带入下降管的蒸汽量。

③旋涡斗将蒸汽吸入下降管中。当锅筒水位面降低到一定高度时,可能在下降管入口处形成旋涡斗,此时锅筒水面上的蒸汽由于与水之间存在摩擦力,将随进入下降管的水流被带入下降管中。旋涡斗的形成原因是水进入下降管时的初始条件和边界条件的不对称性。在实际设备中,无论是水由平静的水空间四面对称地流入下降管,还是从一个方向沿锅筒截面流向下降管,都存在流动的不稳定性,而要做到边界条件绝对对称更是困难,故通常都可观察到有旋涡斗形成的现象,但形成旋涡斗时的水位高度有所差别。旋涡斗只有在水位降低到一定程度后才会出现,而高于某一临界水位高度时则不会形成,这在日常生活中也可以观察到。试验表明,水流从一个方向进入下降管的临界高度可能比由四面对称流入时高好几倍。

④下降管受热产生蒸汽。在现代锅炉中,下降管一般不受热,仅在省煤器受热面不大的低压或中压锅炉中,才采用受热的下降管。下降管受热程度与锅水的欠焓有关。若锅水欠焓很大,且循环回路高度不大时,下降管受热可使上升管的加热段高度减小,含汽段高度增加,对水循环反而是有利的,还可以缩小锅炉的尺寸和节省金属。但是受热太强而产生蒸汽则不利于正常的水循环。

2. 提高水循环可靠性的措施

根据上述原理及分析,产生循环不可靠主要是由于并联上升管的受热不均匀和循环回路结构缺陷。

为了提高水循环回路的可靠性,应该做到以下几点。

（1）保证受热弱管工作的可靠性　设计时必须保证受热弱管的工作点压差大于停滞、自由水面及最大倒流压差,满足式(10.25)、式(10.26)及式(10.30)的要求。

（2）根据热负荷的强弱划分循环回路　在设计回路时应将水冷壁分成若干管组,尽可能使同一回路各上升管的受热状况与结构特性相同。最好是将各循环回路设计成简单回路,或将炉膛四角的一些受热弱的管子划成单独的组件。显然,沿炉膛宽度管屏的分组数越多,吸热不均匀程度越小,但会增加结构的复杂性。

(3)减小循环回路的流动阻力　下降管的阻力大小由流通截面和阻力系数所决定。采用增大下降管的流通面积,尽量使用大直径和形状简单的下降管,减少弯头等措施以减小下降管的阻力,可以提高循环的可靠性。初步设计时,按由经验得到的表 10.3 来选取下降管与上升管的截面比是合适的。

表 10.3　下降管与上升管、汽水引出管与上升管的截面比

锅筒压力/MPa		4～6	10～12	14～16	17～19
锅炉蒸发量/(t·h⁻¹)		35～240	160～420	400～670	≥800
截面比	集中下降管 F_{xj}/F_{ss}	0.2～0.3	0.3～0.4	0.4～0.5	0.5～0.6
	分散下降管 F_{xj}/F_{ss}	0.2～0.35	0.35～0.45	0.5～0.6	0.6～0.7
	汽水引出管 F_{yc}/F_{ss}	0.35～0.45	0.4～0.5	0.5～0.7	0.6～0.8

上升管组各管的阻力不同主要是由并联管子结构不同所引起。当管子绕过燃烧器、人孔、看火孔等时会增加该管的阻力,故受热弱的管子不宜有更多的弯头,也不宜过长。

低压力时的回路循环倍率很大,可用增加受热强管阻力的方法以提高受热弱管子的流量,简单的方法就是在上升管入口处加装节流圈,这可以防止倒流。同时还由于回路循环倍率的降低,减轻了汽水混合物进入锅筒时的扰动。当整个回路的循环倍率已经很小时,则不利于受热强的管子。

上升管尽量不用中间集箱连接而直接进入锅筒以减少阻力。适当减小上升管径将使出口含汽率增大,循环动力增加,虽然流动阻力也增大,但在大部分情况下仍使总循环流量增大,只要循环倍率大于界限循环倍率,就可以改善循环特性。

增大汽水引出管的流通截面以减小其流动阻力,也可以提高循环可靠性。由于引出管中汽水混合物的流速较大,因此它的影响比下降管还显著。若同时增加下降管和引出管截面积,则效果会好得多。选用引出管的管径应大于上升管,合理的汽水引出管和上升管的截面比按表 10.3 选取。

(4)防止下降管带汽　在校验下降管的工作可靠性时,一般按不出现蒸汽的条件来考虑。为防止进口自汽化,除了降低下降管水速,减少动压及局部阻力损失外,在下降管进口之上必须保证一定的水位高度 h,使其重位压头超过入口的动压与局部阻力之和,则入口的静压大于锅筒内的静压。由伯努利方程可以得到满足不会发生自汽化的条件为

$$h > 0.75 \frac{w_{xj}^2}{g} - \frac{\Delta i_{gh}}{\rho' g - \frac{\partial i'}{\partial p}} \quad \text{m} \tag{10.32}$$

式中:Δi_{qh} 为锅水欠焓,若锅水达到饱和,则 $\Delta i_{qh}=0$;i' 为锅筒压力下饱和水的焓。

为了避免蒸汽直接进入下降管,下降管的入口应低于上升管出口,通常希望二者间的距离大于 250 mm,否则两管口之间必须加装隔板。汽水分离装置的形式对下降管带汽也有很大影响,锅内旋风分离器是较好的设备,可以减少锅筒中水空间的含汽量,同时还可以减小水面的波浪和撞击等。

为了防止形成旋涡斗,水最好是四面对称地进入下降管,且下降管尽可能安装在锅筒的最低部,使管口上有最大水位高度。当基本静止的锅水因重力作用进入下降管时,其进口截面上的水位高度应大于 4 倍下降管的内径。如果锅水在锅筒内还存在水平方向的流动,则不出

现旋涡斗的水位高度除和下降管径有关外,还与下降管中的流速及锅筒中水的水平方向流速有关,可查阅有关资料。当水位高度不能满足要求时,常在下降管的上方或管口内部加装栅格板或十字架,以破坏旋涡斗的形成。常见的结构如图 10.19 所示。

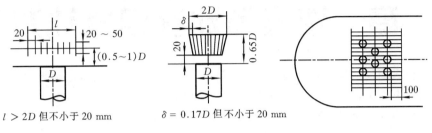

（a）单管直片形　　　　　　（b）单管扇形　　　　（c）成组下降管上方装设的直片形

图 10.19　下降管防止旋涡斗的栅格板装置

通常只在中压以下才有可能安全地采用受热下降管。受热的下降管一般放在烟温小于 600 ℃的区域内,其受热面热负荷为 2.5~6 kW/m^2。下降管中水受热不汽化的条件为

$$m\Delta i_{qh}+\frac{\partial i'}{\partial p}\rho'g\left[h_{xj}-\frac{\Delta p_{xj}}{\rho'g}\right]\times 10^{-6}>\eta_{rk}^{max}\Delta i_{xj}\quad kJ/kg \tag{10.33}$$

式中：m 为给水和锅水混合不均匀系数,给水沿锅筒长度由多孔管均匀配水时,$m=0.75$;在锅筒内个别位置上用开口管子给水时,$m=0.5$;$\partial i'/\partial p$ 为每 MPa 压力变化时饱和水焓的变化量,kJ/(kg·MPa);η_{rk}^{max} 为沿宽度最大热负荷不均匀系数,对于锅炉管束,$\eta_{rk}^{max}=1.2~1.3$;Δi_{xj} 为每 kg 水在下降管中的吸热量,kJ/kg。

（5）几点注意事项　受热上升管不采用无绝热的水平管及水平倾角不大于 15°的倾斜管,避免出现汽水分层现象。

链条炉排的水冷壁下集箱作为防焦箱时,应从防焦箱顶部引出,且管端不应伸入防焦箱内。配水管应从防焦箱端部引入,以免防焦箱受热段内出现无水流动的死角。

采用集中下降管时,同一下降管连接的回路数目不宜过多,最好不超过 6 个,以免回路过于复杂,对循环不利。

 复习思考题

1. 如何建立自然循环锅炉的水动力基本方程,分为几种形式?
2. 作图说明热负荷变化对上升管压差特性曲线及回路工作点的影响。
3. 自然循环锅炉的自补偿能力是如何形成的?
4. 简述自然循环锅炉的水动力计算方法和步骤。
5. 如何用图解法确定复杂回路总工作点和各管屏的工作点?
6. 试述影响上升管热水段高度的因素及其影响作用。
7. 讨论自然循环锅炉中为什么会出现循环停滞、自由水位及倒流。
8. 自然水循环的可靠性指标有哪些,对水循环有何影响?
9. 分析讨论影响自然循环回路中出现停滞、倒流的主要因素及其对水循环可靠性的影响。
10. 简述提高自然循环可靠性的主要措施。

第11章 强迫流动锅炉水动力特性

强迫流动锅炉包括强制循环锅炉和直流锅炉。强迫流动锅炉的特点是所有受热面中工质的流动阻力都由水泵来克服。强制循环锅炉的循环倍率 K 为 $1.5\sim8$，一般为 4 左右，即蒸发受热面出口处的蒸汽含量（干度）$x=0.25$。$K=1.5$ 左右的强制循环锅炉，又称为低循环倍率强制循环锅炉。可以认为直流锅炉的循环倍率为 1。

前已指出，在一定的热负荷及结构特性条件下，管内工质的流量 G（或质量流速 ρw）与压差 Δp 的关系称为水动力特性（或压差特性），在平面坐标图上表示此关系的曲线称为水动力特性曲线。由于强迫流动锅炉中，工质流经蒸发受热面时将转变成为汽水两相混合物，使得水动力特性与管内工质全部为单相水时有很大差别。本章重点阐述水平及垂直蒸发管的水动力特性、水动力特性多值性产生的原因、影响因素及防止措施、蒸发管内工质脉动及其产生的原因、影响因素及预防措施、不发生脉动的稳定性条件等。

11.1 直流锅炉蒸发管的水动力特性

直流锅炉的水冷壁中，工质一次性通过，进口是具有欠焓的过冷水，出口为含汽率很高的汽水混合物，甚至可能是过热蒸汽。因此，直流锅炉的蒸发受热面中工质的状态（比容或密度）变化非常剧烈，从而影响工作时水动力的稳定性。

11.1.1 水平蒸发管的水动力特性

1. 水平蒸发管的水动力特性多值性

任何一蒸发管进、出口之间的总压差 Δp 由流动阻力 Δp_{lz}、重位压差 Δp_{zw} 和加速压降 Δp_{js} 等三项组成，即

$$\Delta p=\Delta p_{lz}+\Delta p_{zw}+\Delta p_{js} \tag{11.1}$$

对于水平蒸发管或高度变化远小于长度的倾斜蒸发管，例如水平围绕上升蒸发管的管长可达数百米且弯头多，管长远大于围绕上升高度，因而重位压差仅占流动阻力的 $0.02\%\sim2\%$，加速阻力也只有总压降的 3% 左右，重位压差和加速压降可以忽略不计，总压降全部由流动阻力所组成。

由流动阻力的一般表达式（10.6）可得

$$\Delta p=\Delta p_{lz}=ZG^2\bar{v} \tag{11.2}$$

式中：结构特性系数 $Z=(\lambda l/d_n+\sum\zeta_{jb})/2f^2$。

由上式可以看出，当受热管的热负荷与结构特性不变时，Δp 与 $G^2\bar{v}$ 成正比，即流动阻力不仅与工质的流量 G 有关，还与流体的平均比容 $\bar{v}$ 有关。对于同时存在加热水段和蒸发段的蒸发管，随着流量的增加，汽水混合物的平均比容减小，因此 Δp 随流量的变化具有不确定性，主要取决于流量增加和比容减小这两者变化中的大者。

考察图 11.1 所示的水平蒸发管示意图。图中水平蒸发管的整个管长可分为两段：一段为加热段，将进口过冷水加热到饱和水，其长度是 l_{jr}；另一段为蒸发段，将饱和水加热到出口具有一定含汽率的汽水混合物，其长度是 $l_{zf}=l-l_{jr}$，总管长度为 l。该管进、出口的焓值和比容分别为 i_j、i_c 和 v_j、v_c，出口干度为 x_c。

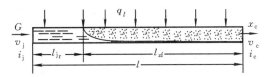

图 11.1　强迫流动水平蒸发管示意图

为了方便分析水平蒸发管的水动力特性，考虑到的直流锅炉流动阻力中的局部阻力与摩擦阻力相比是比较小的，可以略去。并假设：①该管沿管长每 m 热负荷 q_l 均匀且保持不变；②对两相流体采用均相流模型，不考虑相对速度，即两相流体摩擦阻力修正系数 $\psi=1$；③加热段的平均比容取饱和水比容 v'。因此蒸发管的总压差只有摩擦阻力，并由加热段阻力公式（9.27）与蒸发段阻力公式（9.29）共同组成，即

$$\Delta p = \lambda \frac{l_{jr}}{d_n} \frac{G^2}{2f^2} v' + \lambda \frac{(l-l_{jr})}{d_n} \frac{G^2}{2f^2} v' \left[1 + \frac{x_c}{2}\left(\frac{v''}{v'}-1\right)\right] \tag{11.3}$$

设进入管子的水的欠焓为 Δi_{qh}，由热量平衡得到加热段的长度为

$$l_{jr} = \frac{(i'-i_j)G}{q_l} = \frac{\Delta i_{qh}G}{q_l} \tag{11.4}$$

设水的汽化潜热为 r，水平蒸发管的出口含汽率为

$$x_c = \frac{q_l(l-l_{jr})}{rG} \tag{11.5}$$

以上三式各参数的单位为：l、l_{jr}、d_n，m；f，m^2；G，kg/s；v'、v''，m^3/kg；Δi_{qh}、r，kJ/kg；q_l，kW/m。

将式（11.4）及式（11.5）代入式（11.3），整理可得

$$\Delta p = AG^3 - BG^2 + CG \quad \text{Pa} \tag{11.6}$$

式中的系数为

$$A = \frac{\lambda(v''-v')\Delta i_{qh}^2}{4f^2 d_n q_l r} \tag{11.7}$$

$$B = \frac{\lambda l}{2f^2 d_n}\left[\frac{\Delta i_{qh}}{r}(v''-v') - v'\right] \tag{11.8}$$

$$C = \frac{\lambda(v''-v')l^2 q_l}{4f^2 d_n r} \tag{11.9}$$

式（11.6）表明，对于强迫流动的水平蒸发管，当热负荷一定时，其水动力特性曲线是一条三次曲线，如图 11.2 所示。该曲线在同一工作压差 Δp_0 下可能有三种不同的流量，具有流量的多值性。当管子受到外界干扰时，管内的流量非周期性地出现时大时小的波动，导致并联管组中各蒸发管产生流量偏差和热偏差，影响运行的安全性。这就是水动力特性的多值性，也称为水动力特性的不稳定性。

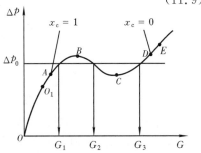

图 11.2　水平蒸发管水动力特性曲线

2. 水平蒸发管发生水动力特性多值性的原因

考察图 11.2 中的水动力特性曲线。该曲线的 O_1—B 段是正斜率,即随着流量的增加,压差 Δp 总是增加的,此时工质流量 G 的增加大于平均比容 $\overline{v}$ 的下降,流量的影响占主导地位。在工质流量较小,管子出口为过热蒸汽的 O_1—A 段,由于管内充满蒸汽,$\overline{v}$ 随流量的变化很小,Δp 曲线上升较陡;在随后的 A—B 段中,管内蒸汽量随 G 的增大、蒸发段长度的减少而下降,平均比容 $\overline{v}$ 减小的速度加快,Δp 曲线的斜率逐渐减小,上升趋势变缓。

在 B 点以后,由于流量已经很大而蒸汽量相当小,管内平均质量含汽率 $\overline{x}$ 约为 0.25。此时随着 G 的增加,$\overline{x}$ 的进一步减小,使得管内的容积含汽率急剧减小,从而导致 $\overline{v}$ 的急剧下降,比容的影响占了主导地位,则 Δp 曲线开始下降,直至 C 点。此后,由于管内几乎全部是水,流量的增加对比容已无多大影响,Δp 曲线又随流量的增加而增加。

图 11.3 表明沿受热不变的管子长度,工质的动压头(即流动阻力)的变化情况。图中曲线 5、6 对应图 11.2 中流量大于 D 点的情况,即受热管中为单相水时,由于工质比容不变,动压头为常数,且随流量增大而增加。随着进水流量从小到大,加热段长度减小而动压头增加,蒸发段长度增加,但工质的动压头是先随流量的提高而显著增大,后又因汽水混合物的比容急剧减小而降低。可见,影响动压头具有不同变化规律的主要原因是汽水混合物的比容变化。将代表不同流量的各条曲线沿管长的动压头叠加后,就形成图 11.2 中具有两个极值的三次曲线。

综合上述分析可知,当热负荷一定时,由于蒸发管内同时存在加热水段和蒸发段,水和蒸汽的比容差别极大,使得工质的平均比容随流量的变化而急剧变化,从而产生了水动力特性的多值性。如果受热管内全部是单相热水或汽水混合物,则不会出现多值性。但在直流锅炉蒸发受热面的进口工质肯定是未饱和水,否则可能引起各管圈中工质流量分配不均匀问题,因此设计中必须考虑如何防止多值性的出现。

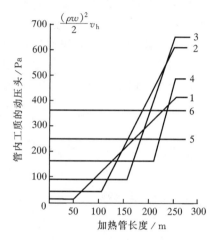

图 11.3　沿蒸发管长工质动压头
随不同流量的变化曲线
(曲线 1~6 分别对应工质流量 1~6 t/h)

11.1.2　多值性的影响因素及其防止措施

1. 影响水平蒸发管水动力多值性的因素

通过对式(11.6)中三个系数 A、B、C 的分析可知,影响水平蒸发管水动力特性稳定性与四个因素有关:压力、进口工质欠焓、加热水段的结构特性以及热负荷。

(1)压力对水动力特性多值性的影响

图 11.4 示出了压力对水平蒸发管的水动力特性多值性的影响。当入口水的欠焓和热负荷一定时,低压工况的水动力特性曲线明显存在多值性。随着压力的增高,水动力特

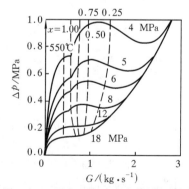

图 11.4　压力对水动力多值性的影响
(管长 $l=300$ m;管子外直径
×壁厚$=44.5$ mm×5 mm;进
口水焓 $i_j=628$ kJ/kg;管子总
吸热量 $Q=1256$ kW)

性曲线的稳定性增强,其不稳定区趋于平缓,曲线可能出现拐点,而极值点消失。在亚临界压力 17 MPa 以上的锅炉水平蒸发管中,一般不会产生水动力特性的多值性,除非入口水的欠焓特别大。这是因为随着压力增高,饱和水和蒸汽的物性接近,两者的比容差值减小,当 G 变化时,工质的 $\bar{v}$ 变化减小,则水动力特性趋向稳定。

超临界压力直流锅炉中,吸热后的单相工质存在一个物性剧烈变化的大比热区,其比容变化相当大,也可能产生水动力特性多值性现象,尤其在管子入口水的欠焓过大时。为了保证水动力特性的单值性,设计中必须保证锅炉在启动负荷时的管内质量流速 $\rho w > 600$ kg/(m² · s)。

(2)进口水的欠焓对水动力特性多值性的影响

图 11.5 示出了蒸发管入口水的欠焓对水动力多值性的影响。水平蒸发管进口工质为饱和水,即入口欠焓为零时,式(11.6)中系数 A 也为零。此时水动力特性曲线变为二次曲线,在 $G > 0$ 的区间,压差 $\Delta p > 0$ 且单调增加,即水动力特性的多值性消失。随着水的入口欠焓增加,二次曲线向三次曲线转变,逐渐出现拐点和极值点。因此,进口水的欠焓愈小,水动力特性曲线愈趋于稳定。这是因为当热负荷一定时,欠焓减小,蒸发段增长,蒸汽产量增加,使得随着 G 的增加工质的 $\bar{v}$ 减小不剧烈,则压差 Δp 趋向单值性增加。

(3)加热水段结构特性对水动力特性多值性的影响

加热水段的结构变化影响该段的阻力特性。增大加热段的阻力可以减小水动力特性的多值性。因为加热段阻力随流量增加是一单调升的曲线,增大该段的阻力既增加了流量对压差的影响,也使总压降中蒸发段阻力的比例相应减小后,减弱了汽水混合物的比容变化对压差的影响,因此能使特性曲线趋于单值性。

(4)热负荷对水动力特性多值性的影响

通过对式(11.6)的分析可知,当热负荷增加时,三次项系数 A 减小,而一次项系数 C 增大,这表明特性曲线变得陡一些,也即趋向稳定。这是因为提高热负荷,相当于减小了工质欠焓,能使管中产生更多的蒸汽,削弱了 $\bar{v}$ 变化的影响,因此压差上升较快。但热负荷的变化还与其他因素有关,图 11.6 所示为蒸发管工质总焓增 Δi 不变时,一台 200 t/h、14 MPa 的直流锅炉在启动压力 $p = 3$ MPa、进口工质焓值 $i = 628$ kJ/kg 时的一组不同热负荷下的水平蒸发管水动力特性曲线。该图表明较低压力下高热负荷时,发生水动力多值性的范围扩大,而低热负荷时,由于两个极值点的压差值接近,当受到干扰时,容易引起流量的不稳定性波动。因此在启动和低负荷时,如果高压加热器解列,给

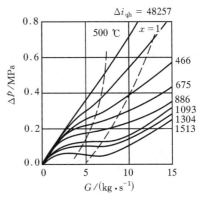

图 11.5　进口欠焓对水动力多值性的影响
(管长 $l = 300$ m;管子外直径×壁厚 44.5 mm×5 mm;$p = 17.7$ MPa;管子总吸热量 $Q = 1256$ kW)

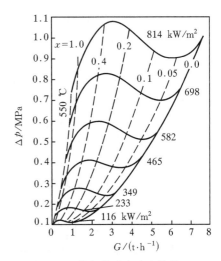

图 11.6　热负荷对水动力特性多值性的影响

水欠焓过大，将对水动力稳定性带来不利影响。

2. 水平蒸发管水动力多值性的防止措施

根据上述分析，采用较高的工作压力和启动压力可以防止水平蒸发受热面中出现水动力特性的多值性，但压力参数与火力发电厂的总体经济性有关，不宜以此来防止水平蒸发管的多值性。有效防止蒸发受热面水动力多值性的措施有两条，一是减小蒸发管进口水的欠焓，即提高进口水温，二是在进口欠焓不变的条件下，增大加热水段的阻力。

（1）减小蒸发管进口水的欠焓

对于式（11.6）描述的三次曲线，若式中的系数 A、B 和 C 满足一定关系，则可能消除曲线中的两个极值点。按照数学分析，要使三次曲线只有一个拐点且单调升，应满足条件：①$\mathrm{d}\Delta p/\mathrm{d}G=0$ 的两个相同实根 G_0 满足导数 $\Delta p'(G_0)=\Delta p''(G_0)=0$，且 $\Delta p'''(G_0)\neq 0$ 时，出现一个拐点；②$\mathrm{d}\Delta p/\mathrm{d}G=0$ 为虚根时，则无极值点且单调升。取式（11.6）一阶导数为零并求解，得

$$\mathrm{d}\Delta p/\mathrm{d}G=3AG^2-2BG+C=0$$

$$G=\frac{B\pm\sqrt{B^2-3AC}}{3A}$$

a. 当 $B^2-3AC>0$ 时，有两个不同的实根，即两个极值点，曲线出现多值性。

b. 当 $B^2-3AC=0$ 时，有两个相同的实根 $G_0=B/3A$ 且满足条件①，曲线只有一个拐点。

c. 当 $B^2-3AC<0$ 时，为虚根，满足条件②，曲线单调升。

综上所述，水动力特性曲线的单值性条件为

$$B^2-3AC\leqslant 0 \tag{11.10}$$

将式（11.6）中的 A、B、C 值代入式（11.10），得到满足水平蒸发管水动力特性单值性的条件，即工质的入口欠焓保证

$$\Delta i_{\mathrm{qh}}\leqslant\frac{7.46r}{a\left(\dfrac{v''}{v'}-1\right)}\quad\mathrm{kJ/kg} \tag{11.11}$$

由式（11.10）直接求解的结果将与实际情况有偏差，因为存在假定与简化条件。为了使特性曲线不仅呈单值性，而且具有足够陡度以确保其安全裕度，所以在式（11.10）的求解结果中再加一个与压力有关的修正系数 a，当 $p\leqslant 10$ MPa 时，$a=2$；当 $10<p\leqslant 14$ MPa 时，$a=p/3.92-0.5$；当 $p>14$ MPa 时，$a=3$，从而得到式（11.11）。显然，$a>1.0$。

由式（11.11）可见，欠焓值仅与压力有关。随着压力降低，工质汽化潜热增大，饱和水和蒸汽密度的比值也增加，但后者增加得更快，因而要求更小的入口欠焓。

虽然减小管子进口工质欠焓可提高水动力特性的稳定性，但欠焓过小时，若运行工况稍有变动易使进口工质变成汽水混合物，出现各并联管之间流量分配不均匀的问题。因此，一般建议在额定负荷时进水欠焓应为 $170\sim 210$ kJ/kg。

（2）增大加热水段的阻力

如果管子进口工质欠焓不能满足水动力特性的单值性条件，可以在加热段增加一单调升的阻力特性曲线，从而保证水动力特性的稳定性。

在水平蒸发管进口加装节流圈是一种消除水动力特性多值性的有效方法，如图 11.7 所示。图中曲线 1 为未加节流圈的不稳定特性曲线，曲线 2 是节流圈的与流量平方成正比且单调升的阻力曲线，将曲线 1 和 2 按同流量下的压头相加，得到加装节流圈后单值稳定的水动力

特性曲线 3，此时虽然总阻力增加，但一个压差下只对应一个流量。节流圈的原理是利用小孔径增加一局部阻力，其孔径越小，产生的阻力越大，则压差曲线变得越陡，水动力特性越稳定。孔圈的阻力为

$$\Delta p_{jl} = \zeta_{jl} \frac{G^2 v'}{2 f^2} \qquad (11.12)$$

将式(11.12)代入式(11.3)，可以得到加装节流圈后的水动力特性方程式，再用与推导公式(11.11)同样的方法，得到加装节流圈后的水动力特性单值性的条件为

$$\Delta i_{qh} \leqslant \left(1 + \frac{\zeta_{jl}}{Z}\right) \frac{7.46 r}{a \left(\dfrac{v''}{v'} - 1\right)} \qquad kJ/kg \qquad (11.13)$$

式中：Z 为蒸发管的结构特性系数，$Z = \lambda l / d + \sum \zeta_{jb}$；$\zeta_{jl}$ 为对应于管内流速的节流圈阻力系数，计算式为

$$\zeta_{jl} = \left\{ 0.5 + \left[1 - \left(\frac{d_0}{d_n}\right)^2\right]^2 + \varepsilon \left[1 - \left(\frac{d_0}{d_n}\right)^2\right] \right\} \left(\frac{d_n}{d_0}\right)^4 \qquad (11.14)$$

式中与节流圈结构有关的系数 ε 见表 11.1，结构参数如图 11.7 所示。

表 11.1　系数 ε 值

b/d_0	0	0.2	0.4	0.6	0.8	1.0	1.2	1.6	2.0	2.4
ε	1.35	1.22	1.10	0.84	0.42	0.24	0.16	0.07	0.02	0.00

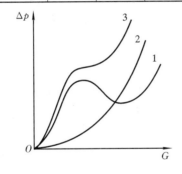 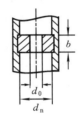

（a）水动力特性曲线　　　　（b）节流圈

图 11.7　加装节流圈消除水动力特性的多值性

由式(11.13)可以看出，加装节流圈相当于放大了管子进口工质的允许欠焓值。

在加热水段采用较小的管径，在蒸发管段采用较大的管径是增加热水段阻力的另一种方法。它有与加装节流圈同样的作用原理，都可以得到消除多值性的效果。节流圈可以保持蒸发管的管径不变，制造和调整方便，但开孔小时容易堵塞，因此要求孔径不得小于 5 mm；变管径的方法不会发生堵塞问题，但管子布置及制造不方便。

3. 水动力特性的稳定区

锅炉的蒸发受热面是否能在具有多值性的水动力特性下工作，主要在于工作点处于特性曲线上的哪个区域。

对于图 11.2 中具有多值性的水动力特性曲线，如果工作点 $\Delta p_0 > \Delta p_B$，蒸发管内的流量很大，则此工作区具有稳定的单值性工作特性。

若 $\Delta p_C < \Delta p_0 < \Delta p_B$,可能出现三种流量。但如果工作在图中的 CE 段,当流量和压差稍有改变时,基本上仍在 CE 线段范围内按单值性变化,只有在一定的条件下(例如,质量流速大幅度减小)才有可能由此区过渡到 BC 段或流量更小的区域。因此该区段为多值性的相对稳定区。

BC 段是不稳定工作区。当 Δp_0 工作在此区时,很容易过渡到 AB 段或 CD 段,并且在并联管中产生流量偏差。曲线的 AB 区段虽然也是相对稳定的,但由于工质流量太小,无法保证管子的正常冷却,因此一般不容许在此段内工作。除非能够满足管壁冷却的要求,才能在多值性的水动力特性下工作。

在设计锅炉时可以用两种方式来对待水动力特性的多值性,一种是消除多值性,另一种是在一定条件下容许存在多值性。前一种方式应用在处于高热负荷和高温烟区的蒸发受热面,例如炉膛的水冷壁受热面。后一种方式适用于低热负荷和低温烟区的受热面以及锅炉启动工况,所以,在此区域内,即使出现流量偏差,对受热面的危害性也不大。

11.1.3 垂直蒸发管的水动力特性

工质在垂直蒸发管的流动中,重位压差的影响很大,成为管内总压差的重要组成部分。重位压差的作用与管圈的布置型式有很大的关系。对于向上流动、向下流动以及多行程流动等不同的结构型式,重位压差起着不同的作用,具有不同的水动力特性曲线,有可能使水动力特性产生多值性,也可能消除水动力特性的多值性。为了分析重位压差对水动力特性影响的本质,可做如下简化:一是考虑到加速阻力较小而忽略不计,二是假定不计重位压差时的水动力特性曲线(即流动阻力曲线)是稳定的。

1. 单行程垂直蒸发管的水动力特性

单行程垂直蒸发管的水动力特性包括工质向上流动和向下流动两种。

垂直上升流动蒸发管进、出口之间的压差为流动阻力和重位压差之和,即

$$\Delta p = \Delta p_{ld} + \Delta p_{zw} \tag{11.15}$$

对于垂直上升流动蒸发管,当热负荷不变时,随着流量的增加,流动阻力和重位压差均增大,两者之和使得总压差曲线上升加快,重位压差起到稳定水动力特性的作用,如图 11.8(a)所示。若流动阻力曲线是稳定的,加上重位压差后的管子总水动力特性更加稳定;若流动阻力曲线是多值的,加上重位压差后的管子总水动力特性变为或趋于稳定。总之,垂直上升流动中的重位压差起到了节流圈的作用,改善了水动力特性,可以部分或完全消除多值性。

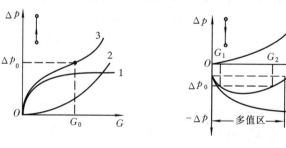

(a)次上升管   (b)次下降管

1—重位压差曲线;2—流动阻力曲线;3—总水动力特性曲线。

图 11.8 单行程垂直蒸发管的水动力特性曲线

垂直下降流动蒸发管进、出口之间的压差为流动阻力和重位压差的差值,即

$$\Delta p = \Delta p_{ld} - \Delta p_{zw} \tag{11.16}$$

与上升流动蒸发管比较,虽然流动阻力和重位压差随着流量的增加也增大,但下降蒸发管中的重位压差取为负值,两者叠加后的总水动力特性曲线变成不稳定的,出现了多值性,同一压差 Δp_0 下有两种流量,如图 11.8(b)所示。其原因是流量从小到大,重位压差增长速率呈现先快后慢的趋势,这是由汽水混合物平均比容的变化速率,即由水与水蒸气的物性所决定的。因此,垂直下降流动中的重位压差恶化了水动力特性,使不计重位压差时的单值性流动阻力曲线叠加后出现多值性。如果下降流动中的 Δp_{lz} 很大,则 Δp_{lz} 曲线的斜率增大,可以消除该管的水动力特性多值性。显然,在管子入口处加装节流圈有利于稳定水动力特性。

2. 多行程垂直蒸发管的水动力特性

多行程蒸发管分为双行程、三行程和多行程等型式。

双行程蒸发管包括先下降后上升的 U 形管圈和先上升后下降的倒 U 形管圈两种型式,其进、出口之间的压差为

$$\Delta p = \Delta p_{ld} + \rho_{ss} g h - \rho_{xj} g h \tag{11.17}$$

从上式可以看出,双行程蒸发管中上升段的重位压差取为正值,下降段中的重位压差取为负值,两者叠加后才是管圈的总重位压差。

图 11.9(a)示出先下降后上升的 U 形管的水动力特性曲线。当热负荷一定,进口焓值不变时,由于第一行程下降段的密度 ρ_{xj} 大于上升段的密度 ρ_{ss},所以下降段中的重位压差总是比上升段中的大。当流量较小时,第二行程上升段中工质的焓值将剧增,密度大为降低,所以重位压差比下降段小得多。流量愈大,两个回程的重位压差愈接近,若流量大到管子出口仍然是水时,两个回程的重位压差基本相等。因此,合成后的总重位压差特性曲线为负值,形成先下降后上升的变化趋势。总重位压差曲线和稳定的流动阻力曲线相加得到总水动力特性曲线。由图可见,在重位压差曲线的作用下,总水动力特性曲线可能变为多值的。

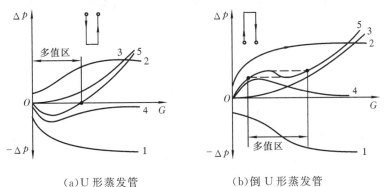

(a)U 形蒸发管　　　　　　(b)倒 U 形蒸发管

1—下降段重位压差曲线;2—上升段重位压差曲线;3—流动阻力曲线;

4—总重位压差曲线;5—总水动力特性曲线。

图 11.9　双行程垂直蒸发管的水动力特性曲线

图 11.9(b)示出先上升后下降的倒 U 形管的水动力特性曲线。由于第一行程是上升段,所以上升段的重位压差 $\rho_{ss} g h$ 大于下降段的重位压差 $\rho_{xj} g h$,故总重位压差特性曲线为正值。用与 U 形管圈类似的分析可知,在重位压差的作用下,即使流动阻力特性曲线是稳定的,总水

动力特性曲线也可能变为多值的。

研究表明,为了避免倒 U 形管组中汽水管路阻力过大,只要使双行程管组的工作点 Δp_0 不低于受热强管的水动力特性曲线的最低点,且工作点在曲线最低点右边的线段上,工作即是稳定的。其原因见水平蒸发管稳定工作区的论述。

与水平蒸发管相同,减小管子的工质进口欠焓,使流量增加时上升段及下降段中的平均密度变化减小,将有助于水动力特性曲线的稳定。

三行程垂直蒸发管又分为 N 形及 И 形两种。

对于先上升,后下降,再上升的 N 形蒸发管圈,以及先下降,后上升,再下降的 И 形蒸发管圈,应用前述相同分析方法,可知这两种蒸发管中的总重位压差曲线均为各种形式的多值曲线。对于 N 形蒸发管圈,如不计重位压差时的水动力特性曲线是单值的,考虑重位压差后,若进口工质欠焓大时水动力特性曲线就成为多值的,而在欠焓较小时,仍有可能是单值的。对于 И 形蒸发管圈,只要有欠焓,在考虑了重位压差的影响后,管子水动力特性曲线总是多值的。

对于多行程的上升和下降流动的垂直蒸发管圈,由于其多次上升和下降流动,在重位压差相互抵消的作用下,重位压差占总压差的份额减小,而流动阻力在总压差中所占的比重增大,即重位压差对水动力特性稳定性的影响减弱。当回程数很多时,其水动力特性接近于水平蒸发管,主要取决于管子的流动阻力。当上、下行程的总数大于 10 次时,可用前述水平蒸发管的水动力特性稳定性条件式(11.11)或式(11.13)进行校验。减小工质进口欠焓,采用入口集箱在下部、出口集箱在上部的单数行程管组,都将改善水动力特性。

超临界压力下的大比热区域,也存在由于重位压差而产生的多值性。对于上述各种类型的管件,其水动力特性曲线的变化规律与同类型的临界压力以下的蒸发管完全相似。提高进口水焓,水动力特性越趋于稳定,即多值性范围缩小。

根据计算分析,满足下列条件之一,则可保证水动力特性曲线的单值性:①对于超临界压力锅炉,当进口水焓大于 2300 kJ/kg;②任何压力的直流锅炉,进口集箱布置在下部且行程数大于 10;③进口集箱布置在下部,行程数为奇数;④任何行程数的强制循环锅炉蒸发受热面。如不满足这些条件,必须作出四个象限的水动力特性曲线,才能校验是否出现多值性或确定其出现范围。

通过加装节流圈可以消除多值性,但是使管组的流动阻力大为增加,一般不采用。

3. 热负荷不均匀对垂直上升管组水动力特性的影响

在热负荷分布不均匀的一次垂直上升管组中,即使水动力特性是稳定的,热负荷的不均匀性可能会使管组中的受热弱管出现如自然循环中发生的流动停滞和倒流现象,参见图 10.13 和图 10.15,图中上升管压差符号 S 即为本节中的符号 Δp。上升管组的压差如式(11.15)所示,各管都在工作点压差 $\Delta p_0 = \Delta p_{ld} + \Delta p_{zw}$ 下工作,受热弱的管子中由于 Δp_{zw} 较大,则 Δp_{ld} 较小,即流量 G 较小,则可能发生停滞。当受热弱的管子的热负荷低到使 $\Delta p_{zw} > \Delta p_0$,$\Delta p_{ld}$ 为负值,则出现工质自上而下流动的倒流现象。显然,对于一次垂直上升管组,工质流量不能太低,以免在受热最弱管中发生停滞和倒流。只要管组的 Δp_0 大于受热弱管中发生停滞和倒流两者压差中的大者,就不会发生停滞和倒流。

一次垂直上升管组中校验受热弱管不出现停滞的条件为 $\Delta p_{gz}^{min}/\Delta p_{tz} \geqslant 1.05$,$\Delta p_{gz}^{min}$ 为锅炉最低负荷时管组的压力降;Δp_{tz} 为受热弱管停滞压差,按式(10.27)计算。

直流锅炉的上升管组都不需进行倒流的校验。

11.2　蒸发管内工质的脉动现象

11.2.1　脉动型式及产生机理

直流锅炉和强制循环锅炉的并联蒸发受热面中,当运行中遇到某种扰动或工况变化时,使管子的进口水流量 G 和出口的蒸汽流量 D 可能随时间发生周期性的波动,这种现象称为脉动性流动,简称脉动。当工质发生脉动后,一部分管圈的 G 增大时,另一部分管圈的 G 则减小,同时这些管圈的 D 也发生相应的周期性变化。脉动与水动力多值性都属于工质流动的不稳定性,其区别在于前者是周期性的波动,而后者是非周期性波动。

1. 脉动的型式

脉动有衰减型和持续型之分,前者的振幅(最大流量与平均流量 G_{pj} 之差)随时间 τ 逐渐降低直至消失,后者的振幅基本不随时间而变。脉动的振幅和周期(相邻两个最大或最小流量之间的时间 T)越大,则锅炉中工质流动的不稳定性越大,管子金属也越容易被破坏,如图 11.10 所示。

由于直流锅炉各受热面之间无固定分界,脉动引发的流量变化造成加热、蒸发、过热区段的长度不断变化,导致管壁温度周期性地波动而引起金属的疲劳损坏。当水流量因脉动减小而接近于零时,管壁的冷却条件显著恶化使壁温升高,水流量再增加时,管壁又被冷却使壁温降低,从而造成加热水段的壁温波动。相应地,过热段壁温也会随蒸汽温度的忽高忽低而变化。尤其是蒸发区段内工质流量的变化还会造成冷却水膜的周期性破坏,在加热和蒸发段,以及蒸发和过热段的分界面区域,其管壁由水和汽交替冷却,致使壁温变化剧烈。因此,蒸发受热面中必须避免发生脉动现象。

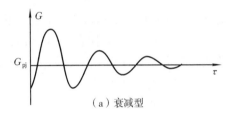

（a）衰减型

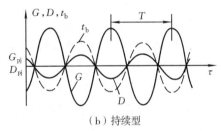

（b）持续型

图 11.10　脉动曲线

脉动可分为管间脉动、屏间脉动以及整体脉动三种。管间脉动是指同一并联管组的各管之间发生的流量波动,而屏间脉动是不同并联各管屏(或管组)之间发生的流量波动,但两者发生脉动时的现象和本质是相同的。整体脉动是整个并联管子中流量同时都发生周期性波动。锅炉实际运行中,管间脉动发生的情况居多,是最应注意的脉动形式。

发生管间脉动时,并联各管进、出口之间的压差及管组总流量基本保持不变,但其中某些管子之间却发生了方向相反的周期性流量波动。表现为某些管子的流量增加,同时另一些管子的流量减小;同一管中,流量增加时蒸汽量减小,当 G 最大时 D 最小。这表明各管之间的流量脉动以及同管中 G 与 D 之间的脉动均呈 $180°$ 相位差进行,壁温 t_b 的脉动与 D 的脉动同相。而且同管中 G 与 D 的波动量不相等,G 的质量变化幅度远大于 D 的变化,即 $\delta G \gg \delta D$,如图 11.10(b)所示。

2. 脉动机理

图 11.11 是水平管组脉动时各参数的变化示意图。管组的进出口压差为 $\Delta p_0 = p_1 - p_2$,加热段与蒸发段的长度和流动阻力分别为 L_{jr}、L_{zf} 和 Δp_{jr}、Δp_{zf}。在稳定流动过程中,其进口水质量流量 G 与出口蒸汽量 D 相等,如图 11.11(a)所示。若有一扰动,例如始沸点附近的热负荷突然增大,该处蒸汽量将增多,局部压力 p_{jb} 升高,相应使加热段的压力增高,而 p_1 并未改变,故该部分管的 G 减小 δG,则其加热段缩短,Δp_{jr} 减小了 $\delta \Delta p_{jr}$,始沸点的界面移向进口端,而其余管子中的水流量增加;同时蒸发段的长度增加和压差

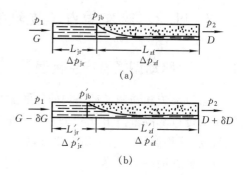

图 11.11 脉动中参数的变化示意图

增大,使出口蒸汽量 D 增加 δD,则 Δp_{zf} 增加了 $\delta \Delta p_{zf}$,此时管子中各参数如图 11.11(b)所示。

当扰动发生,G 减小后,若此时加热段阻力随流量的变化率 $d\Delta p_{jr}/dG$ 大于蒸发段阻力随蒸汽量的变化率 $d\Delta p_{zf}/dD$,即满足

$$\left| \frac{d\Delta p_{jr}}{dG} \right| > \left| \frac{d\Delta p_{zf}}{dD} \right| \tag{11.18}$$

则管内总流动阻力 Δp_{lz} 减小,而 Δp_0 不变,故 $\Delta p_{lz} < \Delta p_0$,使得进口水流量 G 又增加;当 G 增加,Δp_{jr} 增大而 Δp_{zf} 减小时,由式(11.18),G 又趋于减小。这表明扰动发生后,管内流动阻力的变化阻止扰动的进一步发展,因此该扰动引起的脉动是衰减型的,流动最终趋向于稳定。反之,若两段的阻力变化满足

$$\left| \frac{d\Delta p_{jr}}{dG} \right| < \left| \frac{d\Delta p_{zf}}{dD} \right| \tag{11.19}$$

则管内总流动阻力 Δp_{lz} 增大,$\Delta p_{lz} > \Delta p_0$,使得 G 进一步减小。因此,扰动发生后,管内流动阻力的变化加强了扰动的继续发展,该扰动引发的脉动是持续型的。

当加热水段缩短时,两个时刻始沸点之间的管段 $(L_{jr} - L'_{jr})$,由于局部压力增高和工质沸腾使该段的工质温度和管壁温度升高,而加热水段的流量(流速)降低,对流放热系数减小,也使该段的壁温升高。因此,当加热水段的压力增高,始沸点界面提前时,由炉内传给受热面的热量,将有部分储蓄在金属和水之中。

随着进水量的下降,以及由于 p_{jb} 的不断升高,相应的饱和温度也高,蒸汽产量下降,蒸发段阻力 Δp_{zf} 由增加逐渐转为减小,使得流动阻力 $\Delta p_{lz} < \Delta p_0$,则 G 开始增加而 D 减小。此时脉动开始反向变化,始沸点界面向出口移动,Δp_{jr} 增加而 Δp_{zf} 减小。随着始沸点界面向后移动,加热水段的压力降低,沸腾温度下降,储蓄在金属和水中的热量又重新放出,故蒸发量又开始增加而使局部压力升高,相当于回到初始扰动状态。可见扰动一旦发生后,即使该扰动已经消失,储蓄热的变化能使工质的脉动自动持续下去,储蓄热愈大则脉动愈剧烈。

以上讨论表明,管间脉动产生的初始原因是非周期性的外部干扰,如锅炉的吸热量或水流量的变化。当脉动发生后,由于在管中热力过程(受热面金属和水的储蓄热的变化)和水力过程(流动阻力)的内力作用下,在一定条件时,脉动可以自动持续下去。因此,前者是外因,后者是内因,管间脉动具有自激振荡的特点。

整体脉动是所有并联蒸发管的流量和蒸发量同时发生周期性波动,一般可分为以下两种

形式。

一种形式的整体脉动是由于燃料量、蒸汽量、给水流量以及锅炉压力的急剧波动引起的。这种脉动的水流量变化没有严格的周期性，振幅也是变化的，并且是衰减型的，当扰动消除后脉动就会停止。

另一种形式的整体脉动与给水泵的特性曲线（压差与流量的关系曲线）有关，表现为随着水泵压头的增加，其流量减小，但不同型式水泵的特性曲线的斜率是有差别的。直流锅炉或强制循环锅炉的给水泵工作时，当工况变化使压力增加时，送入锅炉的给水量减少，相应又使蒸发段的蒸汽量减少而压力降低，这样又使给水量增多，给水量的增加又使压力增高，如是形成周期性的脉动。同时，蒸汽量也发生相应的波动，与管间脉动一样，也是当水流量最大时蒸汽量最小。因此，若使用特性曲线平缓的离心式给水泵，压力变化将使流量的波动范围扩大，从而使脉动持续下去；如采用特性曲线足够陡的离心式水泵或活塞式水泵，当压力变化时相应流量波动很小，脉动的振幅也减小且衰减，则整体脉动可以消除。

在垂直上升蒸发管组中，重位压差是管组进出口压力降中的主要部分，因此对管组的脉动有很大的影响，尤其是在低负荷时。当垂直管的流量波动时，加热段高度随之变动，因此重位压差也相应脉动。脉动时，当进口水流量刚开始降低时，重位压差反而有所增大，即重位压差的脉动比流量脉动落后一个相位角，而且重位压差的脉动振幅较大，因此使得垂直上升蒸发管组对脉动更加敏感，比水平管组更容易发生脉动。

近年来，对蒸发管内的脉动性流动的研究取得显著进展。根据脉动发生的机理可将蒸发管内的脉动性流动分为三种类型，即压力降型脉动、密度波型脉动、热力波型脉动。这三种脉动既可以独立形成，也可以叠加或耦合。

（1）压力降型脉动

其主要表现是随着流量的增加，系统的总压差降低，即压力降型脉动总是发生在水动力特性曲线的负斜率区。

压力降型脉动主要是由于管内压力周期性的变化而产生的。这种压力的周期性变化形成扰动力，在扰动力的作用下，管内流量发生周期性的变化。因此，压力降型脉动与水动力多值性密切相关。试验研究表明，压力降型脉动产生的条件是工质流动系统内出现水动力多值性和具有一定的压缩容积。热力设备的管路系统具有较大的膨胀容积，可能出现压降振荡，导致压力降型脉动。

在压力降型脉动过程中，工质压力、流量、系统压降、工质温度和管壁温度均发生脉动。工质压力、工质温度和管壁温度为同相位脉动，相位差不大；工质流量与系统的总压降也是同相位脉动；而工质流量与压力接近于反相位脉动。发生压力降型脉动时，各参数的脉动幅度并不相同。

（2）密度波型脉动

其主要表现是在稳定状态下，两相流中含汽率较大时，如果热负荷发生扰动，管子进口的工质流量、压力、总压降和温度就出现持续脉动。即密度波型脉动发生在水动力特性曲线的正斜率区。密度波型脉动是导致管间脉动的主要原因。

在密度波型脉动过程中，工质压力、流量、系统压降、工质温度和管壁温度也都发生脉动，进口工质流量与工质压力接近于同相位脉动，而进口工质流量与加热段压力降接近于反相位脉动。密度波型脉动主要发生在含汽率较高的区域，密度波型脉动发生的周期低于压力降型脉动的周期。发生密度波型脉动时，各参数的脉动幅度并不相同。

（3）热力波型脉动

其主要表现是在高干度膜态沸腾初始阶段时，由于流量扰动，出现壁面温度周期性振荡的现象。在流量突然增大时，已经处于膜态沸腾的受热面，受到多余液体的冷却，转入过渡沸腾，使壁面温度降低。但由于受密度波的作用，流量降低，又造成壁温飞升。即壁面上的液膜不稳定造成壁温大幅度脉动性波动。热力波型脉动既可以出现在压力降型脉动区，也可以出现在密度波型脉动区。

影响压力降型脉动、密度波型脉动、热力波型脉动的因素很多，各因素之间的关系更为复杂。主要因素有工质压力、系统内的可压缩容积、管内质量流速、热负荷、管子进口工质的欠焓、管子进口和出口处的节流等。

11.2.2 管间脉动的稳定性条件

直流锅炉的蒸发受热面不允许发生脉动，因此设计时必须有稳定性的指标。由于脉动现象非常复杂，其形成机理还需进一步研究，上述只是一种较为合理的解释。下面介绍我国电站锅炉水动力计算方法中的两种脉动校验方法。

1. 动态蓄质量系数法

对水平管的管间脉动，根据质量守恒方程式，当进口流量 G 减少 δG，出口蒸汽量 D 增加 δD 时，单位时间 $1/\tau$ 的管内蓄质量 B 的变化为 $\delta B/\tau$，可得

$$\delta G + \delta D = \frac{\delta B}{\tau} \tag{11.20}$$

当 G 减少 δG 时，使管内蓄质量减少，如果 $\delta B/\tau > \delta G$，则 D 增加，即 δD 为正值，如果满足上述式（11.19）的条件，会使进口水流量继续下降。直到进口扰动到达管子末端时，开始反向变化，形成周期性的脉动。可见，管间脉动与管内蓄质量变化之间存在一定的关系，因此可用管内蓄质量的相对变化量来确定脉动的稳定性。这个量称为动态蓄质量系数 B_d，为单位时间内蓄质量变化与进口流量变化之比

$$B_d = \frac{dB/\tau}{dG} \tag{11.21}$$

上述讨论还表明，脉动与加热段阻力 Δp_{jr} 和蒸发段阻力 Δp_{zf} 有关。结合衰减型脉动条件式（11.18）进行推导分析，定性上可以得到阻力比 K 与动态蓄质量系数 B_d 的关系，当满足 $K = \Delta p_{jr}/\Delta p_{zf} > f(B_d)$ 时，脉动是衰减的。定量关系由试验确定。在最常用的范围内，K 取 $0.15 \sim 1.0$，$\rho w > 500$ kg/(m² · s)，脉动稳定性条件可用下式表示

$$K \geqslant 0.15 B_d^3 \tag{11.22}$$

式中的等号为脉动稳定性的界限，即防止管间脉动的最小阻力比。动态蓄质量系数 B_d 主要与管子入口的工质欠焓和工作压力有关，对不同的管组结构和工质出口状态有不同的计算公式，可查阅我国水动力计算方法。

显然，阻力比 K 愈大，动态蓄质量系数 B_d 愈小，流动的稳定性愈强。

2. 界限质量流速法

应用单相和两相流体的能量守恒、质量守恒和动量守恒方程式以及描述金属储蓄热过程的能量方程式，可以建立流量脉动时的数学模型，并用电子计算机求解出水平管在不同压力 p、进口阻力系数 ζ_j 和进口欠焓 Δi_{qh} 情况下，不发生脉动时所要求的管内最低质量流速（即界

限质量流速)的数值。图 11.12 示出了 $p=9.8$ MPa 时水平管的界限质量流速$(\rho w)_{jx}^{p=9.8}$的线算图,图中的 K_p 为压力修正系数。

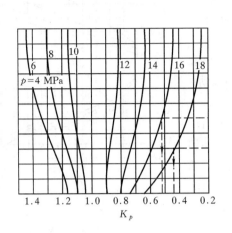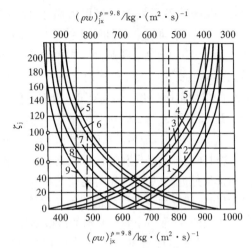

1、2、3、4、5、6、7、8、9—相应的欠焓 Δi_{qh} 为 8、12、20、42、84、126、210、295、420 kJ/kg。

图 11.12　水平管圈避免脉动的界限质量流速的确定($p=9.8$ MPa)

对管径不变的水平管,在任意压力 p,MPa;管长 l,m;内径 d_n,m;内壁平均热负荷 q_n,kW/m^2 下的界限质量流速$(\rho w)_{jx}$的计算公式为

$$(\rho w)_{jx}=4.62\times10^{-6}K_p(\rho w)_{jx}^{p=9.8}\frac{q_n l}{d_n}\quad \text{kg}/(\text{m}^2\cdot\text{s}) \tag{11.23}$$

首先确定包括节流圈阻力在内的 ζ_j,按 ζ_j 和 p、ζ_j 和 Δi_{qh} 由图 11.12 分别查出 K_p、$(\rho w)_{jx}^{p=0.8}$,再按上式计算$(\rho w)_{jx}$。

对于管径不变的垂直上升管,其界限质量流速等于按式(11.23)的计算值乘以修正系数 C。由于垂直管中的重位压差恶化了流体的稳定性,其界限质量流速要比水平管大,所以 $C>1$。

脉动的校验计算应按锅炉启动及最低负荷的工况进行,取用的质量流速必须大于相应条件下的$(\rho w)_{jx}$,才不会发生脉动。计算垂直管组和其他管径结构的管间脉动,以及复杂并联管组的屏间脉动的界限质量流速,可查阅水动力计算方法。凡是不能用界限质量流速方法校验管间脉动的并联蒸发管组结构,可用动态蓄质量系数方法进行校验。

11.2.3　脉动的影响因素及其防止措施

1. 影响脉动的因素

影响水平蒸发管脉动的因素有管圈结构特性、压力、进口欠焓、质量流速和热负荷等。

上述讨论表明,增加蒸发管加热段的阻力 Δp_{jr},减小蒸发段的阻力 Δp_{zf},即增大阻力比 K 值,则脉动可以减轻。因为 Δp_{jr} 增大,始沸点附近局部压力变化对该段的压差变化影响减小,因而进口工质流量波动小;而 Δp_{zf} 减小,始沸点附近压力变化对该段的压差变化影响增大,则扰动波可以加快向出口卸载的速度,使局部压力快速回复。管子长度与直径的比值 l/d 增加,也有利于流动的稳定性。

随着锅炉工作压力增高,Δp_{zf} 减小,阻力比 K 值增大,而动态蓄质量系数 B_d 值减小,

如图 11.13 所示,因此流动稳定性增加。其原因是蒸汽与水的比容接近,始沸点不易出现局部压力急剧升高的现象,所以脉动不易发生。当压力高于 14 MPa 以上时,一般不会发生脉动现象,但仍应注意启动及低负荷时由于工作压力低而可能发生的脉动。超临界压力下工作时,在工质比容剧烈变化的大比热区内,当进口焓 $i_j < 1700$ kJ/kg 和管组的焓增值 $\Delta i > 1500$ kJ/kg 时,也有可能产生管间脉动。

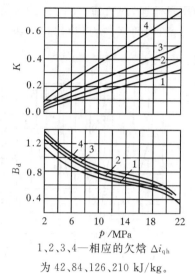

1、2、3、4—相应的欠焓 Δi_{qh} 为 42、84、126、210 kJ/kg。

图 11.13　工质压力和进口欠焓对脉动的影响

进口工质欠焓 Δi_{qh} 对脉动的影响如图 11.13 所示,可见随着 Δi_{qh} 增加,加热段长度增长而使 Δp_{jr} 增加,则 K 值增加,这对防止脉动是有利的;但 B_d 也相应增加,因为此时始沸点离进口处远,该处局部压力变化等扰动工况反馈到进口的时间增加,使流动稳定性降低。因此欠焓 Δi_{qh} 对脉动的影响不是单向的,存在一个发生脉动的最敏感欠焓值。由图11.12可见,当其他条件相同,最敏感欠焓值为 $\Delta i_{qh} = 84$ kJ/kg,因为此时不发生脉动所需的界限质量流速最大。还需注意的是,过分增大欠焓,还可能促使水动力多值性的发生。

当其他条件相同时,随着热负荷的增加,加热段长度缩短,K 值减小,易于发生脉动;当始沸点附近热负荷较高时出现扰动,易使该处局部压力发生剧烈的变化而产生脉动。

当热负荷不变时,提高管内质量流速可以增加加热段的长度,则阻力比 K 增大,同时也可减轻由于局部蒸汽容积增大,压力升高而阻滞工质流动的波动,这都能避免脉动的发生。

影响垂直上升管脉动的因素和影响水平管的相似,增大管组加热段与蒸发段的阻力比,提高压力,减小热负荷,增加质量流速等,对于减轻和避免脉动都是有利的。工质进口欠焓变化的影响也不是单向的,如在 $p = 9.8$ MPa,$\rho w = 1000$ kg/(m^2 · s)时,发生脉动的最敏感欠焓值约为 220 kJ/kg,因为此时具有最小的热负荷。

2. 防止脉动发生的措施

为了减轻和避免发生脉动,在设计蒸发管组时要选择合适的工质进口欠焓(与水动力多值性同时考虑),将始沸点布置在较低的热负荷区,必须保证启动和低负荷时的进口工质的质量流速 ρw 大于界限质量流速 $(\rho w)_{jx}$。若某管组的计算质量流速小于 $(\rho w)_{jx}$,则应采取措施重新计算,直到计算质量流速大于 $(\rho w)_{jx}$ 为止。

通常采用的措施有:变管径的蒸发管组,在管组进口加装节流圈,在蒸发区段加装呼吸集箱等。

在管子加热水段采用较小的管径,而在蒸发区段采用较大的管径,可以提高加热水段的阻力,同时相应减小蒸发区段的阻力,从而防止脉动的发生。但是,变管径的结构比较复杂,而且管径过小受热面的刚度不够,管径过大则会增加金属耗量。因此,不能完全依靠变管径结构来消除脉动,通常采用在管子进口加节流孔圈来保证加热水段与蒸发段的阻力比 K。

在管子进口加装节流圈是有效防止脉动的主要方法。由于节流圈的阻力损失,可以大为提高管子的进口压力,消弱局部压力升高对加热段压差的影响,从而减小进口的流量波动。锅炉设计中,最小质量流速一般是根据计算工况下管壁温度不超过允许极限值来确定,然后按此质量流速来确定保证工作可靠性应采用的节流程度。在具体设计和调整节流圈时,须同时考虑脉动的消除、水动力多值性的防止以及热偏差的减少。

利用上述两种增大加热段阻力的方法来防止脉动会增加给水泵的耗电量。还有一种消除脉动的有效措施是加装呼吸集箱,如图 11.14 所示。在并联的各管上焊一短管,另一端连接到一个公用的呼吸集箱上。加装呼吸集箱后可以平衡各蒸发管中的压力,使始沸点处的压力变化显著减小,从而达到消除脉动的目的。考虑到脉动起因是在始沸点附近,因此呼吸集箱应当装在蒸发段内质量含汽率 $x < 0.25$ 处。

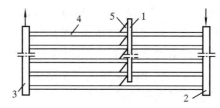

1—呼吸集箱;2—分配集箱;3—汇集集箱;
4—蒸发受热面;5—连接短管。
图 11.14 呼吸集箱示意图

上述措施也能用于防止垂直上升管组的脉动,但与水平管组相比,需要更高的质量流速。

 ## 11.3 强制循环和复合循环锅炉

随着锅炉压力参数的提高,尤其是亚临界压力和超临界压力锅炉的发展,为了保证水循环工作的可靠性,在自然循环锅炉和直流锅炉的基础上,又形成了强制循环和复合循环两种循环型式的锅炉。

11.3.1 强制循环锅炉

1. 强制循环锅炉及其工作特点

强制循环锅炉是在自然循环锅炉基础上发展起来的,在结构上与自然循环锅炉非常相似。根据循环倍率范围的不同,强制循环锅炉又分为控制循环锅炉和低循环倍率锅炉两种型式。控制循环锅炉又称为辅助循环锅炉,与自然循环锅炉相同,也有与蒸发系统出口相连接的锅筒,如图 9.1(b)所示。两者的最主要区别为控制循环锅炉的下降管中加装了循环泵,用以克服系统的流动阻力,并在水冷壁入口处加装节流圈控制流量的分配。控制循环锅炉的循环倍率通常为 3~5,循环泵的压头一般为 0.4~0.8 MPa,流动动力约是自然循环锅炉的 5 倍,消耗的功率相当于锅炉效率的 0.3%~0.4%。

低循环倍率锅炉是随着锅炉水处理和控制技术的发展,对汽液两相流动和沸腾传热规律的进一步掌握,使得锅炉在很低的循环倍率下仍然能够安全可靠地工作,从而出现的强制循环锅炉的另一种形式,如图 11.15 所示。低循环倍率锅炉通常应用于亚临界压力,其循环倍率一般为 1.3~1.8,由于循环水量少,可以用直径小的汽水分离器以取代控制循环锅炉的锅筒,省煤器的出水直接进入混合器。

从锅炉的水循环方式来说,控制循环锅炉与低循环倍率锅炉的工作原理和特点完全相同,都属于工质在蒸发系统内多次循环的强制循环锅炉,其差别仅在于循环倍率和汽水分离的效率不同。因此,这两种锅炉的水动力特性和计算方法具有共性。强制

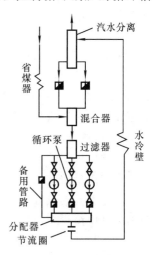

图 11.15 低循环倍率锅炉的循环系统示意图

循环与自然循环相比,由于系统中增加了循环泵,使其具有如下的特点。

①强制循环的循环倍率 K 决定锅炉的经济性和运行的安全性。循环倍率是由设计者控制选定的,循环倍率高,水冷壁的冷却条件好,运行可靠,但锅炉的金属消耗量大,制造成本高,循环泵的容量大,电耗也大;循环倍率低,则锅炉启停时间短,机动性强,低循环倍率锅炉取消锅筒可以节省钢材约20%,但对运行控制要求高。

②循环泵在高温高压下长期运行,其可靠性是循环回路安全工作的重要保证,因此要对循环泵进行可靠性校核。

③在全部锅炉负荷范围内,蒸发系统中的工质在水冷壁中均进行再循环。当锅炉负荷 D 改变时,若循环泵的工作台数不变,除了因循环泵特性及管路特性而使流量略有变化,水冷壁中工质的循环流量 G 基本不变,如图 11.16 所示。因此,循环倍率大约与锅炉负荷成反比,D 增大时 K 减小。这样,在额定负荷时,可以采用比直流锅炉低得多的质量流速,流动阻力相应要小得多;而在低负荷时,水冷壁中的工质质量流速则较大,冷却条件又比直流锅炉好得多。若额定负荷下能保证循环回路工作可靠,则在低负荷时工作会更可靠。因而当运行的循环泵台数保持不变时,只需进行额定负荷下的水循环计算。

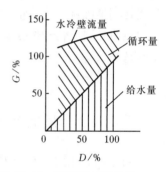

图 11.16　强制循环锅炉流量与负荷的关系

④在各循环回路或管子的进口加装节流圈来强制流量的分配。

2. 强制循环锅炉水动力特性的要点

强制循环锅炉的循环回路结构相似于自然循环锅炉。由于在系统的下降管中加装了循环泵,水动力特性具有强制循环的特性,要点如下。

(1)循环倍率的选取

循环倍率是设计时首先要确定的参数,选取值必须保证水冷壁中的质量流速使受热面得到可靠冷却。最小质量流速是根据正常的流动工况和水动力特性的稳定等条件决定的,即不出现多值性,不发生脉动,防止产生汽水分层,避免发生沸腾传热恶化等现象,同时还应考虑热偏差的影响。

实际选取时,先按强度要求及外壁不会形成氧化皮的要求确定允许的金属壁温,然后根据水冷壁最大内壁热负荷、工质工作压力和饱和温度,按传热恶化时的壁温计算方法,求得允许的最小质量流速,并对各种非正常工况进行校核。当然,实际选用的最小质量流速还应大于计算值,以留有一定裕度。通常强制循环的循环倍率不小于3,便能保证正常传热及受热面工作的可靠性。对于低循环倍率锅炉,质量流速的选取和流量的合理分配则要求更加严格。

(2)流量分配

强制循环锅炉各回路中的工质流量的分配是决定锅炉运行可靠性的关键问题。在上述讨论的形成流量偏差的诸多因素中,影响蒸发受热面流量分配最大的因素是由于并联管组热负荷不均匀引起的热效流量偏差。因此,流量应按热负荷的强弱来分配,其主要原则是保证热负荷强的管中流量多,热负荷弱的管中流量少,即保持各并联管组(或各管)出口处的质量含汽率 x 基本相等。

流量分配的方法是在管组进口处加装节流圈,其装设有两种不同方式:①集中式,即将工况相近的管子分为一组,每个并联管组(回路)集中装设一个节流圈。这种方式结构简单,但没考虑到各管的不同情况,因此选取质量流速时要留有一定裕度,从而增加耗电量。②分散式,即每根水冷壁管装一个节流圈。这种方式完全可以根据回路中各管的结构和热负荷分布情况装设不同孔径节流圈,留有裕度小,可以减少循环泵的耗电量,但结构太复杂。

实际上,通常采用的是第一种方式,且节流圈只分成几个规格等级的孔径。循环倍率较大的强制循环锅炉容许流量偏差大,采用分级装设集中式节流圈,即可满足安全可靠的要求。此外,对采用一次上升管屏的强制循环锅炉,当压力高,回路高度大,质量流速小,重位压头远大于流动阻力时,也具有自然循环锅炉的自补偿能力,同一回路中各管流量可按热负荷分布自动调整。而其他布置型式的管屏,如水平管圈、上升-下降管屏、下降管屏则没有自补偿能力,热负荷大者流量小。对于采用一次上升垂直布置的低循环倍率锅炉,由于流动阻力不是很大,且管径较小、管数较多,一般只能采用集中式节流圈,当工作在亚临界压力下时,也具有自补偿能力。

如果管屏中吸热不均匀性过大,则应将管屏分组分得更细更合理些,或在各管进口加装节流圈等措施减小其影响。

按照各管组(回路)的平均出口含汽率 x_c(回路循环倍率的倒数)相同的原则,可按下式预先分配进入各管组(回路)的循环流量

$$G = \frac{Q}{xr + \Delta i_{qh}} \quad \text{kg/s} \tag{11.24}$$

式中:Q 为循环回路的热负荷,kW;r 为相应锅筒压力的汽化潜热,kJ/kg;Δi_{qh} 为按锅筒压力计算的进入回路的水的欠焓,kJ/kg。

如果水动力计算的流量不能满足上式的分配值,则需通过改变各回路进口供水管中节流圈的阻力进行调整。

(3)循环泵的工作可靠性

循环泵的工作可靠性是强制循环锅炉安全运行的重要保证。从水动力角度考虑的可靠性,是指必须防止循环泵入口处发生汽化,即要求在锅炉最大负荷下循环泵入口处的压差应大于循环泵的汽蚀裕量。循环泵入口处工质汽化是由于该处压力降低引起的,主要包括循环水的流动阻力和循环泵入口的局部阻力,以及工况变动时产生的压降。因此,如果锅筒(或分离器)水位面到循环泵吸入口具有足够的高度 h,其产生的重位压头大于各种因素导致的压力降低,则不会出现汽化现象。当再循环管中为饱和水时,不发生汽化的条件是

$$\rho g h - \Delta p_{lz} \geqslant 1.1 Q \rho g \quad \text{Pa} \tag{11.25}$$

式中:ρ 为再循环管中的密度,kg/m³;h 为锅筒(或分离器)水位面到循环泵入口高度,m;Δp_{lz} 为相应于 h 高度的流动阻力,Pa;Q 为循环泵的汽蚀裕量,m,由循环泵生产厂家提供。

由上式可以看出,增加再循环管的高度和水的欠焓,减小流动阻力,有利于防止工质的汽化。如果再循环管中的水有欠焓,上式可把欠焓值考虑进去。一般在正常运行时可能不会使循环泵进口汽化,但锅炉降压时则可能会汽化,故对降压速度应有限制,允许降压速度的计算可查阅有关文献。

3. 强制循环锅炉水动力计算及可靠性校核

(1)水动力计算

强制循环锅炉水动力计算的目的,除了要保证蒸发受热面的工作可靠性,即确定各个循环回路内有足够的质量流速,并校核回路中是否会发生循环停滞、倒流及脉动等不稳定工况外,

还要确定循环泵的出力和压头,并保证在泵的进口处不发生汽化。

强制循环水动力计算方法与自然循环锅炉基本相同,主要计算步骤如下。

①按设计要求选取循环倍率。

②根据回路热负荷,按式(11.24)分配各回路的流量,并在回路的入口考虑相应的节流圈,要求各回路出口处的质量含汽率 x 基本相等。

③计算整个回路的压差特性 $\Delta p = f(G)$。与自然循环不同,这里的压差特性是,在不计循环泵压头条件下,上升管阻力与下降管阻力的差值与上升管流量的关系。仍采用三点法分别计算上升管和下降管阻力,在图上合成后画出回路的压差特性曲线。在计算上升管压差时,应对加热水段和含汽段分别进行计算。加热水段的高度 h_{rs} 的计算和自然循环中的计算方法相同,仍采用式(10.22)或式(10.23)的形式,不同的是式中的下降管阻力 $\Delta p_{xj} = \Delta p_{jl} + \Delta p_b$,即用节流圈的阻力与循环泵的压头之和取代。泵的压头需要预先估计,一般为 3×10^5 Pa。

④根据选取的循环倍率,选择合适的循环泵,绘出泵的特性曲线 $\Delta p_b = f(G)$。回路的压差特性曲线和泵特性曲线的交点,即为循环回路的工作点。

⑤对于复杂回路,则可根据回路的结构组成,分别作出各简单回路的压差特性曲线,按照串联时在相同流量下压差叠加,并联时在相同压差下流量叠加的原则进行合成,从而求得回路的总特性曲线及总工作点,并反推出各简单回路的工作点。

⑥若各简单回路的流量不能与各回路的吸热量相匹配,则改变各回路前的节流圈阻力按③～⑤条重新计算,直至满足②的要求。

(2)可靠性校核

计算完成后对工作可靠性进行校验。强制循环锅炉的循环可靠性的指标仍然是管壁能否得到充分、正常的冷却,包括不发生循环的停滞和倒流、水动力多值性、流量脉动、传热恶化以及循环泵的汽化等。

①停滞及倒流问题。对于垂直上升管组按自然循环的停滞和倒流的方法进行校验,对于垂直下降管组为防止停滞和倒流,一般要求工质的质量流速 ρw 不小于 500 kg/(m²·s)。

②水动力多值性和脉动问题的校验按本章所述进行。控制循环锅炉的垂直上升管不会产生水动力的多值性。对于低循环倍率锅炉,由于循环倍率较低,进入蒸发管的循环水欠焓较大,当高压加热器解列时应作校验。

③传热恶化现象按第 9 章方法确定是否发生。通常要对受热最强的那根管子进行校验,对水平管还应检查是否会发生汽水分层现象。

11.3.2 复合循环锅炉

超临界压力直流锅炉在向大容量发展的过程中,存在一个最低负荷时的旁路系统问题,即在启动及低负荷下,为了使水冷壁中有足够的质量流速,以保护其工作可靠性,直流锅炉需设置 30% 流量的旁路系统。为了解决超临界压力大容量锅炉中的这个问题,提出了一种新的循环型式。它的基本工作原理是,在启动与低负荷运行时,水冷壁中通过的是再循环水和给水的流量之和,即按强制循环锅炉方式工作;而在高负荷运行时自动切换成直流锅炉系统,再循环管路中没有循环流量,水冷壁中仅通过给水流量。这种在锅炉全部负荷范围内按上述两种方式工作的锅炉,称为复合循环锅炉。复合循环方式在锅炉结构上可以取消直流锅炉启动及低负荷时的旁路保护系统,在超临界压力下还可以取消强制循环锅炉的锅筒或汽水分离器。

根据循环泵与给水泵的连接型式,复合循环锅炉分为串联和并联两种流动系统。

1. 串联系统

图 11.17 示出了超临界压力复合循环锅炉的循环泵接在混合球之后的串联连接系统,循环泵与给水泵串联工作。图中 G_1 为给水流量,G_{sb} 为水冷壁流量,G_2 为循环流量。循环泵的工作压头为 $\Delta p_{ba} = p_b - p_a$,水冷壁的流动阻力为 $\Delta p_{bc} = p_b - p_c$,则水冷壁出口 c 点的压力 p_c 与混合球 a 点的压力 p_a 的差值 Δp_{ca} 为

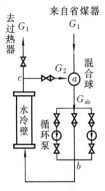

$$\Delta p_{ca} = p_c - p_a = \Delta p_{ba} - \Delta p_{bc} \tag{11.26}$$

由上式可知,如 $\Delta p_{ba} > \Delta p_{bc}$,即循环泵的工作压头大于水冷壁中流动阻力,则 $p_c > p_a$,再循环管路中就会有循环流量 G_2 通过,这时 $G_{sb} = G_1 + G_2$,水冷壁的工质流量等于给水流量与循环流量之和。当锅炉启动与低负荷运行时,由于质量流速小,相应流动阻力也降低,因此部分流量就会通过再循环管路,再循环系统内装设的循环控制阀可以调节循环水的流量。

图 11.17　超临界压力复合循环锅炉的串联连接系统

当 $\Delta p_{ba} \leqslant \Delta p_{bc}$,即循环泵工作压头小于或等于水冷壁中的流动阻力时,则 $p_c \leqslant p_a$,再循环管路中没有流量,这时 $G_{sb} = G_1$,通过水冷壁的流量就等于给水流量。当锅炉的负荷增加到一定值时,流动阻力的相应增大使得 c 点压力降低,再循环系统自动停止工作,蒸发受热面切换为直流锅炉工作系统。此时,循环控制阀(止回阀)可起到严密断开的作用,循环泵仅起升压作用,或者也可以停用循环泵,使给水经旁路直接进入水冷壁。

由于循环泵的管路中总有给水流量通过,工质温度较低,循环泵停用不会存在问题,因此串联系统可在部分负荷范围内进行复合循环。

上述表明,循环泵和系统的流动特性决定了复合循环锅炉的流量特性。提高循环泵的工作压头或者降低水冷壁的流阻(采用较低的质量流速),可以提高复合循环的负荷;降低再循环管路中的流阻,将提高低负荷下通过水冷壁的流量。

复合循环锅炉蒸发系统的流量与负荷的关系如图 11.18 所示。当锅炉以直流方式运行时,水冷壁中的流量与锅炉负荷的关系是图中的直线,显然,在低负荷时难以保护水冷壁的可靠性。若要满足低负荷时的最小流量,图中直线必须上移,则在高负荷时管内的流量过高,流动阻力损失太大。而采用复合循环方式运行,在启动及低负荷情况下,循环泵投入运行,使水冷壁中的工质总流量大为增加,图中直线不需要上移就能满足锅炉在全负荷运行的可靠性。因此,水冷壁中工质在高负荷时仍具有较低的质量流速,使额定负荷时的压降大为减少。这一优点使复合循环锅炉

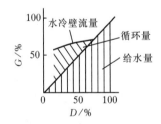

图 11.18　复合循环锅炉蒸发系统的流量与负荷的关系

水冷壁系统中的压降仅为一般直流锅炉的 $1/4 \sim 1/3$,减少了给水泵的功率消耗。所以,高参数大容量锅炉采用复合循环型式,既能在低负荷下保证水冷壁的充分冷却,又能在高负荷时减小流动阻力。纯直流与再循环的切换负荷值,根据具体条件设计,一般在 $30\% \sim 80\%$ 额定负荷之间,容量大的锅炉取低值。

在超临界压力下,工质是单相的水或蒸汽,工质吸热后温度持续上升。以一台工作压力为

25 MPa 的复合循环锅炉为例,在额定负荷时,再循环泵只作升压用,输送单相流体的温度为 344 ℃;在启动时工质温度只有 105 ℃,低负荷再循环时工质温度增至 400 ℃。这些情况对再循环泵并无大的影响,它在一定转速下输送一定容积流量,只取决于循环泵的特性与系统特性。

复合循环锅炉进入直流方式运行时,循环倍率 $K = 1.0$;强制循环运行时,其循环倍率也是随负荷的降低而增大,在 5%～30% 负荷范围内,$K \approx 4 \sim 2$。

采用了复合循环,启动和低负荷时就不再受最小给水流量的限制,因此不需要旁路系统来保护水冷壁。由于启动负荷小,锅炉可以在很低负荷下启动汽机,因此对再热器也不需要特殊的启动保护系统。

2. 并联系统

超临界压力复合循环锅炉的另一种连接型式是循环泵接在水冷壁出口,即混合球之前的并联连接系统,如图 11.19 所示。循环泵装设在再循环管路上,与给水泵并联工作,其工作原理与串联系统基本相同。根据循环系统的压力平衡,水冷壁出口 c 点的压力 p_c 与循环泵进口 b 点的压力 p_b 的差值 Δp_{cb} 为

$$\Delta p_{cb} = p_c - p_b = \Delta p_{ab} - \Delta p_{ac} \quad (11.27)$$

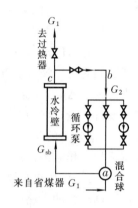

图 11.19 超临界压力复合循环锅炉的并联连接系统

式中:$\Delta p_{ab} = p_a - p_b$,相应于循环管路流量 G_2 的循环泵工作压头;$\Delta p_{ac} = p_a - p_c$,相应于水冷壁流量 G_{sb} 的水冷壁流动阻力。显然,与串联系统相同,当 $\Delta p_{ab} > \Delta p_{ac}$,即循环泵的工作压头大于水冷壁中的流动阻力 Δp_{ac},再循环管路中就会通过循环流量 G_2。

在并联系统中,由于循环泵装在再循环管路上,通常应保证在各种情况下总有工质流过,因此它适用于全负荷范围内均有再循环,其实质是超临界压力下的低倍率循环。

超临界压力下的并联系统,由于循环泵中没有给水流量 G_1 而使循环流量减少,且由于再循环工质温度高,密度减小,所以循环泵的功耗小于串联系统。但并联系统的循环泵装设在再循环管路之中,流量变化幅度很大,因此该系统中循环泵与再循环管路的流动特性更不容易配合。此外,由于循环泵接在混合球前,使循环泵不但要放在很高位置,还在抽吸工况下工作,而串联系统中的循环泵可布置在锅炉下方。由于运行及布置都存在不方便之处,因此并联系统的复合循环锅炉用得较少。

亚临界压力复合循环与超临界压力复合循环的工作原理相同,但前者在低负荷时水冷壁出口是汽水混合物,因此装有汽水分离器,位置在图 11.17 中的 c 点,分离出来的水进入再循环管路。同样,亚临界压力复合循环锅炉的循环泵在启动和低负荷时投运,高负荷时按直流锅炉方式运行。

总之,复合循环锅炉具有许多优点,既适用于亚临界压力,也适用于超临界压力。

11.4　水动力特性计算的程序化方法简介

锅炉水动力特性的优劣不仅关系到锅炉的安全性(如壁温的高低),也关系到锅炉运行的经济性(如流动阻力的大小)。前面介绍的水动力特性方法都是基于手工计算的。不论是锅筒型锅炉还是直流锅炉,如果通过手工计算来确定其水动力特性,计算耗时将是非常大的,有时甚至是不可接受的或是难以完成的。自然循环回路工作点的确定方法实际得到的是一组管屏的平均特性,如流量、热负荷等。而随着锅炉容量及参数的提高,特别是超临界锅炉的广泛应用,设计裕量越来越少,需要掌握每一根工作管的流量及受热情况(壁温),手工计算方法几乎无法完成。自从计算机诞生以来,人们一刻也没有停止探索如何采用计算机程序进行锅炉水动力特性的确定。

任何一台锅炉的汽水系统都可以理解为给水进入锅炉点和主蒸汽离开锅炉点之间形成的一个管网,一般由连接管、管屏、混合集箱、分配集箱、锅筒、节流圈和喷水装置等 7 类部件组成。这个管网与普通的水力管网的根本区别在于:每根管子的受热情况是不一样的,流量也可能差别很大,并且任何一根管子的受热情况发生变化都会导致其他管子中的流量发生变化。锅炉水动力特性计算的本质是确立锅炉汽水系统中工质流量、压力和焓之间的平衡关系。

根据锅炉汽水系统和电路的相似性,可以将汽水系统抽象成能够体现各个部件连接关系的系统图,如图 11.20 所示。

结合数学理论中的图论知识以及电路理论中节点电压法,把系统图中的部件的阻力系数比拟为电阻,部件中的流量比拟为电流,部件的压力比拟为电压,那么电路中的节点电压法就可以用到锅炉的水动力计算中。根据节点电压法得出的水动力计算方法可以称为部件压力法。

抽象的系统图需要突出各个部件的连接关系。抽象过程中不需要对系统做简化处理,只需要依照锅炉的实际结构确定部件之间的连接关系,适合于任何系统。抽象出来的系统图中的部件由上面提到的几类部件组成。部件和部件之间的连接关系以及工质流动方向用带箭头的有向线段来表示,即图论知识的具体应用。

这样一来,可以针对各部件的压力列出线性方程组并求解,然后根据求解得到的部件压力来计算各个支路的流量。显然,计算时需要预先确定各个支路的阻力系数及吸热量等。根据每一根管子的流量及热流分布就可进一步获得金属壁温。

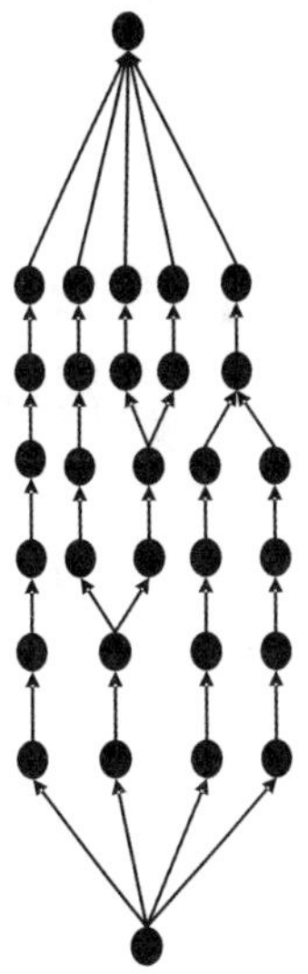

基于上述思想,西安交通大学成功解决了锅炉水动力计算的程序化问题,开发出了通用的锅炉性能计算软件。

图 11.20　锅炉汽水系统抽象图

复习思考题

1. 推导建立直流锅炉水平蒸发管的水动力特性方程。
2. 直流锅炉的水平蒸发管中为什么会发生水动力多值性?
3. 试述水平蒸发管中发生水动力多值性的影响因素及其影响作用,防止发生水动力多值性的措施有哪些?

4. 重位压降对强制垂直流动蒸发管的水动力特性有什么影响?

5. 蒸发管组发生整体脉动的原因是什么?

6. 试述水平蒸发管组发生持续性管间脉动的条件、特点、成因及其影响因素。

7. 如何校验蒸发管组的工质发生脉动流动现象?

8. 防止蒸发管组发生脉动的措施有哪些?

9. 试述多次强制循环锅炉的水循环特点。

10. 试述复合循环锅炉的工作原理及其特点。

第12章　锅炉受热面管壁温度校核

受热面壁温工况是保证锅炉可靠工作的首要因素之一,所有受热面的壁温必须低于材料的最高许用温度。随着现代锅炉向高参数、大容量方向发展,且锅炉用钢要考虑经济性,使得受热面的管壁温度非常接近其安全极限。因此,设计锅炉时必须对受热面管壁温度进行准确校核。

本章首先阐述圆管和鳍片管在均匀受热和不均匀受热条件下的壁温计算方法,然后介绍锅炉受热面管壁温度校核的具体方法。

 ## 12.1　锅炉受热面管壁温度校核计算基础

锅炉受热面的正常壁温工况取决于三个条件:一是要保证金属材料具有足够的机械强度;二是限制因温度过高而在管壁表面形成氧化皮;三是不允许出现管壁温度的持久波动。

高温持久强度反映了金属材料在高温下长期使用直至断裂时的强度和塑性性能,它有一个极限允许温度。随着管壁温度升高,持久强度下降,金属材料的使用寿命也随之缩短。因此,管壁的工作温度应满足钢材的高温持久强度要求。在锅炉强度计算时,通常采用管子内壁温度 t_{nb} 和外壁温度 t_{wb} 的算数平均值 t_b 来确定金属材料持久强度的许用应力。

锅炉受热面外表面处于具有腐蚀性的烟气中,当受热面外壁温度升高到某一数值时,会在管子外表面形成氧化皮,致使材料的结构发生改变。金属的氧化速度主要取决于温度,温度越高,氧化速度越快。锅炉受热面管外壁的允许温度受限于管子外表面形成氧化皮时的温度。因此,还应校核受热面管外壁温度。如果金属管壁温度长期出现周期性波动,即使管壁温度并未超过金属材料强度和氧化所要求的允许温度,也可能由于壁温波动引起的交变热应力而使金属产生疲劳损坏——裂纹。因此,对壁温波动也需要限制。

此外,在现代锅炉广泛采用的膜式水冷壁中,相邻的管子壁温差不能大于一定数值(一般为 50 ℃),否则会造成过大的热应力而引起管子与鳍片间焊缝的破坏。鳍片温度过高是造成焊缝破坏的另一个原因,而鳍片温度与鳍片的结构尺寸有关,因此对于膜式水冷壁还要校核鳍片温度,以确定最佳的鳍片结构型式。因此,在锅炉受热面管壁温度的校核计算中,一般需要计算的温度主要是管内外壁平均温度、管外壁温度以及膜式水冷壁的鳍片温度。

锅炉受热面一般由许多根平行连接的管子组成,在校核锅炉受热面的壁温时,需要校核的管子是指同一并联管组中热负荷分布、流量分配及结构上最为不利即热偏差最大的管子。若并联管组中温度最高的管子能安全可靠工作,则认为此并联管组就能安全工作。通常,不同的锅炉部件,由于不同的工作条件,采用不同的金属材料做成,因此对锅炉各部件要分别进行壁温校核,其中特别要进行校核的是过热器和水冷壁。

锅炉受热面中经常使用的是圆管和组成膜式水冷壁的鳍片管。下面分别讨论圆管均匀受热时的管壁温度、圆管不均匀受热时的管壁温度和鳍片管的管壁温度计算。

12.1.1 沿圆周均匀受热时圆管的管壁温度

实际中,不论何种型式的管子都处于不均匀受热状态。管壁内部温度场是三维分布,任意两点之间都存在温差,沿管子高度、圆周及径向三个方向都有热量的交换。为了便于分析问题,先考察沿圆周均匀受热时圆管的管壁温度分布,如图 12.1 所示。在稳态时,根据传热学知识,有

$$t_{nb} = t_{gz} + \Delta t_2 \tag{12.1}$$

$$t_{wb} = t_{gz} + \Delta t_2 + \Delta t_{gb} \tag{12.2}$$

$$t_b = t_{gz} + \Delta t_2 + \frac{1}{2} \Delta t_{gb} \tag{12.3}$$

式中:t_{nb}、t_{wb}、t_b 及 t_{gz} 分别为管子内壁温度、外壁温度、管子内外壁平均温度及工质的平均温度,℃。

一般受热面管子外壁的热负荷 q_w 可从锅炉热力计算取用。令管子外径与内径之比 $\beta = d_w / d_n$,则内壁热负荷 $q_n = \beta q_w$。这样,管子内壁温度和工质温度之差 Δt_2 为

$$\Delta t_2 = t_{nb} - t_{gz} = \frac{q_n}{\alpha_2} = \frac{\beta q_w}{\alpha_2} \tag{12.4}$$

式中:q_n、q_w 为管子内壁、外壁热负荷,W/m^2;α_2 为从内壁到工质的放热系数,$W/(m^2 \cdot ℃)$。

由热平衡原理,稳定状态下通过圆筒壁的总热量与通过外壁传热量相等,即

$$Q = \frac{2\pi\lambda l}{\ln(d_w / d_n)} \Delta t_{gb} = \pi d_w l q_w \tag{12.5}$$

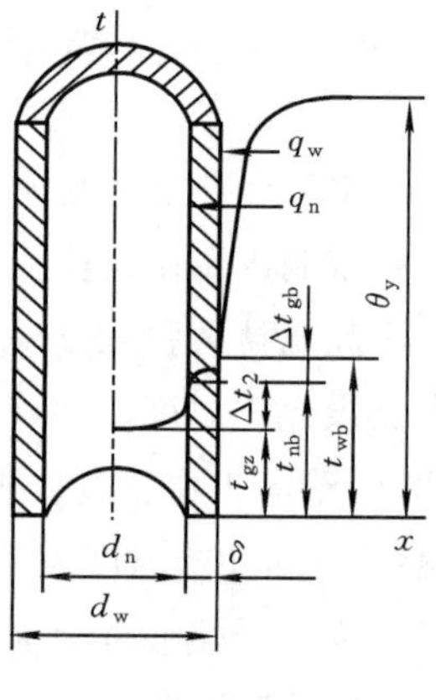

则管子外壁温度和内壁温度之差 Δt_{gb} 为

$$\Delta t_{gb} = \frac{q_w d_w \ln\beta}{2\lambda} \tag{12.6}$$

图 12.1 受热管壁温度分布

式中:λ 为管壁材料导热系数,$W/(m \cdot ℃)$。管子的外壁温度及平均温度分别为

$$t_{wb} = t_{gz} + \beta q_w \left[\frac{1}{\alpha_2} + \frac{d_w \ln\beta}{2\lambda\beta} \right] \tag{12.7}$$

$$t_b = t_{gz} + \beta q_w \left[\frac{1}{\alpha_2} + \frac{d_w \ln\beta}{4\lambda\beta} \right] \tag{12.8}$$

由以上两式可以看出,工质的温度 t_{gz} 越高,受热面的热负荷 q_w 越大,管壁至工质的放热系数 α_2 越小,管子的外径和内径的比值 β 越大,以及金属材料的导热系数 λ 越小,则管壁的温度越高。

金属的导热系数 λ 与它的材料种类及温度有关。一般随着金属温度的升高,碳钢的 λ 下降而高合金钢的 λ 增加。通常在过热器所处的 $500 \sim 600$ ℃范围内,碳钢的 λ 比高合金钢大 $1.5 \sim 2.0$ 倍。表 12.1 列出锅炉常用钢材的导热系数。

表 12.1　锅炉常用钢材的导热系数 λ　　　　单位：W/(m·℃)

钢号	温度/℃						
	100	200	300	400	500	600	700
20 号钢	50.7	48.6	46	42.2	39		
12CrMo	50.2	50.2	50.2	48.6	46	46	
15CrMo	45.6	44.3	42.2	39.5	36.8	33.7	
12Cr1MoV	35.6	35.6	35.1	33.5	32.2	30.6	
12Cr3MoVSiTiB			38.5	37.2	36	34.8	33
1Cr18Ni9Ti	16.3	17.7	19.3	21	22.4	23.6	25.4

式(12.7)和式(12.8)中的 β 值是根据受热面设计时所要求的管径和钢材强度来确定的。应当指出，在同一种管径下增大管壁的厚度 δ 时，管壁平均温度增高，相应内外壁温差的增大将引起附加热应力的增加。因此，并不是 δ 越厚，管子的强度裕度越大。另一个问题是，合金钢管的强度看起来比碳钢高，但由于合金钢的导热系数 λ 较低，在相同 q_{w} 和 β 值下其管壁的平均温度较高，与提高材料强度又存在矛盾。因此，在选取钢材和管径时，应作必要的分析比较。

12.1.2　沿圆周不均匀受热时圆管的管壁温度

实际中，锅炉受热面的管子沿圆周的热负荷分布很不均匀，因此管壁上存在温度梯度。尤其是炉膛水冷壁管单面受热时，热负荷分布沿圆周差别很大，在管子横截面上，沿管径和圆周两个方向上都存在着导热，如图 12.2 所示。由于管子很长，若忽略沿管壁轴向的导热，管壁温度的求解简化为无内热源的二维稳态导热问题，可以用齐次的拉普拉斯方程来描述

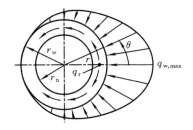

图 12.2　沿光管圆周热负荷分布状况

$$\begin{cases} \dfrac{\partial^2 t}{\partial r^2}+\dfrac{1}{r}\dfrac{\partial t}{\partial r}+\dfrac{1}{r^2}\dfrac{\partial^2 t}{\partial \theta^2}=0 \\[2mm] \dfrac{\partial t}{\partial r}\Big|_{r=r_{\mathrm{n}}}=\dfrac{\alpha_2}{\lambda}(t_{\mathrm{n}}-t_{\mathrm{gz}}) \\[2mm] \dfrac{\partial t}{\partial r}\Big|_{r=r_{\mathrm{w}}}=\dfrac{q_{\mathrm{w}}(\theta)}{\lambda} \end{cases} \tag{12.9}$$

上式的定解为

$$t=t_{\mathrm{gz}}+\frac{G\beta}{\alpha_2}+\frac{Gr_{\mathrm{w}}}{\lambda}\ln\frac{r}{r_{\mathrm{n}}}+\sum_{n=1}^{\infty}\frac{r_{\mathrm{n}}G_{\mathrm{n}}}{n\lambda}\frac{\beta^{n+1}}{\left(\beta^{2n}+\dfrac{Bi-n}{Bi+n}\right)}\left[\left(\frac{r}{r_{\mathrm{n}}}\right)^n-\left(\frac{r_{\mathrm{n}}}{r}\right)^n\frac{Bi-n}{Bi+n}\right]\cos n\theta$$

$$\tag{12.10}$$

式中：Bi 为毕奥准则数。

$$G=\frac{1}{\pi}\int_0^{\pi}q(\theta)\mathrm{d}\theta \tag{12.11}$$

$$G_{\mathrm{n}}=\frac{1}{\pi}\int_{-\pi}^{\pi}q(\theta)\cos n\theta\,\mathrm{d}\theta \tag{12.12}$$

$$Bi = \frac{\alpha_2 r_n}{\lambda} \tag{12.13}$$

用拉普拉斯方程求解沿圆周不均匀受热圆管管壁温度理论解的准确性，关键在于边界条件，即能否正确描述热负荷 $q(\theta)$ 的分布。对单侧受热光管的热负荷分布研究表明，其 $q(\theta)$ 的分布与角度 θ 的余弦成正比，即

$$q(\theta) = q(0)\cos\theta = q_{w,max}\cos\theta \tag{12.14}$$

式中：$q_{w,max}$ 为 $\theta=0$ 时，管子外壁的最大热负荷。若 $q(\theta)$ 为任一常数，由式（12.11）可得 $G=q_w$，由式（12.12）得 $G_n=0$，则式（12.10）即可简化成沿圆周均匀受热时的计算式（12.7）或（12.8）。

沿圆周不均匀受热管壁温度的计算式（12.10）是一个无穷级数的求和问题，该级数收敛很快，只需求出 $n=1,2,4,6$ 项即可，$n=3,5,7$ 项为零，采用计算机可以求得足够精确的数值结果。为在工程应用中快速手算，通过物理概念的分析，可以对上述方法进行简化。

由于沿圆周不均匀受热光管的最高壁温在 $\theta=0$，即最大热负荷 $q_{w,max}$ 处，该处容易出现管子的破坏，因此该处是壁温校验的位置，如图 12.2 所示。若外壁实际热负荷 $q(\theta)$ 在 $\theta=0$，$r=r$ 处有一实际传递的热量 q_r，相应的壁温为 t_r；假定以最大热负荷 $q_{w,max}$ 沿圆周均匀加热，则在 $\theta=0$，$r=r$ 处有一均匀加热时传递的热量 q_{rj}，相应的壁温为 t_{rj}。设法将这两种情况中的 q 联系起来，得到一个修正系数，就可将上述问题简化。

在对管子以最大热负荷 $q_{w,max}$ 沿圆周均匀加热条件下，管壁只存在沿径向的导热，在半径 r 处，q_{rj} 与 $q_{w,max}$ 的关系为

$$\frac{rq_{rj}}{r_w q_{w,max}} = 1, \quad q_{rj} = \frac{r_w q_{w,max}}{r} \tag{12.15}$$

在不均匀受热的条件下，由于在 r 处除了径向导热外，还有周向导热，该处则有 $q_r < q_{rj} = r_w q_{w,max}/r$。定义热量分流系数 $\mu(r)$ 为

$$\mu(r) = \frac{q_r}{q_{rj}} = \frac{q_r}{r_w q_{w,max}/r} < 1 \tag{12.16}$$

热量分流系数 $\mu(r)$ 的物理意义是，在半径 r 处实际传递的热量 q_r 与沿圆周以最大热负荷 $q_{w,max}$ 均匀加热时在半径 r 处传递的热量 $r_w q_{w,max}/r$ 的比值。

当导热系数 λ 为常数时，式（12.16）中传递的热量的比值也就是温升的比值。这样，热量分流系数 $\mu(r)$ 的另一个概念就是半径 r 处实际的剩余温度 $t_r - t_{gz}$ 与沿圆周以最大热负荷 $q_{w,max}$ 均匀加热时半径 r 处的剩余温度 $t_{rj} - t_{gz}$ 的比值，可表示为

$$\mu(r) = \frac{t_r - t_{gz}}{t_{rj} - t_{gz}} \tag{12.17}$$

从热量分流系数的定义可以看出，$\mu(r)$ 值实际上是 r 处仍然剩余热量的份额，而 $1-\mu(r)$ 才是沿圆周分流热量的份额。所以 $\mu(r)$ 大，分流作用小，对降低管壁温度是不利的。由式（12.10）可知，$\mu(r)$ 与 $q(\theta)$、Bi 及 β（即 r）有关，即 $\mu(r)=f[q(\theta),Bi,\beta]$。其中，毕奥准则数 Bi 对 $\mu(r)$ 有很大的影响。

式（12.13）表明，Bi 数具有管壁内部单位导热面积上的导热热阻 r_n/λ（即内部热阻）与管子单位内表面积上的换热热阻 $1/\alpha_2$（即外部热阻）之比的意义。Bi 数越小，则内部热阻越小或外部热阻越大，意味着热量在固体内的分流作用越强，管壁内各点间的温度偏差越小，有利于降低高热负荷处的壁面温度，因此热量分流系数 $\mu(r)$ 也就越小。反之，Bi 数增大，则内部热阻增大或外部热阻减小，表明热量的分流作用减弱，固体内各点间的温度偏差扩大，不利于降低

高热负荷处的壁面温度,因此热量分流系数 $\mu(r)$ 也就增大。

借助计算机,利用式(12.10)可以分别计算出式(12.17)中两种情况下的剩余温度,从而得到各种条件下光滑圆管的热量分流系数 $\mu(r)$。对于锅炉中通常出现的 $q(\theta)$、Bi 及 β,将热量分流系数的计算结果绘制成线算图以供计算之用,可参阅有关手册。

引入热量分流系数 $\mu(r)$ 后,可用 $\mu(r)$ 来修正管壁热负荷,对于 $\theta=0$ 处的外壁温度 t_{wb} 及管壁平均温度 t_b,应用式(12.7)、式(12.8)及式(12.10)则有

$$t_{wb}=t_{gz}+\mu(r_w)\beta q_{w,max}\left[\frac{1}{\alpha_2}+\frac{d_w\ln\beta}{2\lambda\beta}\right] \tag{12.18}$$

$$t_b=t_{gz}+\overline{\mu(r)}\beta q_{w,max}\left[\frac{1}{\alpha_2}+\frac{d_w\ln\beta}{4\lambda\beta}\right] \tag{12.19}$$

计算时,查取 $\mu(r)$ 要确定 Bi,应先假设一个壁温,一般取 $t_b=t_{gz}+50(℃)$,然后由表 12.1 查取 λ,从而由上式计算出壁温。若假设值和计算值相差太大,重新假设壁温进行计算,直至两者相差小于 10 ℃ 为止。

12.1.3　膜式水冷壁的管壁及鳍片温度

膜式水冷壁广泛应用于高参数、大容量锅炉,其鳍片结构型式一般分为两种,将扁钢焊接在两管之间的矩形鳍片和与管子一起制造成型的梯形鳍片,如图 12.3 所示。膜式水冷壁的最高壁温可能出现在管子向火面的 o 点上,也可能出现在鳍片端部的 d 点处,这与热负荷 q 的分布规律、鳍片的形状尺寸、材料的导热系数 λ 和管内放热系数 α_2 等因素有关。一般情况下,其他条件相同时,提高热负荷 q,管子 o 点及鳍端 d 点的温度都升高,但鳍端温度上升更快。增大放热系数 α_2,管子 o 点及鳍端 d 点的温度都降低,但管子 o 点温度降低更快。增加鳍片高度 h,则鳍端 d 点的温度升高。

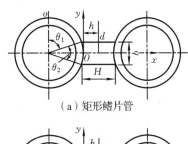

（a）矩形鳍片管

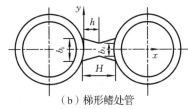

（b）梯形鳍处管

图 12.3　对称鳍片管结构图

因此,为了保证膜式水冷壁的可靠运行,分别要对管子向火正面点和鳍片端部这两点温度进行校核。管壁的校核要求壁温低于材料强度允许的温度,而鳍片端部温度的校核则是为了确定合适的鳍片结构尺寸,保证不会因鳍片温度过高引起材料的氧化,以及鳍片温差太大产生的热应力使得膜式水冷壁变形和焊缝开裂,从而影响锅炉运行的安全性。

各种计算表明,由鳍片吸收,再通过鳍根传递给管子的热量对管子最高壁温点温度的影响小于 4%,所以管子向火面 o 点温度的确定与光管的计算方法相同,其热量分流系数也可按12.1.2 节方法确定。

鳍片管温度场的分布规律也可用拉普拉斯导热方程进行理论求解。求解时认为,相邻两管及两管之间的结构参数、热力参数以及流动参数是完全对称的状况,通常符合锅炉蒸发受热面的情况。这里只介绍最简单的矩形结构鳍片温度场的求解方法,如图 12.3(a)所示。求解时分为两个部分,对于图中 θ_1 区的圆管部分,其解和工程应用方法与 12.1.2 节所述情况完全相同。

矩形鳍片部分的求解需做如下假定:①管内放热系数 α_2 及金属导热系数 λ 为常数;②沿

管子长度方向无热量传递；③相邻两管的对称界面无热流通过；④通过背墙保温材料的散热量忽略不计；⑤鳍片吸收的热量均匀通过鳍根传递给管子；⑥鳍片的热负荷 $q(x)$ 为常数，即不考虑 q 沿 x 方向的变化。这样，在直角坐标系下表示的拉普拉斯导热定解问题为

$$\begin{cases} \dfrac{\partial^2 t}{\partial y^2} + \dfrac{\partial^2 t}{\partial x^2} = 0 \\[2mm] t\Big|_{x=0} = t_g, \ \lambda\dfrac{\partial t}{\partial x}\Big|_{x=h} = 0 \\[2mm] \lambda\dfrac{\partial t}{\partial y}\Big|_{y=-\frac{b}{2}} = 0, \ \lambda\dfrac{\partial t}{\partial y}\Big|_{y=\frac{b}{2}} = q \end{cases} \tag{12.20}$$

对于上式表述的矩形鳍片边值问题，可采用分离变量法直接求得鳍端温度

$$t_d = t_g + \frac{qh}{2\lambda}\left(\frac{h}{b} + 0.75\frac{b}{h}\right) \tag{12.21}$$

对于图 12.3(b) 中的梯形鳍片，与式 (12.20) 描述的矩形鳍片问题的差别主要是 y 坐标上的边界条件不同，其梯形边界曲线为 $y = f(x) = \pm[b_g + (b_d - b_g)x/h]/2$，问题非常复杂，直接求解很困难。该问题的求解需要借助于复变函数的保角映射，通过变换将鳍片梯形区域变为平面的矩形区域，在进一步简化的基础上，求得梯形鳍片的鳍端温度为

$$t_d = t_g + \frac{qh}{\lambda}A \tag{12.22}$$

式中

$$A = \frac{1}{2}\left[\frac{h}{b_g}\frac{a\ln a + 1 - a}{a(1-a)^2} + 0.375\frac{b_d}{h}\right] \tag{12.23}$$

以上各式中：t_d 和 t_g 分别为鳍端温度和鳍根温度，℃；b、b_d 及 b_g 分别为鳍片厚度、鳍端厚度及鳍根厚度，m；h 为鳍片高度，m；A 为鳍片的形状系数，按式 (12.23) 确定或图 12.4 查取；$a = b_d/b_g$，当 $a = 1$，鳍端与鳍根的厚度相等时，式 (12.22) 变为矩形鳍片公式 (12.21)。

上述求解过程做了一些假定和简化，其结果是近似值，但对工程应用已有足够的精度。当然，得到更精确的结果也是可能的。

由鳍片形状系数 A 的线算图 12.4 可以看出，当 a 值，即鳍片厚度的形状及尺寸一定时，存在一个鳍片高度 h 与厚度 b_g 的最佳比值，使得 A 有一极小值，此时鳍端温度最小。当 h/b_g 大于曲线中 A 的极小值所对应的 h/b_g 值后，随着 a 值的增大，即鳍端厚度增加或鳍根厚度减小，都使 A 值减小，则鳍端温度减小。这表明当鳍片高度增加后，为了使鳍端区域的热量尽快向管子传递，应当相应增加鳍端的厚度，最好采用矩形鳍片。而在 h/b_g 小于曲线中 A 的极小值所对应的 h/b_g 值范围，随着 a 值的减小，即减小鳍端

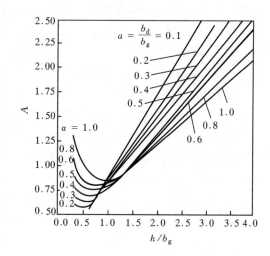

图 12.4 鳍片的形状系数 A

厚度或增加鳍根厚度能使 A 值减小，从而降低鳍端的温度。因为这时的鳍片高度比较小，增加鳍根的厚度能加快鳍片吸收的热量向管子传递的速度，则最好采用梯形鳍片。

锅炉通常采用的是将矩形扁钢焊在光管上制成膜式水冷壁。鳍片的断面在近端部处呈矩

形,而近根部处呈梯形,如图 12.5(a)所示。焊接后的梯形横断面实际上增大了热量由鳍片向管子传递的面积,减小传热热阻,则降低了鳍端的温度。这种类型的鳍片温度场也可用精确方法求解,通过计算后得到修正焊缝影响的系数

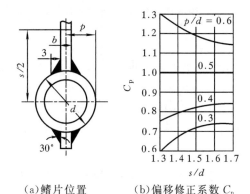

$$K_{hf} = \frac{(t_d - t_g)_{有焊缝}}{(t_d - t_g)_{无焊缝矩形鳍片}} \tag{12.24}$$

显然,$K_{hf} < 1$。

实际上,鳍片热负荷 $q(x)$ 的分布仍然存在不均匀性。同样,也可用前述热量分流系数的方法对 $q(x)$ 进行修正。考虑了焊缝及热负荷不均匀性

（a）鳍片位置　　（b）偏移修正系数 C_p

图 12.5　鳍片位置以及偏移修正系数 C_p

的影响后,鳍端温度的计算式由式(12.22)改写成

$$t_d = t_g + K_{hf} \frac{\mu_d q_{max} h}{\lambda} A \tag{12.25}$$

式中:K_{hf} 为焊缝修正系数;μ_d 为鳍端热量分流系数。二者按手册或标准中的线算图查取。

鳍根温度也是圆管上相应位置的温度,也采用鳍根热量分流系数的方法对均匀受热圆管的计算公式(12.18)进行修正,即

$$t_g = t_{gz} + \mu_g \beta q_{max} \left[\frac{1}{\alpha_2} + \frac{d_w \ln\beta}{2\lambda\beta} \right] \tag{12.26}$$

式中:μ_g 为鳍根分流系数,由下式确定

$$\mu_g = \left(0.35 + 0.1 \frac{b_g}{d} + k_{Bi} k_s k_\beta \right) C_p \tag{12.27}$$

式中:k_{Bi}、k_s 及 k_β 为修正系数,按手册或标准中的线算图查取;C_p 为考虑 $p/d \neq 0.5$ 时的鳍片位置偏移修正系数,按图 12.5(b)查取。

当火焰黑度 $0.5 \leqslant a_{hy} \leqslant 0.75$ 时,应考虑从管子向鳍片的再辐射对鳍根温度和鳍端温度的影响。经过计算,与不考虑再辐射情况时相比,热量分流系数和鳍端温度均有所提高,此时,式(12.25)中的 μ_d 和式(12.26)中的 μ_g 均应乘以系数 1.1。

确定鳍片管强度时的计算温度,既非管子内外壁的平均温度,也不是图 12.3 中管子正面 o 点和鳍端 d 点的平均温度,而是鳍片管的积分平均温度 $\bar{t}$,即管壁和鳍片截面各自积分平均温度的面积加权平均值,可近似地按下式计算:

$$\bar{t} = \frac{F_g \bar{t}_g + 2F_q \bar{t}_q}{F_g + 2F_q} \tag{12.28}$$

式中:F_g、F_q 分别为管壁和鳍片的截面积,m^2;$\bar{t}_g$、$\bar{t}_q$ 分别为管壁和鳍片截面的积分平均温度,℃,按以下三式计算。

管壁截面的积分平均温度为

$$\bar{t}_g = t_{gz} + x q_{max} \left(\frac{\beta}{\alpha_2} + \frac{\delta}{2\lambda} \right) \tag{12.29}$$

式中:$x = q_{pj}/q_{max}$ 为相对平均热负荷。对于热力及几何对称的鳍片管,$x = s/\pi d$,s 为管间节距。

矩形鳍片截面的积分平均温度为

$$\bar{t}_q = t_g + \frac{a_0 h^2 q_{max}}{6\lambda_q b} \left[1 + \frac{1}{8} \left(\frac{b}{h} \right)^2 \right] \tag{12.30}$$

梯形鳍片截面的积分平均温度为

$$\bar{t}_q = t_g + \frac{a_0 h^2 q_{max}}{6\lambda_q b_g} M \qquad (12.31)$$

式中：t_g 为鳍根温度，℃，按式(12.26)确定；M 为修正系数，按手册或标准中的线算图查取；a_0 为平均照射系数，按手册或标准中的线算图查取。

上面介绍的计算公式仅限于单面受辐射加热、几何条件和热力条件对称的膜式壁水冷壁的计算。其他结构及工况条件的计算可查阅有关锅炉手册及标准。

 ## 12.2 锅炉受热面管壁温度校核

锅炉受热面管组由许多根平行并联的管子组成，其每根管子的工作条件和结构可能并不相同。若部件中温度最高的管子能安全可靠工作，则此部件就能安全工作。故锅炉设计人员最关心的问题是确定这根管子的位置及其温度值，而不需要对每根管子进行计算。

根据前述可知，应该在锅炉部件的单位吸热量最大、工质温度最高及(由于结构偏差或(和)集箱效应导致的)工质流量比平均流量小的截面上校核壁温，最大壁面温度值应位于这些因素全部或者部分组合在一起的计算截面上。

在校核管壁温度时，应估计到最大热负荷管可能处在以下部位。

①顺列管束和屏式过热器沿烟气流程的第一排管子。

②错列管束沿烟气流程的第一或第二排管子(第一排管子吸收管组前烟气空间的辐射热量比第二排大，而第二排管子吸收的对流热量较大。一般情况下，第二排管子的总吸热量比第一排高。只有当 $s_1/d < 4.0$ 时，第一排管子的总吸热量才有可能比第二排管子大，前两排管子都需要进行计算)。

③如果屏式过热器的第一排管截短了或是由高级耐热钢制成，则还应校核第二(第三)排管子。

④对于向高度方向扩展的辐射式部件(如水冷壁)，应补充校核其焓值会发生传热恶化的区域的管壁温度。

一般的锅炉受热面管壁温度按锅炉的额定负荷进行校核计算。对于辐射受热面，如直流锅炉的上、中、下辐射受热面，自然循环锅炉的辐射过热器以及屏式过热器，由于在低负荷时单位工质吸收更多的热量，具有更高的工质汽温，因此还应按 50％ 额定负荷进行校核。

在 12.1 节中所述的管子的壁温校核计算公式中，尚需确定壁温校核位置的工质温度 t_{gz}、最大热负荷 q_{max} 以及管内放热系数 α_2。其中，放热系数 α_2 由第 9 章确定。下面讨论壁温校核点处的工质温度及最大热负荷的计算。

12.2.1 壁温校核点处的工质温度

前节各壁温校核公式中的工质温度 t_{gz} 是指壁温校核点处的工质温度，它等于校核管所在管组计算截面的工质平均温度 t_{pj} 加上考虑该校核管热偏差后的偏差温度 Δt，为

$$t_{gz} = t_{pj} + \Delta t \qquad (12.32)$$

对于亚临界压力下的蒸发受热面，工质的温度可取饱和温度。其余各类受热面 t_{gz} 由校核点工质的焓 i_x 来确定。考虑到存在热偏差，该点的工质焓 i_x 计算式为

$$i_x = i_j + \rho \Delta i_x = i_{pj} + (\rho - 1) \Delta i_x \tag{12.33}$$

式中：i_j 为管组进口处的工质平均焓值，kJ/kg，取用热力计算数据；i_{pj} 为计算截面处的工质平均焓值，kJ/kg；ρ 为热偏差系数，$\rho = \eta_r \eta_m / \eta_1$，与管组的热负荷不均匀、流量不均匀及受热面积不均匀等因素有关；Δi_x 为管组进口到计算截面处的工质平均焓增，kJ/kg。

如果计算管组的进口集箱是中间集箱，且其进口工质不能保证完全混合，则应考虑前级管组热偏差引起进口工质混合不完全的影响。此时

$$i_x = i_{pj} + (\rho - 1) \Delta i_x + C(\rho - 1) \Delta i_{x,qi} \tag{12.34}$$

式中：下标 qi 表示前一管组。C 为考虑工质进入计算组件之前混合不完全的系数，按下列情况取用：①当前一级管组引出的工质经充分混合并由左右交叉管进入计算管组时，$C = 0$；②当前一级管组从集箱两端引出，未经左右交叉管又从两端引入计算管组时，$C = 0.5$；③当前级管组出口集箱分两处集中引出时，$C = 0.75$；④当前一管组的出口集箱即为计算管组的进口集箱且没有混合作用时，$C = 1.0$。

对于炉膛水冷壁，管组进口到计算截面区段的工质平均焓增为

$$\Delta i_x = \eta_r^k \frac{\overline{q}_1 \sum_{i=1}^{n} (H_f \eta_r^g \eta_r^q)_{qd,i}}{D_{gz}} \tag{12.35}$$

式中：H_f 为计算区段的辐射受热面面积，m²；D_{gz} 为计算管组的工质流量，kg/s，取用热力计算数据；η_r^g 为沿炉膛高度的热负荷不均匀系数；η_r^k 为沿炉壁宽度的热负荷不均匀系数；η_r^q 为各炉壁间的热负荷不均匀系数；$\overline{q}_1$ 为炉膛受热面平均热负荷，kW/m²，取用热力计算数据；下标 qd,i 表示计算管组沿高度可能分成 n 段中的第 i 区段。

对于对流受热面和屏，管组进口到计算截面区段的工质平均焓增按下式确定

$$\Delta i_x = \frac{\eta_k B_j Q_{qd}}{D_{gz}} \tag{12.36}$$

式中：η_k 为计算管组沿烟道宽度热负荷不均匀系数，按表 12.2 选用；B_j 为固体或液体的计算燃料量，kg/s，取用热力计算数据；Q_{qd} 为计算区段相对于单位质量固体或液体燃料的吸热量，式如

$$Q_{qd} = Q_{qd}^f + Q_{qd}^d \tag{12.37}$$

式中：Q_{qd}^f 为计算区段吸收来自炉膛或相邻气室的辐射热量，包括管组前的屏间气室以及管组后的气室，kJ/kg。取决于相对于该段辐射源的位置和数量。对于屏可参见图 12.6，其中级 Ⅱ 的辐射源包括：源 1—截面 1 处炉膛；源 2—截面 2 处炉膛；源 3—计算管排所在管束前屏间烟气空间（屏）；源 4—计算管排所在管束前烟气空间；源 5—沿烟气流程屏的前（第一）半部分屏间烟气空间对屏后半部分的辐射；源 6—屏的两半部分（部分受热面）间的内部烟气空间；源 7—沿烟气流程屏的后半部分屏间烟气空间对屏的前半部分的辐射；源 8—计算管排所在管束后烟气空间；源 9—计算管排所在管束后屏间烟气空间（屏）；Q_{qd}^d 为计算区段吸收对流及管间辐射的热量，kJ/kg。

式 (12.37) 中的两项吸热量为

$$Q_{qd}^f = \frac{q_f H_f}{B_j} \tag{12.38}$$

式中：q_f 为各个辐射源的辐射热负荷，kW/m²，按热力计算方法确定；H_f 为计算管段的辐射受

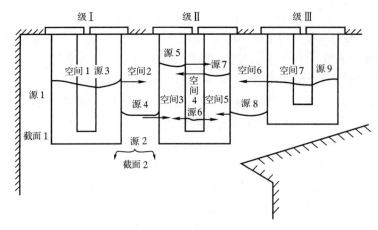

图 12.6 屏式过热器辐射源示意图

热面积,m²,按下式计算

$$H_{\mathrm{f}} = \sum (xF) \tag{12.39}$$

式中:x 为计算管排的角系数,按手册或标准中的线算图查取;F 为通过管子中心线的平面面积,m²。

$$Q_{\mathrm{qd}}^{\mathrm{d}} = \frac{K \Delta t_{\mathrm{qd}} H_{\mathrm{j}}}{B_{\mathrm{j}}} \tag{12.40}$$

式中:K 为不计炉膛或气室辐射的对流传热系数,kW/(m²·℃),按热力计算方法确定;Δt_{qd} 为计算区段的平均温压,℃;H_{j} 为计算受热面积,m²。可近似按下式计算

$$H_{\mathrm{j}} = H_{\mathrm{qd}} - a H_{\mathrm{f}} \tag{12.41}$$

式中:H_{qd} 及 H_{f} 分别为计算区段的对流受热面积及辐射受热面积,m²;a 为修正系数,按手册查取。其中,对于屏的第一排及最后一排,有

$$H_{\mathrm{qd}} = (x s_2 + 1.57d) n l \tag{12.42}$$

式中:x 为屏的角系数,按手册或标准中的线算图查取;s_2 为屏的纵向节距,m;l 为管子长度,m;n 为屏片数。

确定多管圈管组的计算区段的平均温压 Δt_{qd},参照图 12.7。例如校核图中第三根蛇形管第 5 行程中 A 点的壁温时,平均温压按下式计算

$$\Delta t_{\mathrm{qd}} = \Delta t' - \Big(\sum_{i=1}^{Z} H_{ji} \Big) \frac{\Delta t' - \Delta t''}{ZH} \tag{12.43}$$

式中:$\Delta t'$ 及 $\Delta t''$ 为管组进口及出口处烟气与工质的温压,℃,取用热力计算数据;H_{ji} 为计算区段第 i 行程中包括校核的那根蛇形管以及该管以前所有管排的受热面积,m²;H 为管组总受热面积,m²;Z 为管组行程数(工质改变一次流动方向,增加一个行程数)。

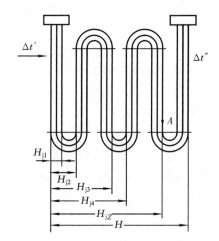

图 12.7 计算多管圈温压示意图

单管圈管组的平均温压为

$$\Delta t_{\mathrm{qd}} = \Delta t' - \frac{H_{\mathrm{j}}}{2H} (\Delta t' - \Delta t'') \tag{12.44}$$

式中:H_{j} 为计算区段所有管排的受热面积,m²。

12.2.2　壁温校核点处的最大热负荷

壁温计算需要确定壁温校核点处的最大热负荷,它与各种不均匀因素有关。由于炉膛内火炬的形状和充满度、火炬和烟气的温度场、速度场和燃烧产物的浓度场都是不均匀的,而且受热面的结构特性和积灰程度都有所不同,所以炉膛内受热面的热负荷沿高度、宽度和各炉墙间都有差异。对于对流受热面,还要考虑沿管子圆周的不均匀性。

对于炉膛水冷壁辐射受热面,最大热负荷按下式计算:

$$q_{max} = \eta_{rmax}^g \eta_{rmax}^k \eta_r^q \overline{q_l} \tag{12.45}$$

式中:η_{rmax}^g 为沿炉膛高度的最大热负荷不均匀系数;η_{rmax}^k 为沿炉壁宽度的最大热负荷不均匀系数;η_r^q 为各炉壁间的热负荷不均匀系数;$\overline{q_l}$ 为炉膛受热面平均热负荷,kW/m^2,按热力计算确定。

锅炉部分负荷时,炉膛下部(2/3 高度)最大热负荷为

$$q_{max,x} = q_{max}\sqrt{\frac{D_b}{D}} \tag{12.46}$$

炉膛上部最大热负荷为

$$q_{max,s} = q_{max}\frac{D_b}{D} \tag{12.47}$$

式中:D_b 及 D 分别为锅炉部分蒸发量及额定蒸发量,t/h。

对于对流受热面和屏,最大热负荷为

$$q_{max} = \eta_k \eta_r \overline{q_d} \tag{12.48}$$

式中:η_k 及 η_r 分别为对流受热面和屏沿烟道宽度的热负荷不均匀系数及偏差管的热负荷不均匀系数,按表 12.2 选用;$\overline{q_d}$ 为计算截面的平均热负荷,式如

$$\overline{q_d} = \frac{\theta_j - t_{gz}}{\beta\mu\left(\frac{d_w\ln\beta}{2\lambda\beta} + \frac{1}{\alpha_2}\right) + \frac{1}{\alpha_1} + 0.25\varepsilon} \tag{12.49}$$

$$\theta_j = \theta' - \frac{H_j}{H}(\theta' - \theta'') \tag{12.50}$$

$$\alpha_1 = \alpha_{f,gj} + K_{gz}\alpha_d \tag{12.51}$$

式中:θ_j、θ' 及 θ'' 为计算管排进口烟温、管组进口烟温及出口烟温,℃;H_j 及 H 为管组进口到计算管排之间的受热面积及管组总面积,m^2;α_1、$\alpha_{f,gj}$ 及 α_d 为烟温为 θ_j 时的烟气侧放热系数、管间辐射放热系数及平均对流放热系数,$kW/(m^2 \cdot ℃)$;ε 为灰污染系数,$(m^2 \cdot ℃)/kW$,按热力计算选取;K_{gz} 为考虑烟气横向冲刷管束时,对流放热系数沿管子圆周变化导致的管周热负荷不均匀性系数,其值与对流受热面的布置方式及排数有关,按表 12.3 选取。

表 12.2　对流受热面和屏沿烟道宽度及偏差管的热负荷不均匀系数 η_k 及 η_r

受热面布置	η_k	η_r
垂直管组,占烟道全宽度	1.0	1.3
垂直管组,占烟道中部 35%～50% 宽度	1.1	1.2
垂直管组,占烟道两侧各 25%～35% 宽度	0.9	1.3
水平管组,布置在后竖井中	1.0	1.2

表 12.3　对流受热面和屏沿管周最大热负荷的位置及不均匀系数 K_{gz}①

管排序号②	顺列管束		错列管束		屏	
	距正面点角度 $\theta/(°)$	不均匀系数 K_{gz}	距正面点角度 $\theta/(°)$	不均匀系数 K_{gz}	距正面点角度 $\theta/(°)$	不均匀系数 K_{gz}
1	0	1.6	0	1.6	0	1.6
2	60	1.7	0	1.7	60	2.3
3	60	1.5	0	1.5	60	2.2
≥4	60	1.4	0	1.6	60	2.2
管束最后一排，其后有空的气室	180	1.0	$\dfrac{180③}{0}$	$\dfrac{1.0③}{1.6}$	$\dfrac{180③}{60}$	$\dfrac{2.2③}{2.0}$

注:①对流烟道区域的包墙管取 $K_{gz}=1$。

②管束中某排管离前排距离大于 $2s_2$，管排序号从该排起重新计数并确定相应的数值。

③多灰燃料(油页岩)选用分子值，无灰燃料(气体及火床炉)选用分母值，其余情况分子、分母均校核。

屏式过热器通常有一壁温校核点处于屏的下端，此处 θ_j 应是该位置的烟温，它通常比炉膛出口烟温要高。计算截面处的烟气焓应为计算截面到炉顶之间的吸热量与炉膛出口烟气焓之和，由此再确定 θ_j。

流体的扰动对式(12.51)中沿管子表面的平均对流放热系数 α_d 有影响，通常采用管排修正系数 C_n 来考虑，可参阅有关手册。

式(12.51)中的管间辐射放热系数 $\alpha_{f,gj}$ 与管排所在的位置有关。管束中，处于炉膛或气室(屏)后面的第一排管子的校核点，以及其后有深度不小于 $3s_2$ 气室空间的最后一排管子的背面点处，$\alpha_{f,gj}$ 可按下式计算

$$\alpha_{f,gj} = \frac{q_f}{\theta_j - t_{hb}} \tag{12.52}$$

式中:q_f 为炉膛、屏或气室的辐射热负荷，kW/m^2，按热力计算确定;t_{hb} 为管壁灰污层表面温度，$℃$。

如果校核管与炉膛之间仅有凝渣管或不大于 4 排的管束，还应考虑由炉膛透过落到该管的辐射热量

$$\alpha_{f,gj} = \alpha_{f,qs} + \frac{q_1}{\theta_j - t_{hb}}(1 - x_{gs})(1 - a_{qs}) \tag{12.53}$$

式中:$\alpha_{f,qs}$ 为校核管前气室辐射放热系数，$kW/(m^2 \cdot ℃)$，按式(12.52)计算;x_{gs} 为处于校核管与炉膛之间管束的角系数;a_{qs} 为气室烟气黑度;q_1 为炉膛出口的辐射热负荷，kW/m^2，取热力计算结果。

如果校核管与炉膛之间没有管束，则式(12.53)中 $x_{gs}=0$。

对于顺列管束的第二排，错列管束的第二到第四排，屏除第一排外的各排管子，还应考虑炉膛或管束前气室对校核管子的曝光系数，其辐射放热系数按下式计算:

$$\alpha_f = \varphi \alpha_{f,qs} + (1 - \varphi)\alpha_{f,gj} \tag{12.54}$$

式中:φ 为炉膛(气室)对校核管子最大热负荷点的照射系数，可按相关手册查取。

在计算管间辐射放热系数 $\alpha_{f,qs}$ 时，辐射层厚度按校核段管子的实际节距，根据热力计算的方法确定。

12.3　管壁温度校核计算的程序化方法简介

　　锅炉受热面管壁金属计算温度是在考虑了沿受热面截面及沿管子圆周吸热不均匀、管子水力不均匀和结构不均匀后计算得到的管壁金属温度。准确计算受热面管壁金属温度是保证锅炉安全、经济运行的关键环节。传统的计算方法是对人为按经验事先选定的危险点进行计算，得到的是将吸热偏差、流量偏差都集中于一点的受热面管壁温度局部最大值。依据此种方法开展的管壁温度校核计算是对有限点的计算，且危险点的选取依赖于人的经验。有限点的壁温正常工况不代表受热面的绝对安全。

　　为此，对于给定锅炉受热面，可根据受热状态、结构差异及特殊需要等将受热面管子沿工质流动方向分成若干段，每一段称为一个"计算管段"。对每一个计算管段，基于其所在位置的烟气侧热力参数及计算管段内蒸汽侧热力参数和水力参数，按照计算管段与烟气及其他受热面间的局部换热特性直接对各计算管段进行热平衡计算，从而得到计算管段吸热量。这种计算模型可以称为锅炉受热面管壁金属温度分段计算模型，可综合考虑计算管段烟气侧、工质侧热力、物性参数及局部换热特性对校核点壁温的影响，使计算结果更接近于实际，能够实现对锅炉各个受热面任意实际位置的校核点进行局部管壁金属温度计算，并可以给出受热面管壁金属温度沿工质流动方向上的分布。

　　计算管段吸热量的计算可分为两种情况：①对于辐射受热面（水冷壁、炉内屏等），主要考虑高温烟气对计算管段内工质的辐射放热。根据热负荷沿炉膛高度和宽度方向的分布，得到计算管段所在位置的局部热负荷，以此热负荷对计算管段吸热量及对应校核点的管壁金属温度进行计算。②对于屏式受热面和对流受热面，计算管段吸热量包括辐射吸热量和对流吸热量两部分。其中辐射吸热量考虑炉膛出口烟窗辐射、前级受热面屏间辐射、受热面前烟气空间辐射、前半屏间烟气辐射、屏内部烟气容积辐射、后半屏间烟气辐射、受热面后烟气空间辐射、后级受热面屏间辐射 8 个辐射源的烟气辐射，如图 12.6 所示。对流吸热量按计算管段与其周围烟气的对流传热方程求得。计算管段总吸热量等于辐射吸热量与对流吸热量之和。

　　锅炉热力计算和水动力特性计算是管壁壁温校核计算的基础，受热面的详细热负荷分布情况又将直接影响锅炉水动力特性计算和管壁温度校核计算的准确性。为此，可将锅炉性能计算和数值计算相耦合，一方面，当缺少锅炉运行实测数据时，性能计算特别是热力计算的结果能够为数值模型提供验证；另一方面，由数值计算得到的温度场可导出受热面详细的热负荷分布，为锅炉水动力特性计算和管壁温度校核计算提供基础数据，显著提升锅炉性能计算的准确度。

　　在进行锅炉水动力特性计算时，也常常将受热面管子沿工质流动方向分成若干段。因此，管壁温度校核计算可以和水动力特性计算同时进行。结合数值计算给出的详细热负荷分布数据，从而得到整个受热面的管壁金属温度分布，彻底解决传统壁温计算方法中人为选取危险点存在的缺陷。

　　基于上述思想，西安交通大学成功解决了锅炉管壁温度校核计算的程序化问题，开发出了通用的锅炉管壁温度校核计算软件。

复习思考题

1. 为什么要进行受热面壁温校核？

2. 如何判别锅炉受热面的正常壁温工况，通常受热面的哪些管子需要进行校验？

3. 通常需要进行壁温校核的受热面有几种？需要校核的温度有几种？

4. 在选取锅炉受热面管材和管径时要考虑哪些因素？

5. 工程应用中如何考虑沿圆周不均匀受热光管的壁温校核？

6. 何谓热量分流系数，毕奥准则 Bi 对其有什么影响？

7. 影响管壁温度的因素有哪些，如何影响？

8. 影响膜式水冷壁的管壁及鳍片温度的因素有哪些？

参考文献

[1] ANTONOVSKII V I. Heat transfer in steam boiler furnaces：a retrospective view on the development of a standard calculation method[J]. Thermal Engineering，2004，51(9)：738－749.

[2] ALEKHNOVICH A N. The thermal efficiency factor of furnace waterwalls as applied to the standard method for thermal calculation of boilers[J]. Thermal Engineering，2007，54(9)：698－704.

[3] 车得福. 煤氮热变迁与氮氧化物生成[M]. 西安：西安交通大学出版社，2013.

[4] 车得福，刘银河. 供热锅炉及其系统节能[M]. 北京：机械工业出版社，2008.

[5] 陈刚. 锅炉原理[M]. 武汉：华中科技大学出版社，2012.

[6] 电站锅炉水动力计算方法编写小组. 电站锅炉水动力计算方法(JB/Z 201－83)[M]. 上海发电设备成套设计研究所，1984.

[7] 樊泉桂. 锅炉原理 [M]. 2 版. 北京：中国电力出版社，2014.

[8] GREGORY L，TOMEI. Steam-its generation and use[M]. 42ed. Charlotte，North Carolina，USA：The Babcock & Wilcox Company，2015.

[9] 林宗虎，徐通模. 实用锅炉手册 [M]. 2 版. 北京：化学工业出版社，2009.

[10] 《工业锅炉设计计算方法》编委会. 工业锅炉设计计算方法[M]. 北京：中国标准出版社，2005.

[11] 国电科学技术研究院组. 超超临界二次再热机组热力设备及系统[M]. 北京：中国电力出版社，2019.

[12] 同济大学. 燃气燃烧与应用 [M]. 4 版. 北京：中国建筑工业出版社，2011.

[13] 陶文铨. 传热学[M]. 5 版. 北京：高等教育出版社，2019.

[14] 王金枝，程新华. 电厂锅炉原理[M]. 3 版. 北京：中国电力出版社，2014.

[15] 王茂刚. 旋风炉设计与运行[M]. 北京：机械工业出版社，1980.

[16] 吴味隆. 锅炉及锅炉房设备[M]. 5 版. 北京：中国建筑工业出版社，2014.

[17] 《现代电站锅炉技术及其改造》编委会. 现代电站锅炉技术及其改造[M]. 北京：中国电力出版社，2006.

[18] 徐旭常，吕俊复，张海. 燃烧理论与燃烧设备[M]. 2 版. 北京：科学出版社，2012.

[19] 严兆大. 热能与动力工程测试技术[M]. 2 版. 北京：机械工业出版社，2006.

[20] 闫志勇. 锅炉原理：少学时[M]. 北京：中国电力出版社，2020.

[21] 叶江明. 电厂锅炉原理及设备[M]. 4 版. 北京：中国电力出版社，2017.

[22] 张经武，李卫东，许传凯，等. 电站煤粉锅炉燃烧设备选型[M]. 北京：中国电力出版社，2017.

[23] 张力. 锅炉原理[M]. 北京：机械工业出版社，2017.

[24] 周强泰. 锅炉原理[M]. 3 版. 北京：中国电力出版社，2013.